AF532204

Scholz/Vesper

Facilitation

Roswitha Vesper und Holger Scholz sind Inhaber des renommierten Beratungsunternehmens „Kommunikationslotsen“. Sie gehören zu den führenden Köpfen der Facilitation-Szene im deutschsprachigen Raum.

Facilitation

Dialog- und handlungsorientierte Organisationsentwickung

Durch einen Kontext des Gelingens und
die Kraft kollektiver Intelligenz
zu mehr Innovation und besserer Führung

von

Holger Scholz

und

Roswitha Vesper

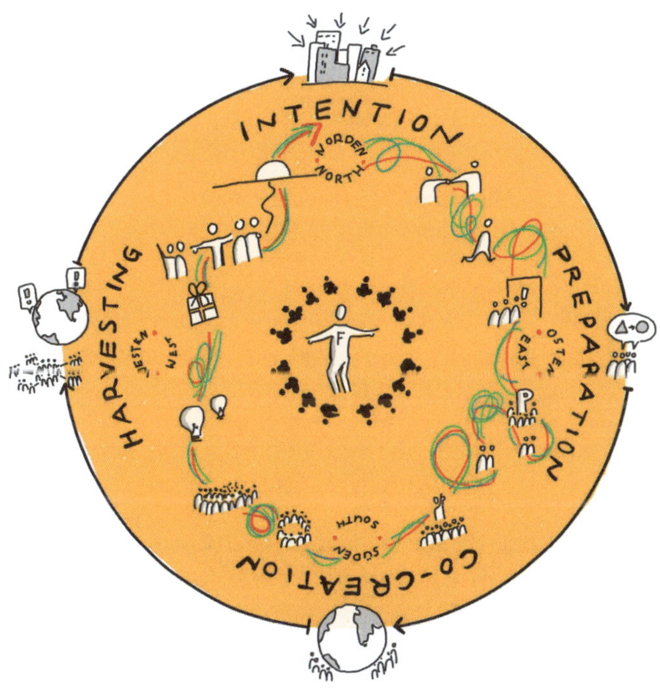

Verlag Franz Vahlen München

Für unsere Kinder Frederike, Amelie, Lukas, Malte, Benn und Leonard und unsere Enkelkinder Nele, Joris, Romy, Leopold und alle, die nach uns kommen.

Hier steht drin, was uns – neben euch – lebendig hält.

ISBN Print: 978-3-8006-6493-1
ISBN E-Book (ePDF): 978-3-8006-6494-8

2. Korrigierter Nachdruck

Satz: Fotosatz Buck
Zweikirchener Str. 7, 84036 Kumhausen
Druck und Bindung: Beltz Grafische Betriebe GmbH
Am Fliegerhorst 8, 99947 Bad Langensalza

Umschlaggestaltung: Nadine Bernhardt – Grafische Angelegenheiten
Bildnachweis: Holger Scholz

Gedruckt auf säurefreiem, alterungsbeständigem Papier
(hergestellt aus chlorfrei gebleichtem Zellstoff)

Check-in

Mit „Willkommen im Kreis!“ begrüßen wir gern Teilnehmerinnen und Teilnehmer in Meetings, Fortbildungen und Konferenzen. Und so heißen wir alle Leserinnen und Leser willkommen.

„Check-in“ im Kreis bedeutet, dass Menschen eingeladen werden, zu Beginn und reihum Worte zu finden, mit denen sie sagen: „Mein Name ist …, ich bin jetzt hier und bin bei dem, was wir jetzt vorhaben dabei.“ Diese kleine Etikette für den Beginn zeigt segensreiche Wirkungen für Zusammenkünfte aller Art, von denen wir ausführlich berichten.

Wenn sich diese Grundannahme, die wir Autoren verinnerlicht haben, stärker in Organisationen durchsetzt, dann wird sich eine andere Wirklichkeit kristallisieren. Sie verändert organisationale Zusammenarbeit und Koordination in Richtung kollektiver Intelligenz. Deshalb ist sie fulminant. Man stelle sich vor: „Wir teilen uns die Verantwortung für die Qualität dieses Unternehmens!“, „Wir teilen uns die Verantwortung für die Qualität dieses Veränderungsprozesses!“, „Wir teilen uns die Verantwortung für die Qualität dieses Meetings!“ … Und natürlich auch: „Wir teilen uns die Verantwortung für die Qualität unserer gemeinsamen Welt und Zivilisation!“

Für die positive Wirkung dieses Buchs, für das wir unser Bestes gegeben haben, heißt es auch: „Wir teilen uns die Verantwortung für die Qualität dieser Leseerfahrung!“ Jeder von uns gibt den eigenen, notwendigen Teil hinzu – wir als Autoren die sinnvolle Struktur, die Erfahrung, die Recherche und einen hoffentlich inspirierenden Inhalt. Du, der Leser und die Leserin, ein gewisses Maß an Interesse, Offenheit und Eigenmotivation.

Facilitation ist eine Denk- und Lebensschule, ein Handwerk und eine Kunst. Daher ist das Buch etwas für Menschen,

- die sich für ihr eigenes Denken, ihre Wahrnehmungen und Interpretationen von Wirklichkeit interessieren (Denk- und Lebensschule),
- die praktisch veranlagt sind und konkrete Hinweise, Methoden und Tipps für dialog- und beteiligungsorientierte Veränderung und Transformation suchen (Handwerk),
- die das Leben selbst, ebenso wie ein Gruppenereignis oder ein stimmig entwickeltes Kollektiv als künstlerischen Akt begreifen und die diesen Aspekt noch mehr für sich herausarbeiten wollen (Kunst).

Wir haben diese Aspekte zwischen dem Denken, dem Handwerk und der Kunst erfahrungsbasiert beschrieben. Alles kommt direkt aus der Praxis der Kommunikationslotsen. Die Berufung des Facilitators nährt sich aus einem tiefen und beständigen Bekenntnis zu den Wurzeln der Organisationsentwicklung als einer demokratischen Praxis. Die Leidenschaft des Facilitators liegt darin, Organisationen als lebendige Organismen verstehbar zu machen und Kommunikation so zu organisieren, dass Menschen mehr Stimmigkeit und Selbstwirksamkeit erfahren. Diese Orientierung am Menschen *und* am Organisationalen ist der besondere Beitrag von Facilitation in dieser Zeit.

Check-in

„Die Kunstform der Zukunft ist die Gruppe. Die Intelligenz und das Wohlwollen, die wir brauchen, können nur von der Gruppe kommen, von Vereinigungen von Männern und Frauen, die versuchen, gegen die Impulse der Illusion, des Egoismus und der Angst zu kämpfen."
Jacob Needleman[1]

Der Facilitation-Ansatz, den wir beschreiben, ist sprachlich und inhaltlich anders als vieles, was im Bereich von Führung, Management, Beratung und Change zu finden ist. Begriffe wie „Liebe", „Unerschrockenheit" und „Bedürfnisfreiheit" haben ihren Weg in unsere Praxis und in dieses Buch gefunden. „Ihr liebt die Menschen!", sagen viele unserer Klienten. Und so schreiben wir auch über die „gute Medizin", die die Facilitatorin bringt – die „good medicine", wie sie bei indigenen, erdverbundenen Völkern genannt wird. Wir tauchen ein in altes Wissen von Zeremonien in Verbindung mit Übergangsritualen und verschiedenen helfenden Rollen und Praktiken.

Das Buch ist an der Leserin und am Praktiker ausgerichtet, an all den konkreten, teils herausfordernden Situationen des Alltags der Führung und der Beratung in Veränderungsprozessen im organisationalen Anwendungskontext. Das heißt, es beinhaltet Erfahrungen und mitunter auch hilfreiche Antworten oder alternative Sichtweisen auf all die Fragen, die einem regelmäßig in diesem Feld begegnen.

Ausdrücklich wollen wir es nicht nur Menschen in Prozessbegleitung und Beratung, sondern auch in Führungsrollen empfehlen. Wir nennen das „Facilitative Leadership". Warum die Führungskraft der Zukunft ein Facilitator ist, behandeln wir gleich zu Beginn des Buches.

Interessant dürfte sein, dass Facilitation, facilitative Praktiken und Prinzipien in allen Lebensbereichen und Berufen anwendbar sind. So haben wir bereits von facilitativer Landschaftsgestaltung, facilitativer Architektur, facilitativer Schule und facilitativer Elternschaft und vielen weiteren Anwendungsfeldern gehört.

Jeder Mensch kann Facilitator sein. Daher liefern wir mit diesem Buch konkrete Hilfestellung und Prozess-know-how, Facilitation in all der Anwendungsvielfalt handhabbar zu machen.

Uns ist es ein Anliegen, Personen jeden Geschlechts zu berücksichtigen und zu würdigen. Zur flüssigen Lesbarkeit haben wir uns entschieden, abwechselnd und ohne erkennbares Schema mal in der weiblichen, in der männlichen Form und in einer genderneutralen Formulierung zu schreiben.

Facilitation kann ein Leben verändern.

Unser Leben hat es verändert. Und das Leben vieler unserer Klientinnen in Facilitation-Projekten, -Fortbildungen und -Curricula. Das Buch „Facilitation" wird dies fühlbar machen.

Und zu guter Letzt eine Anregung: Nutze, liebe Leserin, lieber Leser, alles aus dem Facilitation-Ansatz, das Denken, das Handwerk und die Kunst. Nur nenne es nicht „Facilitation"! Nutze es als hilfreichen Bestandteil deiner Praxis. Doch lass uns darauf verständigen, das Etikett „Facilitation" zu suspendieren. Wenn uns das in der Facilitation Community gelingt, dann dürfen wir diese Urprinzipien des Lebendigen und die daraus resultierenden, höchst praktischen und oft auch weisen und entlastenden Vorgehensweisen auch in Zukunft noch lange kultivieren. Facilitation als „Denkschule ohne Namen", als „Handwerk ohne Bezeichnung" und als „Kunst ohne Etikett" bleibt uns allen dann noch lange erhalten.

Wir wünschen eine einladende, inspirierende und ermutigende Leseerfahrung!

Holger Scholz & Roswitha Vesper im Januar 2022

Inhaltsübersicht

Inhaltsverzeichnis

Geleitwort

Aus meiner Sicht kann man die umfassende und immense Bedeutung, die Facilitation heute schon hat und in Zukunft noch mehr haben muss, nur verstehen, wenn man sich vergegenwärtigt, WAS facilitiert werden soll. Es ist – so abstrakt und fast unangemessen groß es auch klingen mag – das Leben. Es ist das, was das Leben, wenn es unbehindert ist, hervorbringen möchte. Und was es durch uns als Individuen, als Gruppen und als Organisationen auch hervorbringt, wenn die Rahmenbedingungen stimmen. Dazu braucht es neben anderem, dass wir gut facilitiert werden.

Lord Andrew Stone, der in den 1990er-Jahren CEO des englischen Handelsunternehmens Marks & Spencer war, schrieb der Autorin Danah Zohar: „*Marks & Spencer gibt es seit über 100 Jahren. Das Unternehmen ist ein Organismus mit eigener Identität und Persönlichkeit. Das Unternehmen handelt, als hätte es Augen und Ohren und ein eigenes Bewusstsein. Es reagiert auf äußere Reize mit unmittelbaren Reflexen, aber auch mit durchdachten Strategien. Es kommuniziert mit der Außenwelt. Sein Überlebenswille und das instinktive Suchen nach immer mehr Wissen und neuen Erfahrungen sind fast greifbar. Alle diese Eigenschaften sind auch dann noch vorhanden, wenn die Mitarbeiter nach Hause gegangen sind.*“

Ich verstehe Unternehmen und Organisationen ebenfalls als lebendige Organismen. Als solche haben sie das natürliche Bestreben, ihren Daseinszweck (der unabhängig von einzelnen Menschen besteht) zu leben, sich zu entfalten, heil zu werden, in allen ihren Teilen gut zusammenzuwirken und zum Wohlergehen von etwas Größerem beizutragen. Eine wesentliche Voraussetzung dafür ist Führung. Führung insbesondere auch im Sinne von Facilitation. Facilitation ist der Faktor, der optimale Konstellationen für das Zusammentreffen und Zusammenwirken einer kleinen oder auch großen Zahl von Menschen schafft, der Hindernisse beseitigt, angemessene Strukturen einführt und das evoziert, was als Potenzial bereits da ist und geboren werden will.

Der Quantenphysiker David Bohm schrieb in seinem vielleicht wichtigsten Werk „Die implizite Ordnung“, dass es eine kreative Quelle gibt, die in das Universum eingefaltet ist. Diese Quelle existiert vor dem sequenziellen Ablauf der Zeit und sie gebiert die manifeste Realität in jedem einzelnen Moment. Joseph Jaworski, der stark von David Bohm beeinflusst wurde und dessen Erkenntnisse zu einer neuen Sicht auf Leadership führte, lehrt uns, dass wir, wenn wir uns mit dieser Quelle verbinden, in bestimmten Momenten erspüren können, welche Realitäten mit unserer Hilfe entstehen wollen. Und dass diese Quelle uns unterstützt, diese Realitäten mit-zu-erschaffen. Sie führt uns zu neuen Entdeckungen, kreativen Lösungen, originären Schöpfungen, guten Entscheidungen und zu Erneuerung und Transformation. Indem wir uns mit der Quelle verbinden, sind wir Partner in der Entfaltung des Universums.

Was Bohm und Jaworski „Quelle“ nennen, ist eng verwoben mit dem, was ich gerade mit „Leben“ gemeint habe. Facilitation hilft Gruppen, sich mit der Quelle zu verbinden und hervorzubringen, was das Leben genau jetzt gebären möchte. Facilitation ist der Faktor, der hilft, „Partner in der Entfaltung des Universums“ zu sein. Eine wichtigere Aufgabe kann es kaum geben. Gerade in den unübersichtlichen und bewegten Zeiten, durch die wir derzeit navigieren dürfen, ist es entscheidend, immer wieder gemeinsam herauszufinden, was in diesem Moment entstehen will und getan werden muss.

Das Buch von Holger und Roswitha, die ich das Vergnügen habe, etwa 25 Jahre zu kennen, kommt daher zur richtigen Zeit. Es ist ein wichtiger Wegweiser auf dem Weg von Change Management zu Change Facilitation. Und auf diesem Weg braucht es Wegweiser, denn Change Facilitation ist kein planbarer Prozess, kein Programm, das wir für ein oder zwei Jahre auflegen und dessen

Schritte wir von vornherein kennen. Dieser Weg entsteht im Gehen. Doch ein paar Heuristiken können uns helfen.

Dieses Buch ist angefüllt mit vielen hilfreichen Heuristiken. Eine davon ist die von den Autoren in den Mittelpunkt gestellte „Pilotgruppe“ – eine Gruppe, die typischerweise zwischen 10 und 25 Mitglieder hat und im Fall des Gelingens ein wichtiger Motor der Veränderung ist. Von einer Pilotgruppe können eine oder mehrere Großgruppenkonferenzen ausgehen. Und umgekehrt wird die Pilotgruppe von einer kleineren „initialen Vorbereitungsgruppe“ vorbereitet. Diese Sukzession von einer kleineren zu einer mittleren zu einer größeren Gruppe ist aus meiner Sicht ein kluges Vorgehen. Denn die Wirkung der jeweils kleineren Gruppe geht deutlich darüber hinaus, dass sie praktische Fragen klärt wie beispielsweise, wer an der nächstgrößeren Gruppe beteiligt sein sollte. Die kleinere Gruppe bewirkt etwas mindestens ebenso Wichtiges auf einer unsichtbaren Ebene. Sie bereitet ein Feld vor. Sie tut dies allein dadurch, dass sie zu einer Gruppe mit einer gemeinsamen Intention und mit einer Einigkeit über das weitere Vorgehen zusammenwächst. Sie tut es dadurch, dass in ihr ein kohärenter Spirit entsteht. Die Vorbereitung des Feldes bewirkt, dass es für die nächstgrößere Gruppe einfacher wird, ebenfalls einen solchen Spirit zu entwickeln.

Bei Facilitation geht es nicht nur darum, kleineren oder größeren Gruppen zu helfen, gute Ergebnisse zu erzielen. Es geht darum, den Organismus, den jede Gruppe, die eine gemeinsame Intention hat, darstellt, sich ganzheitlich entfalten zu lassen. Das bedeutet neben anderem auch, ein Gefühl von Gemeinschaft – ein „Wir“ – wachsen zu lassen. In unseren meist fragmentierten Organisationen und in unserer Gesellschaft, die derzeit Tendenzen zur Spaltung in vielen Dimensionen aufweist, könnte kaum etwas wichtiger sein. Wir werden die mannigfachen Herausforderungen unserer Welt nur gemeinschaftlich bewältigen. Antoine de Saint Exupéry schrieb, dass wir eine neue Zukunft nur schaffen können, wenn wir neue Formen der Gemeinschaft finden. Von solchen Formen handelt dieses Buch.

Facilitator zu sein ist, wenn wir es ernst nehmen, auf eine lebenslange Reise des Wachsens und Lernens zu gehen. Wir können immer noch besser darin werden, beispielsweise anderen ausnehmend gut zuzuhören und niemanden (auch nicht innerlich) zu beurteilen. Das Leben des Facilitators ist eine Reise des Helden, wie sie am Ende dieses Buches beschrieben wird. Es beginnt im „öden, grauen Land“ – einer Welt, in der Facilitation nicht vorkommt und das Zusammenwirken von Menschen oft unbefriedigend bleibt. Dann erfolgt der Ruf. Er hat Sie, lieber Leser, liebe Leserin, ereilt, sonst hätten Sie nicht zu diesem und vielleicht anderen Büchern gegriffen. Mentoren tauchen auf der Reise auf. Darunter auch die Autoren dieses und anderer Bücher und andere Lehrer, auf die man auf dem Weg – immer im genau richtigen Moment – trifft. Und die Reise des Helden hält natürlich Prüfungen bereit. Das sind die Momente, in denen der Held sein Heldentum beweisen muss. Er muss den Drachen töten oder die hässliche Kröte küssen und darf hier nicht ausweichen. Drachen und Kröte sind dabei nicht außen, sondern in uns. Sie stehen für unsere Schatten, Anteile von uns, die wir nicht mögen und nicht wahrhaben wollen, und die wir gern auf andere projizieren. Sie behindern unser Mensch- und unser Facilitator-Sein und zeigen sich, wenn wir vor oder mitten in einem Facilitation-Prozess stehen. Als Facilitator auf der Heldenreise beobachten wir achtsam, welche Kröten sich gerade in uns regen und sich beispielsweise in (uns oft kaum bewussten) Urteilen über unsere Teilnehmer und Teilnehmerinnen äußern. Diese Urteile immer wieder zu erkennen und zurückzunehmen und in anderen das Beste zu sehen, ist ein wichtiger Teil der Heldenreise des Facilitators. Der Drache wird nicht auf einen Streich erlegt, sondern scheibchenweise reduziert, wenn wir unsere innere Aufgabe als Facilitator ernst nehmen. Es ist eine „lebenslange Praxis“, wie es Holger Scholz und Roswitha Vesper in diesem Buch ausführlich herausarbeiten.

Diese Praxis enthält Herausforderungen, aber auch mannigfache Belohnungen. Der Held findet den Gral oder erhält das Elixier, und mit diesem Geschenk – seiner gewachsenen Fähigkeit, ein guter Facilitator zu sein – kehrt er in die Gesellschaft zurück und wirkt dort auf segensreiche Weise. Das Elixier kommt natürlich in kleinen Portionen über eine lange Strecke des Weges hinweg und nimmt an Menge immer mehr zu.

Die Reise des Facilitators, wenn er sie als eine Heldenreise versteht, ist eine faszinierende Reise. Dieses Buch ist dafür ein wunderbarer Begleiter. Möge es viele Leser und Leserinnen finden und inspirieren.

Matthias zur Bonsen, Januar 2022

Kapitel 1:
Was ist Facilitation?

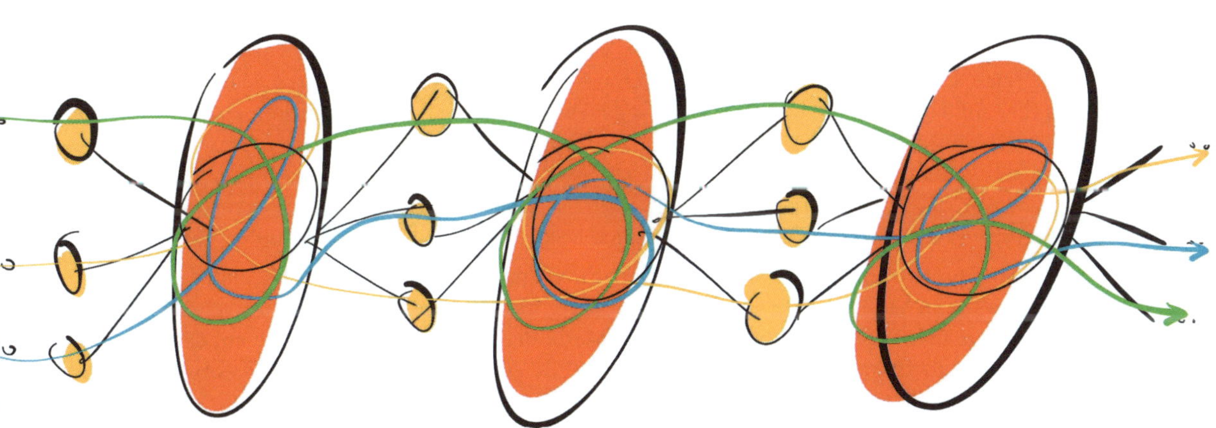

Jeder, der an seine erste große Liebe denkt, kann nachempfinden und sich erinnern, wie besonders und außergewöhnlich dieses Erlebnis ist. Du entdeckst plötzlich etwas, das du so nicht erwartet hattest. Du versuchst es, mit dem Verstand zu greifen, während die Emotionen in Wellen über dich hinwegrollen.

Es gibt im Leben Entdeckungen, durch die eine neue Tür aufgeht. Das können *kleine Momente der Wahrheit* sein. Momente, in denen man etwas erkennt und wahrnimmt, was man vorher in dieser Dimension nicht erfassen konnte. Dies passiert auch in Gruppen und es kann sich sogar in einer ganzen Organisation zeigen. Es sind Momente, in denen plötzlich größere Gemeinschaften etwas in den Blick nehmen, nahezu zeitgleich erkennen und kollektiv spüren.

So etwas nennen wir im Rahmen von Facilitation einen

- *kreativen Durchbruch* oder auch
- eine *unausweichliche Erfahrung* („inescapable experience")[1].

Wir möchten einladen, das Potenzial und die Auswirkungen von „Facilitation" größer zu sehen. Größer als Organisationsentwicklung, Gruppenprozesse, Führungsphilosophie und Management. Keine Organisation muss darauf verzichten. Die Rahmenbedingungen und alles, was es braucht, damit dies wachsen kann, werden wir in diesem Buch teilen. Es ist ganz einfach. Nur nicht leicht.

In diesem Kapitel geht es darum, Facilitation als Denk- und Lebensschule, als Handwerk und Kunst zu beschreiben. Wir beschäftigen uns mit dem, was der Begriff *Facilitation* lehrt, schauen in die Geschichte der Profession und über den Tellerrand hinaus auf Parallelentwicklungen und Nachbarschaften

1.1 Eine Denk- und Lebensschule, ein Handwerk und Kunst

Facilitation ist eine **Denk- und Lebensschule**, weil sich nahezu alle Prinzipien, Grundannahmen und Werte auf das ganze Leben anwenden lassen. Die Beschäftigung mit Facilitation hat eine positive Wirkung auf alle Lebensbereiche und damit auf viele Rollen und Aufgaben. Die facilitative Lebensschule führt zu mehr Stimmigkeit, Entwicklung und Gesundheit. Facilitative Grundannahmen, Prinzipien und Werte ziehen sich wie ein roter Faden durch das ganze Leben. Wir laden daher auf den folgenden Seiten immer wieder ein, das eigene Denken und Handeln zu beobachten und es hinsichtlich der Auswirkungen zu überprüfen. Wir bieten Hinweise, neue Perspektiven auf alte Gedanken und Übungen für ungewohnte Einstellungen, die einen Einfluss auf die eigene Lebenspraxis haben können. Mit Facilitation laden wir Menschen zu einem gemeinsamen Dialogprozess ein, durch den das eigene Denken geschult und das Leben bewusster gestaltet wird.

Facilitation ist auch ein **Handwerk**. Dabei geht es unter anderem um Werkzeuge, die Partizipation ermöglichen und ganz besonders um die gute, zieldienliche Anwendung eben dieser. Im Fachjargon würde man dazu Prozess- oder Methodenkompetenz sagen. Auch auf das *Handwerk* kommen wir immer wieder zu sprechen, weil die gekonnte Ausführung und Anwendung von Methoden einen immensen Unterschied macht. Es ist wichtig, Fallen und Stolpersteine zu kennen, denn wie es bei einem guten Maurer auf jeden Stein ankommt, so kommt es bei Facilitation auf jede Intervention und auf jede Instruktion an. Die „glorreichen Sieben", so haben wir die für uns wichtigsten großen Facilitation-Methoden genannt. Auf sie gehen wir ausführlich ein und ergänzen Tipps für die Praxis im Kapitel CO-CREATION (ab Seite 192). Um die Bedeutung der Methodenkompetenz für Facilitation einzuordnen, muss an dieser Stelle der Begriff der Haltung genannt werden.

„Die Wirkung einer Intervention ist abhängig vom inneren Ort, von der inneren Quelle des Intervenierenden."[2]

Diese oft zitierte Aussage von Bill O'Brien, ehemaliger CEO der Hannover Versicherung ist eine stete Erinnerung daran, dass es in der Facilitation-Praxis nicht nur darauf ankommt, was du tust (welche Methode/Technik du nutzt), sondern vielmehr darum geht, mit welcher Haltung oder inneren Verfasstheit du es tust.

Und zu guter Letzt ist Facilitation eine **Kunst**. Die Kunst, im richtigen Moment das Richtige zu tun. Die Entdeckung des erweiterten Kunstbegriffs von Joseph Beuys, führte zu seiner Beschreibung eines zukünftigen Kunstwerks, der „Sozialen Plastik". Sie entsteht aus der Kunst, befindet sich in stetiger Veränderung, wird durch alle Lebewesen hervorgebracht und bleibt doch Kunst. Gemeint ist hier nicht die museale Kunst, sondern die Lebens- und Gestaltungskunst. Dieser Idee folgend **betrachten wir jedes Meeting, jedes Projekt, jede Organisation als ein formbares, gestaltbares, soziales Gebilde, das – mit künstlerischer Ambition – Ausdruck einer neuen, wünschenswerten Wirklichkeit werden kann**. Dieses Wirken vollziehen wir im Sinne einer Ästhetik, die das Ganze beflügelt. Und wenn schon das Endprodukt nicht ästhetisch sein kann oder muss, dann sollte wenigstens der Schaffensprozess eine Qualität in diesem Sinne vorweisen. Das könnte man dann „Aktionskunst" nennen. Die Kunst liegt also im Prozess der Entstehung oder der Durchführung, beispielsweise in der Art und Weise des Miteinanders, wie Entscheidungen getroffen werden oder welche Artefakte genutzt werden und entstehen.

Häufig visualisieren wir beispielsweise die gemeinsamen Gedankengänge, wichtige Prinzipien des Werdens und erste Ideen. Diese Artefakte einer gemeinsamen Suchbewegung nehmen sich die Klienten gerne mit. Sie haben eine Wirkung – über den Tag der Entstehung hinaus.

„Das Ganze, das Heilige und das Ästhetische evozieren sich gegenseitig[3]*."*

Der in der systemischen Schule häufig referenzierte Anthropologe, Sozialwissenschaftler und Kybernetiker Gregory Bateson soll dies einmal gesagt haben. Wir übersetzen es in **drei facilitative Handlungsprinzipien, die wir uns immer wieder leitend ins Gedächtnis rufen:**

- Aufmerksam werden. Sichtweisen und Perspektiven einladen – das ganze Bild sehen.
- Erste Lösungen in der Schwebe halten. Ausprobieren. Aufmerksam bleiben. Fortwährend (miteinander) erkunden: „Was will hier werden?"
- Gute Umfeldbedingungen schaffen. Das Neue darin wachsen lassen. Ein behutsam entwickeltes Kollektiv, ein für alle relevantes Thema und Ästhetik verstärken die kollektive Weisheit.

Wie man Facilitation auch beschreiben kann

„Die Kunst, die Weisheit der Vielen bzw. das Wissen einer Gruppe, zum Vorschein zu bringen durch Dialog und durch das Streben nach Klarheit, durch das Befördern aktiver Teilnahme und der Gewissheit, dass verschiedene Perspektiven lösungsförderlich und nicht hinderlich sind. Durch Facilitation wird das facettenreiche Potenzial eines Teams freigelegt."

– *IAF, International Association of Facilitators*

„Ein Facilitator ist eine Person, die einer Gruppe von Menschen hilft, besser zusammenzuarbeiten, ihre gemeinsamen Ziele zu verstehen und zu planen, wie diese Ziele während der Sitzungen oder Diskussionen erreicht werden können."

– *Wikipedia*

„Facilitation ist eine Reihe von Fähigkeiten, die bei der Arbeit mit einer Gruppe eingesetzt werden, um sie in die Lage zu versetzen und zu unterstützen, ihre Ziele auf eine Weise zu erreichen, die alle Beiträge einbezieht und respektiert, Eigenverantwortung aufbaut und das Potenzial der Gruppe und ihrer Mitglieder freisetzt. Sie hilft, zwischen Prozess und Inhalt zu unterscheiden."

– *The Institute of Cultural Affairs, Großbritannien*

„Die Aufgabe des Facilitators besteht darin, sich auf die Prozessaspekte der Arbeit zu konzentrieren, während die Aufgabe der Teilnehmer darin besteht, ihr Wissen über das Thema und die Organisation für den jeweiligen Zweck oder die jeweilige Aufgabe anzuwenden."

– *Professor Sandy Schuman, Autor und Herausgeber des IAF-Handbuchs*

Chris Corrigan, ein Steward der „Art of Hosting"-Praktiken, schreibt: „Während Facilitation traditionell bedeutet, ‚die Dinge einfach zu machen', denke ich, dass wir eine neue Definition brauchen, die bedeutet, ‚den Kampf gemeinsam durchzustehen'. Gute Facilitatoren helfen dabei, einen Behälter zu schaffen, in dem Menschen mit Unterschieden und Vielfalt arbeiten können, um Gutes zu bewirken."

Was uns der Begriff lehrt

„Facilitating" meint wörtlich übersetzt „erleichtern, Leichtigkeit, Möglichkeit". Im Lateinischen steht der Begriff „Facilis, Facile" für „leicht, ohne Schwierigkeit, ohne Mühsal, bequem". Diese Begriffsbestimmung verrät etwas von den innen liegenden Kräften und Wirkweisen: Es geht um Möglichkeiten, die bereits in der Welt sind, die wir zulassen oder finden können. Es kann recht einfach gehen, wenn man sich öffnet.

„Die Zukunft ist schon da, sie ist nur ungleich verteilt."
William Gibson[4]

Durch Facilitation kann es gelingen, die Zukunft in einen Raum zu holen und für sich und für höhere Ziele nutzbar zu machen.

Friedemann Schulz von Thun[5] erwähnt Carl Rogers, der den Begriff Facilitator bereits 1974 nennt als Bezeichnung für einen guten Gruppenleiter. Das Wort „Facilitation" wurde im Sinne der Profession ab 1985 im Institute of Cultural Affairs (ICA) genutzt. Das ICA ist eine globale Gemeinschaft von Non-Profit-Organisationen, die sich weltweit für eine authentische und nachhaltige Transformation von Individuen, Gemeinschaften und Organisationen einsetzt. Aus dem

ICA entstand 1994 in Alexandria (USA) die „International Association of Facilitators (IAF[6])", heute mit Mitgliedern in rund 45 Ländern.

Der Begriff Facilitation hat sich mittlerweile global durchgesetzt. Auf jedem Kontinent gibt es Personen, die sich als Facilitator oder als Facilitative Leader bezeichnen und die facilitative Methoden nutzen. Facilitation als Führungsphilosophie und Haltung befindet sich weltweit in einer dynamischen Entwicklung. Was in den 1990er-Jahren noch als teilautonome Arbeitsgruppe, Partizipation oder Mitarbeiterbeteiligung bezeichnet wurde, hat sich rasant weiterentwickelt. Methoden, wie Open Space Technology, The Circle Way oder Dynamic Facilitation, werden heute als machtvolle soziale Technologien verstanden und weiterentwickelt.[7] Die hilfreichen Grundannahmen, Prinzipien und Praktiken, die in Facilitation stecken, erinnern an grundlegende Weisheiten des gelingenden Lebens. Für uns ist Facilitation ein wahres Sammelbecken höchst effektiver, lebensdienlicher Philosophien und Werkzeuge.

Wir beschreiben mit Facilitation eine machtvolle und zugleich praktische Weisheitslehre, die mehr kann, als einzelne Organisationen performanter zu machen. Ein gesellschafts-therapeutisches Wirken ist erkennbar, beabsichtigt und in vielen Sektoren auch notwendig.

Facilitative Leadership

Facilitation als Denk- und Lebensschule, Handwerk und Kunst ist auch eine Führungskompetenz. Dies ist vielleicht eines der bestgehüteten Geheimnisse vieler Leadershipschulen. Doch John Naisbitt, der bekannte Zukunft- und Trendforscher, formuliert diese Aussage, die wir auf Basis von vielen Rückmeldungen unserer Teilnehmerinnen und Klienten sowie aufgrund unserer eigenen Praxis bestätigen können:

„Die Führungskraft der Zukunft ist ein Facilitator."
John Naisbitt

Das meiste, was wir daher in diesem Buch zu Facilitation schreiben, gilt auch für Menschen in Führungsrollen. An einigen Stellen weisen wir explizit darauf hin (siehe z. B. „Die Top Fünf Grundannahmen für Facilitative Leader", Seite 43 ff.). Wann immer Facilitatoren in beratender Rolle agieren, können die Aussagen ebenso für Führende gelten, die beispielsweise ihr eigenes Führungsgremium beraten.

„Aus einem klassischen Management-Verständnis kommend, ist der Weg zu Facilitative Leadership jedoch nicht einfach. Denn es gilt, lang gehegte Glaubenssätze und darauf aufbauende Management-Praktiken zu hinterfragen und sich auf völlig andere Perspektiven und Ansätze einzulassen.

Eine gelingende facilitative Führung eröffnet ungeheure Potentiale in einer Organisation, agiler und resilienter im Rhythmus des Markts zu agieren. Gleichzeitig ermöglicht Fascilitative Leadership, die Verschwendung menschlichen Potentials, die mit klassischen Organisationsstrukturen und klassischem Management einhergehen, drastisch zu reduzieren. Im Ergebnis können Organisationen entstehen, in denen Menschen und Organisation gedeihen.

Spätestens, wenn ein Wettbewerber in einen Markt eintritt, der facilitative Leadership wirksam praktiziert, wird es für klassisch organisierte Wettbewerber eng. Denn die Agilität und Resilienz dieser Art von Organisationen wird im Markt zu einem „unfairen Vorteil", der sich nicht leicht kopieren lässt. Ein Beispiel dafür ist Buurtzorg[8], die in den Niederlanden mit ihrem Facilitative Leadership-Ansatz in 10 Jahren fast 20 % des Gesamtmarkts an häuslicher Krankenpflege erlangen konnten. Geschafft haben sie das mit gleichzeitig marktweit höchsten Mitarbeiter- und Patientenzufriedenheitswerten bei – im Vergleich zur Konkurrenz – 70 % geringeren Kosten. Insofern empfiehlt es sich, diese Transformationsreise selbstgewählt zu beginnen, bevor Wettbewerber im Markt sie erzwingen."
Dr. Carsten Block, Chief Product Owner lexoffice, Haufe Group, Freiburg

Facilitative Führung heißt aus unserer Sicht, die Fähigkeit, die operative Geschäftigkeit bewusst und mit Vorausschau temporär zu suspendieren, um sinnvolle Entscheidungen zu treffen und neue Spielregeln auszuhandeln – und das im Idealfall zeitgleich mit vielen Menschen. Damit dies gelingt, braucht es „Prozesskompetenz". Prozesskompetenz ist nach der Studie „Führung im Wandel" eine der wichtigsten Kompetenzen für die Führungskraft der Zukunft.

„Prozesskompetenz ist für alle das aktuell wichtigste Entwicklungsziel. Alle interviewten Führungskräfte halten die Fähigkeit zur professionellen Gestaltung von ergebnisoffenen Prozessen für eine Schlüsselkompetenz."
Kulturstudie „Führung im Wandel"[9]

In unserer Facilitation-Praxis sind facilitative Führungskräfte Menschen, die

- Führung als verteilte Ressource in der gesamten Organisation verstehen,
- rotierende Leitung und geteilte Verantwortung kultivieren (The Circle Way, Seite 222 ff.),
- als Ergänzung zur eigenen Entscheidungsfreudigkeit den Satz beherzigen „This or something better![10]",
- als Modell vorleben, was es bedeutet Partikularinteressen, überholte Konventionen und Besitzstände zugunsten des größeren Ganzen zurückzuweisen,
- soziale Technologien nutzen, die echte Beteiligung ermöglichen.

In von Krisen und Disruption geschüttelten Organisationen stellen sie als erste die Fragen: „Wer wollen wir sein?" und „Welche Geschichte wollen wir miteinander schreiben oder verwirklichen?" Wird es eine Geschichte von „Mehr des Alten" („same old, same old")? Oder wird es eine Geschichte der Hinwendung, des Mitgefühls, des Loslassens und der Verbindung mit etwas gänzlich Neuen, das entstehen will.

„Gewährleisten Sie, dass die Arbeit des Managements einem höheren Zweck dient. Die meisten Unternehmen streben nach der Maximierung des Aktionärsvermögens – ein Ziel, das in vielerlei Hinsicht unzureichend ist. Als emotionaler Katalysator fehlt der Vermögensmaximierung die Kraft, die menschlichen Energien vollständig zu mobilisieren. Sie ist eine unzureichende Verteidigung, wenn Menschen die Legitimität der Unternehmensmacht in Frage stellen. Und sie ist nicht spezifisch oder überzeugend genug, um eine Erneuerung anzustoßen. Aus diesen Gründen müssen sich die Managementpraktiken von morgen auf das Erreichen besonders bedeutender und edler Ziele konzentrieren."
Gary Hamel[11]

Facilitative Leader wissen: Menschen brauchen gesellschaftlich bedeutsame und hehre Ziele, wenn es darum gehen soll, ihre Energie und individuellen Stärken vorbehaltlos einzusetzen.

In der Zukunft untersuchen alle alles

Der amerikanische Großgruppen-Pionier und Organisationsentwickler Marvin Weisbord sagte mit seiner Lernkurve (2012) voraus, dass die Entwicklung unserer Zukunft darauf basieren wird, dass alle Beteiligten alles untersuchen werden. Veränderung und Transformation werden also nicht einigen Wenigen, die vielleicht offiziell dafür verantwortlich sind, überlassen. Menschen werden lernen (müssen), Mitverantwortung wahrzunehmen.

> *„Unsere Gesellschaft fängt gerade erst an zu erkunden, was sich alles erreichen lässt, wenn ganz unterschiedliche Gruppen an derselben Aufgabe arbeiten."*
> Marvin Weisbord und Sandra Janoff

Die Idee der Notwendigkeit zu Co-Creation und Kollaboration unterschiedlicher Gruppen ist nicht neu. Zugleich ist das dafür benötigte Prozessverständnis gegenwärtig noch nicht Allgemeingut. Versuche bereichsübergreifender, internationaler Zusammenarbeit bleiben häufig hinter ihren Möglichkeiten zurück. Zugleich sehen wir, dass sich etwas tut. Es liegt etwas in der Luft[12].

LERNKURVE

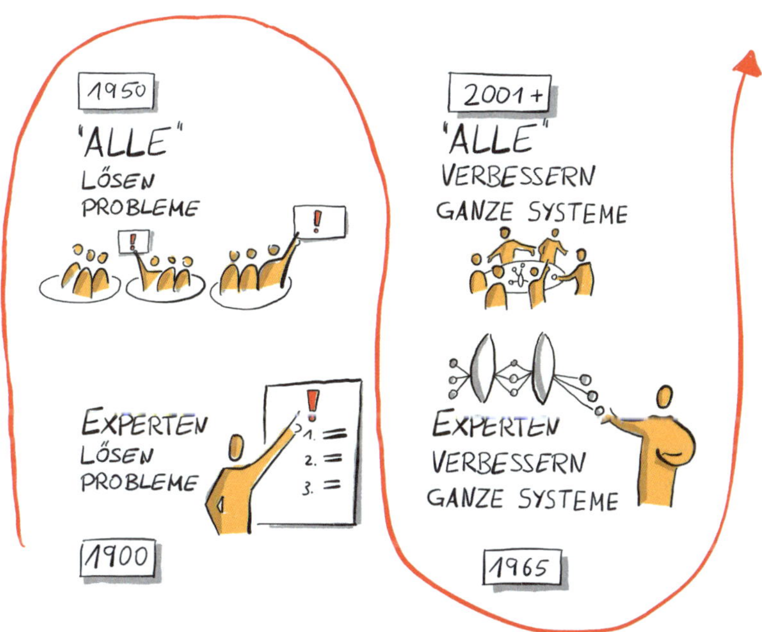

Wir sehen in der Lernkurve von Marvin Weisbord eine machtvolle Beschreibung eines Zukunftstrends, den wir bisher in unterschiedlichen Geschwindigkeiten so oder ähnlich in allen Lebensbereichen und Sektoren erlebt haben und noch weiter erleben werden. Während in der ersten Hälfte des 20. Jahrhunderts vorwiegend Experten Probleme lösten, wurden zur Mitte

des 20. Jahrhunderts bereits Arbeitsgruppen und „die eigenen Leute“ damit betraut. Ab den 1970er-Jahren, im Zuge des Aufkommens der Systemtheorie und ähnlicher Theorien, wie z. B. Autopoiesis, Emergenz und Selbstorganisation, zeigte sich, dass zunächst Experten damit betraut wurden, ganze Systeme zu verbessern. Dies verändert sich seitdem dynamisch. Denn die heutigen Herausforderungen einer als VUKA[13]-Welt (siehe Seite 115 ff.) bezeichneten Gegenwart sind vielfältig. Wir sind konfrontiert mit

1. kaum zu bewältigenden Fach- und Sachfragen,
2. unterschiedlichen Netzwerken und Anspruchsgruppen,
3. global unterschiedlich distribuiertem Wissen,
4. einem (gefühlten) Veränderungsdruck sowie
5. einer dringend benötigten Antwortfähigkeit der Institutionen.

Angesichts dieser Komplexität ist es eine Illusion zu glauben, einzelne Experten könnten die Richtung weisen oder gar die Lösung liefern.

Die Weisbordsche Skizze prognostiziert, dass wir auf ein Zeitalter zugehen, in dem alle Menschen mit gleichem Recht und Verantwortung das Große und das Ganze in den Blick nehmen und zu mehr Stimmigkeit hin entwickeln. Alle miteinander. Wir können das nicht einigen Experten überlassen. Zugegeben: Weisbord hat gedacht, es käme früher. Die Zahlen muss man also ein wenig korrigieren. Es gibt jedoch viele Beispiele dafür, dass wir als Gesellschaft auf diesem Weg sind. Exemplarisch genannt seien hier die von Frederic Laloux (2015) skizzierten Organisationen, denen drei Durchbrüche in punkto Führung und Organisation gelungen sind; Brian Robertson, der mit Holacracy einen Ansatz vorstellt, der den mitarbeitenden Menschen die Freiheit und Verantwortung gibt, selbst zu führen, Spannungen abzubauen und ein soziales Betriebssystem zu entwickeln, das Co-Creation und verteilte Führung ermöglichen. Oder John Croft, der mit „Dragon Dreaming[14]“ eine Philosophie und ein Phasenmodell für Projekte, Gruppen und Organisationen entwickelt hat, die er als „Empty Centered Organisation“ bezeichnet. Auch hier wird eine Miteinander-Kultur angestrebt und eine Struktur etabliert, die den Sinn (für alle) in den Mittelpunkt stellt – nicht die Hierarchie, nicht den Gewinn, nicht die Partikularinteressen einiger weniger.

Facilitative Ideen und die damit einhergehende soziale Praxis können helfen, den Weg in eine nachhaltige, lebensbejahende Zukunft zu ebnen:

- Politik thematisiert und praktiziert zunehmend bereichsübergreifende Dialoge in Staatsapparat und Gesellschaft,
- Schüler gehen in bisher nicht-gekanntem Ausmaß auf die Straße und haben eine Stimme,
- die kommunale Verwaltung setzt sich mit gelebter Demokratie auseinander (Stichwort Bürgerbeteiligung und Volksentscheid),
- Schulen experimentieren mit neuen, beteiligungsorientierten Lernformen und einer neuen Rolle der Lehrkräfte, weg vom Fachexperten hin zum Ermöglicher und zur Prozessbegleiterin,
- Verkehrs- und Sicherheitstechniker arbeiten mit den Prinzipien der Selbstorganisation und Schwarmbildung.

Es gibt eine Vielzahl an Initiativen globaler Bewusstseinsentwicklung. Die zur Verfügung stehenden digitalen Technologien ermöglichen, dass sich immer mehr Menschen weltweit in einen globalen Dialog über die wichtigsten Fragen der Menschheit einklinken können, wie z. B. die Frage, wie wir aus den menschengemachten Krisen lernen und nachhaltige Lebensformen entwickeln können[15].

Für Facilitatoren ist diese Entwicklung hin zur gemeinsamen Erkundung, Bewertung und Intentionsbildung der entscheidende Unterschied. Wir können gegenwärtig feststellen, dass sich immer mehr Menschen auf allen Ebenen der Gesellschaft die Verantwortung für die Qualität der gemeinsam hervorgebrachten Welt teilen. Wer das verstanden hat, dem eröffnen sich völlig neue, lebendige und quer zur aktuellen Logik stehende Denk- und Handlungsweisen für Führung, Zusammenarbeit, Innovation und dafür, wie Organisationen künftig überhaupt geformt werden.

In der Facilitation Praxis werden durch Co-Creation und kollektive Intelligenz Selbsterhaltung und Zukunftsfähigkeit in den verschiedensten Organisationen und zu den unterschiedlichsten Aspekten erfahrbar (eine Auswahl):

- **Qualitätsoffensive** – bei einem international agierenden Paketdienst wurden Qualität (der Auslieferungsprozesse) und Kundenorientierung gesteigert
- **Ein Führungskonzept für alle** – bei einem internationalen Luftfahrtunternehmen entstand ein neues, kontextpassendes Führungskonzept und -verständnis über alle Standorte hinweg
- **Wissen und Menschen vernetzen** – in einem international agierenden Telekommunikationsunternehmen sind quer durch alle Bereiche Communities of Practice/Communities of Expertise entstanden
- **Lehmschicht lockern** – in der Deutschlandzentrale eines international agierenden Konzerns machte sich das mittlere Management selbst zum Untersuchungsgegenstand und innovierte ein neues Verständnis für flüssige Prozesse und Kommunikation
- **Neue Formen der Zusammenarbeit** – in einer genossenschaftlich organisierten Bank wurden Selbstführung und Selbstorganisation durch geteilte Verantwortung, neue Grundannahmen und neue Praktiken verwirklicht
- **Zusammenarbeit an Bord** – in einem Inhaber betriebenen weltweit agierenden Logistikunternehmen der Schifffahrtsindustrie wurden Kommunikationsprozesse unter Berücksichtigung von Hierarchie (an Bord) und unterschiedlichsten Nationalitäten (Kulturthema) zeitgemäß erneuert.
- **Familienfreundliche Stadt** – unter Beteiligung der gesamten Verwaltung und einem Querschnitt freiwilliger Bürgerinnen und Bürger wurden Initiativen erdacht, geplant und umgesetzt, die die Lebensqualität für Familien in der Stadt steigerten.
- **Umzug eines Konzernbereichs** – anlässlich eines Mergers zweier Unternehmen der Zustellerbranche ging es um kulturelle und strategische Aspekte der Zusammenlegung zweier operativer Einheiten. Der physische Umzug in einen neuen Konzernbereich und die damit zusammenhängende Logistik wurde unter Mitwirkung aller Betroffener gemeinsam geplant und vollzogen.
- **Geschäftsführung am Puls der Organisation** – ein Geschäftsführungsteam verabschiedet eine neue Struktur für Entscheidungsfindung. Die Ernte umfasste ein Manifest „Wofür sind wir da" und „Wie wollen wir zusammenarbeiten" sowie ein neues Format, eine Art Mitarbeiter-Beirat, für Willensbildung und Entscheidungsfindung im gesamten Konzernbereich.
- **Strategische Entscheidung für ein Tätigkeitsfeld** – in einem internationalen Freiwilligendienst einer Nicht-Regierungs-Organisation wurde die strategische Entscheidung getroffen, in dem Tätigkeitsfeld auch weiterhin zu agieren und für das Gelingen wurde die Zusammenarbeit auf ein neues Fundament gestellt.
- **Fusion zweier Riesen** – die potenzialorientierte Fusion eines in Deutschland ansässigen Infrastrukturanbieters mit einem Global Player. Die Fusion zweier starker Marken und Unternehmenskulturen, wurde in strukturellen, strategischen und kulturellen Dimensionen begleitet, bis das Zielbild erreicht war: Eine neue Organisation mit positiver Attitüde und mit den besten Anteilen beider Welten.
- **Eine Organisation und ihr Mission umwandeln** – in einer Ordensgemeinschaft wurden Menschen begleitet, ihre seit zwei Jahrhunderten existierende Gemeinschaft und Zugehörigkeit würdevoll in eine neue Phase zu überführen und dafür den Laien Leitung und Verantwortung

zu übergeben. Unter anderem wurden Infrastruktur und einige Besitzstände in einem für alle stimmigen Sinne abgewickelt.

Damit in Zukunft alle alles untersuchen können, brauchen wir Menschen, die wissen, wie sich die kollektive Weisheit entfalten kann. Facilitatoren sind Weggefährten auf dieser Reise.

1.2 Von den Ursprüngen bis heute

Entwicklungslinien zu beschreiben ist immer eine heikle Angelegenheit. Wir möchten trotzdem an dieser Stelle Quellen und Weggefährten erwähnen, die unsere Arbeit als Facilitatoren inspiriert haben. Das ist subjektiv. Wenn wir bestimmte Aspekte spezifischen Personen oder Personengruppen zuordnen, dann tun wir dies nicht mit dem Verständnis, dass dies alles oder das Wichtigste ist, was diese Person in ihrem professionellen Wirken geschaffen hat. Es sind vorrangig die Aspekte, die aus unserer Sicht für unsere facilitative Praxis inspirierend, wegweisend und gegenwärtig immer noch maßgeblich sind.

Indianer, Quäker & Spuren von Facilitation

Man findet Spuren von Facilitation vermutlich in allen Kulturen und zu allen Zeiten. Fündig wird man in nativen, indigenen Kulturen, die mit den natürlichen Kreisläufen und einer tiefen Erdverbundenheit lebten und teilweise noch leben. Das ist nicht verwunderlich, bedenkt man, dass Weisheit und zieldienliches Verhalten immer schon erstrebenswert waren, wenn es um Entscheidungen und Entwicklungen von größerer Tragweite ging.

Eine historisch bedeutsame Form für Facilitation ist das Kreis-Setting. Der Kreis ist eine machtvolle, archetypische Form, der erste soziale Container der Kommunikation strukturiert hat. Unter anderem haben es sich Christina Baldwin und Ann Linnea mit ihrem Lebenswerk zu *The Circle Way* zur Aufgabe gemacht, den Kreis in heutige Organisationen zurückzubringen. David Bohm und Scott Peck sind weitere bedeutsame Vertreter der Kreisarbeit. Der Kreis bietet optimale Bedingungen für einen gelingenden Dialog. Mehr dazu kannst du im Abschnitt 3.4.3 nachlesen.

Einige Praktiken von Facilitation als Phänomen des Zusammenwirkens und der Kollaboration, wie wir sie auch heute noch in Organisationen einüben, findet man bei den Quäkern, eine von George Fox (1624 – 1691) begründete religiöse Gemeinschaft. Werte, wie etwa die Wahrhaftigkeit im Sprechen und Handeln, Integrität, Frieden, Einfachheit und Gleichheit, prägten eine Lebensweise, die nicht nur ein anderes Verhalten, sondern auch andersartige Praktiken des Zusammenseins und der Zusammenarbeit hervorbrachten. Bereits vor mehr als 300 Jahren entwickelten die Quäker einen sogenannten Konsensprozess.

„Schweigende Andacht steht im Mittelpunkt ihrer religiösen Zusammenkünfte, ohne Predigt, ohne festgesetzten Ablauf: Gemeinsames Schweigen, Warten auf Gottes Führung, die in Stille kommen kann oder durch das gesprochene Wort“, heißt es bei den Quäkern, und in der Tat finden sich – abgesehen vom religiösen Hintergrund – programmatische Gemeinsamkeiten zur Facilitation-Kultur. Zum Beispiel keine streng vorgegebene Agenda, eher ein **Flow aufgrund eines Prozessverständnisses, dass sich Wichtiges meist ungeplant zeigt**. Keine Frontalvorträge, keine Profilierung Einzelner auf Kosten des Gruppenprozesses – stattdessen bewusst eingeladene oder aufkommende Stille, Vertrauen in eine übergeordnete Führung und Gemeinschaftsbildung als Grundlage für nachhaltige Entscheidungen.

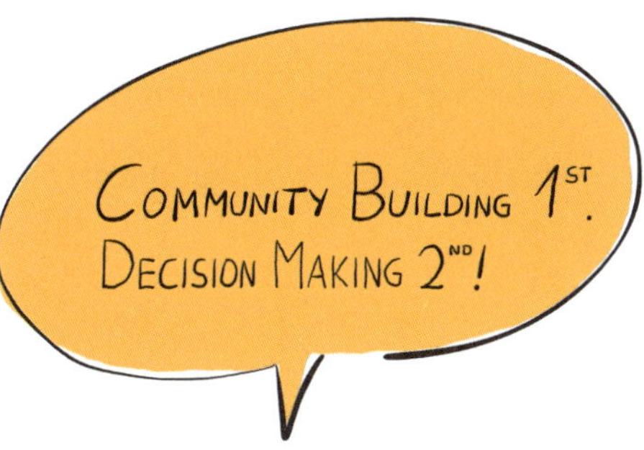

Community Building first. Decision Making second. („Bilde zuerst eine Gemeinschaft und treffe erst dann Entscheidungen."), so lautet ein zentrales Facilitator-Prinzip. Es sind die kleinen Momente der Wahrheit, die man nicht direktiv planen, denen man sich aber öffnen kann. Demut, Zuhören, achtsam sein, hierarchiefreie Räume schaffen, aus der Stille heraus sprechen, Zeit einräumen für echten Kontakt, Bewusstseinsbildung und Reflexion – dies alles sind Aspekte aktueller, facilitativer Praxis mit Wurzeln in alten Kulturen, Religionen und Weisheiten.

Zwerge auf den Schultern von Riesen

„Bernhard von Chartres sagte, wir seien gleichsam Zwerge, die auf den Schultern von Riesen sitzen, um mehr und Entfernteres als diese sehen zu können – freilich nicht dank eigener scharfer Sehkraft oder Körpergröße, sondern weil die Größe der Riesen uns emporhebt."
– Johannes von Salisbury: Metalogicon 3,4,46-50

In den folgenden Abschnitten stellen wir 12 „Riesen" vor, auf deren Schultern wir sitzen. Die Prinzipien, die sie in die Welt gebracht haben, sind heute grundlegend für das Gelingen von Facilitation.

Kurt Lewin – Partizipation zum frühestmöglichen Zeitpunkt
Kurt Lewin (1890-1947) war zweifelsfrei einer dieser Riesen. Er gilt als Begründer der sogenannten Aktionsforschung, ein Ansatz, in dem Forscher und Teilnehmer von Anfang an in Zielsetzung, Planung und Durchführung einer Untersuchungsreihe zusammenarbeiten. Es entwickelten sich Gruppen, die sich selbst zum Gegenstand der Untersuchung deklarierten und ihre Fähigkeiten der Selbstreflexion dadurch enorm entwickeln konnten. Sie durchschritten jeweils einen Zyklus der Sammlung von Daten und Informationen, der Analyse und Bewertung dieser Daten, der Ableitung nächster Schritte und schließlich der Reflexion des Gelernten und der erneuten Sammlung neuer Daten und Informationen, und so weiter. Kurt Lewin ist der „Vater" unseres Pilotgruppenansatzes mit der Philosophie des nächsten Schrittes, worauf wir im Kapitel 3.3 näher eingehen.

In den 1950er- und 1960er-Jahren wurden viele Erkenntnisse sowohl zu Dynamiken zwischen (Arbeits-)Gruppen, zu komplexen partizipativen Gruppenprozessen und zur Rolle des helfenden Prozessbegleiters gewonnen und ein Interventionsrepertoire entwickelt, aus dem auch der Fachterminus Organisationsentwicklung[16] hervorging. Weitere Begriffe, deren Entstehung in diesen Zeitraum verortet werden, sind Prozess und Prozessberatung.

Eva Schindler-Rainmann und Ronald Lippitt – jede Sichtweise ist gültig und den Fokus auf die Zukunft richten

In den 1970er-Jahren führten Eva Schindler-Rainmann (1925-1994) und Ronald Lippitt (1914-1986) in Nordamerika große Konferenzen zur Zukunft des Gemeinwesens durch. Dazu luden sie jeweils breite Querschnitte von unterschiedlichen Akteuren aus Gemeinden ein. Gemeinsam – indem sie jeder Sichtweise Raum gaben – erzielten sie besonders innovative Durchbrüche. Außerdem erkannten sie, dass das Entwerfen einer idealen Zukunft deutlich mehr positive Energie bei den Betroffenen erzeugte („Images of Potential") als der Versuch, alte Probleme zu lösen. Es ging also nicht um Problemlösung, sondern um den Fokus auf die Zukunft.

Lawrence L. Lippitt – „Preferred Futuring"

Unter Berücksichtigung dieser Errungenschaften und unter Einfluss einiger Ideen von Dr. Ed Lindaman, Programmdirektor für Design und Bau der Apollo-Rakete, entstand der methodische Ansatz des „Preferred Futuring", über den Ron Lippitts Sohn Lawrence L. Lippitt (geb. 1941) publizierte. „Preferred Futuring" ist ein potenzial- und zukunftsgerichteter Ansatz, bei dem es darum geht, unsere Aufmerksamkeit auf die Frage zu richten, in welcher Welt wir Menschen leben wollen, und nicht darauf, ob uns Veränderung gelingt oder nicht. Der Ansatz ist Vorreiter für weitere Schulen, Ansätze und Methoden. Aktuelle neurowissenschaftliche Erkenntnisse bestätigen diesen Fokus als hilfreich.

Milton Erickson und Steve de Shazer – Hypnose, das Unbewusste und die Wunderfrage

Milton Erickson (1901-1980) erkannte unter anderem die Steuerungsmacht unbewusst ablaufender Prozesse vor allem bei Individuen. Ausgehend von der Idee, dass wir unsere Realität in jedem Moment kreieren, sah er einen großen Gestaltungsspielraum in der Beschreibung, wie die Dinge sind. Erickson entwickelte unter anderem eine Sprache, die das Unbewusste in die Arbeit einbezieht und die alles nutzt („utilisiert"), was im Außen passiert. Er inspirierte mit seiner Arbeit Jay Haley, Paul Watzlawick und John Weakland (die sog. Palo-Alto-Gruppe), die Entstehung der Familientherapie und die systemische Therapie, Steve de Shazer und Insoo Kim Berg, Frank Farrelly (provokative Therapie), Insa Sparrer und Matthias Varga von Kibéd (systemische Strukturaufstellungen), Richard Bandler und John Grinder (NLP), Fritz Perls, Virginia Satir und Gunther Schmidt (hypnosystemische Beratung).

Als eine Mikro-Praktik aus dem lösungsfokussierten Ansatz von Steve de Shazer (1940-2005) kann man die sogenannte „Wunderfrage" bezeichnen: Wenn über Nacht ein Wunder geschehen würde und du würdest es gar nicht bemerken, am nächsten Morgen wäre aber die gewünschte, ideale Zukunft Realität, woran würdest du das merken?" Andere nennen es „Pseudo-Projektion in der Zeit" (Matthias Varga von Kibéd). Hier haben mit Blick auf Facilitation die bewusste Zukunftsgestaltung, der Umgang mit (zunächst unbewussten) Mustern und der alles entscheidende Fokus auf Zukunft seinen Ursprung.

David Bohm – eingeübte Wahrnehmungen und defensive Routinen im Dialog überwinden

Neben seinen Beiträgen zur Physik und Quantentheorie, zur Philosophie des Geistes und zur Neuropsychologie beschäftigte sich David Bohm (1917-1992) auch mit grundsätzlichen Fragestellungen unserer Gesellschaft. Er experimentierte mit Gesprächskreisen, zu denen er Wissenschaftler und Interessierte einlud. Aus diesen Erfahrungen entstand ein Dialogverfahren, das heute als Bohmscher Dialog[17] bekannt ist.

Bohm war unter anderem inspiriert von Jiddu Krishnamurti, weil er erlebte, wie Krishnamurti mit seinen Studenten den Dialog kultivierte. Im echten Dialog geht es um die Erfahrung und das Bewusstsein einer allgemeinen Verfertigung der Gedanken. Man kann lernen, eigene Annahmen in der Schwebe zu halten, um gemeinsam im Prozess der Erkundung zu bleiben. Auf diese Weise entwickeln und verändern sich eigene Grundannahmen. Und damit verändern sich ein Großteil unserer eingeübten Wahrnehmungen und defensiven Routinen – zwei der wichtigsten Hebel für Entwicklung und Kreativität.

Man kann mit Fug und Recht den Dialog, der zumeist im Kreis stattfindet, als die Königsdisziplin der Facilitatoren bezeichnen. Bohm hat deutlich gemacht, dass der Dialog mehr als eine Meetingmethode ist. Er ist ein Weltbild. Eine Haltung für das nächste Jahrhundert. Eine Praxis für den Frieden.

Edgar H. Schein – Hilfe zur Selbsthilfe

Edgar Schein (geb. 1928) war in den späten 1950er-Jahren Co-Leiter von Kurt Lewins Forschungszentrum für Gruppendynamik am MIT. Er gilt als einer der Mitbegründer der Organisationspsychologie und der Organisationsentwicklung. Schein entwickelte seinen eigenen Beratungs-Stil, den er „Prozessberatung" (Process Consultation) nannte. Er berichtete von einer Anekdote, die sein Beratungsverständnis prägte: Als Axel Bavelas[18] in den frühen 1950er-Jahren am MIT lehrte, soll er zu Beginn der ersten Sitzung eines Seminars angekündigt haben: „Ich bin Axel Bavelas und mein Büro liegt dort hinten. Wenn Sie herausbekommen haben, was Sie in diesem Seminar lernen wollen, können Sie zu mir kommen."[19] Er verließ den Raum, und die Studenten bemerkten schließlich, dass er es ernst meinte. Daraufhin erstellten sie tatsächlich ihre Interessen- und Wunschlisten und profitierten, Ed Schein zufolge, den Rest des Semesters von einem sensationellen Seminar. Schein macht an dieser Anekdote seine Überzeugung fest, die er auf Kurt Lewin und Carl Rogers zurückführt: „Der Lernende muss immer selbst aktiv beteiligt sein am eigenen Lernen – und schlussendlich kann man den Leuten nur helfen, sich selbst zu helfen."[20]

Für uns Kommunikationslotsen brachte Ed Schein viel Licht in das Thema Auftragsklärung. Es ist Hilfe zur Selbsthilfe. Und für Führung heißt das: Führung als Selbstführung. Wir haben gelernt, dass das Problem und die Lösung dem Klienten gehören, dass es wichtig ist, ein Dreamteam (Facilitator und Klient) zu werden und dass es ganz unterschiedliche Kliententypen gibt (mehr zur Auftragsklärung siehe Kapitel 3.2).

Für Facilitatoren ist das Werk Ed Scheins eine wesentliche Quelle, die es unserer Ansicht nach zu kennen gilt. Die Übersetzung von Process Consultation in Prozessberatung oder Prozessbegleitung liefert zudem Begriffe für Facilitation im deutschen Sprachraum.

Kathleen Dannemiller – alle untersuchen alles und die Formel der Veränderung

Kathleen Dannemiller (1929 – 2003) gilt als die „Mutter" der Kunst systemweiten Wandels („Mother of the Art of Whole Scale™ Change")[21]. Sie arbeitete in den 1970er-Jahren mit Ron Lippitt zusammen. Er wurde auch ihr Mentor an der University of Michigan und den National Training Laboratories (NTL). In den 1980er-Jahren arbeitete Dannemiller mit großen Gruppen bei der Ford Motor Company. Dort entwickelte sie Real Time Strategic Change (RTSC) und entdeckte die „kleinen Momente der Wahrheit", wo sich Veränderung plötzlich Bahn bricht – oft in Momenten, wo man es nicht gedacht oder gar geplant hatte. Kathleen Dannemiller ist Mitbegründerin der Unternehmensberatung Dannemiller Tyson Associates. Dort entwickelte sie gemeinsam mit Robert Jacobs den RTSC-Ansatz weiter.

Für uns Kommunikationslotsen war und ist Kathy Dannemiller eine Inspiration („Kathies Prinzipien", siehe Seite 313). Durch sie erweiterte sich unser Blickfeld und unser Repertoire für die Arbeit mit großen Gruppen. Für uns war eindrücklich, dass Großgruppen überhaupt nichts von einem Event haben müssen, sondern vielmehr etwas von einer ganz normalen, kreativen Arbeitssitzung, in der alle alles untersuchen („alles" meint hier: Struktur, Strategie, Kultur). Nichts bleibt außen vor. Bei Kathy Dannemiller gibt es „Designteams", die Großgruppenarbeit in einen gesamten Prozess einbetten. Und es gibt die Formel der Veränderung. Die Idee dahinter ist, dass es Phasen gibt, die alle in einer Veranstaltung durchlaufen müssen (1. die Unzufriedenheit mit der aktuellen

Situation bewusstmachen, 2. gemeinsame Ziele identifizieren, 3. erste Schritte sofort angehen), um den Widerstand („Resistance to Change"), sich zu wandeln, zu überwinden. Die Formel ermöglicht eine Architektur für den Wandel mit großen Gruppen, die nachvollziehbar ist und in der Planung Orientierung gibt (siehe Seite 303 ff.).

Marvin Weisbord und Sandra Janoff – das ganze System in einen Raum holen
Marvin Weisbord und Sandra Janoff sind Schlüsselpersonen sowohl für die internationale Organisationsentwicklungsszene als auch für die Großgruppenarbeit. In den frühen 1970er-Jahren arbeitete Weisbord als Berater mit Peter Block und Tony Petrella zusammen. In diese Zeit fallen auch seine Erfahrungen mit der Gruppendynamik an den National Training Laboratories (NTL). Sandra Janoff und Marvin Weisbord arbeiten seit 1987 zusammen und gründeten 1993 das Future Search Network (FSN), eine Nonprofit Organisation zur Unterstützung von Facilitatoren, Change-Initiatoren und Communities. Ein Prinzip, das Marvin Weisbord in seinem Buch *Productive Workplaces* nennt, lautet: Das ganze System in einen Raum holen. 1995 veröffentlichten er und Sandra Janoff ihr Buch *Future Search*. Seitdem fokussieren sie sich auf die Zukunftskonferenz als machtvolles Planungsverfahren, das sie weltweit bekannt machten.

Für Facilitatoren ist der behutsam orchestrierte Flow einer Zukunftskonferenz mit all ihren Vorüberlegungen und Design-Aspekten ein Füllhorn an Inspiration und Praxiswissen. „Das ganze System in einen Raum holen" ist ein Meta-Prinzip für Facilitation. Die dazugehörige ARE IN-Formel (siehe Seite 156 ff.) ist ein machtvolles Hilfsmittel, um Multiperspektivität herzustellen – für Planungs-, Pilotgruppen, für Großgruppen sowie für alle denkbaren Initiativen, in denen es wichtig ist, das gesamte relevante System zu beteiligen.

Die „Glorreichen Sieben"

Bis heute werden die Ideen bereichsübergreifender, potenzialorientierter und selbstorganisierter Vorgehensweisen weiterentwickelt. Wichtige Formate, die zum Teil auch als Großgruppenverfahren bekannt wurden, sind:

- Future Search (Zukunftskonferenz),
- Open Space Technology,
- Real Time Strategic Change (später: Whole Scale Change),
- Appreciative Inquiry,
- The Circle Way,
- World-Café und
- Dynamic Facilitation.

Diese Methoden bezeichnen wir als „die Glorreichen Sieben" (mehr dazu im Abschnitt 3.4.3). Sie liefern wahre Universen zieldienlichen Verhaltens und beherbergen das Potenzial kollektiver Weisheit. Sie bieten konkretes Handwerkszeug für Persönlichkeits-, Organisations- und Gesellschaftsentwicklung und sind gleichzeitig wichtige Inspirationen für Grundannahmen, Prinzipien und Haltungen für Facilitatoren und Facilitative Leader. Wenn wir diese näher beschreiben, werden uns weitere „Riesen", weitere Pioniere unserer Arbeit begegnen. [22]

1.3 Parallelentwicklungen und Nachbarschaften

Ähnlichkeiten unterschiedlicher Disziplinen, von der Quantenphysik (David Bohm) über die Erkenntnisbiologie (Humberto Maturana), der therapeutischen Praxis (Milton Erickson) bis zur heutigen systemischen Organisationsberatung (z. B. Fritz B. Simon, Gunther Schmidt), sind nicht verwunderlich. Alles, was der Heilung und Entwicklung hilft, wird angewandt, wiederverwendet und weiterentwickelt. Eine saubere Heraustrennung oder gar exklusive Verfolgung spezifischer, historischer Entstehungslinien ist nahezu unmöglich. Und auch gar nicht notwendig. Wir sprechen gegenwärtig von einer „Ursuppe", der vieles entspringt, und von guten Nachbarschaften, die sich in der Praxis für eine gemeinsame Sache einsetzen. Diese gemeinsame Sache ist verbunden mit basalen Werten und Zielen der Beratung und Begleitung von Personen, Gruppen und Organisationen.

Oft werden wir gefragt, wie sich Facilitation von anderen beratenden und begleitenden Berufen oder Schulen[23] abgrenzt. Aus unserer Sicht geht es nicht um Abgrenzung, sondern um Nutzung und Integration hilfreicher Werte und Prinzipien.

Im Wesentlichen geht es immer um Sinn und Bedeutsamkeit (für alle Beteiligten), um Transparenz und Zielklarheit (auch wenn sich Ziele verändern können), um Potenzialentfaltung und Partizipation, um Gerechtigkeit, Entwicklung von Vertrauen und um einen spürbaren Ertrag der Veränderung oder der Entwicklung des gesamten, beteiligten Systems – zum Teil auch mit globalen Entwicklungszielen, also über einzelne Organisationen, Sektoren und Staaten hinaus[24].

Erkenntnisse und Errungenschaften vergangener Tage haben heute noch Bestand. Hilfreiche Prinzipien, Leitgedanken und Praktiken haben ein langes Leben und verbreiten sich weiterhin rasant. „It travels well!" bemerkte Juanita Brown, als sie den bis heute nicht enden wollenden weltweiten Triumphzug des World Cafés beschreibt – nicht ohne zu bemerken, dass manchmal auch der ein oder andere wichtige Aspekt auf der Strecke zu bleiben scheint.

Hilfreiche, aus der Geschichte heraus entstandene Grundannahmen und Prinzipien

1. Das Problem und die Lösung gehören dem Klienten.
2. Partizipation zum frühestmöglichen Zeitpunkt.
3. Alle untersuchen alles.
4. Community Building first. Decision Making second.
5. Fokus auf die Zukunft.
6. Das ganze System in einen Raum holen.
7. Jede Sichtweise ist wichtig.
8. Es gibt einen Widerstand sich zu wandeln, der überwunden werden kann.
9. Kleine Momente der Wahrheit zeigen sich, wenn man nicht damit rechnet.
10. Es ist Hilfe zur Selbsthilfe. Führung zur Selbstführung.
11. Annahmen in der Schwebe halten.

Haltepunkt: Drei Supermächte und schlaues Zeug!

Zusammenfassend geht es bei einem Großteil von Facilitation darum, **Menschen zu helfen, die drei Supermächte individueller** und **kollektiver Entwicklung zu erwecken**: Aufmerksamkeit, Wahrnehmung und Bewusstsein.

Es geht um nicht weniger als um den Anspruch, operative Geschäftigkeit und Arbeitsdruck zeitweilig zu suspendieren, um sinnvolle Entscheidungen zu treffen und neue Spielregeln auszuhandeln – und das im Idealfall zeitgleich mit vielen Menschen.

Ganz praktisch gelingt das mittels guter Beratung und Beziehungsgestaltung, fortwährender Inspiration, Ermutigung und dem Einsatz sozialer Technologien. Soziale Technologien sind Methoden, Praktiken und Vorgehensweisen, die Gruppen helfen,

1. sich zeitweilig aus dem Alltag und der operativen Geschäftigkeit herauszumanteln,
2. mit Klarheit und Orientierung (z.B. durch eine relevante Frage) in eine Untersuchung zu gehen und
3. durch Dialog, Zusammenarbeit und Persönlichkeitsbildung Aha-Momente zu generieren und neue Möglichkeiten zu sehen, wie es *auch* anders gehen könnte.

Häufig kann man im Rahmen von Facilitation-Prozessen – quasi als Nebeneffekt – die Erfahrung machen, dass Schritt für Schritt Partikularinteressen überwunden, Besitzstände und Positionen aufgegeben und kollektive Intelligenz und Weisheit erfahrbar werden.

Es ist möglich, sich einzeln und ganz besonders als Kollektiv so zu verhalten und auszurichten, dass Menschen sich entwickeln und höheren Dingen verpflichten, eigene Interessen zurückstellen und für eine Weile gemeinsam intelligent oder gar weise werden.

Dies ist unsere Erfahrung: Sorgfältig aufgebaute Kollektive fördern die gemeinschaftliche und die individuelle Entwicklung. Facilitatoren laden dazu ein, Bedingungen dafür zu schaffen, dass Menschen in tiefere Prozesse einsteigen können und Zugang zu ihrem vollen Potenzial haben, frei denken und sprechen können. Diese Bedingungen sind unter anderem soziale Sicherheit, Orientierung, Transparenz, ein klares *Wozu* (Intention) und ein nach und nach entwickeltes *soziales Miteinander*, das die Interaktion und die Erfahrungen mit dem Menschlichen auf gute Art und Weise koordiniert.

Ausblick

Als Facilitatoren haben wir die Erfahrungen gemacht: „Wir sind unser wichtigstes Tool!“. Selbstentwicklung auf den Ebenen unseres Selbst, unseres Denkens und Weltbildes, unserer Sprache und unserem Kommunikationverständnis sowie unserer Sprachfähigkeit in Bezug auf unseren eigenen, facilitativen Beratungsansatz, sind Aspekte, die wir im nächsten Abschnitt erkunden.

Zusammenfassend nennen wir diese Qualitäten, die sich aus der Selbstentwicklung, ergeben, die „gute Medizin“ des Facilitators.

Kapitel 2: Die „gute Medizin" des Facilitators

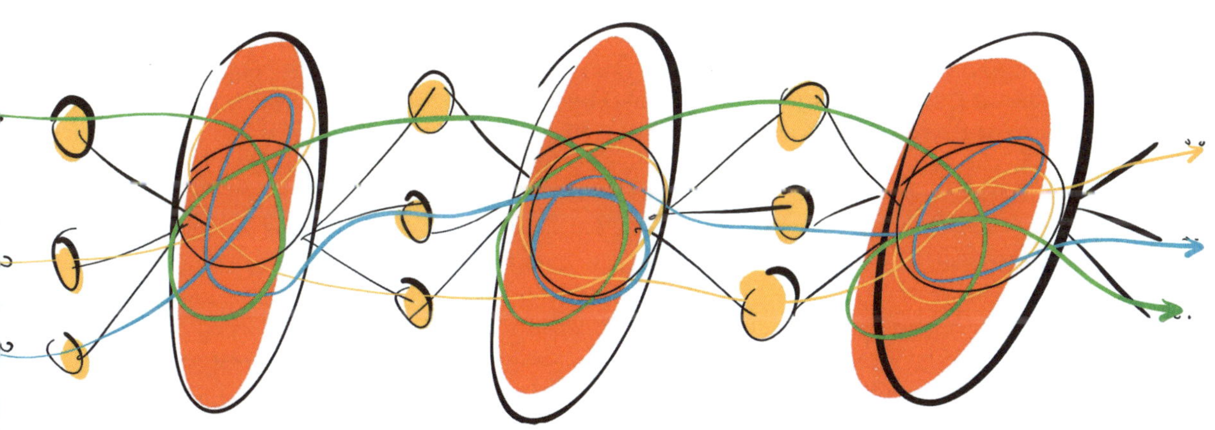

Erinnert man sich an Menschen oder Erlebnisse, die einen inspiriert und ermutigt haben, dann, so könnte man sagen, hat man durch sie eine kraftvolle Medizin erhalten.

Der Begriff „gute Medizin" („good medicine") steht für einen guten Geist, für persönliche Stärke und für eine gute Wirkung. Er wird weltweit, vor allem in indigenen, erdverbundenen Kulturen genutzt, um Menschen und Dinge zu würdigen[1].

Die gute Medizin, die Facilitatoren zu bringen vermögen, entspringt einem Kraftfeld aus:

1. einer lebenslangen Praxis
2. dem facilitativen Denken
3. einer schöpferischen Sprache und
4. der Transformationskompetenz

2.1 Lebenslange Praxis

Die Wirksamkeit durch die eigene Person („Persona" = es tönt hindurch) ist Kernthema unserer Arbeit als Facilitatorinnen und als Facilitative Leader. Das gilt aber auch für jeden helfenden Beruf und ist Grundlage dafür, ein glückliches und zufriedenes Leben zu führen.

„Nur Persönlichkeiten bewegen die Welt, niemals Prinzipien."
Oscar Wilde

Die Persönlichkeit wirkt. Sie ist ein festes Fundament, wenn etwas in Bewegung gerät. Sie lässt dem, *was* Wir und *wie* Wir etwas sagen, Bedeutung zukommen.

„Der Erfolg einer Intervention hängt von der inneren Verfasstheit des Intervenierenden ab."
Bill O'Brien

Wir verwenden die gleichen Worte, nutzen ähnliche Werkzeuge und Ansätze und doch erzielen wir unterschiedliche Ergebnisse und Wirkungen. **Die Erkenntnis, dass die „innere Verfasstheit" oder die Quelle unseres Tuns einen Unterschied machen, ist für Facilitatoren, die mit jedem Wort intervenieren, entscheidend.** Es sind die tieferen Quellen unserer Grundannahmen, unseres Weltbildes und unserer persönlich ausgebildeten Fähigkeiten, aus denen heraus wir handeln. Das, was wir denken, wie wir sprechen und unser Bewusstsein entwickeln, ist eine tägliche, lebenslange und lohnenswerte Praxis der Selbstentwicklung und Persönlichkeitsbildung.

Als Facilitatoren inspirieren wir Menschen bestenfalls dazu, an der Verbesserung ihrer eigenen Welt ebenso wie an sich selbst zu arbeiten, damit uns allen nicht alte, sondern künftige hilfreiche Verhaltensweisen zur Gestaltung unserer Zukunft zur Verfügung stehen. Körperliche und seelische Gesundheit gehören ebenso dazu wie fachliche Bildung und Bewusstseinsentwicklung.

Für den persönlichen Entwicklungsweg der Facilitatorin lassen sich vier grundlegende Qualitäten herausarbeiten, um die wir uns im Sinne einer lebenslangen Praxis kümmern:

- Bedürfnisfreiheit (das sind die Lebensumstände)
- Unerschrockenheit (Umgang mit Macht, Hierarchie, Beziehungsangeboten und Nichtwissen)
- Autonomie (innere Freiheit, eigenständiges Denken)
- Liebe (Empathie, rigoroses Mitgefühl, Neugier, Zuversicht)

Bedürfnisfreiheit – Möglichkeitsräume kreieren, wo alles kann und nichts muss

Wir sehen verschiedene Ebenen, auf denen sich Bedürfnisfreiheit zeigen kann. Im Vordergrund steht häufig die materielle, wirtschaftliche Komponente („das Geld brauchen"). Wenn allerdings der Druck, Geld verdienen zu müssen, zwischen dem Facilitator und dem Beratungsauftrag steht, ist das Urteilsvermögen möglicherweise durch unbewusste Bedürfnisse und Nöte beschränkt und der Blick getrübt. So kann ein Facilitator im Zweifel nicht hilfreich sein.

Die wirtschaftliche Komponente

Das Geld zu brauchen kann dazu führen, dass man nicht die Arbeit macht, die man wirklich machen möchte. Dann schöpft man in der Regel nicht aus seinem ganzen Potenzial. Ebenso besteht die Gefahr, dass man manipulativ handelt und beispielsweise etwas empfiehlt, was zwar Zeit verschlingt und Tagessätze einbringt, aber für den Klienten und die Sache nicht wirklich dienlich ist.

Der New-Work-Ansatz von Prof. Dr. Frithjof Bergmann vermittelt, wie man sich persönlich vorbereiten kann, um zwangsbefreit und wirtschaftlich *bedürfnislose Facilitatoren werden zu können.* Der Ansatz besteht aus drei Faktoren: Erwerbsarbeit, Smart Consumption (intelligenter Konsum/ Verbrauch) und High-Tech-Self-Providing (Selbstversorgung auf höchstem technischem Niveau). Hinzu kommt, dass man sich eine Profession aussucht, für die man eine echte Leidenschaft hat, „eine Arbeit, die man wirklich, wirklich will", wie Frithof Bergmann formulierte[2]. Wichtig für die Bedürfnisfreiheit ist die Idee, unterschiedliche finanzielle Quellen zu erschließen.

Das kann beispielsweise ein Einkommen durch Erwerbsarbeit sein, in Anstellung und verbunden mit einem sogenannten passiven Einkommen[3]. Wir Kommunikationslotsen haben für diesen Zweck bereits vor vielen Jahren damit begonnen, unser Erfahrungswissen in eigene Produkte und eigene Trainingsangebote fließen zu lassen. Wir arbeiten ständig parallel an vorhandenen und an neuen Produkten und Angeboten, wie einem Blog-Text, einem Essay zu bestimmten Themen oder unseren Lotsenpapern; wir teilen „schlaues Zeug, dass glücklich macht"[4]... und Organisationen stimmiger! Auch Aktivitäten, die auf den ersten Blick nicht wirtschaftlich erscheinen, können Standbeine werden. Die Energie für all das entspringt unserer Passion für die Sache. Für uns ist Facilitation viel mehr als ein Job. Es ist eine Denk- und Lebensschule und eine Lebenskunst. Dieser Idee sind wir verpflichtet.

> *„Manchmal ist das Leben ganz schön gemein. Ich sage euch: Verliert nicht den Glauben. Was mich motiviert hat, immer weiter zu machen? Ich liebte das, was ich tat – und das ist das einzig Wichtige. Ihr müsst die EINE Sache finden, die ihr liebt – sowohl im Job als auch im Privatleben. Eure Arbeit wird einen großen Teil eures Lebens bestimmen. Und ihr könnt nur dann vollkommen zufrieden sein, wenn ihr eure Arbeit toll findet – ihr werdet sie aber nur dann toll finden, wenn ihr sie liebt. Falls ihr diese Arbeit noch nicht gefunden habt, sucht weiter."*
>
> Steve Jobs[5]

Zuallererst geht es uns um unsere Passion für die Sache. Wir lieben das, was wir tun. Wir sind überzeugt davon, dass Facilitation und facilitative Praktiken, Prinzipien und Grundannahmen in vielen und ganz unterschiedlichen Kontexten zu einer positiven Entwicklung führen. Das ist unser Antrieb. Gebündelt aus all unseren Aktivitäten bestreiten wir unser Einkommen. Zugleich

steigern unsere Produkte, wie die mit dem Unternehmen Neuland[6] co-produzierten Lernlandkarten, Expertenstatus und Bekanntheitsgrad. Entscheidend ist, dass wir uns nicht wirtschaftlich abhängig machen vom nächsten Beratungsauftrag. Das ist etwas gänzlich anderes, als wenn es darum ginge, unsere Arbeits- und Lebenszeit gegen einen Tagessatz an Organisationen zu verkaufen. Wenn wir das täten, dann würden wir ausschließlich in dem Geschäftsmodell des Klienten arbeiten und dort aushelfen. Das ist mit einer dienenden Haltung auch Teil von dem, was wir tun, aber eben nur ein Teil. Und das macht den Unterschied.

In Bergmanns New-Work-Ansatz finden sich die beiden weiteren Faktoren Smart Consumption (intelligenter Konsum/Verbrauch) und High-Tech-Self-Providing (Selbstversorgung auf höchstem technischem Niveau[7]). Wir sind dem Wohl allen Lebens verpflichtet. Ein ego-zentrierter, am Materiellen ausgerichteter Lebensstil fällt da in der Regel raus. Selbstversorgung passt schon eher. Der eigene Acker, das eigene Feld ermöglicht zudem einen Ausgleich zu der Zeit, die man in Meetings und Konferenzen verbringt. Im Kern fördert alles die Bedürfnisfreiheit. Eine bedenkenswerte und ernstzunehmende Maßnahme ist, Kosten niedrig zu halten und uns mit unseren Bedürfnissen aktiv auseinandersetzen. Der gesellschaftliche Lockdown anlässlich der Covid 19-Pandemie in den Jahren 2020–2022 bot vielen Menschen die Gelegenheit, sich stärker mit den eigenen, primären Bedürfnissen auseinanderzusetzen. Was man oft hörte, waren Aussagen wie: „Man braucht eigentlich gar nicht so viel." Dies ist innere Arbeit, die manchmal durch äußere Umstände einen neuen Rahmen und eine neue Ausrichtung erhält. Als Facilitatoren sind wir der inneren Arbeit ein Leben lang verpflichtet.

Die soziale Komponente

Die soziale Komponente der Bedürfnisfreiheit findet sich in dem aus der Soziologie und der Motivationspsychologie stammenden Begriff der Anschlussmotivation[8]. Menschen haben ein intrinsisches Verlangen, dazuzugehören, und Angst, zurückgewiesen zu werden. Diesem Reflex gilt es als Facilitator gut zu kennen und gegenzusteuern.

Als Facilitatoren sind wir nicht Teil des Systems unserer Klienten und auch nicht Teil der zu facilitierenden Gruppe – und wenn, dann nur temporär. Wir sollten uns deshalb das Verlangen nach Anschlussmotivation abtrainieren. Auf diese Weise bringen Facilitatoren ihre innere Bedürfnisfreiheit zum Ausdruck; sie brauchen im Sinne des Gemeinschaftsgefühls nichts vom anderen oder von der Gruppe. **Als Facilitator bin ich ansprechbar, hilfsbereit und respektvoll, doch strebe ich – im besten Fall – nicht danach, integriert, gemocht oder geliebt zu werden.**

„Keep a low profile!" (Verhalte dich zurückhaltend!) In der Rolle des Facilitators pflegen wir ein unprätentiöses Auftreten und ein Maß an Zurückhaltung, um Raum für die Menschen und ihren Prozess zu ermöglichen. Unsichtbar und zugleich präsent: Dem Facilitator obliegt die paradoxe Aufgabe, sich zugunsten von Eigenverantwortung und Selbststeuerung unsichtbar zu machen und gleichzeitig vollkommen präsent zu sein. Das ist die Kunst. Keine „elterliche" Betreuung, keine Anschlussmotivation, sondern absolutes Vertrauen in den Prozess und aus dem Weg gehen, wenn es läuft. Da gibt es keine Lorbeeren für die Facilitatoren. Die Beteiligten stehen im Mittelpunkt. Facilitatoren kommen in ihrer Rolle gut mit dem Alleinsein zurecht, sind autark und bedürfnisfrei.

Die psychodynamische Komponente

Die menschliche Existenz ist geprägt durch Bedürfnisse. Im Rahmen von Facilitation bieten Bedürfnisse und Bedürftigkeiten eine wunderbare Gelegenheit, tiefer liegende Aspekte unseres

Seins zu erkunden. Plötzlich auftauchende Bedürfnisse müssen nicht immer umgehend erfüllt und gestillt, sondern zunächst nur wahrgenommen werden.

Der Seinszweck einer Organisation ebenso wie die Intention eines Meetings sind nicht zu verwechseln mit persönlichen Interessen und Vorlieben. Es ist eine Fähigkeit, dies nicht durcheinanderzubringen. In Organisationen ist es eine Fähigkeit zu sagen: „Ich habe eine andere Sichtweise (z. B. bezüglich einer Entscheidung) und bin (dennoch) dabei!" Diese Enttäuschungstoleranz ist eine wertvolle Fähigkeit, denn sie bewahrt Menschen vor selbstgemachtem Drama und unnötiger Aufregung. Organisationen haben ihre eigene Intention. Man kann und muss die damit zusammenhängenden und notwendigen Entscheidungen nicht immer gut finden. Von daher ist es hilfreich anzuerkennen, in welchem größeren Kontext man sich bewegt und was dessen Intention und Spielregeln sind. Wenn man weiß, wo was hingehört, kann man seine Beiträge zieldienlich gestalten und somit auch professionalisieren. Oder wie es Wendy Palmer ausgedrückt hat:

> *„Das beste Geschenk, das man jemandem machen kann, ist, sich selbst zusammenzubringen."*
>
> Wendy Palmer[9]

Es geht darum, sich als Facilitatorin schonungslos ehrlich mit den eigenen Bedürfnissen auseinanderzusetzen. Dies empfehlen wir auch unseren Klienten. Mit einer übenden Aufmerksamkeit gelingt es allmählich zu spüren, was wir brauchen, was gestillt werden möchte und wo was hingehört. Wir erleben uns also nicht als grundsätzlich bedürfnisfrei, lassen uns aber in der Rolle nicht von unseren Bedürfnissen bestimmen.

Als Facilitatoren ist es unabdingbar, die tieferen Ebenen der eigenen Bedürfnisse zu erforschen. Dabei werden wir ein Reiz-Reaktions-Muster entdecken, dass mit dafür verantwortlich ist, dass wir nahezu unbewusst auf äußere Reize impulsiv reagieren. Im Gegensatz zu Schlüsselreizen, wie sie z. B. bei Chamäleons beobachtbar sind, die beim Anblick einer nahenden Fliege zu einem weitgehend unkontrollierbaren Affekt gezwungen sind, nämlich zur Ejakulation der Zunge, sind die Impulskontrolle und die Affekthemmung wesentliche Aspekte des Lernens, was es beutetet ein Mensch zu sein. „Die Affekthemmung ist die Basis unserer Lebenskunst." sagt Wolf Büntig[10]. Eine wichtige Übung ist, diese Muster nicht einfach ablaufen zu lassen, sondern unsere Impulse und Affekte mit der Zeit, wie gute Gefährten, kennenzulernen, sodass wir die Wahl haben, wie wir auf einen Reiz reagieren.

Persönliche Bedürfnisse zu kennen und sie bestenfalls für einen zieldienlichen professionellen Umgang in der jeweiligen Situation zu nutzen, ist ein wesentlicher und machtvoller Teil der inneren Arbeit – weg vom egozentrierten Agieren hin zu einem Nutzen der Umstände für die facilitative Sache.

Praxistipp

Was passiert, wenn in meiner Rolle als Facilitatorin oder Facilitative Leader ein Bedürfnis nach Anerkennung erwacht (z. B., wenn ich nach meiner Auffassung nicht angemessen in einer Gruppe vorgestellt wurde oder ich zu wenig Gesprächsanteile erhalte.) Diese Situation löst ein Gefühl oder eine Stimmung in mir aus, die ich bemerken kann. (Das Bemerken ist bereits ein schöner Übungserfolg!) Ich könnte bemerken, dass ich Wertschätzung brauche und beachtet werden möchte. Daraus ergeben sich mindestens zwei der folgenden Wahlmöglichkeiten, die ich in der Praxis bei mir und anderen beobachten kann:

- *Ich könnte dem Reiz-Reaktions-Muster die Situation überlassen, beleidigt sein oder mein Recht einfordern, vorgestellt zu werden oder mehr Redeanteile zu erhalten. Ein anderer Reflex könnte sein, andere zu unterbrechen, um das eigene Wissen zu demonstrieren. Man kann sich gut vorstellen, dass wir in dieser Verfassung nicht mehr „Herr oder Frau der Lage" sind. Willenlos folgt man einem Reiz-Reaktions-Muster. Das ist keine hilfreiche Voraussetzung für Situationen, in denen wir die facilitative Kunst einsetzen könnten, ob in der Führung, der Prozessbegleitung oder im Privaten als Elternteil oder Partner.*

„Zwischen Stimulus und Response gibt es einen Raum, in diesem Raum ist unsere Macht, unsere Antwort zu wählen. In unserer Antwort liegen unser Wachstum und unsere Freiheit."
Viktor E. Frankl

- *Welche Alternative gäbe es? Die Übung besteht darin, zwischen dem Reiz (Stimulus) und der Reaktion (Response) ein wenig Platz zu schaffen. Platz in Form von Zeit und Durchatmen. Es geht darum, die impulsive Reaktion zu verschieben. Je häufiger mir das gelingt, desto eher kann ich wählen, wie ich reagieren möchte und welche Reaktion in dieser Situation zieldienlich und stimmig wäre. Ich könnte zum Beispiel allen Anwesenden eine gute Absicht unterstellen[11]. Das hilft bereits. Dann könnte ich meinen subjektiven Eindruck und meine damit verbundenen Gefühle in der Schwebe halten und ganz entspannt schauen, was sich noch ergibt. Ich könnte das Geschehen als Datensammlung für mögliche Kommunikationsmuster betrachten. Ich könnte auch in einem passenden Moment darauf hinweisen, dass ich noch nicht weiß, wer hier alles im Raum ist und dass viele mich auch nicht kennen, oder fragen, ob es auch für andere interessant wäre, sich vorzustellen und dabei gleichzeitig Person und Sache zu verbinden. Damit handle ich nicht aus dem Bedürfnis nach Anerkennung. Vielmehr ist mir durch die kurze innere Reflexion bewusst geworden, dass mir das Geschehen eine gute Gelegenheit bietet, durch eine bewusste Intervention die facilitative Kultur in den Gesprächsprozess einzubringen.*

Bedürfnisfreiheit ist ein hoher Anspruch an uns selbst. Es gibt einige Übungen, die helfen können, das Bewusstsein (und den „Bedürfnisfreiheitsmuskel") zu trainieren.

Wenn Du denkst, „ich muss das Projekt aus wirtschaftlichen Gründen annehmen", dann

- *versuche die Kühlschrank-Übung. Kaufe für zwei bis drei Wochen nichts ein und lebe von dem, was da ist. Bemerke, wie langsam die Zeit vergeht und mit wie wenig Du auskommen kannst, ohne zu leiden.*
- *vertiefe den New-Work-Ansatz von Frithjof Bergmann und finde Deine drei Faktoren zur Bedürfnisfreiheit.*
- *stelle dir die Frage, welche Arbeit Du gern machst? „Arbeit, die Du wirklich, wirklich willst"[12].*
- *versuche, andere Einnahmequellen zu realisieren (z. B. durch passives Einkommen) und gleichzeitig deine Lebenskosten zu reduzieren (z. B. durch ein kleineres Auto, eine kleinere Wohnung, weniger Ausgaben[13]) auf ein Maß, dass es dir erlaubt, aus freien Stücken Facilitator zu sein und nicht weil Du es musst oder brauchst.*
- *habe immer einen Plan B und meine es ernst damit. Ein Plan B ist eine reale Möglichkeit, was Du auch tun könntest, um deine Existenz finanziell zu sichern. Was ist dein Plan B?*
- *versuche dir eine Kundenbasis aus diversen Branchen und Sektoren der Gesellschaft aufzubauen. Das ist Teil der Selbstverantwortung und erhöht deine wirtschaftliche Stabilität.*

Wenn Du denkst, „ich möchte gern dazugehören oder für meine Arbeit wertgeschätzt werden", dann

- *versuche, diesen Bedürfnissen auf den Grund zu gehen. Was steckt wirklich dahinter? Versuche das Bedürfnis besser kennenzulernen und Optionen für den Umgang damit zu mehren – ggf. unter Zuhilfenahme von Coaching, Supervision oder Therapie. Vor allem frage dich, in welchen Beziehungen und Gruppen Du echte Zugehörigkeit erlebst. Wo und mit wem fühlst du dich als*

Mensch angenommen und wertgeschätzt? Vergrößere diesen Bereich und lege deinen Fokus darauf, damit du in der facilitativen Rolle immer bedürfnisloser wirst.
- *probiere das „Seitenmodell" von Gunter Schmidt*[14]*. Es besagt, dass wir immer verschiedene Stimmen und Seiten in uns haben. Die eine Seite möchte beispielsweise dazugehören, eine andere warnt davor, nicht Teil des Systems zu werden. Und eine weitere Seite möchte einfach nur ihren Impulsen folgen. Alle Seiten sind gleichzeitig da und wirken. Ambivalenz, oder noch treffender Multivalenz, ist ganz natürlich. Schreibe Dir einen großen Zettel mit den Worten: „Ich weiß, dass eine Seite von mir gern dazugehören und für meine Arbeit wertgeschätzt werden möchte. Das ist verständlich und darf bleiben. Zugleich gibt es eine andere Seite in mir, die jetzt den Raum für die Prozesse der Teilnehmenden halten möchte und die weiß, dass ich als Facilitatorin eine andere Rolle habe, die mir sehr am Herzen liegt."*
- *belohne dich für deine Fortschritte, z. B. durch den bewussten Genuss von Momenten in anderen Lebensbereichen, wo Du voll und ganz dazu gehörst und wertgeschätzt und geliebt wirst (wie in der Familie oder unter Freunden).*

Unerschrockenheit – in der Mitte bleiben angesichts von Machtdynamiken

Als Facilitatoren bewegen wir uns fortwährend in Machtkonstellationen, während wir miteinander neue Wirklichkeiten erschaffen, die manchmal quer zur vorherrschenden (Organisations-) Logik stehen. Da kann es sehr hilfreich sein, wenn wir mit etwaigen Dynamiken und Beziehungsangeboten des angestammten Machtzentrums gut umgehen können. Bedürfnisfreiheit kann als eine hilfreiche Vorbedingung für Unerschrockenheit gesehen werden. Denn je weniger ich selbst brauche und je mehr ich in mir ruhe, desto besser kann ich mit Angst, Beklemmung und schwierigen Situationen umgehen.

Unerschrocken mit Machtzentren umgehen und Räume der Begegnung schaffen

„Unerschrockenheit heißt nicht, dass man keine Angst hat. Es bedeutet, mit der Angst umzugehen und wieder aufzustehen, wenn man gefallen ist."
Arianna Huffington, Sachbuchautorin und Journalistin

Facilitatoren stellen sich ihren Ängsten und Bedürfnissen. Dazu ist für die eigene Wirksamkeit von entscheidender Bedeutung, dass wir unsere innere Arbeit verrichten. Denn nur so ermöglichen wir (Begegnungs-)Räume, in denen jenseits der Machthierarchie, alter Routinen und Konventionen mehr und Neues möglich werden.

Eine persönliche Ressource entsteht, wenn wir frühzeitig und wiederkehrend durch Selbstfürsorge in ein Gefühl von Sicherheit, Vertrauen in das Leben und in Gesundheit investieren. Auf diese Weise bleiben wir unbeeindruckt, stabil und unerschrocken – und was noch wichtiger ist: Wir bleiben offen und empfangend, zugewandt und aufmerksam, wenn wir es mit Dynamiken der Macht zu tun bekommen.

Unerschrocken strukturelle Gewalt hinterfragen und heilsame Strukturen fördern

Die Wissenschaft unterscheidet zwischen personaler Gewalt (personal violence), die direkt von Menschen ausgeübt wird, und struktureller Gewalt (structural violence), die von den gesellschaftlichen/organisationalen Bedingungen, unter denen Menschen leben, ausgeht. Sie zeigt sich überall dort, wo durch Systemgrenzen, physische oder durch psychologische Grenzen Menschen beschränkt, außen vorgehalten oder ihr Verhalten gesteuert werden soll. Strukturelle Gewalt

zeigt sich auch in überhöhten Leistungsanforderungen, fehlenden Beteiligungsmöglichkeiten, permanentem Zeitdruck, schlechten Arbeitsbedingungen und fehlenden Freiräumen. Es gibt sie in allen gesellschaftlichen Sektoren und auf allen Ebenen in Organisationen und sozialen Gefügen. Organigramme zum Beispiel organisieren nicht nur Rollen und Arbeit. Sie haben auch eine Schattenseite, in dem sie Besitzstände verteilen und in ein „die" und „wir" unterscheiden.

Physische Grenzen und Unterscheidungen zwischen Menschen und ihrer Herkunft können den gleichen Effekt auslösen. Es ist eine systemimmanente Dynamik komplexer, meist sozialer Strukturen, die in Organisationen, in Kommunen, aber auch in Familien spürbar werden kann. Häufig, wenn einige Wenige aus einem Machtzentrum heraus Regeln erschaffen und Wege vorzeichnen, die andere zu gehen haben, kann strukturelle Gewalt spürbar werden. Manchmal ist sie aber so verinnerlicht, dass sie gar nicht wahrgenommen wird.

Das sogenannte „Us and Them Paradigm" (das „Wir-und-Die-Paradigma") ist eines der größten Herausforderungen unserer Zeit. Es teilt Menschen in die *einen* und die *anderen* und führt zu einer gefährlichen, teils zerstörerischen Weltanschauung. Sie basiert auf der Idee der Trennung und ruft strukturelle Gewalt, Ungerechtigkeit und kollektive Dummheit hervor.

Kollektive Weisheit und kollektive Dummheit – eine Geschichte

Die Idee, dass es neben dem Phänomen kollektiver Intelligenz oder Weisheit auch die Erfahrung von kollektiver Dummheit gibt, hat unser amerikanischer Kollege Alan Briskin[15] u.a. mit dieser von Isaac Bashevis Singer[16] aufgeschriebenen Geschichte der Bürger von Helm illustriert:

„In einem Jahr bringt eine Krise, ausgelöst durch gefährliche Stürze von einer hohen Klippe, die ganze Gemeinde zusammen. Es muss etwas unternommen werden. Mehrere kleine Kinder, die auf dem Feld in der Nähe der Klippe spielen, sind gestürzt und haben sich schwer verletzt. Was ist zu tun? Sieben Tage und sieben Nächte lang treffen sich die Bürger und diskutieren die Situation. Nichts ist in Helm so wichtig wie die Sicherheit der Kinder. Sie prüfen eine Möglichkeit nach der anderen. … Schließlich, nach tagelangen Diskussionen, kommt die Gruppe auf eine Idee, von der alle überzeugt sind, dass sie die beste ist: Die Stadt wird ein Krankenhaus am Fuße der Klippe bauen. Wenn die Kinder stürzen, kann sich die Stadt so schneller um ihre Verletzungen kümmern."

In vielen dieser Erzählungen, die wir auch als die Geschichten über die „Schildbürger" kennen, wissen die Bürger und Stadtweisen nicht, dass sie nichts wissen. Sie sind aber vor allem davon überzeugt, dass sie keine Narren sind und halten sich, im Gegensatz zu den Menschen der umliegenden Dörfer, für besonders weise.

Die Menschen in Helm sind blind für ihre Fähigkeit zur Dummheit – dies ist ihr kollektiver Schatten. Kollektive Dummheit wird in der Regel bei den „Anderen" ausgemacht, niemals bei sich selbst. Was aber macht Gruppen dumm? Einige der häufigsten Verhaltensmuster, die kollektive Dummheit wahrscheinlicher machen sind Trennung, Fragmentierung, Stigmatisierung, Polarisierung, Pseudo-Gemeinschaft, unüberprüfte Grundannahmen und Selbstüberhöhung. Facilitation hilft, Wege zur kollektiven Intelligenz zu ebnen. Einerseits dadurch, dass zunächst das Potential kollektiver Dummheit anerkannt wird.

„Kollektive Dummheit ist gelebte Realität und das Erbe von Tausenden von Jahren der Konflikte und Kriege."
Alan Briskin[17]

Auf der anderen Seite kultiviert Facilitation persönliche und kollektive Kapazitäten des Sprechens und Hörens, des Umgangs mit Nichtwissen, des Bewusstseins und der Haltung (Grundannahmen), der Koordination, Entscheidungsfindung und der Bedeutungsgebung (Sensemaking).

Wir haben uns leider vielfach Systeme aufgebaut, die kollektive Dummheit hervorrufen und fördern. Und wir bemerken es oftmals nicht. Für Facilitatoren, die der Autonomie, dem Leben und der Freiheit verpflichtet sind, ist es eine wesentliche Triebfeder, der kollektiven Dummheit und der strukturellen Gewalt zu begegnen, in dem sie Menschen unterstützen, intelligente, heilsame und am Leben und den Menschen orientierte Wirklichkeiten zu gestalten.

Unerschrocken bleiben bei Gegenwind

Wer die Annahme hat, dass es in größeren sozialen Strukturen immer jemanden geben muss, der das Sagen hat, wird Co-Creation und Teilhabe als wenig hilfreich und unter Umständen sogar als gefährlich betrachten. Aus diesem Grund ist mit viel Gegenwind zu rechnen, wenn dialogorientierte, partizipative und co-kreative Ansätze zur Gestaltung der Zukunft genutzt und ein Teil von ihr werden sollen.

Facilitatoren schaffen mit ihrem Wirken demokratische Formen und Prozesse. Co-Creation verstehen wir dabei als den Kernprozess dieses Wirkens. Wir glauben an kollektive Weisheit und wissen, was es braucht, damit sich Co-Creation entfalten kann. Es ist ein Schaffensprozess wertebasierter, freiwilliger, temporärer Gemeinschaften, die aus Menschen unterschiedlicher Profession, Kultur und Herkunft bestehen. Der Anspruch von Co-Creation ist mehr als ein „Mitmachenlassen“. Es ist die Einladung, in einen Flow der Erkundung, des Studierens und des Experimentierens zu gelangen, der aus Sicht der Gemeinschaft zu relevanten Ergebnissen führt. Dabei werden Partikularinteressen, Gewinner-Verlierer-Spiele, das Ausführen von „Aufträgen“ oder das Abliefern determinierter Ergebnisse hinter sich gelassen.

Dass partizipative, co-kreative Denkprozesse und ihre Ergebnisse als durchaus gefährlich angesehen werden können, insbesondere von Menschen, die gestalterische Führungsaufgaben für sich beanspruchen, kann man sich gut vorstellen. Denn plötzlich zählen nicht mehr Position und die Macht-Hierarchie. Die von allen getragenen neuen Ideen bilden eine andere, natürliche Hierarchie heraus.

Co-Creation ist noch nicht eingeübt. Der Wert und die Unausweichlichkeit einer Zukunft, in der wir immer größere und komplexere Herausforderungen co-kreativ lösen werden, ist für viele Menschen, Sektoren und Institutionen noch gänzlich unbekannt. „Create an edge!“ heißt das passende facilitative Prinzip. Es besagt, dass wir mit allem, was die schöpferische Gestaltungsarbeit mit sich bringt, eine (Lern-)Schwelle für den Klienten bzw. für das Klienten-System erzeugen. Auch wenn diese Schwelle notwendig für den Kreations- und Transformationsprozess ist, so erzeugt sie nachvollziehbare Gegenreaktionen, wie Unverständnis, Irritation, Konfusion oder Dagegenhalten. Die Unerschrockenheit der Facilitatorin inmitten dieser Dynamiken ist sehr hilfreich.

Wenn man als Facilitatorin im Sinne der Allparteilichkeit[18] alle Sichtweisen berücksichtigt, dann geht es darum, jede Sichtweise als wertvollen Beitrag zu betrachten. Die Unerschrockenheit des Facilitators erhöht seine Fähigkeit, in diesen Situationen empathisch zu sein mit allem, was geäußert wird, und den Gegenwind als verständliche Reaktion zu betrachten, die im Kern nichts mit der Person des Facilitators zu tun hat.

Das unbeeindruckte Wirken eines Facilitators kann mitunter provozierend sein. Wir verstehen unter dem Begriff Provokation jedoch die positiv konotierte lateinische Bedeutung. Hier steht „provocare“ für „hervorrufen“ oder „herausfordern“. Wir rufen als Facilitatoren das versteckte Potenzial, das sich in jeder Sache, jeder Situation, jeder Institution und jedem Menschen – uns selbst eingeschlossen – verbirgt, hervor. Das sind die Ambition und der Hebel.

Es ist nicht einfach, Unerschrockenheit in Worte zu fassen. Wir hoffen trotzdem, dass es spürbar wurde, welch beeindruckende Kraft und Wirkung diese Aspekte der Facilitation-Philosophie mit sich bringen. Wir haben es vielfach in der Praxis erlebt. Facilitation kann – so verstanden und praktiziert – ein Akt der Befreiung für einzelne Menschen, Gruppen und Organisationen sein. Dies ist ein Grund, warum diese Praxis so viel Vitalität verleiht und warum der Begriff „Spirit" im Sinne von Inspiration und Esprit so oft fällt. Unerschrockenheit ist eine Sehnsucht vieler Menschen. Es ist möglich, sie zu erreichen, und sie ist nicht von äußeren Faktoren abhängig, denn sie beginnt im Kopf.

Facilitatoren werden durch die Praxis der Unerschrockenheit zum Modell für Vitalität, Freiheit und Esprit.

Praxistipp

Gelegenheiten, im Alltag Unerschrockenheit zu üben, gibt es viele!

- *Welche Menschen kennst du, die du als unerschrocken bezeichnen würdest? Woran erkennst du, dass sie unerschrocken sind? Was machen sie genau? Frage sie, wie es ihnen gelingt, unerschrocken zu sein.*
- *Welche Situation fällt dir ein, in der du dich unerschrocken erlebt hast? Was hat dich in dieser Situation so handeln lassen? Was genau hat dein Handeln möglich gemacht? Wie kann es dir gelingen, solche Situationen häufiger zu erleben?*
- *Kennst du Filme, in denen Menschen auftauchen, die in einem facilitativen Sinn unerschrocken und unbeeindruckt reagieren? Schaue diese Filme mit der Brille der Unerschrockenheit und lerne daraus. Wir empfehlen an dieser Stelle zwei Filme, die nicht nur für Unerschrockenheit, sondern auch für Facilitation insgesamt stehen. Durch sie durften wir viel lernen: „Die Legende von Bagger Vance" und „The King's Speech: Die Rede des Königs". In beiden Filmen sind die Hauptcharaktere unerschrocken in der Begleitung von Menschen. Sie lassen sich nicht beeindrucken durch Machtzentren oder Gegenwind.*
- *Welche Situationen erschrecken dich vor allem im beruflichen Kontext? Überlege dir für diese Situationen drei mögliche unerschrockene Reaktionen. Bereite dich damit auf eine Gelegenheit, unerschrocken zu agieren, vor.*

Autonomie – selbstbestimmt leben, Aufmerksamkeit lenken, Bedeutung geben

Autonomie ist ein altes und menschliches Phänomen, das in vielen Wissenschaften beleuchtet und untersucht wird. Es gibt viele Abhandlungen und Bücher dazu, aber keine anerkannte Theorie. Das gibt uns – quasi – die Freiheit, im Rahmen von Facilitation und der damit verbundenen lebenslangen Praxis drei Aspekte herauszuschälen, die für uns Kommunikationslotsen mit dem Begriff der Autonomie verbunden sind, nämlich

- selbstbestimmt zu leben,
- Aufmerksamkeit zu lenken und
- Bedeutung zu geben.

Selbstbestimmt leben

„Jeder Mensch ist ein Träger von Fähigkeiten, ein sich selbst bestimmendes Wesen, der Souverän schlechthin in unserer Zeit."
Joseph Beuys

Das griechische Wort autonomia (Selbstgesetzgebung) ist die Wurzel für das Wort Autonomie, das Selbstständigkeit oder Unabhängigkeit bedeutet. Wir verwenden den Begriff Autonomie und meinen damit das Bedürfnis aller Menschen, selbstbestimmt leben zu wollen. Bedürfnisfreiheit und Unerschrockenheit sind dabei gute Grundlagen für autonomes Verhalten, weil sie das Gefühl der inneren Freiheit vergrößern.

Um sich mit der eigenen Autonomie stärker anzufreunden, ist es hilfreich, sich mit dem Begriff der „inneren Freiheit"[19] auseinandersetzen. Die innere Freiheit beginnt mit der Erkenntnis, dass wir die Fähigkeit besitzen, weitgehend autonom und selbstständig zu denken. Diese Art zu denken ist ein Grundrecht jedes Menschen. Leider ist das bei vielen Menschen zu selten im Bewusstsein. Es ist wie ein wenig trainierter Muskel. Als Facilitatoren gilt es, diesen Muskel (wieder) zu kräftigen. „Wer nicht denkt, fliegt raus" sagte einmal Joseph Beuys. Damit ist nicht oder nicht nur gemeint, dass man aus einem Projekt oder dem Job rausfliegt. Es ist auch nicht gemeint, dass uns jemand anderes hinauswirft. Vielmehr fliegen wir uns selbst heraus. Wir nehmen uns selbst Handlungsfähigkeit und machen uns einzelne Situationen schwerer als nötig. Selbstständiges, autonomes Denken im Sinne innerer Freiheit ist eine Kernfähigkeit, die es zu kultivieren gilt – als Facilitatorin, Führungskraft, Mitarbeiter.

„Er (der Schüler) soll nicht Gedanken, sondern denken lernen;
man soll ihn nicht tragen, sondern leiten, wenn man will,
dass er in Zukunft von sich selbsten zu gehen geschickt sein soll."
Immanuel Kant

Die Frage, wie viel Freiheit der Mensch hat und wie viel in unserem Denken und Handeln unbewusst und unwillkürlich passiert, ist mit dem Thema Autonomie verknüpft. Es gibt Theorien, nach denen etwa 70 % bis 95 % unserer Entscheidungen unbewusst getroffen werden.[20] Aber unabhängig davon, wie groß oder klein unsere innere Freiheit ist, wir können sie durch Übung vergrößern. Das ist unsere Absicht.

Idealerweise arbeitet die Facilitatorin autonom oder strebt stets einen hohen Freiheitsgrad und Selbstbestimmung an. Dies verleiht ihr eine breitere Perspektive und ermöglicht frische Fragen. So bringt sie in die (Klienten-)Systeme und Gruppen, für die sie tätig wird, einen Hauch von Freigeistigkeit und Selbst-Autonomie mit. Sie dient quasi als Modell.

Als Facilitator sind wir Modell, nicht Vorbild. Ein Modell zeigt *eine* Möglichkeit auf. Ein Modell besteht nicht normativ darauf, den einzig richtigen Weg darzustellen. Ein Modell kann Fehler machen. Und lädt so andere ein, diese Haltungen zu übernehmen und mutig damit zu experimentieren.

Die Bedeutung von Autonomie als menschliches Bedürfnis wird auch durch die Neurowissenschaft[21] belegt. Im SCARF-Modell nach David Rock[22] werden fünf grundlegende soziale Bedürfnisse beschrieben. Wir führen dieses Konzept ein, weil es auf uns und unsere facilitative Praxis Auswirkungen hat, denn es hilft, das Verhalten von Menschen zu verstehen und gibt nützliche Hinweise für facilitative Interventionen (mehr zu SCARF, siehe Seite 365 ff.).

Die fünf grundlegenden sozialen Bedürfnisse im SCARF-Modell sind:

- **S**tatus – die Stellung/Bedeutung zu anderen Personen
- **C**ertainty – Gewissheit, Stabilität und Vorhersagbarkeit

- **A**utonomy – Entscheidungsspielräume
- **R**elatedness – Verbundenheit, soziale Zugehörigkeit
- **F**airness – Gerechtigkeitsempfinden

Autonomie steht als wichtiges menschliches Bedürfnis in der Mitte. Es geht um Selbstbestimmung im eigenen Lebenskontext und um Wahlmöglichkeiten. Wird dieses Bedürfnis im organisationalen Kontext, z. B. durch starre äußere Vorgaben, Scheinpartizipation oder Kontrolle, nicht ausreichend berücksichtigt, entsteht bei Menschen Stress. Sie fühlen sich in ihren Grundbedürfnissen bedroht. Dadurch wird der Zugang zu den eigenen Ressourcen und Potenzialen begrenzt, weil die Mitarbeitenden – neurowissenschaftlich ausgedrückt – damit beschäftigt sind, ihr „Überleben" zu sichern. Die Leistungsfähigkeit eines Menschen wird beeinträchtigt.

Facilitatoren sorgen dafür, dass Rahmen geschaffen werden, in denen Menschen sich autonom bewegen können. Sie setzen sich ein für echte Partizipation und schaffen Bedingungen, in denen Co-Creation möglich wird.

Autonomie zu leben bedeutet auch, Verantwortung zu übernehmen. Wer autonom sein möchte, muss bereit sein, die Konsequenzen und Auswirkungen des eigenen Handelns zu tragen. Das ist für viele Menschen ungewohnt. Geübter ist es, bei anderen die Verantwortung – gerne auch die Schuld – zu suchen. Als Facilitatoren gehen wir jedoch davon aus, dass Menschen Verantwortung übernehmen und etwas Sinnvolles tun möchten. Ein Teil der Medizin, die durch Facilitation in Organisationen kommt, ist die Einübung der Verantwortungsübernahme, die über den Rahmen des eigenen Arbeitsplatzes hinausgeht und das größere Ganze mit einbezieht. Dabei ist es wichtig, zu berücksichtigen, dass ungewohnte Autonomie auch überfordern und Angst auslösen kann. Als Facilitator übertragen wir deshalb nicht die eigenen Vorstellungen von Freiheit und Autonomie auf alle Menschen gleichermaßen, sondern gehen mit dem, was uns entgegenkommt, respektvoll und wertschätzend um.

Aufmerksamkeit lenken

„Menschliches Erleben ist das Ergebnis von Aufmerksamkeitsfokussierung."
Gunther Schmidt[23]

Auch in der Art, wie Menschen ihre Aufmerksamkeit lenken, zeigt sich Autonomie. Nach Gunther Schmidt, dem Begründer des hypnosystemischen Arbeitens, ist jedes menschliche Erleben das Ergebnis der Aktivierung von Netzwerken im Gehirn, die unser Erleben steuern (unbewusst oder unwillkürlich) oder mit denen wir unser Erleben (bewusst) steuern können.[24] Die Netzwerke unsere Gehirnzellen kommunizieren über synaptische Übertragungen miteinander. Dieser Prozess wird als neuronales Feuern bezeichnet. Wenn die gleichen Gehirnzellen immer wieder miteinander kommunizieren, verstärkt sich deren Verbindung. Wird das oft wiederholt, automatisiert sich die Vernetzung. Das zeigt sich in positiver Weise beim Autofahren. Die Vorgänge sind nach wenigen Monaten so automatisiert, dass bremsen, kuppeln und schalten nahezu automatisch erfolgen.

Psychologen wissen, dass negative Denkprozesse dem gleichen Muster folgen. Je mehr wir über einen negativen Gedanken „grübeln", desto stärker verfestigt sich der Gedanke. Deshalb sind Gedanken, die Depressionen, Ängste, Panik und Zwänge verursachen, so schwer zu unterbrechen. **Worauf wir unsere Aufmerksamkeit richten, wird mehr!**

Auch in Organisationen zeigen sich verfestigte neuronale Vernetzungen – in Form von Mustern, die immer wieder auftauchen. Teams, die miteinander regelmäßig die gleichen Konflikte austragen. Führungspersonen, die eine bestimmte (meist negative) Meinung über ihre Mitarbeitenden haben. Oder Mitarbeitende, die negative Erfahrungen mit Veränderungsprozessen machten und mit ihnen per se etwas Schlechtes verbinden. Als Facilitator interessiert es uns weniger, ob das berechtigt ist oder nicht. Facilitatoren helfen vielmehr, alte Denkmuster aufzuweichen und zieldienliche neue Gedankenwelten anzubieten oder zu entwickeln. Das gelingt ihnen dadurch, dass sie die Betroffenen einladen, Aufmerksamkeit bewusst zu lenken, beispielsweise auf das, was sie erleben möchten oder in der Vergangenheit schon mal positiv erlebt haben. Gedanken immer wieder bewusst zu steuern, ist ein mächtiger Hebel der Autonomie.

Eine humorvolle Intervention, die die Macht der Aufmerksamkeitsfokussierung direkt erfahren lässt, haben wir bei dem Kabarettisten Eckart von Hirschhausen im Rahmen des Katholikentages in Münster 2018 erlebt, und geben es seitdem gern als Experiment weiter. Zu zweit erzählt man sich jeweils eine Minute von einem kleinen Problem (das nichts mit dem Gesprächspartner zu tun haben darf), was echten Ärger auslöst. Dadurch werden die mit dem neuronalen Netzwerk der Begebenheit verknüpften Gefühle ausgelöst und für den Erzählenden wieder spürbar (Ärger). Danach erzählt man sich gegenseitig die gleiche Geschichte (wiederum in einer Minute) noch einmal, aber mit der Regel, dass man dieses Mal den Buchstaben s nicht nutzen darf. Dadurch werden andere neuronale Netzwerke aktiviert, die verhindern, dass der mit dem Problem verbundene Ärger entstehen kann. Die alten Vernetzungen werden also gezielt unterbrochen. Die ursprünglichen Synapsen können nicht zusammen feuern, weil die Konzentration auf der Vermeidung des Buchstabens s liegt. Das führt dazu, dass Menschen schon nach kurzer Zeit anfangen zu lachen, weil diese Art des Berichtens sowohl bei den Erzählenden als auch bei den Hörenden Erheiterung auslöst. Der Ärger ist plötzlich weg, obwohl man sich mit derselben Sache beschäftigt hat – nur mit einer anders gelenkten Aufmerksamkeit.

Focus is power.[25] Durch gezieltes Lenken der Aufmerksamkeit lassen sich die Muster des Gehirns umformen. Bildgebende Verfahren haben nachgewiesen, dass Menschen, die ein Fachgebiet täglich praktizieren, anders denken, als Menschen, die dieses Fachgebiet nicht praktizieren. **Facilitatoren unterstützen Menschen darin, das machtvolle Instrument der Aufmerksamkeitsfokussierung zu nutzen, um erwünschtes Erleben zu ermöglichen und unerwünschtes Erleben zu unterbrechen.** Facilitative Interventionen sind dementsprechend auch Einladungen zu zieldienlichen Fokussierungen.

Wie kraft- und wirkungsvoll die Fähigkeit, Aufmerksamkeit autonom lenken zu können, ist, konnten wir bei einem sehr berühmten Menschen sehen: Nelson Mandela. Über den Anfang seiner Präsidentschaft wird in dem Film Invictus erzählt.[26] Durch Rückblicke wird der Zuschauer immer wieder an die Zeit der Haft erinnert. Nelson Mandela war 27 Jahre inhaftiert und war dort Hass, Gewalt und Demütigungen ausgesetzt. Nach der Haftentlassung hat er sich bewusst entschieden, seine Verbitterung darüber hinter sich zu lassen, weil er erkannte, dass er sonst ein Leben lang ein Gefangener seiner negativen Gedanken über das Erlebte bleiben würde.

„Die Gedanken sind frei" ist ein bekanntes Volkslied. In der 3. Strophe heißt es:

„Und sperrt man mich ein im finsteren Kerker,
das alles sind rein vergebliche Werke!
Denn meine Gedanken zerreißen die Schranken
und Mauern entzwei:
Die Gedanken sind frei!"

Welch innere Kraft muss ein Mensch haben, die eigene Aufmerksamkeit angesichts des Erlebten in 27 Jahren Haft so lenken zu können, dass daraus eine Stärke erwächst, die Nelson Mandela später auch als Präsident von Südafrika gezeigt hat. Hass und Rache konnte er transformieren in Wertschätzung und Kreativität im Umgang mit Menschen.

Ein Gedicht von William Ernest Henley hat Mandela während der Inhaftierung immer wieder Kraft und Trost gespendet: Invictus (Unbezwungen).

„Aus finstrer Nacht, die mich umragt,
durch Dunkelheit mein' Geist ich quäl.
Ich dank, welch Gott es geben mag,
dass unbezwung'n ist meine Seel.
Trotz Pein, die mir das Leben war,
man sah kein Zucken, sah kein Toben.
Des Schicksals Schläg in großer Schar.
Mein Haupt voll Blut, doch stets erhob'n.
Jenseits dies Orts voll Zorn und Tränen,
ragt auf der Alp der Schattenwelt.
Stets finden mich der Welt Hyänen.
Die Furcht an meinem Ich zerschellt.
Egal, wie schmal das Tor, wie groß,
wieviel Bestrafung ich auch zähl.
Ich bin der Meister meines Los'.
Ich bin der Käpt'n meiner Seel."

William Ernest Henley

Ich bin der Meister meines Los'. Ich bin der Käpt'n meiner Seel. Ich entscheide, welche Gedanken ich mir zu dem mache, was ich erlebe. Ich entscheide, welche Bedeutung ich dem gebe, was mir widerfährt. Damit wären wir beim dritten und letzten Aspekt zur Autonomie.

Bedeutung geben

Eine kleine Papiertüte gefüllt mit drei Honigbonbons, einem Stück Bienenwachs, einem kleinen Stück grauen Filz, 30 cm Kupferdraht, eine Kristallperle und wenige kleine Stücke Holz. Die Bedeutung liegt im Auge des Betrachters. Für den einen ist es eine Tüte, gefunden auf einer Parkbank, mit deren Inhalt er oder sie nichts anfangen kann. Bedeutungslose Reste, Überbleibsel von etwas. Müll. Für einen anderen Betrachter wird diese Tüte zu einer inspirierenden Sammlung von Gegenständen, deren Wert verbunden ist mit dem symbolischen Gehalt dieser Materialien, eine Einladung, in einer Gruppe eine Vision zum Thema „In Würde alt werden" zu entwickeln.

Im Rahmen einer großen facilitativen Zukunftswerkstatt[27] haben sich Menschen mit dem gesellschaftlichen Thema „altern" auseinandergesetzt. Dazu haben wir Kreativmaterialien bereitgestellt, die der Künstler Joseph Beuys[28] immer wieder verwendet hat. Beuys hat mit der Symbolik von Farben und Materialien gearbeitet, um auf eine bessere Welt hinzuweisen. Materialien waren für Joseph Beuys Sinnträger. Es kam ihm nicht auf das Faktische an, sondern auf das dahinter Liegende, das Bedeutsame. So steht der Honig (Bonbon) für das gelobte Land, wo Milch und Honig fließen. Der Honig symbolisiert die Süße des Lebens, die Liebe zum Leben und das Glück, zu leben. Wachs ist ein Energie- und Wärmespender. Wachs symbolisiert den Prozess des Übergangs von einem Zustand zum anderen. Es ist formbar und steht deshalb für die Möglichkeit der Veränderung, für Kreativität. Filz ist ein organisches, durch Reibung unentwirrbar verwobenes Material. Die Struktur des Stoffes ist chaotisch. Filz dient als Isolator und Schutz, ist Wärmespender und Batterie, schafft Stille, da jeder Laut gedämpft wird. Kupfer steht für Verbindung, Kontakt, schnelle Leitungsfähigkeit, für Antenne und Sender. Der Kristall symbolisiert die Erstarrung und Vereisung des Lebens, aber auch die Energie, die aus Starre und Tod zum Lebendigen überspringen kann. Das Holz wählte Joseph Beuys, wenn er das Weibliche darstellen wollte, das nicht versteinert ist, das Kräfte hat, die in der Vergangenheit zu wenig genutzt wurden.

Diese kleine Anekdote macht deutlich, dass Bedeutungsgebung auf den Kontext ankommt. In welcher Umgebung befinde ich mich gerade? Es führt zu völlig anderen Bewertungen und Möglichkeiten, ob ich die Tüte mit den Materialien auf einer Parkbank finde oder ob sie mir im Rahmen eines Workshops angeboten wird zur Gestaltung einer Vision. Eine Medizin, die der Facilitator im Rahmen der Bedeutungsgebung bereithält, ist die Kontext-Passgenauigkeit. Damit ist gemeint, dass jede Organisation und jedes Anliegen in genau ihrer Form und zu ihren Bedingungen einmalig sind. Diesen Kontext gilt es zu erkunden, um dann passgenaue Interventionen für das gewünschte Erleben anzubieten.

Neben dem Kontextbezug ist ein weiterer Aspekt wichtig. Ich kann den Dingen und dem Erleben eine für mich stimmige Bedeutung geben, so wie es Beuys mit den Materialien gemacht hat – und wir es für unseren Zweck der Zukunftswerkstatt übernommen haben. Eine gehaltvolle Medizin des Facilitators liegt somit darin, immer wieder zur ermutigenden Bedeutungsgebung einzuladen. *Act und Reflect* ist ein wichtiges facilitatives Prinzip. Erlebe etwas, tue etwas, handle und dann nimm dir die Zeit, das Erlebte zu reflektieren. Wie ich reflektiere und was ich reflektiere, sind autonome Entscheidungen. Als Facilitator empfehlen wir, so zu reflektieren, dass die Bedeutungsgebung potenzialorientiert ist: Das, was passiert, kann ich nutzen, um zu lernen und es so zu bewerten, dass das Erlebte vitalisierend und energetisierend wirkt. Auf diese Weise schaffe ich Reflexionsschleifen, die weder mich noch andere abwerten, sondern die mich mutiger werden lassen, nächste Schritte zu gehen.

Dies gilt insbesondere für Situationen, die auf den ersten Blick eher negativ erscheinen. Beispielsweise wenn es in einem Meeting nicht gelungen ist, innerhalb eines geplanten Zeitrahmens das gewünschte Ergebnis zu erreichen. In einer Reflexionsrunde könnte man nun die Fragen stellen: Woran hat es gelegen? Und ggf. auch: An wem hat es gelegen? Allerdings sind beide Fragen aus facilitativer Sicht wenig hilfreich, weil die Antworten wahrscheinlich entmutigen und negative Gefühle auslösen würden. Alternativ könnte der Facilitator fragen: Wie können wir das Geschehene deuten, dass es uns Kraft gibt für die nächsten Schritte und wir mit mehr Energie aus dem Meeting gehen, als wir hineingekommen sind?

Erst wenn Erfahrungen *aktiv* gedeutet werden, kann das darin liegende Potenzial für die Zukunft erschlossen werden. Facilitatoren laden deshalb regelmäßig zu „Deute-Gesprächen“ ein. Sie bringen dabei ihre Ideen (als mögliche Sichtweisen), die vitalisierend und ermutigend sind, mit ein.

Wenn es um das Geben von Bedeutung geht, darf das Prinzip des Utilisierens, das auf Milton Erickson (1901-1980) zurückgeht, nicht unerwähnt bleiben.[29] Utilisieren bedeutet, alles was passiert (bei Erickson in der Therapie), zum Wohle des Klienten zu nutzen und dem eine stärkende Bedeutung zu geben. Diesen Ansatz können wir einfach in die Facilitationpraxis übertragen. **Alles, was in facilitativen Prozessen passiert, kann eine Quelle für ermutigende Bedeutungsgebung sein.** Dies wird besonders spannend, wenn wir es mit zunächst negativen Beschreibungen und Zuschreibungen zu tun haben. Abhängig vom Kontext und von den Zielen bedarf es der ständigen Übung, das Potenzial von Deutungsmöglichkeiten zu erschließen. Facilitatoren üben durch ihre Art des Vorlebens eine gewisse Attraktivität aus, und sie sind bestenfalls ein gutes Modell für die Kunst, das Leben zu deuten. Durch die facilitative Praxis entstehen lebendige, sinn-volle Organisationen mit mutigen Menschen.

Praxistipp

Eigenständiges Denken, die Fähigkeit, Aufmerksamkeit bewusst zu lenken, und die Praxis der Bedeutungsgebung sind die Grundlagen, um als Facilitator in Prozesssen einen Unterschied machen zu können. Es bedarf einer ständigen persönlichen Übung, die bisweilen unterhaltsam und immer lohnenswert ist. Denn ohne eigene innere Freiheit steht man zu häufig unter Druck und hat schlicht wenig Freude. Das ist nicht gesund und kann nicht das Ziel sein.

1. *Entscheide bewusst: Entspricht das Anliegen des Kundensystems, mit dem du arbeitest, der Medizin, die du anbietest?*
2. *Prüfe jede Entscheidung und Verpflichtung, die du eingehst, ob sich die damit verbundenen Konsequenzen mit deinem Bedürfnis nach Selbstbestimmung vereinbaren lassen.*
3. *Mache oder erschaffe bewusst und mit Absicht etwas in deinem Leben, was außerhalb deiner Routinen und der Routinen der dich umgebenden Menschen (Familie, Lebenspartner, Kollegen) liegt. Reflektiere dabei, mache Notizen, lerne.*
4. *Widerstehe einer Einladung und sei ganz bewusst nicht dabei. Sage „Nein, danke" und organisiere dir (Lebens-)Zeit für etwas anderes, was für dich bedeutsam ist. Genieße es. Joy of missing out: JOMO!*[30]
   - *Erinnere dich an eine Situation, in der du dich nicht selbstbestimmt gefühlt hast und es dir im Verlauf gelungen ist, deine Selbstbestimmung zurückzugewinnen.*
   - *Schenke deinen Gedanken mehr Aufmerksamkeit. Versuche bewusst wahrzunehmen, was du denkst. Wann immer sich Gedankenschleifen in deinen Kopf eingeschlichen haben, mache dir klar, dass du in einem gedanklichen Gefängnis gelandet bist. Wie kommst du aus dem Gefängnis? Wahrnehmung ist ein erster Schritt zur Distanzierung. Schaue dir nun deine Gedanken von außen an und frage dich: Ist das, was ich gerade denke, ein alter Gedanke? Kenne ich ihn? Spannender wird das Leben, wenn es gelingt, neue Gedanken zu denken … Und frage dich: Tut das, was ich denke, meiner Seele gut? Tun mir diese Gedanken gut? Lenke deine Gedanken gegebenenfalls auf etwas, was dir Kraft oder Energie gibt. Diese Übung eignet sich auch für Gruppen in Workshops oder Trainings.*
   - *Nutze alltägliche Situationen zur Übung der bewussten Bedeutungsgebung. So holst du wie nebenbei mehr Tiefe und Achtsamkeit in den Alltag. Verbinde dazu alltägliche Situationen mit einer tieferen Bedeutung! Zur Anregung drei Beispiele:*
     1. Beim Händewaschen lassen wir Wasser über die Hände fließen. Das kann dich daran erinnern, dass wir eingebettet sind im Strom des Lebens. Wer es einfacher mag, kann das Händewaschen auch einfach mit Entspannung verbinden: Besonders kaltes Wasser hat tatsächlich einen beruhigenden Effekt auf das Nervensystem.
     2. Das Berühren eines schönen Steins in der Tasche oder auf dem Schreibtisch hilft, uns zu erden. Die Verbindung mit einem Teil der Natur öffnet unseren Geist und das Herz für die größere Welt, von der wir ein Teil sind.
     3. Blicke einmal am Tag in den Himmel, stelle dir kurz das Universum vor und sage dir: „Die Weite über mir spiegelt sich in mir wider."

Liebe – Take Care, Make Things Nice, Facilitate Yourself

Gehört ein Kapitel über die Liebe wirklich in ein Buch über Facilitation? Kunden und Teilnehmende unserer Trainings haben uns immer wieder gespiegelt: Ihr liebt die Menschen! Das ist für uns Anlass und Anspruch genug, uns diesem Thema aus facilitativer Sicht zu nähern. Unter Liebe verstehen wir in unserem Kontext ein starkes Gefühl der Zuneigung und Wertschätzung – für eine Sache, eine Person oder für Ideen. Mildtätigkeit und Herzlichkeit gehören dazu. Gemeint ist das mitfühlende Herz, das sich dem Respekt anderen gegenüber und deren Wohl widmet.[31]

Take Care! – sich um die Menschen kümmern

Wir verstehen „Take Care!" im Sinne von „aufpassen", „Sorge tragen für etwas" und „achtgeben". Einer Begegnung mit dem Mount Everest-Bezwinger Mikael Reuterswärd (1964 – 2010) entspringt die folgende Anekdote: „Du kommst irgendwann unweigerlich an einen Punkt, an dem du selbst so fertig bist mit der Welt, dich so krank und ausgelaugt fühlst, dass du deinen Teampartner – unabhängig davon, was er macht, was er sagt oder was er auch nicht macht – für das größte A… auf Erden hältst. In dieser Situation kannst du davon ausgehen, dass es deinem Partner genauso mit dir geht. Und die einzige Möglichkeit, da wieder rauszukommen, ist, dass du dich um ihn kümmerst, ihn fragst, wie es ihm geht, ihm einen Tee anbietest – was auch immer. Hör auf, dich selbst zu bemitleiden. Geh weg von dir – ganz besonders in Momenten, in denen du nicht weiterweißt. Konzentriere dich auf den anderen und kümmere dich um ihn. Nur so kommst du als Team aus diesem Teufelskreis raus und eroberst gemeinsam den Berg!" – Take care!

Um den Gedanken von „Take Care" in unseren Kontext zu übersetzen, braucht es nicht viel. Wir können ihn direkt übertragen, beispielsweise auf die in vielen Organisationen verhärteten Fronten zwischen Menschen. Jedes Tun und Lassen wird skeptisch und häufig abwertend beäugt. Das Vertrauen ist gering oder ganz auf der Strecke geblieben. Der Anspruch, den Berg gemeinsam zu bezwingen, ist theoretisch zwar allen bekannt. Ein Lippenbekenntnis zur vertrauensvollen Zusammenarbeit gibt es auch. Aber gelebt wird etwas anderes. Der Weg aus dieser verfahrenen Situation heraus kann über das aufeinander achtgeben führen: Kümmere dich um die Menschen. Kümmere dich besonders um die, bei denen es dir schwerfällt. Was wäre möglich, wenn einander verfeindete Gruppen sich bewusst für diesen Weg entscheiden würden? Insbesondere dann, wenn es nicht mehr weiterzugehen scheint, weil alle mit ihren Kräften am Ende sind?

„Take Care!" ist nicht nur für außerordentliche oder kritische Situationen, sondern auch für den facilitativen Alltag ein sehr nützliches Prinzip. Es kann in einer Besprechung bedeuten, dass man darauf achtet, wie es den Teilnehmerinnen und Teilnehmern geht: Ist sie oder er im Moment schon bereit und aufnahmefähig? Oder muss zunächst auf einer anderen Ebene begonnen werden: Wie geht es dir? Was beschäftigt dich im Moment? Kann ich dir einen Kaffee mitbringen? Oder was sagen mir die Gesichter der Teilnehmenden während der Besprechung? Kommen alle mit oder haben wir jemanden im Diskurs verloren? Was kann ich tun, damit wir tatsächlich miteinander im Dialog stehen und uns nicht verstricken im Austausch von Positionen?

Kern der Idee von „Take Care!" ist, dass wir uns – in Meetings, Konferenzen und schwierigen Phasen der Organisationsentwicklung – wie Menschen und nicht wie Funktionsträger behandeln. **Facilitation bringt mehr Menschlichkeit in die Organisationen**. Das ist eine gute Grundlage dafür, dass die Menschen in den Organisationen Zugang zu ihrem vollen Potenzial erhalten.

Als Facilitator lebst du die Kultur von „Take Care!" und lädst alle dazu ein, bei dem aufeinander Achtgeben mitzumachen. In Trainings, Workshops und Beratungsprozessen führst du zu Beginn dieses Prinzip ein. Wir erleben immer wieder, wie viel Freude (sich fremde) Menschen haben, wenn sie praktisch den Auftrag erhalten, sich um die Anderen zu kümmern. Die Atmosphäre im Raum

verändert sich. Es ist bewegend zu beobachten, welche Fürsorge besonders die Menschen bekommen, denen es nicht gut geht. **Menschen interessiert es mehr, wie viel du dich kümmerst, und nicht so sehr, wie viel du weißt!** Zusammenarbeiten und zusammenlernen macht mit „Take Care!" mehr Spaß.

Das Herz des Facilitators schlägt für das Leben, eine bessere Gesellschaft, für die Menschen. Das gilt insbesondere in schwierigen Phasen und in Entwicklungsprozessen. Facilitatoren gehen davon aus, dass jeder sein oder ihr Bestes gibt. Nur so kann es gelingen, auf Menschen und Situationen stets mit rigorosem Mitgefühl zu blicken. Rigoroses Mitgefühl ist eine Fähigkeit, die im Herzen entwickelt wird. Es ist eine Basisfähigkeit des Facilitators. Das Eigenschaftswort „rigoros" mag in Kombination mit dem Begriff „Mitgefühl" zunächst ungewöhnlich erscheinen. Doch es steht für *entschiedene* Einfühlungskraft: Wir halten unser Mitgefühl in einer Situation bzw. für eine Person rigoros aufrecht. Denn Einfühlungsvermögen ist das Gewebe, das Menschen zusammenhält. Rigoroses Mitgefühl gilt es deshalb als Facilitator – neben den Herz-Fähigkeiten Empathie, Unvoreingenommenheit und Intuition – zu entwickeln.

Make Things Nice! Achte auf Schönheit und Sorgfalt

Das Prinzip „Make things nice!" stammt von John Fire Lame Deer, einem heiligen Mann der Mineconju-Lakota Sioux in Nordamerika (siehe „Beyond Facilitation", ab Seite 425). Es ist eines jener (facilitativen) Prinzipien, die wir als Ur-Prinzipien des Lebens bezeichnen und als grundlegende, universell gültige Führungsprinzipien verstehen.

Die Lakota und viele andere indigene Völker verwenden die Formulierung „Walk in Beauty". Sie bedeutet, in Schönheit und Würde zu gehen, in Harmonie zu sein und die Schönheit oder Verbundenheit von dem, was man sieht, zu erkennen. Dies gilt auch für die Dinge, die vielleicht auf den ersten Blick nicht schön erscheinen.

Drei Dinge sind nach dem mittelalterlichen Philosophen Thomas von Aquin erforderlich, um Schönheit zu erschaffen: Integritas (Ganzheit/Echtheit)[32], Consonantia (Einklang/Harmonie) und Claritas (Ausstrahlung/Klarheit). Diese drei Perspektiven leiten unser Handeln, wenn es in einem facilitativen Sinn darum geht, das Prinzip „Make Things nice!" umzusetzen.

Für unsere Arbeit heißt das: Wir wählen große, helle Räume mit möglichst hohen Decken, in denen wir arbeiten. Diese Räume bringen eine gewisse Erhabenheit und Schönheit mit sich und bieten ausreichend Bewegungsfreiheit für die Teilnehmenden (pro Teilnehmer mindestens 4 qm). Wenn möglich haben die Räume Zugang zur Natur – als Ausgleich, zur Inspiration und zur Förderung der Kreativität. Die Räume sind meistens schlicht möbliert. Ein Stuhlkreis, der sorgfältig abgemessen ist, wenige Tische für Materialien und Getränke, Pinnwände und Flipcharts am Rand. Die Gestaltung der Mitte ist je nach Kontext und Gruppe achtsam gestaltet (mehr dazu bei „The Circle Way" auf Seite 222). Wenn die Teilnehmenden in solch einen vergleichsweise schlichten Raum kommen (oder ihn selbst schaffen), dann spüren sie die angestrebte Klarheit und Harmonie. Ein Willkommensplakat sorgt für Orientierung. Wir heißen die Teilnehmenden nicht nur in ihrer Rolle und Funktion willkommen, sondern in ihrer Ganzheit. Das ist die schlichte Idee und der Anspruch von Facilitation. Wir verstehen uns als Gastgeber für die Menschen, so als wären sie Gäste in unserem Zuhause – für die wir alles sorgfältig vorbereitet und schön gemacht haben. Und vor allem sollte für guten Kaffee gesorgt sein, denn Kaffeepausen sind wesentliche Bestandteile von Meetings und Konferenzen (siehe dazu das Kapitel „World Café" ab Seite 262).

„Make things nice" ist nicht zu verwechseln mit „Make things perfect". Schönheit entsteht, wenn die Dinge sinnvoll sind und durch das, was ist, Liebe (Wertschätzung, Respekt, Sorgfalt) hindurch scheint. Das gilt auch für die Visualisierungen, die in der Arbeit eines Facilitators eine grundlegende Bedeutung haben. Visualisierungen unterstützen das Bedürfnis nach Orientierung, sie helfen, den Sinn für alle vor Augen zu führen und sind Artefakte eines Prozesses, durch die Erfahrungen immer wieder lebendig werden können.

„Make things nice" ist übrigens kein Selbstzweck. Dieses Prinzip dient dazu, einen Raum zu kreieren,

- in dem Menschen mit Kopf, Herz und Hand ihre Potenziale entfalten können,
- in dem sie sich und die Sache, um die es geht, weiterentwickeln können,
- in dem sie Freude am Miteinander haben und ihre Fähigkeit zur Kooperation verfeinern,
- in dem sie sich sicher und orientiert fühlen – auch und gerade in schwierigen Zeiten.

„Make things nice" ist auch ein Anspruch für den Online-Raum. Hier zeigt sich das Prinzip z. B. durch Musik zum Ankommen, durch schön gestaltete Boards, durch eine Kerze in einem (Zoom/Online) Fenster, durch ausreichende Pausengestaltung, durch Snacks, die im Vorfeld verschickt wurden und durch Kleingruppenarbeit, die bei einem Reflexions-Spaziergang in der Natur stattfindet und die Gruppen sind über das Telefon verbunden (siehe „Online Facilitation", Seite 374 ff.)

In einer Geschichte, die wir für unsere Praxis nutzen, wird erzählt, welch große Kraft darin liegt, wenn Menschen in solche Räume eingeladen werden. Sie bieten einen Raum zur persönlichen Transformation.

> Eine alte Indianerin pflegte ihrem spanischen Nachbarn stets ein paar Rebhuhneier oder eine Handvoll Waldbeeren zu bringen. Die Nachbarn sprachen kein Araukanisch mit Ausnahme des begrüßenden „Mai-mai", und die alte Indianerin konnte kein Spanisch, doch sie genoss Tee und Kuchen mit anerkennendem Lächeln. Die Nachbarskinder bestaunten ihre farbigen Umhänge, von denen sie mehrere übereinander trug, ihre kupfernen Armbänder und ihre Halsketten aus Silbermünzen. Sie wetteiferten darum, den melodischen Satz zu behalten, den die Frau jedes Mal zum Abschied sagte. Schließlich konnten sie ihn auswendig, und sie fragten einen anderen Indianer, der spanisch sprach, was er bedeute. „Er bedeutet", antwortete dieser, „ich werde wiederkommen, denn ich liebe mich, wenn ich bei euch bin."[33]

Facilitate yourself! Sich selbst lieben

Sich selbst zu lieben, bedeutet in Anlehnung an unser Verständnis von Liebe, ein starkes Gefühl der Zuneigung und Wertschätzung für sich selbst zu empfinden. Es braucht einen milden Blick

und ein mitfühlendes Herz, Achtsamkeit und Respekt im Umgang mit sich, so als wäre man selbst seine beste Freundin oder sein bester Freund. Das ist eine Herausforderung für die meisten Menschen und eine lebenslange Übung.

Vier existenzielle Aspekte unterstützen uns dabei, Zuneigung für uns selbst zu entwickeln:

- Die Balance zwischen Geben und Nehmen
- Die Annahme der eigenen Endlichkeit
- Alle Seiten anerkennen
- Mentale Unterstützung holen (Posses)

Die Balance zwischen Geben und Nehmen

Das, was wir als Facilitatoren nach außen verkörpern, spiegelt sich in unserem Inneren wider und sollte sich im Umgang mit uns selbst wiederfinden. Es geht um kongruentes Verhalten. Wenn wir einen anderen Umgang mit uns pflegen im Vergleich zu dem, wie wir uns in der Arbeit mit anderen zeigen, dann hat das womöglich unerwünschte Auswirkungen. Burn-out (Erschöpfung) könnte eine Folge sein. Das ist keine neue Erkenntnis, sondern war schon im Mittelalter bekannt, wie der folgende Text des Mönches Bernhard von Clairvaux (1090-1153) an einen Mitbruder zeigt.

> *„Wenn du vernünftig bist, erweise dich als Schale und nicht als Kanal, der fast gleichzeitig empfängt und weitergibt, während jene wartet, bis sie gefüllt ist. Auf diese Weise gibt sie das, was bei ihr überfließt, ohne eigenen Schaden weiter. Lerne auch du, nur aus der Fülle auszugießen und habe nicht den Wunsch, freigiebiger zu sein als Gott. Die Schale ahmt die Quelle nach. Erst wenn sie mit Wasser gesättigt ist, strömt sie zum Fluss, wird sie zur See. Du tue das Gleiche! Zuerst anfüllen und dann ausgießen. Die gütige und kluge Liebe ist gewohnt überzuströmen, nicht auszuströmen. Ich möchte nicht reich werden, wenn du dabei leer wirst. Wenn du nämlich mit dir selber schlecht umgehst, wem bist du dann gut? Wenn du kannst, hilf mir aus deiner Fülle, wenn nicht, schone dich."*
>
> Bernhard von Clairvaux

Die Worte von Bernhard von Clairvaux sind immer noch bedeutsam – insbesondere für Menschen, die in helfenden Berufen arbeiten und die es gewohnt sind, den Fokus auf Andere zu richten. Das Bild der Schale, die zunächst gefüllt sein muss, bevor etwas aus ihr herausfließen kann, ist ein eindrückliches Bild dafür, dass Nehmen und Geben in Balance sein müssen, damit das Wohlergehen von allen erhalten bleibt. Die Geschichte ist eine Einladung, regelmäßig einen Energiecheck zu machen und im Zweifelsfall die eigene Schale aufzufüllen, bevor man sich in das nächste Projekt stürzt.

Die Annahme der eigenen Endlichkeit

Wenn wir in unserer Arbeit die Prinzipien „Take Care!" und „Make Things Nice!" für andere und mit anderen umsetzen, dann gelten diese lebensbejahenden Hinweise auch für uns selbst, wenn wir uns durch das Leben begleiten. Sie sind ein Akt der Selbstliebe. Das gilt sowohl in den Stunden, in denen wir eine Gruppe facilitieren als auch in den Stunden, in denen wir nicht in dieser expliziten Rolle sind. Viele Menschen sprechen in diesem Zusammenhang von einer Work-Life-Balance. Für uns ist das kein treffender Ausdruck, weil Arbeiten und Leben hier nebeneinanderstehen, so als hätten sie nichts miteinander zu tun oder wären sogar Gegensätze. Das Gegenteil ist der Fall. Arbeit ist kostbare Lebenszeit. Wie wollen wir unsere Lebenszeit verbringen und mit wem? Lebenszeit ist wertvoll und fragil. Das Wissen um die Endlichkeit der Lebenszeit ist ein wichtiger Teil der Selbstliebe, weil das Leben erst angesichts des Todes seinen eigentlichen Wert und seine Bedeutung erfährt. Es ist deshalb ein Akt der Selbstliebe, mit der eigenen Lebenszeit achtsam umzugehen. Ein bhutanisches Sprichwort sagt:

Um ein glücklicher Mensch zu sein,
muss man fünfmal täglich dem Tod ins Auge sehen.

Die WeCroak-App[34] sendet täglich fünf Einladungen an seine Nutzerinnen und Nutzer, innezuhalten, über den Tod nachzudenken und sich Zeit für bewusstes Atmen oder Meditation zu nehmen. Das hilft, die eigene Endlichkeit anzunehmen und führt durch mehr Bewusstheit zu einem glücklicheren Leben (einer volleren Schale). Die eigene Endlichkeit vor Augen zu haben, verhindert übersteigerte Erwartungen an sich selbst und führt zu mehr Dankbarkeit für das, was ist.

Alle Seiten anerkennen

Wahrscheinlich kommen nicht alle Stimmen in uns einfach damit klar, dass Endlichkeit ein lebensbestimmender Faktor ist. Bei den meisten Menschen gibt es noch die ein oder andere innere Stimme, die zwischendurch mit dem Umstand der Endlichkeit hadert. Als Facilitatoren gehen wir nicht nur mit den Beiträgen in Gruppen achtsam und respektvoll um. Es ist genauso wichtig, mit dem inneren Team oder, wie Gunther Schmidt[35] sagt, mit den einzelnen Seiten in uns zu praktizieren. Der liebevolle Umgang mit den verschiedenen Stimmen in uns, die alle aus guter Absicht sprechen und beachtet sein möchten, ist eine Praxis der Selbstliebe. Es geht darum, auch mit den Seiten liebevoll umzugehen, die man nicht versteht, die man eher ablehnt und die mit negativen Werten belegt sind. Das könnte eine neidische Seite sein, die die Interventionen und Deutungen des Kollegen viel besser findet, als die eigenen Ideen. Es könnte eine aggressive und ungeduldige Seite sein, die am liebsten alles sofort hinschmeißen würde und den Raum verlassen möchte, weil die Gruppe nicht das macht, was man sich in guter Absicht von ihr gewünscht hatte.

Genauso wie es in der Begleitung von Gruppen darauf ankommt, das Potenzial der Beiträge im jeweiligen Kontext zu erkunden, geht es im Umgang mit sich selbst darum, keine Seite abzulehnen oder eliminieren zu wollen (das geht sowieso nicht), sondern sie wahrzunehmen und zu *erkunden* – bestenfalls sie zu nutzen (utilisieren) im jeweiligen Kontext für die eigene Absicht und ihr eine zieldienliche Bedeutung zu geben. Wem das gelingt, der wird inneren Frieden und Gelassenheit spüren. Kraftraubende innere Kämpfe werden seltener.

Mentale Unterstützung holen (Posses)

Wir müssen im Rahmen von Facilitation immer mit Situationen rechnen, in denen wir nicht in unserem Potenzial sind, in denen es bedrohlich ruhig und leer in uns wird, weil wir nicht weiterwissen, weil uns das, was sich ereignet hat, aus der Bahn wirft, sich ein Anflug von Panik breitmacht und wir keine Ahnung davon haben, was nun passieren sollte. Das können Momente sein, in denen ein Team heftig miteinander diskutiert, sich gegenseitig abwertet und die facilitativen Versuche, die Diskussion in einen Dialog münden zu lassen, fehlschlagen. In solchen Momenten ist die Gefahr groß, sich infrage zu stellen, weil die eigenen Werkzeuge nicht wirken, weil man es nicht hinbekommt oder wir von Einzelnen aus der Gruppe angegriffen werden.

Eine liebevolle Alternative zu Abwertung und Panik ist, sogenannte „Posses“ (ausgesprochen „Possies“) zu aktivieren. Dieses wirkungsvolle Konzept durften wir 2015 bei Wendy Palmer während eines Retreats auf Whidbey Island kennenlernen.[36]

Der Begriff „Posses“ stammt aus dem Lateinischen und bezieht sich in seiner ursprünglichen Bedeutung auf eine Gruppe von Bürgern, die von den Behörden versammelt wurden, um einen Not-

fall zu bewältigen (wie die Niederschlagung eines Aufruhrs oder die Verfolgung von Straftätern). Diese Mitglieder der Gruppe sind Botschafter des guten Willens. Wendy Palmer hat daraus ein Konzept entwickelt, durch das man sich in kritischen Situationen, die einen schwach werden lassen, schnell und effektiv in einen anderen Seinszustand bringen kann. Ein Teil der Selbstliebe kann also sein, sich jederzeit schnelle (mentale) Hilfe und Verstärkung zu holen.

Dafür braucht man zunächst eigene Posses. Das sind die Personen (oder auch Gegenstände), die Qualitäten verkörpern, die man gern in seinem Leben hätte. Wendy Palmer zählt zu ihren Posses Mutter Teres und verbindet mit ihr das Gefühl der Wärme und des Mitgefühls. Der Dalai Lama verkörpert für sie das „große Bild" und Nelson Mandela den Mut. Immer dann, wenn für Wendy Situationen bedrohlich werden oder sie Inspiration benötigt, denkt sie an diese Menschen und holt sie zur Anregung und Hilfe stützend (metaphorisch) in ihren Rücken. Sie beschreibt es so: „Ich lade gedanklich Mutter Teresa ein, denn wenn ich an sie denke, fühle ich mich mitfühlender – ich kann mitfühlender sein gegenüber einem böswilligen Kommentar." Diese Form der mentalen Arbeit ist neurowissenschaftlich als wirksam erwiesen. Aber der wirksamste Beweis, dass sie funktioniert, ist immer noch das eigene Erleben.

Vier Aspekte, die einen wertschätzenden Umgang mit sich selbst wahrscheinlicher machen

- Die eigene Schale (Energie) immer wieder auffüllen und erst dann geben, wenn durch ausreichend Selbstfürsorge die Schale überläuft.
- Die eigene Endlichkeit annehmen und daraus Konsequenzen für den Alltag ziehen. Mit der eigenen Endlichkeit vor Augen mit mildem und mitfühlendem Blick auf sich und andere schauen. Das rigorose Mitgefühl auch für sich aufrechterhalten.
- Mit allen Seiten (inneren Stimmen) so umgehen, als wären es Beiträge von Menschen in Gruppen, für die wir Facilitatorin wären. Herausfinden, welche gute Absicht und welches Bedürfnis durch die Stimme oder mit der Seite ausgedrückt wird. Danach schauen, welche Bedeutung die Stimme bekommen soll und wie sie dafür eingesetzt werden kann, dass sie sich als stärkend und ermutigend erweist.
- In brenzligen Situationen – oder wann immer man möchte – (mentale) Hilfe[37] holen. Innere Bilder wirken. Eine Gruppe von Posses hinzuziehen. Das sind Menschen oder Gegenstände, die ich als stärkende Einheit quasi in meinem Rücken spüre und an die ich mich jederzeit wenden kann, um mich dadurch mit den Qualitäten, die sie verkörpern, zu verbinden und mich für diese Qualitäten zu öffnen.

Praxistipp

Angesichts der vielen Ansprüche, Rollen und Erwartungen ist die Praxis von „Take Care!", „Make Things nice!" und „Facilitate yourself!" besonders lohnenswert. Die Auswirkungen davon sind nicht nur für die eigene Person, sondern auch für das Umfeld schnell spürbar.

- *Was verbindest du mit Take Care!, wenn es um die Menschen geht, mit denen du zusammenarbeitest? Wenn dir das Prinzip gefällt, dann probiere es aus, im eigenen Verhalten und da, wo es passt – auch als Einladung an andere, dabei mitzumachen, z. B. in Workshops und Meetings.*
- *Was ist für dich gute Gastgeberschaft? Wie setzt du sie in deinem Leben und in deiner Rolle um? Gibt es etwas, was dir jetzt in den Sinn kommt, was du leicht umsetzen könntest?*
- *Schaue dir die Räume, die du nutzt, immer nach dem Prinzip „Make Things Nice!" an und gestalte sie so, dass dieses Prinzip erkennbar ist.*

- *Sage etwas Gutes über andere und verzichte darauf, bei der nächsten Gelegenheit, schlecht über andere zu sprechen. Mache daraus eine Gewohnheit.*
- *Wie gelingt es dir, die eigene Endlichkeit im Blick zu halten und dadurch mehr Lebensqualität zu gewinnen? Schaffe dir Erinnerungshilfen, die dich an die Endlichkeit erinnern.*
- *Kreiere dir deine Posses, die dich unterstützen sollen. Denke darüber nach, wer eine Qualität des Seins, eine physische Qualität, repräsentiert, die du gern in deinem Leben stärker manifestieren möchtest. Stelle dir diese Person vor (vielleicht helfen auch Fotos), verbinde dich mit den Qualitäten, die sie repräsentiert und sei offen dafür. Sehr wahrscheinlich veränderst du so deinen Seinszustand direkt – wenn auch nur ein wenig. Meistens genügt es, einen neuen, die eigene Person achtenden Zugang zu Ressourcen und Kompetenzen zu erhalten, um dann angemessen in schwierigen Situationen reagieren zu können.*

Wozu lebenslange Praxis?

Bei dem 2018 verstorbenen Professor für Beratung und Pädagogische Psychologie Don Hamachek hieß es in Bezug auf effektive Lehrer:

„Bewusst lehren wir, was wir wissen; unbewusst lehren wir, wer wir sind[38].“

Analog dazu könnte es für Facilitation heißen: Bewusst facilitieren wir mit Methoden und Techniken. Unbewusst facilitieren wir mit dem, wer wir sind. Du bist dein wichtigstes Tool! Es lohnt sich und es ist notwendig, sich im Rahmen von Facilitation mit der eigenen Person zu beschäftigen.

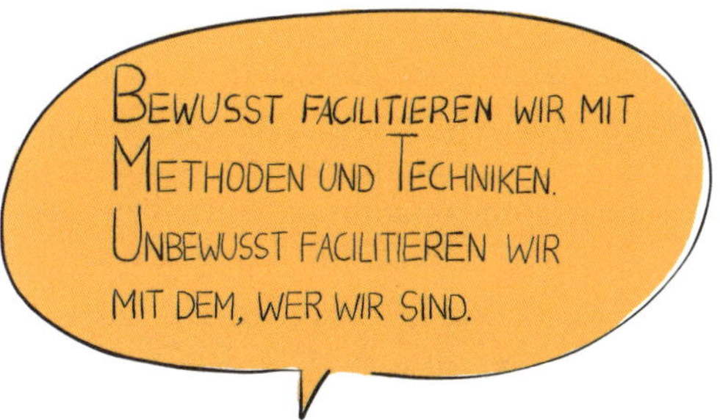

Facilitatoren sind wirksam, wenn es ihnen gelingt, andere Menschen, Gruppen und ganze Organisationen für neue Ebenen des Denkens und Fühlens zu ermutigen. Dazu sollten sie möglichst selbst inspiriert sein und durch Selbstreflexion, bewusste Gestaltung von Lebensumständen und Selbstführung einen Zustand der Bedürfnisfreiheit und Autonomie anstreben. Das ist auch eine gute Voraussetzung, um nicht vollständig in die gleichen Denkstrukturen der Klienten einzutauchen. So betrachtet ist Facilitation eine voraussetzungsvolle Tätigkeit. Das Motto lautet stets „Ich liebe die Arbeit. Ich brauche das Geld nicht!“ Und last but not least: Wer das Leben und die Menschen liebt, der wird andere Fragen stellen, andere Beziehungsangebote machen und andere Kontexte kreieren. Wenn du selbst diese notwendige innere und äußere Arbeit getan hast und dir klar ist, dass es eine lebenslange Praxis sein wird, dann steigt unserer Ansicht nach die Wahrscheinlichkeit sprunghaft, dass deine ganz besondere Medizin als Facilitatorin zur Wirkung kommen wird.

2.2 Facilitative Thinking

Auf der Suche nach hilfreichen und alternativen Denkwegen, sind wir mit der Zeit fündig geworden. Wir fanden immer mehr Ideen in Form teils provozierender, teils kreativer Aussagen, die unser Denken stimulierten und die hilfreich waren, mit einem gelassenen, milden Blick auf das Leben zu schauen. Das half uns bei der Bewertung alltäglicher Situationen und auch bei Konflikten, Herausforderungen und Verstrickungen. Diese Ideen unterstützten uns auch bei der Anwendung von Methoden, wodurch es uns besser gelang, mit einer bestimmten Haltung zu führen.

Erst später haben wir verstanden, dass es sich um mentale Modelle, sogenannte Grundannahmen und Glaubenssätze handelt, die Haltungen oder Praktiken vorschlagen und damit Gelassenheit, Zuversicht und Weisheit wahrscheinlicher machten. Dies war in der Folge auch förderlich für Erneuerung und Entwicklung – dem Kernanliegen von Facilitation.

Als Facilitatoren und Facilitative Leader beschäftigen wir uns mit nützlichen Grundannahmen und erüben diese in der Praxis, weil sie uns und unseren Klienten helfen,

- Sachverhalte von einer höheren Ebene aus zu betrachten,
- gewohnte Denkmuster zu hinterfragen,
- eine andere Haltung einzunehmen und mit ein wenig Übung auch eine andere Wirklichkeit zu kreieren sowie
- ein Weltbild zu entwickeln, das Kooperation, Verbundenheit und das Gute unterstellt.

Grundannahmen, Glaubenssätze und Prinzipien

Wir begannen damit, Grundannahmen in hilfreichen Formulierungen festzuhalten und als Denkvorschlag zu dokumentieren. Ein Beispiel: Wenn wir die Grundannahme „Jeder tut sein oder ihr Bestes, und zwar immer" verinnerlichen und in alltäglichen Situationen anwenden, dann wird eine zuvor unbewusste Grundannahme zu einem bewusst verwendeten Glaubenssatz.

Ob der Glaubenssatz im echten Leben tauglich ist, zeigt sich beispielsweise daran, ob damit die Gelassenheit gegenüber einer Situation vergrößert wird und mehr Handlungsoptionen sichtbar werden. Durch die Überprüfung in der Praxis zeigt sich häufig eine *öffnende* Wirkung oder eine *schließende* Wirkung. Als Facilitatoren suchen wir – vor allem angesichts von Nichtwissen, Verzweiflung und Herausforderung –, nach einer öffnenden, der Vielfalt und dem Leben zugewandten Bewegung.

Weil das Denken oft mit praktischem Tun zusammengeht, haben wir die aus unserer Sicht dazu gehörigen Praktiken und Handlungsprinzipien für Facilitatoren und Facilitative Leader zusammengeführt. Auf diese Weise entstand ein Kompendium hilfreicher Grundannahmen und Glaubenssätze mit dazu passenden Handlungsoptionen – was wir als *Facilitative Thinking* (*ermöglichendes Denken*) bezeichnen (siehe auch Ressourcen im Anhang, Seite 477).

Um unser Verständnis für die genutzten Begriffe zu erleichtern, ist es sinnvoll, hier einige Unterscheidungen zu treffen:

- **Grundannahmen** sind eher unbewusste Überzeugungen, die aber trotzdem wirken.
- **Glaubenssätze** sind uns bekannte, also bewusste Verhaltens- und Lebensregeln, die wir meist für zutreffend und als hilfreich bzw. nicht hilfreich erachten.
- **Prinzipien**[39] beschreiben, was man grundsätzlich tun kann, wenn man einen Glaubenssatz als hilfreich erachtet.

Damit beispielsweise die Grundannahme „Jeder tut sein oder ihr Bestes, und zwar immer" zu einem Glaubenssatz werden kann, ist das Prinzip „Unterstelle anderen eine gute Absicht" sehr hilfreich. Wenn ich glaube, dass jeder sein Bestes tut, wie würde ich dann folgerichtig handeln? Ich würde vermutlich allen Menschen grundsätzlich eine gute Absicht unterstellen! Selbst dann, wenn ich die Handlung des Anderen noch nicht einordnen oder verstehen kann. Ich bleibe potenzialorientiert. Das macht einen wesentlichen Unterschied in meiner Haltung und in dem Möglichkeitenspektrum aus, das auf mich zukommt, von dem ich ein Teil bin und das ich ebenfalls beeinflusse.

Ein wesentlicher Hebel für Transformation und Entwicklung

Grundannahmen und Glaubensansätze sind für Menschen und Organisationen – für unsere gesamte Zivilisation – wohl das Phänomen, das sich am nachhaltigsten auf die Wirklichkeit, die wir uns kreieren, auswirkt. Grundannahmen bestimmen die Art und Weise, wie wir unsere Umwelt wahrnehmen, wie wir handeln und welche Ergebnisse wir erreichen. Sie sind der wichtigste Einflussfaktor auf unser Leben – auch wenn sie uns nicht immer bewusst sind.

In der Praxis hat sich das folgende Denkmodell als hilfreich erwiesen, um in das Thema „Grundannahmen" einzuführen. Es ist eine vereinfachte Erklärung komplexer neuronaler Vorgänge, die wir allein zur Einordnung der Wirkung von Grundannahmen verwenden:[40]

Ständig passiert etwas. Wir nennen das „Auslöser" oder im Englischen „Trigger". Wir hören, berühren, riechen oder nehmen etwas aus dem Augenwinkel wahr. Dies führt – auch in der Rolle eines Facilitators – ziemlich schnell zu einer Interpretation. Unser Denkapparat versucht, dem, was wahrgenommen wird, eine Bedeutung zu geben. Dies tun wir, um zu überleben. Ist uns die Einordnung gelungen, erfolgt – meist ebenso unmittelbar und zügig – eine Re-Aktion. Diese sorgt wiederum für bestimmte Folgen oder Ergebnisse. Ein Erfolg ist das, was folgt. Teile unserer Wirklichkeit sind selbst erschaffen durch die Art und Weise, wie wir die Dinge wahrnehmen und interpretieren. Die Interpretation wird beeinflusst durch unsere Grundannahmen. Wir können sogar davon ausgehen, dass wir bestimmte Dinge aufgrund unserer Grundannahmen gar nicht wahrnehmen!

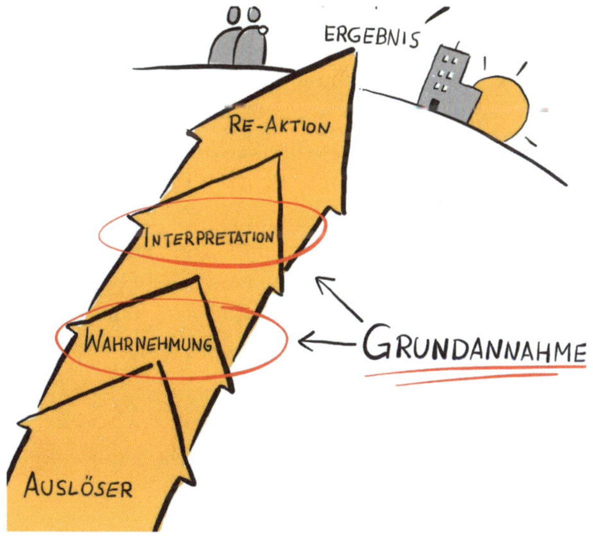

Damit wird deutlich, an welcher Stelle wir die Ergebnisse, die wir kreieren, stark beeinflussen können, nämlich bei den Grundannahmen und den Glaubenssätzen. Hier können wir ansetzen – auch um besser zu verstehen, wie wir Menschen und vor allem wie Gruppen zu Ergebnissen kommen und gewünschte Realitäten erschaffen.

Dem Denken ein Upgrade gönnen

Schon der Quantenphysiker und Philosoph David Bohm (1917 – 1992) hat versucht, Annahmen und mögliche Schlussfolgerungen in der Schwebe zu halten, um sie mit Zeit und Ruhe auf ihre Auswirkungen hin zu untersuchen. Bohm praktizierte den Dialog in Gruppen im Kreis und war unter anderem fasziniert davon, wie sich ein Gruppenbewusstsein entwickeln kann, wenn eine Gruppe mit bestimmten Regeln für eine Zeit zusammenbleibt, um miteinander zu denken, Annahmen zu untersuchen und gemeinsame Sinnfindung zu betreiben.

> *„Meiner Ansicht nach besteht also die Möglichkeit einer Transformation des individuellen und des kollektiven Bewusstseins. Es ist wichtig, dass die individuelle und die kollektive Transformation gemeinsam geschehen. Beides ist nötig. Und daher ist die Frage der Kommunikation und der Dialogfähigkeit, der Fähigkeit zur Partizipation in der Kommunikation, so entscheidend."*
>
> David Bohm[41]

Mit bildgebenden Verfahren kann man häufig genutzte Denkpfade im Gehirn sichtbar machen. Der Hirnforscher Gerald Hüther bezeichnet diese als „Autobahnen im Hirn". Was wir denken, hinterlässt Spuren im Gehirn, die Trampelpfaden nicht unähnlich sind. Sie werden immer breiter und tiefer, je häufiger wir den gleichen Gedanken denken. Diese „Autobahnen" bestimmen weitgehend unsere Wahrnehmung, unsere Interpretation und unsere Handlungsroutinen.

Wir können die eigenen Annahmen erkennen oder besser kennenlernen, wenn wir unsere Reaktionen bemerken und den Quellen hierzu auf den Grund gehen. Anstatt automatisch und meist unbewusst fortwährend Schlüsse zu ziehen und zu handeln, können wir innehalten und unser Denken überprüfen. Selbstverständlich ist diese innere Arbeit nicht immer leicht. Sie erfordert Einsicht und stetiges Üben. Mit Bedacht und Langsamkeit eine Antwort zu wählen, Optionen der Interpretation und Reaktion in der Schwebe zu halten und sich dann bewusst zu entscheiden, verspricht Wachstum, persönliche Entwicklung und Freiheit. Und Menschen beginnen damit, sich wertschätzende Beziehungsangebote zu machen. Es ist wert, dies zu üben.

Alle, was sich zwischen mir und der Welt abspielt, geschieht dann Schritt für Schritt überlegter, reflektierter und bedachter. Das ist Entwicklung, die echte Transformation zur Folge haben kann.

Wer aufgrund der Beschäftigung mit Grundannahmen die Erfahrung macht, dass es grundsätzlich möglich ist, die neuronalen Trampelpfade und „Autobahnen im Hirn" zu verlassen und einen neuen Denk-Weg einzuschlagen und zu üben, entwickelt Freude an dieser inneren Arbeit. Es ist lohnenswert, unserem eigenen Denken ein Upgrade zu gönnen. Es ist kein großer Schritt zu erkennen, dass dies auch für die eigene Organisation – wenn die Menschen sich über ihr miteinander Denken austauschen wollen – höchst sinnvoll ist.

Aus der Zeit gefallene Grundannahmen überprüfen

Alte, aus der Zeit gefallene Grundannahmen zu überprüfen und neue, hilfreiche in das aktive Denkvermögen einzuladen, ist Kern der Arbeit eines Facilitators. Es gibt keine Probleme an sich, so heißt es in der hypnosystemischen Beratung. Wohl aber gibt es Einstellungen und Sichtweisen, die etwas für einzelne Personen als problematisch erscheinen lassen. Wenn wir unseren Grundannahmen ein Upgrade gönnen, kann es gelingen, die Beziehung zu diesen sogenannten Problemen zu verändern. Wir können uns ihnen individuell und im Kollektiv anders zuwenden. Sie haben sich verändert, weil wir anders auf sie schauen.

Manifestationen tradierter, aus unserer Sicht wenig hilfreicher Grundannahmen und Glaubenssätze begegnen uns überall in Organisationen, in Führungskräfte-Ausbildungen oder in ambitionierten Transformationsprojekten. Die Sprache des Managements hat sich zwar weiterentwickelt; sie ist progressiver geworden, klingt modern und zukunftsgewandt. Im Verhalten und in den Entscheidungen zeigt sich dann jedoch häufig die alte Welt. Zu den Klassikern gehören:

1. „Einige Wenige wissen, was gut und richtig für alle ist."
2. „Große Gruppen sind nicht in der Lage, sich selbst zu führen."
3. „Menschen wollen keine Verantwortung übernehmen."
4. „Einige sind noch nicht so weit."

In der Auseinandersetzung mit solchen oder ähnlichen mentalen Modellen laden der Facilitator und der Facilitative Leader dazu ein, Alternativen auszuprobieren. Wo vorher noch Hybris, übergriffiges Verhalten, strukturelle Gewalt und wenig hilfreiche Beziehungsangebote zu festgefahrenen Positionen, Blockaden und ein „sich Entziehen" führten, geraten Dinge plötzlich in Bewegung. Auf Augenhöhe und in Gleichwürdigkeit unterstellen sich Menschen gegenseitig gute Absichten, Fähigkeiten und Kompetenz. So wird oft ein Neuanfang erfahrbar.

Ein Facilitator lädt ein, sich Grundannahmen und Weltbilder bewusst anzuschauen und ein Gefühl dafür zu entwickeln, ob sie Teil des Problems oder Teil der Lösung sind.

Die fünf wichtigsten Grundannahmen für Facilitatoren und für Facilitative Leader

Hier teilen wir die aus unserer Sicht wichtigsten Grundannahmen inklusive hilfreicher Prinzipien aus dem Facilitative Thinking-Repertoire. Auch wenn das ermöglichende Denken (Facilitative Thinking) für alle Rollen und Aufgaben in den verschiedensten Anwendungskontexten genutzt werden kann, erscheint es uns für den ersten Schritt sinnvoll, die Grundannahmen getrennt für Facilitatoren und für Facilitative Leader zu betrachten.

Die Top Five der Grundannahmen für Facilitatoren

1. Nichtwissen ist meine Ressource. Fragen sind mein Potenzial.
2. Es geht um gelingende Beziehungen.
3. Das Wissen ist in der Welt.
4. „Wir sind gleichwürdig."
5. Jeder tut sein Bestes – immer.

Zu jeder Grundannahme zeigen wir Handlungsmöglichkeiten auf und schließen mit einem hilfreichen Prinzip. Ein erläuternder Kommentar soll helfen, die Ideen zu verinnerlichen und für das eigenen Handeln nutzbar zu machen.

Voltaire sagte: „Zweifel sind etwas Unangenehmes, sich sicher zu sein, ist lächerlich." Facilitation heißt für uns, Fragen zu stellen, statt Antworten oder Ratschläge zu geben. Als Facilitator bin ich Prozessbegleiter und Raumhalter, nicht Experte für den Inhalt. Mit der Zeit kann ich Freundschaft mit meinem Nichtwissen schließen und mich entspannen, selbst wenn ich einmal keine Idee für den Prozess habe. Ich erlaube mir den Satz: „Ich weiß es auch nicht. Was meinen *Sie* denn?" Ich höre zu und vertraue auf meine Intuition und Kreativität. Aus dieser Haltung entspringen oftmals hilfreiche Fragen, die die Erkundung voranbringen können. Ein hilfreiches Prinzip besagt: **Wenn du nicht weißt, was du tun sollst, versuche, die Gruppe zu konsultieren.**

Diese Grundannahme ist für Facilitatoren hilfreich, denn sie …

- nimmt die Angst vor der Situation, in der man keine Idee hat, wie es weitergehen kann, und weist darauf hin, dass Möglichkeiten auftauchen, sobald wir Freundschaft mit unserem Nichtwissen schließen.
- lädt dazu ein, den Satz einzuüben, „Ich weiß es auch nicht.", und mit den darauffolgenden Reaktionen spielerisch umzugehen. Darüber hinaus liefert sie ein modellhaftes Verhalten, denn diese Grundannahme bietet anderen die Möglichkeit, sich ebenfalls zu entspannen und nicht alles wissen zu müssen.
- verdeutlicht, dass die Anerkennung des Nichtwissens die Voraussetzung dafür ist, dass sich kollektive Intelligenz zeigen kann.
- unterstreicht die Wichtigkeit von Fragen als Mittel der Erkundung und als notwendigen Prozess der Verständigung und des Verstehens.
- ermutigt uns, die Gruppe bzw. das Gegenüber zu fragen, beispielsweise wie es weitergehen könnte, wann immer es uns stimmig und kontextpassend erscheint.

„Alles wirkliche Leben ist Begegnung", sagt Martin Buber. Bei Facilitation geht es darum, einen Rahmen zu kreieren, in dem gelingende Beziehungen möglich werden. Beginne bei dir selbst: Trainiere deine Achtsamkeit, sodass du im Kreis präsent und neugierig bist. Trete ein für echte Begegnungen zwischen dir und den Menschen in der Gruppe. Ermögliche allen, untereinander authentische Beziehungen zu entwickeln, die auch, nachdem du gehst, gedeihen können. Sei eine Einladung für Menschen, sich darin zu üben, eine Gemeinschaft zu entwickeln. Als Gemeinschaft treffen Gruppen weisere Entscheidungen. Ein hilfreiches Prinzip lautet: **Community**

Building first. Decision Making second. (Bilde zuerst eine Gemeinschaft und treffe erst dann Entscheidungen.)

Diese Grundannahme ist für Facilitatoren hilfreich, denn sie …

- unterstreicht, worum es vorrangig im Leben geht, nämlich um gelingende Beziehungen. Unser ganzes Wesen ist auf Verbindung ausgelegt. Und daher sind Beziehungsarbeit und Gemeinschaftsentwicklung die Grundlage für alles Weitere, wenn Menschen etwas miteinander erreichen wollen.
- beschreibt Präsenz, Neugier und Authentizität als wichtige Faktoren der Gemeinschaftsbildung. Die damit zusammenhängenden Verhaltensweisen können jedoch geübt werden und schaffen die Grundlage für freudvolles, gelingendes und nachhaltiges Zusammenwirken.
- weist der Gemeinschaftsbildung als eigenständige Phase in kollaborativen und co-kreativen Prozessen eine wichtige Rolle zu. Als Gemeinschaft kann man schneller, besser und freudvoller arbeiten.

Das Wissen für neue Lösungen ist schon da! Aus diesem Grund ist es hilfreich, sich in eine Suchbewegung zu begeben und sich Inspirationen von Menschen und Orten aus anderen Kontexten zu holen. Zugleich ist es hilfreich, eigene Lösungsideen so lange wie möglich zurückzustellen. So werden alle Beteiligten zu Forschern einer Sache. Ein hilfreiches Prinzip besagt: **Erfasse das ganze Feld, bevor du dich für eine Antwort entscheidest.**

Diese Grundannahme ist für Facilitatoren hilfreich, denn sie …

- weckt unsere Zuversicht, dass es irgendwo in der Welt – vermutlich sogar in unserer näheren Umwelt – ähnliche Fragen und Antworten bzw. Lösungen gibt, die wir nur finden müssen, damit sie uns für die eigene Lösungsfindung inspirieren.
- empfiehlt die „Suchbewegung" (nicht den Schnellschuss) als probates Mittel in komplexen Umfeldern und angesichts größerer Herausforderungen. Sie verweist auf bereichsübergreifende Zusammenarbeit, interdisziplinären Austausch und gemeinsame Erkundung als Königsweg im Umgang mit Nichtwissen und Komplexität.

Ich verzichte auf die Betonung meiner Position, meines Wissens oder Status. Ich suspendiere Eitelkeit, dränge mich nicht in den Vordergrund und habe ein echtes Interesse an Menschen. Ich begegne ihnen auf Augenhöhe und weiß, wir sind alle gleichwürdig. Ich belehre nicht, ich beschwere mich (und andere) nicht, ich bekehre nicht. Ich schaffe Raum für andere, indem ich ein

stimmiges Maß an Zurückhaltung übe. Ein hilfreiches Prinzip besagt: **Keep a low profile.** (Halte dich zurück und bleibe unauffällig.)

Diese Grundannahme ist für Facilitatoren hilfreich, denn sie …

- kann die Schattenseiten einer herrschenden Macht-Hierarchie mildern oder sogar aufheben. Wenn wir uns mit der Haltung der Gleichwürdigkeit begegnen, ist ein respektvoller Umgang garantiert. Jeder kann in seiner ureigenen Stärke und Kraft partizipieren.
- weist ein kulturell oder wie auch immer begründetes Ursprungsrecht eines höheren Status eines Menschen von sich. Das ist im Kern Friedensarbeit.
- hält der in vielen Institutionen vorherrschenden „strukturellen Gewalt“ ein starkes Statement – Wir sind gleichwürdig! – entgegen. In Zukunft wird es auch auf organisationaler Ebene darauf ankommen, im Großen wie im Kleinen integere und gleichwürdige Bedingungen und Rahmen für alle Menschen herzustellen.

Jeder tut sein Bestes gemäß den eigenen Möglichkeiten und abhängig vom Kontext. Das muss nicht das Beste für andere oder für eine Organisation sein. Es heißt auch nicht, dass das, was einer tut, keine Konsequenzen hätte. Statt eine Person oder ihr Verhalten abzuwerten, kann man sich über zieldienliches Verhalten angesichts der Intention (z. B. des Meetings oder des Projekts) austauschen. In dem Moment geht es um geteilte Verantwortung für die Qualität, ohne persönliche Abwertung. Ein hilfreiches Prinzip besagt: **Unterstelle anderen eine gute Absicht.**

Diese Grundannahme ist für Facilitatoren hilfreich, denn sie …

- hat positive Auswirkungen auf das eigene, innere Gespräch. Sie lädt mich ein, mit Neugier und Anerkennung auf Menschen und ihr Verhalten zu schauen.
- öffnet den Raum für einen Metadiskurs über gemeinsame Ziele und verhindert, dass man sich in Bewertungen bezüglich individuellen Verhaltens verzettelt.
- fördert eine potenzialorientierte Wahrnehmung. Sie hilft, auf Augenhöhe zu kommunizieren, und unterstützt die Empathiefähigkeit aller – auch bei mir selbst.

Die Top Five der Grundannahmen für Facilitative Leader

- Jeder Mensch führt sich selbst in voller Autonomie.
- Veränderung ist zuerst Selbstveränderung.
- Das Denken bestimmt das Handeln.
- Change kann man nicht bestellen wie eine Pizza.
- Co-Creation ersetzt Führung.

Freiheit und Verantwortung sind zwei Seiten einer Medaille. Ich übernehme Verantwortung für meine Gedanken, Überzeugungen, Worte und Handlungen. So führe ich mich selbst. Ich führe auch, indem ich mein Verhalten so ausrichte, dass andere wiederum sich selbst führen können. Autonomie funktioniert dann am besten, wenn Menschen ihre Interessen, mit denen der Gruppe in Einklang bringen. Ein hilfreiches Prinzip besagt: **Kontrolliere, was du kannst, und lasse los, was du nicht kontrollieren kannst**[42]**.**

Diese Grundannahme ist für Facilitative Leader hilfreich, denn sie …

- rückt Allmachtsfantasien zurecht und lässt uns dort handeln, wo wir tatsächlich wirksam sein können.
- nimmt Last von den Schultern, indem sie aufzeigt, wofür wir Verantwortung übernehmen können und wofür wir keine Verantwortung übernehmen sollten.
- trägt zu einem gesünderen Miteinander bei, indem wir lernen, die Autonomie und Verantwortung anderer zu achten.
- stellt die Selbstführung als wichtigen Einflussfaktor für gelingende Führung, Begleitung und Zusammenarbeit heraus.

Ich finde mich damit ab, dass ich andere nicht verändern kann. Das ist ein Schlüssel für mehr inneren Frieden. Ich kann „einladen, inspirieren und ermutigen" (Gerald Hüther). Darüber hinaus übe ich mich in der Selbstreflexion. Ich bin vielleicht Teil des Problems. Ich kann auch Teil der Lösung sein. Der Kommunikationswissenschaftler Bernhard Pörksen sagt: „Instruktive Intervention, verstanden als lineare Steuerung, muss scheitern. Wer ein System nach seinen eigenen, extern gesetzten Regeln verändern will, wird notwendig unglücklich werden[43]." (Bernhard Pörksen)

Ein hilfreiches Prinzip besagt: **Verzichte darauf, andere ändern zu wollen.**

Diese Grundannahme ist für Facilitative Leader hilfreich, denn sie …

- weist darauf hin, dass Entwicklung, Transformation und Veränderung bei mir selbst beginnen.
- unterstreicht, dass ich andere weder steuern noch von außen instruktiv verändern oder transformieren kann.
- verhindert Enttäuschungen, wenn sich Menschen anders verhalten als erwartet.
- sorgt für Zufriedenheit und Erfahrung von Selbstwirksamkeit, solange wir im Handlungsraum von „Einladen, Inspirieren und Ermutigen" bleiben.
- erklärt mich zum Aktivisten meiner eigenen Entwicklung und hinterfragt den erwartenden Blick darauf, was andere machen oder machen sollten.

„Der Erfolg einer Intervention hängt von der inneren Verfasstheit des Intervenierenden ab" (Bill O'Brien). Ich verstehe, dass nicht Tools, Prozesse oder Methoden, sondern meine Haltung, meine innere Verfasstheit einen entscheidenden Einfluss auf das Ergebnis haben. Ich erkunde meine Haltung und mein Denken immer wieder aufs Neue und erhöhe meine Selbstkenntnis. Ich sorge für Dialog- und Reflexionsanlässe im Team, lade ein zu Stille und Kontemplation. Der Dalai Lama sagt: „Meiner Auffassung nach entstehen Dinge zuerst im Bewusstsein." Ein hilfreiches Prinzip besagt: **Wie gut wir zusammen denken, definiert, wie gut wir zusammen arbeiten.**

Diese Grundannahme ist für Facilitative Leader hilfreich, denn sie ...

- richtet den Fokus auf die Wahrnehmung der eigenen Gedanken und erinnert daran, sie regelmäßig zu überprüfen. Facilitative Leader fragen in der Zusammenarbeit mit anderen immer wieder nach den Gedanken, die hinter Äußerungen stehen.
- ermöglicht eine Überprüfung von dem, was erreicht werden soll, und welches Denken dafür hilfreich wäre.
- richtet den Fokus auf Selbstentwicklung und die eigene Verfasstheit als den wichtigsten Einfluss auf Ergebnisse und Wirkungen.
- erinnert uns daran, den Methoden und Tools, die wir nutzen, keine grundsätzliche Qualität und Allmacht zuzuschreiben.

Wenn wir eine Pizza bestellen, dann ist diese Pizza in der Regel nach 30 Minuten auf dem Tisch. Und ich muss mich an der Zubereitung nicht beteiligen. Bei Change und Transformation ist das anders, denn hier handelt es sich häufig um tiefgreifende, persönliche Prozesse. Durch solche Prozesse geht man gemeinsam. Facilitative Leader wissen: Ohne persönliche Beteiligung findet die Transformation schlicht nicht statt. Ein hilfreiches Prinzip besagt: **Kenne den Unterschied zwischen einer Pizzabestellung und einer Transformation.**

Diese Grundannahme ist für Facilitative Leader hilfreich, denn sie ...

- bietet eine Alternative zu dem Top-down-Ansatz, man könne Transformation oder Veränderung von Verhalten bei anderen in Auftrag geben oder delegieren, ohne sich selbst als Teil des Systems zu begreifen.
- legt den Fokus auf die Worte „tiefgreifend", „persönlich" und „gemeinsam". Die Botschaft lautet, dass man die benötigte Tiefe und persönliche Herausforderung von Transformationsprojekten anerkennen, nicht banalisieren und vor allem als gemeinsamen Prozess gut vorbereiten und über alle benötigten Bereiche, Anspruchsgruppen und Ebenen hinweg behutsam angehen sollte.
- lässt keinen Zweifel daran, dass sich Menschen in Organisationen nicht verändern, wenn es die Führungsspitze nicht tut.

Co-Creation ist ein wertebasierter und freiwilliger Schaffensprozess. Er würdigt die vielen Stimmen mehr als die eine Stimme. Diese Vielfalt lässt Lösungen entstehen, die sonst nicht entstehen könnten. Der Anspruch ist mehr als „Mitmachen lassen". Co-Creation ist die Absicht, aus eigenem Antrieb in einen gemeinsamen Flow der Erkundung, des Studierens und des Prototypings zu gelangen, der zu relevanten Ergebnissen führt. Partikularinteressen und Win-Loose-Situationen werden überwunden. Die Beteiligten übernehmen Verantwortung für das größere Ganze. Ein hilfreiches Prinzip besagt: **Schaffe gute Bedingungen für Co-Creation und rechne mit kollektiver Intelligenz.**

Diese Grundannahme ist für Facilitative Leader hilfreich, denn sie …

- vermittelt die Bedeutung von Co-Creation, die – richtig verstanden und angewendet – einen Paradigmenwechsel hin zu neuer Führung einläuten kann.
- liefert Argumente für gemeinschaftliche Vorgehensweisen.
- deutet auf eine neue Rolle der Führung hin, nämlich Raumgeber für co-kreative Prozesse zu sein.
- verweist auf Bedingungen, in denen sich kollektive Intelligenz zeigen kann. Gute Bedingungen sind beispielsweise Freiwilligkeit, Fairness, Transparenz und Gleichwürdigkeit.

Grundannahmen in einen Prozess einbringen

Wir teilen Grundannahmen in der Zusammenarbeit mit unseren Kunden. Zu diesem Zweck haben wir sie beispielsweise auf Karten und Poster gedruckt, um sie dann in der Facilitation-Praxis zu besprechen und weiterzugeben[44]. Auf diese Weise kommen die Grundannahmen „ganz schön rum". Wir geben sie hinein in ein System und dann tauchen sie – ähnlich einem Geheimwissen – an verschiedenen Stellen wieder auf. Offenbar wirken Facilitative Thinking-Grundannahmen ohne viel Erklärung in verschiedenen Kontexten.

„Als die Grundannahmen ins Spiel kamen …,
war das im Prinzip ein Schritt nach vorn."
Georg Holzknecht, Senior Project Manager
im Vorstandsbereich Technologie und Innovation,
Deutsche Telekom

Die Facilitative Thinking-Grundannahmen wirken wie eine Lupe, mit der man auf das aktuelle Geschehen schauen kann und mit einem Mal neue Dinge entdeckt. Unabhängig vom Anwendungskontext empfehlen wir die folgenden oder ähnliche Fragen, die zu einer Untersuchung der Grundannahmen beim Kunden einladen:

- „Wenn wir mit dieser Grundannahme auf unsere Situation schauen, was wäre dann gegebenenfalls anders?" „Was würde sich zeigen oder eröffnen?"
- „Wenn diese Grundannahme für uns zweckdienlich wäre, wie würde sich dies auf die Art und Weise unserer nächsten Schritte oder Entscheidungen auswirken?"

- „Wenn etwas Zweckdienlichkeit in dieser Grundannahme läge, inwiefern würde es mein (Führungs-)Handeln inspirieren oder unterstützen?"

Das Einbringen von Grundannahmen bzw. die Frage nach der Entwicklung des individuellen und kollektiven Bewusstseins ist – neben Praktiken, Vorgehensweisen und guten Fragen – ein wesentlicher Aspekt der Prozesskompetenz eines Facilitators oder Facilitative Leaders.

Unterschiedliche Anwendungskontexte

Die Facilitative Thinking-Grundannahmen wirken wie eine Lupe oder eine Brille, mit der man auf unterschiedliche Anwendungskontexte schauen kann. Insbesondere in Situationen, die als problematisch oder herausfordernd empfunden werden, lassen sich neue Haltungs- und Handlungs-Optionen entdecken.

Anwendungskontexte, in denen wir bisher positive Auswirkungen der Grundannahmen ausmachen konnten, sind:

- **Selbstführung – Person/Persönlichkeit**. Mit dieser Betrachtungsweise lassen sich die Grundannahmen auf alles beziehen, was das Individuum und das individuelle Erleben betreffen. Es geht um Aspekte der Persönlichkeitsbildung, der Bewusstseinsentwicklung, der Entwicklung von Resilienz, Sprache, Überprüfung von Beziehungsangeboten, Kommunikations- und Bindungsfähigkeit und vieles mehr.
- **Kommunikation & Soziale Interaktion – Teams/Meetings**. Hier liegt der Fokus auf dem direkten Zusammenwirken: in der Familie, mit Freunden, in Vereinen oder Gruppen. Diese Ebene umfasst alle Anlässe, wo Menschen miteinander zu tun haben und in der Kommunikation und Interaktion gemeinsame Erfahrungen machen.
- **Change & Transformation – Organisation.** Da, wo Entwicklung, Heilung, persönliches Wachstum und Miteinander bewusst organisiert bzw. angestrebt werden. Das umfasst Unternehmen, Schulen, staatlichen Organisationen, Verbände und Institutionen ebenso wie therapeutische Kontexte und den gesamten medizinischen Sektor.
- **Globales – Welt**. Umgang mit globalen Krisen, internationale Zusammenarbeit, Nationen übergreifende Kollaborationen, Bewusstseinsentwicklung und Zukunftsdialoge zu größeren, weltumspannenden Themen unserer Zivilisation und mit dem Planeten bzw. der Umwelt.

Einige Beispiele, wie unsere Klientinnen und Teilnehmerinnen in der Praxis mit den Grundannahmen arbeiten, sollen die vielfältigen Möglichkeiten demonstrieren:

Individuelle Beschäftigung

- Reflektierendes Schreiben: Ein Tage- oder Reflexionsbuch wird oft genutzt, um Erlebtes an und mit den Grundannahmen zu reflektieren.
- Ins Blickfeld nehmen: Jeweils eine Grundannahme im Wochen- oder Monatsrhythmus, z.B. am Arbeitsplatz, auf einer Karte so aufstellen, dass sie im Blickfeld ist – wie ein „Best Friend". Die Wirkung ergibt sich von allein.
- Dem Zufall eine Chance geben: Eine Grundannahme des Tages kurz vor einem wichtigen Termin zur persönlichen Vorbereitung und Einstimmung verdeckt ziehen.

Auf kollektiver Ebene

- Ein Direkteinstieg: Den Anlass der Zusammenkunft auf die Botschaft der Karte beziehen. Eine andere Idee ist, die Grundannahmen von den Beteiligten aufteilen zu lassen nach „ist mir vertraut", „ist mir noch nicht so vertraut" und im Anschluss darüber zu sprechen.
- Für die Kreisarbeit: Im Team die Grundannahmen in Kartenform auslegen und einzeln ziehen lassen, um sie dann als Impuls für die Einstiegs- oder Vorstellungsrunde (Check-in) eines Meetings oder Workshops zu nutzen.
- Für die Prozessbegleitung: Man hält die Karten als Ressource für eventuelle Vorkommnisse bereit. Wenn dann beispielsweise Herausforderungen in der Zusammenarbeit oder Führung auftreten, ergibt sich ihre Nutzung mitunter spontan. Die Grundannahmen wirken als Hinweisgeber, indem sie Perspektiven anbieten, die relevant für das Gelingen sein können.
- Im Projekt: Hilfreiche spezielle Grundannahmen für aktuelle Projekte zusammentragen und regelmäßig darüber sprechen (z.B. in einer Retrospektive). Grundannahmen werden häufig auch in die Vereinbarungen zur Zusammenarbeit aufgenommen.

Praxistipp

Praktisch an der Arbeit mit Grundannahmen ist der Umstand, dass die Wahrheitsfrage, im Sinne von „Ist denn diese Grundannahme wahr?", nicht gestellt werden muss. Menschen haben mit ihren Grundannahmen in gewisser Weise immer alle recht, weil die Grundannahmen auf ihre subjektiven Erfahrungen zurückgehen. Es reicht daher aus, darauf zu achten, ob sie zu mehr Zweckdienlichkeit, Weisheit, Beweglichkeit und Gelassenheit führen. Das ist relevant für alle Prozessbeteiligten aus dem Beratersystem (Facilitatoren) und dem Klientensystem (Auftraggeber). Durch persönliches Trainieren und Üben kann es gelingen, die Grundannahmen mehr und mehr zu verinnerlichen, sodass sie auch in besonders herausfordernden Situationen zur Verfügung stehen (z.B. Stress, Angst, Ärger, Wut). Die aktive Beschäftigung mit Grundannahmen ist ein wesentlicher Aspekt von Facilitation.

2.3 Kommunikation als Emergenzphänomen

Sprache wirkt und schafft Wirklichkeit. Eine Grundannahme im facilitativen Denken lautet: „Worte kreieren Welten". Jeder Satz, jedes Wort, ja jeder Laut trägt zur Wirklichkeitsgestaltung bei. Deshalb erkennt man gute Facilitatoren und facilitative Führungskräfte an ihrem bewussten Umgang mit Sprache, der sich – bildlich gesprochen – als zwei Seiten einer Medaille zeigt.

Die eine Seite beschreibt den persönlichen Sprachgebrauch, die andere erkennt an, dass Sprache als Interaktionsprinzip ein Emergenzphänomen[45] ist. Das anerkennend geht facilitatives Kommunikationsverständnis über die Annahme hinaus, man müsse nur zielgruppengerecht kommunizieren (Sender-Empfänger-Modell). Es betrachtet Kommunikation als einen Vorgang, in dem es um vielfältige persönliche, soziale und körperliche Aspekte gemeinsamer Erkundung und Sinnfindung geht. Beide Seiten schauen wir uns in diesem Kapitel an. Unser Ziel ist dabei, ein größeres Bewusstsein zu schaffen für das, worauf es ankommt und was man selbst tun kann, damit Kommunikation gelingt. Wir teilen in drei Abschnitten Hinweise und Erkenntnisse, die für uns in der täglichen Praxis hilfreich sind:

- durch schöpferische Sprache wirken,
- gezielte Wortwahl in der Praxis,
- Kommunikation als Emergenzphänomen.

Durch schöpferische Sprache wirken

„Achte auf deine Gedanken, denn sie werden Worte, achte auf deine Worte, denn sie werden Handlungen, achte auf deine Handlungen, denn sie werden Gewohnheiten, achte auf deine Gewohnheiten, denn sie werden dein Charakter, achte auf deinen Charakter, denn er wird dein Schicksal!"
– Talmud

Die Bedeutsamkeit unserer Gedanken, unserer Denkhaltung und die entsprechenden Auswirkungen haben wir im letzten Kapitel ausführlich beschrieben, in dem wir eingeladen haben, facilitative Denkweisen auszuprobieren, die mit ein wenig Reflexion und Praxis die eigene Sprache weiterentwickeln können. Damit bleibt die Art und Weise, wie wir *denken*, der grundlegende Ausgangspunkt für die Worte, die wir *sprechen*.

Die bewusste Gestaltung des persönlichen Sprachgebrauchs ist also ein weiterer Hebel, an dem wir ansetzen können, um in Organisationen wirksam zu sein. Damit

- können wir die Wahrscheinlichkeit gegenseitigen Verstehens erhöhen,
- helfen wir uns und anderen, präziser zu denken und zu sprechen,
- schaffen wir Ruhe und Entschleunigung und verringern Stress,
- können wir uns durch Krisenzeiten sicher bewegen,
- sorgen wir für einen sicheren Raum, in dem Menschen spüren, dass sie als ganze Menschen willkommen sind,
- vermeiden wir, uns und andere abzuwerten,
- verhalten wir uns lebensbejahend und potenzialorientiert,
- ermöglichen wir, alle Sinne einzubeziehen, und
- co-kreieren eine Wirklichkeit, die wir haben möchten.

Vier Sprachqualitäten – klar, friedlich, würdigend, alternativ

Nach unserer Erfahrung machen vier Charakteristika beim Umgang mit Sprache in der Praxis für Facilitatoren und facilitative Leader einen großen Unterschied: klare Sprache, friedliche Sprache, würdigende Sprache und alternative Sprache. Wir geben praktische Hinweise, die helfen sollen, diese Eigenschaften zu erlernen und einzuüben.

Klare Sprache

Mechthild von Scheurl-Defersdorf[46] hat uns mit ihren bedachten und sehr praktischen Hinweisen dazu inspiriert, nicht nur auf die Wortwahl zu achten, sondern auch der Grammatik eine förderliche Bedeutung zu geben. Grammatik unterstützt, eine klare Sprache zu sprechen.

Praktische Details

1. Kurze einfache Sätze schaffen Ordnung, wirken beruhigend und erleichtern das Verstehen.
2. Vollständige Sätze lassen weniger Interpretationsmöglichkeiten. Beim Gebrauch von Halbsätzen (abgebrochene Gedanken) ergänzt das Gehirn des Hörenden die fehlenden Teile. Aus dem Kontext heraus ist das zwar meist verständlich, jedoch erhöht es die Unklarheit und damit auch die Fehleranfälligkeit. Außerdem stärken vollständige Sätze die Präsenz.
3. Nach jedem gesprochenen Satz, der mit einem Punkt endet, empfiehlt es sich, eine kurze Pause zu machen, damit die Worte wirken können. Das ist besonders empfehlenswert bei zentralen Aussagen oder Botschaften, beispielsweise im Bereich von Führung, Beratung, Begleitung und Zusammenarbeit.
4. Mit der Kongruenz von Inhalt und Form steigt die Klarheit, ein Verstehen wird einfacher. Der häufig (und schnell) ausgesprochene Satz „Ich schaue schnell beim Kunden vorbei" erklärt wahrscheinlich die Situation, dass ich beim Kunden – bildlich gesprochen – nicht ankomme. Ich schaue *vorbei*. Worte kreieren Welten. Facilitatoren und Facilitative Leader achten auf einen sinnkonformen Wortschatz[47]. Das ist eine Wohltat für die Anderen und fördert das eigene Denken. Es wird eindeutiger und genauer.
5. Energie folgt der Aufmerksamkeit. Formulierungen wie „Macht euch keinen Stress", „Seid nicht so ungeduldig" oder „Das ist kein Problem" verdeutlichen, dass durch Negationen die Aufmerksamkeit auf das gelenkt wird, was man eigentlich *nicht* haben möchte. Wir streben eine bejahende Sprache an, die eine Fokussierung erleichtert auf das, was erreicht werden soll.
6. Jenseits der persönlichen Kommunikation von Angesicht zu Angesicht (z.B. Video- oder Telefonkonferenzen) gibt es weitere Feinheiten, die zur Klarheit beitragen. Es empfiehlt sich (analog und besonders digital) für das, was man meint, *einen* Ausdruck zu nutzen. Ist ein anstehendes Treffen ein Workshop, dann bezeichnen wir ihn auch so und nicht als Konferenz, ein anderes Mal als Meeting und ein drittes Mal als Jahresversammlung. Das ist verwirrend. Damit Botschaften auch im digitalen Raum ihre Klarheit behalten, sollte man zudem der Versuchung widerstehen, weitere Aspekte und Informationen hinzuzufügen. Botschaften können dadurch leicht verwässern. Hinweise und Tipps dazu liefern wir im Kapitel „Co-Creation: Facilitation im digitalen Raum" ab Seite 374.

Zwei Merksätze für die facilitative Rolle

Durch unsere Teilnahme an kollegialen Lernforen und internationalen IAF-Konferenzen[48] haben wir zwei Merksätze gelernt, die wir abschließend für eine klare Sprache in der Praxis empfehlen:

- **No throw away lines!**[49] („Keine Sätze zum Wegwerfen!")
  Spreche so, dass alle Sätze eine Bedeutung haben, und wenn man Sätze streichen kann, ohne dass der Sinn schwindet, dann lass diese Sätze weg. Der englische Merksatz ist zwar eine Negation, lenkt aber die Aufmerksamkeit genau darauf, was es zu überprüfen gilt: Gibt es Sätze, die ich folgenlos streichen kann? Dieser Hinweis gilt vor allem für die Begleitung und Moderation von großen Gruppen.
- **Do an SPO!** („Mach einen SPO!")
  Zu Beginn jeder Phase fasse das zusammen, was bisher war (**S**ummarize), beschreibe dann den Prozess bzw. die Vorgehensweise, die nun folgt (**P**rocess) und schließe ab mit dem Sinn bzw. den Zielen (**O**bjectives). Im Rahmen eines Meetings könnte es beispielsweise heißen:

Summarize: „In den letzten beiden Stunden haben wir uns mit Aspekten zur strategischen Ausrichtung beschäftigt. Dabei ist herausgekommen, dass wir weiterhin stärker priorisieren wollen." *Process*: „In einem nächsten Schritt treffen wir uns in Kleingruppen, um dafür konkrete Angebote zu erarbeiten." *Objective*: „Wir werden damit herausfinden, was im Moment leistbar ist und von was wir uns zu unser aller Entlastung verabschieden dürfen."

Friedliche Sprache

Vielen Menschen ist es ein Anliegen, mehr Frieden in unsere Welt und unsere Gesellschaft zu tragen. Facilitatives Denken ist praktizierte Heilungs- und Friedensarbeit. Die friedliche Sprache bietet neben dem Denken eine weitere Möglichkeit, die wir nutzen können, um einen Beitrag zu mehr Frieden in der Welt zu leisten.

Aggressive in friedliche Ausdrücke wandeln

Beginnen wir mit einem Blick auf Redewendungen, die in unserem Alltag nicht selten vorkommen und die, wenn wir sie wortwörtlich verstehen würden, sehr aggressiv sind:

- „Zerbrechen Sie sich nicht den Kopf."
- „Meine Kollegin musste ich abwürgen, weil ich keine Zeit mehr hatte."
- „Da hat uns die Führung wieder eins reingewürgt."
- „In Zukunft werden Köpfe rollen."
- „Wir sind wie immer mit unserem Vorhaben an der Front."
- „Ich habe ein Attentat auf meinen Kollegen vor."
- „Auf der Konferenz war eine Bombenstimmung und wir hatten eine Mordsgaudi."
- „Ich will Sie nicht länger auf die Folter spannen."
- „Auf diese Aussage kann ich dich festnageln."

Es gibt viele solcher Beispiele. Natürlich ist uns allen klar, dass wir diese Formulierungen in einem übertragenen Sinn nutzen. Und doch hinterlässt der Gebrauch solcher Worte im Gehirn Spuren, löst unwillkürlich innere Bilder und Assoziationen aus. Als Facilitatoren und facilitative Führungskräfte achten wir auf eine sinnkonforme Sprache. Wir benennen das, was wir meinen. Wenn Form und Inhalt kongruent sind, dann wird Sprache nicht nur klarer, sondern auch friedlicher. In einem ersten Schritt geht es deshalb darum, aggressive Ausdrücke in friedliche zu wandeln, dann verschwinden vielleicht sogar der „Papierkrieg" oder die „Deadline".

Gewaltfreie Kommunkation

Wer sich mit einer friedlichen Sprache auseinandersetzt, kommt nicht umhin, Marshall B. Rosenberg und sein Wirken zu erwähnen.[50] Ihm ist es gelungen, mit der Idee der gewaltfreien Kommunikation weltweit Menschen zu inspirieren. Auch Facilitatoren und Facilitative Leader kommen in Situationen, in denen sie anderen gegenüber aggressiv reagieren oder umgekehrt. Marshall B. Rosenberg beschreibt in vier Schritten, wie Sprache in schwierigen Momenten gewaltfrei und friedlich bleiben kann, auch wenn Spannungen im Raum sind. Die erste Phase nennt er *Beschreibung*. Es geht darum, eine Situation möglichst wertfrei zu beschreiben, ohne Verallgemeinerungen und Bewertungen und anhand von Fakten. In der zweiten Phase (*Wirkung*) geht es um das Benennen der *eigenen* Gefühle, ohne die Absichten und Gefühle anderer zu interpretieren. Im dritten Teil (*Bedürfnis*) ergründet man das eigene, tieferliegende Bedürfnis, um daraus in einem vierten Schritt eine *Bitte* abzuleiten. Um welche konkrete Handlung bitten wir, damit unser aller Leben reicher wird? Wichtig ist dabei, jegliche Anklage des Gegenübers zu vermeiden. So kann es gelingen, konstruktiv zu bleiben.

Die vier Schritte der Gewaltfreien Kommunikation sind eine Inspirationsquelle für Facilitatoren und Facilitative Leader:

- Die Fähigkeit, Beobachtungen und Bewertungen voneinander zu trennen und dies in Worten beschreiben zu können, ist für viele Dialoge ein guter Ausgangspunkt. *Beobachtungen* und *Bewertungen sind* im Denken eng und schnell verbunden, deshalb bedarf es hier der Übung und der Konzentration.
- Eigene Gefühle und Bedürfnisse sind wichtig. Sie sollten deshalb an geeigneter Stelle in den Dialog eingebracht werden. Das Verständnis, dass Gefühle und die dahinter liegenden Bedürfnisse auch im organisationalen Kontext wichtig sein können, setzt sich immer mehr durch – spätestens als Frederic Laloux[51] die *Ganzheit* als einen von drei Durchbrüchen in evolutionären Organisationen[52] beschrieben hat. Er schreibt: „Oft wird gefordert, dass wir maskuline Entschlossenheit zeigen, Zielstrebigkeit und Stärke ausdrücken sowie Zweifel und Verletzlichkeit zurückhalten. Rationalität regiert, während die emotionalen, intuitiven und spirituellen Aspekte von uns selbst oft nicht willkommen oder sogar fehl am Platze sind. Evolutionäre Organisationen haben eine Reihe von Praktiken entwickelt, die dabei unterstützen, unsere innere Ganzheit wiederzuerlangen und unser vollständiges Selbst in die Arbeit einzu bringen."[53] Eine friedliche Sprache, in der es gelingt, miteinander über Gefühle und Bedürfnisse zu sprechen, gehört dazu.
- Die gewaltfreie Kommunikation kommt in der Theorie ohne Interpretationen (was die anderen wohl gemeint haben könnten und wie es wirklich zu verstehen ist) und ohne Abwertungen aus. Diesen Anspruch finden wir auch in anderen Konzepten wie der Hypnosystemischen Beratung. Er gilt auch für Facilitation.

Open Forum

Eine Methode, in der das oben Beschriebene zusammengefasst auch für große Gruppen angewendet werden kann, ist das Format Open Forum. Es stammt aus der Arbeit der Dannemiller Tyson Associates und ist ein Teil des Whole Scale Change Ansatzes[54] (siehe CO-CREATION, ab Seite 300 ff.). Open Forum umfasst die wichtigen Aspekte der friedlichen Sprache, indem zuerst gefragt wird: „Was haben wir gehört?" (What we heard others say?) Im Anschluss wird nach den Reaktionen auf das Gehörte gefragt: „Welche Reaktionen haben wir darauf?" (What is our reaction to it?). Den Abschluss bildet die Frage nach offenen Fragen, um besser zu verstehen: „Was sind unsere Verständnisfragen? Und an wen?" (What questions of understanding do we have? For whom?)

Das Format Open Forum setzen wir in der Arbeit mit Gruppen häufig ein, nachdem etwas vorgestellt oder ausgeführt wurde (Impulse, Keynotes, Informationsvermittlung). Ein Bereichsleiter führt beispielsweise in eine Konferenz ein, indem er beschreibt, wie der aktuelle Stand im Rahmen eines Transformationsprojektes ist, welche Hindernisse er zukünftig sieht, was in der Vergangenheit gelungen ist, welche Schritte jetzt anstehen werden und was das mit den Teilnehmenden zu tun hat. Wir ermöglichen den Teilnehmenden nach diesem Impuls der Bereichsleitung ein Open Forum in kleinen Gruppen. Durch diese Art der Reflexion wird zunächst das Gehörte wiederholt. Meistens führt das zu ersten Aha-Erlebnissen, weil jeder etwas anderes gehört hat. Bei den Reaktionen geht es anschließend darum, sich selbst mit dem Gehörten in Beziehung zu setzen. Dabei ist wichtig, Abwertungen zu vermeiden und ausschließlich bei dem eigenen Erleben zu bleiben. Auch hier kann beobachtet werden, dass es viele unterschiedliche Reaktionen auf das Gehörte gibt. Das relativiert oft die eigene Reaktion und öffnet Kopf, Herz und Hand für andere Sicht- und Handlungsweisen. Und anstatt bei offenen Punkten zu interpretieren, erinnert die dritte Frage daran, nachzufragen. Das Open Forum ist eine feine und kleine Intervention, die einen Rahmen

setzt für friedliches und reflektiertes Denken und Sprechen und die auf einen konstruktiven Dialog auch mit mehr als 300 Menschen vorbereitet.

In seinem Vorwort zur amerikanischen Ausgabe von Rosenbergs Buch schreibt Arun Gandhi, Enkel von Mahatma Gandhi: „Gewaltlosigkeit heißt, dass wir dem Positiven in uns Raum geben. Lassen wir uns lieber von Liebe, Respekt, Verständnis, Wertschätzung, Mitgefühl und Fürsorge für andere leiten als von den selbstbezogenen und selbstsüchtigen, neidischen, hasserfüllten, mit Vorurteilen beladenen, misstrauischen und aggressiven Einstellungen, die unser Denken (Zusatz der Autoren: und Sprechen) für gewöhnlich dominieren."[55]

Würdigende Sprache

Eine würdigende Sprache ist geprägt durch Worte, die Wohlwollen und Anerkennung für das Gegenüber (Menschen, Gegebenheiten und Dinge) ausdrücken.

Für den organisationalen Kontext heißt das: Klienten (Mitarbeitende) haben ein Recht auf unser Wohlwollen, wie es Gunther Schmidt einmal ausgedrückt hat. Es gibt viele Möglichkeiten des Würdigens im Klienten- bzw. Mitarbeitendenkontakt, beispielsweise indem man Kompetenzen, Lösungsversuche, Engagement, loyales Verhalten oder gute Ideen benennt. Es gibt viele Möglichkeiten des Würdigens in dieser Welt, beispielsweise durch einen Blick auf alles, was in unserer Umwelt funktioniert, ohne ein Dazutun des Menschen, die Selbstreinigungskräfte der Natur, die Gesundheit und Heilung, die sie uns bringt, sowie die Inspiration, die sie uns schenkt.

Alles beginnt mit dem Hören

Um eine würdigende Sprache zu praktizieren, ist es unumgänglich, genau zuzuhören, um würdigend auf das Gehörte eingehen zu können. Auch wenn wir meinen, die Fähigkeit des Zuhörens zu beherrschen, lohnt sich ein kurzer Ausflug in die Welt der verschiedenen Möglichkeiten des Zuhörens:

- Wer kennt das nicht? Manchmal bin ich körperlich anwesend und gedanklich abwesend. Ich tue so, als ob ich zuhören würde, während ich mit dem nächsten Punkt meiner To-do-Liste beschäftigt bin.
- Eine andere Form des Zuhörens ist ausgerichtet auf das, was ich hören will. Alles Gesagte wird direkt gefiltert, ob es zu dem passt, was für mich gerade bedeutsam ist.
- Damit verwandt ist das taktische Zuhören. Ich höre genau zu, werte das Gesagte aus und nutze ausschließlich die Aspekte, die es mir ermöglichen, besonders gut meine Perspektive einzubringen.
- Und es gibt das einfühlsame Zuhören, bei dem es darum geht, andere in ihrer Welt zu sehen und bestmöglich zu verstehen und dabei ihre Sichtweisen anzuerkennen und zu respektieren. Das einfühlsame Zuhören bedeutet nicht, das, was andere sagen, gut und richtig zu finden.

Einfühlsames Zuhören ist die beste Voraussetzung für einen Dialog mit einer würdigenden Sprache. Natürlich können wir nicht immer einfühlsam zuhören. Trotzdem bemühen wir uns auch unter Druck und Stress, willentlich auf das Gegenüber einzustellen und in gewisser Weise in die Welt der anderen hineinzugehen und genau hinzuhören.

Otto Scharmer, Autor und Aktionsforscher am MIT in Boston, hat kurz vor der US-Präsidentschaftswahl 2020 einen Artikel veröffentlicht, in dem er beschreibt, worauf es beim Zuhören in Zukunft ankommen wird. Seine Thesen gehen über das oben Geschriebene hinaus: „Die Post-Wahrheitswelt braucht, dass wir mehr tun, als die Heilkraft des aktiven Zuhörens wiederherzustellen. Sie braucht, dass wir das Zuhören auf drei Ebenen kultivieren. Erstens das faktische

Zuhören: entkräftende Daten wahrnehmen, Neues oder Überraschendes wahrnehmen. Zweitens das empathische Zuhören: eine Situation durch die Augen des anderen zu spüren, nicht nur aus meinem eigenen Winkel oder Silo. Und drittens das generative Zuhören: von einem Ort der Stille zuhören, der uns erlaubt, unsere Aufmerksamkeit als Auffangraum für entstehende Möglichkeiten der Zukunft zu nutzen, um dort zu landen und sich dort zu manifestieren."[56]

Facilitatoren und Facilitative Leader sind bestenfalls in der Lage, auf den von Otto Scharmer beschriebenen Ebenen (faktisch, empathisch und generativ) zuzuhören, auch dann, wenn das Gesagte aus einer anderen Wahrnehmungswelt stammt.[57]

Würdigen leicht gemacht durch Sprachmuster

Durch die hypnosystemische Beratung haben wir gelernt, dass Menschen sich leichter verändern können, wenn sie in ihrem So-sein zunächst gewürdigt werden. Es ist für die Entwicklung hilfreich, wenn sie sich angenommen, gesehen und verstanden fühlen, wenn ausdrücklich nicht erwartet wird, dass sie sich verändern. Das führt zu einer paradoxen Herausforderung für Facilitatoren, denn sie werden ja beauftragt, weil sich etwas verändern soll. Als Facilitatoren ist es uns aber wichtig, innerlich frei zu sein davon, jemanden ändern zu wollen. Diese innere Haltung ist eine Folge der Grundannahme, dass Menschen autonome Wesen sind, die eigenständig entscheiden, ob, wann und wie sie sich ändern möchten (siehe den Abschnitt „Autonomie: selbstbestimmt leben, Aufmerksamkeit lenken, Bedeutung geben" ab Seite 26 ff.).

Sprachlich gehen wir mit dieser paradoxen Situation so um, die Klienten einerseits in ihrer Welt zu würdigen, sie dort zu sehen und dafür auch die gleichen Worte zu nutzen wie sie (zu spiegeln), und gleichzeitig auf weitere Türen hinzuweisen und damit Angebote zu machen, die andere Sichtweisen, Bewertungen und Haltungen ermöglichen. Bewährte Sprachmuster helfen bei dieser Herausforderung. Es sind kleine Kunstgriffe, die anstreben, ein bestimmtes Ziel auf einfache Weise zu erreichen.

- **Das Opfer-Ich würdigen!**
  Wenn es um Veränderung geht, dann gibt es in der Regel mindestens einen Aspekt, an dem Menschen leiden, bei dem sie sich als Opfer fühlen. Für eine mögliche Veränderung braucht genau dieser Teil eine emphatische Beachtung. *„Das haben Sie nicht verdient."*[58], *„Aus Ihrer Perspektive ist das nur zu verständlich."*, *„Wenn ich Sie wäre, dann würde ich wohl auch so denken und fühlen."* Wenn das Opfer-Ich genügend gewürdigt ist, öffnet sich meistens eine Tür für mögliche neue Betrachtungsweisen.
- **Die Ambivalenz würdigen!**
  Als Facilitatorin bin ich Anwältin für die Ambivalenz. Das bedeutet, sich immer wieder mit allen Bestrebungen, Spannungen oder Dynamiken, die im Raum sind, zu verbinden und sie zu würdigen. Spannungszustände gilt es auszusprechen (und nicht zu übergehen).
  - „*Auf der einen Seite* ist es Ihnen wichtig, eine gemeinsame Vision zu erarbeiten. *Auf der anderen Seite* gibt es Stimmen, die sagen, das können wir derzeit gar nicht machen, weil die Situation am Markt dafür zu unübersichtlich ist."
  - *„Einige von Ihnen möchten dies. Andere favorisieren jenes … Ich kann alle Bedürfnisse gut verstehen. Wie wäre es für Sie, wenn wir sowohl … als auch … vorgehen würden?"*

  Kann ich als Facilitator keine Angebote für nächste Schritte machen, dann frage ich die Gruppe, wie sie mit der Ambivalenz umgehen will. Hierbei ist es auch förderlich, die Schwere der Aufgabe zu würdigen: *„Es ist kaum machbar, aber wenn Sie es trotzdem schaffen …"*, *„Es ist schwer, aber machbar."*

- **Die Kompetenz würdigen!**
  In der Begleitung von Menschen entscheiden die Betroffenen, was für sie richtig und stimmig ist. Das Wissen darum drückt die Facilitatorin sprachlich durch den Konjunktiv II aus: „*Es könnte eine gute Idee sein, im nächsten Schritt dieses oder jenes zu bedenken.*" Durch diese Formulierung gibt es die Möglichkeit, dass es aus der Sicht der Beteiligten auch *keine* gute Idee sein könnte. Facilitatoren rechnen immer mit dieser Möglichkeit. Sie betrachten jedes Nein als gutes Zeichen für Entwicklung, denn dadurch drückt die Gruppe ihre Kompetenzen aus und erfährt sich als selbstwirksam. So wird Verantwortung geteilt und im Prozess miteinander gelebt. Mit der Formulierung „*Das oder etwas Stimmigeres*" stellen Facilitative Leader und auch Facilitatoren ihre eigenen Ideen zur Disposition und öffnen sich für die Weisheit des Systems. Der Konjunktiv II ermöglicht auch einen Blick in die Zukunft: „*Angenommen Sie hätten ... Angenommen Sie würden beginnen, Ihre Erkenntnisse umzusetzen ... Angenommen Sie könnten ... Was würden Sie tun? Woran würden Sie das erkennen?*" Diese Sprachmuster helfen den Blick in eine Zukunft zu wagen, ohne sofort innere Widerstände auszulösen. Es sind sprachlich betrachtet nur Möglichkeiten, nichts Festgeschriebenes. Das erleichtert das Denken, entspannt und öffnet den Zugang zu Potenzialen. Wohin könnte es gehen und wie würde ich erkennen, dass es in die gewünschte Richtung geht? Imaginationen helfen, sich mit der gewünschten Zukunft zu verbinden. Facilitatoren laden je nach Kontext und Ziel so früh wie möglich bewusst dazu ein.
- **Die aktuelle Situation würdigen!**
  Bevor sich etwas verändern darf, ist es nicht nur für Einzelne, sondern auch für Gruppen wichtig, dass sie mit dem, was sie bisher gemacht haben, gewürdigt werden. „*Bisher war das so und das hatte gute Gründe ... In der Zukunft soll es anders sein.*" Die Tendenz, die Vergangenheit abzuwerten, hat meistens keine guten Auswirkungen auf das Wohlbefinden und auf das Kompetenzerleben in der aktuellen Situation. Deshalb widersteht ein Facilitator allen Einladungen, das Alte abzuwerten und bietet stattdessen die Unterscheidung von *bisher* und *in Zukunft* an. In Krisenzeiten wird die aktuelle Situation oft mit Stress und Druck verbunden. Sprache hilft dabei, diesen Schluss zu minimieren, und zwar durch das Wort *derzeit*. Der hoffnungslose Satz „*Wir wissen nicht, wie es weitergeht*" wird zu einem zuversichtlichen Satz umformuliert: „*Derzeit wissen Sie noch nicht, wie es weitergehen wird.*" Das Wort *derzeit* zu verwenden ist ein Kunstgriff bei allem, was jetzt herausfordernd ist, signalisiert dem menschlichen Gehirn, dass es zwar heute so ist, aber morgen schon anders sein kann. „*Derzeit lerne ich mit digitalen Tools umzugehen. Morgen könnte ich schon eine Meisterin darin sein. Derzeit bin ich unsicher, wie ich als Führungsperson mit Kontrolle in diesem Kontext umgehen will. Morgen könnte ich meinen Weg dazu gefunden haben.*" Derzeit referenziert auf einen bestimmten Zeitpunkt. Die Option, dass sich die Bedingungen zu einem anderen Zeitpunkt verändert haben werden, ist implizit enthalten. Das wirkt für das menschliche Gehirn entlastend.

Alternative Wortwahl

Durch eine alternative Wortwahl bieten wir neue Erlebnisräume an, die stimmiger sind für das gewünschte Erleben. Kleine sprachliche Interventionen erzielen große Wirkungen.

Ein (alternatives) Wort – ein (anderes) Erlebnisnetzwerk

Einzelne Worte bekommen im Laufe unseres Lebens individuelle Bedeutungen. Sie haben je nach persönlicher Erfahrung eine eher positive Konnotation oder auch eine negative. Neurowissenschaftlich betrachtet gibt es zu jedem Wort ein sogenanntes Erlebnisnetzwerk. Das sind die Synapsen, die im Gehirn miteinander verbunden sind und die zusammen feuern, wenn sie aktiviert werden (Hebbsches Gesetz). Für manche löst das Wort Familienurlaub sehr gute Gefühle aus, weil sofort positive Bilder aus Bergwelten, Freude am Zusammensein und am gemeinsamen Spielen entstehen. Bei anderen löst dasselbe Wort negative Gefühle aus, sie sind verbunden mit Langeweile oder mit Konflikten. Wenn wir etwas sagen, dann transportieren wir mit jedem Wort unsere Erfahrung, die wiederum mit physischen und psychischen Reaktionen verbunden ist. Um herauszufinden, welche Wirkung einzelne Worte für uns haben, können wir sie testen, um sie dann ggf. durch alternative Worte zu ersetzen, die neue Erlebnisräume öffnen.

Drei Worte, die kaum einem Menschen guttun, sind: müssen, schnell und Problem. Und doch werden sie häufig verwendet. Facilitatoren und Facilitative Leader finden zunächst für sich alternative Worte, die keine unerwünschten Netzwerke aktivieren. „Müssen“ kann manchmal durch „können“ ersetzt werden oder fällt durch den Gebrauch des Futurs ganz weg. „Morgen muss ich an einem Meeting teilnehmen“ wird zu „Morgen kann oder werde ich an einem Meeting teilnehmen, zu dem ich eingeladen worden bin.“ Das Wort „schnell“ kann oft ersatzlos gestrichen werden: „Ich muss schnell noch einen Artikel zu Ende schreiben“ wird zu „Ich werde mir die Zeit nehmen, den Artikel zu beenden.“ Manchmal wirken veränderte Aussagen positiv auf die dahinter liegende Haltung. Wenn ich mir das Wort „schnell“ spare, wird weniger Druck und Stress ausgelöst. Worte kreieren Welten. Je häufiger ich das Wort „Problem“ nutze, um so wahrscheinlicher wird es, dass ich in einer Problemwelt lebe. Herausforderung, Thema, Phänomen oder Tor sind Alternativen für das Wort „Problem“. „Ich habe ein Problem“ kann dann zur Formulierung werden: „Ich stehe an einem Tor, durch das ich auf eine nächste Stufe der Entwicklung gehen kann.“

Worte, die dagegen für die meisten Menschen positiv besetzt sind: Dankbarkeit, Freundlichkeit, Mitgefühl und Güte. Sie wirken für viele auf Körper und Geist stärkend und beruhigend – je häufiger sie benutzt werden, umso mehr.

Praxistipp

Für einen bewussten Sprachgebrauch ist es wichtig zu spüren, welche individuellen Netzwerke mit welchen Begriffen verbunden sind. Damit wir uns für alternative Worte entscheiden können, brauchen wir die Fähigkeit, die Energie und Wirkung von Worten und Sätzen wahrzunehmen. Erstrebenswert ist, dass Kopf, Herz und Hand im Einklang eine Sprache sprechen. Eine alternative Wortschatzsammlung kann ein Anfang sein. Die Reflexion über einzelne Begriffe und Sprachweisen kann auch im Team oder mit Lernpartnerinnen sehr sinnvoll sein.

Alternative Wortwahl und Changebegleitung

„Wenn ich das Wort nur höre, dann “ Dieser Satz ist den meisten von uns vertraut. Das unangenehme Emotionen auslösende Wort ist je nach Kontext ein anderes: Agil, Change, Verantwortung, Selbstorganisation, Partizipation oder Transformation sind beispielsweise Worte, die in einigen Organisationen regelrecht verbrannt sind, weil die damit verbundenen Erfahrungen in der Vergangenheit negative Gefühle in der Gegenwart, bis zu Aggression und Wut, auslösen. Auch für Organisationen sind also Worte nicht neutral. Sie stimulieren Erlebnisnetzwerke, die an vorhergehende Erfahrungen gebunden sind.

Erfahrene Facilitatoren haben feine Antennen für schwierige Worte entwickelt. Wenn sie auftauchen, dann nehmen sie sie zunächst wahr. Wenn es für den Kontext angemessen ist, dann gehen Facilitatoren darauf ein, bieten von sich aus Alternativen an oder laden die Gruppe ein, alternative Worte zu finden.

In unserem Beratungsansatz arbeiten wir häufig mit Pilotgruppen, die sich aus einem Querschnitt einer Organisation zusammensetzten (mehr dazu im Kapitel 3, „Der Weg“, Seite 85). In

diesen Gruppen bekommen wir zügig mit, welche Worte für die Organisation negativ besetzt sind und welche positiv. Pilotgruppen sind ermächtigte Reflexionsgruppen, die sich selbst zum Untersuchungsgegenstand machen und die zum Beispiel Auswirkungen einzelner Worte oder Aussagen überprüfen. Bei Bedarf wird dort um jedes Wort gerungen, wenn wichtige Aussagen im Rahmen einer Initiative oder Maßnahme für die Situation passen sollen. Teilnehmende verstehen das Anliegen bzw. das Thema eher, wenn sie frühzeitig eingebunden werden, ihre eigene Sprache zu finden.

Wann immer möglich, nutzen Facilitatoren die Gelegenheit, zu Themen wie Kommunikation und Sprache zu beraten. In der Praxis machen wir zum Beispiel auf die Verknüpfung jedes Wortes mit subjektiven Erlebniswelten aufmerksam. Wir weisen auf die mit Sprache verbundene Macht und Kraft hin und sehen eine Verantwortung im Umgang mit Sprache. Bewusstseinsentwicklung und Persönlichkeitsbildung sind weitere Domänen, die angeregt werden sollten.

Durch Worte führen

„Große Organisationen lassen sich nur mit Begriffen führen."
Götz Werner[59]

Götz Werner, der Gründer der Drogeriemarktkette dm, legt viel Wert auf Prägnanz und Exaktheit von Worten. Er erinnert daran, dass wir durch Begriffe die Welt begreifen. Das bietet die Möglichkeit, in einer Welt voller Individuen treffende Begriffe zu finden, die steuernd und sinngebend wirken. Für facilitative Führungskräfte eröffnet sich dadurch eine hervorragende Möglichkeit, mit einer alternativen Wortwahl zu führen und eine Welt mit zu kreieren, die angestrebt wird. Drei Beispiele von Götz Werner:

1. Für ihn sind Mitarbeitende keine Kostenfaktoren, die unter Personalkosten verbucht werden. Er hat das Wort Mitarbeitereinkommen gewählt, weil die Mitarbeitenden die Leistung des Unternehmens ermöglichen. Diese Perspektive auf Menschen und das, was sie tun, motiviert und wirkt sinnstiftend.
2. Führungspersonen heißen Evokatoren, weil es ihre Aufgabe ist, inspirierende Fragen zu stellen und Abläufe zu hinterfragen, ohne selbst die Antworten geben zu müssen. Götz Werner hat diesen Begriff auch in Abgrenzung zu einem Direktor, der alles weiß und Direktiven gibt, eingeführt.
3. Anstatt eines festen Budgets, das es einzuhalten gilt, gibt es bei dm eine finanzielle Perspektive, die Orientierung gibt. Und im Sinne der Nachhaltigkeit kann man hier bei Bedarf zu Lasten der Umsatzrendite wirtschaften. Es gibt Werte, die mehr zählen als der Umsatz.

Uwe Lübbermann vom Premium-Kollektiv[60] führt durch den für ihn wichtigsten Begriff der Gleichwürdigkeit[61]. Bodo Janssen von der Hotelkette Upstalsboom führt durch 32 Sinnthesen, die partizipativ entwickelt wurden und die die 12 Werte des Wertebaumes ergänzen.[62] Jeder Mensch kann sich mit neuem Denken und einer neuen Wortwahl eine neue Wirklichkeit erschaffen. Es ist sehr inspirierend, sich mit Organisationen zu beschäftigen, die Neues versuchen – menschenorientiert, dem Leben dienend und abseits vom Mainstream. An ihrem Umgang mit Sprache wird in der Regel schnell deutlich, dass sie auch anders denken. Viele dieser sogenannten „Augenhöhe-Unternehmen"[63] sind mit dieser Ausrichtung wirtschaftlich erfolgreich.

Gezielte Wortwahl in der Praxis

Facilitatoren und Facilitative Leader nutzen jede Situation in der Zusammenarbeit, um durch gezielte Wortwahl Menschen kontextpassgenau einzustimmen (Priming), Sinn zu stiften und einen kompetenzaktivierenden Deutungsrahmen (Framing) anzubieten, der die vier schöpferischen Sprachqualitäten – klar, friedlich, würdigend und alternativ – berücksichtigt.

Zwei typische Situationen, auf die wir in der Rolle des Facilitators Einfluss nehmen können, die wir aber nicht entscheiden, sind

- Einladungen (auch Einladungsschreiben) und
- Worte zum Anfang und/oder Abschluss (Reden)

Die folgenden gelungenen (und anonymisierten) Sprach-Beispiele stammen aus unserer Praxis und waren jeweils ein wichtiger Bestandteil eines wirkungsvollen Organisationsentwicklungsprozesses.

Ein Einladungsschreiben

Das erste Beispiel ist eine Einladung zu einer Großgruppenveranstaltung mit 300 Teilnehmenden. Hintergrund war eine vorausgegangene Fusion von drei Organisationen. Eingeladen wurde zu einer ersten Begegnung auf neutralem Boden. Die Intention der Veranstaltung war das Kennenlernen, das Verstehen und die Ausrichtung auf eine gemeinsame Zukunft. In einer Pilotgruppe (Querschnitt der drei Organisationen) hatten wir die Veranstaltung vorbereitet und unsere Aufmerksamkeit und Beratung unter anderem auf die Einladungsworte mit Blick auf die Kontextpassgenauigkeit und die gewünschten Reaktionen ausgerichtet. Das Einladungsschreiben ist auch ein gutes Beispiel dafür, an welchen Stellen und in welchen Phasen Facilitatoren mit ihrem Erfahrungswissen und ihrer Prozesskompetenz Organisationen und deren Entscheider in Veränderungsprozessen beraten und begleiten.

Die Einladung	Kommentare zur Sprache
Sehr geehrte Frau, sehr geehrter Herr, wer sind wir? Was bringen wir mit? Was ist uns wichtig? Wer sind die beteiligten Menschen? In welchem Kontext stehen wir? Vor welchen Herausforderungen stehen wir? Welche Visionen haben wir, damit umzugehen?	Schon die ersten Sätze verdeutlichen, dass es in dieser Veranstaltung um Wesentliches gehen wird. In einer einfachen klaren Sprache wird die Relevanz durch offene Fragen ausgesprochen. In der Pilotgruppe war im Vorfeld deutlich geworden, dass viele der bisherigen Treffen als überflüssig bzw. als nicht notwendig empfunden wurden – nicht zuletzt, weil es auch viele Vorurteile gegenüber den anderen Organisationen gab.
Wir möchten Ihnen die Gelegenheit geben, diese und weitere Fragen zu erörtern, für Sie wesentliche Aspekte zu beleuchten, und miteinander Antworten zu entwickeln, die uns alle in den kommenden Monaten und Jahren auf dem Weg zum Neuen begleiten werden. Deshalb laden wir Sie persönlich sehr herzlich ein zur 1. Werkstatt mit dem Motto: „Unsere Zukunft im Blick: einander begegnen – miteinander nachdenken – gemeinsam starten." *Hier folgt der Ort, das Datum und die Zeit*	Die deutliche Ansprache unterstreicht die Gelegenheit und Möglichkeit, auszugestalten, was nun *Fakt* ist. Es geht darum, die Zukunft gemeinsam zu beginnen. Interessanterweise hatten sich hier alle an der Vorbereitung Beteiligten dagegen ausgesprochen, die Entscheidung der Fusion nochmals zu begründen. Vielmehr gab es den Wunsch, die Fusion als entschieden anzuerkennen und nun miteinander zu starten. Deshalb auch das Motto, bei dem jedes Wort in einer Kreativwerkstatt bewusst gewählt wurde.

Die Einladung	**Kommentare zur Sprache**
Wir haben uns für die Open Space[64]-Konferenz-Methodik entschieden, damit Ihren Gedanken, Vorstellungen und Ideen ein angemessener Raum zur Verfügung gestellt wird. Mit Roswitha Vesper von den Kommunikationslotsen haben wir eine neutrale, erfahrene Großgruppenmoderatorin gewonnen, die uns durch die zwei Tage führen wird.	Hier war es wichtig, die ausgewählte Methode zu erwähnen, um zu verdeutlichen, dass alle mit ihren Anliegen willkommen sind und dass sie genau an diesen Anliegen selbstbestimmt arbeiten werden. In der Pilotgruppe gab es den deutlichen Hinweis, zu erwähnen, wer die neutrale und erfahrene Begleiterin ist, denn ihre Sorge war, dass die Veranstaltung parteiisch werden würde und dass sie, wegen der schlechten Stimmung, im Chaos enden würde.
Am 1. Tag beginnen wir nach dem Mittagessen um 13.30 Uhr, damit Sie von Heidelberg und Köln bequem anreisen können. Das Ende der Veranstaltung ist am 2. Tag um 17.00 Uhr geplant. Zur Übernachtung haben wir für Sie ein Einzelzimmer im Hotel „Engel Haus" (Wegbeschreibung anbei) reserviert.	Hier wird das ausgedrückt, was Menschen zur Orientierung wissen wollen. Wenn die Eingeladenen spüren, dass sich jemand Gedanken über eine bequeme Anreise und Übernachtung gemacht hat, trägt das in der Regel zur Bereitschaft bei, zu kommen.
Nähere Informationen und eine Agenda erhalten Sie rechtzeitig vor Beginn der Werkstatt. Wir hoffen sehr, dass Sie Ihre Teilnahme einrichten können. Bitte teilen Sie uns bis zum 10.4. mit beiliegendem Rückmeldebogen mit, ob Sie an der Veranstaltung teilnehmen können oder nicht. Im Namen der gemeinsamen Vorstände und der Pilotgruppe, Präsident P. Müller, Vorstand A. Maier, Vorstandsvorsitzender S. Schmidt (Namen sind Fiktion)	Dieser Teil ist unauffällig, bis auf den Teil der Unterschriften. Wer unterschreibt? Das ist oft die Frage. Auch hier wird getestet und je nach Kontext passgenau entschieden. In diesem Fall war es für alle Beteiligten enorm wichtig, dass nicht die Pilotgruppe mit ihren Namen auftaucht, sondern die Namen der Top-Führungspersonen. Die Pilotgruppe wurde erwähnt. Die durch die Fusion verursachte Verunsicherung in den Organisationen war so groß, dass für den Moment nur noch Informationen ernst genommen wurden, die von den Entscheidern selbst kamen oder zumindest von ihnen unterschrieben waren.

Worte zum Anfang

Das zweite Beispiel gehört zu demselben Organisationsentwicklungsprozess und ist die Anfangsrede des Vorstandes. Da allen Beteiligten aufgrund der angespannten Situation klar war, dass es zu Beginn der Großgruppenkonferenz buchstäblich auf jedes Wort ankommen würde, haben wir uns auch hier mit der Pilotgruppe und den Führungskräften beraten, was die Teilnehmenden zu Beginn hören sollten, sodass sich die Wahrscheinlichkeit für ein konstruktives Miteinander erhöht. Der Vorstand war Mitglied der initialen Vorbereitungsgruppe. Das heißt, er hatte alle Hinweise, Bedenken, Perspektiven und Ideen direkt mitgehört, konnte nachfragen und seine Sichtweise einbringen. Aus all dem hat er eine alle Seiten würdigende Einleitung entwickelt. Während er sprach, war es im Raum die ganze Zeit über sehr still. Die Aufmerksamkeit für seine Worte war geradezu andächtig.

<table>
<tr><th>Die Rede</th><th>Kommentare zur Sprache</th></tr>
<tr><td>Liebe Kolleginnen und Kollegen,
eigentlich wissen wir nicht sehr viel übereinander:
• kaum einer wird mehr als die Hälfte der Namen der Anwesenden kennen
• kaum einer wird eine Erfahrung mit einer der anderen Organisationen gemacht oder ein Projekt durchgeführt haben
• kaum einer kennt wirklich die Arbeitsweise der anderen</td><td>Es beginnt mit der Feststellung, dass die Anwesenden aus den drei Organisationen nicht viel übereinander wissen, weil sie noch nicht zusammengearbeitet haben.
Das Sprechmuster „kaum einer" verhindert die mögliche negativen Bewertung. In Bewusstsein der Teilnehmenden kann eine Ja-Haltung und ggf. auch Offenheit entstehen: Ja, stimmt eigentlich, wenn man es genau betrachtet, wissen wir nicht viel voneinander.</td></tr>
<tr><td>Aber eigentlich „wissen" wir schon fast alles übereinander:
• Die Organisation 1 macht Projektarbeit und versteht die deutlich komplexeren Zusammenhänge gar nicht.
• Die Organisation 2 ist der verlängerte Arm der Zentrale, ohne eigenen Spielraum und eigene Akzente. Durch die jahrzehntelange Nähe ist sie wie eine Behörde geworden.
• Die Organisation 3 macht nur Zuarbeit und verliert so die große Linie. Alles wird einer einseitigen Logik unterworfen, egal ob sinnvoll oder nicht.
• Die Servicebereiche nennen sich nur deshalb so, um dadurch wenigstens ansatzweise verdecken zu können, dass sie eben genau den Service nicht im Sinn haben.
• Oder die mehr auf sich selbst schauende Variante: Unsere Kultur, unsere Arbeit sind besser als die der anderen und muss verteidigt werden.
Aber auch:
• Organisation 1 ist hierarchisch und schwerfällig. Organisation 2 ist hierarchisch und schwerfällig. Organisation 3 ist das auch.
• Damit wird alles durch die Fusion nur noch größer, hierarchischer und schwerfälliger.</td><td>Im zweiten Abschnitt benennt er alle gängigen Vorurteile. Durch die ehrlichen Dialoge in der Pilotgruppe waren sie bekannt und konnten klar und beschreibend, geradezu würdigend (ohne Abwertung) ausgesprochen werden.
Im Bewusstsein entsteht wiederum die Ja-Haltung: Es stimmt, was er sagt. Das sind unsere zementierten Annahmen von den anderen und es ist interessant zu hören, dass die anderen auch Annahmen über uns haben.
Ein weiterer Effekt: Es wird zu Beginn ausgesprochen, was sich niemand laut zu sagen wagt. Das macht den Raum zu einem authentischen Raum. Und er ist Modell mit der Botschaft: Wir reden hier Klartext. Würdigend, ohne Abwertung, aber Klartext.</td></tr>
<tr><td>Oder:
• Es ist der völlig falsche Zeitpunkt für diese völlig falsche Veranstaltung. Sie hätte früher, später, anders, mit anderer Beteiligung gemacht werden müssen.
• Ich habe nicht hierzu eingeladen. Die haben eingeladen. Jetzt sollen die mich auch überzeugen, dass das hier Sinn macht.
• Ich habe so viel zu tun. Das Kerngeschäft, die wirkliche Arbeit, leidet unter dieser Veranstaltung.</td><td>Hier greift der Vorstand all das auf, was an Befürchtungen, Stimmungen und Abwertungen bei der Vorbereitung der Veranstaltung deutlich geworden ist und was auch schon in der Einladung berücksichtigt wurde.
Die Teilnehmerinnen und Teilnehmer konnten sich gesehen fühlen mit ihren Argumenten. Ein inneres Nicken war auch hier eine Reaktion der Anwesenden.
Eine Ja-Haltung, ein inneres Nicken zu dem, was gesagt wird, ist wie eine Art Rutschbahn, die innerlich dazu führt, sich für die anstehenden Aufgaben zu öffnen.</td></tr>
</table>

Die Rede	Kommentare zur Sprache
Und was machen wir nun damit? Jetzt sind hier 300 Menschen aus unseren Organisationen beisammen – und das hat es bemerkenswerterweise in der Geschichte unserer Unternehmen noch nicht gegeben. Und wir haben eine große Chance: uns zu enttäuschen, uns von unseren gegenseitigen Täuschungen und Vorurteilen zu befreien. Genauer hinzusehen, besser zuzuhören, engagierter zu erklären. Gemeinsamkeiten zu entdecken, Verschiedenheiten auch – und diese verstehen lernen. Und diese Chance finde ich großartig. Eine tolle Gelegenheit und ich freue mich sehr, diese gemeinsam mit Ihnen wahrzunehmen.	Nachdem die Vergangenheit gewürdigt wurde, wird nun die Tür für die Gegenwart geöffnet. Erfahrungsgemäß ist es für Menschen relativ leicht, diesen Schritt mitzugehen, weil sie sich durch das bisher Gesagte auch mit ihrer leidenden Seite willkommen fühlen. Das ermöglicht ihnen, auf die Seite der Chancen zu schauen und zu hören, welche Perspektiven es hier gibt. Am wichtigsten war in der Pilotgruppe der Punkt der Befreiung von gegenseitigen Täuschungen und Vorurteilen. Der Vorstand spricht in der Bewertung dieser Chancen von sich. Er sagt: „Ich finde es großartig." Damit lässt er eine mögliche andere Bewertung zu. Jeder kann für sich selbst entscheiden.
Wenn Sie sich nur halb so sehr freuen, wie ich, haben wir schon gewonnen – und zwei wunderbare und hilfreiche Tage vor uns. Wenn Sie sich noch nicht freuen, kann ich nur einladen: Sie sind jetzt schon mal hier, dann machen Sie gleich das Beste daraus. Und was ist das Beste? Machen Sie mit, ganz persönlich und engagiert. Reden Sie und hören Sie zu. Übernehmen Sie Verantwortung. Es geht um Ihre zwei Tage – und um unsere gemeinsame Organisation.	„Sie sind nun schon mal hier, dann können Sie auch direkt das Beste daraus machen!" Das ist ein Sprachmuster, was sich auf viele andere Situationen übertragen lässt. Wann immer ich mich in einer Situation befinde, in die ich mich nur widerwillig begeben habe, hilft die Erinnerung: Es liegt an mir, ob ich das Beste daraus mache. Das wäre jetzt meine Chance. Ebenso die Erinnerung an die Kostbarkeit und Einmaligkeit der eigenen Lebenszeit: „Es geht um Ihre zwei Tage!" Die Lebenszeit von allen wertzuschätzen und das Sprechen daraufhin auszurichten, kommt in unserer Praxis sehr häufig vor. Die Erinnerung an die Endlichkeit wird oft als Kraftquelle erlebt. „Es geht um unsere gemeinsame Organisation." Das, was alle Anwesenden verbindet und ihnen vermutlich allen am Herzen liegt, ist ein wichtiger Bestandteil einer Eröffnungsrede. So wird bildlich gesprochen ein verbindendes Netz zwischen den Anwesenden geknüpft.
Und: Seien Sie ehrlich. Wir haben uns lange genug immer mal wieder hübscher und die anderen weniger hübsch gemacht. Wir haben hier keinen Beauty Contest – und es kann ungemein entspannend sein, nicht immer der Hübscheste sein zu müssen. Und vor allem: Hier sitzen zukünftige Kolleginnen und Kollegen. Die kriegen das später in jedem Fall mit, wenn Sie denen jetzt etwas vormachen.	Hier werden alle mit einem humorvollen Augenzwinkern eingeladen, das bekannte Muster zu durchbrechen, immer gut dastehen zu wollen. Ein Beauty Contest ist ungefähr das Gegenteil von dem, was die Organisationen in ihrem Alltag tun und gerade deshalb ist das Bild so geeignet, diese „Spiele" zu beenden. Und mit einer kleinen Schleife werden die Kollegen in ihrer Kompetenz gewürdigt, weil sie alle die Fähigkeit haben, genau dieses Theater zu durchschauen. Hier wird die Einladung ausgesprochen, alte Verhaltensweisen abzulegen und sich dadurch zu entspannen. Und es ist erneut eine Erinnerung daran, sich klar zu werden, wie man hier jetzt mitmachen möchte.

Die Rede	Kommentare zur Sprache
Denken Sie daran: 300 Menschen sind in diesem Raum. So viel Wissen, so viel Erfahrung und Engagement. Enorme Ressourcen sind hier beisammen. Als Methode für die Tage haben wir Open Space gewählt. Warum? Es ist wichtig, dass zu einem so frühen Zeitpunkt im Prozess alles auf die Agenda kommt, was Sie wirklich bewegt, was Ihnen wichtig ist. Es geht darum, dass wir gemeinsames, organisationsübergreifendes Denken einüben und lernen – durch verschiedene Nachdenkrunden und gemeinsames Öffnen.	In diesem Teil der Ansprache werden die Menschen und ihre fachlichen Kompetenzen (Wissen, Erfahrung, Engagement) gewürdigt. Und es wird in einen Raum eingeladen, der offen ist für alle Anliegen, die helfen, organisationsübergreifendes Denken einzuüben. Und nochmals wird die Wichtigkeit für den gewählten Ansatz unterstrichen (es ist kein Zufall, wir haben uns etwas dabei gedacht).
Ich bin überzeugt davon, dass wir morgen Abend viele neue Ideen haben, viele neue Gedanken und Vorschläge. Und die können und sollen Steinbruch sein für die Projektarbeit hin zu unserer neuen Organisation. Die neuen Ideen können uns das Gefühl geben, dass da ein lohnendes Ziel ist – und nette Menschen, die zukünftig Kolleginnen und Kollegen sind.	Hohe Erwartungen, im Sinne einer selbsterfüllenden Prophezeiung, zu kommunizieren, bahnt im Gehirn Wege dahin. Das bedeutet, die Aufmerksamkeit der Beteiligten wird ausgerichtet auf das, was in diesen zwei Tagen möglich sein wird. Die Fokussierung darauf hilft, das Ziel zu erreichen.
Einen Rahmen gibt es natürlich auch. Und der ist gesetzt durch die Eckpunkte. Wie Sie wissen, sind bzw. werden die nicht von uns beschlossen, sondern von unseren Aufsichtsgremien, unseren Eigentümern. Die Eckpunkte sind die Geschäftsgrundlage der Fusionsüberlegungen – und den dort gesetzten Rahmen gilt es zu akzeptieren und – noch spannender – auszufüllen.	Die unumstößlichen Rahmenbedingungen zu nennen, ist Bestandteil nahezu jeder Konferenzeröffnung. Damit wird im Grunde das Spielfeld abgesteckt und geprüft, ob echte Partizipation oder Co-Creation überhaupt möglich ist. Es macht den Raum authentisch, denn alle wissen, wo sie dran sind. Dies ist eine wichtige Voraussetzung für echte Beteiligung und Dialoge auf Augenhöhe.
Dass es jetzt gleich losgehen kann, ist nicht von allein passiert. Dazu bedurfte es viel Arbeit, die Kolleginnen und Kollegen übernommen haben. Viele inhaltliche und organisatorische Vorbereitungsschritte waren nötig. Ich nenne mit einem herzlichen Dank die Namen derjenigen, die diese Arbeit leisteten: NN	Dieser Abschnitt spricht für sich und sollte immer enthalten sein, weil jede Möglichkeit zur Würdigung und Anerkennung eine Kultur kreiert, in der genau das potenziert wird. Worauf wir unsere Aufmerksamkeit richten, wird mehr. Und der Dank enthält die Botschaft: Wir sind von Anfang an involviert. Es ist unsere Veranstaltung, weil das unsere Leute sind, die die Werkstatt geplant haben.

Die Rede	Kommentare zur Sprache
Wir haben uns für diese Tagung professioneller Hilfe versichert. Ich begrüße ganz herzlich Frau Roswitha Vesper von den Kommunikationslotsen. Ich weiß nicht, wer von Ihnen Erfahrungen mit Open Space hat. Aber ich bin sicher: Frau Vesper hat sie – und genau deshalb gebe ich jetzt an sie ab. Liebe Kolleginnen und Kollegen, ich wünsche Ihnen und uns konstruktive Tage, gute Ideen – und vor allem viel Spaß. Herzlich willkommen.	Für die Arbeit von Facilitatoren ist es eine gute Voraussetzung, wenn ihnen Kompetenz unterstellt wird. Die Wahrscheinlichkeit, dass sie dadurch auch als kompetent erlebt werden, erhöht sich. Eine Mandatsübergabe an die Facilitatoren ist zudem ein wichtiges Ritual, das vor den Augen aller wiederum Klarheit für die Rolle und für die Verantwortung bringt. Gegen Ende der Werkstatt wird dieses Mandat wieder an den Klienten (hier dem Vorstand) zurückgegeben. Stärkende und herzliche Worte mit einem klaren Punkt am Ende schließen die Rede ab.

Die beiden Tage waren ein Fest. Die viele Vorarbeit, das Ringen um jedes Wort, um ein angemessenes Format und die ehrlichen und offenen Dialoge in der Pilotgruppe haben Voraussetzungen dafür geschaffen, dass alle Anwesenden danach voller Dankbarkeit, Freude und Energie für die nächsten Schritte waren. Zwei Jahre später war die Werkstatt immer noch in den Köpfen und Herzen als Meilenstein verankert – ein Ort, an dem erstmalig vieles deutlich ausgesprochen wurde und sich Menschen aufeinander zubewegten, Stunden, in denen sie begannen, sich in den neuen Strukturen zu verbinden, und eine neue, gemeinsame Sprache zu sprechen.

Kommunikation ist ein Emergenzphänomen[65]

Die folgenden Abschnitte sind besonders für die Leser und Leserinnen, die sich immer wieder fragen, wieso die Botschaften, die sie senden, nicht oder nur wenig ankommen. Sie sind der theoretische Hintergrund zu dem, was wir auf den letzten Seiten beschrieben haben.

Das Sender-Empfänger-Modell beruht – verkürzt gesagt – darauf, dass der Sender seine verschlüsselte Botschaft an den Empfänger schickt, der die Botschaft entschlüsselt und auf demselben Weg antwortet. Probleme in der Kommunikation erklärt dieses Modell damit, dass der Empfänger die Botschaft beispielsweise falsch versteht oder der Sender sie unklar formuliert hat. Das Sender-Empfänger-Modell geht mit seinem mechanistischen Kern auf zwei Mathematiker zurück, die 1949 Prozesse der Informationsübermittlung für die Telekommunikation beschrieben haben.

Der Komplexität von Menschen und ihrem Leben wird sie aber nicht gerecht. Maja Storch, Inhaberin und wissenschaftliche Leiterin des Institut für Selbstmanagement und Motivation Zürich, Psychoanalytikerin und Buchautorin, sowie Wolfgang Tschacher, Psychologe und Professor an der Universität Bern, ist es gelungen, die Kanaltheorie als zentralen Bestandteil des Sender-Empfänger-Modells zu widerlegen und dazu einen Diskurs anzuregen.[66] In drei Thesen fassen wir ihre Gedanken zusammen.

Es gibt keine fixe Botschaft

Ein Sender sollte anerkennen, dass jedes Wort und jeder Satz seine Erfahrungen und Wahrnehmungen mittransportiert. Wörter sind für sich genommen – wie Gunther Schmidt es ausdrückt – nur Klangwellen oder Geräusche. Sie erhalten ihre Bedeutung, indem sie zu Erfahrungen passen, die in unserem Gehirn gespeichert sind. Wenn Rheinländer dazu einladen, Karneval zu feiern, dann transportieren sie mit dieser Einladung ein Lebensgefühl, eine Haltung und ein Brauchtum, dass viel mehr beinhaltet als den Rosenmontagszug. Mit der Nutzung dieses Wortes geht in ihnen eine Welt auf. Neurowissenschaftlich gesprochen existiert zu diesem wie zu jedem anderen Wort ein Netzwerk, das aktiviert wird, sobald das Wort gesprochen wird.

Gleichzeitig wissen wir nicht, auf welche inneren Räume und Erfahrungen das Gesagte beim Empfänger trifft. Denn er ordnet die gesagten Worte eigenständig und unwillkürlich in seine Welt ein und interpretiert sie aufgrund der gespeicherten Erfahrungen. Die Generation unserer Mütter musste beispielsweise in den 1950er-Jahren in Südoldenburg für die „sündigen" Rheinländer an Karneval weite Strecken zu Fuß zur Kirche gehen und beten. Diese, allein mit dem Wort Karneval verbundenen unterschiedlichen Netzwerke machen deutlich, wie viel Dialog passieren muss, um gegenseitiges Verstehen möglich zu machen und den Wert der Einladung zu verstehen. Das ist viel mehr als ein mechanisches Chiffrieren und Dechiffrieren von Botschaften. Deshalb ist es wichtig, der Versuchung zu widerstehen, eine Botschaft (einen Redebeitrag) gleich zu interpretieren (dechiffrieren) anstatt von dem auszugehen, was gesagt worden ist und nachzufragen, um mehr von der Welt zu verstehen, aus der die Botschaft oder das Gesagte kommen; denn es gibt keine fixe Botschaft.

Kommunikation ist körperlich

Die nicht selten angestrebte Reduktion von Sprache und Kommunikation auf rationale Inhalte blendet körperliche und emotionale Prozesse aus. Die Hirnforschung zeigt aber, dass körperliche und geistige Vorgänge stark miteinander verbunden sind. „Embodiment beschreibt eine Verbindung zwischen Körper und Geist, auf der Prozesse immer zweiseitig ablaufen. Zwischen Körper und Geist herrscht Gegenverkehr."[67]

Unser Körper ist an jedem Dialog beteiligt – durch Muskelspannungen, Körperhaltung, Herzklopfen oder Bauchgefühle. Diese Signale haben Auswirkungen und rufen wiederum neue Signale hervor. Deshalb ist Kommunikation körperlich. Und deshalb beziehen wir den Körper und seine Reaktionen immer in Facilitation-Projekten mit ein und nutzen ihn auch als feines Instrument, um herauszufinden, welche Hinweise es gibt, wenn wir beispielsweise bei Entscheidungen nach dem Bauchgefühl fragen oder was in spannungsreichen Situationen das Herz sagen würde. Es geht darum, mittels Sprache Ganzheit zu erleben. Konkret bedeutet das, mehr Fühlen zu ermöglichen und zu lernen, Gefühle so in die Kommunikation einzubringen, dass sie gehört werden können. Es erfordert Mut und die Fähigkeit, über Gefühle in angemessener Weise kontextbezogen zu sprechen.

Kommunikation wird synchron erzeugt

Kommunikation ist ein Emergenzphänomen. Die Vorstellung, Kommunikation ließe sich in klar voneinander unterscheidbare Phasen des Sendens und Empfangens unterteilen, isoliert etwas, was untrennbar miteinander verbunden ist. Beim Morsen ist es wichtig, dass erst der eine sendet und dann der andere, sonst wird ein Verstehen schwierig. Im Gespräch aber wird Kommunikation von den miteinander kommunizierenden Personen gemeinsam, synchron erzeugt: „Wer sendet, empfängt gleichzeitig auch, und wer empfängt, ist zugleich auch weiterhin Sender."[68]

Dialoge können als ein Phänomen der Emergenz gesehen werden, bei denen ein gemeinsames Verständnis synchron entsteht. Aussagen wie „Ich habe es denen doch gesagt!" oder „Steht alles im Manual!" weisen auf das Sender-Empfänger-Modell hin. Wir laden dazu ein, Kommunikation als Dialogprozess anzulegen und weniger als Produkt, das andere zu empfangen und zu verstehen haben. Keiner der Beteiligten ist in der Lage, die Kommunikation zu kontrollieren, weil sie aus dem Bezogensein auf ein Gegenüber entsteht. Die Verankerung von Sprache und Kommunikation im Körper lässt Elemente ins Spiel kommen, auf die der Zugriff prinzipiell fehlt.

Dieser ganzheitliche Blick auf unsere Sprache und Kommunikation verdeutlicht, dass Kommunikation dann gelingt, wenn wir uns als Teil eines Systems verstehen, an dessen Gestaltung wir beteiligt sind, ohne es kontrollieren zu können. Zwischen Beteiligung und Kontrolle aber liegt ein Spielraum, den wir nutzen können, um Stimmigkeit, Offenheit und Verstehen möglich zu machen. Die bewusste Anwendung von Sprache ist ein Weg, diesen Spielraum absichtsvoll zu gestalten.

Abschließend sei gesagt, dass uns klar ist, dass unsere Worte in diesem Kapitel die Vielfalt, die Intensität, die Komplexität und die Differenziertheit von Sprache nur ungenau beschreiben und benennen können. So ergeht es uns nicht nur in diesem Kapitel, sondern genau genommen in jedem Dialog. Aber durch die Sprache ist uns eine wunderbare Möglichkeit gegeben, wie wir Organisationen und Gesellschaften durch ausgewählte Worte, die durch Mark und Bein gehen, mitgestalten können. Und manchmal haben wir sogar das Gefühl, dass einzelne Dialoge eine heilsame Wirkung haben.

„Je mehr ich über Kommunikation weiß, um so mehr bin ich verwundert, dass sie manchmal zu klappen scheint."
Fritz B. Simon in einer Fortbildung zur Organisationsentwicklung

2.4 Transformationskompetenz – der facilitative Beratungsansatz

Neben den beschriebenen Elementen Lebenslange Praxis, Facilitative Thinking und einer schöpferischen Sprache betrachten wir den facilitativen Beratungsansatz als die vierte wichtige Zutat der „guten Medizin" des Facilitators.

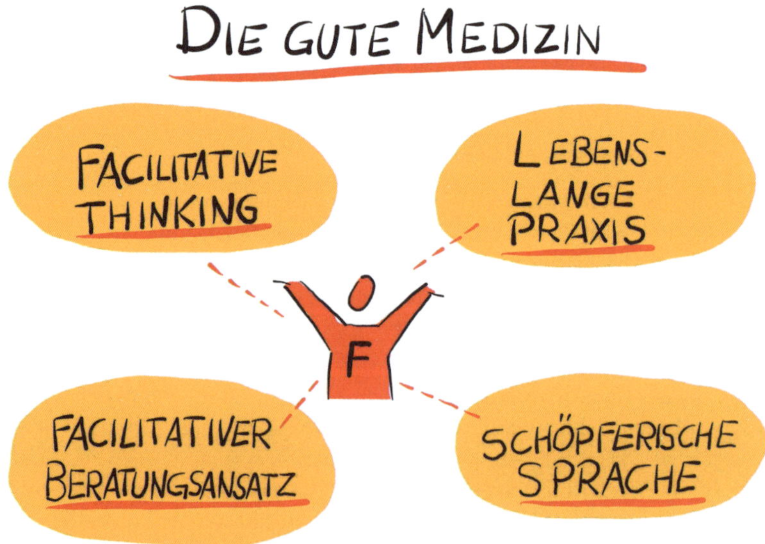

Besonders hilfreich erscheinen uns die folgenden Punkte, um die eigene Transformationskompetenz zu entwickeln:

- die eigene **Sprachfähigkeit** trainieren, sodass die Worte bereits eine neue Wirklichkeit kreieren,
- die facilitativen **Erklär- und Denkmodelle** einüben, bis man sich pudelwohl darin fühlt, und
- seine eigene **Vorgehensweise** entwickeln, die einleuchtend für den Klienten und zugleich robust im Umgang mit der aktuellen Realität ist.

Wir stellen unseren facilitativen Beratungsansatz aus der Vogelperspektive dar, um die gesamte Landschaft beim Klienten in den Blick nehmen zu können. Um Plausibilität, Nachvollziehbarkeit und Leichtigkeit, die in Facilitation steckt, dem Klienten zu vermitteln, nutzen wir ein „*Narrativ des Wandels*“, das wir visuell unterstützen. Die ergänzenden Texte sollen helfen zu verstehen, wie wir aus facilitativer Sicht argumentieren und welche grundlegenden Ideen sich dahinter verbergen.

Ein Narrativ des Wandels

„Etwas geht zu Ende. Etwas Neues ist im Entstehen.“
Wir achten die Sichtweise unserer Klienten, wenn es darum geht, den Anlass und die Notwendigkeit für die Entwicklung oder Transformation zu beschreiben. Das heißt, wir belehren nicht und wir bekehren nicht. Wir hören zu. Wenn wir gebeten werden, unsere Sicht zu teilen oder Facilitation einzuordnen, beginnen wir häufig mit der Beschreibung der gegenwärtigen Komplexitäten und Dynamiken in Markt und Gesellschaft[69]. Dies tun wir, um zu verdeutlichen, in welchem Kontext wir Facilitation sehen und für welches Problem Facilitation die Lösung sein kann. Ein passendes Narrativ würden wir je nach Kontext so oder so ähnlich formulieren:

Narrativ: Heute erleben viele Menschen angesichts der fortschreitenden digitalen Vernetzung und der Zunahme verschiedener Arten der Komplexität[70] eine massive Überforderung pyramidaler und fragmentierter Organisationsstrukturen. Die Metapher der Pyramide steht für ein mechanistisches Weltbild, für ein Von-oben-nach-unten-Denken und für ein Kommunikationsverständnis nach dem überholten Sender-Empfänger-Modell[71]. Die Pyramide kann vieles, nur nicht mit hoher Komplexität, also mit den Anforderungen unserer Zeit, umgehen. Viele Unternehmenspleiten und das Versagen von Organisationsapparaten in allen gesellschaftlichen Bereichen bezeugen dies[72]. Die meisten Organisationen mit konservativer Managementpraxis betreiben ihr Geschäft auf Basis gestriger Erfolge. Die Selbsterneuerung steht zwar vordergründig auf dem Programm, scheitert jedoch häufig an einer existenzbedrohenden Fehlausrichtung zwischen der eigenen Organisation und ihren zunehmend komplexen Umwelten. Begriffe wie „verknöchert“, „Flaschenhals“ und „Lehmschicht“ machen die Situation greifbar.

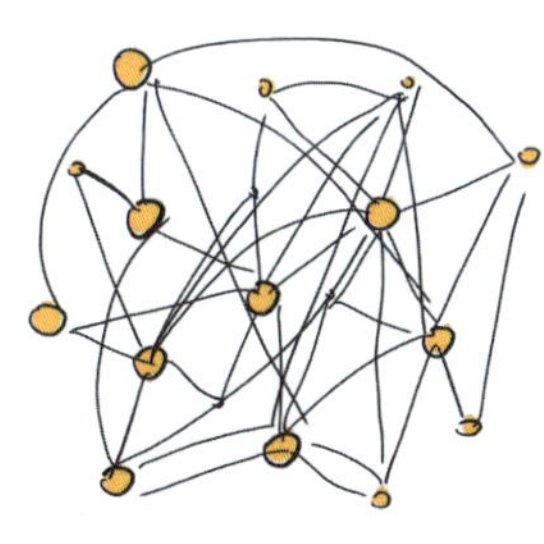

Hier scheint eine Idee, die lange zu Prosperität, Sicherheit und Wohlstand führte, allmählich aus der Zeit zu fallen. Neues Denken und neue Organisationsformen entstehen, wo sich durch Digitalisierung einerseits und durch die absehbare Endlichkeit des gegenwärtigen Wirtschaftens andererseits ganz neue Welten und auch Herausforderungen auftun. Eines ist klar, die Erfahrungen der Ohnmacht werden nicht durch mehr vom Gleichen aus der Welt geschaffen.

Kommentar: Im Kern versuchen wir, die Komplexität und Interkonnektivität von Organisationen, Institutionen und Unternehmungen in der heutigen digital vernetzten Welt bewusst zu machen. Es soll deutlich werden, dass sich jede Idee, jede Initiative oder Fragestellung in einem Meer komplexer, größerer Dynamiken befindet, die sich mit instruktiver Top-down-Managementpraxis, mit Silodenken oder mit Ideen einiger weniger Experten kaum bewältigen lassen. Man kann sich das wie einen Korken vorstellen, der auf den wogenden Wellen der Weltmeere treibt und ruft: „Ich muss es kontrollieren! Ich muss es kontrollieren[73]!" Viele Klienten erleben die Endlichkeit dieser Praxis täglich. Wir nutzen ihre Erfahrungen im nächsten Narrativ als Argumentation für multiperspektivische, dialogorientierte – also facilitative – Vorgehensweisen.

Narrativ: Um die Antwortfähigkeit, Durchlässigkeit und Wendigkeit einer Organisation in diesen Umfeldern zu gewährleisten, braucht es Ansätze, die sich am Lebendigen und am Organischen orientieren. Begriffe, die in diesem Zusammenhang genutzt werden, sind „evolutionär" und „integral". Während „evolutionär" in den Naturwissenschaften, der Biologie und der Evolutionstheorie als Begriff für langsame und allmähliche Entwicklung steht, bedeutet „integral" ganz, unversehrt und einschließend.

Schwerfälligkeit, Einbahnstraßen und starre Macht-Hierarchien sind selten zu finden im Lebendigen, dagegen bei Maschinen und Apparaturen oder bei Dinosauriern. Diese Metapher wird im organisationalen Kontext gern genutzt, um an ihre geringe Anpassungsfähigkeit und ihr Aussterben angesichts disruptiver Ereignisse zu erinnern.

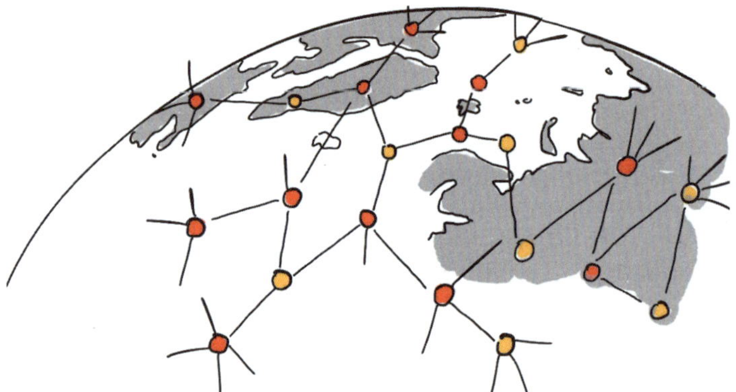

Die eigene Daseinsberechtigung zu bewahren, erfordert somit eine ständige Anpassung und Entwicklung hin zu Flexibilität, Durchlässigkeit und Lebendigkeit. Das betrifft heute die meisten Organisationen und Institutionen. Und alle versuchen ihren eigenen Lernweg hin zur Selbsterneuerung zu finden. An dieser Stelle kommt Facilitation zum Tragen.

„Es gibt einen neuen Weg, eine Alternative zur gängigen Managementpraxis."
Kommentar: Facilitatoren und Facilitative Leadern ist bewusst, dass es kaum eine Organisation gibt, die derzeit nicht ähnliche Erfahrungen macht und diese reflektiert. Viele Organisationen

– und auch Staaten[74] – entwickeln deshalb aktiv und erfolgreich ganz andere Wirklichkeiten miteinander. Der Status quo muss also, wenn er nicht zweckdienlich erscheint, auch nicht hingenommen werden. Die gefühlte Unzulänglichkeit und erlebte Ohnmacht angesichts der unausweichlichen Notwendigkeit permanenter, beschleunigter Selbsterneuerung fordern ihren Tribut. Wir bemerken aber vielfach eine Offenheit, neue Wege zu gehen. Viele stellen die eigene Managementpraxis und Organisationslogik infrage. Gewünscht wird nur, dass die neuen Wege plausibel und nachvollziehbar sein sollen. Das ist auch unser Anliegen. Hier setzt unser Narrativ des Wandels wieder an.

Narrativ: Die Zeit scheint reif für etwas zu sein, was sich lange angebahnt hat: Facilitation als Transformationskompetenz für die Herausforderungen des 21. Jahrhunderts. Aufgrund der Tatsache, dass das Wissen für neue Lösungen vorhanden, nur ungleich verteilt und schwer auffindbar ist, geht es bei facilitativen Vorgehensweisen immer um bereichsübergreifende, gemeinsame Suchbewegungen im gesamten, relevanten System. Diese führen zu nachhaltigen Gesamtlösungen auf Basis von Multiperspektivität und Co-Creation.

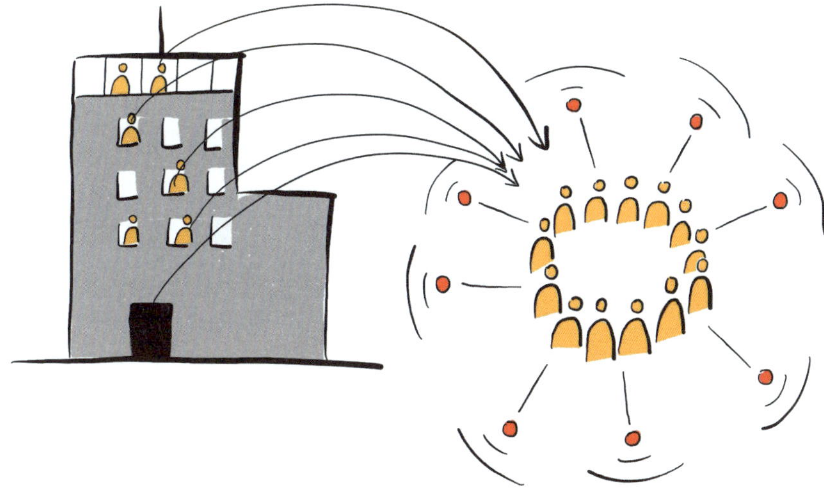

Das bedeutet, dass alle Fragestellungen, Veränderungsimpulse, mögliche Handlungsstrategien und Entscheidungen auf Basis von zwei Prämissen angegangen werden: Erstens mit der Prämisse der frühestmöglichen Einbeziehung einer größtmöglichen Perspektivenvielfalt. Zweitens mit der Prämisse der Gleichwürdigkeit (jede Sichtweise ist gültig) und der gemeinsamen Übernahme der Verantwortung für die Qualität unserer Welt oder Wirklichkeit (von morgen).

Als Facilitatoren und Facilitative Leader machen wir, sofern gewünscht, weniger hilfreiche Grundannahmen bewusst, wie „Einige Wenige wissen, was für alle anderen gut und richtig ist" oder „Einer muss das Sagen haben". Wir empfehlen, davon auszugehen, dass das Wissen für gelingende Co-Creation und für neue Lösungen bereits vorhanden oder im Entstehen begriffen ist. Passend dazu dient das bereits erwähnte Zitat des bekannten Science Fiction-Autors William Gibson: „Die Zukunft ist schon da, sie ist nur ungleich verteilt."

Um an dieses Wissen heranzukommen, hat sich bewährt, eigene Lösungsideen zur Disposition zu stellen. Praktisch bedeutet das, dass alle beteiligten Personen eigene Ideen, Sichtweisen und Motive einbringen, aber <u>immer</u> mit dem Nachsatz bzw. der zugrunde liegenden Einstel-

lung: „Das oder etwas Stimmigeres!" Dieser Nachsatz verändert nicht nur Führungsverhalten und gelebte Managementpraxis, es verändert grundlegend unser Verständnis organisationaler Entwicklung. Im Kern werden ineffektive reaktive Muster Einzelner überwunden, zugunsten von Multiperspektivität und kollektiver Intelligenz. Es ist ein Paradigmenwechsel, der einen neuen Weg aufzeigt von der Top-down-Logik und Ego-Zentrierung hin zu Lösungen, die im gesamten relevanten System gemeinsam entwickelt werden. Dies sind dann auch Lösungen, die in der Regel robuste, durchdachte tragfähige Antworten liefern, die aus dem komplexen System selbst kommen.

„Es ist zwar nicht leicht, aber im Grunde ganz einfach!"
Kommentar: Mit dem vorherigen Abschnitt haben wir aufgezeigt, dass Facilitation der Komplexität der Organisation und ihrer Umwelt mit Vielfalt in Form von Multiperspektivität begegnet. Auf diese Weise werden blinde Flecken aufgedeckt, erfolgreiche Suchbewegungen im gesamten System vollzogen und neue Lösungen gefunden – und zwar mit allen für alle. Es ist eine Abkehr von der in die Jahre gekommenen „Command & Control"-Logik, halbherziger Versuche und oberflächlicher Reparaturen. Wo sich neues Leben und gutes Zusammenwirken nachhaltig entfalten sollen, ist es mit oberflächlicher Reparatur nicht getan. Um Folgekosten zu vermeiden, zielt Facilitation daher auf die hinter den Phänomenen liegenden, tieferen Fragen und auf die ebenso tieferen, umfassenderen Lösungen! Wie geht das in der Praxis?

Narrativ: Wenn es um Change, Entwicklung und schöpferische Transformation gehen soll, empfehlen wir, dass Pilot- oder Pioniergruppen – ausgestattet mit einem Mandat der Entscheider – in eine Co-Führungsrolle gehen. Da diese Gruppen einen repräsentativen Querschnitt des gesamten relevanten Systems darstellen, also Menschen aus allen Ebenen der Organisation integrieren, dienen sie als erweiterter Wahrnehmungskörper. Dieser Wahrnehmungskörper ist erfahrungsgemäß eher in der Lage, Verständnis und Empathie für die Muster und Dynamiken der komplexen Gemengelagen in Markt und Gesellschaft zu entwickeln. Diese Form der Zukunftssuche und Zusammenarbeit führt zu Antworten und Lösungen, die tiefer gehen und weiter schauen, als dies bei herkömmlichen Vorgehensweisen (beispielsweise auf Basis einer zugeschriebenen Fach-Expertise oder einer Managemententscheidung) der Fall ist.

Mit facilitativer Begleitung gelingt es, dass Pilotgruppen ego-zentriertes Denken überwinden, Partikularinteressen und Besitzstände hinter sich lassen und das größere, ganze Bild in den

Blick nehmen. Ganz nebenbei werden sie schnell arbeitsfähig und dienen als Quellort der Zukunft für viele weitere, virulente Themen der Organisation. Pilot- und Pioniergruppen ähneln einem lebendigen, sich dynamisch entwickelnden Organismus. Genau das ist beabsichtigt. Angesichts hoher Komplexität, disruptiver Ereignisse und kaum linear verlaufender, planbarer Entwicklung der relevanten Umwelten benötigen wir ähnlich komplexe, lebendige Organismen in Organisationen[75]. Diese zeichnen sich durch ein hohes Maß an Resilienz, Kreativität und Antwortfähigkeit aus.

Zwei wesentliche Vorteile bringt der facilitative Beratungsansatz:

1. Die Botschaften an die Organisation lautet: „Wir möchten das mit euch gemeinsam schaffen und vertrauen auf unser aller Sichtweisen und Expertisen." Und: „Wir kommen mit einer Frage, nicht mit einer Antwort." Dies sind Beziehungsangebote, die, wenn sie ernst gemeint und glaubwürdig sind, zu echter Beteiligung, Kreativität, Vertrauen, Motivation und zu kollektiver Intelligenz führen können.
2. Zweitens, man muss sich als Entscheider um die notwendigen Rahmenbedingungen kümmern, also um den geschützten Raum und die Ressourcen, die es braucht. Man muss sich nicht mehr fragen, wie das Ganze in die Köpfe und Herzen aller Mitarbeitenden kommt, denn das ist von vornherein mit angelegt! Anders gesagt: Das Ausrollen (bzw. der „Roll-out") ist nicht mehr der Anspruch. Es ist ein „Roll-in", der die Einbeziehung aller von Anfang an berücksichtigt.

„Wir schaffen gemeinsam einen Rahmen, in dem wir erfolgreich sein können!"

Kommentar: Nun bietet es sich an, mit dem Klienten über den „geschützten Raum" und die Ressourcen zu sprechen. Das muss und wird in der Praxis in der Regel nicht unbedingt alles vollumfänglich in einer ersten Besprechung geschehen.

Narrativ: Damit sich kollektive Intelligenz zeigen kann, braucht es einen abgestimmten Rahmen, der die Zusammenarbeit, die Rollen und die Ressourcen zwischen Facilitator bzw. Facilitative Leader und Klient regelt. Wir nennen diesen Rahmen „Kontext des Gelingens" oder „zieldienliches Facilitationsystem". Dabei geht es nicht um einen auf Leistung und Entgelt bezogenen Vertrag. Diesen braucht es auch und der wird meist parallel verhandelt. Was es vor allem braucht, sind Voraussetzungen und Ressourcen für gelingende Transformationsprozesse.

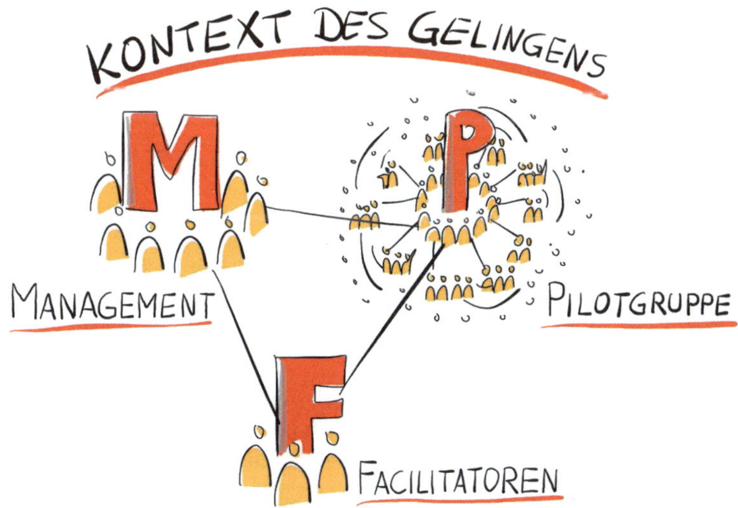

Das Versprechen an den Klienten lautet: „Wir fangen erst an, wenn wir gemeinsam sicherstellen können, einen Rahmen der Zusammenarbeit geschaffen zu haben, in dem wir (alle) erfolgreich sein können." Dies tun wir aus Respekt vor den Menschen. Denn was vertrauensvolle Zusammenarbeit am allerwenigsten gebrauchen kann, sind soziale Experimente ohne Aussicht auf Erfolg.

Wir machen dementsprechend mit den Klienten einen „Deal": Die gegenwärtig benötigte Transformationskompetenz, das Wissen um soziale Technologien, der Umgang mit Nichtwissen und neuem Terrain (beispielsweise der Unterschied zwischen Partizipation und Co-Creation), die Psychologie der Transformation und vieles mehr bringen wir als Facilitatoren und Facilitative Leader ein. Die Klienten bringen im Gegenzug ihre Bereitschaft ein, sich selbst zum Untersuchungsgegenstand zu erklären, sich also selbst tiefgehende Fragen zu stellen, Konventionen wenn nötig zu überwinden und Raum zu schaffen, in dem sich kollektive Weisheit zeigen kann. Dazu braucht es Mut, echten Willen, etwas Neues zu wagen, und die Fähigkeit, alles anzunehmen, was sich einem zeigt und daraus gemeinsam zu lernen.

Die Fähigkeit, sich selbst zum Untersuchungsgegenstand zu erklären, und Erfahrungswissen im Umgang mit sozialen Technologien zu machen, die facilitativen Grundannahmen zu leben, eine schöpferische Sprache mehr und mehr zu nutzen oder neue Ansätze für Entwicklung und Transformation zu sammeln, führt unweigerlich für die Klienten zu einer Erhöhung der Prozesskompetenz. Diese Prozesskompetenz zu entwickeln, ist laut wissenschaftlicher Studien eine der wichtigsten Aspekte zeitgemäßer Führung[76].

Facilitatoren sind darin geschult, diese Kompetenzen zur Verfügung zu stellen und zu vermitteln. Je schneller ein ganzer Bereich oder eine gesamte Organisation sich selbst ein Upgrade verpasst, desto zügiger wird Selbstwirksamkeit erfahrbar. Die Art und Weise, wie Facilitatoren arbeiten, führt auch dazu, dass Transformations-Know-how in der Organisation erwacht. Als Konsequenz daraus sind Facilitatoren darauf vorbereitet, sich zum frühestmöglichen Zeitpunkt überflüssig zu machen, um genau dies zu unterstützen. Abhängigkeit ist nicht das Ziel. Organisationen und ihre Wissens- und Kreativarbeiter sowie Führende auf allen Ebenen profitieren von diesem Know-how und dieser Haltung und erschaffen miteinander ganz andere Formen und Kulturen der Zusammenarbeit. Dies lässt sie wiederum antwortfähig und gut vorbereitet sein für die nächsten Themen, die sich bereits am Horizont zeigen.

Kommentar: Noch gar nicht richtig angefangen zu haben und gleich davon zu sprechen, sich überflüssig machen zu wollen, ist sicherlich ungewöhnlich. Es ist auch keine rezeptartige Empfehlung, dies so auszudrücken. Doch es entspricht dem Wertekanon und Selbstverständnis von Facilitation und weist von Anfang an darauf hin, dass die Veränderungsenergie und -motivation während des gesamten Prozesses vom Klienten kommen muss. Facilitatoren sind Berater und Begleiter, keine Interimsmanager, keine Projektmanager und keine verlängerte Werkbank. Je nachdem, wie sich die persönliche Beziehung und das Vertrauen im Gespräch entwickeln und wie klar man miteinander sein möchte, kann man solche oder ähnliche Aspekte ansprechen. Auch hier gilt der Hinweis, dass es kontextabhängig ist, was man sagt und wie man vorgeht.

Unserer Erfahrung nach äußern viele Klienten ein Gefühl der Resonanz und Stimmigkeit. Viele sagen: „Es ist quer zu unserer gegenwärtigen Organisations- oder Führungslogik, doch wir wollen es probieren!"

Nun kann sich der Schritt anschließen, den Beratungsansatz, die facilitativen Ideen und die Grundannahmen noch einmal in einem größeren/anderen Kreis zu präsentieren bzw. gemeinsam zu erörtern. Häufig werden weitere relevante Gruppe eingeladen, z. B. die Personalvertretung oder Vertreter der Gewerkschaft[77]. Auf diese Weise verbreitet sich in der Organisation das Wissen um Facilitation und steigert die Akzeptanz Schritt für Schritt.

Erklär- und Denkmodelle ergänzen den Beratungsansatz

Was häufig bei den Klienten aus dem ersten Gespräch „hängen bleibt", sind die Erklär- und Denkmodelle, die den Beratungsansatz auf unterschiedlichen Ebenen ergänzen und komplettieren. Mal heben wir damit psychologische Aspekte, mal emotionale Dynamiken und ein anderes Mal praktische Fragen zum Umfang und zur Vorgehensweise hervor. Je nach Kontext und Thema wählen wir die Erklär- und Denkmodelle aus. Sie werden in der Regel live visualisiert und verbleiben sehr häufig als Artefakt in den Räumen, Köpfen und Herzen unserer Klienten.

Das 3-Schüssel-Modell[78]

Menschen nutzen, im Rahmen eines gesetzten oder ausgehandelten Kontextes, Prozesse und Vorgehensweisen, um zu Ergebnissen/Inhalten also Content[79] zu gelangen. Das 3-Schüssel-Modell stellt diese drei wichtigen Betrachtungsebenen anhand von drei ineinander liegenden Schüsseln dar: die Kontext-Schüssel, die Prozess-Schüssel und die Inhalt-Schüssel.

Dieses Modell kann sehr hilfreich sein, wenn es darum geht, Projekte, Initiativen und Vorhaben einzuordnen. Man kann sich beispielsweise gemeinsam fragen, in welcher der drei Schüsseln die vorliegende oder geplante Aktivität vornehmlich liegt. Die Klienten kennen ihre Organisation und kommen anhand des Modells schnell zu einer differenzierten Betrachtung. Im Zuge der Beschäftigung mit dem Modell sowie aufgrund von Beratung können die Klienten ggf. weitere Aspekte erkennen. Im Kern wird oft deutlich, dass alle Ebenen involviert sind und dass es lohnenswert ist, alle tiefergehend zu besprechen.

Beginnen wir damit, uns die drei Schüsseln näher anzuschauen:

Die Kontext-Schüssel

Die unterste und größte Ebene bzw. die größte Schüssel ist die sogenannte Kontext-Schüssel. Im deutschen Sprachraum kennt man das Sprichwort „Kontext ist alles. Text ist nichts." Im Amerikanischen heißt es „If content is king, then context is god".[80] Dies weist darauf hin, dass ein Text oder „Inhalt" erst im Rahmen seines Kontextes, also seines Bezugrahmens, eine Bedeutung erfährt. Ein Beispiel: Zunächst der Text, also Content:

Sieht man mitten im Ozean einen Mann auf einem Klavier vorbeischwimmen, mit einem Brett rudernd, dann könnte ein Beobachter denken: „Was soll das denn? Ist doch idiotisch. Ich hätte eher ein Ruderboot für derartige Aktivitäten ausgewählt."

Nun der Kontext:

Kommt man fünf Minuten später an dem sinkenden Ozeandampfer vorbei, macht die Szenerie plötzlich Sinn und das Verhalten des Mannes erscheint mit einem Mal gar nicht mehr so abwegig.[81]

Kontext ist alles! Der Begriff „Kontext", der vom lateinischen Verb contexere (verknüpfen, verflechten) abgeleitet ist, bezeichnet sämtliche Umfeldbedingungen, die sich mit dem aktuellen Erleben und Geschehen verflechten.

Im Kontext verorten wir die Organisationsform, die Eignerstruktur, den Führungsstil, die Vision und Mission, den (higher) Purpose oder Daseinszweck der Organisation, den Ort, die Kultur, die Werte, die Historie und ganz besonders auch das Bewusstsein beziehungsweise das Welt- und Menschenbild. Darüber hinaus bestimmt das Weltgeschehen den weiteren Kontext.

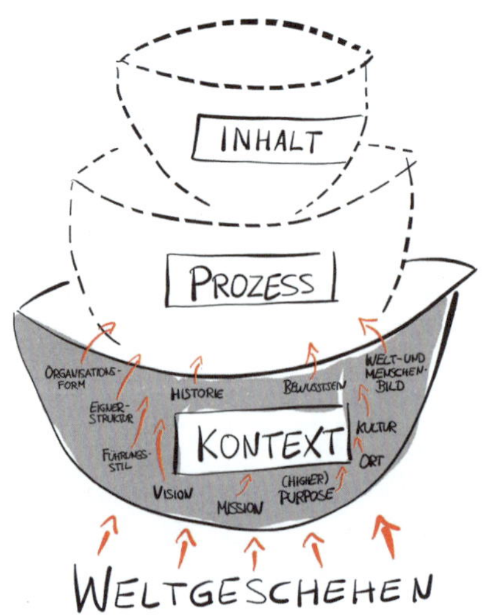

Um herauszufinden, welche Aspekte des Kontextes im Rahmen der Zusammenarbeit in den Fokus genommen werden sollten, kann man (sich) die folgenden Kontext-Fragen stellen:

Was ist – im weiteren sozialen Feld – mit unserem Ziel verflochten? Was wirkt auf unser Vorhaben ein, dass wir betrachten – ggf. verändern – und zur Kooperation einladen sollten?

Die Prozess-Schüssel

In der nächsten Ebene, der Prozess-Schüssel, finden wir alles, was man gemeinhin zum Vorgehen[82] zählt. Darunter befinden sich aktuelle Kernprozesse, Abläufe, Werkzeuge, Methoden, Vorgehensweisen, Prozessketten. Kontinuierliche Verbesserungsprozesse (KVP), Innovations- und Produktentwicklungsprozesse sind hier ebenfalls anzusiedeln.

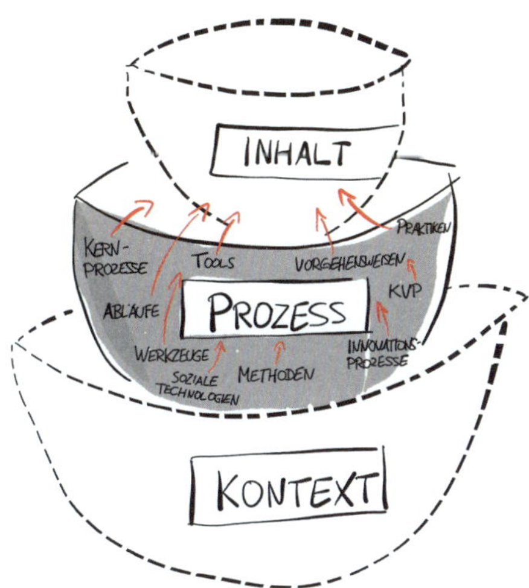

Als Facilitatoren und Facilitative Leader berücksichtigen bzw. betrachten wir vorhandene Prozesse der Organisation und bringen – je nach Ziel und Kontext – das facilitative, methodische Handwerk ein. Dabei handelt es sich ebenfalls um Prozesse, und zwar in Form dialog-orientierter, partizipativer Methoden, Praktiken und sozialer Technologien. Es sind Vorgehensweisen zur Erweckung kollektiver Intelligenz und Weisheit, die im Zusammenspiel mit einer facilitativen Haltung und entsprechenden Grundannahmen ihre Wirkung entfalten.

Um herauszufinden, welche Aspekte des Prozesses im Rahmen der Zusammenarbeit in den Fokus genommen werden sollen, kann man (sich) die folgenden Prozess-Fragen stellen:

Welche Vorgehensweise wäre ein stimmiger Ausdruck von dem, was wir erreichen wollen?[83] Welche Fragen wollen wir stellen, welche Methoden und welche Kommunikation nutzen, um Menschen im gesamten relevanten System für das Vorhaben/den Prozess zu gewinnen?

Die Inhalt-Schüssel

In der Inhalt-Schüssel geht es um die Arbeit an der Sache. Damit sind sowohl Inhalte und Ziele, an denen gearbeitet wird, gemeint, als auch Ergebnisse, die schlussendlich erzielt werden.

Welche Inhalte bzw. Ergebnisse können das sein? In der Facilitation-Praxis geht es häufig um die Entwicklung neuer, stimmiger und zeitgemäßer Strategien, Strukturen und Prozesse der Zusammenarbeit und Kommunikation. Es sind neue Arbeitsweisen und Organisationsformen im

Rahmen eines weiterentwickelten Verständnisses von Führung und Zusammenarbeit, die sich mit der Zeit positiv auswirken auf …

- die Art und Weise des Miteinanders,
- die Art und Weise der Intentionsbildung und Entscheidungsfindung,
- den Wissenstransfer innerhalb der Organisation und darüber hinaus,
- die Innovationsquote und
- das Erleben von Agilität, Lebendigkeit, Kreativität und Zugehörigkeit.

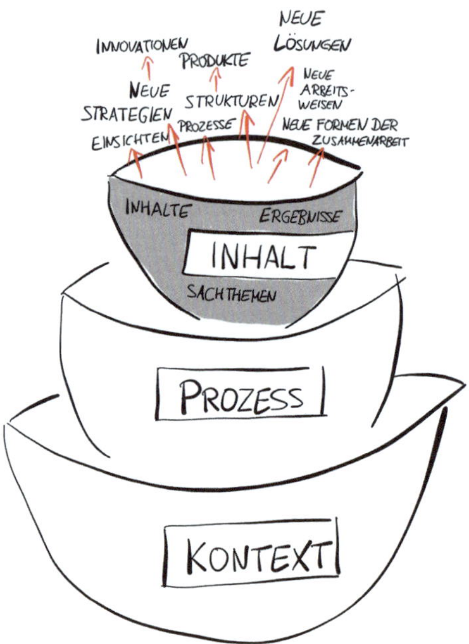

Um herauszufinden, welche Aspekte des Contents, also Aspekte zur Sache und zum Thema selbst, im Rahmen der Zusammenarbeit in den Fokus genommen werden sollten, kann man (sich) die folgenden Content-Fragen stellen:

Was ist das Thema, an dem wir arbeiten und zu dem wir andere zur Zusammenarbeit einladen? Was ist der Zweck? Was sind die Ziele? Was soll hinterher anders sein? Wofür und für wen ist das wichtig und erstrebenswert? Falls es ein Thema hinter dem Thema gibt, wie können wir das herausfinden? Und was bedeutet dies für die Prozesse und den Kontext?

Für nachhaltige Entwicklung und Transformation müssen wir den Kontext anschauen, denn der Kontext webt sich stets in die Gegenwart hinein, er stellt den größten Hebel dar. Es ist wie bei Knie- oder Rückenschmerzen, die beispielsweise ihre Ursache im Übergewicht haben können. Ein singuläres Therapieren des Knies oder Rückens wird selten den gewünschten, langfristigen Erfolg bringen, wenn der Patient nicht sich selbst, seine Ernährung, seine Historie und Umwelt, also den größeren Kontext für die Heilung in Betracht zieht. Der Kontext ist häufig der eigentliche Untersuchungsgegenstand und das Objekt der Entwicklung. Daher ist die Arbeit an der Organisation, also am Kontext, das Maß der Dinge.

Das 3-Schüssel-Modell kann dabei helfen, die Unterscheidung zu treffen, was an der Organisation (Kontext) oder in der Organisation (Prozesse und Inhalt/Ergebnis) zu arbeiten bedeutet. Allein diese Unterscheidung einzuführen, ist nicht nur für die Auftragsklärung bedeutsam. Je mehr die Klienten in der Lage sind, ihren aktuellen Fall differenziert zu betrachten, desto eher wird ihnen auch bewusst, worum es ihnen in der Tiefe eigentlich geht. Häufig hat das Auswirkungen auf den Auftrag, der sich im Zuge der Auftragsklärung und Initialberatung verändert bzw. weiterentwickelt (siehe Seite 98 ff.).

Auch die entsprechenden Ziele werden in der Tiefe untersucht und entwickeln sich weiter, bis diese von allen Menschen des relevanten Systems gemeinsam als stimmig und sinnvoll erachtet werden. Das ist Teil des Prozesses (und des Lebens).

Wie das 3-Schüssel-Modell hilft, Aufträge zu klären

Geht es zum Beispiel tatsächlich um Fragen der Organisationsform, um den Führungsstil, Werte, um Haltungen und Weltbilder („Mindset"), dann bewegt sich das Projekt vorwiegend im Bereich einer Transformation und liegt somit in der Kontext-Schüssel. In der Facilitation-Theorie wird dies als an der Organisation arbeiten bezeichnet. Alle nachfolgenden Schüsseln und Ebenen sind ohnehin immer involviert.

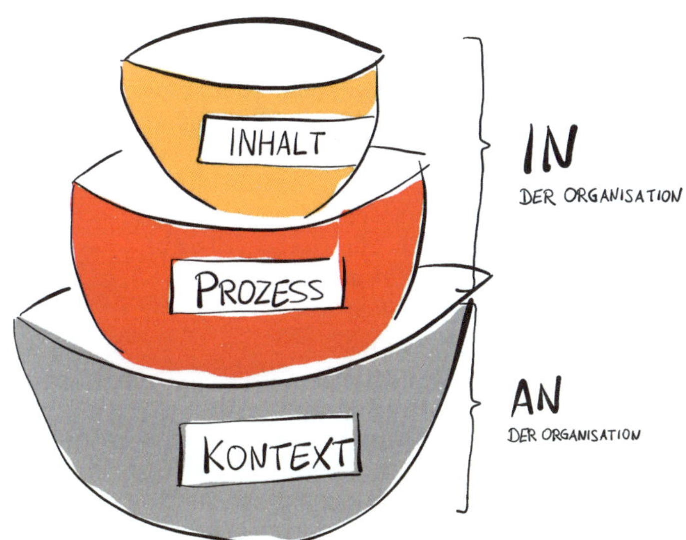

Stehen Vorgehensweisen, Kernprozesse oder kontinuierliche Verbesserungen im Fokus, ohne dass eine direkte Verbindung zum Kontext in Betracht gezogen wird, so wird man vermutlich einen Auftrag in der Prozess-Schüssel verorten. Dies wird als in der Organisation arbeiten bezeichnet. Will man sich zunächst nur inspirieren lassen und wegweisende Ergebnisse anderer Organisationen kennenlernen (sogenannte „Next Practices"), dann befindet sich der Auftrag eher in der Content-Schüssel. In der Praxis werden zu diesem Zweck gern Lernreisen (Learning Journeys) außerhalb der Organisation durchgeführt.

Zusammenfassend kann man sagen:

Transformation = Kontext

Innovation = Prozess

Inspiration = Content

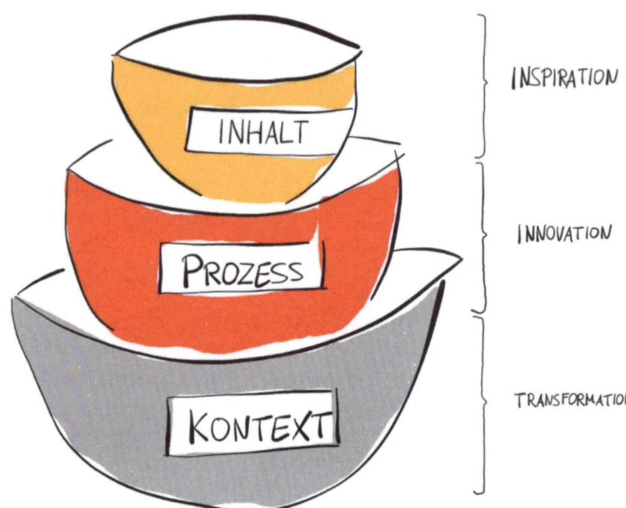

Dass man für Transformationsvorhaben andere Rahmenbedingungen und Ressourcen benötigt als für Innovationsprozesse oder Inspirations-Reisen, liegt auf der Hand. Zugleich gilt es, unterschiedliche Aufträge und Ziele, unterschiedliche Weiten der Erkundung und Tiefen der Transformation auseinanderzuhalten. Durch das 3-Schüssel-Modell ist diese Komplexität einfach darstellbar und verstehbar. Was es braucht und wie weit man zunächst miteinander in der Zusammenarbeit gehen will, wird verhandelbar. Das Modell verhilft uns, auf solche feinen Erkenntnis- und Abstimmungsebenen gemeinsam mit dem Klienten zu gelangen.

Mit dem 3-Schüssel-Modell gelingt es, …

- Aufträge und wünschenswerte Ergebnisse zu klären,
- wichtige Aspekte im Zusammenhang mit Entwicklung und Wandel zu vermitteln,
- aktuelle Themen und Fragestellungen des Klienten zu integrieren und zu erörtern,
- die Rolle und Wirkung von Facilitation darzustellen und abzustimmen und
- im wahrsten Sinne des Wortes „ein gemeinsames Bild" zu entwickeln, „being on the same page", wie es im Amerikanischen treffend heißt.

Die Wirkung dieser Visualisierungen ist oft beeindruckend. Menschen können dadurch leichter miteinander denken, erkunden und sich abstimmen. Zugleich speichern die Zeichnungen das Gesagte, die Einsichten, die Erkenntnisse und vieles mehr. Somit eignen sich visualisierte Artefakte auch als Gesprächsprotokoll. Sie gehören zum Handwerk des Facilitators und Facilitative Leaders und machen komplexe Sachverhalte besprechbar und verstehbar. Weitere Erklär- und Denkmodelle stellen wir ab Seite 111 vor.

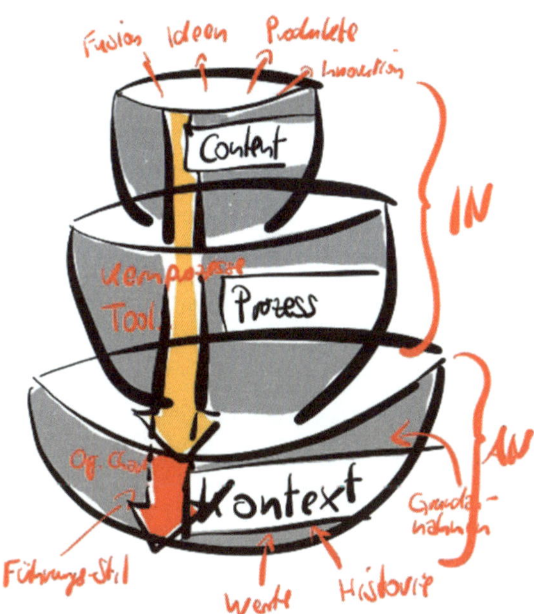

Beispielhafte Live-Visualisierung des „3-Schüssel-Modells".

Drei Hinweise für die (Weiter-)Entwicklung des eigenen Beratungsansatzes

- **Sich Zeit nehmen, den eigenen Ansatz zu entwickeln!**
  Facilitator und Facilitative Leader haben jeweils ihr ganz eigenes Set an Erklär- und Denkmodellen, ihren Stil und ihren eigenen Führungs- und Beratungsansatz – ihre ganz eigene „Medizin". Wir erleben immer wieder, dass dieser eigene Beratungsansatz häufig nicht bewusst ist und klarer herausgearbeitet werden könnte. Dafür benötigt es, neben einer fundierten Ausbildung, ein wenig Zeit und den ein oder anderen Denkpartner, der einem Feedback gibt.
- **Eigene Sprachfähigkeit trainieren!**
  Als ein wesentlicher Teil der „guten Medizin" des Facilitators und des Facilitative Leaders erscheint uns die Sprachfähigkeit. Wir meinen damit die Fähigkeit, miteinander verwobene globale Aspekte und deren Dynamiken sprachlich und ggf. anhand von Modellen und Zeichnungen nachvollziehbar und inspirierend ausdrücken zu können.
  Im besten Fall sind Facilitatoren in der Lage, ökonomische, ökologische und soziale Mega-Trends, sogenannte „Shifts", Aufschaukelungseffekte, disruptive technologische Entwicklungen, wissenschaftliche Durchbrüche und nicht zuletzt auch menschliches Verhalten, das immer besser verstehbar und erklärbar wird, zu beschreiben. Denn je deutlicher aktuelle Herausforderungen, ihre Quellen und mögliche Bewältigungsstrategien beschrieben werden können, desto klarer wird, dass Facilitation ein vielversprechender Weg sein kann, Gegenwart zu meistern und Zukunft zu gestalten.
  Wie kann es gelingen, die gehaltvollen Narrative zu transportieren und dabei gleichzeitig authentisch zu sein? Unsere Partnerin und Kollegin Lara Nachtsheim teilt diesbezüglich ihre Erfahrung:

„Ich kann von mir selbst sagen, dass ich tatsächlich erst meinen Weg finden musste, bis ich für die Kunden authentisch erlebbar als Lara und gleichzeitig „facilitativ prägend" erläutern, begleiten, beraten konnte."
Larissa Nachtsheim, Facilitatorin, Coach und Partnerin der Kommunikationslotsen

Praxistipp

Eine erste Übung könnte es sein, die Narrative in eigener Sprache zu formulieren, sie über eine Audio-Diktier-App aufzunehmen und sich selbst zuzuhören. Dann kann man sich fragen: „Bin ich das?" und „Was daran finde ich überzeugend?"

- **Visualisierung hilft dem miteinander Denken!**
  Als Pioniere durften wir nicht nur Facilitation im deutschsprachigen Raum kultivieren und bekannter machen, sondern auch die Live- und Prozess-Visualisierung. Wir möchten alle Leserinnen und Leser einladen, ein eigenes „Narrativ des Wandels" mit den dazugehörigen Erklär- und Denkmodellen zu visualisieren – für die eigene Reflexion und Praxis. Facilitative Erklär- und Denkmodelle lassen sich quer durch das gesamte Buch finden. Einen Überblick aller von uns verwendeten Erklär- und Denkmodelle befindet sich im Anhang (siehe Seite 475). Visualisierung ist eine Schlüsselkompetenz für Facilitatoren und Facilitative Leader. Mehr zu Visualisierung als Führungs-, Beratungs- und Prozesswerkzeuge findet sich auf den Seiten 357 ff.

Praxistipp

Wer sein eigenes Beratungs-Narrativ gefunden und eingeübt hat, möchte vielleicht im nächsten Schritt die Live-Visualisierung von Skizzen und Denkmodellen ausprobieren. Wir empfehlen dazu, mit einfachen Formen, Worten und wichtigen Satzfragmenten sowie Unterstreichungen am Flipchart oder, je nach Kontext auch digital am Tablet, zu beginnen. Es ist lohnenswert, sich verschiedene Zuhörer und Feedbackgeberinnen zu organisieren. Auf diese Weise erhält man wertvolle Tipps und bügelt vermeintliche Unstimmigkeiten aus. Außerdem macht es Spaß und alle haben etwas davon. Synchron zu sprechen und zu visualisieren, klingt zunächst herausfordernd. Davon sollte man sich nicht abschrecken lassen. Die Live-Visualisierung ist eine nicht zu unterschätzende Hilfe, wenn es darum geht, zu beraten bzw. frei zu sprechen. Die Zeichnungen integrieren sich nahtlos in das Narrativ, und mit dem ersten Strich setzt sich ein Erzähl-Flow in Gang. Worte und Zeichnungen verstärken sich gegenseitig, sie evozieren eine Fülle an Erzähl-Episoden, die wir je nach Kontext wählen und ausführen können.

Haltepunkt: Die Selbstentwicklung als „gute Medizin" und der Blick auf den Weg mit den Klienten

Die Wirkung bzw. die „gute Medizin" des Facilitators haben wir in diesem Kapitel anhand der folgenden Aspekte entfaltet:

1. die lebenslange Praxis – Bedürfnisfreiheit, Unerschrockenheit, Autonomie und Liebe
2. das facilitative Denken (Facilitative Thinking) – Grundannahmen, Glaubenssätze und Prinzipien
3. die schöpferische Sprache und Kommunikation als Emergenzphänomen
4. die Transformationskompetenz – die Sprachfähigkeit für den eigenen, facilitativen Beratungsansatz

> ***Praxistipp***
>
> *Am Ende dieses Kapitels laden wir ein, die folgenden Fragen zu reflektieren:*[84] *Was wurde bei mir auf meiner Reise durch die „gute Medizin" des Facilitators lebendig? Was war neu und gegebenenfalls positiv überraschend? Worüber möchte ich weiter nachdenken? Was werde ich in meine Praxis mitnehmen? Wie werde ich das umsetzen?*

Ausblick

Aus dem Ayurvedischen kennen wir die Aussage, dass die Nahrung die erste, aber nicht immer die einzige Medizin ist.[85] In gleichem Maße sind die bisher aufgeführten Aspekte die erste, aber nicht die einzige Medizin des Facilitators. Weitere Aspekte folgen nun im nächsten Kapitel, „Der Weg", in Form eines Kompasses bzw. einer Reisebeschreibung, die wir „Facilitation-Flow" nennen. Dieser Flow verläuft entlang von vier Wegmarken, INTENTION (Absicht, Zweck), PREPARATION (Vorbereitung, Bereitstellung), CO-CREATION (schöpferische Zusammenarbeit) und schließlich HARVESTING (Ernte, Ergebnis).[86]

Kapitel 3: Der Weg – ein Flow für Entwicklungs- und Transformationsarbeit

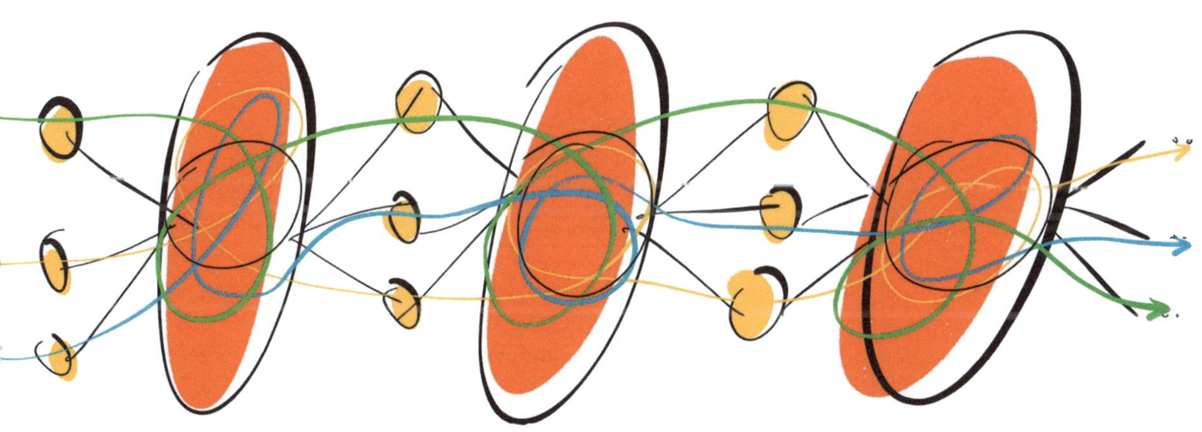

In unserer Facilitation-Praxis nutzen wir ein Meta-Denkmodell zur Orientierung in der Entwicklungs- und Transformationsarbeit, das auch in diesem Buch die Grundlage bildet. Wir nennen es „Facilitation-Flow".

Das Meta-Denkmodell wurde durch praktische Erfahrungen inspiriert. Wir erleben Facilitation nicht als eine lineare Agenda, die es abzuarbeiten gilt. Es ist vielmehr, als ob wir mit den Beteiligten gemeinsam in einen Fluss eintreten. Einen Fluss gemeinsamer Erkundung, gemeinsamer Erfahrungen und gemeinsamer Erkenntnisse.

3.1 Der Facilitation-Flow im Überblick

Analog zu den vier Himmelsrichtungen begegnen uns im Facilitation-Flow vier Wegmarken des Entwicklungs- und Transformationsgeschehens.

Im Norden, wo die Jahreszeit des Winters und das Element Luft verortet sind, kristallisiert sich die INTENTION. Im Osten, der Himmelsrichtung des Frühlings und der aufgehenden Sonne (Element Feuer) erwacht die Tatkraft und die Inspiration. Für uns die Zeit der Vorbereitung auf das, was kommt – PREPARATION. Im Süden finden wir den Sommer, das Element Wasser und die Gemeinschaft. Die Zeit der Zusammenarbeit und Wertschöpfung bezeichnen wir als CO-CREATION. Und schließlich wird im Spätsommer und Herbst die Ernte eingefahren (Element Erde) – HARVESTING.

Dieser Fluss zeigt sich auch in alten archaischen Modellen des Jahreslaufs und des Lebens, z. B. in indigenen Kulturen. Medizin- und Lebensräder sind in altem Wissen verwurzelt und konservieren Bedeutungen und Orientierungshilfen. Genauso wollen wir mit dem Facilitation-Flow Bedeutung und Orientierung geben.

Im Überblick:

- INTENTION – Absicht/Zweck
- PREPARATION – Vorbereitung/Bereitstellung
- CO-CREATION – schöpferische Zusammenarbeit
- HARVESTING – Ernte/Ergebnis

Die Ernte (Harvesting) eines Projektes bzw. einer Entwicklungs- oder Veränderungsinitiative bringt neue Perspektiven und Organisationslernen auf vielen Ebenen mit sich. Dieser Umstand sowie die sich permanent verändernden Bedingungen des Umfelds führen häufig zur Kristallisation neuer Anlässe und neuer Intentionen, die den Startpunkt der nächsten Reise durch den Facilitation-Flow markieren.

Der Facilitation-Flow kann somit wie ein Schwungrad für die Erneuerung und Transformation von Organisationen wirken. Hat man in dem einen Anwendungskontext die Erneuerung vollzogen, beginnen möglicherweise andere Initiativen, z. B. in benachbarten Arbeitsbereichen, mit der Intentionsbildung. Dies haben wir vielfach in der Praxis erlebt. Sobald mehrere Menschen in einer Organisation auf verschiedenen Ebenen einmal den Facilitation-Flow durchlaufen haben, werden das neu erlernte Handwerkszeug und Prozess-Know-how zur ersten Wahl für weitere Vorhaben.

Schauen wir uns die einzelnen Wegmarken etwas genauer an. Nach diesem Überblick tauchen wir dann ein in die INTENTION (Seite 91), die Phase PREPARATION (Seite 145), die CO-CREATION (Seite 192) und schließlich in HARVESTING (Seite 388).

DER FACILITATION-FLOW

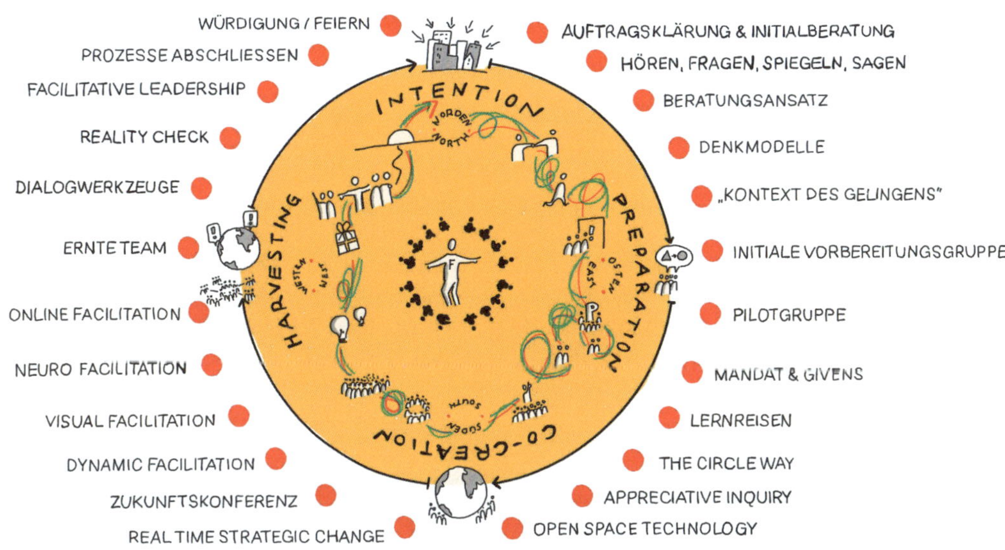

INTENTION (Absicht/Zweck): Schaffung eines enttäuschungs-sicheren Kontrakts und Begegnungsraumes mit klarer Intention.

Die erste Wegmarke der INTENTION steht für Leadership, Richtung, Führung. Wenn Menschen ihr „Wozu" gefunden haben, ist innere Führung präsent. Das ist vergleichbar mit dem Sprichwort „Der Sinn ist die unsichtbare Führung!" („Purpose is the invisible Leader!"). Die Intention zu finden und zu formulieren, ist ein eigener Prozess, den wir als Intentions- oder Willensbildung bezeichnen.

Die Intentionsbildung im gesamten, relevanten Klientensystem – also mit allen Beteiligten – durch facilitative Beratung und Begleitung zu unterstützen, ist die eigentliche Arbeit. Diese Arbeit beginnt in vielen Fällen mit der Idee einer Einzelperson oder kleineren Gruppe. Sie erstreckt sich über die weiteren Phasen PREPARATION und CO-CREATION, indem immer mehr Menschen eingebunden werden (initiale Vorbereitungsgruppe, Pilotgruppe, Bereichskonferenzen, Lernreisen, Großgruppen bzw. sogenannte „All-Hands-Meetings").

> **Worauf kommt es in dieser Phase an?**
>
> Klientensystem: Herausforderungen und Entwicklungspotenziale wahrnehmen. Beginn der Intentions- und Willensbildung. Facilitatives Wissen und Transformationskompetenz aneignen (Grundannahmen, Prinzipien, Prozess-Know-how).
>
> Facilitatoren: Den Prozess der Intentions- und Willensbildung begleiten. Schaffung eines enttäuschungs-sicheren Kontrakts und Begegnungsraumes. Facilitatives Wissen und Transformationskompetenz zur Verfügung stellen.

PREPARATION (Vorbereitung/Bereitstellung): Den Kontext des Gelingens etablieren. Der Beginn einer Suchbewegung und Selbstentwicklung.

Die zweite Wegmarke PREPARATION liegt im Osten und steht für Inspiration, Bewusstsein, Neugier und neue Ideen. Wenn wir uns klarmachen, dass das Neue in seiner ganzen Großartigkeit erst noch kommt und dass der Prozess, das Alte gehen zu lassen, womöglich herausfordernder ist, als wir erahnen, dann ist eine gute Vorbereitung anzuraten.

Eine Wandlung und/oder Transformation ist ein individuell wie auch organisational tiefgehender, existenzieller Akt, in dem Besitzstände und liebgewonnene Sicherheiten in der Regel aufgegeben werden (müssen). Die damit einhergehenden sehr verständlichen Reaktionen wie Ohnmacht, Angst, Wut oder Trauer, aber auch die simple Erfahrung kollektiven Nichtwissens sollten als zugehörig zum Prozess verstanden und eingeplant werden. Es braucht gute Vorbereitung, beispielsweise multiperspektivische Gruppen als größere Wahrnehmungskörper. Es braucht Phasen, in denen Menschen üben und sich mental fit machen, beispielsweise durch persönliche Entwicklung. Und für all das braucht es einen sicheren Rahmen. Dieser Kontext des Gelingens wird nun ausgestaltet. Es werden Voraussetzungen geschaffen, in denen sich das Neue zeigen bzw. kristallisieren kann.

Worauf kommt es in dieser Phase an?

Klientensystem: Führung formuliert Mandat und unverrückbare Rahmenbedingungen (Givens). Benötigte Ressourcen zur Verfügung stellen. Sich selbst zum Untersuchunsggegenstand deklarieren.

Facilitatoren: Den Klienten in der Führungsarbeit begleiten. Gemeinsam ein zieldienliches Facilitationsystem etablieren („Kontext des Gelingens"). Partizipation zum frühestmöglichen Zeitpunkt organisieren. Beginn der Suchbewegung und Selbstentwicklung. Weiterhin facilitatives Wissen und Transformationskompetenz zugänglich machen.

CO-CREATION (schöpferische Zusammenarbeit): Ein Flow der Erkundung, des Studierens und des Prototyping mit und im gesamten relevanten System.

Diese Wegmarke liegt im Süden und steht für Gemeinschaft und Kollaboration. Der Begriff „Creation" verweist auf das „Schöpfen" und den „Schöpfer" (in Englisch „Creator"). Mit der Vorsilbe „Co" wird es zu einem partizipativen Vorgang: Co-Creation ist ein wertebasierter und freiwilliger Schaffensprozess von Menschen unterschiedlicher Profession, Disziplin, Kultur und Herkunft. Der Anspruch von Co-Creation ist mehr als ein „Mitmachen lassen". Co-Creation ersetzt fachliche Führung Einzelner. Sie ist die Absicht, in einen gemeinsamen Flow der Erkundung, des Studierens und des Prototyping zu gelangen, der zu gesellschaftlichen oder für Organisationen relevanten Ergebnissen führt. Mehr Beteiligte übernehmen Verantwortung für das größere Ganze.

Die Wegstrecke CO-CREATION aktiviert kollektive Weisheit. Sie führt zu kreativen Durchbrüchen und unausweichlichen Erfahrungen. Innovationen werden geboren, Entscheidungen mit Signalwirkung getroffen und neue Konventionen verabredet. Wichtig ist, dass das gesamte relevante System auf Basis von Freiwilligkeit partizipiert und co-kreiert.

Worauf kommt es in dieser Phase an?

Klientensystem: Den Flow der Erkundung, des Studierens und des Prototyping mit und im gesamten relevanten System ermöglichen und schützen. Teilnehmen, in dem Verständnis von „Veränderung ist an erster Stelle Selbstveränderung". Entscheidungen mit Signalwirkung treffen.

Facilitatoren: Soziale Technologien einbringen. Für Orientierung und Sicherheit sorgen durch Rahmensetzung, Begleitung, Beratung, Bezeugen, Counseling.[1]

HARVESTING (Ernte/Ergebnis): Die Früchte der Arbeit ernten, Geleistetes feiern und wertschätzen.

Die vierte und letzte Wegstrecke HARVESTING liegt im Westen und steht für Ernte und „Erfolg", das, was der gemeinsamen schöpferischen Arbeit auf dem Feld folgt. Hier haben wir es mit handfesten Ergebnissen zu tun, die im direkten Sinne nährend sein können. In dieser Phase liegt die Rückkehr in den (neuen) Normalbetrieb – das Neue wird zum Standard, zur neuen Etikette und Konvention.

Die Kultivierung und Eingliederung aller Entscheidungen und neu vereinbarten Praktiken sind ein eigener Prozess, der Aufmerksamkeit und Zeit verdient. Die Ernte umfasst auch neue Kapazitäten, die auf dem Weg erworben wurden. Menschen sind andere geworden. Es zeigt sich eine neue Kultur des Miteinanders. Begegnungen, Beziehungsangebote, Sprache, Praktiken, Koordinationsmechanismen … vieles ist jetzt anders. Es ist die Phase der Wertschätzung des Erreichten und des Danks an die beteiligten Menschen auf allen Ebenen. Und schließlich: Damit die Transformation einen guten Abschluss findet und auch in allen Teilen des persönlichen und organisationalen Körpers ankommt, braucht es ein Zeichen, eine bewusste Setzung, die eine kurze Pause markiert. Dieser Akt leitet den Anfang des nächsten Zyklus ein.

Worauf kommt es in dieser Phase an?

Klientensystem: Die Früchte der Arbeit ernten. Durch Führungsarbeit die Eingliederung des Neuen voranbringen. Erreichtes und Teilnehmende würdigen. Gemeinsame und persönliche Entwicklungswege reflektieren, um für die Zukunft zu lernen. Facilitative Leadership kultivieren.

Facilitatoren: Mit sozialen Technologien und Erfahrungswissen Prozesse der Ernte, Würdigung und Anerkennung begleiten. Selbstwirksamkeit der Beteiligten unterstützen. Sich überflüssig machen. Loslassen. Danken.

Soweit der Überblick über das gesamte Terrain. Nun schauen wir uns die jeweiligen Wegstrecken im Einzelnen an und beginnen im Norden mit der Intention.

Das Klientensystem und die Facilitatoren im Facilitation-Flow

Unsere Klientinnen wollen zurecht wissen, was in der jeweiligen Phase der Zusammenarbeit von ihnen zu leisten ist und wie Führung in der Entwicklungs- und Transformationsarbeit aussieht. Zu diesem Zweck haben wir den Facilitation-Flow durchdekliniert: einmal für das Klientensystem und einmal für den oder die begleitenden Facilitatoren:

INTENTION (Absicht/Zweck)
Klientensystem: Herausforderungen und Entwicklungspotenziale wahrnehmen. Beginn der Intentions- und Willensbildung.

Facilitator: Den Prozess der Intentions- und Willensbildung begleiten. Schaffung eines enttäuschungs-sicheren Kontrakts und Begegnungsraumes.

PREPARATION (Vorbereitung/Bereitstellung)
Klientensystem: Führung formuliert Mandat und unverrückbare Rahmenbedingungen (Givens). Benötigte Ressourcen zur Verfügung stellen.

Facilitator: Den Klienten in der Führungsarbeit begleiten. Gemeinsam ein zieldienliches Facilitationsystem etablieren („Kontext des Gelingens"). Partizipation zum frühestmöglichen Zeitpunkt organisieren. Beginn der Suchbewegung und Selbstentwicklung. Transformationskompetenz zugänglich machen.

CO-CREATION (die schöpferische Zusammenarbeit)
Klientensystem: Den Flow der Erkundung, des Studierens und des Prototyping mit und im gesamten relevanten System ermöglichen und schützen. Teilnehmen, sich selbst zum Untersuchungsgegenstand deklarieren. Entscheidungen treffen.

Facilitator: Soziale Technologien einbringen. Für Orientierung und Sicherheit sorgen durch Rahmen setzen, Begleitung, Beratung, Bezeugen, Counseling.

HARVESTING (Ernte/Ergebnis)
Klientensystem: Die Früchte der Arbeit ernten. Durch Führungsarbeit die Eingliederung (Inkorporation) des Neuen voranbringen. Erreichtes und Teilnehmende würdigen. Gemeinsame und persönliche Entwicklungswege reflektieren, um für die Zukunft zu lernen.

Facilitator: Mit sozialen Technologien und Erfahrungswissen Prozesse der Ernte, Würdigung und Anerkennung begleiten. Selbstwirksamkeit der Beteiligten unterstützen. Sich überflüssig machen. Loslassen. Danken.

Der Facilitation-Flow kann wie ein Schwungrad für die Erneuerung und Transformation von Organisationen wirken. Hat man in dem einen Anwendungskontext die Erneuerung vollzogen, beginnen andere Initiativen, z. B. in benachbarten Arbeitsbereichen, mit der Intentionsbildung. Dies haben wir vielfach in der Praxis erlebt. Sobald mehrere Menschen in einer Organisation auf verschiedenen Ebenen einmal den Facilitation-Flow durchlaufen haben, wird das neu erlernte Handwerkszeug und Verständnis zur ersten Wahl für weitere Vorhaben.

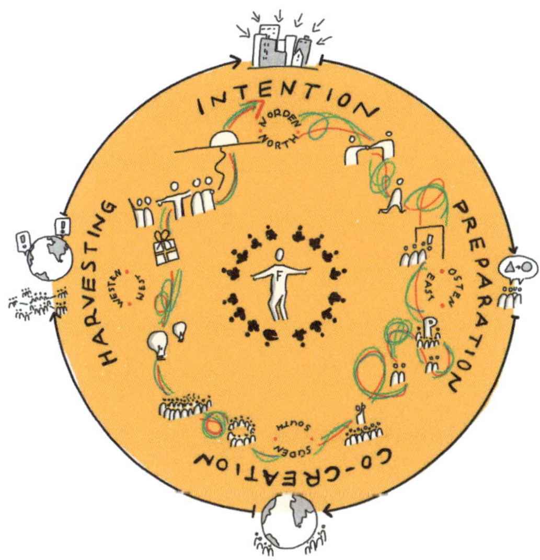

Sobald wir die Idee und den Flow vermittelt – und im besten Fall in der ein oder anderen Art und Weise visualisiert – haben, können wir mit dem Klienten einige Detailaspekte („Deep Dives") erkunden. Dabei leitet uns die Frage, was für den Klienten zur Orientierung und Vertiefung des Verständnisses hilfreich wäre. Haben wir gut zugehört, werden uns Äußerungen, Begriffe und Fragen des Klienten wertvolle Hinweise geben (siehe „Steilvorlagen" ab Seite 99). Es bietet sich im Zweifel immer an, zu fragen, welche Aspekte oder Fragen den Klienten im Hinblick auf den Ansatz und seine Situation beschäftigen.

3.2 Norden: INTENTION: Schaffung eines enttäuschungssicheren Kontrakts und Begegnungsraumes mit klarer Intention

Jede Entwicklung, Veränderung oder Transformation ist eine voraussetzungsvolle Tätigkeit. Einige Voraussetzungen, für die ein Facilitator im besten Falle selbst Sorge trägt, haben wir bereits im Kapitel „Die gute Medizin des Facilitators" beschrieben:

1. Es ging um die **lebenslange Praxis** mit den Themen der Bedürfnisfreiheit, der Unerschrockenheit, der Autonomie und Liebe.
2. Wir behandelten **Facilitative Thinking**, die für das Denken hilfreichen Grundannahmen und Prinzipien.
3. Wir haben uns mit einer zieldienlichen **Sprache** beschäftigt, die gelingende Kommunikation wahrscheinlicher werden lässt.
4. Und wir stellten unseren **Beratungsansatz** und die Visualisierung von **Denkmodellen** im Beratungskontext vor.

Wichtig war uns herauszustellen, dass dieser Anteil der Vorbereitung, der inneren Arbeit und Selbstverortung das Fundament ist, auf dem die Anlässe und Themen der Klienten landen und sich entwickeln können. In indigenen Kulturen spricht man von einer „starken oder guten Medizin", die jemand mitbringt oder die einer Sache innewohnt. So betrachtet kann man sagen, je

stärker die *eigene innere* Medizin des Facilitators, desto eher wird der Klient die Beratung und Begleitung als hilfreiche Unterstützung und Wegweisung erfahren.

Schauen wir, wie diese gute Medizin ihre praktische Wirkung im Kontext der Klienten entfaltet. Im Folgenden geht es um:

- die Anbahnung und Kontaktaufnahme,
- die erste persönliche Begegnung,
- die facilitative Auftragsklärung und Initialberatung,
- den Umgang mit „Ja, aber …“ (der „Aikido-Move“),
- das ZWEIG-Modell als Metapher der frühen Zusammenarbeit,
- eine wissenswerte und lehrreiche Anekdote und
- eine erste Entscheidung (Vereinbarung eines nächsten Schrittes).

Die Anbahnung und Kontaktaufnahme

Wenn wir, wie in den vorherigen Kapiteln dargelegt, unsere facilitative Passion kultivieren, wenn wir gute Arbeit in diesem Sinne – gegebenenfalls schon seit Jahren und Jahrzehnten – leisten, dann wurde bereits ein soziales Feld für Facilitation aufgespannt. Bei den Klienten gab es meist bereits eine Art „Priming“[2] oder eine hilfreiche Bahnung[3] in Bezug auf Facilitation, facilitative Begriffe oder Ideen im Vorfeld der ersten Begegnung.

Die Kontaktaufnahme erfolgt in der Regel per E-Mail und einem Telefonat. Alles, was wir in diesem Zusammenhang erleben, vereinbaren, welche Worte gewechselt werden und was wir zusagen, formt bereits die Wirklichkeit und die Beziehung, die wir mit dem Klientensystem erschaffen. Da gibt es viele Gelegenheiten, eine facilitative Haltung zu kultivieren und eine vom Geist der Kooperation geprägte Beziehung zu entwickeln.

Zu Beginn wollen wir verstehen, mit wem wir gerade sprechen. Nützlich erscheinen uns die von Ed Schein dokumentierten Klienten-Typen. Sie dienen zunächst unserer eigenen Orientierung.

Ein Überblick der sechs Grundtypen von Klienten[4]

1. Kontakt-Klienten: die Person, die Kontakt aufnimmt. Das können zum Beispiel Mitarbeiterinnen im Projekt, persönliche Assistenten oder Menschen im Sekretariat sein.

2. Mittelbare Klienten: Person(en) oder Gruppen, die im Verlauf einbezogen werden. Das sind Menschen, die eine spezifische Sichtweise und einen Anteil an dem Thema haben.

3. Primärklienten: die Person(en), die das Budget hat (haben) und den Auftrag erteilt (erteilen). Das sind in der Regel die Top-Entscheider.

4. Ahnungslose Klienten: Mitglieder der Organisation bzw. des Klientensystems, die beeinflusst werden, sich aber dessen nicht bewusst sind. Menschen, die von den Auswirkungen der Initiative betroffen sein werden, ohne es bisher zu wissen.

5. Ultimative Klienten: Person(en) oder Gruppen, um die es letztlich geht. Dies sind alle Beteiligten einer Organisation bzw. eines Systems, die früher oder später zum gemeinsamen Dialog und zu möglichen Maßnahmen eingeladen werden.

6. Involvierte „Nicht-Klienten": Person(en) oder Gruppen, auf die keine der bisherigen Kategorien zutreffen, denen klar ist, was vor sich geht und die ggf. gegen den Prozess oder den Berater interagieren, z. B. aufgrund politischer Gegebenheiten, Machtspiele, verborgener Interessen und gegensätzlicher Ziele[5].

Zu Beginn einer Zusammenarbeit haben es Facilitatoren in der Regel mit den Kontakt- und manchmal mit den Primärklienten zu tun. Sobald Begleiterinnen und Klientinnen im weiteren Verlauf in die Erkundung einsteigen und Beteiligung im gesamten relevanten Klientensystem ermöglicht wird, spielen auch die anderen Klienten-Typen eine Rolle. Sie werden den Klienten manchmal als mögliches Differenzierungssystem vorgestellt, beispielsweise bei einer Analyse unterschiedlicher Anspruchsgruppen/Stakeholder (siehe PREPARATION, Pilotgruppen, ab Seite 154).

Praxistipp

In der Regel telefonieren wir mit dem Kontakt-Klienten. Zunächst überprüfen wir dies, indem wir fragen, mit wem wir sprechen (falls das nicht bereits bekannt ist). Im Rahmen dieses Telefonats leiten uns Fragen[6] wie die folgenden. Die Reihenfolge und auch die Fragen ändern sich je nach Kontext, Verlauf und Gesprächspartnerinnen.

In Bezug auf die Anfrage wollen wir wissen bzw. besprechen:

1. *Wer lädt zu was ein? Wer gibt den Auftrag wofür?*
2. *Gibt es einen aktuellen speziellen Anlass oder Vorfall?*

3. *Was ist die Absicht/das Ziel des Telefonats?*
4. *Was ist die Absicht/das Ziel einer möglichen Zusammenarbeit?*

In Bezug auf ein nächstes Treffen wollen wir wissen bzw. besprechen:

5. *Was ist die Absicht/das Ziel eines möglichen Treffens?*
6. *Wer wird bei einem nächsten Treffen dabei sein? Wer sollte dabei sein?*
7. *Welches gemeinsame Verständnis braucht es dafür?*
8. *Was sollte vorbereitet werden und von wem?*
9. *Gibt es bereits Ideen zu Zeit, Ort und Setting – informell, workshopartig, beim Essen?*

Aspekte, die wir ansprechen

Auf Basis der im letzten Praxistipp genannten Fragen[7] hören wir zu und erkunden gemeinsam, um welche Angelegenheit es geht. Im weiteren Verlauf der ersten Kontaktaufnahme werden wir meist gebeten, etwas zur Sache aus Sicht von Facilitation zu sagen. Je nach Kontext und Bedürfnis des Gesprächspartners sprechen wir über die facilitative Idee, zum Beispiel darüber, wie kollektive Intelligenz ermöglicht wird. Dabei bleiben wir nah an dem, was wir soeben über die Angelegenheit erfahren haben. Es geht weniger um Theorie, sondern um gelebte Praxis und Erfahrungswissen.

Wenn wir bereits im ersten Kontakt mit den Primärklienten sprechen, dann gehen wir inhaltlich etwas mehr in die Tiefe und fragen beispielsweise nach bisherigen Erfahrungen und – in allen möglichen Facetten – nach dem „Wozu?“, also danach, was der wünschenswerte Zielzustand ist und was dann besser wäre als vorher? Wie käme der Mehrwert bei den internen und/oder externen Kunden an? Welche Art von Wertschöpfung würde sich ergeben?

Sprechen wir mit den Kontakt-Klienten, setzen wir uns im ersten Gespräch dafür ein, dass die Primärklienten bei der (nächsten) Begegnung anwesend sind. Wir wollen wissen, wer tatsächlich den Wunsch nach einer Entwicklung, einer Veränderung oder einer Transformation hat.

Unsere Beratung richtet sich meistens bereits beim ersten Kontakt in Richtung der Rolle von Führung. Erfahrungsgemäß sollten sich die Initiatoren und Entscheider aus facilitativen Prozessen nicht raushalten, denn Veränderung ist an allererster Stelle Selbstveränderung (siehe „Facilitative Thinking“, Seite 40 ff.). Führung spielt im Handlungsrahmen von Facilitation eine wichtige Rolle. Sie wird gebraucht – nur eben eine andere Art von Führung, nämlich im Sinne von Führende als Facilitator bzw. Facilitative Leader.

Wir sagen auch gerne „Change kann man nicht bestellen, wie man eine Pizza bestellt“. Wenn wir eine Pizza bestellen, dann ist diese Pizza in der Regel nach 30 Minuten auf dem Tisch. Bei Change und Transformation ist das anders. Hier handelt es sich oft um tiefgreifende, persönliche Prozesse. Durch solche Prozesse geht man gemeinsam. Transformational Leader wissen: Ohne persönliche Beteiligung findet die Transformation schlicht nicht statt.

Mit diesen Bildern und Worten geben wir Hinweise zur Bedeutung der Rolle von Führung in Wandlungsprozessen . Das ist für einige leicht nachvollziehbar. Andere merken bereits an dieser Stelle, dass sie bisher aus einem anderen Verständnis heraus handelten.

Wir möchten außerdem mit dem Kontakt-Klienten gemeinsam herausfinden, welche und wie viele Menschen an einem ersten persönlichen Kennenlernen (online oder analog) teilnehmen sollten. An dieser Stelle gibt es mehrere Möglichkeiten:

- Mit Blick auf Multiperspektivität und Wirksamkeit empfehlen wir, dass Menschen mit unterschiedlichen Blickwinkeln und gegebenenfalls unterschiedlichen Positionen teilnehmen sollten. Wir ermutigen dazu, auch Menschen zu beteiligen, die dem anstehenden Prozess eher kritisch gegenüberstehen. Je nach Gruppengröße und Setting wird auf diese Weise ein informelles Kennenlernen zu einem Meeting oder einem Workshop.

- In einigen Fällen ist es ratsam, zunächst mit einem kleineren, vertraulichen Kreis der Top-Entscheider zu beginnen. Denn wenn man im ersten Termin vor lauter Gruppendynamik zu schnell in den Prozess stolpert, anstatt erst einmal in aller Ruhe eine Basis für die Zusammenarbeit zu etablieren, dann könnte dies ein holpriger Start werden bzw. gleich das Ende bedeuten. Zudem ist es oberste Priorität, dass die Primärklienten den Ansatz und das Vorgehen unterstützen. Das ist die wichtigste Voraussetzung für einen Kontrakt.

Zu Beginn greifen häufig die Routinen einer Organisation, und nicht alle Schlüsselpersonen sind unter einen Hut zu bekommen. Manchmal erfordert das die Planung von mehreren Kennenlern- und Informationstreffen. Später wird das „alle unter einen Hut bekommen“ einfacher, weil wir ein gemeinsames, zieldienliches Facilitationsystem etablieren (siehe „Kontext des Gelingens“, Seite 147).

Praxistipp

Häufig wird die Frage gestellt, ob ein Kennenlernen bereits zu Kosten in Form von Honoraren oder Pauschalen für den Klienten führt? Wir lernen gern Menschen kennen und stellen uns und unseren Ansatz vor, wenn es die Wege und die Zeit ermöglichen – dann auch gern persönlich. In diesem Fall setzen wir bis zu anderthalb Stunden (kostenfrei) für das reine Kennenlernen an. Je nach Aufwand kann eine Pauschale vereinbart werden. Alles, was darüber hinaus im Gespräch zeitlich bzw. inhaltlich in Richtung Initialberatung geht, ist aus unserer Sicht in der Regel honorarwürdig.

Die Anbahnung und Kontaktaufnahme in ihrer Essenz

Es gibt, wie wir in diesem Abschnitt zeigen wollten, wichtige Hinweise im Zusammenhang mit der Anbahnung. All diese Details sind in ihrem Kontext zu (be)denken, zu gestalten und abzustimmen. Es ist nicht beliebig, was man tut, wo, mit wem und auf welche Art und Weise man in eine mögliche Zusammenarbeit tritt. Das Selbsterfüllungs-Prinzip lehrt uns, dass wir im Ansatz unseres Tuns bereits ein Prototyp unseres Ideals sein können und sollten. Handeln „als ob“ ist selbsterfüllend: Handeln wir also, „als ob“ diese potenziellen Klienten ein tiefes Interesse, eine Neugier und eine offene Haltung haben, handeln wir auf Basis einer positiven Erwartung. Das kann für das gerade entstehende soziale Feld nur hilfreich sein. Positive Veränderung entsteht, wenn bereits die Anbahnung und der Prozess des Kennenlernens selbst ein Modell dieser idealen Zukunft sind. Damit treffen wir auf Routinen und Konventionen und können im Rahmen der uns zugeschriebenen Befugnisse und Kompetenzen potenzialorientierte Beiträge leisten. Als Facilitatoren nutzen wir unsere Expertise zur Schaffung von merkbaren Begegnungs- und Möglichkeits-Räumen und bringen uns in diesem Sinn – manchmal quer zum Gewohnten – ein.

Die erste persönliche Begegnung

Laut Ed Schein bestehen die ersten 90 Sekunden einer persönlichen Begegnung aus kleinen, gegenseitigen, psychologischen Tests. Mit oder auch jenseits der Worte wollen Menschen wechselseitig herausfinden, mit wem sie es zu tun haben und welche Beziehung angeboten wird.

Beziehungsangebote

Als Facilitator und Facilitative Leader können wir dies nutzen, um den Klienten bzw. das Klienten-System, seine Verfassung und seine Lage besser zu verstehen. Zugleich können und werden wir viel tun für die Beziehung und Atmosphäre – bezogen auf unser eigenes Verhalten.

Wenn wir mit dem potenziellen Auftraggeber und weiteren Schlüsselpersonen zusammentreffen, betreten wir einen Kontext und ein Setting, das wir, wie oben beschrieben, zum Teil bereits mitgestalten konnten. Wir werden begrüßt. Wir werden unter Umständen gefragt, wie die Anreise war und ob wir etwas trinken möchten.[8]

Während des ersten Kontakts nehmen wir wahr, beobachten und spüren das Klienten-System. Bemerkenswert sind dabei die Beziehungsangebote, die gemacht werden.

1. Wie ist die Begrüßung?
2. Musste man warten? Wo?
3. Wie ist das Setting vorbereitet?
4. Sind Machtdistanz oder gleiche Augenhöhe spürbar?
5. Mit welchen Worten wird eingeleitet?
6. Wie ist die Atmosphäre? Unprätentiös, freundlich, offen oder dicht?

> *„Wir müssen mit der Feststellung beginnen, dass es bei allen menschlichen Beziehungen um die Positionierung des Status geht und um das, was Soziologen ‚situative Eigenschaften' nennen. Es ist menschlich, den Status und die Position erhalten zu wollen, von der wir glauben, dass sie uns zustehen, egal wie hoch oder niedrig sie sein mag, und wir wollen das tun, was situationsbedingt angemessen ist. Wir versuchen, entweder einen Status höher zu kommen oder mit dem Anderen gleich zu bleiben, und wir messen alle Interaktionen daran, wie viel wir verloren oder gewonnen haben."*
>
> (Edgar H. Schein)[9]

Wir versuchen mit dem Klienten, eine Beziehung zu etablieren, die den Status eines jeden im Rahmen des Kontextes gleich würdigt. Als Facilitator und Facilitative Leader agieren wir aus einem Verständnis, dass wir uns die Verantwortung für die Qualität unserer Welt teilen. Wir verstehen Menschen als gleichwürdige, denkende und fühlende Wesen. Zugleich gehen wir mit dem Flow und weisen nicht auf unseren eigenen Status und unsere Bedeutung hin oder versuchen künstlich, einen Statusausgleich herbeizuführen. Ed Schein spricht an dieser Stelle von dem Ziel, ein „Dream-Team" zu werden. Gunther Schmidt sagt zum Status zwischen Therapeut bzw. Berater und Klient[10], dass es ihm um Augenhöhe mit seinem Gesprächspartner geht – oder im Zweifel liegt der Berater „eins drunter", wenn es um die Kompetenz für die veränderungswürdige Situation geht.

Unsere Haltung und unser Auftreten sind geprägt von den drei „U":

1. Unverstellt: Wir sagen, was wir denken, wenn es uns stimmig und hilfreich erscheint.
2. Unaufgeregt: Wir sind entspannt und teilen uns die Verantwortung für die Qualität.
3. Unprätentiös: Wir sind genuin/echt und banalisieren eher, als das wir uns oder Dinge mystifizieren oder künstlich überhöhen.

Hinzukommen die in der „Lebenslangen Praxis" ausgeführten Werte, die Facilitation wirksam machen: Bedürfnisfreiheit, Unerschrockenheit, Autonomie und Liebe (ab Seite 18).

Zu dieser Haltung und diesen Werten gesellen sich häufig die Kreativität, die uns unsere Profession ermöglicht und die Freude, mit Menschen arbeiten und dem Leben dienen zu dürfen. Wir sind uns bewusst, dass diese Arbeit ein Privileg ist.

Feinste Ebenen der Wirklichkeitsgestaltung

Wenn Menschen aufeinandertreffen, co-kreieren sie bewusst oder unbewusst den gemeinsamen Begegnungsraum. Dies geschieht durch winzige, unmerkliche Anpassungen oder Nicht-Anpassungen, durch verbale und non-verbale Rückmeldungen und vieles mehr.

Wir wollen an dieser Stelle illustrieren, auf welch feinen Ebenen, jenseits aller Checklisten und Werkzeuge, Facilitatoren und Facilitative Leader fortwährend, Situation für Situation, Energien einladen, Aufmerksamkeit bahnen, Dynamiken und Settings mitgestalten. Man könnte dies auch als Führung bezeichnen. Durch diese facilitative Führung entstehen Richtung, Beziehung, Vertrauen und nach und nach – vor allem durch explizite und implizite Angebote – Vereinbarungen zur Art und Weise einer konstruktiven, potenzialorientierten Zusammenarbeit.

Praxistipps

Treffen wir auf einen sich beklagenden oder leidenden Klienten, können wir – nahezu unmerklich – eine ähnliche Atmung, Stimmlage und Körperhaltung einnehmen und somit Rapport[11] bilden, also mit empathischer Aufmerksamkeit begleitend etwas für die leidende Seite des Klienten tun und vermitteln: „Ich sehe Sie. Ich verstehe Sie. Und: Ich möchte ein Vorgehen empfehlen, dass für eine Situation – wie diese – hilfreich sein könnte." Zugleich werden wir vermutlich Zuversicht ausstrahlen und, ohne den Kontakt zu verlieren, einen Hauch mehr Lebendigkeit oder Entschlossenheit in unsere Art und Stimme legen, als es die Klientin tut, um zu verstehen zu geben: „Ich bekomme mit, wie es Ihnen derzeit geht, und ich danke Ihnen für Ihre Offenheit. Jetzt lassen Sie uns schauen, was Ihnen helfen würde, einverstanden?"

Ein weiterer Tipp bezieht sich auf den Raum und das Setting: Wenn wir gefragt werden oder vor Ort die Möglichkeit besteht, das Setting zu wählen oder zu justieren, würden wir in der Regel ein Kreis-Setting vorschlagen. Der Kreis symbolisiert ein Miteinander. Ein frontales Setting im Sinne von „hier die Klienten und auf der anderen Seite die Facilitatoren" erzeugt mitunter frontale Dynamiken von Angebot und Nachfrage, oder gar Verhör. Das „Die & Wir-Paradigma" haben wir bereits erwähnt, es zeigt sich auch in solch praktischen Dingen, wie wer wo sitzt. Das Setting zeigt Wirkung: Miteinander oder Frontenbildung.

Worum geht es noch?

Sobald wie möglich sprechen wir die Intention des Treffens an, um für ein gemeinsames Verständnis zu sorgen.

Wie beim Lernen glauben wir dabei an die Kraft der Wiederholung: „We strongly believe in repetition." Das heißt, auch wenn die Absicht im Vorfeld geklärt wurde, ist es sinnvoll, diese nochmals zu Beginn des eigentlichen Treffens in die Kommunikation zu holen. Denn eine klare Absicht bringt Orientierung und hilft allen Beteiligten bei der Ausrichtung des eigenen Hörens und Sprechens.

Im Anschluss an das Kennenlernen erfolgt, auch wenn es nicht immer so trennscharf ist, die facilitative Auftragsklärung. Die Primärklientin und ggf. weitere Mitarbeitende und Schlüsselpersonen beginnen, ihre Anliegen zu schildern.

Die facilitative Auftragsklärung und Initialberatung

Eine sehr praktische Vorgehensweise, die zudem leicht zu erinnern ist, haben wir für die facilitative Auftragsklärung und Initialberatung entwickelt. Im Facilitator Curriculum[12] bieten wir unseren Teilnehmenden an, diese Abfolge zu rappen oder zu singen, um sie besser zu verinnerlichen: „Hören, Fragen, Spiegeln, Sagen … Hören, Fragen, Spiegeln, Sagen … Yes! … Hören, Fragen, Spiegeln, Sagen!" :-)

Hören

Erfahrungsgemäß braucht der Gesprächsbeginn nicht aktiv eingeleitet oder moderiert zu werden. Wer einen Facilitator oder eine Beraterin engagiert, will reden. Der Klient beginnt damit, seine

Sichtweise auf die Dinge bzw. die Lage darzulegen. Wir verständigen uns, dass wir zunächst zuhören, visualisieren oder uns Notizen machen und gegebenenfalls nachfragen. Sollte der Klient eine Einstiegsfrage wünschen, fragen wir: „Was denken Sie, sollten wir über die Sache bzw. Ihr aktuelles Anliegen wissen?"

Hinhören, Pacen und Mitgefühl

Während wir zuhören, hören wir *hin*. Wann immer der Klient oder die Klienten etwas bemängeln, bedauern oder jegliche Form von Verzweiflung oder Ohnmacht vermitteln, gehen wir empathisch mit und zeigen Verständnis. In der therapeutischen Praxis wird dies als „Pacen"[13] bezeichnet. Verständnis und Verstehen sind wichtige Grundbedingungen für am Ergebnis orientierte Zusammenarbeit.

Wir schauen uns das gesamte Embodiment (die Körperlichkeit) der Klienten an, während gesprochen, dargelegt und ins Thema eingetaucht wird. Wir achten auf Tonalität, Syntax und Sprechgeschwindigkeit. Wir fühlen mit, hören auch mit unserem Herzen und zwischen den Worten. Wir bleiben empathisch, auch wenn Projektionen und Schuldzuweisungen spürbar werden. Wir üben „rigoroses Mitgefühl", ein Begriff, den wir im Rahmen unserer Arbeit geprägt haben, und der so viel meint wie: „Halte entschlossen an deiner Empathie für die Menschen fest"[14]. Wir sehen es als Zeichen einer guten Entwicklung, wenn Dynamik und Betroffenheit spürbar werden. Als Facilitator halten wir den Raum dafür. Wir sichern die Beziehungen ab, so gut wir können. Wir sind der feste Boden, wenn die Dinge in Bewegung geraten.

Interessant ist eine Bemerkung des Therapeuten Michael Bohne, der in einem Vortrag[15] darauf verweist, dass wohldosierte Empathie für den Therapeuten bzw. die Beraterin gesünder ist als unbegrenzte Empathie. Laut Bohne gibt es Erkenntnisse dazu, dass Therapeutinnen im Berufsalltag viel der energetischen Ladung ihrer Klienten abbekommen und quasi teil-traumatisiert werden. Da ist, neben gesunden Grenzen und einer bewussten Selbstfürsorge, eine „wohldosierte Empathie" ratsam. Gunther Schmidt unterscheidet zwischen der Empathie für den Klienten und dem eigenen Fühlen. Da wird zum Beispiel formuliert: „Aus Ihrer Perspektive kann ich das verstehen." Und das bedeutet, dass meine Perspektive eine andere sein kann, aber diese ist hier und jetzt nicht gefragt. Es geht um den Klienten. Als Facilitator und Facilitative Leader kann ich also empathisch sein, muss es aber nicht zu meinem eigenen machen. Das ist die Kunst an dieser Stelle.

Wenn wir als Facilitator und Facilitative Leader also „rigoroses Mitgefühl" üben, dann geht das immer einher mit Selbstfürsorge. Es ist gesund und wichtig für die eigene Seelenhygiene und den Energiehaushalt, nicht überall und bedingungslos mitzufühlen. Lächeln und zugewandt bleiben, darf man aber – immer.

Steilvorlagen

Ein zweiter wichtiger Aspekt des „Hörens" bezieht sich auf die vom Klienten verwendete Sprache, Worte und Töne – Steilvorlagen. Wir notieren uns diese oder visualisieren live und in Echtzeit am Flipchart oder einer Pinnwand mit, sodass wir nachfragen und später z. B. auf einzelne Begriffe eingehen können, wenn wir das Gehörte spiegeln und unseren Ansatz darauf beziehen.

In den meisten Fällen geht es bei den Steilvorlagen um die Beschreibung von Herausforderungen, Schwierigkeiten, Problemen, Krisen, aber auch um Chancen und Ambitionen, etwas zu tun. Im weitesten Sinne wird eine Nichtpassung zwischen dem derzeit erlebten Ist- und dem für die Zukunft gewünschten Soll-Zustand beschrieben.

Hier einige (der üblichsten) „Steilvorlagen", die die Klientin sagen könnte, während sie ihre Situation beschreibt:

Steilvorlagen: Hilferufe & Offenheit	**Mögliche Ballaufnahmen:**
„Ich weiß nicht, wie wir die Leute mitnehmen!" „Ich will an die Hand genommen werden." „Wir wünschen uns eine Umsetzungsbegleitung." „Wir wollen das nicht über die Köpfe hinweg ausrollen." „Wir haben schon Vieles versucht." „Wir wollen alle Beteiligten einbeziehen." „Wie können wir Menschen in Bewegung bringen?" „Wir wollen verstehen, wo ihr uns helfen könntet." „Wir können nicht mehr so arbeiten wie bisher." „Die Mitarbeiter fühlen sich wie Schachfiguren." „Wir wollen eine intelligente Lösung." „Wir brauchen einen neuen Ansatz unter neuen Bedingungen." „Wir sind mit der Weisheit zu Ende."	**Wenn solche Statements fallen, dann empfehlen wir, diese immer ernst zu nehmen. Eine bessere Einladung kann man nicht erhalten. Das „Prinzip der Wortwörtlichkeit"**[16] erinnert uns daran, dass wir die Bedeutungen, die hinter den Begriffen liegen, als wertvolle Wegweiser nutzen sollten. Wir können nachfragen, was beispielsweise mit „ausrollen" oder mit „Schachfiguren" konkret gemeint ist. Wie zeigt sich das im Alltag? Aus unserer Sicht sind diese Steilvorlagen Einladungen, unser Erfahrungs- und Expertenwissen zu teilen. Häufig fragen Klienten – neben dem Äußern der eigenen Ohnmacht und dem Nichtwissen – nach dem „Wie kann es gehen?". Und dann beschreiben wir, inwiefern der facilitative Beratungs- und Begleitungsansatz passend oder zieldienlich wäre. Facilitation steht genau dafür: die Menschen mitnehmen, Umsetzungsbegleitung, für Menschen, die schon Vieles versucht haben und die eine „intelligente Lösung" suchen.

Steilvorlagen: Mutmaßungen über andere (die und wir)	**Mögliche Ballaufnahmen:**
„Es gibt bei unseren Leuten Unverständnis … die haben noch nicht verstanden, dass sie sich ändern müssen." „Die Leute denken, dass …" „Haben meines Erachtens noch nicht verstanden, dass …" „Wollen nicht mitmachen …" „Denken nur an (dies oder jenes) …" „Unterschiedliches Verständnis" „Zwei Lager" „Keiner führt …"	Statements dieser Art verweisen auf das „Die & Wir-Paradigma"[17], auf Silodenken, auf Unterstellungen und Schuldzuweisungen, auf Ohnmacht und Enttäuschung. Da bieten sich das Pacen und Empathie mit den gerade eben dargelegten Hinweisen an: „Ja, das muss schwierig für Sie sein." Vor allem jedoch lassen sich die Kern-Vorteile der facilitativen Philosophie und Wirkweise darauf aufbauen. Wir nutzen diese Situationen, um über das zu sprechen, was Grundlage unserer Arbeit ist: 1. Facilitatoren kultivieren eine Arbeitsweise, in der man miteinander und nicht übereinander spricht. 2. Betroffene werden zu Beteiligten und finden mit ihrer eigenen Perspektive und Lösungsidee Gehör. 3. Jede Sichtweise ist wichtig. Jeder Beitrag ist ein Geschenk.

Diese und ähnliche Argumente und Verweise aus dem facilitativen Handwerk könnten dem Klienten somit helfen zu erkennen, wie es für ihn möglich werden kann, diese selbst konstruierten Wirklichkeiten zu überwinden. Sie inspirieren Führung und lassen gelungene, für alle Beteiligten bedeutsame Entwicklungs- und Transformationsinitiativen wahrscheinlicher werden.

Steilvorlagen: Dringlichkeit/Handlungsdruck	**Mögliche Ballaufnahmen:**
„Wir wollen möglichst bald anfangen." „Das muss jetzt aber klappen." „Wir haben nicht viel Zeit." „Wir hinken hinterher." „Der Kunde überholt uns." „Das reibt sich." ***Praxistipp:*** *Hier ist eine mögliche Falle für Facilitatoren verborgen, nämlich sich mit dem Zeitdruck des Klienten zu identifizieren. Das ist selten hilfreich.* „Die Mitarbeiter sind unzufrieden." „So kann das nicht weitergehen." „Wir spüren einen Veränderungsdruck von außen ... und dies erzwingt eine Veränderung innen."	Wenn Dringlichkeit und Handlungsdruck geäußert werden, kann man die Frage stellen, wie viel Zeit für Dialog und Partizipation zur Verfügung stehen soll. Wir ziehen nicht am Gras, damit es schneller wächst. Wir versprechen nicht etwas, was wir nicht halten können. Eine andere Frage ist, ob man unter dem gegebenen Zeitdruck einen Ansatz wählen möchte, der grundsätzlich mitarbeiter- bzw. dialog-orientiert ist. Denn dieser Ansatz braucht naturgemäß mehr Zeit als die Top-down-Entscheidung. Wenn sich der Kunde die Zeit nehmen will, dann könnte der Hinweis erfolgen, dass Facilitation nach dem hier vorgestellten Ansatz in Entwicklungs- und Transformationsvorhaben einen praxisbewährten „Kontext des Gelingens" etabliert, in dem man mit Partizipation und Dialog erfolgreich sein kann. Das ist oft wichtig, denn viele Klienten haben mit Beteiligungsprozessen wenig oder negative Erfahrungen gemacht. Darüber hinaus ist Veränderungsdruck eine gute Vorbedingung, denn er erhöht die Wahrscheinlichkeit, dass die geplante Initiative von vielen Menschen mitgetragen wird. Nichts ist schwieriger als ein Veränderungsprozess, den nur wenige wollen.

„Ich war bei einem Projekt an einem Punkt angekommen, an dem mir klar wurde, dass wir so nicht weiterkommen. Es gab zwar fachlichen Input, aber niemanden, der oder die wirklich mitzog und auch mit Verantwortung übernehmen wollte. Rückblickend kann ich sagen, dass mithilfe von Facilitation der entscheidende Durchbruch nicht nur für dieses Projekt, sondern auch für die weitere Entwicklung unserer Organisation angestoßen wurde. Es war überaus wertvoll und wichtig, hier das gesamte System einzubeziehen und alle Stimmen und alle Ebenen gleichermaßen zu hören und zu beteiligen in einer Pilotgruppe. Natürlich braucht es Zeit, bis diese Gruppe eine gute Arbeitsweise entwickelt und sich im Miteinander findet. Aber am Ende wurden die von allen gemeinsam in diversen Großgruppen-Formaten erarbeiteten Ergebnisse auch von allen mitgetragen und unterstützt und zudem sehr zügig umgesetzt, und sie reichten sogar weit über das ursprüngliche Projektziel hinaus."

Dr. Margareta Büning-Fesel, Leitung der Abteilung „Bundeszentrum für Ernährung" in der Bundesanstalt für Landwirtschaft und Ernährung[18]

Der Ansatz, mit dem gesamten relevanten System zu arbeiten, benötigt in der Regel zwar ein wenig mehr Zeit und Aufwand in der Vorbereitung, ist aber in der Folge meist deutlich schneller und erfolgreicher, weil man niemanden mehr von vorgedachten Ergebnissen und Lösungen überzeugen muss. Durch den vorherigen „Roll-in" (Beteiligung) ist kein „Roll-out" nötig.

Steilvorlagen: Vieles Wollen	**Mögliche Ballaufnahmen:**
„Wir wollen einen neuen Geist/Spirit.“ „Wir wollen wahrgenommen werden als …“ „Wir müssen das Zielbild klären.“ „Klären, wo wir hinwollen.“ „Wir wollen eine Strukturveränderung erzeugen.“	Wenn viel „Wollen“ hörbar wird und die Eigenmotivation hoch ist, kann Facilitation besonders wirksam werden. Der einleuchtende Schritt, den wir als Facilitatoren empfehlen, ist, alles Wollen, alle Zielbilder und Lösungsideen möglichst schnell mit den Perspektiven des gesamten, relevanten Systems abzugleichen. Dies sorgt dafür, dass eigene blinde Flecken oder wenig hilfreiche Annahmen einiger Weniger schnell aufgedeckt und mit Unterstützung aller weiterentwickelt werden können. Man arbeitet mit der kollektiven Intelligenz. Dieser Paradigmenwechsel wird deutlich in dem Satz „Dies oder etwas Stimmigeres!“. Das bedeutet: Ich habe ein Ziel und vielleicht eine Lösungsidee, zugleich möchte ich erkunden, ob es dazu unterschiedliche Sichtweisen und Erfahrungen gibt, denn wenn es etwas gibt, das noch besser oder stimmiger für uns alle wäre, dann wären wir nicht gut beraten, bei der ersten Idee zu verharren. Hier zeigen sich in seiner Essenz die Vorteile facilitativer Vorgehensweisen.

Steilvorlagen: Anti-Stories, Anekdoten des Nichtgelingens und der Ohnmacht	**Mögliche Ballaufnahmen:**
„… Und dann sagt der Geschäftsführer, das machen wir dann (einfach) so … da machen wir eine Konferenz. Punkt.“ „Es ist nicht klar wer, wo, wann … Intransparenz“ „Schlechter Führungsstil.“ „Wenn man bei uns hinter die Fassade guckt, dann …“ „Wir sind zerstritten über den Ansatz.“ „Es wurde viel Geld investiert (es klappt aber nicht).“	Wenn es Meinungsunterschiede über die vorhandene Führungs- und Transformationsfähigkeit oder über den „richtigen“ Ansatz in einer Organisation gibt, könnte es ein Hinweis dafür sein, dass Menschen häufiger miteinander und weniger übereinander reden sollten. In der Regel gibt es allerdings bereits gescheiterte Versuche, genau dies zu tun. Oder man spricht zwar miteinander, allerdings in einem emotional unsicheren, nicht bewusst gesetzten Setting. In diesen Fällen wird dann vieles noch schlimmer. Facilitatoren sorgen für Kommunikation mit sicheren Verfahren und Regeln – darin liegt der Wert der Prozesskompetenz. Das Gute an Zerstrittenheit und Dissens ist, dass es offenbar Menschen gibt, die bestimmten Werten und Zielen verpflichtet sind. Dies sollte zunächst anerkannt werden. In einem zweiten Schritt kann man aufzeigen, dass Möglichkeiten existieren, das kreative Potenzial von Kontroversen nutzbar zu machen. Unterschiedliche Sichtweisen werden als Ressource betrachtet, nicht als Anlass, um die Veränderung von Einzelnen zu fordern. Das ist, worum es bei Facilitation geht.

Steilvorlagen: Lob & Hörensagen	**Mögliche Ballaufnahmen:**
„Ihr (Facilitator) seid doch die Gruppenzauberer." „Ihr macht alles anders, als es sonst so gemacht wird." „Ihr seid uns wärmstens empfohlen worden." „Wir sind schon ganz gespannt."	Bei Aussagen wie diesen darf immer nachgefragt werden, was gemeint ist. „Gruppenzauberer" – dahinter könnte auch eine Erwartung oder ein Wunsch stecken. „Ihr macht alles anders" – man könnte fragen, ob das grundsätzlich attraktiv ist oder ob es auch andere Gefühle auslöst. Und überhaupt: Was wissen die Klienten bereits über den Ansatz und die Philosophie? Darüber zu sprechen kann helfen, genauer zu fassen, was Anlass, Schmerz und Ziel ist. ***Praxistipp:*** *Lob beeindruckt Facilitatoren und Facilitative Leader im besten Falle nicht. Dafür wurde die wichtige innere Arbeit getan.* Alle Aussagen sind im Kern – neben der Gelegenheit, nachzufragen – Einladungen, vom eigenen Ansatz und Vorgehen zu berichten: Wo sehen auch wir den „Zauber"? Was ist offenbar „anders als sonst" und gerade deshalb so wirksam? Wenn man empfohlen wurde, was war in den jeweiligen Fällen gut gelungen (sofern man darüber berichten darf und kann)? Und last but not least: Wer gespannt ist, hat innere Antreiber oder Ambitionen. Es wäre spannend, mehr darüber zu erfahren. Spannung ist eine Form der Energie, solange diese Energie positiv genutzt wird, ist vieles möglich.

Die Beispiele an Steilvorlagen (alles Originaltöne aus unserer Facilitation-Praxis) und die dazu möglichen „Ballaufnahmen" sollen helfen, auf die Töne der Klienten zu achten und diese aufzugreifen. Das Prinzip der Wortwörtlichkeit, also die Beachtung einzelner Begriffe, Wörter und Umschreibungen (Metaphern), lädt uns dazu ein, nachzufragen und mit dem Klienten zu erkunden, was gemeint ist. Hierin liegt ein Schlüssel für erste Erkenntnisse gleich zu Beginn der Zusammenarbeit, und zwar auf allen Seiten! Gemeinsam können wir ein Verständnis im Gesprächsprozess entwickeln, das uns als Facilitatoren und Facilitative Leader hilft, präzise Empfehlungen zu geben. Wir finden heraus, mit wem wir es zu tun haben, welche Gruppen involviert und welche Ziel- und Lösungsideen bereits vorhanden sind. Wir können auch bzgl. der emotionalen Gefühlslage nachfragen. Je nach Kontext kann das wichtig sein, denn oft haben wir es mit tiefen menschlichen Erfahrungen zu tun, die einen Platz bekommen sollten. All dies hilft den Facilitatoren, im weiteren Verlauf das passende Denkmodell zu skizzieren oder die eine oder andere Grundannahme zu erwähnen, wenn wir etwas später mit der initialen Beratung (Initialberatung) beginnen. Vorher nutzen wir, bei Bedarf, die Gelegenheit für weitere Fragen.

Fragen

Wir stellen in der Regel wenige diagnostische Fragen[19], da diese uns zu einem sehr frühen Zeitpunkt in Detailbetrachtungen führen würden. Wir haben uns noch nicht (gegenseitig) zur Zusammenarbeit entschieden. Daher ähnelt dieser Teil der Auftragsklärung eher einem ersten Feldgang zur allgemeinen Orientierung. Da die tiefere Untersuchung und Erkundung später im dialogischen Prozess von den Menschen der Organisation selbst gemacht wird, müssen wir in

diesem ersten Treffen weder etwas in der Tiefe verstehen, noch etwas lösen, noch der Sichtweise des ersten Gesprächspartners zu viel Gewicht geben (auch wenn es sich um den Primärklienten handeln sollte). Denn im Facilitation-Kontext heißt es: „Die Wahrheit eines jeden Menschen ist eine Wahrheit." Wir benötigen als Facilitatoren und Facilitative Leader alle Wahrheiten. Daher fokussieren wir uns im allerersten Termin darauf, folgendes zu verstehen:

1. die Historie: Wie kam es dazu?
2. den Anlass: Was ist passiert, dass wir jetzt hier zusammensitzen?
3. die Intention: Wofür will der Klient Veränderung? Was wäre ein wünschenswertes Erleben/ein wünschenswerter Zielzustand?
4. die Herangehensweise: An welcher Stelle und mit welchem Mandat/Ziel sollen Menschen aus der Organisation beteiligt werden?
5. die zeitliche Dimension: Angaben zum Zeithorizont betrachten wir, wie vieles andere auch, als eine erste Idee, die miteinander an den realen Bedarf angepasst werden kann.
6. die betroffenen Menschen: Um wen wird es gehen?

Praxistipp

Ähnliche Fragen wurden wahrscheinlich bereits im ersten Telefonat gestellt, doch wir befinden uns vor Ort (ggf. auch online) in einem anderen Kontext, oft mit weiteren Dialogpartnern. Außerdem kann man eine Frage mehrfach stellen und erhält doch immer andere Antworten. Das ist keine Zeitverschwendung und kein Ballast, sondern notwendige und ernsthafte Erkundung möglicher Darstellungen, Bewertungen und Auswirkungen. Es ist ein natürlicher Teil des Prozesses.

„Wer muss mit wem über was sprechen?"

Mit dieser Frage erfährt man, ähnlich einer Stakeholder-Analyse, wer zum aktuellen Anlass im Klienten-System eine wichtige Rolle und Perspektive zu haben scheint. Dynamiken, Machtzentren, Schlüsselpersonen/Schlüsselgruppen und Motivationen werden deutlich und können in einer ersten Annäherung visualisiert werden. Die Frage stammt von der Pionierin für Großgruppenarbeit Kathie Dannemiller, die diese Frage immer wieder gestellt hat. Sie bezeichnete sie als ihr Mantra[20].

Aufgrund neurowissenschaftlicher Erkenntnisse empfiehlt es sich, möglichst schnell das wünschenswerte Erleben bzw. den wünschenswerten Zielzustand zu erfragen. Alles, was die Ausrichtung auf das beschreibt, was man will, (im Gegensatz zu dem, was man nicht will) hilft dem Denken, Potenziale zu entfalten. Aus der potenzialorientierten Großgruppen- und Leadership-Philosophie Appreciative Inquiry[21] kennen wir die Grundannahme: *Worauf wir unsere Aufmerksamkeit richten, wird mehr.* Folglich hilft es, die Aufmerksamkeit darauf zu lenken, was wünschenswert wäre. Wie sähe denn für Sie eine Lösung aus? Was würden Sie erleben, wenn aus Ihrer Sicht alles gut wäre? Was erhoffen oder erträumen Sie sich? Welchen Mehrwert für die Kunden möchten Sie in Zukunft generieren?

Sollte die Facilitatorin aufgefordert werden, zur Sache (und nicht zum Prozess) eine Einschätzung oder Stellungnahme abzugeben, ist es durchaus probat zu antworten: „Ich weiß es noch nicht." („Ich muss es auch nicht wissen, denn wir werden es gemeinsam herausfinden.") Das ist der Unterschied zwischen einer Expertenberatung und einer Prozessberatung. Er unterstreicht die Haltung und Rolle einer Facilitatorin. Zum „Prozess" jedoch führen wir aus, welche Vorgehensweise im gegenwärtigen Fall unter Berücksichtigung eines facilitativen Beratungsansatzes denkbar wäre.

Falls doch an der ein oder anderen Stelle weitere Fragen für ein erstes Verstehen (Kontext und Absicht) notwendig erscheinen, folgen nun weitere mögliche Fragetypen.

Fragentypen der Aufklärungsklärung

1. Ressourcen- und lösungsorientierte Fragen: Was funktioniert hier gut? Wie könnten Sie Ihr Wissen/Ihre Potenziale/Ihre Erfahrung/… einbringen, sodass es dem Ziel dient?
2. Hypothetische Fragen: Was wäre, wenn …?
3. Paradoxe und provokative Fragen: Was passiert, wenn Sie nichts unternehmen? Was haben Sie davon, dass es so ist, wie es derzeit ist?
4. Fragen nach möglichen Alternativen: Wie könnte es anders gehen?
5. Fragen zur Motivation: Warum wollen Sie das, was treibt Sie an?
6. Fragen zum Anlass: Was ist aus Ihrer Sicht geschehen, dass plötzlich die Notwendigkeit zu handeln da war?
7. Fragen nach dem Auftreten von Symptomen: Woran haben Sie das gemerkt?
8. Fragen nach Ausnahmen: War es schon einmal anders? Was war anders?
9. Fragen zum zeitlichen Kontext: Wie viel Zeit geben Sie sich für …?
10. Fragen zum Ziel und Nicht-Ziel: Was wäre ein ideales, wünschenswertes Zukunftsbild? Was sollte auf keinen Fall passieren?
11. Skalierungsfragen: Auf einer Skala von 1 bis 10, wie zufrieden/unzufrieden sind Sie mit … derzeit?
12. Zirkuläre Fragen: Was würde Person X sagen/denken/…, wenn er Person Y dies oder jenes sagen/tun hören/sehen würde?
13. Wunderfragen: Wenn über Nacht ein Wunder geschehen würde und am nächsten Morgen gehen Sie in Ihr Unternehmen/Ihr Team/… Woran würden Sie bemerken, dass sich ein Wunder ereignet hat?

Spiegeln

Nach dem Hören und Fragen kommt das Spiegeln. Der Klient wird von ganz allein in seinem Redefluss pausieren, wenn er oder sie das Gefühl hat, alles für den Moment Wichtige gesagt zu haben. Erfahrungsgemäß kann man, je nach Komplexität der Sache, von rund zehn bis 45 Minuten ausgehen. Wenn sich wider Erwarten kein Ende absehen lässt, kann man mit Verweis auf die vereinbarte Zeit fragen:

„Darf ich Ihnen bei nächster Gelegenheit spiegeln, was ich bisher verstanden habe?“

Wie auch immer es zu diesem kommunikativen Haltepunkt kommt, wir stimmen uns mit dem Klienten ab und holen uns aktiv sein Einverständnis für das Spiegeln. Das Spiegeln wird als Service und Dienst an der Sache verstanden. Es gibt dem Klienten die Möglichkeit, sich selbst noch einmal zu hören, was in der Regel begrüßt wird. Darüber hinaus gibt es dem Klienten und uns die Gelegenheit, zu überprüfen, ob und wie viel wir verstanden haben. Es führt oft zu einer Ergänzung des ein oder anderen Aspektes durch den Klienten.

Beim Spiegeln nutzen wir Originaltöne, Aussagen, Fragen, Metaphern und innere Bilder des Klienten, die wir uns notiert haben. Für den Fall, dass wir anhand einer Visualisierung spiegeln, erleben wir recht häufig, dass die Visualisierung, z. B. an einer Pinnwand oder auf einem Flipchart, das visuelle Denken und die Kreativität aller Beteiligten aktiviert. Die Visualisierung wird zur gemeinsamen Arbeitsbühne für das weitere Gespräch. Der Klient bezieht sich gern auf einzelne Begriffe, Zeichnungen, Formen und Hervorhebungen – manchmal stehen wir gemeinsam vor dem Bild und kommen in eine lebendige Erkundung von wahrgenommener Wirklichkeit, Intention, Spannungen und möglichen Zielen und Wegen.

„Etwas zu skizzieren, kann sehr machtvoll sein: Es entstehen eingängige Bilder, die im Sekundenbruchteil erfasst werden und direkt auf alle Beteiligten wirken. Bilder funktionieren ganzheitlich, simultan und emotional, das macht sie schnell und wirksam. Bilder werden im Gehirn zudem anders verarbeitet als Texte oder Sprache, sie liefern zugleich mehr Informationen und weniger, sie bringen Dinge fokussiert auf den Punkt und erzeugen eine Unmittelbarkeit, die mit Sprache nur selten möglich wird. Zugleich sind sie semantisch weniger eindeutig und lassen Raum für Interpretationen, die sie zu fruchtbaren Ausgangspunkten von Gesprächen machen können."[22]

Visualisierungen in Form von Skizzen, Land- und Gedankenkarten können in Auftragsklärungsgesprächen ebenso wie in weiteren Dialogsituationen sehr hilfreich sein (siehe „Visual Facilitation" ab Seite 357).

Wenn wir den Sichtweisen und Beschreibungen des Klienten, visuell einen Platz gegeben haben und wenn der Klient das Spiegeln als stimmig erfahren hat, dann ist erfahrungsgemäß die Bereitschaft groß, sich einen Schritt vorwärtszubewegen. Wir stimmen dies wieder mit dem Klienten ab, indem wir zum Beispiel fragen:

„Nun würden wir das, was Sie mit uns zur Sache geteilt haben, mit unserem Facilitation-Ansatz verbinden und Möglichkeiten einer auf Ihren Kontext angepassten Herangehensweise gemeinsam erkunden. Sind Sie einverstanden?"

Ist der Klient einverstanden, kommen wir zur nächsten Phase des Gesprächs, der Initialberatung, die wir nach dem Hören, Fragen, Spiegeln nun als Sagen bezeichnen.

Sagen – die Initialberatung

In früheren Jahren haben wir die Kennenlern- und Sondierungstreffen mit Klienten Auftragsklärung genannt. Dies erschien uns mit der Zeit allerdings nicht mehr stimmig, denn es geht für uns nicht nur darum, die Intention des Klienten zu verstehen und einen möglichen Auftrag zu klären. Man könnte auch sagen: In der Auftragsklärung braucht es oft auch Aufklärung für das facilitative Vorgehen! Daher stellen wir unseren Beratungsansatz vor und erkunden erst danach die Möglichkeiten einer Zusammenarbeit.

Aus diesen Gründen sprechen wir von Auftragsklärung *und* Initialberatung. In der Initialberatung ist es unsere Absicht, das, was wir vom Klienten gehört und verstanden haben, mit dem facilitativen Ansatz zu verbinden. Auf diese Weise erscheint das, was wir sagen, im Licht der vom Klienten beschriebenen Situation bzw. Wahrnehmung. Darüber hinaus vermitteln wir z. B. Detailaspekte, die oft schon praxistaugliche Handwerkszeuge, wie die „ARE IN"-Formel oder die „Vier Räume der Veränderung", beinhalten.

In der „Sagen"-Phase (Hören – Fragen – Spiegeln – Sagen) ist unser Redeanteil erfahrungsgemäß größer als der des Klienten. Umso wichtiger ist es, Blickkontakt zu halten und in dem Verständnis zu bleiben, dass alles, was wir teilen, „Denk-Angebote" sind – nicht die Wahrheit und nicht die einzige Lösung. Wir befinden uns in einer gemeinsamen Prüfung, ob wir ein Dream-Team werden können: menschlich, in der Intention der Sache und bezogen auf den Prozess. Dafür möchten wir unsere Klienten mit dem notwendigen facilitativen Prozess-Know-how ausstatten, sodass sie eine informierte Entscheidung treffen können.

Da wir in der „Sagen"-Phase viele Optionen in unserem Handwerkskoffer haben, ist dieser Abschnitt umfangreicher als die anderen drei Teile (Hören – Fragen – Spiegeln).

Was wir zu *sagen* haben, lässt sich in fünf Themen-Segmente aufteilen. Nicht immer werden alle für die Initialberatung benötigt, doch im Wesentlichen sind es die Dinge, über die wir am häufigsten sprechen:

1. der Beratungsansatz im Rahmen der Initialberatung,
2. Pilotgruppen und ihre Besetzung,
3. Vergleich von Facilitation und Change Management
4. Das Klientensystem und die Facilitatoren im Facilitation-Flow
5. Erklär- und Denkmodelle.

Der Beratungsansatz im Rahmen der Initialberatung

Die Initialberatung dient dazu, das mögliche Vorgehen und die dafür notwendigen Rahmenbedingungen transparent zu machen. Dafür braucht man einen Beratungsansatz (siehe „Transformationskompetenz: der facilitative Beratungsansatz" ab Seite 68).

Bei der Initialberatung kommen die bereits beschriebenen Steilvorlagen zur Geltung, denn sie liefern uns Hinweise darauf, welche Begriffe dem Klienten wichtig sind und in welchen Metaphern, mentalen Modellen und inneren Landkarten das Klientensystem zuhause ist.

Den facilitativen Ansatz der Kommunikationslotsen, der in der Gesprächsphase „Sagen" vermittelt wird, haben wir bereits vorgestellt (siehe „Der facilitative Beratungsansatz" ab Seite 68). Im Kern geht es dabei um folgende Idee:

Wir gehen davon aus, dass das Wissen für benötigte Lösungen bereits in der Welt beziehungsweise im Entstehen begriffen ist. Um an diese neuen Lösungen bzw. das Wissen heranzukommen, können wir Wege finden, sowohl die Komplexitäten und Dynamiken einer Organisation als auch ihrer relevanten Umwelten „mit an Bord" zu holen, wenn wir uns aufmachen, die Zukunft zu finden. Wir empfehlen daher Multiperspektivität anstelle eines heroischen Management-Stils und einer reaktiven, ego-zentrierten Entscheidungskultur. Es geht darum, reaktive Muster beiseitezulegen und die Intention der Veränderung oder Entwicklung sowie mögliche Wege gemeinsam mit einem repräsentativen Querschnitt des gesamten, relevanten Systems zu überprüfen.

Im Rahmen einer längeren, umfangreichen gemeinsamen Erkundung kann die Prozessvisualisierung einer Initialberatung so aussehen:

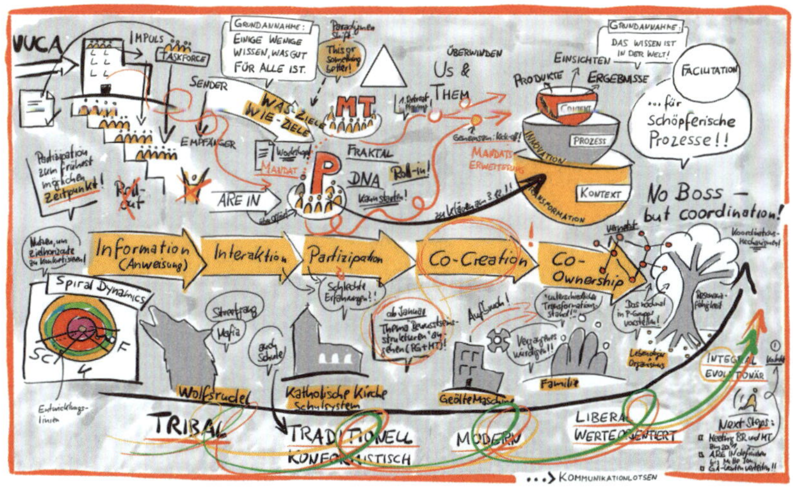

Praxistipp

Eine einzige Zeichnung, ein einziges Denkmodell reicht in der Regel aus, um mit dem Klienten in eine gemeinsame Erkundung einzusteigen, was angesichts der Herausforderungen ein stimmiger Blick auf die Sache und ein plausibles Vorgehen sein könnten. Es bietet sich an, viele Original-Töne aller anwesenden Personen aufzuschreiben und die gesamte Visualisierung, z. B. am Flipchart, als ein kreatives, vielschichtiges Prozessdokument zu verstehen, aus dem schließlich ein gemeinsames Verständnis über den Facilitation-Ansatz und eine Vereinbarung über nächste Schritte erwächst.

Exkurs „Autopoiesis"

Dass sich eine Organisation aus sich selbst heraus erneuert und erhält (also mit einem repräsentativen Querschnitt des gesamten, relevanten Systems), ist eine fundamentale Idee des chilenischen Biologen und Erkenntnistheoretikers Humberto Maturana[23]. Maturana fand heraus, dass Zellen Zellen produzieren, um die Produktion von Zellen – und damit den Erhalt eines lebendigen Organismus – sicherzustellen. Er erfand den Begriff der Autopoiesis, der von Francisco Varela mit geprägt und von Heinz von Förster, Niklas Luhmann und in der Folge von den systemischen Pionieren in Therapie und Beratung (Heidelberger Schule, Wiener Schule, Mailänder Schule) aufgegriffen und verwendet wurde.

Die frühzeitige Beratung mit allen relevanten Anspruchsgruppen (Multi-Stakeholder-Ansatz), eine gemeinsame Intentionsbildung und Kollaboration (Co-Creation) entsprechen dieser Grunderkenntnis, die auf Maturana zurückweist. Multi-Stakeholder-Ansätze bilden die Vielfalt, Intelligenz und Komplexität der Organisation und ihrer Umwelten ab.

Wir nennen diese Querschnitte „Pilotgruppen" oder auch „Pioniergruppen"[24]. Sie arbeiten mit den konventionellen Macht- und Entscheidungszentren innerhalb eines abgestimmten „Kontext des Gelingens" zusammen und werden ausgestattet mit einem Mandat, Ressourcen und Rahmenbedingungen („Givens"). Sie übernehmen temporär eine Co-Führungsrolle. Diese Gruppen dienen

als erweiterter Wahrnehmungskörper,

als Modell für die Transformation und

als Architekten für das beteiligungsorientierte Design des Entwicklungs- bzw. Transformationsprozesses.

Pilotgruppen entwickeln das benötigte Verständnis, das fachliche Wissen und die notwendige Empathie für das, meist organisationsweite und bereichsübergreifende, Vorhaben. Mit ihrer Führung entsteht Schritt für Schritt der co-kreative Weg der Entwicklung und/oder Transformation unter Beteiligung des gesamten, relevanten Systems. Ganz im Sinne der Idee „von allen für alle".

Pilotgruppen und ihre Besetzung

Pilot- oder Pioniergruppen haben sich als wertvolle Instanz in dreierlei Hinsicht gezeigt:

1. einerseits in der Bewältigung komplexer Anforderungen mithilfe der unterschiedlichen Perspektiven (erweiterter Wahrnehmungskörper),
2. als Gruppe, in der die Transformation zuerst vollzogen wird (Modell),
3. und als nicht zu ersetzender Denk- und Reflexionspartner, was die Kommunikation nach innen und die Beteiligung aller relevanter Gruppen in der Organisation betrifft (Architekten des Transformationsprozesses).

Nach den folgenden drei Kriterien lassen sich Pilotgruppen besetzen. Es sollten Personen sein,

1. die eine spezifische Sichtweise auf das Thema haben.
2. die über Macht und Mittel verfügen, Dinge in Bewegung zu setzen.
3. die von den Auswirkungen (der Veränderungsinitiative) betroffen sein werden.

Marvin Weisbord und Sandra Janoff haben dazu die ARE IN-Formel entwickelt: „The right mix of people who ARE IN!"

Authority
Menschen mit Macht (Entscheidungsträger, Primärklienten)

Resources
Menschen, die Mittel zur Verfügung stellen können (Zeit, Budget)

Expertise
Menschen, die ein spezifisches Fachwissen zur Sache haben

Information
Menschen, die über spezielle Informationen (Zahlen, Daten, Fakten) verfügen

Need to be involved (because affected by the Change) Menschen, die einbezogen werden müssen, weil sie von den Auswirkungen der Initiative betroffen sind und sein werden

Darüber hinaus gelten die Kriterien der Diversität: Männer und Frauen bzw. alle Geschlechterkategorien, Junge und Alte, lange und kurze Betriebszugehörigkeit, unterschiedliche kulturelle Hintergründe; Menschen aus dem Zentrum und der Peripherie; Menschen, die solche Projekte toll finden sowie bekannte Gegner/Kritiker. Da Pilotgruppen aus maximal 25 Personen bestehen, wird Diversität durch Doppel- und Vielfachrollen abgebildet, z. B. Frau, lange Betriebszugehörigkeit, Kritikerin mit Fachexpertise.

Im Rahmen dieser Pilotgruppe werden die initialen Ideen, Beweggründe und erste Vorstellungen zum Vorhaben abgeglichen und manchmal nachjustiert. Von dort aus geht es prozessorientiert weiter. Ziel ist, gemeinsam schlauer zu werden und ein dialog- und beteiligungsorientiertes Prozessdesign zu entwickeln. Das Prozessdesign sieht keine fertige Lösung vor, es ist vielmehr ein Konzept für einen Weg, ein Fahrplan zur umfangreichen Beteiligung aller Menschen im gesamten

relevanten System. Möglichst viele beteiligte Personen sollen Co-Autorenschaft der neuen Lösung übernehmen (Arbeit mit Pilotgruppen, siehe Seite 164).

Das facilitative Prinzip dazu lautet „Process over Product“, was so viel heißt wie: Wir ziehen der fertigen Lösung (Produkt) einen Prozess vor, in dem alle an der Lösungsfindung beteiligt sind. Wir empfehlen nicht, anderen fertige Lösungs(Produkte) vorzusetzen, bei denen sie keine Wahl haben, ob sie diese gut und stimmig empfinden oder nicht. Prozess oder Produkt – das sind unterschiedliche Beziehungsangebote, die jeweils Auswirkungen haben.

Vergleich von Facilitation und Change Management

Wer sich mit Facilitation und Pilotgruppen, also der frühzeitigen Einbeziehung eines Querschnitts der Organisation oder relevanter Bereiche, beschäftigt, wird die Vorgehensweise vergleichen wollen mit dem bekannten und verbreiteten Ansatz des „Change Managements“[25].

Die folgende Übersicht haben wir uns nicht ausgedacht, sie speist sich aus über 20 Jahren gelebter Facilitation-Praxis sowie aus Gesprächen und Auswertungen mit Klienten. Sie kann eine Hilfestellung und eine Argumentationshilfe "„pro Facilitation“ sein. Sie kann auch einem besseren Verständnis dienen, denn hier werden beide Ansätze anhand ihrer markantesten Unterschiede beschrieben:

	Change Management im Mainstream (Roll-out, Top-down)	**Facilitation**
Handelnde Personen	Taskforce oder Projektteams aus einem Mix verschiedener Experten	Einsatz einer Pilotgruppe aus einem repräsentativen Querschnitt des gesamten relevanten Systems.
Mandat	Die Ziel-Idee der Führung übernehmen und eine Weg-Idee zur Umsetzung liefern. Manchmal liefert die Führung auch eine Weg-Idee mit.	Ein Prozessdesign für die Beteiligung des gesamten relevanten Systems entwickeln und den Prozess dazu begleiten. Ziel- und Weg-Ideen der Führung werden als Sichtweise wertgeschätzt, bestätigt oder weiterentwickelt.
Grundannahme	Experten wissen, was gut für alle ist und was es zu tun gilt. Sie entwickeln Ideen für andere. „Gut für alle“ heißt, gut aus der Sicht Einzelner (inklusive möglicher Partikularinteressen und blinder Flecken).	Das Wissen liegt im System/in der Welt. Menschen sind Experten für sich selbst und gestalten ihre eigene (Arbeits-)Welt. „Gut für alle“ heißt für alle gut und gesund aus der Sicht aller, die beteiligt sind.

Vorgehensmodell	Der Prozess, der in dem Konzept vorgegeben wird, muss von anderen ausgerollt werden. Alle sollen verstehen, worum es geht (Change-Kommunikation) und warum es gut und wichtig für die Organisation ist (Change Story & Benefits). Es gibt einen langfristigen Detail- bzw. Phasenplan bis zur angenommenen Zielerreichung. Im Roll-out wird das Konzept nicht mehr infrage gestellt.	Die Pilotgruppe entwickelt eine einmütige Zielidee und einen Weg unter Beteiligung des gesamten relevanten Systems. Alle Beteiligten entwickeln ihr eigenes Verständnis zu Herausforderungen, Notwendigkeiten, Chancen und Nutzen im Miteinander. Es wird in Iterationen mit kontinuierlicher Realitätsüberprüfung gearbeitet (Feedback-Schleifen).
Umgang mit Zielen	Das Ziel darf sich nicht verändern und wird sich in der Regel auch nicht verändern, weil das Ziel nicht mehr infrage gestellt wird und das „Wie" der Umsetzung im Vordergrund steht (Roll-out).	Das Ziel kann sich verändern, weil das gesamte relevante System fortlaufend und authentisch an der Sache arbeitet und immer mehr Menschen und gemeinsame Lernerfahrungen einbezogen werden.
Herausforderungen	Das Vorgehen selbst und teilweise auch die gelieferten Inhalte stoßen bei den Beteiligten häufig auf Unverständnis, Verärgerung oder Blockaden.	Die begleiteten Erfahrungsräume, in denen alle ihre Perspektiven einbringen, erscheinen aufwendig und zeitlich betrachtet unendlich.
Beziehungsangebot	Die Beteiligten begegnen sich in der Sache und Formal-Position. Formale Hierarchie, Antworten geben (müssen) und Entschlossenheit sind Teile des Selbstverständnisses.	Die Beteiligten begegnen sich in der Sache und als ganze Menschen. Natürliche Hierarchie, Fragen stellen (dürfen) und gemeinsam Verantwortung übernehmen sind Teile der ganzheitlichen Vorgehensweise.
Ergebnis	Geringe Passung zwischen dem, was man denkt, was es braucht (Theorie/Konzept) und dem, was es tatsächlich braucht (Realität).	Es gibt kein vorgedachtes, theoretisches Konzept, nur gemeinsame Erfahrungen und die Philosophie des nächsten Schrittes. Hohe Passung zwischen Vorgehensweise, Ergebnis und Realitätsanforderungen.

Erklär- und Denkmodelle für Dynamiken im Organisations- und Welt-Kontext
Erklär- und Denkmodelle helfen zu verstehen, was vor sich geht. Das können individuelle Entwicklungsaspekte sein, Teamdynamiken, organisationale Fragestellungen oder der Welt-Kontext. Viele Denker, Lenker und Strategen in Organisationen wollen den jeweils gegenwärtigen, globalen Dynamiken und den Geschehnissen in Markt und Gesellschaft einen Sinn geben. Es

geht um Antwortfähigkeit und um Folgenabschätzung getroffener Entscheidungen und warum der facilitative Ansatz nützlich sein kann.

Für Facilitatoren kann es daher sinnvoll sein, im Rahmen der Initialberatung Erklär- und Denkmodelle anzubieten, die während der Such- und Orientierungsbewegung Wege und Antworten aus Sicht der facilitativen Denkschule enthalten. Was genau wir vertiefen, ist abhängig vom Klientensystem. Tatsächlich erleben wir sehr unterschiedliche Ausgangspunkte und Wirklichkeiten in der Organisations- und Unternehmenslandschaft. Einige werden zum Beispiel wert-konservativ top-down geführt, während andere Unternehmen soziokratisch organisiert sind – teilweise in einem Shareholder-Umfeld, teilweise im Eigentum bzw. in Verantwortung der Mitarbeiter.

Wir stellen hier Denkmodelle vor, die wir in der Initialberatung als sehr hilfreich erlebt haben, nämlich:

1. Der Grad der Beteiligung
2. Die VUKA-Welt
3. Der BANI-Denkrahmen
4. Die drei Arten der Komplexität
5. Die Evolution des Bewusstseins und der Organisationsform
6. Die Vier Räume der Veränderung®

Der Grad der Beteiligung

Wir erwähnten bereits das „3-Schüssel-Modell" (siehe Seite 75) als hilfreiches Tool der Auftragsklärung und Initialberatung.

Es gibt ein weiteres, horizontal verlaufendes Erklär- und Denkmodell. Dieses wird in unserer Facilitation-Praxis „Grad der Beteiligung" genannt. Das Modell ist sehr hilfreich, um mit dem Klienten gemeinsam die verschiedenen Bedeutungen des Begriffs „Beteiligung" zu erkunden. Ziel ist, böse Überraschungen zu vermeiden. Je klarer die Klienten wissen, wozu sie einladen und welche Auswirkungen das haben wird, desto mehr Vertrauen und Zuversicht entsteht in Bezug auf das facilitative Vorgehen. Grundsätzlich ist Begriffsklärung immer sehr hilfreich.[26]

GRAD DER BETEILIGUNG

Ein vergleichsweise geringer Grad der Beteiligung ist bei jeder Form der Informationsvermittlung gegeben. Informationen können sich auf Entscheidungen anderer, auf neue Vorgehensweisen/Prozesse, neue Produkte, auf gewünschtes Verhalten und vieles mehr beziehen. Die Erwartung bei Informationskampagnen ist meist, dass der Empfänger der Botschaft diese empfängt und sich entsprechend der Botschaft verhält. Somit können Informationen – vor allem im organisationalen Kontext – auch Anweisungen sein. Die mit Informationen und Anweisungen verbundenen Herausforderungen hatten wir bereits behandelt. Im Kern ging es darum, dass ein Kommunikationsverständnis nach der Kanaltheorie (Sender-Empfänger-Modell) selten die erwarteten Ergebnisse gelungener Kommunikation erzielt (siehe u. a. „Kommunikation ist ein Emergenzphänomen" ab Seite 51). Sender-Empfänger-Kommunikation gelingt dagegen in alltäglichen, eingespielten, wenig komplexen Situationen, z. B.: „Würdest du mir bitte den Apfel geben!". Wenn die Beziehung intakt und der Kontext für alle Beteiligten stimmig ist, sollte diese Kommunikation funktionieren. Sie bleibt aber abhängig von den kontextuellen Faktoren! Wenn es beispielsweise kurz vorher Streit gab, kann es schon wieder anders aussehen. Im organisationalen Kontext und ganz besonders im Kontext von Veränderungs- und Transformationsprozessen, wo es u. a. um existentielle Fragestellungen, Ängste, Selbstveränderung und Beziehungen geht, ist gelingende Information/Anweisung häufig schwieriger bzw. weitaus voraussetzungsvoller. Facilitatoren sind gute Beraterinnen und Prozessbegleiter im Umgang mit Informations- oder Anweisungs-Botschaften und ihren Auswirkungen. Daher ist es hilfreich, dass die Begriffe „Information/Anweisung" Bestandteil der Skala „Grad der Beteiligung" sind.

Der Begriff „ Interaktion" ist zunächst ein Sammelbegriff für viele mögliche Formen des Zusammenwirkens, der Rückkopplung und der Erlebnisorientierung. Er wird z. B. als soziale oder menschliche Interaktion genutzt. In unserer facilitativen Praxis hat es der Begriff in dieses Denkmodell geschafft, weil ihn viele Klienten verwenden, wenn sie beispielsweise etwas sagen wie: „Machen Sie bitte etwas Interaktives!". Interaktion ist manchmal ein Synonym für Partizipation und Beteiligung. Der Grad der Beteiligung ist dabei jedoch begrenzt. Oft, so scheint es uns, wird der Begriff vor allem dann gebraucht, wenn ein dialog-orientiertes oder „interaktives" Format gemeint ist.

Die Frage nach dem „Wozu" gibt Aufschluss über den Grad der Beteiligung: Was soll hinterher anders sein als vorher? Oder: Was wird von den Beteiligten erwartet und wozu dient es? Mit diesen Fragen finden wir während der Auftragsklärung und Initialberatung zum Beispiel heraus, dass es bei den auftraggebenden Primärklienten keine zwingenden Erwartungen an Mitgestaltung oder Verantwortungsübernahme seitens der Beteiligten gibt. Teilweise sind diese nicht nur nicht vorgesehen, sondern auch nicht erwünscht. Das Ziel interaktiver Formate ist dann z. B. Informationsvermittlung oder Inspiration. Die Annahme ist, man müsse den Beteiligten Gelegenheit geben, sich nur ein wenig mit der Sache zu beschäftigen und ihre Gedanken und Fragen zu äußern. In der Folge, so die Annahme, haben die meisten Menschen dann das Thema, die Botschaft oder die neuen handlungsleitenden Richtlinien besser verstanden und verinnerlicht. Und vielleicht haben sie auch ein wenig das Gefühl, beteiligt worden zu sein, sodass die neue Realität zum Teil unter ihrer Mitwirkung entstanden ist.

Der Begriff „Interaktion" steht demnach des Öfteren für ein bestimmtes Kommunikationsverständnis und für einen damit einhergehenden Führungsstil, der in einigen Fällen an eine Überwindungstaktik oder an Manipulation erinnert. Da wir allerdings immer eine gute Absicht unterstellen, gehen wir eher davon aus, dass solche Initiativen gut gemeint, jedoch fernab von Kommunikations- und Beziehungskompetenz einzuordnen sind. In der Praxis hören wir leider häufig davon. Interaktion wird als Schein-Partizipation empfunden und schadet im schlimmsten Fall der Integrität einer Organisation bzw. eines größeren dialog-orientierten Projekts.

Das muss nicht der Fall sein, kann aber! Um Klienten gut vorzubereiten, zu begleiten und zu beraten, ist die Differenzierung und Begriffsklärung ebenso hilfreich wie die Erörterung möglicher Auswirkungen und der Frage, ob diese gewünscht sind.

Der Begriff „Partizipation"[27] wurzelt in dem lateinischen Wort „participatio", welches sich aus „pars" (Teil) und „capere" (fangen, ergreifen, sich aneignen[28]) zusammensetzt. In der Facilitation-Praxis spricht man auch von Beteiligung, Teilnahme, Mitwirkung, Mitbestimmung, Mitsprache und Einbeziehung.

Wenn es um Partizipation im Sinne von Mitwirkung/Mitbestimmung geht, kommt die Einladung zur Teilnahme meist aus der Hierarchie oder aus einer von der Hierarchie beauftragten Initiative, Institution oder Gruppe. Je nach Kontext gibt es eine Partizipations- bzw. Mitbestimmungspflicht. Im facilitativen Kontext empfehlen wir jedoch das Prinzip der Freiwilligkeit und der Selbstermächtigung.

Wichtig hierbei ist, den Raum für Partizipation zu einem authentischen Raum zu machen. Dies geschieht, in dem die einladende Instanz wohlbedacht kommuniziert, in welchem Rahmen, mit welchen zur Verfügung stehenden Ressourcen und welchem Ziel („Wozu") eingeladen wird. Besonders hilfreich ist es, wenn diese Rahmen gebenden Faktoren in der weiteren Zusammenarbeit Gegenstand des Dialogs und der (Weiter-)Entwicklung sind, sodass sie optimiert werden können. Es gibt immer auch Setzungen und unverrückbare Rahmenbedingungen des Auftraggebers, jedoch sollte von allen Beteiligten angestrebt werden, diese Rahmenbedingungen oder Setzungen auf ihre Stimmigkeit hin zu prüfen und mitunter zu verändern oder weiterzuentwickeln.

Besonders hilfreich scheint uns, wenn den zur Partizipation Eingeladenen vermittelt werden kann, welchen Nutzen und Anteil sie selbst an der Initiative haben, inwiefern es sie betrifft und in welcher Rolle oder Funktion und mit welcher Kompetenzzuschreibung sie eingeladen sind. Dies allein zu präzisieren, könnte schon ein wertvoller Anlass für einen gemeinsamen Dialog sein.

Wenn das Ganze noch abgerundet wird durch wertschätzende Worte und dem Dank vorab, sich mit dieser Einladung überhaupt zu beschäftigen, dann wurden viele Erfolgsfaktoren berücksichtigt. Es lässt sich unschwer erkennen, dass bei der Einladung und Rahmung zur Partizipation der Teufel im Detail steckt. Facilitatoren und Facilitative Leader sind erfahrene Begleiterinnen und Beraterinnen in diesen wichtigen, frühen Orientierungsphasen.

Facilitation und Facilitative Leadership sind also primär verbunden mit dem Anwendungskontext der Co-Creation. An mehreren Stellen haben wir deshalb bereits über unser Verständnis von „Co-Creation" geschrieben.

Co-Creation ist ein wertebasierter und freiwilliger Schaffensprozess von Menschen unterschiedlicher Profession, Disziplin, Kultur und Herkunft. Der Anspruch der Co-Creation ist mehr als „Mitmachen lassen". Co-Creation ersetzt die fachliche Führung Einzelner. Sie ist die Absicht, in einen gemeinsamen Flow der Erkundung, des Studierens und des Prototyping zu gelangen, der zu gesellschaftlichen oder für Organisationen relevanten Ergebnissen führt. Auf diese Weise werden Partikularinteressen, Win-Loose-Games, das Ausführen von „Aufträgen" oder das Abliefern determinierter Ergebnisse überwunden. Mehr Beteiligte übernehmen Verantwortung für das größere Ganze.

Ein wichtiger zusätzlicher Aspekt – gerade im Vergleich zur Partizipation – liegt darin, dass bei der Co-Creation die einladende Person oder Gruppe aus *allen* (!) Ebenen einer Organisation bzw. einer Gesellschaft oder Hierarchie kommen kann. Entscheidend ist, wer den Impuls gibt! Somit ist Co-Creation per se ein Format oder eine Philosophie im Kontext von Gleichwürdigkeit, Allparteilichkeit und Ergebnisoffenheit. Diese Werte könnten zwar grundsätzlich auch bei der Partizipation kultiviert werden, nur findet man dies in der Praxis seltener. Der Anspruch der Co-Creation ist also mehr als *Mitmachen lassen*.

Die Co-Creation ist ein gemeinsamer Schöpfungsakt gleichwürdiger Protagonisten, die ihren Teil an Kompetenz, Sichtweise, Kapazitäten und Ressourcen freiwillig für ein größeres oder höheres, die Einzelinteressen überragendes Ziel beitragen. Transparenz, eine vereinbarte Kultur der Begegnung und der Kommunikation sowie durchdachte und abgestimmte Koordinationsmechanismen sind einige wichtige Erfolgsfaktoren. Denn die kollektive Weisheit ist nicht garantiert und muss – vor allem wenn Vorgaben und eingeübte Mechanismen der klassischen Macht-Hierarchie fehlen – durch einen stimmigen Rahmen ermöglicht werden. Diesen stimmigen Rahmen zu erzeugen und zu halten, sodass sich kollektive Intelligenz und Weisheit zeigen kann, das ist Facilitation.

Am rechten Rand der Skala „Grad der Beteiligung" liegt die Mit-Eigentümerschaft. In einer Zeit, in der Hierarchien flacher und durchlässiger werden, sind neue Eigentums- und Organisationsformen, die echte Beteiligung, geteilte Verantwortung und Gleichwürdigkeit bereits in der Konstitution verankern, vermehrt zu beobachten.

Ihr Nutzen liegt auf der Hand: Wenn sich Menschen, die direkt aus dem Unternehmen stammen oder aus anderen Gründen zusammenkommen, die Verantwortung für die Qualität einer Organisation teilen, dann kann sich das gesamte System selbst regulieren. Hier bekommen Fairness und geteilte Verantwortung ein belastbares Format (Rechts- und Organisationsform). Menschen kultivieren auf Basis verständlicher Praktiken und sozialer Technologien eine ganz neue Wirklichkeit (Kultur und Koordinationsmechanismen). Solche Organisationen sind oftmals um ein Vielfaches erfolgreicher und resilienter im Umgang mit gegenwärtigen und künftigen Herausforderungen als Organisationen mit konservativen Macht- und Eigentums-Strukturen.

Es gibt unterschiedliche Bewegungen und Formen. Zum Beispiel die Commons-Bewegung[29], die eine Art zu Wirtschaften ohne Wettbewerb und Profitstreben kultiviert. Oder die Idee des Verantwortungseigentums[30] (Purpose Economy), bei der Eigentum als eine Aufgabe und keine Geldanlage gesehen wird. Diese Organisationen werden als *purpose driven*, also sinn-getriebene Unternehmen bezeichnet. Weitere Bewegungen und Renaissancen sind zu finden in der Genossenschaft als alternative Organisationsform sowie in community-basierten Initiativen nach dem Vorbild der Solidarischen Landwirtschaft.

Organisationen werden lebendig, wenn allen Beteiligten klar ist, um welches „Wofür", um welches Feuer sie sich mit Verantwortung und Selbstwirksamkeit versammeln. Facilitation scheint wie gemacht für diesen Anwendungskontext lebensdienlicher Initiativen und Organisationen. Denn beobachtbar ist, dass auch in solchen, an der Ganzheit ausgerichteten und sinn-getriebenen Organisationen Menschen mit ihren verschiedenen Anteilen zusammenkommen. Facilitation liefert die dafür hilfreiche Führungs-, Prozess- und Methodenkompetenz.

Die Erörterung und Differenzierung dieser Begriffe und die damit einhergehende Reflexion kann helfen, die Vorgehensweise und den Kommunikationsstil zum Gegenstand der Beratung werden zu lassen. Somit hilft das Denkmodell „Grad der Partizipation" immer dann, wenn eine erste Einordnung (die sich verändern darf) für das weitere Vorgehen hilfreich erscheint.

Die VUKA-Welt

Das Akronym VUKA wird aus den Anfangsbuchstaben der Begriffe Volatilität, Ungewissheit, Komplexität und Ambiguität gebildet. In unserer Praxis ist das Akronym VUKA vielen Entscheidern und Führungskräften bekannt. Es besagt in Kürze: „Der Kontext da draußen erfordert eine neue Denkweise und einen Verhaltenswechsel."

Wichtig erscheint uns, dass der Unterschied zwischen den einzelnen Komponenten verstanden wird, denn volatil ist nicht das gleiche wie komplex. Und Unsicherheit ist etwas anderes als Ambiguität. Daher liegt der Wert von VUKA darin, den Begriff nicht leichtfertig als trendiges Schlagwort für alle möglichen Situationen zu verwenden, sondern umsetzbare Handlungsmöglichkeiten für jede einzelne Komponente aus facilitativen Praktiken aufzuzeigen. Und das ist genau die Botschaft, die wir als Facilitatoren aufgreifen. Mit Facilitation bieten wir einen erprobten und robusten Rahmen aus Denk- und Lebensschule, Handwerk und Kunst an, der für jede der vier Komponenten wegweisende Ideen anbietet.

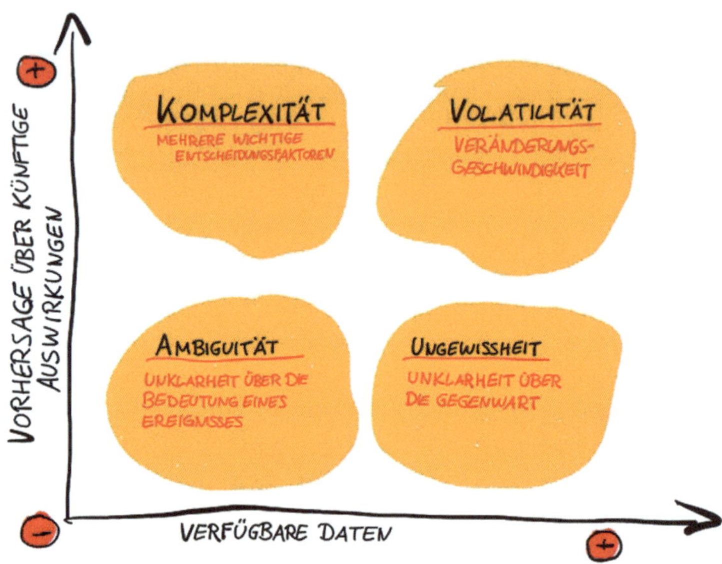

Volatilität (V) steht für Beweglichkeit und Dynamik gepaart mit einer zunehmenden Beschleunigung des Wandels. Die aktuellen Herausforderungen im Kontext von Organisationen oder eines Projekts sind unerwartet, instabil und von nicht vorhersagbarer Dauer. Dies liegt am technologischen Fortschritt und einer sich durch Digitalisierung und Globalisierung dynamisch entwickelnden Interkonnektivität. Bahnbrechende neue Lösungen durch Nanotechnologie, Künstliche Intelligenz, Blockchain und vieles mehr heizen diese Entwicklungen zusätzlich an. Globale Umwelt-Herausforderungen, hoher Wettbewerbs- und Innovationsdruck, exponentielles Wachstum und disruptive, nicht planbare Entwicklungen in Markt und Gesellschaft sind die Folge. Mit langfristig angelegter strategischer Planung und einem linearen Managementverständnis wird es schwierig beim Umgang mit Volatilität.

Facilitation kultiviert Agilität. Eine agile, am Organischen angelehnte Organisationsstruktur und eine ebenso agile, antwortfähige Kultur der Führung und Zusammenarbeit gelten als beste Mittel in Umfeldern mit hoher Volatilität. Es werden Kapazitäten aufgebaut für den Umgang mit dynamischen, sprunghaften Entwicklungen.

Ungewissheit (U) steht für die Unvorhersehbarkeit der Zukunft. Es ist angesichts der rasanten Marktentwicklung und der Innovationsgeschwindigkeit nahezu unmöglich vorherzusagen, was das „nächste große Ding" sein wird. Die Konsumenten und Nutzer werden immer autonomer und die Trennung zwischen Anbieter und Nachfrager verschwimmen sogar in einigen Fällen (bspw. „Prosumenten"). Aufschaukelungseffekte, hervorgerufen durch soziale Medien, Communities und Meinungsbildung quasi über Nacht, lassen in den Führungsetagen jede Fantasie an Gewissheit, Steuerbarkeit und Kontrolle schwinden.

Facilitation folgt der Philosophie des nächsten Schrittes und läuft in iterativen, also sich wiederholenden Prozess-Schleifen. Auf diese Weise gelingt ein „Segeln auf Sicht" und eine Einbeziehung aller notwendigen Menschen aus dem relevanten System. Ungewissheit wird somit als natürliches Phänomen verstanden, dass den Startpunkt einer Suchbewegung markiert. Ungewissheit wird im Facilitativen auch als Ressource verstanden, denn sie ermöglicht, gute Fragen zu stellen und gemeinsam zu erkunden („Nichtwissen ist eine Ressource"). Erkunden und Fragen stellen sind

Aspekte einer facilitativen Führungskultur. Ziel von Partizipation und Dialog ist, gemeinsam informierte Entscheidungen zu treffen.

Komplexität (K) meint unüberschaubare Situationen oder Sachverhalte, die sich durch miteinander verknüpfte Teile und Variablen auszeichnen. Allein der Umfang an Daten, Sichtweisen, Aspekten und Informationen kann überwältigend sein. Hinzu kommt eine sich dynamisch entwickelnde, durch die Digitalisierung und Social Collaboration erzeugte Vernetzungsdichte. Wenn der Umfang und die Vielfalt auf eine hohe Vernetzungsdichte und damit einhergehende Interaktionen stoßen und wenn es sich um soziale Systeme handelt, die durch Aktion und Reaktion Wirklichkeit, Trends und Entwicklungen im Sekundentakt erschaffen, reicht ein einzelnes Gehirn nicht, dies zu verarbeiten. Herkömmliche Organisations- und Managementstrukturen, die sich als Macht-Hierarchie aufbauen, scheitern im Umgang mit Komplexitäten.

Facilitation hingegen kultiviert Multiperspektivität, kollektive Intelligenz und bereichsübergreifende, frühzeitige Partizipation. Dies führt zu Transparenz, Wissen, Information und Antwortfähigkeit beim Umgang mit Komplexität. Facilitation bietet soziale Technologien und eine Transformationskompetenz, die für größere Wahrnehmungskörper Sorge trägt. So wird Komplexität handhabbar.

Ambiguität (A) heißt Mehrdeutigkeit. Wir kennen Situationen, in denen sowohl das Eine als „richtig" erachtet wird und das Gegenteil davon aber auch. Menschen betrachten gemeinsam die gleichen Daten oder haben die gleichen Informationen, ziehen aber unterschiedliche Schlüsse – und alles klingt plausibel. Ambiguität beschreibt ein Umfeld in Markt und Gesellschaft, in dem keine eindeutige Bedeutung erkennbar ist. Das heißt auch: Was gestern noch richtig war, kann heute schon fatal sein. Dies ist eine besonders schwierige Botschaft für Menschen, die an die *eine* richtige Antwort oder Lösung glauben – und an die eine Wahrheit.

Facilitator und Facilitative Leader wissen: Wir haben aus unserer individuellen Perspektive immer alle Recht (weil wir sie aus unserem subjektiven Erleben belegen können). Dies führt zu der facilitativen Praxis, die wir angesichts der Ambiguität lernen dürfen, nämlich verschiedene Sichtweisen nebeneinander zu stellen, ohne die persönliche verteidigen zu müssen. Sich für andere „Realitäten" zu öffnen, ist in Zeiten der Ambiguität eine Führungsqualität.

Es gibt eine sequenzielle Darstellung der vier VUKA-Komponenten. Hier wird Komplexität als Ausgangssituation betrachtet, die eine hohe Volatilität und Ungewissheit bewirkt. Die Auswirkung auf Führung und Management liegt in der Ambiguität, was Entscheidungen betrifft.

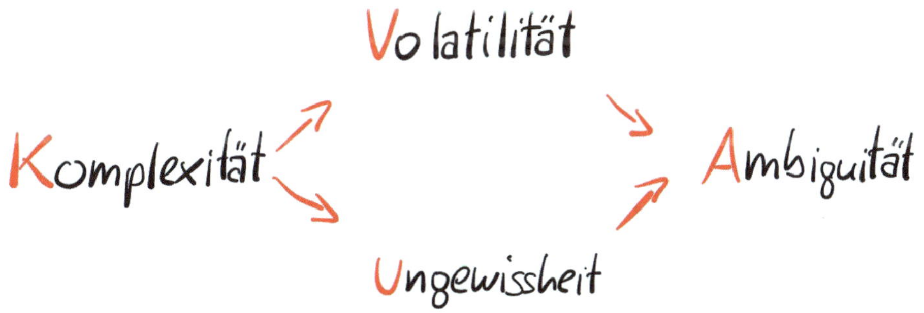

Volatilität

Komplexität

Ambiguität

Ungewissheit

Der BANI-Denkrahmen

Das Akronym BANI steht für „Brittle, Anxious, Nonlinear, and Incomprehensible" (spröde, ängstlich, nichtlinear und unverständlich). Während „VUKA" erstmals in der Arbeit des US Army War College in den späten 1980er-Jahren formuliert wurde, tauchte BANI erst im Jahr 2020 auf.[31]

BANI ist somit ein jüngeres Modell bzw. eine Lupe, durch die wir hindurchsehen können, um das größere Bild der heutigen, disruptiven, kollapsartigen Entwicklungen zu erkennen. Es ist eine Sprache, die zwingender zu verstehen gibt, dass es „kurz vor 12" ist. BANI bietet, ähnlich wie VUKA, die Chance zu erkennen, dass egozentrierte, am Einzelinteresse oder allein am monetären Shareholder-Value ausgerichtete Strategien eine immer geringere Halbwertzeit haben. Es geht um größere, nicht organisations-zentrierte Fragestellungen, die aber Auswirkungen auf das Handeln in Organisationen haben.

Facilitation kommt hier ins Spiel, weil es den Umgang mit den gegenwärtigen Herausforderungen durch facilitative Haltung und Handwerk erleichtern kann. Schauen wir uns kurz die Begriffe an und wie Facilitation dazu eingeordnet werden kann.

Brittle (B, spröde/brüchig): Was spröde ist, ist anfällig für unvorhersehbares, plötzliches Versagen. Es ist alter Wein in alten Schläuchen, die aber noch gut aussehen. Von außen betrachtet sieht man spröden Materialien zunächst nichts an. Und doch halten sie nicht, was der erste Anschein verspricht.

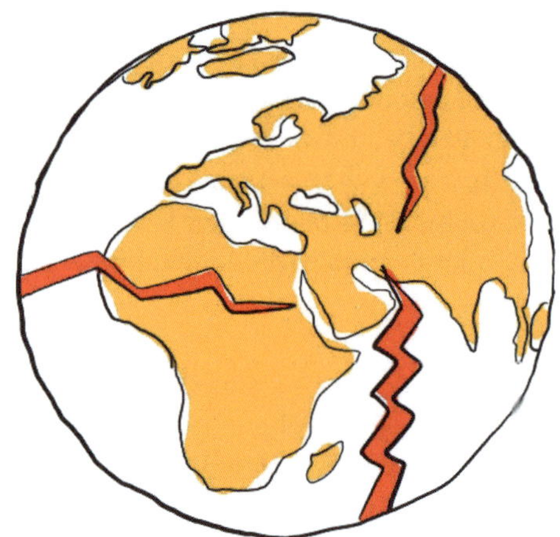

Auch Systeme, Strategien und Organisationen können in diesem Sinne spröde sein. Sie haben eine starke Display-Seite, sehen also äußerlich gut aus, doch wenn der Druck durch die relevanten Umwelten zu stark wird, dann kann alles auseinanderfallen. Das ist das Gegenteil von Resilienz. Vieles, was wir in Organisationen derzeit erleben, scheint für Sprödigkeit anfällig zu sein – z. B. Gewinnmaximierung, Effizienzstreben, Return-on-Invest-Denken, Mitarbeitende als Teilchen in einem großen Räderwerk und Top-down-Management.

„Was nicht stimmig ist, hat keinen Halt mehr", so lautete die Erkenntnis in einem unserer Circle während der COVID-19 Pandemie. **Facilitation ist Balsam gegen Sprödigkeit.** Soziale Systeme erleben sich durch Facilitation (wieder) lebendig, verbunden und selbstwirksam. „So haben wir schon lange nicht mehr miteinander gesprochen", heißt es zum Beispiel. Oder: „Ich weiß jetzt wieder, wofür wir da sind!" Menschen, die Facilitation kultivieren, sei es in der Führung, im

Projekt oder in der grundsätzlichen Ausrichtung, spüren, dass sie sich (wieder) entwickeln – hin zum Organismus, zum Lebendigen und zum Ganzen. Somit kann Facilitation in Zeiten, in denen vieles auseinanderzufallen droht, hilfreich sein.

Anxious (A, Angst): Angst kann eine Steigerung von Hilflosigkeit sein. Es trifft Menschen und ganze Organisationen, wenn man spät erkennt, dass man über Jahre in der falschen Richtung unterwegs war, wenn die Zeichen, dass irgendetwas im Gebälk bzw. in der Tiefe des Geschehens grundsätzlich schiefliegt, sich mehren. Die Überlebenden des Titanic-Unglücks hatten keine Angst. Zunächst. Doch sie berichteten von sonderbaren Knackgeräuschen im Bootsrumpf im eiskalten Wasser. Diese standen in Verbindung mit „kältebedingter Sprödigkeit“[32] des verwendeten Stahls. Angst steigt auf, wenn es zu spät ist für Reparaturmaßnahmen oder Gegensteuern. Angst kann auch eng mit Depression verbunden sein. Sie kann zur Regungslosigkeit, zur Passivität führen, weil man nichts falsch machen will oder weil man meint, es hätte ohnehin keinen Zweck mehr.

Angst verstärkt sich durch erfahrbares Missmanagement, durch Fehl- oder ausbleibende Informationen, Fake News sowie durch Stigmatisierung und Polarisierung. Der Fokus in den Medien auf Probleme, Versagen, Krieg und Terror sowie eine Spirale der Anfeindung in Social-Media-Kommentaren steigern ebenfalls die Angst. Deshalb ist die Art und Weise, wie wir sprechen, welche Worte wir wählen, worauf wir unsere Aufmerksamkeit lenken und mit welcher Haltung wir unterwegs sind, so entscheidend. Im Kern blicken wir gemeinsam auf „eine Wirklichkeit, die niemand will“[33]. Da kann man schon einmal Angst bekommen. Wie können wir uns eine Wirklichkeit kreieren, die weniger Angst auslösend wirkt?

Facilitation kultiviert gemeinsame Intentionsbildung, Achtsamkeit und weise Entscheidungen im gesamten relevanten System. Werte wie Fairness, Transparenz, Klarheit, Empathie und Stimmigkeit prägen den Ansatz und das Anliegen. Die bekannte Beraterin für Systemwandel in großen Unternehmen und Institutionen, Margaret Wheatley, spricht von „Islands of Sanity“ („Inseln des gesunden Menschenverstands“). Darum geht es bei Facilitation, die Angst mitnehmen, fragen, was uns die Angst lehren oder sagen möchte, und Inseln der Stimmigkeit und des gesunden Menschenverstands „bauen“. Facilitatoren haben sich mit ihrer Angst auseinandergesetzt (siehe „Die gute Medizin des Facilitators“ ab Seite 17) und halten während des gesamten Entwicklungsprozesses Räume, in denen sich Ängste zeigen dürfen.

Nonlinear (N, nichtlinear): Nichtlinearität zeigt sich, genau wie bei der dynamischen Komplexität (vgl. Seite 122), darin, dass eine Verbindung zwischen Ursache und Wirkung kaum auszumachen ist. Zusammenhänge sind schwer zu erkennen. Ursachen und Wirkungen können zeitlich weit auseinanderlaufen und in einem kaum erkennbaren Zusammenhang stehen. Dies zeigt sich z. B., wenn kleinste Entscheidungen und Handlungen massive Konsequenzen haben – im Guten wie im Schlechten. Es zeigt sich beim Klima, wo eine der größten Herausforderungen die lange Verzögerung zwischen Ursache und voller Auswirkung ist. Wenn die Ressourcen des Planeten endlich sind, die Verfolgung nach unbegrenztem Wachstum jedoch nicht: das ist Nichtlinearität. Nichtlinearität zeigte sich in der COVID-19-Pandemie von 2020 und der Folgezeit.

Unsere uns umgebenden Ökosysteme funktionieren nichtlinear, sie sind organisch. Pandemien, der nächste Hype, Schwarmverhalten, Ergebnisse von Mitarbeiterbefragungen, Aufschaukelungseffekte im Käufer- oder dem Kommentarverhalten in sozialen Medien – alles nichtlinear. Ein lineares Organisationsverständnis trifft auf eine nichtlineare Wirklichkeit.

Vielfalt, das Nichtwissen, die Ganzheit, die Selbstorganisation: dies sind Ressourcen und Potenziale in einer facilitativen Welt, die ebenfalls nichtlinear und zugleich kreativ und lebendig ist. Facilitation will Nichtlinearität nicht in den Griff bekommen oder domestizieren, sondern die darin enthaltene Vielfalt und Lebendigkeit nutzen. Facilitation heißt immer: Mit dem Leben gehen. Nicht dagegen.

Incomprehensible (I, Unverständlichkeit): Unsere Gegenwart ist geprägt durch von Menschenhand entwickelte Dinge, die wir nicht mehr alle verstehen. Unverständlichkeit erkennt man in Systemen und Prozessen. Beispielsweise bei Programmierungen, bei denen bestimmte Codes scheinbar defekt sind, aber dennoch funktionieren.[34] Hochvernetzte technische und soziale System scheinen ein Eigenleben zu entwickeln, dass wir nicht mehr gänzlich durchschauen. Ähnlich ist es mit künstlicher Intelligenz und algorithmischen Systeme. Durch die hohe Vernetzungsdichte gepaart mit rekursiven Rückkopplungsschleifen blickt niemand mehr in Gänze durch, was diese Systeme machen.

Schauen wir auf Organisationen: Dass im organisationalen Kontext Ereignisse und Entscheidungen für einzelne Menschen oder Gruppen unlogisch oder sinnlos erscheinen, ist system-immanent. In großen, komplexen Systemen treffen Entscheidungen in der Regel auf Unverständlichkeit oder gar auf ein Gefühl von Willkür, weil die Wenigsten am Entstehungsprozess teilgenommen haben. Wir haben das „Us- & Them Paradigm“ (Die-und-Wir-Paradigma) bereits erwähnt. Die Unterscheidung in „die einen“ und „die anderen“ ist ein Ausdruck für Trennung und Fragmentierung – und oftmals das Grundrauschen in Organisationen. Mehr und zusätzliche Informationen garantieren in dieser Situation kein besseres Verständnis.

Gegen Unverständlichkeit helfen weniger ein Heldenansatz und PowerPoint-Kaskaden, sondern stimmige Beziehungsangebote, Transparenz und Kommunikation als gemeinsamer Prozess der Sinnfindung und Willensbildung. Facilitation könnte hier hilfreich sein, denn für Verstehen und Verständigung zu sorgen, ist das Anliegen.

Die drei Arten der Komplexität

Ergänzend zur VUKA- und BANI-Welt und ihren Dynamiken lassen sich die Auswirkungen rasanter Entwicklungen in Markt und Gesellschaft durch die drei Arten der Komplexität[35] beschreiben.

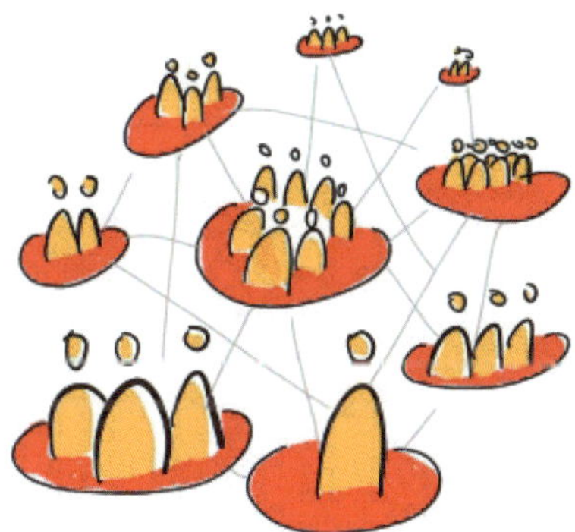

Soziale Komplexität: Damit ist die gesamte Stakeholder-Struktur eines sozialen Systems (z.B. einer Organisation) gemeint. Das sind alle Gruppen und Einzelpersonen, die einen Anspruch, ein Interesse, Wissen oder Informationen zur Sache haben (Anspruchsgruppen). Es sind vor allem die Menschen, die als zum System zugehörig oder verbunden betrachtet werden, weil sie von den Auswirkungen (beispielsweise einer Veränderung) betroffen sein werden. Beispiele für soziale Komplexität sind Anwohner, ansässige Industrie, Transportunternehmen, oder Umweltschützer, die alle gemeinsam das gleiche Gewässer bzw. die selbe Wasserstraße für ihre Zwecke und Ziele beanspruchen.

Facilitation und Facilitative Leadership bauen auf die kollektive Intelligenz der Vielen. Das facilitative Handwerkszeug zählt Großgruppenverfahren und Multi-Stakeholder-Dialoge zu den wichtigsten sozialen Technologien des 21. Jahrhunderts. „Das ganze relevante System in einen Raum holen", lautet das von Marvin R. Weisbord[36] formulierte facilitative Prinzip dazu.

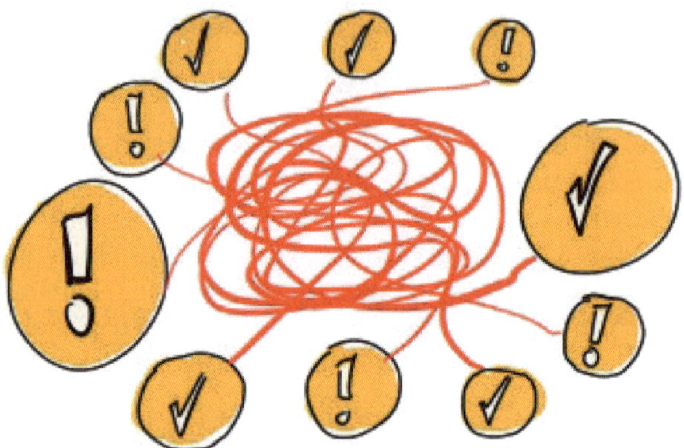

Dynamische Komplexität: Angesichts sich überholender und miteinander verwobener gesamtgesellschaftlicher, globaler Entwicklungen kann eine Ursache-Wirkungs-Linearität nicht mehr hergestellt werden. Unüberblickbare Aufschaukelungseffekte – auch aufgrund des Internets und seiner rasanten Entwicklung (seit den 1980er-Jahren) – führen zu einer sich permanent verändernden, instabilen – zugleich kreativitäts-fördernden – Gesamtsituation, die Führung, Management und Organisation herausfordert. Beispiele für Dynamische Komplexität sind die Tatsache, dass wir ökologisches Artensterben oder in Nischen beobachtbare neue Artenvielfalt nicht auf einzelne Maßnahmen oder Ursachen zurückverfolgen können. Das Leben ist zu komplex, die Wechselwirkungen sind oft nicht wahrnehmbar, nachverfolgbar oder gar bewusst. Linear-kausale Erklärungen und reaktive Lösungsversuche sind somit überfordert.

„Je länger und komplexer die Kette von Ursache und Wirkung, desto höher die dynamische Komplexität eines Problems. Ein Problem mit einer geringen dynamischen Komplexität kann sequenziell angegangen werden. Steigt jedoch die dynamische (und soziale) Komplexität, stößt eine sequenzielle Herangehensweise an ihre Grenzen, denn sie übersieht systemübergreifende Abhängigkeiten.«
Otto Scharmer

Facilitation und Facilitative Leadership laden dazu ein, robuste, belastbare Gruppen mit der Fähigkeit zur gemeinsamen Erkundung und zur kollektiven Intelligenz zu entwickeln. Auf diese Weise kommen systemübergreifende Abhängigkeiten in den Blick. Somit setzt Facilitation auf Perspektivenvielfalt. Die Wahrscheinlichkeit, komplexe, epochale Herausforderungen zu meistern, steigt damit dramatisch an im Vergleich zu herkömmlichen linear-kausalen, sequenziellen Denk- und Vorgehensweisen.

Emergente Komplexität: Da sich aufgrund der zuvor beschriebenen Arten der Komplexität Zukunft nicht durch eine Verlängerung von Verlaufskurven der Vergangenheit vorherbestimmen lässt, scheitern lineares Denken, langfristig angelegte strategische Planung und ein pyramidales Top-down-Management an der Realität. Emergenz meint in diesem Zusammenhang, dass Zukunft plötzlich auftaucht, ohne dass man sich mit Gewissheit oder Planbarkeit darauf vorbereiten könnte. Dies sind große Herausforderungen für die Antwortfähigkeit und die Steuerbarkeit in komplexen, organisationalen Strukturen und Konstruktionen, wie z. B. in Konzernen oder in internationalen Organisationen.

Facilitation und Facilitative Leadership liefern praxistaugliche Choreografien der Transformation, die den Umgang mit emergenter Komplexität bereits auf der Methodenebene integriert haben. Es ist möglich, auch in verfahrenen Situationen sowie in Zwickmühlen durch facilitatives Handwerk, echte und kreative Durchbrüche zu erzeugen (siehe Kaptitel „CO-CREATION“ ab Seite 192).

VUKA und BANI und die „drei Arten der Komplexität“ führen nicht selten zu Gefühlen von Ohnmacht. Und dennoch vermuten oder spüren viele Menschen, dass wir grundsätzlich als reflektierte, gebildete, denkende und fühlende Wesen mit Herausforderungen und mit Komplexität umgehen können. Wenn man Komplexität, wie soeben dargelegt, differenzieren kann, wenn wir unseren Klienten helfen, für latente Gefühle und Beobachtungen Begriffe zu entwickeln, dann können sie die Phänomene besser begreifen. Dies führt häufig zu einer wiedererlangten Steuerposition und einem Erleben von Selbstwirksamkeit. Man kann lebendige Organismen nicht beherrschen und es ist unklug, dies zu glauben, aber man kann etwas tun.

Es sind diese Selbsterfahrungen, einen frischen Blick auf die Sache erlangt und eine neue Sprache gefunden zu haben, die Menschen aus der Ohnmacht herausholen und hinwenden lassen zum Daseinszweck der Organisation. Das ist eine Transformationskompetenz, die durch Facilitation als neue Kapazität vielen Menschen in Organisationen zugänglich gemacht werden kann. Diese Kapazität rettet nicht die ganze Welt, doch sie bewirkt, dass Menschen anders wahrnehmen, dass sie sich andere Fragen stellen und dass sie vor allem anders mit eigenen psychischen und sozialen Herausforderungen umgehen können. Auf diese Weise kann es eher gelingen, den Wertbeitrag einer Organisation im Blick zu behalten und folgerichtige Entscheidungen zu treffen.

Die Evolution von Bewusstsein und Organisationsform

Die Idee, dass nicht nur Menschen, sondern ganze Organisationen durch verschiedene Entwicklungsstufen gehen, wurde für uns vor einigen Jahren deutlich, als der renommierte Berater und Coach für Führungskräfte, Frederic Laloux, auf dem jährlichen Lernforum Großgruppenarbeit in

Oberursel seine Version einer integralen Theorie in Form von Bewusstseinsstufen von Gruppen, Organisationen und Gesellschaften vorstellte.[37]

> *„Im Laufe der Geschichte hat die Menschheit mehrere Male die Art und Weise, wie Menschen zusammenkommen, um gemeinsam zu arbeiten, neu erfunden – und dabei jedes Mal ein weitaus überlegeneres Organisationsmodell geschaffen. Zudem deutet diese historische Perspektive auf ein neues Organisationsmodell hin, das kurz bevorsteht und auf seine Verwirklichung wartet."*
>
> Frederic Laloux[38]

Organisationen und ihre Strukturen, Selbstzuschreibungen und Praktiken haben sich im Laufe der Menschheitsgeschichte verändert – auch Organisationstheorie selbst darf sich als lern- und entwicklungsfähig betrachten. Viele heilige Kühe, Konventionen und Routinen stehen irgendwann einmal auf dem Prüfstand, wenn man sich klarmacht, dass auch die gängigste Managementpraxis nicht so bleiben wird, wie sie derzeit anzufinden ist. Selbstverständlich unterliegt auch das, was man in den heutigen Management- und wirtschaftsorientierten Masterstudiengängen lehrt, dem permanenten Wandel und der Entwicklung.

Dies kann man in der Auftragsklärung und Initialberatung anhand des folgenden Denkmodells aus der Erkenntnistheorie verdeutlichen. Der Diskurs über verschiedene Bewusstseinsstufen und (Denk-)Paradigmen in Organisationen weitet das Feld für unterschiedliche Wirklichkeiten und liefert Klienten oft eine Sprache für etwas, was sie bereits spüren, aber bisher nicht immer ausdrücken können.

Laloux beruft sich in seinem Buch „Reinventing Organizations" auf Philosophen, Historiker und Anthropologen und stellt heraus, dass sich die Menschheit in Sprüngen weiterentwickelt hat. In jedem Zeitalter gab es eine damit einhergehende Form, Organisationen zu strukturieren, zu managen und zu führen. Im Kern dokumentiert Laloux's Modell Durchbrüche der Menschheit in ihrer Fähigkeit, sich zu organisieren und zusammenzuarbeiten. Danach stellen sich die Bewusstseins-Evolution und entsprechende Organisationsformen wie folgt dar:[39]

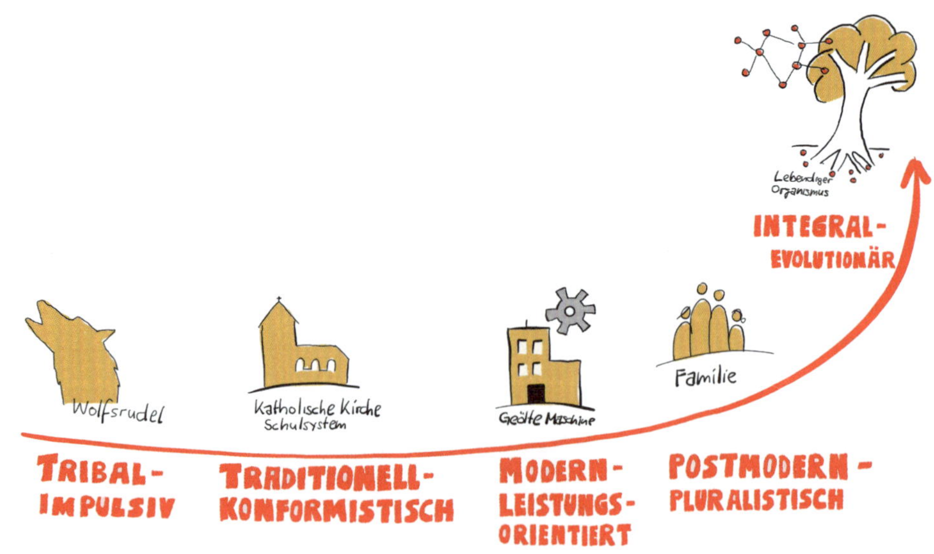

Die Zeitalter, die diese Durchbrüche mit sich brachten, bezeichnet er als:
1. tribal-impulsiv,
2. traditionell-konformistisch,
3. modern-leistungsorientiert,
4. postmodern-pluralistisch und schließlich
5. integral-evolutionär.

Die Idee, Bedürfnisse, Bewusstsein oder psychologische Verfasstheit in Stufenmodellen darzustellen ist nicht neu. Vergleichbare und vorhergehende Modelle lieferten in der westlichen Gesellschaft u. a. Abraham Maslow[40], Jean Gebser[41], Clare W. Graves[42] und Ken Wilber[43]. Ken Wilber und Jenny Wade haben beispielsweise die wichtigsten erkenntnispsychologischen Stufenmodelle miteinander verglichen und Übereinstimmungen festgestellt. Insgesamt ist eine ähnliche Entwicklungsperspektive feststellbar, die durch „starke Evidenz aus großen Datenmengen gestützt"[44] wird.

Der Wert dieser Modelle liegt vor allem in den folgenden Aspekten:
1. Sie verdeutlichen, dass sich die organisationale Wirklichkeit vieler Menschen in einer, teils sprunghaften Evolution befindet und Entwicklungs-Fort- und Rückschritte eher natürlich sind. Das heißt auch: Nichts muss so bleiben, wie es ist. Damit haben wir als Organisationsberater und Facilitatoren gute Argumente für ein gewisses Maß an Plastizität (Gestaltbarkeit) von Organisationen.
2. Sie geben Menschen in Organisationen eine Sprache und eine Landkarte für den eigenen Entwicklungsweg. Das heißt auch: Orientierung ist möglich, denn was in die Kommunikation kommt, kann Gegenstand neuer Vereinbarungen werden. Unser Anliegen ist, die Transformationskompetenz in Organisationen zu vergrößern und zu mehr Wertschöpfung für die Kunden beizutragen. An dieser Stelle ist Kenntnis und Sprachfähigkeit ein wesentlicher erster Schritt.
3. Sie bieten die Möglichkeit, Entwicklungslinien von einer (Bewusstseins-)Stufe zur nächsten zu skizzieren, die spezifisches Verhalten, u. a. im Anwendungskontext von Führung und Zusammenarbeit, beschreiben. Das heißt auch, Zielhorizonte können unter Zuhilfenahme von Bewusstseinsstufen-Modellen viel genauer beschrieben und deren Erreichen verfolgt werden.[45] Das nutzen wir vor allem in der Pilotgruppenarbeit an den Stellen, wo es darum geht, Mandate für Entwicklungsvorhaben zu formulieren.

Denkmodelle vereinfachen die Realität. Das hat Auswirkungen, die man beschreiben kann:
1. Die Realität ist weitaus komplexer, als dies ein erkenntnistheoretisches Stufenmodell zu vermitteln vermag. Somit sind in der Praxis wenig hilfreiche Zuschreibungen („Die sind noch auf einer anderen Stufe!") und Missverständnisse („Wir wollen integral werden!") häufig anzutreffen.
2. Man könnte verstehen, es gäbe eine der Erleuchtung nahekommende Entwicklungsstufe, die sich zwar nicht unbedingt besser anfühlt, aber auf der man mit höheren Komplexitäten umgehen kann. Dies führt in der Praxis oftmals zu einer, teils unbewussten, Abwertung der jeweils niedrigeren Stufe und heizt ein neues „Rat Race" (Rattenrennen, Hamsterrad) an hin zur vermeintlichen Vervollkommnung.
3. Wo von einer allumfassenden Theorie von Allem die Rede ist („A Theory of Everything", Ken Wilber[46]), sind Debatten über das „richtige" Verständnis oder die „richtige" Auslegung nicht weit. Wer die Weisheit für sich beansprucht, könnte in die Falle tappen, zu wissen, wie es geht, und andere bekehren zu wollen. Und damit würde man selbst dem heroischen Ansatz verfallen, den man, zumindest als Facilitator, mit „einladen, inspirieren und ermutigen" begegnen möchte.

Praxistipp

Wir empfehlen, dieses oder vergleichbare Denkmodelle in der Praxis tatsächlich – je nach Situation groß an der Pinnwand oder kleiner auf einem Zettel – zu visualisieren. Wir haben vielfach erlebt, wie bereits wenige, basale Aspekte der Erkenntnistheorie wertvolle Einblicke und Aha-Momente für Entscheider zur Folge haben können. Wenn es möglich ist, die Entwicklungsstadien unserer Zivilisation modellhaft nachzuvollziehen, dann ist es, als beobachte man die Evolution unserer Zivilisation aus der Vogelperspektive. Zudem kann man wie auf einem Zeitstrahl in die Vergangenheit und die nähere Zukunft reisen. Man versteht eher, was war, was ist und in welcher Stufe man sich gerade befindet. Und selbst wenn man sich (noch) nicht in einer Entwicklung in diesem Sinne sieht, dann versteht man besser, was gerade in den relevanten Umwelten der eigenen Abteilung oder Organisation los ist. Das öffnet Türen für tiefere Fragen und für die Beschäftigung mit Facilitation.

Die Zeitalter im Überblick

Das **tribale Zeitalter** (vor ungefähr 10.000 Jahren) ist das erste Zeitalter, in dem Anfänge von Organisationsformen auszumachen sind.[47] Diese sind durch Gewalt und Machtausübung einzelner Clanchefs und Stammesfürsten geprägt. Das sind, laut Laloux, tatsächlich vorwiegend männlich geprägte Organisationsstrukturen. Während in den vor-tribalen Paradigmen kleinere Familienstrukturen bis zu einigen Dutzend Menschen zusammenkamen, sind es im tribalen Zeitalter bereits bis zu Tausende und Zehntausende. Die Führungsmacht wird in diesem Paradigma durch Gewalt durchgesetzt. Sie hält so lange, bis ein anderer den Platz einnimmt. Meist handelt es sich dabei nicht um friedliche Übernahmen oder Nachfolgeprozesse.

Es gibt in der Regel keine Strategie und kein Organigramm, nur das Recht des Stärkeren. Aufnahmerituale sind üblich, man kann aber auch ausgestoßen werden. Das heißt auch: Entweder ist man dabei oder man gehört zur feindlichen Umwelt. Die Welt wird polar in „Meins" und „Deins" eingeteilt. Die Aufmerksamkeit liegt auf der Gegenwart, und einfachste Strategien der Manipulation und Unterordnung zielen auf den Machterhalt. Die für tribale Organisationen gewählte Metapher ist das Wolfsrudel – die machtausübende Führungsrolle wird einem Alphawolf[48] zugeschrieben. Als Beispiele heutiger Organisationsformen werden Mafiaclans und Straßengangs genannt.

Praxistipp

Viele Führende und Kreativarbeiter in heutigen Organisationen lächeln anhand dieser Beschreibungen, denn, so sagen sie, sei hier und da ähnliches, tribales Verhalten in ihrer eigenen, modernen Organisation immer noch auszumachen. Sich selbst ertappt fühlen oder erinnert werden, sind häufige Phänomene bei der Auseinandersetzung mit Entwicklungsstufen-Modellen. Es kann hilfreich sein, mit Humor darauf zu schauen und die Klienten einzuladen, ihre Erfahrungen zu teilen. Es ist nur ein Modell bzw. eine Theorie, mit der wir Erklärungsansätze und Hypothesen bilden.

Zu gegebener Zeit wird es von ganz allein wieder ernsthafter, denn dann geht es um die Frage, ob ein Upgrade von Managementinstrumenten samt des dahinter liegenden Mindsets ein zielführender Weg sein könnte. Wichtig hierbei ist, das gegenwärtige Denken und Handeln nicht als „überholt" oder „aus der Zeit gefallen" zu stigmatisieren, sondern neugierig zu erkunden, inwiefern unser Denken und bestimmte Grundannahmen zu entsprechenden Praktiken und (Organisations-)Formen führen können. Und ob das so bleiben soll.

Die Agrarrevolution läutet das **traditionell-konformistische Zeitalter** ein. Andere Organisationsformen zeigen sich. Die Gewalt nimmt ab, das Organigramm wird erfunden und eine stabile Hierarchie entsteht. Die Metapher ist die Armee. Als Beispiele gelten die katholische Kirche und das öffentliche Schulsystem. Die Schattenseiten sind Willkür, wenig Individualität und eine bedingungslose Unterordnung innerhalb des Apparats. Im Gegensatz zum vorherigen tribalen Paradigma gibt es einen Durchbruch in der Effektivität. Diese durchorganisierten, in Managementebenen aufgebauten, pyramidalen Systeme (am Beispiel der katholischen Kirche: vom Papst, über die Kardinäle, bis zu den Bischöfen, Priestern und Diakonen) sind in der Lage, ihr „Produkt" weltweit zu vertreiben.

Praxistipp

Häufig wird von einem „unterschiedlichen Transformationsstand" quer durch die Organisation gesprochen. Es ist an dieser Stelle sinnvoll, bei Bewertungen im Sinne von „gut" und „besser" eine andere Sichtweise anzubieten. „Es ist nicht notwendigerweise ‚besser', auf einer höheren Entwicklungsebene zu sein, so wie ein Jugendlicher nicht ‚besser' ist als ein Kleinkind."[49] Jede Stufe liefert neue Antworten für den Umgang mit steigender Komplexität. Das befreit Organisationen nicht davon, ihre eigenen Antworten für den eigenen Anwendungskontext zu finden.

Mit der industriellen Revolution kündigen sich Durchbrüche in Richtung Innovationskraft, Verlässlichkeit und Leistungsfähigkeit an. Durch ständige Optimierung von Abläufen und Produktionsprozessen entsteht die **moderne Organisation**, wie es sie heute weitgehend in allen Sektoren gibt. Die Metapher ist eine gut geölte Maschine, in der alle Zahnräder ineinandergreifen. Prozesse und Projekte stehen im Mittelpunkt operativer Tätigkeit. Die gängigen Steuerinstrumente sind Zielvorgaben, Leistungskennzahlen (KPIs) und finanzielle Anreise (Bonussysteme). Management-Innovationen, wie z. B. das Personalwesen, Marketing, Produktmanagement, Forschung und Entwicklung und Nachfolgeplanung, werden erfunden.

Die Macht-Hierarchie (Pyramide) ist immer noch die Grundform, doch die Ebenen und Bereiche kommunizieren und innovieren miteinander ebenen- und funktionsübergreifend. Menschen können ihre Potenziale und Talente tendenziell eher ausleben und häufig über das „Wie" der Zielerreichung selbst bestimmen. Moderne Organisationen haben große Prosperität für viele Menschen gebracht. Fortschritte in Industrie und Wissenschaft begleiten diese Entwicklung. Die Globalisierung, Digitalisierung, Automatisierung und künstliche Intelligenz sind einige der bekannteren Treiber des Fortschritts.

Auf der Schattenseite befinden sich ein dynamisch wachsendes Konkurrenzdenken, Zeit- und Leistungsdruck sowie viele Kollateralschäden für Mensch und Umwelt, beispielsweise in Form mentaler, psychologischer Belastungen und Krankheiten (Burn-out, Depression, Angststörungen etc.) sowie durch real erfahrbare Natur- und Wetterphänomene (Rückgang der Biodiversität, Wasserknappheit, Wüstenbildung, Pandemien etc.), die darauf hinweisen, dass die Folgeschäden dieser Art des Wirtschaftens immens und vermutlich noch gar nicht in Gänze absehbar sind.

Mit dem Informationszeitalter zeigen sich zunehmend werteorientierte, sogenannte **postmoderne, pluralistische Unternehmen**. Bereits Ende des 19. Jahrhunderts (diverse Befreiungsbewegungen) und bis in die 1960er-Jahre (freie Kommunen) hinein wurden gemeinschaftliche Bewegungen bekannt, die Antworten auf die Schattenseiten der industriellen Revolution geben wollten. Formen eines extremen Egalitarismus erreichten zwar, weder in ihrer Größe noch ihrer Dauer, eine nennenswerte Bedeutung, dennoch hat die pluralistische, postmoderne Weltsicht weitere Durchbrüche für Organisationen gebracht: Empowerment, eine werteorientierte Kultur und Sinnausrichtung sowie die Integration verschiedener Interessengruppen.

Viele Unternehmer und Kreativarbeiter, die Frederic Laloux interviewte[50], sagten: „Wir sind eine Familie!". So ist die Metapher der Familie entstanden. Im Gegensatz zur vorherrschenden

Ellbogen-Mentalität moderner Unternehmen tritt hier das gemeinsame Wohlsein und Anliegen aller in den Vordergrund.

„Postmoderne Organisationen behalten die leistungsorientierten hierarchischen Strukturen moderner Organisationen bei, geben aber die Mehrheit der Entscheidungen an die Arbeiter und Angestellten weiter."[51]
Frederic Laloux

Menschen, die tagtäglich mit den Arbeitsabläufen in der Praxis zu tun haben, werden ermutigt, eigene Entscheidungen zu treffen. Das funktioniert häufig besser als der Expertenansatz, bei dem eingekaufte oder von anderer Stelle hinzugezogene Experten Lösungen implementieren sollen – meist ohne den notwendigen Praxisbezug.

Die Schattenseiten der modernen Organisationen, wie z. B. der Materialismus, die Ausbeutung von Mensch und Umwelt, der Verlust von Gemeinschaft, weichen im postmodernen Zeitalter einem Verständnis, dass es im Leben um mehr als um Erfolg und Gewinn im materiellen Sinn geht. Das Individuum wird weniger wichtig als das Team. In diesen Organisationen geht es um Zuhören, gegenseitigen Respekt und die Möglichkeit, sich einbringen zu können. Die sogenannten „soften Faktoren" werden ernstgenommen, das heißt, es wird absichtsvoll und kontinuierlich an Werten und an der Kultur des Miteinanders gearbeitet. Oft gehört und passend erscheint dazu der von Peter Drucker (und anderen[52]) stammende Satz „Culture eats strategy for breakfast" (Die Kultur verzehrt die Strategie zum Frühstück). Partizipation, dialog-orientierte Führung und die Nutzung kollektiver Intelligenz (z. B. durch Großgruppenarbeit) sind Wege, die gegangen werden.

Praxistipp

In vielen Organisationen existieren kulturell und operational sehr unterschiedliche Bereiche. Diese werden oft als „Silos" oder „Blasen" bezeichnet. In der Auseinandersetzung mit den Bewusstseinsstufen und ihren unterschiedlichen Praktiken wird vielen Menschen deutlich, dass sie sowohl das eine als auch das andere innerhalb ihrer Organisation kennen. In der Beratung und der Begleitung ist es wichtig, herauszustellen, dass man mit fortschreitender Entwicklung die jeweils vorherigen Stufen integriert und das man je nach Kontext auch unterschiedliche Handlungsparadigmen benötigt. Vor allem aber spricht diese Erfahrung dafür, dass es bei jeglichen organisationalen, strategischen oder kulturellen Entwicklungsinitiativen Sinn macht, frühzeitig mit einem repräsentativen Querschnitt des relevanten Systems zusammenzuarbeiten (siehe „Die Arbeit mit Pilotgruppen" ab Seite 164).

Ein nächstes Stadium steht an. Laloux hat aus rund 50 Unternehmen und Organisationen 12 aus sehr unterschiedlichen Sektoren ausgesucht, die Bestandteile einer neuen **integral-evolutionären Organisation** kultivieren.[53] Diese Organisationen sind in allen Bereichen und Sektoren zu finden (profit, not for profit, öffentlicher Sektor). Nicht alle Organisationen verkörpern alle Praktiken, Wege und Formen gleichermaßen, doch es gibt viele Gemeinsamkeiten und Ausprägungen, die für eine neue Bewusstseinsstufe sprechen.

Die Metapher eines gut geölten Räderwerks (wie bei der modernen Organisation) mit jeder Menge Zahnräder, Transmissionsriemen, Schaltern und Knöpfen, das von einer höheren Instanz (Geschäftsführung) an- und ausgeschaltet werden muss, scheint nicht mehr zu dem zu passen, was stimmig erscheint und was bereits in der Praxis (im Leben) erfahrbar ist. Das neue Paradigma benötigt ganz offenbar eine Metapher, die mit hoher Komplexität umgehen kann. Die neue Metapher ist ein lebender Organismus oder ein Ökosystem. In der Regel sprechen die Menschen über diese Metapher immer mit Bezug zu etwas Lebendigem.

Statt einem Chef oder einer Chefin regelt sich ein Organismus durch fein abgestimmte Koordinationsmechanismen. Kein einziges komplexes System funktioniert mit Hierarchie, alle funktionieren vernetzt mit verteilter Intelligenz und geteilter Führung. Als Beispiel zitiert Laloux das menschliche Gehirn mit seinen rund 85 Milliarden Nervenzellen. „Wenn jetzt eine Zelle sagen würde, ‚Hey ich bin der Geschäftsführer und das ist mein Vorstand!', das Gehirn würde sofort aufhören zu funktionieren!" Ein weiteres Beispiel sind alle Ökosysteme, z. B. der Wald, ein Superorganismus, der sich auf wunderbare Weise selbstorganisiert und Stoffe sowie Informationen austauscht (z. B. über Klickgeräusche in den Wurzeln, über das Mycel und über Terpene, Duftstoffe[54]).

Laloux dazu: „Wenn der Winter früher kommt als geplant, passieren alle möglichen Sachen. Da gibt es nicht einen Baum der sagt: ‚Nicht bewegen, nichts machen, ich arbeite einen Plan aus und dann sage ich euch, wenn wir so weit sind!' Das klingt absurd und dennoch ist das die gängige Annahme, wie Unternehmen geführt werden sollten." Doch klar ist: Die Pyramide mit ihrer Macht-Hierarchie ist nicht in der Lage, mit höherer Komplexität umzugehen. Organisationen, die sich am lebendigen Organismus orientieren, beispielsweise mit verteilter Autorität und Verantwortung, sind dazu eher in der Lage.

Drei Durchbrüche haben integral-evolutionäre Organisationen ermöglicht: Selbstführung – Ganzheit – Evolutionärer Sinn.

- **Selbstführung**
  Die Selbstführung sorgt dafür, dass die Probleme pyramidaler Organisationsstrukturen, wie z. B. den oft genannten „Flaschenhals" oder die „Lehmschicht", gar nicht erst entstehen. Es gibt keine „Macht-über"-Hierarchie mehr. Doch es gibt ganz viele natürliche Hierarchien, ähnlich wie in den komplexen adaptiven Systemen in lebendigen Organismen. Ressourcen und Freiräume werden dorthin geleitet, wo sie gebraucht werden. Jede Mitarbeiterin und jeder Mitarbeiter darf jede Entscheidung treffen, wenn Menschen, die eine Expertise zu der Sache haben und die von den Entscheidungen betroffen sind, befragt und eingebunden wurden. Jede Entscheidung durchläuft einen Mikro-Prozess von kollektiver Intelligenz. Für diese Praktik fand Laloux in gleich mehreren Organisationen ein ähnliches Vorgehen und eine ähnliche Bezeichnung: der Beratungsprozess („The Advice Process", mehr dazu ab Seite 174).
- **Ganzheit**
  Organisationen, die den ganzen Menschen begrüßen, bekommen auch mehr vom Ganzen – neben dem Rationalen auch das Emotionale, die Intuition und je nach Kontext auch das Spirituelle. Während in wert-konservativen und modernen Organisationen Menschen häufig eine „professionelle Maske tragen" und sich mit ganz bestimmten, ausgewählten Anteilen ihres Selbst zeigen, sind integral-evolutionäre Organisationen am ganzen Menschen interessiert. In diesem Paradigma werden Orte und Praktiken erschaffen, die nicht nur ein gesundes Ego, Tatkraft und Entschiedenheit fördern, sondern auch das tiefere Ich mit seinen Ambivalenzen, Zweifeln und der Verletzlichkeit würdigen. Der Umgang mit der Ganzheit des Menschen ist komplexer als die Reduktion des Menschen auf seine fachliche Expertise, Ratio und Rolle. Zugleich zeigt sich, dass ganz andere Facetten menschlicher Begegnung möglich und vielfältige, menschliche Potenziale eingebracht werden, wenn Menschen eingeladen sind, sich mit all ihren Seiten und Potenzialen, im besten Fall zieldienlich und kontextpassend, zu zeigen.
- **Evolutionärer Sinn**
  In evolutionär-integralen Organisationen schreibt man der eigenen Organisation als Organismus eine eigene, ihr innewohnende Kraft und Richtungstendenz zu, die man erfahren kann. Der höhere Sinn, nach dem eine gesamte komplexe Organisation strebt, soll demnach nicht von

Einzelnen vorgegeben, sondern durch Hinwendung erfahren werden. Hinhören und verstehen statt vorgeben und kontrollieren, so könnte man den Umgang mit dem lebendigen Organismus beschreiben. Diese demütige Haltung und Umgangsweise ist keine Theorie, sie hat sich in der Praxis lebendiger, hoch komplex-vernetzter Systeme bewährt.

„Das Leben will geschehen. Das Leben ist nicht zu stoppen. Jedes Mal, wenn wir versuchen, das Leben zu kontrollieren oder in sein grundlegendes Bedürfnis nach Ausdruck eingreifen, bekommen wir Probleme."
M. Wheatley und M. Kellner-Rogers[55]

In integral-evolutionären Organisationen ändern sich fast alle Strukturen und Praktiken. Laloux beschreibt, dass alle Managementprozesse und -werkzeuge ein Upgrade erhalten. Das heißt, dass hier alles neu angeschaut und auf Stimmigkeit im neuen Paradigma überprüft wird:

1. Strukturen, Strategieentwicklung, Zielvorgaben,
2. wie Entscheidungen getroffen werden,
3. wie Informationen laufen,
4. wer wie viel verdient,
5. u. v. m.

Die Botschaft des Denkmodells „Die Evolution von Bewusstsein und Organisationsform"

Das Theoriegebäude hinter den verschiedenen erkenntnistheoretischen Modellen ist weitaus größer und komplexer, als wir dies im Rahmen eines visualisierten Denkmodells darstellen können. Für unsere Klienten ist es oftmals ein Einstieg in die Themen Erkenntnistheorie und Bewusstseinsentwicklung. Sie verstehen sehr schnell die folgende Botschaft: verändert sich das Bewusstsein, verändern sich auch die Organisationsform und ihre Praktiken! Präziser gesagt, es verändert sich zunächst das Lernen innerhalb der Organisation und in der Folge werden andere Entscheidungen bezüglich der Organisationsform und ihrer Spielregeln getroffen. Von daher ist die Beschäftigung mit diesem Thema für viele unserer Klienten attraktiv.

Echter Wandel bedingt, laut dm-Gründer Götz Werner, Einsicht oder Krise.[56] Die Bewusstseinsentwicklungsstufen-Modelle können Einsichten befördern und Krisen bewusst machen. Laloux: „Es konnte gezeigt werden, dass die tatsächliche Entwicklung von Menschen unterstützt wird, wenn man sie mit Entwicklungstheorie – der Idee, dass sich das Bewusstsein in Stufen entwickelt – vertraut macht."[57]

Im Rahmen der Initialberatung und Prozessbegleitung haben wir vielfach erlebt, wie Türen aufgehen für umfangreiche Mandate und wirksame Interventionen. Aus diesem Grund skizzieren wir das Stufenmodell von Laloux oder auch das Spiral-Dynamics-Model" von Beck und Cowan, die sich auf die Arbeit von Clare W. Graves[58] berufen.

Die meisten für Beratung und Begleitung verwendeten Denkmodelle sind Einladungen, die die Bereitschaft erhöhen, Dinge (auch) in ihren Grundfesten zu überdenken. Jeder erlebbare Crash, jede weitere Turbulenz im Weltgeschehen und jede weitere Endlichkeit, die eine Realität wird, heizen den Diskurs über das Ende des Wirtschaftens nach westlichem Weltbild an. Laloux dazu in seinem Vortrag auf dem Lernforum Großgruppenarbeit:

„Man hat das Gefühl, wir neigen uns dem Ende von etwas zu. Und wenn man gut schaut, kann man den Anfang von etwas Neuem entdecken."
Frederic Laloux

Viele Menschen fragen sich nicht nur, was wohl Neues kommt, viele wollen das Neue und Stimmige mitgestalten. So erklären wir uns das Interesse an Facilitation, den sozialen Technologien für Dialog und gemeinsame Zukunftssuche und auch an der integralen Theorie als Orientierungshilfe.

Raum für unterschiedliche Sichtweisen
Jedes Denkmodell ist, wie jede Landkarte und wie jede Metapher, nie die Sache selbst. Es ist nur eine stark vereinfachende Beschreibung, um erkennbare Muster zusammenzufassen und um Entwicklungen ein Gesicht zu geben – sie sind nicht die einzige Wahrheit!

Frederic Laloux's Erkenntnisse, seine Metaphern und Thesen berichten in erster Linie von einer neuen Plastizität organisationaler Wirklichkeit. Das macht es für Facilitation interessant. Organisationen und Managementpraktiken werden von Menschen im Zeitenlauf weiterentwickelt. Das ist eine Tatsache, die es wert ist, sich bewusst zu machen.

Die Herleitung und Erläuterung der einzelnen Stufen, die Argumentation, die zum Teil auf einer nicht schlüssigen Logik beruht, und die ein oder andere Metapher, die Laloux nutzt, ernten Kritik. Das menschliche Gehirn arbeitet beispielsweise „in einem unvorstellbaren Ausmaß mit Redundanz"[59] – etwas, was man sich in Organisationen angesicht knapper Ressourcen so sicherlich nicht leisten kann. Selbstführung und informelle Hierarchien haben – nach den Erkenntnissen der Gruppendynamik – nicht nur lichtvolle Seiten. Menschen tun zwar immer ihr Bestes, sind aber nicht immer „auf Kreativität, Verantwortung und Freiheit erpicht". Und fehlende Vorgaben und Richtlinien können auch zu Überforderungen führen.

Im Kern spricht sich die Kritik an Laloux gegen das „Schlechtmachen des Bestehenden" und einen unnötig proklamierten, undifferenzierten Gültigkeitsanspruch des Neuen aus, wo ein „sowohl als auch" zieldienlicher und praxisnaher sein könnte. Auch ein offener, differenzierter Dialog funktionaler und dysfunktionaler Auswirkungen von Stufenmodellen bei organisationalen Fragestellungen wäre wünschenswert.

Auf die Frage, ob es grundsätzlich ratsam ist, in der Organisationsberatung und -begleitung mit Stufenmodellen zu arbeiten, verweisen wir auf unsere facilitative Haltung, die sich in der Praxis dadurch zeigt, dass wir von Zeit zu Zeit Denkhilfen und Methoden anbieten – keine Wahrheiten. Es kann mit Stufenmodellen gelingen, temporär andere Blickwinkel einzunehmen und ggf. andere oder neue Hypothesen zu bilden. Solange es den Klienten hilft, sind wir dabei.

Praxistipp

Es hat sich bewährt, sich die unterschiedlichen Paradigmen und damit zusammenhängenden Managementpraktiken eher spektral vorzustellen. Das heißt, jeder Mensch und auch jede Organisation hat von allem potenziell alles in sich. Und alle Paradigmen und Theorien haben ihre Licht- und Schattenseiten bzw. ganz eigene Herausforderungen. Es stellt sich daher weniger die Frage nach „richtig oder falsch", sondern eher, ob das jeweilige Paradigma, aus dem gehandelt wird, angemessen in Bezug auf die gegenwärtige Realität ist.

Für die weitere Befassung mit dem Thema empfehlen wir die einschlägige Literatur. Die weiterführende praktische Anwendung des Spiral-Dynamics-Modells und der Entwicklungslinien in

Verbindung mit dem 4-Quadranten-Modell[60] werden uns in der Arbeit mit Auftraggebern und Pilotgruppen wieder begegnen (siehe „Fascilitation und das Integrale Modell", Seite 190).

Denkmodell „Die vier Räume der Veränderung®"[61]

Neben den Denkmodellen, mit denen wir das beschreiben, was sich gerade grundsätzlich in der Welt tut (VUKA und BANI und die drei Arten der Komplexität) und den Evolutionsstufen der Menschheit, mit denen wir Bewusstsein für Evolution und eine mögliche Weiterentwicklung der Organisation thematisieren, hilft das Denkmodell „Die vier Räume der Veränderung®", die emotionalen Dynamiken des Wandels besser zu verstehen. Wenn man eine Art Landkarte psychologischer Zustände erhält, kann man sich gut orientieren und sieht ggf. besser, wo man sich gerade befindet – als Mensch und in der Organisation. Das verspricht:

1. mehr Verständnis für alle Beteiligten,
2. Übersicht über aktuelle Gegebenheiten und
3. ein höheres Maß an Sicherheit für nächste Schritte.

Wir haben das Denkmodell der „Vier Räume" ursprünglich 1996 bei einer Ausbildung zur Begleitung von Zukunftskonferenzen (FutureSearch) nach Marvin R. Weisbord und Sandra Janoff kennengelernt.[62] Marvin Weisbord beschreibt die „Four Rooms" in verschiedenen Zusammenhängen.[63] Anhand der vier Räume hat er u. a. die Dynamiken einer Zukunftskonferenz[64] einfach und leicht nachvollziehbar erklärt. Auf die Methode Zukunftskonferenz gehen wir im Kapitel Co-Creation (Seite 192) näher ein. Hier nutzen wir die Gelegenheit, das Denkmodell „Die vier Räume der Veränderung" einzuführen, denn es hilft, von der Handwerks-Ebene auf die Gefühls-Ebene zu gelangen, die oft in Veränderungsprozessen vernachlässigt wird, aber von entscheidender Bedeutung ist.

Im Rahmen der Recherche für dieses Buch sind wir auf weiterführende Gedanken und Theorien von Claes Janssen, dem schwedischen Psychologen, Forscher und Autor des Denkmodells „Die Vier Räume der Veränderung®" gestoßen. In Absprache mit unseren Ausbildern, Drusilla Copeland[65] und Bengt Lindstrom[66], teilen wir neben dem, was wir bisher (auf der Grundlage von Marvin Weisbord) in unseren Beratungen und Ausbildungen gesagt haben, nun in einer umfassenderen Version, was sich in tieferen Ebenen hinter den „Vier Räumen der Veränderung®" verbirgt. „The Four Rooms of Change®", wie es international heißt, ist ein weitgehendes Konzept von Methoden, Analyseinstrumenten und Modellen, die für Innovation, Entwicklung und Veränderung auf der ganzen Welt und in allen Kulturen funktionieren.

Als Ausgangspunkt der Theorie der vier Räume werden zwei unterschiedliche und polarisierende Wahrnehmungen von der Realität identifiziert und beschrieben. Diese können im Miteinander so destruktiv wirken, dass sie Wachstum, Entwicklung und Konfliktlösung in Teams und ganzen Organisationen nahezu unmöglich machen. Der Psychologe Claes Janssen nannte dieses Phänomen „The Conflict Between NO and YES". Der Konflikt zwischen Menschen, die mehr mit „Nein" antworten, und den Menschen, die mehr mit „Ja" antworten. Die Theorie basiert auf der wissenschaftlich bewiesenen Existenz von zwei unterschiedlichen Motiven, sich selbst, anderen und der Welt gegenüber zu verhalten – und den entsprechenden Konsequenzen daraus:

- Diese inneren Antreiber sind auf der einen Seite das Bedürfnis, zufrieden zu sein, zu bewahren und dazuzugehören („Bewahrer").
- Auf der anderen Seite das Bedürfnis, über den Tellerrand zu schauen, alles weiterzuentwickeln und nach der Wahrheit zu suchen („Wahrheitssucher").

Der Konflikt zwischen NEIN und JA
In Janssens Versuch, die unterschiedlichen Motive „irgendwie zu vereinen", schuf er das Konzept, das heute als die „Vier Räume der Veränderung®" bekannt ist.

Um das damit verbundene Denkmodell zu verstehen und es in der facilitativen Praxis anwenden zu können, ist es wichtig, den grundsätzlichen Unterschied zwischen Ja- und Nein-Antwortenden zu verstehen:[67]

1. Nein-Antwortende wollen dazugehören und sind tendenziell „Bewahrer".
2. Ja-Antwortende neigen dazu, die Gruppe abzulehnen und sich als „Außenseiter" und „Wahrheitssucher" zu betrachten.
3. Egal, welcher Typ man selbst ist, es gibt Aspekte, die man an jeder Einstellung zum Leben wertschätzen kann (Nein+ und Ja+), und es gibt auch immer Aspekte, die eine Schattenseite repräsentieren (Nein- und Ja-).
4. Ja-Antwortende und Nein-Antwortende können in gleichem Maße förderlich/positiv und zugleich auch hinderlich/negativ wirken bzw. beschrieben werden.
   In der Forschung von Claes Janssen wurde dies folgendermaßen gekennzeichnet. Zu lesen nach linker (Nein-Antwortende) und rechter Spalte (Ja-Antwortende):

NEIN+: Diese Menschen sind zufrieden, wollen den Status quo unter allen Umständen erhalten und wirken ausgleichend, bewahrend, stabilisierend.	**JA+**: Diese Menschen sind leidenschaftliche Entwickler und Weltverbesserer. Sie sind kreativ, dynamisch, stellen gern alles infrage und scheuen das Chaos nicht, Hauptsache, es verändert sich etwas.
NEIN-: Diese Menschen sagen auch nicht unbedingt, was sie denken. Sie können als zögerlich, ängstlich oder den Wandel verhindernd wahrgenommen werden.	**JA-**: Diese Menschen können auch als zerstörerisch, konfus und wenig integer im Umgang mit der Ist-Situation empfunden werden. Sie machen ggf. anderen Angst.

Die vier Räume
Schauen wir uns die vier Zustände, die im Verlauf als Bild zu Räumen werden, etwas genauer an, dann haben alle Menschen – laut Claes Janssen – Zugang zu den oben beschriebenen vier psychologischen Zuständen. Niemand ist nur das Eine oder nur das Andere. Wir haben – bildlich gesprochen – die vier Räume als mögliche emotionale Aufenthaltsorte in uns, und wir befinden uns auch in jeder Situation unseres Lebens in einem der vier Räume.

Claes Janssen gab den Räumen Namen, die verbunden sind mit den Licht- und Schattenseiten der vier Zustände:

1. „Nein+" nannte er „Contentment" (Zufriedenheit).
2. „Nein-" nannte er „Self-Censorship[68]" (Selbstzensur oder Leugnung).
3. „JA-" nannte er „Confusion" (Verwirrung).
4. „JA+" nannte er „Inspiration"[69] (Inspiration).

Abbildung: 4 Räume der Veränderung

Wenn sich nun Menschen beispielsweise in Veränderungsprozessen mit ihren Antreibern als Ja- und Nein-Antwortende diametral gegenüberstehen, dann führt das automatisch zu der Frage: Wie können diese Menschen, die so unterschiedlich auf das Leben schauen, gut miteinander kooperieren?

Das Interessante für Facilitatoren und Transformationsbegleiter ist, dass (selbstverständlich) jeder Manager, Klient und Entscheider die folgenden Fragen stellt, sobald die Theorie der vier Räume bekannt ist:

Wie schaffen wir es, unsere Mitarbeitenden möglichst lange in der „Zufriedenheit" und der „Inspiration" zu halten?" Oder: „Wie bringen wir die Leute möglichst gut durch die unteren Räume hin zur Inspiration?"

Um diese Fragen beantworten zu können, brauchen wir ein vertieftes Verständnis davon, was in den einzelnen Räumen passiert.

Zufriedenheit
Beginnen wir zur Erklärung links oben in dem Raum, den wir „echte Zufriedenheit" nennen. Der Raum ist geprägt durch gesunde Beziehungen, in der eine wertschätzende Kultur gelebt und schwierige Themen respektvoll angegangen werden. Balance und Stabilität, Kooperation und Produktivität, Klarheit und Übersicht führen unter anderem dazu, dass alle zufrieden sind. Es fühlt sich so gut an in diesem Zustand, dass Menschen in der Regel mehr davon wollen bzw. den Raum bzw. Zustand nicht verlassen möchten. Aber die einzige Konstante im Leben ist die Veränderung. Also kann (und wird) einem „echte Zufriedenheit" irgendwann abhandenkommen.

Das kann zum Beispiel geschehen, während man die Nachrichten schaut und es dort bedrohliche Geschehnisse gibt, die einen beschäftigen. Oder innerhalb eines Teams werden massive Umstrukturierungen angekündigt.

Nachrichten oder Informationen solcher Art beunruhigen uns in der Regel unwillkürlich. Manchmal ist es uns bewusst, manchmal nicht. Meistens tun wir etwas, um unsere „echte Zufriedenheit" zurückzuerlangen. Zum Beispiel versuchen wir, uns zu entspannen oder lesen ein Buch, reden miteinander, gehen joggen, machen Yoga oder stellen unsere Ernährung um. Und irgendwann kommt sie zurück, unsere „echte Zufriedenheit". Nur ist sie nicht mehr so ursprünglich, unversehrt, frisch und knackig wie beim ersten Mal. Dann, nach einer Zeit, entgleitet sie uns wieder. Und wieder und wieder. Und bald fühlt es sich nicht mehr nach „echter Zufriedenheit" an. Unser psychologischer Status hat sich verändert.

Selbstzensur

Wir befinden uns – häufig zunächst unmerklich – im Raum der „Selbstzensur" oder auch „Leugnung" genannt. Wenn wir hier gefragt werden, wie es uns geht, antworten wir, „es ist in Ordnung" oder „fein", aber wir sind nicht wirklich zufrieden! Menschen sagen hier nicht, was sie denken. Sie zensieren sich selbst. Keiner spricht aus, was wirklich Sache ist, und Dinge werden unter den Teppich gekehrt. Denn es gibt ein Risiko, sich zu äußern, weil Konsequenzen drohen. Für einen selbst und ggf. für die Organisation.

Körperliche Symptome können auf den Raum der unbewussten Selbstzensur hinweisen: mit den Zähnen knirschen, Bauchschmerzen, schnell müde werden oder in einem Meeting Kopfschmerzen bekommen. Herz und Körper reagieren bereits, im Kopf (Bewusstheit) ist die Selbstzensur noch nicht angekommen.

Und schließlich passiert etwas, Menschen haben beispielsweise nachts geträumt und morgens stellt sich eine Erkenntnis ein und nun wissen sie bewusst, dass etwas nicht in Ordnung ist.

Praxistipps

Man kann sich beim Auftreten von körperlichen Symptomen beispielsweise selbst fragen: Zensiere ich in dieser Situation etwas? Bekomme ich Bauchschmerzen, wenn ich in der Besprechung bin? Werde ich müde, wenn ich mit diesen Menschen zusammen bin? Was zensiere ich? Wo will ich nicht hinschauen? Mit der Zeit werden die Anzeichen deutlicher und man hat eine gute Chance, sich selbst bewusster zu werden, dass etwas nicht stimmt. In diesem Moment tritt man aus dem Unbewussten heraus ist. Es ist einem plötzlich klar, dass man etwas unterdrückt hat und sich selbst nicht eingestehen wollte.

Eine andere Möglichkeit, sich bewusst zu werden, dass man etwas leugnet, Dinge unterdrückt und sich selbst zensiert, geschieht durch das Einholen von Feedback. Dafür benötigt es ehrliche Feedback-Partner und die eigene Fähigkeit, Feedback annehmen zu können – auch wenn es sich nicht immer gut anfühlt. Ehrliches Feedback kann der Ausgangspunkt für Wachstum sein.

Neben dem ehrlichen Feedback ist Empathie als Ressource wichtig, um aus der unbewussten Selbstzensur zur Bewusstheit zu gelangen. Manchmal brauchen wir nur die Erfahrung, dass jemand zuhört, ohne zu urteilen! Durch den Prozess des empathischen Zuhörens verstehen wir uns selbst besser, uns wird unsere Situation klarer.

Der Raum der „Selbstzensur" besteht also aus zwei Teilen: einmal aus dem Zustand der *unbewussten* und zum zweiten aus dem Zustand der *bewussten* Selbstzensur. Um den Schritt von der bewussten Selbstzensur in den nächsten Raum zu gehen, gilt es, metaphorisch beschrieben, eine zweiflügelige Schwingtür, so wie die Saloon-Türen in Western-Filmen, zu durchschreiten. Auf

dem einen Türflügel steht „Selbsterkenntnis", auf dem anderen „Feedback". Facilitatoren können im Übergang von der Selbstzensur in die Verwirrung eine wichtige Rolle einnehmen, indem sie Dialog-Räume öffnen, in denen ehrliches Feedback ausgetauscht werden kann und in denen empathisches Zuhören gepflegt wird. Hierbei kommen auch Erfahrungen aus der Vergangenheit („Leichen im Keller") und Tabuthemen zur Sprache, die zunächst unter den Teppich gekehrt waren, aber Einfluss auf den emotionalen Zustand haben. Durch Selbsterkenntnis oder Feedback kommt man in den nächsten Raum: den Raum der maximalen Verwirrung!

Verwirrung
Auch dieser Raum hat mehrere Entwicklungsebenen: Ganz unten (gefühlsmäßig) kann man sich den absoluten Tiefpunkt („Zero Point") vorstellen, an den man gelangen muss. Facilitatoren können ihren Klienten dabei helfen, an den Tiefpunkt der Verwirrung und des Nichtwissens zu kommen. Die nützliche Frage hier ist: Welche Zufriedenheit habe ich verloren oder was muss ich zurücklassen? Menschen sind nicht mehr zufrieden, so wie es nun ist, aber es fällt ihnen schwer, wirklich loszulassen. Die alte Zufriedenheit zurückzulassen, bedeutet am Tief- oder Nullpunkt der Verwirrung anzukommen. Es ist wie eine Kapitulation, ein Abschied von der alten Zufriedenheit. Wer an den Nullpunkt der Verwirrung angekommen ist, ist bereit, den nächsten Schritt zu tun.

Inspiration
Auf dem Weg in den nächsten Raum gibt es eine weitere Tür. Auf dieser Tür stehen zwei neue Begriffe: realistische Entscheidung und Mut. Um in den Raum der Inspiration zu gelangen, müssen Menschen nun mit Blick auf die gegebene Situation eine bewusste, realistische Entscheidung treffen. Dafür brauchen sie Mut. Wenn sie ihre Wahl getroffen haben, handeln sie umgehend. So geht ihre Reise weiter von der Verwirrung zur Inspiration.

Mit einem Fuß im Raum der Inspiration beginnt der „Flow": Möglichkeiten der Zukunft werden sichtbar. Menschen spüren zwar Gegenwind, doch hier hilft die mit der Angst einhergehende Energie. Fliegen wird nur, wer sich in den Wind lehnt! Beobachten wir die Vögel! Der Luftwiderstand nimmt sie auf! Es ist die Fähigkeit, zu schweben. Wir können dies „die Aufwinde der Angst" nennen, hinein in den Raum der Inspiration. Hier gibt es jede Menge Ideen. Die Herausforderung ist nun, eine realistische, bewusste Wahl zu treffen, für das, was gepflanzt und gesät werden soll, für die Entscheidungen, die nun anstehen. Denn das, was man sät, wird man mit hoher Wahrscheinlichkeit auch ernten. Hier kann ein Begleiter (Coach, Facilitator, Facilitative Leader) bei der Entscheidungsfindung zur Aussaat hilfreich sein, denn dies ist der Ort, an dem Menschen bereit sind, einen Schritt zu machen, und sie haben so viele Möglichkeiten, dass sie Unterstützung bei der Auswahl brauchen.

Um in den nächsten Raum zu gelangen (das war der Raum, mit dem wir unsere Reise durch die vier Zimmer begonnen hatten), gibt es auch eine Tür: die Tür zur „Ernte". Wir ernten im Raum der Zufriedenheit! Daher sollten wir achtsam sein, mit dem, was wir säen und pflanzen. Und wenn geerntet wurde und wird, sind Menschen in echter Zufriedenheit, und diese Zufriedenheit beginnt irgendwann wieder zu entgleiten … und der Kreislauf beginnt von Neuem!

Das war eine kurze Reise durch die vier emotionalen Räume, die mit Wandlungsprozessen verbunden sind. Nun können wir zusammenfassend eine Antwort formulieren für die beiden häufigen Fragen:

Wie schaffen wir es, unsere Mitarbeitenden möglichst lange in der „Zufriedenheit" und der „Inspiration" zu halten?" Und/oder: „Wie bringen wir die Leute möglichst gut durch die unteren Räume hin zur Inspiration?

1. Um lange im Raum der Zufriedenheit verweilen zu können, sind realistische, mutige Entscheidungen im Raum der Inspiration hilfreich. Facilitatoren können die Entscheidungsfindung unterstützen – besonders dann, wenn die Optionsvielfalt überwältigend ist.
2. Nichts ist auf Dauer: Menschen gelangen immer wieder in die unteren Räume. Das gehört zur menschlichen Entwicklung dazu und ist die Ressource für eine nächste Entwicklungsstufe.
3. Sind Menschen in den unteren Räumen, dann hilft ehrliches Feedback und empathisches Zuhören und die Einführung des Denkmodells „The Four Rooms of Change®". Facilitatoren können Menschen dabei unterstützen, beides in einem sicheren Rahmen zu üben und zu erleben.

Weitere wissenswerte Aspekte

Eine häufige Frage im Zusammenhang mit den vier Räumen ist, ob man Räume überspringen oder auch – vom psychologischen Status betrachtet – zurückgehen kann. Die Antwort ist: Man überspringt nicht Räume, aber man kann größere oder kleinere Runden durch die Räume drehen.

Der zweite Teil der Antwort lautet: Man kann immer nur einen Raum zurückgehen, beispielsweise von der Inspiration zur Verwirrung. Menschen machen das ständig. Denken wir nur an die letzte Diät oder ähnliches. Menschen gehen vor und zurück. „Der Tanz" zwischen bewusster Selbstzensur und Verwirrung ist ein weiteres Beispiel: „Ich weiß, dass ich eine Entscheidung treffen muss. Ich versuche, etwas zu ändern, aber ich bleibe oder gehe zurück und wieder nach vorne." Wenn man auf Dauer jedoch nicht tut, was getan werden muss, gerät man in einen Zustand der „Erschöpfung" oder der „Depression". Malt man sich diese psychologischen Zustände für Teams und ganze Organisationen aus, kann man eine Ahnung davon bekommen, warum sich Menschen und ganze Organisationen in einigen Situationen so schwertun.

Die vier Räume der Veränderung in Organisationen

Eine weitere gute Frage bezüglich der vier Räume ist, was dieses Denkmodell für Organisationen bzw. Abteilungen bedeutet? Ist es beispielsweise möglich, den Grad der Zufriedenheit und Inspiration in einer Organisation zu messen? Oder die Niveaus der Selbstzensur und der Verwirrung? Die Antwort lautet: ja.

Menschen bewegen sich individuell. In Organisationen muss man jedoch über Ebenen nachdenken. Es geht z. B. um das Niveau von Zufriedenheit und Inspiration oder Selbstzensur und Verwirrung.

In einer Organisation sind Zufriedenheit und Inspiration miteinander verbunden und beeinflussen sich gegenseitig. Genauso sind Selbstzensur und Verwirrung miteinander verknüpft und beeinflussen sich gegenseitig. Das bedeutet: Wenn die Zufriedenheit steigt, steigt auch die Inspiration – und vice versa. Wenn Selbstzensur nach oben geht, bringt sie auch die Verwirrung nach oben – und vice versa.

Die Aufgabe der Organisation besteht also darin, sich des Niveaus oder des Grades jedes psychologischen Zustands in verschiedenen Gruppen, Abteilungen, Teams, Geschäftseinheiten usw. bewusst zu sein.[70]

Das hohe Gebäude[71]

Manche Menschen sagen: „Ich bewege mich nicht sequenziell von Raum zu Raum gegen den Uhrzeigersinn in den vier Räumen, ich springe herum!" Das hohe Gebäude liefert für diese Selbstbeobachtung ein Bild und eine Erklärung. Wir alle haben ein hohes Gebäude in uns. Um 7 Uhr morgens sind wir in dem einen Stockwerk des hohen Gebäudes (Familie), dann um 10 Uhr erleben wir etwas anderes, in einem anderen Stockwerk (Teamgespräch), und später um 15 Uhr sind wir wieder woanders (Kundenmeeting) und dann fühlen wir uns ggf. verwirrt. Auf jeder

Etage unseres hohen Gebäudes haben wir die „Vier Räume der Veränderung“. Je nach Kontext (Etage) sind wir in unterschiedlichen Räumen. Das führt zu dem Gefühl, dass wir hin- und herspringen, denn wir wechseln ständig die Etagen!

Wenn wir beginnen, die Bewegung durch die Räume und die Etagen zu verstehen, können wir die Entscheidung treffen, sie nicht überlappen zu lassen. Dann schreien wir nicht die falschen Leute in einer anderen Besprechung an. Und sind nicht da verwirrt, wo wir zufrieden sein könnten. Anzuerkennen, dass wir mit unterschiedlichen Personenkonstellationen in unterschiedlichen Räumen sein können, hilft uns, das „Spiel“, um das es gerade geht, besser einzuordnen. Das hohe Gebäude dient zum Verständnis, wie wir uns über den Tag hinwegbewegen! Es ist eine eingängige Metapher für die unterschiedlichen Kontexte und Situationen, die wir in unserem Leben und bei der Arbeit erfahren. Es hilft uns, diese nicht zu verwechseln und macht uns handlungsfähiger im Umgang mit den Phasen von Veränderungsprozessen.

Last but not least: Menschen haben auch eine Etage für sich selbst: den Grundstein, den Anker in ihrem hohen Gebäude. Dort fragen sie sich: „Wo stehe ich heute in Beziehung zu mir selbst, zu meiner Gesundheit, zu meinem Leben?“

Praxistipp

Folgende Fragen können helfen, das hohe Gebäude des eigenen Lebens besser zu differenzieren und zu verstehen:

1. *Welche sind meine fünf wichtigsten „Gruppen“ (Familie, Freundeskreis, Team, ...)?*
2. *Mit Blick auf das Denkmodell der vier Räume: In welchem befinde ich mich jeweils bezogen auf die Gruppe? Wo stehe ich gerade?*
3. *Was könnte ein guter nächster Schritt sein?*
4. *Wie kann es mir gelingen, die Dynamiken des einen Raumes nicht mit in ein nächstes Stockwerk zu einer anderen Personenkonstellation zu nehmen und stattdessen präsent in dem jeweiligen eigenen Kontext zu sein.*

Das Denkmodell der „Four Rooms of Change®" kann hilfreich sein, um klarer zu sehen, was emotional dynamisch vor sich geht (in einem persönlichen oder beruflichen Kontext) und wie man vorwärtskommt. Es gibt Menschen in Organisationen eine Landkarte, einen Überblick und eine gemeinsame Sprache.

Dies waren nun einige der weiterführenden Erklär- und Denkmodelle für Dynamiken im Organisations- und Welt-Kontext, die je nach Situation und Zielsetzung des Klienten hilfreich sein können. Sie erhöhen das Bewusstsein für die unterschiedlichen Tiefen und Phasen von Entwicklungs-, Transformations- und Veränderungsprozessen. Darüber hinaus vermitteln Detailaspekte, wie die „ARE IN"-Formel oder die „Vier Räume der Veränderung", praxistaugliches Handwerkzeug.

Umgang mit „Ja, aber..." – der „Aikido-Move"

In der Phase des „Sagens", wenn wir mögliche facilitative Vorgehensweisen erläutern und visualisieren, gibt es vereinfachend gesagt, zwei mögliche Reaktionsweisen des Klienten:

1. Der Klient erkennt in den Ausführungen und Denkmodellen praxistaugliche und für seine Situationen hilfreiche Betrachtungs- und Vorgehensweisen. In diesem Fall wird die Facilitatorin fortfahren und die notwendigen Voraussetzungen für kollektive Intelligenz, Partizipation und gelingende Transformation hervorheben. Wenn der Klient dafür zu gewinnen ist, kann man bereits im ersten Treffen sehr weit kommen und die vorstellbaren Tiefen der Transformation und notwendige Rahmensetzungen ausloten. Es wird dann vermutlich zu weiteren Treffen kommen, in denen, meist mit weiteren Personen, die Beratung und Planung fortgesetzt werden. Für diesen nächsten Schritt benötigen wir einen Auftrag und ein Budget, um mit einer initialen Vorbereitungsgruppe gemeinsam ein zieldienliches und hilfreiches Facilitationsystem maßgeschneidert für die aktuelle Initiative bzw. das Ziel zu etablieren[72] (siehe „Kontext des Gelingens" ab Seite 147). Wir sprechen hier auch von „kontinuierlicher Auftragsklärung", weil wir die Erfahrung gemacht haben, dass es nicht ausreicht, die Dinge einmal angesprochen zu haben – und dies nicht nur, weil häufig weitere Personen hinzugezogen werden. Einige Vorgehensweisen und Grundannahmen liegen quer zum bisherigen Denken und zur Organisationslogik. Wir haben die Erfahrung gemacht, dass unsere Klienten mit jedem Nach-Hören und Wieder-Hören neue Aspekte für sich entdecken und das gesamte Bild allmählich, Schritt für Schritt entsteht. Dies kann man auch neurobiologisch erklären: es braucht Zeit, bis sich Synapsen verschalten und neu vernetzen.

> *„Gesagt ist nicht gehört. Gehört ist nicht verstanden. Verstanden ist nicht einverstanden. Einverstanden ist nicht behalten. Behalten ist nicht angewandt. Angewandt ist nicht beibehalten."*
> Heinz Goldmann[73]

2. Der Klient erkennt in den Ausführungen und Denkmodellen zunächst praxistaugliche und für seine Situation hilfreiche Betrachtungs- und Vorgehensweisen, doch je tiefer er in das facilitative Denken und Handeln eintaucht, desto mehr vermutet er, dass dessen Akzeptanz zurzeit in der eigenen Organisation – aus welchen Gründen auch immer – schwierig werden könnte. Wenn Facilitation quer zur bisherigen Organisations-Logik zu stehen scheint, hat das meist etwas damit zu tun, dass die Führung oder andere wichtige Schlüsselpersonen einen demgegenüber diametral stehenden Führungsansatz verfolgen.

Kurz gesagt: Hierarchie trifft auf Netzwerkdenken, die Macht-Pyramide auf Selbstorganisation, Informationen und Weisungen treffen auf Partizipation und Co-Creation.
Die Primärklienten und die meisten der anwesenden Menschen, Facilitator und Facilitative Leader ausgenommen, können sich dann schlicht nicht vorstellen, dass die für sich genommen stimmigen Argumente und Vorgehensweisen mit der eigenen oder mit der Organisations-Realität zurechtkommen. In dem Moment, wo das „Ja, aber ...!" immer lauter und insistierender wird, geht es nicht darum, den facilitativen Ansatz noch stärker und mit noch mehr Argumenten zu verteidigen oder gar zu verkaufen! Die Empfehlung ist, sich selbst von seinem Ansatz zu dissoziieren und auf die Seite des Klienten zu gehen (Erinnerung: „Dreamteam" und Augenhöhe). Dies nennen wir den „Aikido-Move", analog zur Metapher des Aikido, wo man liebevoll mit der Energie des Angreifers mitgeht und diese umlenkt. In der Situation der Initialberatung würde man demnach die Bedenken und Vorbehalte anerkennen und sich davon lösen, irgendetwas für sich oder für Facilitation erreichen zu wollen. Es geht um den Klienten, um seine Situation und seine Ziele! Daher würde man in die gleiche Richtung schauen wie der Klient und beispielsweise sagen: *„Ja, ich verstehe Sie. Dann würde, soweit ich das im Moment erfasse, der facilitative Ansatz in ihrer Situation nicht zur Wirkung kommen. Habe ich das richtig verstanden?"*
Von da an nähert man sich dieser Frage gemeinsam, indem man z. B. alle Aspekte spiegelt, die gegen Facilitation zu sprechen scheinen. Wenn es weiterhin gute Gründe gibt, zum jetzigen Zeitpunkt nicht zusammenzuarbeiten und weitere Schritte der Erkundung nicht vorzunehmen, dann ist es eine gute Gelegenheit, dies als Gesprächsergebnis festzuhalten und sich, wenn Zeit ist, über etwas anderes zu unterhalten oder sich in guter Atmosphäre und mit Wertschätzung der Perspektiven des Klienten zu verabschieden.

Sollte es allerdings so verlaufen, dass der Klient in seiner Organisation zwar Schwierigkeiten, aber auch Möglichkeiten sieht für facilitative Ideen und Vorgehensweisen, dann weiß der Klient in der Regel auch, was er nun brauchen könnte und welches nächste Gespräch stattfinden müsste. Diese Gespräche sind bereits Teil eines Beratungsvertrages. Die Facilitatorin könnte dann z. B. fragen:

„Ich habe nun verstanden, was eine facilitative Vorgehensweise aus ihrer Sicht derzeit erschwert. Wie müsste es denn, Ihnen zufolge, aufgesetzt werden, sodass es für Sie sinnvoll ist?"

Mit dieser zweiten Frage lädt man den Klienten zum Mitdenken ein und profitiert von seiner Organisationskenntnis und seinem Erfahrungswissen – auch hinsichtlich eines auf den aktuellen Kontext angepassten Vorgehens.

Eine Beziehung der Gleichwürdigkeit
Manchmal finden wir auf diese Weise zusammen, denn wir verfallen nicht in ein Muster des „Verkaufens" oder „Überzeugens". So bleibt die Beziehung intakt bzw. kann sich entwickeln.

Wir haben bereits über die Beziehungsgestaltung zwischen Klienten und Facilitator geschrieben. Da es im Rahmen der Auftragsklärung und Initialberatung ebenfalls wichtig ist, sei noch folgendes hinzugefügt: Die facilitative Haltung, praktisch erklärt anhand des „Aikido-Moves", ist Tür öffnend, für den Klienten oft verblüffend und im wahrsten Sinne des Wortes schöpferisch. Denn wir *schöpfen* und *erschaffen* dadurch eine Beziehung zwischen Klient und Facilitatorin, die von Gleichwürdigkeit und klarer Rollenverteilung geprägt ist. Da ist kein Wollen, kein Ziehen, kein Drücken. Nur eine gemeinsame Erkundung, ob es derzeit passt oder nicht:

1. Klienten entscheiden, was für sie plausibel ist und ob sie einen weiteren Schritt gehen wollen.
2. Klienten bringen die Energie für den Prozess mit. Sie leisten die entscheidende Arbeit.
3. Facilitatoren entscheiden sich im gleichen Maße für oder gegen die Zusammenarbeit.

4. Facilitatoren begleiten, beraten und teilen ihr Prozesswissen.
5. Beide lassen sich auf die Zusammenarbeit ein, solange es für beide sinnvoll erscheint.

Das ZWEIG-Modell als Metapher der frühen Zusammenarbeit

Eine hilfreiche Metapher für die Phase der frühen Zusammenarbeit liefert das Bild von einem Ast, auf dem Facilitatoren gemeinsam mit dem Klienten sitzen. Weder der Klient noch wir möchten in der Regel diesen Ast absägen, auf dem wir sitzen. Der Ast verschafft uns und dem Klienten eine Meta-Position, also eine Position mit Überblick und Handlungsfähigkeit. Bei genauerer Betrachtung erkennen wir, es ist in frühen Phasen der Zusammenarbeit noch nicht einmal ein Ast, sondern ein recht dünner *Zweig*, der noch wachsen will. Denn die Berater-Klienten-Beziehung ist zu Beginn eher fragil, wenig belastbar, dafür aber flexibel und bereit, sich zu entwickeln. Die Metapher vom „Zweig" steht für die Art und Weise, wie wir unser Prozess-Know-how einbringen und die Beziehung mit dem Klienten gestalten.

Das ZWEIG-Modell[74]
Z – **Zieldienlich**: Wir halten das Ziel des Klienten im Blick und erläutern mögliche Vorgehensweisen immer mit Bezug zu diesem Ziel. Alles, was angeboten wird an Prozess und Vorgehensweise, muss für den Klienten als sinnvoll und plausibel erlebt werden – auch wenn wir das Ziel des Klienten als *eine* Sichtweise betrachten und sich das Ziel im Laufe der Beratung und Begleitung ggf. noch verändert.

W – **Würdigend**: Wir achten die Erfahrungen und die bisherigen Maßnahmen des Klienten und unterstellen ihm und allen Beteiligten die bisherigen kreativen Lösungsversuche betreffend eine Expertise und eine gute Absicht.

E – **Ermutigend**: Wir denken und sprechen potenzial- und lösungsorientiert, z. B. anhand von Beispielen und Anekdoten des Gelingens oder anhand unserer bisherigen wertschätzenden Beobachtungen vor Ort, sodass eine positive Erwartung und Zusammenarbeit entwickelt werden kann.

I – **Inspirierend**: Wir erweitern – wo es passt – die vorliegende organisations-zentrierte Perspektive um größere, globale oder gesellschaftliche Entwicklungen, sodass daraus Inspiration, Zuversicht und Bedeutung für die eigene Sache gewonnen werden kann.

G – **Gemeinsam**: Wenn Klienten (Klientensystem) und Facilitatoren (Beratersystem) zusammenarbeiten wollen, gilt es, einen Kontrakt zwischen beiden auszuarbeiten, der ihnen, ausgestattet mit den notwendigen Ressourcen und Rahmenbedingungen, hilft, gemeinsam und abgestimmt zu agieren: das sogenannte Facilitationsystem. Dieses System, wir nennen es auch „Kontext des Gelingens", wird gemeinsam definiert und verhandelt (siehe „PREPARATION" ab Seite 145).

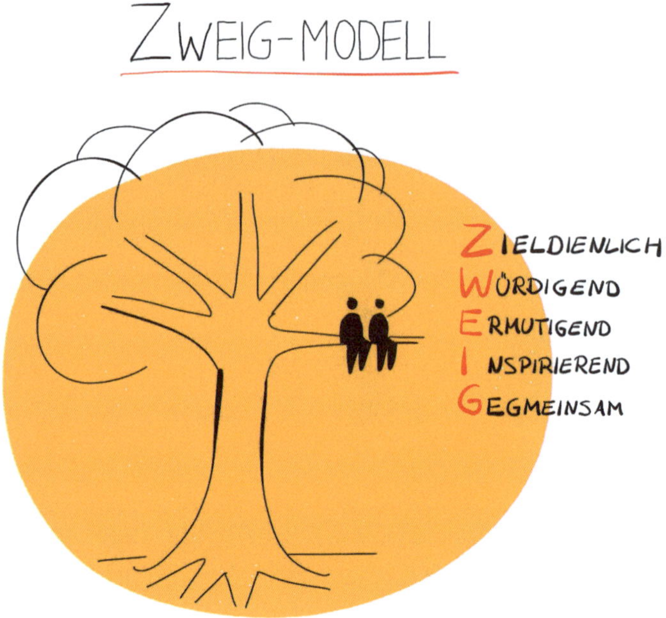

Sollte es nach einem persönlichen Treffen und einer gemeinsamen Zeit der Erkundung für die Beteiligten nicht sinnvoll erscheinen, zusammenzuarbeiten, so zeigt sich oft, dass aufgrund des hilfreichen Beziehungsangebotes (Bedürfnisfreiheit, Gleichwürdigkeit), der inspirierenden Inhalte, der Visualisierungen und der gemeinsam verbrachten Zeit zarte Bande geknüpft wurden. Wir könnten zum Abschluss eines solchen Gesprächs etwa sagen: „Vielleicht kommen wir zu anderer Gelegenheit zusammen. Wenn Sie einmal grundsätzlich über das Aufsetzen beteiligungs- oder dialogorientierter Projekte mit uns und Ihren Entscheidern sprechen möchten, jenseits dieses aktuellen Projektes, dann zögern Sie nicht, auf uns zuzukommen." Dies nimmt den Druck aus der Situation, weil es signalisiert, dass es möglicherweise künftig günstigere Gelegenheiten jenseits des aktuellen Handlungsdrucks gibt. Das wäre dann aus facilitativer Sicht ein Kontext, in dem wir mit dem Klienten gemeinsam erfolgreicher sein können. Es ist gut und wichtig, das festzustellen.

Wir erleben immer wieder, dass sich Primärklienten oder andere Anwesende einer Initialberatung nach Monaten oder Jahren wieder melden und eines der visualisierten Denkmodelle, ein facilitatives Prinzip oder eine Grundannahme immer noch in Erinnerung haben. Facilitation ist wie ein Samen: Hat man die inhärenten Ideen erst einmal aufgenommen, keimen sie bei guten Umfeldbedingungen zu ihrer Zeit von ganz allein.

Eine erste Entscheidung – Vereinbarung eines nächsten Schrittes

Die Auftragsklärung und Initialberatung gelangt unweigerlich zu der Frage, ob man sich für einen weiteren Schritt miteinander entscheidet. Häufig soll zum Beispiel ein zweites oder längeres Sondierungsgespräch im größeren Kreis stattfinden. Von Seiten der Facilitatoren könnte es um konkrete Vereinbarungen hinsichtlich eines gemeinsamen, als zieldienlich erachteten Facilitationsystems gehen. Das sind Rahmenbedingungen, benötigte Ressourcen und Zusicherungen, die Voraussetzungen etablieren, mit und in denen Facilitation erfolgreich sein kann (siehe Checkliste „Kontext des Gelingens" auf Seite 151 ff.).

Was immer der nächste Schritt sein soll, die Vereinbarungen darüber bilden den ersten Kontrakt, den das Beratersystem mit dem Klientensystem schließt. Oft wird an dieser Stelle ein erstes Budget über Honorare und Kosten vereinbart. Wenn es zu einer Zusammenarbeit kommt, sind Schritt für Schritt immer wieder nächste Kontrakte zu schließen. Diese sind teils dinglich, teils psychologisch, meist informell, manchmal auch förmlich. Es geht dabei um einen fairen Energieausgleich und um Gleichwürdigkeit als eine wichtige Voraussetzung gelingender Kooperation und Zusammenarbeit.

Praxistipp

Manche Kontexte erfordern in dieser frühen Phase bereits ein schriftliches Angebot. Dieses Angebot könnte, neben Leistungen, Zahlen und Bedingungen, weitere Hinweise enthalten, die z. B. den facilitativen Beratungansatz übersichtlich darstellen oder den Klienten zu Facilitation *einladen, inspirieren und ermutigen*[75]. Wir handeln nach der Maxime: „Verschwende niemals eine Gelegenheit, jemanden, der Interesse zeigt, zu inspirieren!" Im Amerikanischen heißt es: „Philosophy is part of the intervention."

Zwei wissenswerte und lehrreiche Anekdoten

- **Praxiserlebnis „Kein offizieller Vertrag"**
  Eine schöne Anekdote, die die mögliche Leichtigkeit eines Kontraktes zum Ausdruck bringt, war eine Erfahrung im Rahmen eines Strategieprozesses einer großen Uniklinik. Der kaufmännische Direktor wollte keinen offiziellen Vertrag. Er wollte auch keine Zeitschiene. Er sagte: Wir arbeiten so lange mit Ihnen, wie Sie uns hilfreich sind und wie Sie sich von uns wertgeschätzt fühlen.

  Was wir gelernt haben: Nach einem kurzen Moment des Überlegens war klar: Genau darum geht es im Rahmen von Facilitation, nämlich hilfreich sein und gleichwürdig behandeln und behandelt werden. Das war einer der schönsten (mündlichen) Kontrakte, der über viele Jahre für eine vertrauensvolle Zusammenarbeit gesorgt hat.
- **Praxiserlebnis „Unbewusste Konfrontation"**
  In einer telefonischen Auftragsklärung und Initialberatung mit einem Unternehmen der Metallbranche sagte die Klientin: „Wir haben eine Organisationsdiagnose machen lassen." Sie führte weiter aus, dass in Zusammenarbeit mit einer externen Unternehmensberatung alle Managementprozesse und Strukturen analysiert wurden. Und jetzt, wo man wüsste, wo es Ver-

besserungsbedarf gibt, könne man unter Einbeziehung der Mitarbeitenden die entsprechenden Korrekturmaßnahmen durchführen.

Wir brachten das Thema der Grundannahmen und deren Auswirkungen in die Kommunikation. Nachdem nicht so klar zu sein schien, was wir meinten, konkretisierten wir den Aspekt mit einer Aussage wie: „Wenn man die Grundannahme hat, dass eine externe Unternehmensberatung in der Lage ist, von außen die ‚Wahrheit' herauszufinden, nach der sich nun alle Mitarbeitenden zu richten haben, dann muss man das wohl tun." Die Reaktion war fulminant. Wir waren insgesamt zu viert in der Telefonkonferenz. Zunächst war es still am anderen Ende der Leitung. Wir wollten gerade nachfragen, als wir mit einem Mal ein Tuten hörten. Die Klientin hatte aufgelegt. Ohne sich zu verabschieden. Einfach so.

Was wir gelernt haben: Wir hätten vorsichtiger formulieren können. Zumal es das erste Gespräch war. In den Folgejahren haben wir zudem gelernt, wie wichtig es ist, den Klienten – soweit dies möglich ist – immer gut aussehen zu lassen – nicht als Taktik, sondern von Herzen kommend. Angesichts dieses Prinzips war unsere Bemerkung bezüglich der Grundannahmen eine uns unbewusste und sicherlich unbeabsichtigte Konfrontation.

Facilitation kann konfrontativ, provozierend und „weltfremd" erscheinen. Wenn wir bemerken, dass wir nicht zusammenkommen, dann versuchen wir das Klientensystem immer so zu verlassen, dass wir zu anderer Gelegenheit gut wiederkommen können. Wir distanzieren uns notwendigerweise von unserem eigenen Ansatz und ehren die Beziehung zu den Anwesenden (siehe der „Aikido-Move" auf Seite 139).

Haltepunkt: Der Übergang vom Norden in den Osten

Vom Norden (Intention) kommend haben wir uns gemeinsam mit dem Klienten folgendes erarbeitet:

1. Wir haben uns persönlich kennengelernt und Anfänge einer guten Arbeitsbeziehung entwickelt. Dabei ging es unter anderem um gegenseitige „psychologische Tests" und „feinste Ebenen der Wirklichkeitsgestaltung". Teile dieser ersten Begegnung(en) waren, den Anlass und die derzeitige Intention des Klienten zu kennen bzw. zu formulieren.
2. Wir haben hingehört, nachgefragt und gespiegelt. Während wir die facilitative Idee und den Beratungsansatz erläuterten, sind wir auf „Steilvorlagen" des Klienten eingegangen und haben live und in Echtzeit visualisierte „Denkmodelle" geteilt. Auf diese Weise konnten wir die Möglichkeiten, die Facilitation bietet, mit dem Anliegen des Primärklienten verbinden. Außerdem sind erste Artefakte in Form von visualisierten Denkmodellen und Landkarten entstanden, die Orientierung geben und die im weiteren Beratungsprozess immer wieder herangezogen werden, um das Geschehen zu reflektieren.
3. Schließlich haben wir verdeutlicht, dass einer der nächsten Schritte sein wird, einen „Kontext des Gelingens" miteinander abzustimmen. Wichtig war die Erkenntnis, dass dieser Kontext einer der größten Hebel für gelingende Entwicklung und Transformation darstellt, der mit dem Ziel verbindlicher Zusagen besprochen und verhandelt wird.

Praxistipp

Am Ende dieses Kapitels laden wir ein, die folgende Fragen zu reflektieren[76]: „Was wurde bei mir auf meiner Reise durch den Norden (die INTENTION) lebendig? Was war neu und gegebenenfalls positiv überraschend? Worüber möchte ich weiter nachdenken? Was werde ich in meine Praxis mitnehmen? Wie werde ich das umsetzen?"

Ausblick

Im Osten unseres Facilitation-Flows liegt PREPARATION (Vorbereitung/Bereitstellung). Es geht darum, den soeben erwähnten „Kontext des Gelingens" zu etablieren.

Dieser Kontext des Gelingens, auch „zieldienliches Facilitationsystem" genannt, wird nun mit dem Klienten besprochen, vereinbart und – wo nötig – dokumentiert. Es geht um folgende Schritte:

1. Den Kontext des Gelingens anhand einer Checkliste besprechen, verhandeln und vereinbaren, inkl. Mandat, unverrückbarer Rahmenbedingungen/Gegebenes (Givens).
2. Größere Wahrnehmungskörper bilden (Pilot- bzw. Pioniergruppen) und arbeitsfähig werden.
3. Die kontinuierliche, parallel zur Pilotgruppe verlaufende Zusammenarbeit mit der Führung.
4. Eine Suchbewegung und Selbstentwicklung sowohl in der Pilotgruppe als auch in der Führung/dem Topmanagement beginnen.

3.3 Osten: PREPARATION – Beginn einer Suchbewegung und Selbstentwicklung

PREPARATION liegt im Osten und steht für Inspiration und das Neue. Damit sich das Neue zeigen und gut gedeihen kann, sind Vorbereitungen (Preparation) zu leisten. Diese Vorbereitungen schaffen einen besonderen Möglichkeitsraum, der durch Absicht und Tat entsteht. Er ist nicht einfach so da. Vergleichbar ist dieser Möglichkeitsraum mit dem Bauen einer „Landebahn[77]" oder der Errichtung eines „Gewächshauses[78]" für die Zukunft.

Die Idee, dass es außergewöhnlicher Zustände und Vorbereitungen bedarf, um sich aufnahme- bzw. empfangsbereit für Entwicklungsimpulse zu machen, ist tief in menschlichen Kulturen und Weisheitstraditionen verwurzelt. Das Fasten, die verschiedenen Reinigungsrituale, die Ruhe und Kontemplation zur Morgenstunde, ebenso wie der bewusste Tagesabschluss, der Aufenthalt in der Natur oder körperliche Übungen. Sie helfen uns temporär, den Übergang von unserem beschäftigten Alltagsbewusstsein in ein achtsames, empfängliches Ganzheits-Bewusstsein zu meistern. Auch an ausgedehnte Reisevorbereitungen könnte man denken. Das Fitnesstraining vor einer Bergtour, das Listen durchgehen beim Packen, die Abstimmung, wer was dabei haben wird… es gibt unzählige Praktiken, die wir tun, um uns vorzubereiten. Wir bewältigen damit Dinge, zu denen wir sonst nicht imstande wären.

So oder so ähnlich kann man sich die Idee der Vorbereitung aus facilitativer Sicht vorstellen. Im organisationalen Kontext haben die Vorbereitungen ähnliche Ziele und ähnliche Praktiken. Es geht um abgestimmte Intentionen, Rahmensetzungen, Ressourcen und Kapazitäten jenseits des Üblichen, die zusammen den Erfolg von Partizipation wahrscheinlicher machen.

Praxistipp

Oft machen Entscheiderinnen und Führungskräfte negative Erfahrungen mit Partizipationsprozessen. Dann hören wir: „Das haben wir auch schon versucht. Das hat nicht so gut funktioniert." Selbst unter Berater- und Facilitation-Kollegen hören wir manchmal, von schlechten Erfahrungen mit „Querschnittsgruppen" oder anderen Formen von Beteiligung. Als Tipp möchten wir mitgeben, dass Beteiligungsprozesse besondere Rahmenbedingungen und Erfolgsfaktoren benötigen. Diese sind oft nicht bekannt oder werden nicht berücksichtigt[79]. *Es braucht Erfahrungswissen und Prozessexpertise, einen Raum zu entwickeln und zu halten, in dem Partizipation funktionieren kann und in dem sich kollektive Intelligenz zeigt.*

In der systemischen Schule wird dieser Raum ein **„zieldienliches Facilitation- bzw. Beratungssystem“** genannt. Als Facilitator nennen wir es **„Kontext des Gelingens“**. Solch ein Kontext des Gelingens wird gemeinsam mit dem Klienten, im besten Fall mit einer initialen Vorbereitungsgruppe, erarbeitet, vereinbart und je nach Bedarf von Zeit zu Zeit nachjustiert. Schauen wir uns an, welche Vorbereitung sich in der Praxis bewährt hat:

Die initiale Vorbereitungsgruppe

Je nach Kontext können die ersten Vorbereitungsgespräche entscheidend für das Gelingen der Initiative sein. In der Praxis trifft sich die Primärklientin als Impulsgeberin der Initiative mit einigen Verbündeten und Unterstützerinnen manchmal informell. Je nach Situation kommt die Prozess- und Facilitationexpertise extern oder aus der Organisation selbst (intern) hinzu. Nach der *Idee der Partizipation zum frühestmöglichen Zeitpunkt*, empfehlen wir eine heterogene, initiale Vorbereitungsgruppe rund um die Primärklientin zu formieren. Diese Gruppe zeichnet sich durch unterschiedliche Perspektiven und Expertisen aus und wird die folgenden Planungspunkte zur Erweckung kollektiver Intelligenz – in Form einer Pilotgruppe – bearbeiten.

Die Aufgaben der initialen Vorbereitungsgruppe

- Umfang und Tiefe des Entwicklungs- oder Veränderungsprozesses erkunden
- Notwendige Ressourcen und Rahmenbedingungen für den Prozess vereinbaren („Kontext des Gelingens“)
- Anspruchsgruppen-Analyse nach der ARE IN-Formel
- Mandat und unverrückbare Rahmenbedingungen („Givens“) für die Sache definieren
- Auswahlverfahren, Erstkommunikation und Einladung zum Mitmachen
- Planung des Kick-offs der Pilotgruppe

Schauen wir uns das Ganze im Einzelnen an:

Umfang und Tiefe des Entwicklungs- oder Veränderungsprozesses erkunden

Die verschiedenen Intentionen und Zielsetzungen einer Entwicklungs-Initiative lassen sich unterteilen in folgende Vorhaben (analog zum “3-Schüssel-Modell“, siehe Seite 75):

- **Inspiration und Felderkundung** für eine inkrementelle, allmähliche Entwicklung, als Blick über den Tellerrand oder als Denkanstoß („Content-Schüssel“).
- **Innovation und Change** im Sinne neuer Arbeitsweisen, neuer Produkte und Dienstleistungen sowie zeitgemäßer Prozesse („Prozess-Schüssel“).
- **Transformation**, verstanden als die Arbeit „an“ der Organisation, also an Strukturen der Aufbauorganisation („Kontext-Schüssel“).

Anhand dieser drei Richtungen, in die es gehen kann, laden wir zu einem offenen Dialog zu Umfang und Tiefe der Initiative ein. Ziel ist es, herauszufinden, in welche Richtung es gehen soll. Erste Einschätzungen dürfen sich in dieser Phase gerne verändern. Oder auch: Was ist Bestandteil der Maßnahme, was nicht? Hier geht es oft um Begriffsklärung: Wenn zum Beispiel von „Change“ und/oder „Transformation“ gesprochen wird, was verstehen die Beteiligten jeweils darunter? Nichts lähmt eine Veränderungsinitiative mehr, als wenn man von Anfang an aneinander vorbeiredet.

Manchmal ist eine Einordnung des Umfangs und der Tiefe des Veränderungsprozesses zu Beginn allen Beteiligten klar. In anderen Fällen kann es nicht so eindeutig beantwortet werden. Die Einordnung beginnt in hierarchischen Organisationen meist auf Entscheiderebene und dem, was man als oberes Management bezeichnen könnte.

Praxistipp

„Partizipation zum frühestmöglichen Zeitpunkt" hilft auch hier. Es ist weise und führt oft zu Klarheit, wenn eine repräsentative Querschnittsgruppe des gesamten, relevanten Systems[80] *in dieser Phase beteiligt wird. Oder man unternimmt eine Lernreise und schaut, wie in anderen Institutionen oder Organisationen mit ähnlichen Fragestellungen und Herausforderungen umgegangen wurde.*

Sobald hier Klärung erfolgt ist, wird deutlich, welche Ressourcen und Rahmenbedingungen für eine solche Entwicklungs- oder Veränderungsinitiative gebraucht werden.

Notwendige Ressourcen und Rahmenbedingungen für den Prozess vereinbaren (Checkliste „Kontext des Gelingens")

Wie es zu der Checkliste „Kontext des Gelingens" kam

Als Rahmung für die nun folgende Checkliste erzählen wir aus der Facilitation-Praxis, wie es zu dem Impuls kam, so eine Liste aufzustellen.

In einem Bereich eines Konzerns der Telekommunikationsbranche sollte „New Work" Einzug halten. Man hatte bereits gute Erfahrungen mit Mitarbeiterbeteiligung in Design Thinking-Projekten gemacht und wollte nun die agile Transformation im gesamten Bereich forcieren. „Wir werden einen Paradigmenwechsel haben. Wir werden uns auf die Veränderung massiv vorbereiten.", so eine Führungskraft. In Zusammenarbeit mit den Kommunikationslotsen sollte ein Transformationsteam, ein repräsentativer Querschnitt aller relevanten Abteilungen und Ebenen, die Prozessbegleitung und Pilotfunktion übernehmen. In den ersten Gesprächen waren wir beeindruckt von so viel progressiver Rhetorik des Auftraggebers und seines gesamten Managementteams. Sie verstanden es, Aufbruchstimmung zu erzeugen und waren offenbar selbst alle froh, für jedes Fünkchen Inspiration und Esprit, welches das gemeinsame Feuer für die Transformation weiter entfachen würde.

Es wurde ein Transformationsteam nach allen Regeln der Kunst mit Einladungsvideo und Bewerbungsprozess quer durch die gesamte Organisation zusammengestellt. Das Team bekam das Mandat „den Konzernbereich als gesamten Organismus zu betrachten, neueste Erkenntnisse der Organisationsentwicklung und neue Organisationsformate zu erkunden, in Richtung flacher Hierarchien und Selbstführung. … menschlich, direkt, schnell, interessant, lebendig."

Egal wo und mit wem wir uns trafen, die Räume wurden bald gefüllt mit einem authentischen Wollen und mit Begriffen wie Vertrauen, Wertschätzung und Menschlichkeit. Beim Kick-off des Transformationsteams war ein Vertreter des Managementteams anwesend und sagte: „Es sind nicht nur Worte. Wir haben uns nicht nur etwas Lustiges ausgedacht. Wir wollen das gemeinsam machen!" Auch jenseits der klassischen Businessperspektive sollte das Transformationsteam den Weg vorgehen und herausfinden, welche neuen Rahmenbedingungen, welche Formate und Arbeitsweisen gebraucht werden. Auf die skeptische Nachfrage einer Teilnehmerin, ob die Gruppe das Mandat hätte, sich darüber Gedanken zu machen, wie man sich im Bereich organisatorisch aufstellen würde, war die

Antwort: „Ja, das ist sogar ein Wunsch!" Mitarbeitende sollten an Managementteam-Sitzungen teilnehmen dürfen, Führung abgebaut, Entscheidungen selbst getroffen und Wertschätzung sowie Menschenorientierung gelebt werden. „Die stille Revolution"[81] wurde gemeinsam angeschaut, facilitative Grundannahmen machten die Runde. Vieles mehr war am Start.

Es schien, das Transformationsprojekt des Jahrhunderts zu werden, so kam es uns vor. Aus unserer Sicht gab es seinerzeit einen echten Willen, vieles ganz anders zu machen. Und es gab auch eine Situation, die unterstreicht, wie ernst es allen miteinander war.

Es geschah auf einer Dialog- und Mitarbeiterkonferenz, an der ein Großteil aller aktiven Mitarbeitenden sowie das Managementteam anwesend und schließlich in einem Fishbowl im Dialog waren.

Ein Teilnehmer:

„Ich bin seit 1980 dabei und für mich ist es ein toller Augenblick. Ich hätte nie gedacht, dass wir hier mal zusammen mit dem Management sitzen und reden.... wir müssen aufhören, in Organisationszwängen zu denken... den Kunden in den Vordergrund stellen... wir müssen Wände einreißen, die wir uns selber gebaut haben!"

Ein weiterer Teilnehmer:

„Gestern der Tag, hat mir gezeigt, wie groß das ist, was wir hier tun! Es scheint, dass es ggf. bald gar keine Führungskräfte mehr gibt, Strukturen ändern sich, der Kunde entscheidet, wie viel er zahlen will und vieles mehr." „Was bedeutet es künftig für Sie, als Mitglied des Managementteams, nach einer neuen Rolle zu suchen, weil man die nach der reinen Theorie nicht mehr hat?" fragte ein Teilnehmer.

Eine Führungskraft:

„Ich mache mir gar keine Gedanken über die Folgen – kann es noch nicht beurteilen. Ja, wir brauchen Strukturen: wichtig ist, dass wir irgendwann eine Kultur haben, die uns hilft Probleme anders, schneller, besser zu lösen.... Ich bin vielleicht überflüssig als Führungskraft, wie es heute ist, aber ich werde eine andere Rolle einnehmen. Es braucht Menschen, die diese Idee teilen, nicht einzelne Führungskräfte.... Feuer für die Sache ...wir haben die Freiheit etwas zu gestalten und eine klare Aufforderung etwas zu tun!... Wir möchten darüber nachdenken, wie wir in Zukunft die Intelligenz unserer gesamten Organisation noch besser nutzen können. Wie werden Entscheidungen getroffen? Wie können wir in verteilten Teams verbunden bleiben und einen gemeinsamen Spirit entwickeln? Wie können wir Freude, Zusammenhalt, Inspiration und Kreativität mehren – auch in der so genannten Regelarbeit? Welche grundsätzlichen Fragen müssen wir uns stellen?"

Wir möchten die Motivation, die Offenheit und den Willen dieses Klienten ausdrücklich hervorheben. Selten haben wir als Facilitator, soviel inspirierte Menschen in einer Konzernumgebung angetroffen. Viel Gutes wurde bewirkt.

Der Drive ging allerdings Schritt für Schritt verloren. Das Transformationsteam hatte kein eigenes Budget und musste somit für jede Initiative oder Idee beim Managmentteam vorstellig werden, wurde allerdings regelmäßig zur „Nachbesserung der Idee" wieder nach Hause geschickt. Im Management wurde dies selbstkritisch als der „Drehtür-Effekt" bezeichnet. Man kommt durch die Drehtür rein, und geht ggf. mit einer neuen Aufgabe – jedenfalls nicht mit einer Zusage und Unterstützung – durch die Drehtür wieder raus. Und dieser Vorgang wiederholte sich endlos. Damit war der Aktionsradius des Transformationsteams entscheidend begrenzt worden. Es gab immer gute Gründe, doch in letzter Konsequenz verkam das anfänglich noch so machtvoll mit Ressourcen und einem gut klingenden Mandat ausgestattete Transformationsteam nach und nach zu einer konsequenzenlos richtigen und gut gemeinten Kreativtruppe.

Auch bei den Design Thinking-Projekten war ein Großteil der Erfahrungen, dass die guten Ideen und Prototypen letztlich „an der Konzernrealität zerbröselt[82]" waren. Später, nachdem der Leiter des Managementteam und auch sein Vertreter im Konzern den Bereich wechselten, wurde das Transformationsteam gebeten, nur noch operative, transaktionale Projekte umzusetzen, wie z. B. die Einführung von Microsoft 365. Zu diesem Zeitpunkt hatten wir uns schon verabschiedet, mit dem Hinweis, dass wir in dieser Situation aus unserer Sicht nicht mehr hilfreich wären. Es gab einen wertschätzenden Abschied und wir sind immer noch in einem guten Kontakt.

Was wir aus dieser Situation gelernt haben

- Unsere Grundannahme „Wir unterstellen allen Menschen eine gute Absicht." sowie „Jeder und jede gibt sein/ihr Bestes – immer!" ist lebenspraktisch. Es hilft enorm, wenn sich Berater- und Klientensystem in solch komplexen Gemengelagen nicht den Schwarzen Peter zuschieben, sondern dankbar sind für das, was zu dieser Zeit möglich war. Insgesamt wurde auf allen Ebenen viel gelernt, Vertrauen gebildet und hier und da sicher auch wieder verspielt, doch unterm Strich war es eine gute Zeit für diesen Konzernbereich.
- Wir haben gelernt, dass es einen Unterschied gibt, zwischen „Walk the talk!" und „Talk the talk!". Echtes Interesse an Entwicklung und Transformation erfordert, dass man bereit ist, selbst Opfer zu bringen für die größere Sache. Wenn Karrierestreben, Machterhalt und „Gut-dastehen-wollen" die vorrangigen ggf. unbewussten Antreiber sind, oder wenn man als Entscheider schlicht Angst vor dem Neuen und Unbekannten hat, dann sind dies untrügliche Anzeichen dafür, dass man persönlich noch tiefer in den eigenen Transformationsprozess einsteigen sollte. Oder man sagt klar und deutlich, was die unverrückbaren Rahmenbedingungen sind. Das gibt Orientierung für alle, die in dem Rahmen unterwegs sind.
- Veränderungen nur auf der Ebene des Wortschatzes reichen nicht („Talk the talk!"). Wir haben gelernt, dass guter Wille, viel Motivation und progressive Rhetorik, auch wenn all dies von der Führungsspitze authentisch vorgetragen wird, nicht ausreichen. Es braucht einen Kontext, in dem man miteinander erfolgreich sein kann. Und man muss es dann einfach auch machen, denn „machen ist wie wollen, nur krasser[83]".

In einer Nachbetrachtung[84] entstand ein ganz wesentliches Tool für gelingende Veränderungsprozesse: die Checkliste „Kontext des Gelingens"[85]. Darin befinden sich Erfolgsfaktoren und Ressourcen, die in diesem und in ähnlichen Projekten damals gefehlt haben. Seitdem wir die Idee dieses „Kontext des Gelingens" haben, sind unsere Klienten deutlich erfolgreicher. Die Checkliste ist ein Beitrag für gelingende Entwicklungs- und Transformationsvorhaben und eines der größten „Aha's!" aus der Praxis der letzten Jahre, das wir als echtes Geschenk empfinden.

Wir wollen dies weiter verschenken an Menschen, die dieses Buch lesen und die wir als Weggefährtinnen betrachten, in der Disziplin vertrauensvolle, belastbare, kreative und in letzter Hinsicht auch professionelle Räume für echte Entwicklung zu ermöglichen. Facilitation wird dadurch erfahrungsgemäß wirksamer und resilienter im Umgang mit vorherrschenden Konzern-Wirklichkeiten.

Zurück zur initialen Vorbereitungsgruppe: Wir empfehlen in der Vorbereitungsphase mit der Vorbereitungsgruppe, die folgenden Punkte zu bedenken und entsprechende Vereinbarungen zu treffen.

Praxistipp

Wenn alle Aspekte dieser Liste bedacht, geklärt und zugesagt werden, ist ein zieldienliches Facilitationsystem etabliert und der Weg für Facilitation geebnet. Dafür braucht man Zeit und ein dialogorientiertes Setting.

Inspiration und Felderkundung (Content)

Die Inspiration und Felderkundung ist wichtig,

- um dem eigenen Thema näher zu kommen,
- um zu erkennen, was sich gerade in den für die Organisation relevanten Umwelten in Markt und Gesellschaft tut,
- um zu verstehen, welche Dimensionen Organisationserneuerung und begleitende Facilitation-Praxis haben können,
- um auch alternative Vorgehensweisen zu erörtern. Es gibt viele Wege, mit der kollektiven Intelligenz eines größeren Organismus zu arbeiten (siehe Seite 215).

Die Phase der „Inspiration und Felderkundung“ kann facilitativ begleitet werden. Was für eine solche Erkundungsphase in der Praxis benötigt wird, machen die folgenden Punkte, die man als Checkliste verstehen kann, deutlich:

Hinweis: Wir haben im Verlauf der nächsten Abschnitte der Vollständigkeit halber auch die bereits behandelten Aspekte, wie z. B. Pilotgruppe, das Mandat, etc., in die Liste aufgenommen.

INSPIRATION & FELDERKUNDUNG **Inspiration und Felderkundung (Content)**	**Ein Orgateam einsetzen**	Die Aktivitäten der Erkundung und Inspiration sind mit Administrationsaufwand verbunden. Eine Organisations- und Koordinationsinstanz kann deshalb sehr wichtig und hilfreich sein, um z. B. Veranstaltungen zu organisieren, Reisetätigkeiten der Pilotgruppe zu unterstützen und um die Arbeit mit internen Prozessen, die für die Initiative relevant sind, zu übernehmen (z. B. Freistellungen, Kompensation von Mehrarbeit, HR-Prozesse, etc.).
	Die notwendige Präsenzzeit ermöglichen	Diese Art von Kulturarbeit kann in der Regel nicht zusätzlich zur Regelarbeit geleistet werden, daher sind Investitionen in Zeit und Budget erforderlich.
	Capacity-Building[86] betreiben (Training & Schulung)	Durch gemeinsames Lernen öffnen sich Horizonte. Deshalb kann es im Sinne der Nachhaltigkeit hilfreich sein, die eigene Erkundungsreise mit einer Fortbildung zu Facilitation, Facilitative Leadership und/oder zum theoretischen Diskurs rund um Transformation und Organisationserneuerung zu beginnen oder das Lernen parallel auch für größere Gruppen zu ermöglichen.
	Großgruppenformate einsetzen (analog und virtuell)	Der Einbezug des gesamten Systems braucht in der Regel ein „Ja" zu dialogorientierten Großgruppenkonferenzen. Diese Konferenzen können 50 bis 500+ Teilnehmende umfassen, benötigen je nach Zielsetzung ein bis drei Tage und werden von erfahrenen Facilitatoren (mit einer Pilotgruppe = Querschnitt der Großgruppe) partizipativ geplant, durchgeführt und nachbereitet. ***Praxistipp:*** *Der Aufwand, der mit Großgruppenformaten verbunden ist, führt manchmal dazu, dass sie nicht erwogen werden. Will man jedoch eine gesamte Organisation inspirieren, ist dies vermutlich nicht mit halbstündigen Telefonkonferenzen zu erreichen. Es kommt also immer darauf an, was man in welcher Zeit erreichen möchte. Das sollte man mit dem Klienten besprechen.*
	Lernreisen unternehmen	Facilitation kann in Phasen der Inspiration heißen, andere Unternehmen/Organisationen zu besuchen, um einen Austausch zu ermöglichen und um nicht nur von anderen zu hören, sondern um zu fühlen und zu erleben, welche neue Wirklichkeit andere für sich kreiert haben. Dieses Momentum ist in vielen Fällen ein sehr wichtiger Hebel für alles Weitere. ***Praxistipp:*** *Wer keine Lernreisen unternehmen kann oder will, kann sich mögliche Protagonisten ins Haus einladen, gegebenenfalls Filme schauen und besprechen und/oder gemeinsam Bücher lesen und die Erkenntnisse daraus auf die Organisation übertragen.*

	Harvesting[87]-Team einsetzen	Ein Harvesting-Team hat die Aufgabe, den Spirit der Lernreisen-Erfahrungen mit allen verfügbaren Medien und Künsten für die, die nicht dabei waren, so gut wie möglich zu dokumentieren und erlebbar zu machen. Damit kann man im anschließenden Prozess wunderbar arbeiten und die Inspiration in ein ganzes System weitertragen. ***Praxistipp:*** *Abfotografierte Pinnwände (sogenannte Fotoprotokolle) sind als Gedächtnisstütze für die, die dabei waren von Nutzen. Sie sind wenig hilfreich für andere, selbst dann nicht, wenn jemand sie erläutert. Besser funktionieren komplette Mitschriften von O-Tönen sowie Dokumentationen in Bild und Ton.*

Innovation und Change (Prozess)

Wenn es um mehr als Inspiration und Felderkundung gehen soll, dann werden meist die Zusammenarbeit, die Schnittstellen, die Methoden und Prozesse verändert oder weiterentwickelt (Ablauforganisation). Es heißt in der Praxis, man arbeitet „in" der Organisation, nicht „an" der Organisation. Das ist die Prozess-Ebene, in der die folgenden Ressourcen und Rahmenbedingungen zieldienlich sind.

Innovation und Change (Prozess)	**Pilotgruppe etablieren (zusätzlich zum Orgateam)**	Die Pilot- oder Pioniergruppe ist ein repräsentativer Querschnitt des relevanten Systems. Sie ist „Prozessarchitekt", „Vorangeher" in der Selbsterfahrung und Selbstentwicklung und zugleich Begleiter und Berater für die Einbindung/Beteiligung des gesamten größeren und relevanten Systems. Mehr zur Pilotgruppe (siehe nächste Seite).
	Ziel- & Lösungsideen im Flow entwickeln lassen	Ziel- und Lösungsideen („Was- und Wie-Ziele") des Primärklienten oder anderer Keyplayer können und werden sich in der Regel im Laufe der Erkundung und Zusammenarbeit verändern. Es gilt das Prinzip: „This or something better!" (Dies oder etwas Stimmigeres!). ***Praxistipp:*** *„Veränderung ist an allererster Stelle Selbstveränderung!" (siehe Seite 46). Dies verdeutlicht, dass die Entscheider und Führungskräfte Teil der Veränderung sind, dass sie an entsprechenden Gruppen und Veranstaltungen teilnehmen, und dass sie eigene Was- und Wie-Ziele loslassen werden. Unser Tipp besteht darin, sich von den hilfreichen Grundannahmen in der Beratung und Begleitung unterstützen zu lassen (Facilitative Thinking; siehe Seite 40).*

	Rollenklarheit schaffen	Da sich die beauftragenden EntscheiderInnen, Führungskräfte bzw. Primärklienten in angemessenem Umfang am Prozess beteiligen, ist es wichtig, ihre Rolle als Beteiligte (nicht nur als Auftraggebende) zu klären. Ebenso muss die Rolle der Facilitatoren verstanden werden. Weitere Rollen, wie z. B. die Rolle der Teilnehmerinnen sind ebenfalls zu klären. Das Wichtigste bei der Rollenbeschreibung der Teilnehmerinnen ist, dass sie nicht als Vertreterinnen einer bestimmten Anspruchsgruppe agieren und Besitzstände verteidigen, sondern als Menschen mit einem bestimmten Blickwinkel und spezifischen Erfahrungen dabei sind. Alle sind dazu aufgerufen, miteinander über den eigenen Tellerrand zu schauen und das ganze Bild im Blick zu halten.
	Mandat entwickeln und erteilen	„Die Pilotgruppe erhält das Mandat, einen Weg zu entwerfen und zu begleiten, durch den …" Mit dieser Formulierung weisen wir daraufhin, dass es nicht darum geht, nur ein Konzept zu entwickeln (das dann „ausgerollt" wird). Mehr dazu siehe Seite 158 ff.
	Givens festlegen (unverrückbare Rahmenbedingungen)	Teil des Mandates sind die Givens. Sie sind „Setzungen" der Entscheiderebene/des Primärklienten und beschreiben den Handlungsrahmen bzw. Spielraum. Die Givens werden zu Beginn der Reise mit allen Beteiligten besprochen und bestätigt (z. B. im ersten Meeting der Pilotgruppe).
	Budget/ Ressourcen bereitstellen	Die Pilotgruppe braucht Zugang zu Ressourcen, vor allem zu Finanzmitteln. Eine Pilotgruppe ist machtlos, wenn sie jede einzelne Ausgabe durch eine übergeordnete Instanz (die selbst nicht am Prozess beteiligt ist) zur Freigabe vorstellen muss. Wir empfehlen daher, dass eine Pilotgruppe ein eigenes Budget erhält, über das sie verfügt und Rechenschaft ablegt.
	Collaboration Tool einrichten	Für die fortwährende, barrierefreie Kommunikation, zur Koordination der Zusammenarbeit und für die gemeinsame Bearbeitung und Ablage relevanter Dokumente benötigt die Pilotgruppe ein eigenes Collaboration Tool. Messenger-Dienste über das Smart-Phone sind hilfreich für die zeitnahe Kommunikation und Koordination zwischendurch, jedoch nicht hinreichend als einziger Kommunikationskanal.
	Buddies finden	Die Pilotgruppe wird unter Umständen – im Laufe des Prozesses – Zuarbeit von Querschnittsfunktionen benötigen. Es können Arbeiten anfallen, die sie nicht zusätzlich schultern kann. In einigen Fällen, fehlen auch die erforderlichen Kompetenzen in der Gruppe z. B. für Organisation, interne Prozesse und Rahmenbedingungen, Kommunikation sowie Mediengestaltung und Produktion von Produkten/ Artefakten, etc.

	Vernetzung mit Parallelprojekten ermöglichen	In größeren Organisationen, z. B. in Konzernen, gibt es parallel arbeitende Change- und Transformations- bzw. Projektteams, die oftmals ähnliche Ziele verfolgen und ähnliche Ressourcen benötigen. Frühzeitige Vernetzung und regelmäßiger Austausch, um voneinander zu lernen und die Inhalte und Ergebnisse abzustimmen, wirken vermeintlichen Widersprüchen entgegen und Paradoxien können frühzeitig identifiziert und bearbeitet werden.
	Termine vorher festlegen	Die meisten Change- und Transformationsinitiativen scheitern daran, dass man schlicht die Termine nicht findet, um sich regelmäßig in gleicher Besetzung zu treffen (Kontinuität ist wichtig!). Von daher werden die Termine bereits bei der Ausschreibung zur Pilotgruppe (Aufruf zur Beteiligung/Bewerbung/Motivationsschreiben) für ein halbes Jahr oder länger festgelegt, sodass sich alle Beteiligten frühzeitig darauf einstellen können.

Transformationsvorhaben (Kontext)

Transformation ist nicht die Arbeit „in" der Organisation, sondern „an" der Organisation. Es geht um die Art und Weise, wie man zusammenarbeiten will, wie Entscheidungen getroffen werden, wie man die (Organisations-)Form praktisch und strukturell gestalten will (Organigramme, Führungsspannen, Aufbauorganisantion etc.) und mit welchen Spielregeln man gemeinsam wirksam werden will. Man arbeitet also am gesamten Kontext. Der dritte und letzte Teil der Checkliste fasst das Wichtigste zusammen.

Transformations-vorhaben (Kontext)	**Die parallele Zusammenarbeit mit dem Managementteam etablieren**	Wenn der persönliche Erkenntnisprozess auf Entscheiderebene nicht organisiert wird, kann es zu einem „Disconnect" (einem Abbruch) zwischen Entscheidern und der Pilotgruppe bzw. zwischen dem ursprünglichen „Ja!" für den Transformationsprozess und dem gegenwärtigen Erleben kommen. Das bedeutet oft das Ende der Initiative. Mehr dazu siehe Seite 213.
	Mit Key-Stakeholdern in Kontakt kommen	Wer sollte auf welche Art und Weise für den Transformationsprozess inspiriert und frühzeitig gewonnen werden (Eigner, Vorstandsvorsitzende, Geschäftsführer, Personalvertretung, Gewerkschaft, Aktionäre), damit der Erfolg wahrscheinlicher wird. Facilitator denken in längerfristigen Prozessen und Zusammenhängen. Die bewusste Förderung gelingender Beziehungen auf allen Ebenen ist gut investierte Zeit in die Zukunftsfähigkeit und Resilienz von Organisationen und Gemeinschaften.

	Entscheidungen mit Signalwirkung treffen	Als sehr hilfreich wird es sich erweisen, wenn die Pilotgruppe möglichst früh nach dem Starttermin gemeinsam mit dem Management Entscheidungen trifft, die den Arbeitsalltag der Menschen von einem auf den anderen Tag spürbar positiv verändern (z. B. Laptops für alle auf allen Ebenen oder die Vorstandsetage verkleinern und als Kreativzone für Meetings für alle umbauen.) Wichtig ist: Diese Entscheidungen sollten glaubwürdig und tatsächlich positiv disruptiv[88] für die Menschen sein. Keine Kosmetik!
	Die notwendige Kontaktfläche ermöglichen	Damit einerseits ein gleiches Verständnis und eine produktive Arbeitsfähigkeit entstehen und die Arbeit getan werden kann, sollte ein gemeinsames Verständnis über den Meeting-Rhythmus und den Zeitansatz entwickelt werden (mit halbstündigen Telefonkonferenzen allein ist Transformation nicht zu machen). Wir haben gute Erfahrung gemacht mit regelmäßigen (monatlichen), 3-4-tägigen[89] Meetings über eine Dauer von bis zu zwei Jahren.
	Freistellung/ Kompensation der aufgebrachten Zeit ermöglichen	Mitarbeitende können in der Regel den Anforderungen einer beteiligungs- und dialogorientierten Transformation nicht gerecht werden, wenn sie durch unverhältnismäßig hohen Arbeitsdruck in der Regelarbeit gebunden sind. Daher sollten verlässliche Regelungen getroffen werden, wie die zusätzliche Transformationsarbeit ermöglicht und wenn nötig auch kompensiert wird. ***Anekdote aus der Praxis:*** *In einem inhabergeführten Familienunternehmen wurde dieses Thema als Kapa-Planung bezeichnet („Kapa" für Kapazität). Auf einer Mitarbeiterkonferenz kam diese dysfunktionale Routine ans Licht. Der Inhaber gab Entwicklungsziele aus, doch veränderten sich diese regelmäßig ebenso wie die damit verbundenen Kapazitäten. Alle waren überlastet und damit beschäftigt, die Kapazitäten zu verschieben, je nachdem, wohin das Fähnchen wehte. Nachhaltige Entwicklung war so nicht möglich. Die Kapazität war nur in Worten vorhanden, nicht in der Realität. Daher ist es lohnend, dieses Thema im Vorfeld zum Gegenstand der Beratung(en) zu machen.*

	Tiefe persönliche Auseinandersetzung zulassen	Transformation impliziert eine tiefe Wandlung der beteiligten Menschen und ihrer selbst erschaffenen Wirklichkeiten. Wenn das, was für viele Jahrzehnte Bestand hatte, für die Zukunft nicht mehr gelten kann und soll, ist mit unbewussten, tiefsitzenden Ängsten und auch mit Grenzen der eigenen Vorstellungskraft zu rechnen. Dass es im Rahmen von Transformationsinitiativen aber genau darum geht, sollte den Entscheidern, den Schlüsselpersonen und Mitarbeitenden deutlich gemacht werden. Und zwar am besten, bevor man sich entscheidet, loszulegen. Ohne eine tiefe persönliche Auseinandersetzung – auch mit psychologischem und philosophischem Wissen – wird es erfahrungsgemäß nahezu unmöglich, sich aus dem eigenen Gewordensein, aus den eigenen (Denk-)Routinen herauszuschälen und transformative Entscheidungen zu treffen.
	Politischen Schutz gewähren	Change- und Transformationsinitiativen scheitern, wenn sie von politischen Dynamiken erfasst und kurzerhand abgewürgt werden. Damit so etwas nicht passiert, tut man gut daran, frühzeitig mit den in der Hierarchie mächtigsten, politischen Playern eine Art „Schutzschirm" zu vereinbaren. Eine solche Vereinbarung kann schriftlich in Form einer Absichtserklärung getroffen werden. Zusätzlich kann man vorab über einen alternativen Plan sprechen, der in Kraft tritt, sobald sich herausfordernde politische Dynamiken am Horizont zeigen.

Sobald Umfang, Tiefe sowie Ressourcen und Rahmenbedingungen für den Entwicklungs- oder Veränderungsprozess festgelegt wurden, kann man …

- sofort loslegen, wenn die Initiative in der Ebene „Inspiration & Felderkundung" verortet wurde. Denn dazu sind dann alle Parameter besprochen und das dafür Nötige (siehe „Inspiration & Felderkundung", Seite 150).
- mit der Gründung einer Pilotgruppe fortschreiten, denn die ist Bestandteil der beiden folgenden Ebenen „Innovation und Change" sowie „Transformation". Um eine Pilotgruppe zu gründen, analysiert die initiale Vorbereitungsgruppe zunächst die verschiedenen Anspruchsgruppen[90].

Anspruchsgruppen-Analyse nach der ARE IN-Formel

Im Regelfall kennen die Primärklienten und weitere Schlüsselpersonen in dieser Phase aufgrund der Auftragsklärung und Initialberatung bereits den facilitativen Ansatz und die Rolle einer initialen Vorbereitungsgruppe sowie der darauf folgenden Pilotgruppe. Oft hilft es allen Beteiligten, wenn vermeintlich Bekanntes erneut mit anderen Worten beschrieben und in einem neuen Kontext gemeinsam untersucht wird. Zur Erinnerung: „We strongly believe in repetition!" (Wir glauben fest an Wiederholungen!")

> ***Praxistipp***
>
> *Die bisher entstandenen, visualisierten Prozessbilder und Denkmodelle daher unbedingt aufheben, denn sie werden immer wieder gebraucht und erweitert.*

Die Kernfrage der Anspruchsgruppen-Analyse lautet: Wer hat einen „Anspruch“? Wer hat einen „stake“ in der Sache (Stakeholder)? Oder eine wichtige Perspektive (Perspektivgruppen)? Mit dieser Perspektive lässt sich schnell eine Liste verschiedener Personengruppen erstellen, von denen ein repräsentativer Querschnitt zur Pilotgruppe wird. Es sollten Personen sein:

- die eine spezifische Sichtweise auf das Thema haben.
- die über Macht und Mittel verfügen, Dinge in Bewegung zu setzen.
- die von den Auswirkungen (der Initiative) betroffen sein werden.

Marvin Weisbord und Sandra Janoff haben eine einfache Formel aufgestellt, die einen gesunden Mix und die Repräsentativität (für das ganze System) sicherstellen. Die ARE IN-Formel (Pilotgruppen und ihre Besetzung, siehe Seite 109): „The right mix of people who ARE IN![91]“

A authority
Menschen mit Macht (Entscheidungsträger, Primärklienten).
R resources
Menschen, die Mittel zur Verfügung stellen können (Zeit, Budget)
E expertise
Menschen, die ein spezifisches Fachwissen (zur Sache, zur Kommunikation und zum Prozess) haben.
I information
Menschen, die über spezielle Informationen (Zahlen, Daten, Fakten) verfügen.
N need to be involved
Menschen, die einbezogen werden müssen, weil sie von den Auswirkungen der Initiative betroffen sind oder sein werden.

Darüber hinaus gelten die Kriterien der Diversität: Männer und Frauen bzw. alle Geschlechterkategorien, Junge und Alte, lange und kurze Betriebszugehörigkeit, unterschiedliche kulturelle Hintergründe; Menschen aus dem Zentrum und der Peripherie, Menschen, die solche Projekte großartig finden und anerkannte Gegner/Kritiker. Da Pilotgruppen in der Regel eine gute Arbeitsfähigkeit mit rund 16 Personen aufweisen (in kleineren Systemen sechs und für große Systeme maximal 25 Personen), wird Diversität durch Doppel- und Vielfachrollen abgebildet: z. B. Frau, lange Betriebszugehörigkeit, Kritikerin mit Fachexpertise.

Praxistipp

In der initialen Vorbereitungsgruppe geht es darum, eine Anspruchsgruppen-Analyse (Stakeholder-Analyse) mit Blick auf eine repräsentative Besetzung der Pilotgruppe zu machen. Die Erarbeitung einer ersten Aufteilung relevanter Anspruchsgruppen nach der ARE IN-Formel, könnte z. B. in Paaren oder Kleingruppen erfolgen. Es geht hier nur in Einzelfällen, z. B. bei der Person des Primärklienten um konkrete Namen. Meistens stehen zunächst Rollen, Funktionsbezeichnungen und Abteilungen im Vordergrund. Welche Einzelpersonen und/oder Personengruppen fallen jeweils unter „A“, „R“, „E“, „I“, „N“?

Im gemeinsamen Dialog, nachdem die Ergebnisse in der Gesamtgruppe vorgestellt wurden, geht es oftmals um eine stimmige Verteilung und Gewichtung der fünf Kriterien. Wenn es zum Beispiel zwei Führungskräfte oder Betriebsräte gibt, von denen keine der beiden Personen in einer Pilotgruppe fehlen darf, dann stellt sich unmittelbar die Frage der Gewichtung bzw. Verhältnismäßigkeit. Ebenso wenn es zum Beispiel Tausende von Mitarbeiterinnen, aber nur insgesamt 16 zu vergebende Plätze in der Pilotgruppe gibt. Wie viele Plätze gehen dann an die Führung? Solche Diskurse sind wichtig und sollten vom Facilitator so begleitet werden, dass allen Beteiligten Raum für ihre Sichtweisen und Einschätzungen gegeben wird und zugleich eine pragmatische Lösung gefunden wird. Weitere Erkenntnisse zur Besetzung sind zu erwarten, wenn das Mandat und die Givens formuliert sind.

Praxistipp

Sollte sich die initiale Vorbereitungsgruppe an der Stelle nicht einigen, kann man mit Blick auf den weiteren Prozess darauf verweisen, dass die Pilotgruppe im Rahmen ihres ersten Meetings die Frage erörtern wird, ob man sich angesichts des Mandats und der Givens als stimmigen, repräsentativen Querschnitt empfindet. Es steht der Pilotgruppe frei, weitere Personen zu nominieren oder auch wichtige Repräsentanten des relevanten Systems temporär einzuladen und/oder zu besuchen. Somit ergibt sich Flexibilität, den richtigen Mix der Pilotgruppe regelmäßig zu reflektieren.

Es stellt sich an dieser Stelle die Frage, ob man das Mandat und die Givens nicht vorher formulieren sollte. Beides ist möglich. Einerseits hilft es, ein Mandat und Givens zu formulieren, wenn das System nach „ARE IN“ konkreter im Blick ist, andererseits kann es für die Besetzung nach der ARE IN-Formel helfen, wenn man das Mandat und die unverrückbaren Rahmenbedingungen („Givens“) bereits formuliert hat.

Mandat und unverrückbare Rahmenbedingungen („Givens") definieren

Das Mandat ist der Auftrag an die Pilotgruppe. Die Primärklienten, also die Top-Entscheiderebene, gibt einen Teil der Führung in die Organisation. Die Wortbedeutung von „Mandat“, aus dem lateinischen Substantiv *manus* „Hand“ und dem Verb *dare* „geben“, bringt es auf den Punkt[92]. Die Leitung gibt einen Teil der Führung aus der Hand.

Ein Mandat gibt Orientierung für alle beteiligten Parteien:
1. die beauftragende Führung,
2. die Pilotgruppe,
3. das gesamte relevante System,
4. und die begleitenden Facilitatoren.

Ein Mandat versorgt eine Pilotgruppe mit einem Höchstmaß an Autonomie: Solange sich eine Pilotgruppe, in der die „Authority“ nach der ARE IN-Formel vertreten ist, an die Inhalte eines abgestimmten und angenommenen Mandats hält, braucht sie keine darüber liegende Führungsebene mehr, um Erlaubnis zu fragen oder um die Freigabe von Entscheidungen zu bitten. Sie ist innerhalb ihres Mandats allein handlungs- und entscheidungsfähig. Mit diesem Verständnis nehmen Facilitator ihren Begleitungs- und Beratungsauftrag wahr.

Wie entsteht nun ein Mandat? Die initiale Vorbereitungsgruppe, in der auch die Primärklientin vertreten ist, formuliert das Mandat und unverrückbare Rahmenbedingungen in einem gemeinsamen, dialogischen Prozess (z. B. in aufwachsenden Kleingruppen „1-2-4-All“). Die folgende Vorlage unterstützt bei der Formulierung und zeigt, worauf es ankommt.

Template: „Die Pilotgruppe erhält das Mandat, einen Weg zu entwerfen und zu begleiten, durch den...(WAS erreicht wird)

Ziel ist: ...

Es geht darum, ... (hier folgen Unter-Ziele, allesamt Antworten auf das WOZU?)

Folgende Rahmenbedingungen (Givens) sind gesetzt: (hier werden UNVERRÜCKBARE RAHMENBEDINGUNGEN formuliert)

- ...
- ...
- ..."

Die Leitung (Primärklient, Geschäftsführung, Vorstand) übergibt der Pilotgruppe das Mandat, den Prozess zu begleiten, entsprechende Maßnahmen umzusetzen und alle für die Umsetzung notwendigen Entscheidungen selbst zu treffen. Alle Entscheidungen und Maßnahmen, die sich innerhalb des Mandats bewegen, müssen nicht mehr mit der Leitung abgestimmt oder freigegeben werden, da die Pilotgruppe ein repräsentativer Querschnitt der Organisation bzw. der betreffenden Organisationseinheit inklusive Leitung darstellt.

Ein Beispiel-Mandat aus der Praxis:

Die Pilotgruppe (der repräsentative Querschnitt des gesamten Systems des Konzernbereichs XY) erhält das Mandat, einen Weg zu entwerfen und zu begleiten, durch den EIN neues Führungskonzept für den Konzernbereich XY entsteht – „Wir für uns!"

Ziel ist es: Entwicklung, Engagement und Eigenverantwortung auf allen Ebenen zu fördern.

Es geht darum, ...
- EIN gemeinsames Führungsverständnis über alle Standorte und Arbeitsbereiche hinweg zu entwickeln
- die Philosophie des „positiven Menschenbildes" als Ankerpunkt zu nutzen
- die Krankenstände zu senken
- die Zufriedenheit der Mitarbeitenden – und unserer Kunden – zu erhöhen

Folgende Rahmenbedingungen (Givens) gelten:

1. Niemand verliert seinen/ihren Job. Es geht explizit nicht um Personalabbau.
2. Die gesetzlichen, betrieblichen, tariflichen Rahmenbedingungen werden eingehalten.
3. Das Gesamtkonzept ist finanzierbar.
4. Die Pilotgruppe erhält ein Budget in Höhe von .... EUR für den Zeitraum bis ...
5. Die Reisekosten aller Beteiligten werden erstattet.
6. Kein Thema wird ausgeklammert. Die Dialoge sind ergebnisoffen.

Entwerfen und Begleiten

Die Formulierung „*Die Pilotgruppe enthält das Mandat, einen Weg zu entwerfen und zu begleiten,* ..." ist bewusst gewählt. Sie beruht auf der Erkenntnis, dass eine Pilotgruppe zwar in die Inhalte einsteigt und mögliche Lösungen findet („pilotiert"), dies aber lediglich macht, um Hinweise für den Weg zu erlangen, den die Menschen aus dem gesamten, relevanten System selbst zu gehen haben. Es geht nicht darum, eine Lösung zu finden, die dann alle anderen im gesamten, relevanten System übernehmen sollten. Das wäre ein Handlungsmuster nach der bereits erwähnten, Sender-Empfänger- bzw. Roll-out-Logik. Es geht darum, dass man die inhaltliche Auseinandersetzung und die eigene Erfahrung nutzt, um ein stimmiges Prozessdesign für die beteiligten und betroffenen Menschen der eigenen Organisation zu entwickeln. Es geht also um eine Art „Lernfeld", in

das die Teilnehmenden der Pilotgruppe eingeladen werden, um eigene Erfahrungen zu machen und eigene Erkenntnisse (emergent) entstehen zu lassen. Diese Idee basiert auf einem Modell von Humberto Maturana, das er skizzierte[93], um einige Aspekte seiner Erkenntnisbiologie zu verdeutlichen.

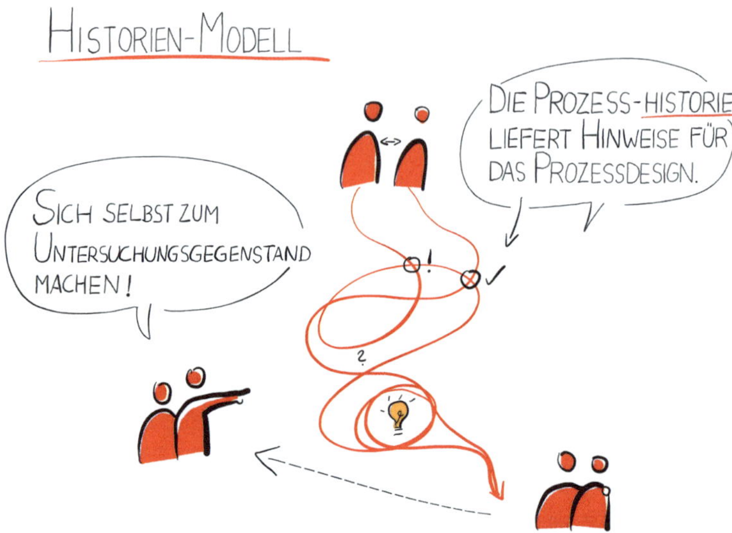

Das Modell skizziert den Prozess der gemeinsamen Erfahrung und Annäherung zweier oder mehrerer Menschen. Wenn sich zwei Menschen auf eine Erkundung begeben und dadurch in Beziehung gehen, werden sie miteinander Erfahrungen machen, Unterschiede und Gemeinsamkeiten feststellen. Auf dem Weg lernen sie sich und die zu untersuchende Sache besser kennen. Es findet eine Entwicklung statt. Die beiden werden eine gemeinsame Historie entwickeln. Diese Historie kann ganz unterschiedliche Facetten haben, sie führt in der Regel zu vielen Lernerfahrungen und einem gewissen Maß an Gemeinschaft. Der besondere Nutzen entsteht dadurch, dass sich die Pilotgruppe selbst zum Untersuchungsgegenstand erklärt und jegliche Lernerfahrungen und Hinweise in das Prozessdesign für den Gesamtprozess einfließen lässt. Es entsteht eine Erfahrung und ein Gefühl von „Das sollten wir unbedingt mit allen (im größeren, gesamten System) machen bzw. erleben!“ oder auch „Das eher nicht!“.

„Ziel ist …“ und „Es geht darum …“

An dieser Stelle der Mandatsformulierung werden Ziele und Teil-Ziele formuliert. Es bietet sich an, Ziele in den drei Zielebenen (Haltung, Ergebnis, Verhalten) gemäß der Zielpyramide von Maja Storch und Frank Krause zu formulieren. Es können auch andere Modelle aus dem Feld der Zielpsychologie herangezogen werden. Die drei Zielebenen „Haltung, Ergebnis und Verhalten“ erscheinen uns an dieser Stelle praktisch und einfach verstehbar.

Ziele auf der Haltungsebene beschreiben die innere Einstellung zu einem abstrakten Ziel (z. B. „Freude an der Zusammenarbeit.“).

Ziele auf der Ergebnisebene sind Ziele, die spezifisch messbar oder überprüfbar sind (z. B. „Die Mitarbeiterzufriedenheit soll um 5 Prozentpunkte steigen.“) Die unterste Ebene der so genannten Zielpyramide beschreibt das konkrete Verhalten, das angestrebt wird, um ein bestimmtes Haltungs- oder Ergebnisziel umzusetzen. Ziele auf der Verhaltensebene fokussieren die Art der

Ausführung im Sinne von „Wenn …, dann …!“. Die Zielpyramide eignet sich als Denkmodell in der späteren Erntephase. Wenn man anfangs bereits Ziele auf den drei Ebenen definiert hat, bietet es sich an, hinterher zu überprüfen, was davon erreicht wurde (siehe „Harvesting“, Seite 388).

Tiefer Tauchen (Deep Dive): Was meinen wir eigentlich mit „sich selbst zum Untersuchungsgegenstand erklären“?

Wenn wir über die Rolle und Arbeitsweise einer Pilotgruppe nachdenken, dann stellt sich die Frage, was wir eigentlich beobachten und wahrnehmen wollen?

Einerseits beabsichtigen wir den Blick über den Tellerrand und versuchen, die eigene Wirklichkeits-Blase zu verlassen. Wir schauen uns Lösungen und Innovationen an, die zum Beispiel in anderen Abteilungen, Sektoren, Organisationen oder gesellschaftlichen Bereichen zu finden sind. Einiges kann man übertragen – nicht immer sind dies fertige Lösungen. In vielen Fällen kann man sich inspirieren lassen durch den Spirit und die Art und Weise wie andere mit Themen und miteinander umgehen und wie sie ihre Wertschöpfung erzeugen. Die eigene Lösung emergiert, sie taucht plötzlich auf. Dies kann in der Pilotgruppe geschehen oder auch erst später in der Großgruppe/im ganzen System. Wann und wie auch immer es geschieht, die Menschen müssen es selbst erfahren. Der zündende Moment muss selbst erlebt werden. Das sind die kleinen Momente der Wahrheit („Little Moments of truth[94].“), die immer wieder Großes und bislang Unvorstellbares ermöglichen.

Unsere Aufmerksamkeit richten wir in der Pilotgruppe deshalb auch darauf, was mit uns als Individuum passiert während der Erkundung und Zukunftsfindung. Als repräsentativer Querschnitt des gesamten, relevanten Systems ist es wichtig, besondere Momente zu bemerken:

- Wo und wann entstehen Aufbruchsstimmung und ein kreativer Flow?
- Wo empfinden wir Ohnmacht oder Verzweiflung?
- An welchen Stellen gibt es Konflikte und wie wurden diese gelöst?
- Wo und wie ergab sich ein kreativer Durchbruch oder eine Erkenntnis?
- Wobei scheinen wir uns selbst im Weg zu stehen mit unserem eigenen Denken oder Weltbild?

Durch die Reflexion der, tieferen Gefühle und Dynamiken, ist es möglich, dass sich der Blick über das gewohnte Maß hinaus erweitert und Menschen mehr vom ganzen Bild erkennen. Das kann bedeuten, dass die Beteiligten individuelle und auch kollektive, blinde Flecken, Verhaftungen und Besitzstände identifizieren und dadurch auf das eigentliche Thema oder einen wesentlichen Aspekt davon stoßen.

Diese Erfahrungen liefern mit hoher Wahrscheinlichkeit wertvolle Hinweise dafür, was in der Großgruppe und dem größeren System ansteht oder geschehen muss. Dies sind zum Beispiel Erkenntnisse für Fragestellungen, die eine größere Gruppe bearbeiten muss, oder Hinweise zu Informationen, die die Gesamtgruppe erhalten muss, oder auch Erfahrungen, die allen ermöglicht werden sollten.

Für das Gelingen ist es entscheidend, dass die Arbeitsweise und das Selbstverständnis einer Pilotgruppe in diesem Sinn auf Entscheiderebene und in der initialen Vorbereitungsgruppe verstanden wird. An dieser Stelle zeigt sich ein wesentlicher Unterschied zu einer Taskforce oder zu anderen Arbeitsgruppen, die mit „Change“ beauftragt werden.

Das Mandat ebenso wie die zuvor vereinbarten Ressourcen und Rahmenbedingungen sind jeweils so lange gültig, bis sich während der Suchbewegung neue Erkenntnisse und Notwendigkeiten zeigen. Es sind lebendige Dokumente und Vereinbarungen, die Orientierung geben und die zu Reflexion und kontinuierlicher (Neu-)Ausrichtung einladen.

Zur Orientierung: Wo stehen wir?

Während die Primärklientin gemeinsam mit und in einer initialen Vorbereitungsgruppe, diese kontextbildenden Faktoren erarbeitet und abgestimmt hat, entsteht ein Möglichkeitsraum, in dem eine Pilotgruppe erfolgreich sein kann. Was hat die initiale Vorbereitungsgruppe bisher geleistet:

1. Umfang und Tiefe der Maßnahme wurden geklärt. Über mögliche Implikationen dieser Einordnung wurde gesprochen und notwendige Ressourcen und Rahmenbedingungen wurden vereinbart („Kontext des Gelingens")
2. Die verschiedenen Anspruchsgruppen wurden mit dem Ziel der repräsentativen Besetzung der Pilotgruppe anhand der ARE IN-Formel identifiziert.
3. Ein Mandat inklusive unverrückbarer Rahmenbedingungen („Givens") wurde formuliert.

Im nächsten Schritt wird bestimmt, wie die Menschen für die Pilotgruppe gefunden, angesprochen bzw. eingeladen werden.

Auswahlverfahren, Erstkommunikation und Einladung zum Mitmachen

In der Praxis haben sich zwei Vorgehensweisen zur Besetzung einer Pilotgruppe bewährt:

1. Die Menschen können sich mit einem Motivationsschreiben selbst vorschlagen.
2. Die einzelnen Bereiche oder Abteilungen besprechen, wen sie in die Pilotgruppe entsenden wollen.

In beiden Fällen ist es hilfreich, wenn der Prozess einfach und klar kommuniziert wird. In einem Fall wurde kurzerhand eine Mitarbeiterversammlung organisiert, um das Ziel (Bildung einer Pilotgruppe) und das Prozedere dazu zu kommunizieren. In einem anderen Fall im Rahmen eines größeren Transformationsprojekts in einem Konzernbereich mit vielen Tausend Mitarbeiterinnen, hatte die initiale Vorbereitungsgruppe entschieden, einen kurzen Film zu produzieren. In diesem Film erklärte ein Sprecher in nur eineinhalb Minuten den Anlass, das Ziel des gesamten Prozesses und wie man sich beteiligen kann:

> *„Von uns, für uns, miteinander. Unter diesem Motto entsteht ein neues Führungskonzept.*
>
> *Das Besondere daran: mit allen gemeinsam. Wir finden, wenn das Wissen und die Blickwinkel aller einfließen, wird's besser. Weil näher an der Realität.*
>
> *Deshalb gründen wir die Pilotgruppe. Mit (diesen und jenen Perspektivgruppen[95])… . Gemeinsam lässt sich einfach mehr bewegen. Zusammen mit den Kommunikationslotsen erkunden und gestalten wir alle den für uns passenden Weg.*
>
> *Wie läuft das ab? Die Pilotgruppe bringt mit eurem Know-how den Prozess voran. Was sind unsere Themen? Wie gestalten wir Führung? Die Lotsen helfen dabei, den offenen Austausch zu ermöglichen und über alle Gruppen hinweg zu kommunizieren.*
>
> *Und jetzt kommt ihr ins Spiel! Wer will dabei sein? Macht mit und bringt euch ein. Alles, was ihr tun müsst, schreibt an pilotgruppe@…de. Die Plätze werden ausgelost.*
>
> *Bitte beachtet die Termine, an denen sich die Pilotgruppe trifft. Dann können wir mit euch so richtig durchstarten. Schaut ins Intranet. Vielen Dank und bis bald!"*

Der Film wurde über interne Kanäle gestreut und von Tausenden Menschen gesehen. Beworben haben sich rund 1.500 Mitarbeitende aller Anspruchsgruppen aus dem gesamten, relevanten System. Es waren Menschen aus unterschiedlichen Führungsebenen, unterschiedlichen Standorten, Betriebszugehörigkeiten, etc. Die Namen wurden den jeweiligen Stakeholder-Gruppen zugeordnet und live gezogen. Auch dies wurde filmisch begleitet und alle Mitarbeitenden konnten sich den Prozess anschauen.

Die beiden zuständigen Bereichsleiter sowie die Vertreterinnen der Personalvertretung und der Gewerkschaft waren gesetzt. Sie hatten die gute Idee, gemeinsam die Rolle des Primärklienten zu übernehmen. Dies war bereits eine Entscheidung mit Signalwirkung: Management, Betriebsrat und Gewerkschaft erarbeiten und übergeben im Schulterschluss gemeinsam das Mandat an die Pilotgruppe. Ein schönes Beispiel dafür, welche Ideen – in einer initialen Vorbereitungsgruppe – bereits wegweisend entstehen können.

Praxistipp

Jede Organisation hat ihre eigenen bewährten Vorgehensweisen und Kommunikationskanäle. Daher besprechen Facilitatoren die konkreten Prozessabläufe und logistischen Fragen immer mit der initialen Vorbereitungsgruppe und später mit der Pilotgruppe. Auch sollte z. B. darüber gesprochen werden, welcher Absender, welche Medien und welche Formate besonders hilfreich sein könnten und welche unter Umständen bereits mit anderen Themen besetzt oder vorgeprägt sind. Zur Erinnerung: Mit allem, was wir tun, senden wir eine (Neben-)Botschaft. Gemeinsam mit dem Klienten überlegen wir daher, was unterstützend und was verhindernd wirken könnte.

Während Anlass und Ziel der Initiative und die Einladungen zur Beteiligung an der Pilotgruppe in einem angemessenen Rahmen in der Organisation kommuniziert werden, sind die Vorbereitungen für das erste Treffen der Pilotgruppe in vollem Gang.

Planung des Kick-offs der Pilotgruppe

Die letzte Aufgabe der initialen Vorbereitungsgruppe ist, das erste Treffen der Pilotgruppe vorzubereiten:

- Anlass, Intention und Ziel des ersten Meetings formulieren
- Einen Ort finden, der zum Thema passt und einen Stuhlkreis sowie Bewegungsfreiheit ermöglicht. Wir planen rund 4 qm pro Teilnehmerin.
- Die To-dos der Primärklienten durchsprechen:
  - Mandat und unverrückbare Rahmenbedingungen vorlesen, übergeben, dialogbereit und auf Rückfragen eingestellt sein.
  - Möglichst die gesamte Meetingzeit anwesend sein.
  - Dank und Würdigung sowie, je nach Situation, auch Abschluss der initialen Vorbereitungsgruppe in ihrer Funktion.
- Ein dialogorientiertes Setting und eine facilitative Vorgehensweise und Methodik wählen, die das Erleben und Spüren ebenso im Blick haben, wie das Rationale und das Intellektuelle.
- Hosting-Team/Facilitator (Team): Wer begleitet die Anwesenden durch den Tag und steht mit Prozessexpertise zu Facilitation zur Verfügung?
- Harvesting-Team: Was soll für alle festgehalten/dokumentiert werden? In welcher Form (Visual Facilitation, Foto, Film, Website, Social Media/Collaboration Tool …)?

Ein Agenda-Flow aus der Praxis

Abbildung: Agenda-Flow für eine Pilotgruppe aus der Praxis

- Begrüßung und Intention des Meetings durch den Primärklienten[96]
- Check-in und Kennenlernen: z. B. Glad, sad, mad
- Intention des gesamten Vorhabens (Kontext) und Übergabe Mandat
- Zum Mandat ein Open Forum[97]:
  Was haben wir gehört?

Was sind unsere Reaktionen?
Welche Verständnisfragen haben wir? Und an wen?

- Dialog mit allen
- Vorstellung des Facilitation-Ansatzes
- Zum Prozessansatz ein Open Forum:
  Was haben wir gehört?
  Was sind unsere Reaktionen?
  Welche Verständnisfragen haben wir? Und an wen?
- Dialog mit allen
- Commitment zum Mandat und zum Ansatz! Celebration!
- Praktiken des Gelingens: Wie wollen wir zusammenarbeiten (kulturell und organisatorisch)?
- Nächste Schritte und Check out

Die initiale Vorbereitungsgruppe hat ihre Arbeit getan. Zugleich sind Primärklienten und einige der Teilnehmenden einer initialen Vorbereitungsgruppe auch Teil der nun startenden Pilotgruppe. Dies ist in der Praxis sinnvoll. Die Entscheidung und das Prozedere wer, warum in der initialen Vorbereitungsgruppe war und danach Teil der Pilotgruppe wird, sollte für alle transparent und nachvollziehbar sein.

Die Pilotgruppe

Im zweiten Teil des Kapitels beschreiben wir, wie eine Pilotgruppe die Arbeit aufnimmt.

Die Klienten kennen in dieser Phase der Zusammenarbeit die Rolle und Zusammensetzung einer Pilotgruppe und ihr Mandat. Auch die Frage, wie man an eine Pilotgruppe kommt, ist geklärt[98].

Jetzt geht es darum, wie eine Pilotgruppe startet, wie sie arbeitsfähig wird, wie sie erste Dialoge und Erkundungen zur Sache unternimmt und wie sie aus dem Erlebten Hinweise für das Prozessdesign mit Blick auf die Beteiligung der ganzen Organisation verwertet.

Erstes Aufeinandertreffen und Arbeitsfähigkeit herstellen

Beim ersten Aufeinandertreffen der Menschen in der Pilotgruppe, sind Neugier, positive Spannung und Aufbruchstimmung spürbar. Die Teilnehmenden schätzen den bereichs- und funktionsübergreifenden Austausch, das Vertrauen, das in sie gesetzt wird und die Möglichkeit, Co-Führung zu übernehmen für die Zukunft der Organisation oder eines wichtigen Themas.

Facilitatoren wissen um die grundlegenden Bedürfnisse von Gruppen in Startphasen. Sie sorgen für Sicherheit, Orientierung und für eine Atmosphäre, in der sich alle willkommen fühlen. Darüber hinaus gibt es einen klaren Vorgehensplan (von der Tagesagenda bis zu den Terminen der nächsten Wochen und Monate), Rollen- und Aufgabenklarheit sowie Informationen zu Rahmenbedingungen (z. B. organisatorische Aspekte). Kurz: Wer trifft sich, warum, wie oft und wozu? Und wie organisieren wir uns, so dass es eine für alle lohnende, erkenntnisreiche und – mit Blick auf die Aufgabe – erfolgreiche Zusammenarbeit wird?

Was zunächst ansteht:

1. Sich kennenlernen
2. Übergabe und Annahme des Mandats
3. Vorstellung des Facilitation-Ansatzes
4. Überprüfen, sind wir repräsentativ (angesichts des Mandats)?
5. Vereinbarungen für die Zusammenarbeit formulieren („Praktiken des Gelingens“)

6. Koordinationsmechanismen vereinbaren
7. Ressourcen und Rahmenbedingungen („Kontext des Gelingens") durchsprechen

Sich kennenlernen

Gemäß der The Circle Way-Methode starten wir ein Meeting immer mit der Begrüßung und Intention, die durch den Primärklienten ins Wort gebracht wird (nicht durch den oder die Facilitatoren). Es ist die Initiative der Klienten, nicht die der Facilitatoren.

Darauf folgt ein Check-in (siehe Seite 229), eine erste Einladung an alle, zur Person und Sache zu sprechen. Ein Check-in beinhaltet immer den eigenen Namen, die aktuelle Verfassung („Current Condition ") und etwas zum Thema.

Ein Beispiel. In Bezug auf unser heutiges Thema (die Initiative, die Intention und die Möglichkeit mitzuwirken):

1. Was macht mich glücklich (daran)?
2. Was macht mich traurig (oder nachdenklich)?
3. Was macht mich ungehalten oder gar wütend[99]?

Diese drei Fragen gehören zusammen. Die Statements dazu lösen oft Aha-Momente aus und vermitteln erste Einsichten. Zum ersten Mal hören sich die Teilnehmenden in der Vielfalt und Multiperspektivität der Organisation bzw. des ganzen, relevanten Teils davon.

Alternativ dazu wählen wir, je nach Situation, einen menschen-orientierten Einstieg und bieten eine der folgenden Fragen an:

1. Wer bin ich als Mensch?
2. Wer bin ich und warum bin ich hier?
3. Was ist für mich wesentlich?
4. Was macht mich lebendig[100]?

Zu diesen Fragen spricht jeder in einer Dreier- oder Vierer-Gruppe reihum und erhält direkt im Anschluss wertschätzendes, stärkendes Feedback, z. B. „Die Stärken, die ich in dir sehe, …" oder „Was Du zu dieser Gruppe und unserer gemeinsamen Aufgabe sicherlich beitragen kannst, …". Das Ganze dauert maximal 20 Minuten.

Danach folgt der Check-in, zum Beispiel mit: „Was ich Positives über mich gehört habe …"

Nach der Check-in-Runde fragen wir nach möglichen weiteren Impulsen, die durch das Zuhören entstanden sind[101] und reflektieren die Erfahrung. Manchmal werden dann Empfindungen oder Kommentare zum Prozess selbst geteilt – meist in sehr wertschätzender Art und Weise („Act und Reflect", siehe Seite 31).

Mit solchen Fragen und in einem solchen (Kreis-)Setting zu beginnen, wirkt inspirierend, ist oft unüblich und bildet meist schnell Vertrauen untereinander. Der Einstieg erweitert den Raum, weil Menschen mehr in ihrer Ganzheit gesehen und gehört werden. Zugleich achten wir darauf, dass das Setting, der vorbereitete Raum und die Inhalte die Menschen nicht überfordern – alles was Facilitatoren tun, sollte nach Möglichkeit situations-angepasst und zugleich facilitativ-inspirierend sein.

Praxistipp

Die Treffen unterscheiden sich erfahrungsgemäß auf positive Weise durch das Setting, die Praktiken und die facilitative Begleitung von Regelmeetings und das ist auch intendiert. Je nach Situation kann es sinnvoll sein, dies zu erläutern. Facilitatoren tun dies, um allen zu ermöglichen, in einen

sicheren, potenzial- und menschenorientierten, bedeutsamen Raum einzutreten, der eine enorme Kraft und Kreativität (durch den Gruppenprozess) entfalten kann und in dem die wünschenswerte Zukunft sich zeigt.

Übergabe und Annahme des Mandats

Das Mandat wird durch die Primärklientin vorgestellt und an die Pilotgruppe übergeben. Damit ein gemeinsames Verständnis entsteht, braucht es gemeinsame Begriffsklärungen, Nachfragen und Dialoge dazu.

Die Haltung der Primärklientin (und eventuell weiterer Mitglieder, die an der Formulierung des Mandates mitgewirkt haben), ist geprägt durch das Prinzip „Dies oder etwas Stimmigeres!" („This or something better!"). Das heißt, dass die Arbeit der initialen Vorbereitungsgruppe wichtig und notwendig ist, und dass zugleich alles, was vorbereitet und vorgelegt wird, verändert werden kann. Eine wesentliche Prämisse von Facilitation ist die facilitative Freiheit und Verantwortung aller Beteiligten zum Selber-Denken. Das Mandat ist demnach ein Startpunkt für die Auseinandersetzung mit der Intention, den Zielen und den Rahmenbedingungen. Es ist kein Endpunkt oder Auftrag, der eingereicht oder, je nachdem wie man drauf schaut, runter gereicht wird.

Vorstellung des Facilitation-Ansatz

Für diejenigen in der Pilotgruppe, die die facilitative Vorgehensweise und die Prinzipien noch nicht kennen, wird der Facilitation-Ansatz noch einmal visualisiert und vorgestellt (siehe Seite 68 ff.). Ziel ist es, dass die Teilnehmenden, neben dem Mandat, auch der facilitativen Vorgehensweise zustimmen. Wir stellen sicher, dass alle die Idee und ihre Rolle verstehen und dass es Raum für Fragen, Dialoge und Anpassungen gibt. Außerdem gehen wir davon aus, dass in der Pilotgruppe Schritt für Schritt auch die Prozessexpertise und die damit verbundene Sprachfähigkeit entwickelt werden muss. In der Organisation werden viele Multiplikatorinnen gebraucht, die in der Lage sind, die Gespräche über den facilitativen Ansatz, die ohnehin auf den Fluren und bei allen möglichen Gelegenheiten geführt werden, mit Klarheit und Professionalität zu begleiten. Damit werden viele Fragezeichen, Halbwissen und unbegründete Befürchtungen vermieden. Je mehr die Kenntnis über den Prozess vorhanden ist, desto weniger müssen Facilitatoren und Pilotgruppen gegen Zweifel und Vorurteile arbeiten.

Überprüfen, sind wir repräsentativ (angesichts des Mandats)?

Eine lohnenswerte Frage, die bereits in das erste Meeting der Pilotgruppe gehört, ist die Frage nach der Repräsentativität der Besetzung mit Blick auf das Mandat und das ganze, relevante System. Diese Frage kann zum Beispiel informell im Kreis erkundet werden. Sie bleibt dauerhaft wichtig. Manchmal werden weitere Perspektiv- und Anspruchsgruppen im späteren Verlauf identifiziert, die für die gemeinsame Erkundung und Lösung sinnvoll erscheinen. Wenn dies der Fall ist und die Pilotgruppe sich einig ist, dann würde man nachnominieren bzw. nachbesetzen oder diese Menschen temporär, als Gäste und nicht als ständige Teilnehmende, einladen. Die Entscheidung darüber liegt bei der Pilotgruppe und wird zum Beispiel beeinflusst von der Verfügbarkeit der jeweiligen Personenkreise und von der Größe der Pilotgruppe insgesamt. Zugunsten der Arbeitsfähigkeit empfehlen wir eine Gruppengröße bis maximal 25 Teilnehmerinnen.

Exkurs: „Den nicht integrierbaren Projektgegner integrieren."[102]

Manchmal gibt es Situationen, in denen bestimmte Personen oder Gruppen sich einer Teilnahme an einer Pilotgruppe aus gutem Grund verweigern. Sei es, dass sie nicht an den Erfolg des Projektes glauben, dass sie aus Loyalität gegenüber anderen ihre Mitwirkung verweigern oder dass sie um einen Konflikt wissen, den sie für unauflösbar halten. Wir unterstellen allen Menschen gute Absichten und gute Gründe. Zugleich hat jedes Verhalten Auswirkungen, und diese müssen wir nicht hinnehmen.

Um die Haltung und Gründe der betroffenen Person(en) zu achten und zugleich die Repräsentativität einer Pilotgruppe zu gewährleisten, bitten wir um ein Gespräch, um die Perspektive des vermeintlichen Projektgegners besser zu verstehen. Wir wollen die Perspektive selbst spüren. Wir wollen in den Schuhen des „Gegners" gehen. Dazu braucht es einen eigenen Klärungsprozess der Person, die dem „Gegner" zuhören wird. Nennen wir sie „Repräsentant der Pilotgruppe" (meist ist dies der Primärklient oder der machtvollste Mitspieler).

Damit eine Begegnung mit dem Willen, wirklich verstehen zu wollen, geschehen kann, bereiten die Facilitatoren den Repräsentanten vor. Diese facilitativen, potenzialorientierten Auseinandersetzungen mit dem Projektgegner sind tiefgreifende Interventionen – besonders auf Seite des Repräsentanten selbst bzw. der ganzen Pilotgruppe! Denn oft sind nicht integrierbare Projektgegner eine Projektionsfläche eigener Grundannahmen. Dem eigentlichen „Projektgegner" begegnet man manchmal auch in seinem Inneren.

Das Vorgehen[103]:

Repräsentant der Pilotgruppe: „Ich weiß, dass Du denkst, dass dieses Projekt falsch ist und nicht umgesetzt werden sollte, und ich möchte verstehen, warum?"

Mit den Antworten und offenen Punkten kehrt der Repräsentant zurück in die Pilotgruppe und sagt: „Wir müssen alle diese Punkte beantworten." Das braucht Zeit und kann harte Arbeit sein. Wenn alle Lösungen und Antworten gefunden wurden, geht der Repräsentant der Pilotgruppe zurück zum Projektgegner und sagt:

„Ich glaube, wir haben die Antworten gefunden." Der Gegner wird zu einigen Punkten sagen „Ja, aber …" und dann wird der Vorgang wiederholt. Nach einer Reihe von Wiederholungen wird der Projektgegner sagen: „Ja, ich denke, so wird es funktionieren!" Spätestens jetzt kommt der Moment, in dem man so etwas sagen kann wie: „Danke, du hast vermutlich keine Idee davon, wie sehr Du unserem Projekt geholfen hast. Ohne dich hätten wir nie an all die wichtige Dinge gedacht." Diese Anerkennung ist angebracht und in vielen Situationen sogar überfällig. Sie führt zu gegenseitigem Respekt und manchmal gelingt es sogar, vormalige „Gegner" zum Mitmachen zu gewinnen.

Neben dem aktiven Projektgegner gibt es weitere Haltungen, die Menschen mit Blick auf das Projekt einnehmen:

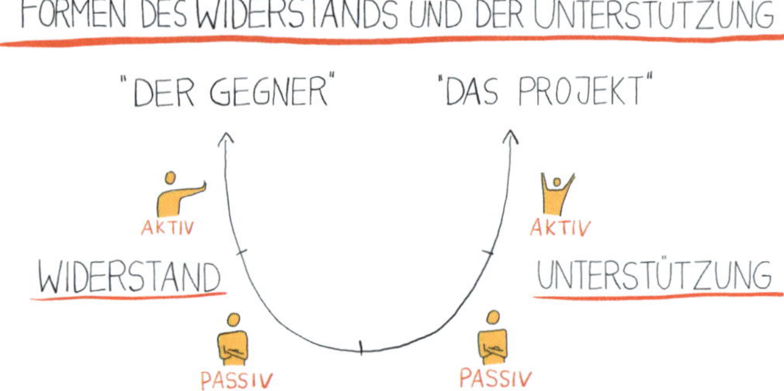

Wenn sich der aktive Widerständler in einen aktiven Befürworter wandelt und die Initiative bzw. die Pilotgruppe unterstützt, hat das Auswirkungen auf weitere Gruppen. Passive Widerständler werden sich angesprochen fühlen, weil sie die gleichen Ansichten wie die aktiven Widerständler haben. Passive Unterstützer werden ihre Beteiligung in Erwägung ziehen, weil sie keine Konflikte mehr befürchten müssen. Auf diese Weise kann es gelingen, Menschen mit unterschiedlichen Perspektiven und Interessen zusammenzubringen. Das sind erfahrungsgemäß Menschen, die wesentlich zum Erfolg einer Pilotgruppe beitragen.

Fazit: Arbeitet man mit dem nicht integrierbaren Projektgegner (aktiver Widerständler), kann dieser zu einem Befürworter des facilitativen Vorgehens und der gemeinsamen Sache werden. Zugleich kann es gelingen, weitere Personen aus der Passivität in die aktive Unterstützung zu bringen.

Vereinbarungen für die Zusammenarbeit formulieren („Praktiken des Gelingens")

Nun sind wir auf der operativen Ebene des Miteinanders. Ein Kreis von Menschen ist nicht deshalb ein dialog-orientierter, reflektierter Kreis mit einer klaren Intention, weil man Stühle in einen Kreis stellt. Jetzt geht es um die Arbeitsfähigkeit der Pilotgruppe. Neben der Orientierung, die das Mandat und das Verständnis für das Vorgehen schenken, arbeiten wir im ersten Treffen daran, dass dieser Kreis ein sicherer und zugleich effektiver Ort für alle Teilnehmenden wird.

Darüber zu sprechen und zu vereinbaren, wie wir in der Pilotgruppe zusammenarbeiten, sprechen und zuhören wollen, mit welcher Art der Aufmerksamkeit und Haltung alle teilnehmen wollen, kann einen großen Unterschied für die Art und Weise machen, wie erfolgreich die Gruppe sein wird. Vereinbarungen zur Zusammenarbeit sind die Basis eines sozialen Betriebssystems für die Pilotgruppe.

Praxistipp

Wenn wir von „Vereinbarungen" sprechen, dann heißt dies nicht, dass wir davon ausgehen, dass alle Teilnehmenden das vereinbarte Verhalten oder die Haltungen garantieren können. Daher nennen wir die Vereinbarungen „Praktiken des Gelingens". Wir wissen, ein gutes Miteinander gelingt eher, wenn wir die Praktiken anwenden. Zugleich wissen wir, dass es nicht immer einfach ist, danach zu handeln. Wir üben gemeinsam und bleiben Lernende. Wir sind miteinander großzügig und achten den Kenntnisstand und Lernfortschritt jedes Einzelnen.

Vereinbarungen bzw. Praktiken[104], die wir in Pilotgruppen als hilfreich erlebt haben, sind:

- **Sei hier oder sei nicht hier.**
  Die Teilnehmenden sollten nicht teilnehmen, wenn ihre Aufmerksamkeit gerade woanders liegt. Wenn sie im Kreis sind, gehen wir davon aus, dass sie präsent und – soweit das möglich ist – bei der Sache sind.
- **Keine Devices für Parallel-Kommunikation im Kreis.**
  Präsenz im Kreis erfordert, dass keine parallele Kommunikation stattfindet (z. B. E-Mails, Messenger-Dienste, Social Media).
- **Wir halten Zeitvereinbarungen ein.**
  Es geht nicht darum, dass Facilitator oder Führungskräfte Zeiten vorgeben. Wir vereinbaren miteinander Zeiten und können zuvor vereinbarte Zeiten gemeinsam verändern. Wir versuchen uns (alle), an die jeweils aktuelle Vereinbarung zu halten.
- **Fang' an, hör' auf – immer wieder.**
  Wir vereinbaren, dass wir uns die Freiheit nehmen, Dialoge und Gruppenarbeiten wie zeitlich vereinbart zu beenden, um mit einem nächsten Schritt fortzufahren. Wir vertrauen darauf, dass alles, was wichtig ist, im Prozess der Erkundung immer wieder – in den verschiedensten Dialogen und Settings – auftaucht.
- **Wir arbeiten in abwechslungsreichen Settings.**
  Es ist für das Wohlergehen und das eigene Lernen zuträglich, wenn wir die Form der Zusammenarbeit von Zeit zu Zeit verändern. Wir wechseln das Setting und die Art der Interaktion: z. B. Plenum (Circle), Kleingruppe, Partnerarbeit, Lernspaziergänge, Präsentation, Praxiswerkstatt, etc.
- **Wir unterstellen einander eine gute Absicht.**
  Egal, wer was tut oder sagt, und unabhängig davon, ob wir eine Handlung verstehen oder nicht, wir gehen davon aus, es ist gut gemeint. Dies hilft uns, unsere eigenen Reaktionen zu regulieren und länger in der Erkundung und Neugier zu bleiben statt in der Bewertung.
- **Mit Intention sprechen und neugierig zuhören.**
  Bevor wir sprechen, versuchen wir uns innerlich zu klären, mit welcher Absicht wir sprechen und wie die Gruppe von unserem Beitrag profitieren kann. Zugleich hören wir genau hin, denn wir gehen davon aus, dass die anderen ebenfalls bewusst und absichtsvoll sprechen.
- **Wir bestärken einander im Mut auszuprobieren.**
  Lernen findet an der Schwelle zur Unsicherheit und zum Ungewohnten statt. Ein sicherer, kreativer Lernort entsteht, wo Menschen einander ermutigen und sich gegenseitig unterstützen, wenn Neues ausprobiert wird.
- **Wir halten unsere Weltanschauungen mit Leichtigkeit.**
  Wir begreifen unsere Welt- und Menschenbilder als Linsen, nicht als Wahrheiten. Dies hilft uns, Sichtweisen und Äußerungen anderer mit Neugier und Empathie zu begegnen. Zugleich brauchen wir eigene Überzeugungen nicht zu verteidigen, denn wir wissen, dass sie auf unseren Grundannahmen und subjektiven Erfahrungen beruhen.
- **Sich um andere kümmern („Take Care").**
  Wir halten das Wohlergehen Einzelner und der Gruppe im Blick. Wir helfen und unterstützen uns, soweit wir können, wann immer dies nötig oder hilfreich erscheint.
- **Wir legen alle relevanten Infos offen.**
  Wann immer dies hilfreich und angemessen erscheint, sorgen wir mit dafür, dass alle benötigten Informationen den Anwesenden bekannt oder zugänglich sind.

- **Mach die Dinge schön. („Make things nice.")**
  Wir wissen um die Kraft der Schönheit und Ästhetik. Wir ehren unsere Zusammenkünfte und gemeinsamen Lernorte dadurch, dass wir mithelfen, Schönheit und wohltuende Rastplätze für die Augen zu schaffen und Ordnung zu halten.
- **Hinterlasse keine Spur („Leave no trace.")**
  Wir räumen gemeinsam auf und hinterlassen einen Ort (in Gebäuden oder in freier Natur) so, wie wir ihn vorgefunden haben oder besser.

Eine Vereinbarung, die wir in unserer Rolle als Facilitatoren in diesem Zusammenhang immer einbringen, lautet:

Dazu heißt es in der entsprechenden facilitativen Grundannahme:

> *„Wir haben alle die gleiche Verantwortung für die Welt, in der wir leben. Wir teilen uns die Verantwortung für die Qualität unserer Gesellschaft, unserer Organisationen, für die Qualität eines Projekts oder für die eines Meetings. Wir können diese Verantwortung nicht abgeben und uns nur auf eine formale Rolle beschränken. Sich bewusst zu machen, dass wir uns die Verantwortung für die Qualität teilen, kann in einigen Organisationen und Projekten einen Paradigmenwechsel auslösen[105]".*

Für uns als Facilitatoren bedeutet das, wir können uns gut vorbereiten und gut hinhören, wir können unser Erfahrungswissen einbringen, sowie hilfreiche Praktiken und Formate anbieten. Wir können stets praktizieren bzw. üben, eine zieldienliche und menschen-orientierte Haltung einzunehmen. Doch wir können nicht unabhängig vom Verhalten der Teilnehmenden die Qualität eines Meetings oder eines Entwicklungs- oder Veränderungsprozesses garantieren.

Diese Vereinbarung bringen wir ein und erläutern unsere Sichtweise entsprechend. Es ist ein Abschied von einer Haltung, die geprägt ist von dem impliziten Wunsch versorgt zu werden (ohne selbst etwas dafür zu tun) und von der Erwartung an die Facilitatoren für etwas verantwortlich zu sein, wofür sie aber keine alleinige Verantwortung übernehmen können. „Wir teilen uns die Verantwortung für die Qualität" ist ein Gamechanger. Der (Erwartungs-)Raum wird realistischer, authentischer und kollaborativer.

Im weiteren Verlauf können weitere Vereinbarungen und Praktiken hinzukommen. Jeder trägt einen Teil der Verantwortung, diese einzubringen, sobald sie notwendig und hilfreich erscheinen.

Da Facilitatoren die Rolle der Prozessbegleitung innehaben und sich in dieser Rolle als Teil der Gruppe verstehen, beteiligen sie sich an der Formulierung und Abstimmung und bringen Formulierungs-Vorschläge ein. Diese Beteiligung der Facilitatoren mag verwundern, doch Facilitatoren sind Teil des Prozesses. Deshalb sorgen sie an diesem Punkt für Praktiken, die allen vor Augen führen, worauf es im Kreis ankommt. Dabei haben sie ihr Rollenverständnis und die Gruppe im Blick. Sie sind allparteilich, nicht neutral. Ein häufiges Missverständnis.

Allparteilich heißt, sie treten – auf Basis der Intention des Meetings und des Mandats für den Gesamtprozess – für Vielfalt und unterschiedliche Bedürfnisse und Sichtweisen ein – inklusive ihrer eigenen. Nur auf Basis der Vereinbarungen und vereinbarten Praktiken können sie den Gruppenprozess begleiten und wo nötig intervenieren. Facilitatoren achten ihre eigene Berufung und Facilitation[106]:

1. als Handwerk,
2. als Denkschule
3. und Kunst.

Sie ehren ihre „gute Medizin", die sie mit- und einbringen:

- die Bedürfnisfreiheit,
- die Unerschrockenheit,
- die Autonomie,
- und die Liebe.

Sie praktizieren und üben fortwährend

- das hilfreiche Denken (Facilitative Thinking),
- die schöpferische Sprache
- und ihre Transformationskompetenz (Facilitation-Ansatz).

Koordinationsmechanismen vereinbaren

Um möglichst rasch und nachhaltig das erforderliche Maß an Arbeitsfähigkeit herzustellen, sprechen wir in Pilotgruppen über Koordinationsmechanismen. Im theoretischen Diskurs rund um Organisationserneuerung werden immer wieder Koordinationsmechanismen als Ersatz für Leitung und Führung genannt. „Wir brauchen keinen Boss, wir brauchen Koordinationsmechanismen!" sagte zum Beispiel Frederic Laloux.[107] Menschen sind in der Lage, sich selbst zu führen und ihre Handlungen zu koordinieren, wenn sie die dafür notwendigen Verfahrensweisen untereinander festlegen. Darunter fallen alle organisatorischen Notwendigkeiten, die im Arbeitsalltag einer Pilotgruppe anfallen: Termine vereinbaren, Dokumente gemeinsam bearbeiten, ablegen und wiederfinden, asynchron kommunizieren (z. B. über Messengerdienste oder Collaboration Tools), online arbeiten, Umgang mit Finanzen und Budget, und auch die Art und Weise, wie Entscheidungen getroffen werden sollen.

Koordinationsmechanismen zur Entscheidungsfindung

Was explizit zu klären ist, ist die Art der Entscheidungsfindung innerhalb der Pilotgruppe. Bereits bei der Frage, ob weitere Personen nachbesetzt werden oder nur temporär hinzukommen sollten, ist es hilfreich, für die Entscheidung eine abgestimmte Vorgehensweise zu haben. In diesem Zusammenhang haben wir die Erfahrung gemacht, dass Gruppen, die über das WIE (also über die Art und Weise, die Methode, die Vorgehensweise) mitentschieden haben, das Ergebnis hinterher mittragen.

In der Facilitation-Praxis bzw. in Pilotgruppen stellen wir folgende Methoden zur Wahl und nutzen je nach Situation mehrere davon:

Five to Fold

Zu Beginn eines Five to Fold-Entscheidungsprozesses gibt es immer einen Vorschlag oder eine Idee, über die abgestimmt werden soll.

Nachdem der Vorschlag gehört wurde, ist Raum für Verständnisfragen. Sobald diese gestellt und beantwortet wurden, kann man einen Kreis-Dialog über verschiedene Sichtweisen und Reflexionen zum Vorschlag anschließen. Sobald die Gruppe sich einig ist, dass man nun abstimmen kann, wird nach der Five to Fold Methode abgestimmt. Manchmal wird während des Dialogs oder kurz vor der Abstimmung der Vorschlag durch die Person, die ihn eingebracht hat, überarbeitet bzw. umformuliert. Dann erfolgt die Finger-Abstimmung.

Die Anwesenden zeigen ihre Unterstützung für den Vorschlag mit der Anzahl von maximal fünf Fingern und, bei Ablehnung, mit der Faust.

Fünf hochgehaltene Finger bedeuten: Ich unterstütze den Vorschlag vollkommen und würde gerne eine Führungsrolle bei der Umsetzung übernehmen.

Vier Finger bedeuten: Ich unterstütze den Vorschlag stark, aber nicht unbedingt in einer Führungsrolle bei der Umsetzung.

Drei Finger: Ich unterstütze den Vorschlag solide.

Zwei Finger: Ich habe einige Vorbehalte gegenüber dem Vorschlag, aber werde der Umsetzung nicht im Wege stehen (keine aktive Unterstützung der Umsetzung).

Ein Finger: Ich habe ernste Vorbehalte gegenüber dem Vorschlag, werde offen darüber sprechen und zugleich die Umsetzung des Vorschlags nicht blockieren oder untergraben.

Eine Faust: Ich blockiere die Entscheidung, da der Vorschlag in der vorgelegten Form aus meiner Sicht unserer Zusammenarbeit oder dem Zweck des Vorhabens schadet.

Nach Abschluss der Abstimmung steht das Ergebnis fest. Alle haben die Möglichkeit, in einem Dialog ihre Entscheidung zu kommentieren, müssen dies aber nicht. Beteiligte, die mit ein oder zwei Fingern abgestimmt haben, können zum Beispiel ihre Vorbehalte zum Ausdruck bringen. Oder jemand, der fünf Finger gezeigt hat, spricht über seine Zustimmung und das Angebot, in die Führungsrolle zu gehen. Die Faust bedeutet kein Scheitern des Prozesses, sondern ist ein Ergebnis, das besagt, dass der Vorschlag zum jetzigen Zeitpunkt in dieser Form nicht umgesetzt werden kann. Der Facilitator erinnert die Gruppe daran, dass der Raum für alle Teilnehmenden offen ist, Verantwortung zu übernehmen, um gemeinsam an einer Lösung der Situation zu arbeiten.

Das Ergebnis der Abstimmung kann, wenn dies hilfreich erscheint für spätere Phasen des Prozesses dokumentiert werden. Dies entscheidet die Gruppe. Weitere Abstimmungen und Vorlagen können folgen.

Wenn ein Vorschlag zu einer Entscheidung gekommen ist, wird die Gruppe anschließend über nächste Schritte sprechen.

Systemisches Konsensieren

Bei dem Prinzip des systemischen Konsensierens geht es darum, nicht die Zustimmung zu maximieren, sondern den Grad der Ablehnung zu minimieren. Diese Art der Entscheidung eignet sich in Pilotgruppen besonders dann, wenn es mehrere Entscheidungsalternativen gibt.

Ein Beispiel: Eine Pilotgruppe möchte sich mit der Methode „Systemisches Konsensieren" vertraut machen. Die Prämisse ist, man will es gemeinsam erlernen und sich nicht aufteilen. Die Alternativen aus denen ausgewählt werden soll, sind:

1. ein Buch darüber lesen
2. ein Training besuchen
3. eine Expertin einladen
4. eine Organisation besuchen, die Erfahrungen damit hat

TABELLE MIT WIDERSTANDSPUNKTEN

	OPTION 1	OPTION 2	OPTION 3	OPTION 4	...
PERSON 1	5	0	3	9	
PERSON 2	2	2	9	0	
PERSON 3	6	1	0	5	
PERSON 4	2	2	5	2	
⋮	15	5	17	16	SUMME DER WIDERSTANDSPUNKTE

Die jeweiligen Alternativen werden im Dialog erkundet. Verständnisfragen und Nachfragen zu möglichen Hypothesen, Lösungsalternativen und Auswirkungen sind ein natürlicher Teil dieser gemeinsamen Erkundung. Durch den Diskurs wird ein Denken in Lösungen kultiviert. Es wird eher für eine Sache gesprochen als gegen eine Sache.

Sobald es ein gemeinsames Grundverständnis zu den Entscheidungsalternativen gibt und die Gruppe den Eindruck hat, man könne nun abstimmen, werden von jedem der Teilnehmenden für jede Alternative Widerstandsstimmen von 0-10 vergeben. 0 Punkte heißt „Null Widerstand". 10 Punkte bedeutet „Maximaler Widerstand" bzw. „totale Ablehnung". Alles was zwischen 0 und 10 ist, gilt auch. Eine 2 wäre dann „leichter Widerstand". Es ist nicht erforderlich, jede Zahl genau zu definieren – es sind intuitive Bewertungen.

Wenn man nun die Widerstandsstimmen für jede Entscheidungsalternative addiert, ergibt die Summe den Gruppenwiderstand. Und somit ist die Entscheidung mit den wenigsten Widerstandsstimmen schließlich die „konsensierte" Lösung. Es ist die Lösung, die die geringste Ablehnung in der Gruppe erfährt.

Systemische Konsensieren „ist „selbstreinigend": wer die Vorschläge der anderen macht-orientiert oder egoistisch ablehnt, schadet seinen eigenen Interessen[108]."

Durch das Systemische Konsensieren bleiben Gruppen handlungsfähig und erarbeiten sich zugleich eine höchstmögliche, „relative" Zufriedenheit. Das Kollektiv ist in der Lage, selbst zu entscheiden – ohne einen „Chef-Entscheid". Diese Art von Auseinandersetzungs- und Lösungsprozessen kultivieren Gruppen nach und nach. Somit hat die Methode Systemisches Konsensieren positive Auswirkungen auf die Gesprächs- und Innovationskultur in Gruppen.

Advice Process

Der Begriff „Advice Process" (Beratungsprozess) wurde von Dennis Bakke in seiner Zeit bei AES Corporation, einem globalen Energieversorger geprägt. Heute ist Bakke Mitglied im Vorstand bei dem gemeinnützigen, Lernerorientierten Schulnetzwerk „Imagine Schools[109]" in den USA, wo er weiterhin den Beratungsprozess nutzt.

Den Beratungsprozess kann man als die zentrale Praxis des Facilitation-Ansatzes verstehen. Es ist die Arbeit mit kollektiver Weisheit in einer Nussschale. Die Grundidee ist, dass jeder Mensch in einer Organisation, egal an welcher Stelle oder in welcher Ebene er arbeitet, eine eigenständige Entscheidung treffen kann, um zum Beispiel eine Idee umzusetzen oder einen Missstand zu beheben. Dies gilt auch, wenn die Entscheidung mit finanziellen Kosten und anderen benötigten Ressourcen einhergeht. Einzige Maßgabe: Er muss sich während der Entscheidungsfindung von der kollektiven Intelligenz der Vielen Rat einholen.

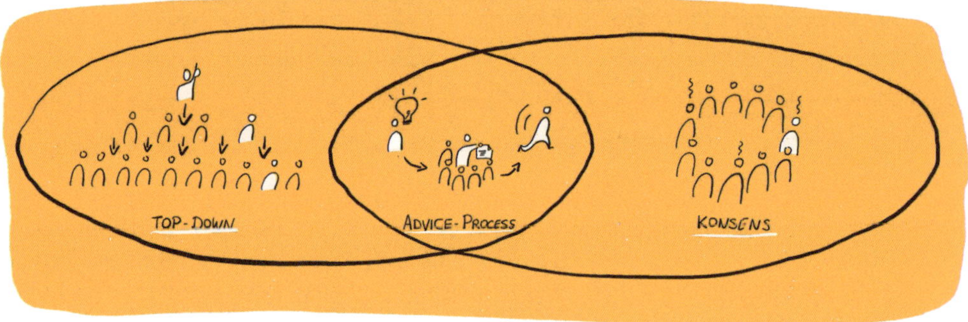

Man vermeidet mit dem Advice Process die Schattenseiten der Top-down-Entscheidung:

- unzureichende Kenntnis der Herausforderungen vor Ort,
- Lösungsversuch und Realität klaffen oft auseinander,
- wenig hilfreiche Grundannahmen[110] und Beziehungsangebote,
- Enttäuschung, Konflikte und Frust bei allen Beteiligten
- die Organisation kommt nicht voran oder wenn, dann nur auf einer „Display-Seite[111]"

Der Beratungsprozess ist zugleich eine Antwort auf die in der Praxis bekannten Tücken des Konsensprozesses, der häufig die Geduld und Empathiefähigkeit vieler Teilnehmenden angesichts von Zeitdruck und einer sich rasant verändernden Umwelt überfordert. Und der manchmal so lange dauert, dass das Ziel aus dem Blick gerät, Menschen sich überwerfen, andere Dinge wichtiger werden und der Prozess erlahmt oder stecken bleibt.

„Der Beratungsprozess ist meine Antwort auf das uralte organisatorische Dilemma, wie man die Rechte und Bedürfnisse des Einzelnen berücksichtigen und gleichzeitig das erfolgreiche Funktionieren des Teams, der Gemeinschaft oder des Unternehmens sicherstellen kann. Es überlässt die endgültigen Entscheidungen dem Einzelnen, aber es zwingt ihn, die Bedürfnisse und Wünsche der Gemeinschaft abzuwägen."
Dennis Bakke

Der Beratungsprozess Schritt für Schritt:

- Jemand, bemerkt oder erfährt von einem Problem oder einer Gelegenheit zur Verbesserung oder Entwicklung.
- Wenn die Person aufgrund ihrer Rolle, Expertise und Betroffenheit, die richtige Person ist, ergreift sie die Initiative und versucht, mehr über die Sache, die Herausforderungen und mögliche Auswirkungen herauszufinden. Sonst findet sie jemanden, der besser geeignet ist, etwas zu unternehmen.
- Sobald sich eine mögliche Lösung herauskristallisiert, macht der Initiator oder Entscheidungsträger einen Vorschlag und holt sich dazu Feedback bei Personen[112], die …
  - von den Auswirkungen der Initiative/Veränderung betroffen sein werden, und
  - eine spezifische Sichtweise und/oder Expertise zur Sache haben.
- Unter Berücksichtigung dieser Beratungen, die informell (z. B. auf dem Flur oder telefonisch) oder formell ablaufen können (im Rahmen eines eigens dafür einberufenen Meetings), entscheidet sich der Entscheidungsträger für eine Maßnahme, setzt sie um und informiert diejenigen, die an den Beratungen beteiligt waren.

Der Beratungsprozess funktioniert vor allem dann, wenn Informationen und Wissen über alle Ebenen vollständig und vorbehaltlos geteilt werden. Er bewirkt, dass Menschen mehr miteinander – auch bereichsübergreifend – sprechen und gemeinsam Probleme lösen. Schließlich führt er oft zu einem positiven Arbeitsklima und zu einer Organisation, in der Menschen Verantwortung übernehmen, sich ermächtigt fühlen und in ihrer Expertise gesehen werden.

Pilotgruppen, als Modell der Transformation, können den Beratungsprozess im Rahmen ihres Mandats einsetzen und bewirken damit eine positive Entwicklung auf mehreren Ebenen. Einerseits lernen sie eine kulturverändernde, effektive Methode zur Entscheidungsfindung kennen und können diese gleich selbst nutzen. Darüber hinaus kultivieren sie damit ein Organisations- und Führungsverständnis, das auf natürlichen Hierarchien basiert und anstelle einer Top-Down-Entscheidung auf abgestimmten Koordinationsmechanismen in Gruppen beruht. Dieser Vorsprung an Erfahrungswissen von Pilotgruppen kann einen Mehrwert für die ganze Organisation haben, denn das Prozess-Know-how wird Schritt für Schritt in weitere Projekte und Initiativen getragen.

Dynamic Facilitation

Neben der Tatsache, dass Dynamic Facilitation (siehe Seite 335) zu den großen Methoden der „Glorreichen Sieben" für Co-Creation gehört und dort ausführlich beschrieben wird, nutzen wir das Verfahren auch innerhalb der Pilotgruppenarbeit als „Koordinationsmechanismus" zur Entscheidungsfindung.

Die Methode eignet sich in Pilotgruppen immer dann, wenn es darum geht, sich gegenseitig ausgiebig zuzuhören und vielschichtige Sichtweisen und Informationen in die Kommunikation zu bringen. Das Ziel des Einsatzes von Dynamic Facilitation in einer Pilotgruppe ist es, bei vertrackten, emotional aufgeladenen Themen, einen kreativen Durchbruch zu erzeugen und eine gemeinsame Entscheidung zu treffen. Mindestens jedoch die Wahlmöglichkeiten (Alternativen) zu erhöhen und anschließend mit einem weiteren Koordinationsmechanismus, eine Entscheidung zu treffen.

Praxistipp

In Pilotgruppen bietet es sich an, innerhalb einer Reihe mehrtägiger Meetings beispielsweise als Standard eine dreistündige DF[113]-Session einzuplanen. Die Teilnehmenden schließen erfahrungsgemäß schnell an den Flow der Erkundung vom letzten Treffen an und teilen weiter Bedenken, Einwände, Ideen und Lösungen.

Wenn es zu einem kreativen Durchbruch innerhalb der Anwendung der Methode kommt, wurde eine gemeinsame Lösung, die vorher so nicht bekannt oder vorstellbar war, gefunden. Das Wertvolle daran ist, dass die Pilotgruppe hier stellvertretend für das gesamte, relevante System in eine tiefe, inhaltliche[114] Auseinandersetzung mit dem Thema oder einem relevanten Teil davon gegangen ist. Jetzt stellt sich die Frage, ob es eine Lösung mit Signalwirkung für die ganze Organisation ist. Wenn ja, dann hat die Pilotgruppe zwei Handlungsalternativen:

a) Sie wird die Lösung als kreativen Durchbruch an geeigneter Stelle vorstellen und einen Dialog dazu organisieren. Wenn es tatsächlich wegweisend für die ganze Organisation ist, und als solches anerkannt und bestätigt wird, würden weitere Maßnahmen der Kommunikation und Umsetzung folgen.
b) Sie wird die Methode Dynamic Facilitation zu diesem Thema mit einem größeren Teil des ganzen, relevanten Systems anwenden, mit dem Ziel, dass dieser kreative Durchbruch in dieser oder einer ähnlichen Form in einer größeren Gruppe in Echtzeit erfahrbar und bestätigt wird.

Derartige prozess-orientierte Überlegungen wird die Pilotgruppe an vielen Stellen auf ihrem eigenen Weg unternehmen. Die Frage ist immer: Wie können wir das größere System (die ganze Organisation oder relevante Teile davon) partizipieren lassen an der Suchbewegung und den gemeinsamen Aha-Momenten (Differenzieren-Integrieren-Modell, siehe Seite 203).

Weitere Koordinationsmechanismen

Alles, was der gemeinsamen Arbeitsfähigkeit innerhalb der Pilotgruppe hilft, ist entweder eine Praktik des Gelingens (siehe „Vereinbarungen für die Zusammenarbeit formulieren", Seite 168) oder ein Koordinationsmechanismus. Der Unterschied liegt unseres Erlebens darin, dass eine Praktik meist unser Verhalten und unsere Haltung in punkto Kommunikation, Selbstführung und Zusammenarbeit im Blick hat. Ein Koordinationsmechanismus ist eine vereinbarte Vorgehensweise (ein Tool oder eine Methode), deren Nutzung vorab vereinbart wurde mit der Idee von „Wenn …, dann …".

Beispiele:

- „Wenn wir zwischen mehreren Optionen entscheiden müssen, nutzen wir die Methode des Systemischen Konsensierens."
- „Wenn wir über einen einzelnen Vorschlag beraten und abstimmen wollen, nutzen wir *Five to Fold* oder den *Advice Process*."
- „Wenn wir es mit einem vielschichtigen Thema mit versteckten Dimensionen und aufgeladenen, rigiden Werturteilen zu tun bekommen, nutzen wir *Dynamic Facilitation*."

Jenseits von Entscheidungsfindung gibt es in der Praxis je nach Kontext weitere wiederkehrende Vorgehensweisen. Diese können auch rein organisatorischer Natur sein. Beispielsweise Vorgehensweisen oder Tools zur Abrechnung von Kosten, zur Abstimmung des Budgets, zum Hochladen bestimmter Dateien, zur Terminfindung und so weiter.

Alle benötigten Koordinationsmechanismen und damit einhergehende Aufwände oder Beschaffungskosten werden in der Pilotgruppe besprochen. Nach der ARE IN-Formel ist „Authority" vertreten, daher können derartige Aspekte zeitnah und meist persönlich geklärt oder auch konkretisiert werden. Alles, was gebraucht wird und was bisher nicht explizit vereinbart wurde, wird in der Pilotgruppen nach und nach besprochen und geklärt.

Ressourcen und Rahmenbedingungen („Kontext des Gelingens") durchsprechen

Ein wesentlicher Teil der Arbeitsfähigkeit einer Pilotgruppe wird durch die zuvor mit dem Primärklienten und der initialen Vorbereitungsgruppe vereinbarten Ressourcen und Rahmenbedingungen gewährleistet (siehe Seite 147).

Diese Checkliste „Kontext des Gelingens" sollte in der Pilotgruppe in der relevanten Tiefe durchgegangen und erörtert werden, so dass alle Beteiligten das Wissen über zugesagte Ressourcen und das gleiche Verständnis von Rahmenbedingungen haben.

Einige Aspekte, wie z. B. die Existenz einer Pilotgruppe oder eines Mandats sind nun bereits Realität geworden. Andere Aspekte, wie z. B. ein eigenes Budget und was man tun muss, um die Finanzen gemäß den Vorgaben und der Prozesse zu administrieren, sind im Detail zu besprechen. Aus der Checkliste ergeben sich mitunter weitere Aktivitäten für die Pilotgruppe. Wenn man sich zum Beispiel die Punkte „Capacity Building betreiben", „Lernreisen unternehmen" oder „Vernetzung mit Parallelprojekten ermöglichen" anschaut, dann ergeben sich daraus unmittelbar weitere Schritte, die es nun zu tun gilt.

> ***Praxistipp***
>
> *Die Checkliste „Kontext des Gelingens" bildet das Fundament bzw. den belastbaren Kontrakt, den die Pilotgruppe mit den Entscheidern der Organisation schließt. Auf dieser Basis wird die Wahrscheinlichkeit drastisch erhöht, dass beteiligungs- und dialog-orientierte Entwicklungs- und Veränderungsprojekte erfolgreich sind. Von daher lohnt es sich, mit dieser Liste in einer frühen Projektphase zu arbeiten, denn die Bereitschaft zu Zusagen jenseits der Routinen und Konventionen*

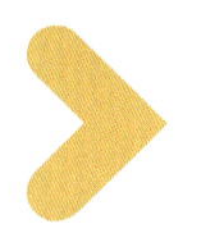

ist dann oftmals höher. Andersherum: Wenn wesentliche Ressourcen und Rahmenbedingungen nicht zugesagt werden können, sollten Facilitator und Pilotgruppe alternative Lösungswege finden. Wenn der Kontext den Erfolg der Initiative und aller Beteiligter nicht unterstützt, und wenn es keine Hoffnung auf Nachbesserung gibt, dann ist es durchaus angemessen, als Pilotgruppe das Mandat zurückzugeben.

Alternativen zu Pilotgruppen

Bevor wir dieses Kapitel abschließen, möchten wir eine Frage nicht unbeantwortet lassen: Muss es immer eine Pilotgruppe sein?

Um einer Antwort näher zu kommen, sollten wir hinter den Begriff schauen und herausfinden, was wirklich gemeint ist. Viele Gruppen werden als „Pilotgruppen" oder „Pioniergruppen" bezeichnet. Menschen haben dazu vielfältige Vorstellungen und unterschiedliche Erfahrungen. Das Gleiche gilt für Veränderungsvorhaben. Die haben häufig Worte wie „Transformation", „Dialog" oder „Zukunft" im Titel, ohne dass man aufgrund dieser Begriffe bestimmen könnte, auf welchen Werten, Grundannahmen, auf welchem Führungsverständnis und welchen Prinzipien diese Vorhaben gründen. Facilitation und co-kreative, schöpferische Ansätze und Prinzipien können in all diesen Ansätzen stecken. Oder auch nicht.

Zur Wiederholung: Die Arbeit mit Pilotgruppen bedeutet in der Praxis, dass ein Impuls zur strategischen, kulturellen oder strukturellen Entwicklung, der irgendwo in einer Organisation wahrgenommen wird und der mit Handlungsenergie ausgestattet ist, gemeinsam mit den Menschen quer durch die Organisation beraten wird. Pilotgruppen sind ein repräsentativer Querschnitt des gesamten, relevanten Systems, übernehmen Co-Führung in den drei Rollen erweiterter Wahrnehmungskörper, Modell für die Transformation und Architekten des Entwicklungs- bzw. Transformationsprozesses (siehe Seite 194 ff.).

In der Praxis haben sich verschiedenste Formen und Vorgehensweisen entwickelt, die alle auch das Ziel haben, die kollektive Intelligenz einer Organisation nutzbar zu machen und Veränderungsenergie zu erzeugen. Sie unterscheiden sich durch die praktische Herangehensweise, den Aufwand und die Wirkung sowie durch den Grad der Beteiligung (siehe Seite 112 f.).

Dialog-Interviews – Eine gute Möglichkeit, beid- bzw. allseitig zu lernen sind Dialog-Interviews zu zweit oder zu dritt. Diese Gespräche helfen zur Diagnose der Ist-Situation, regen zur Wahrnehmung des ganzen relevanten Systems an (alle erkennen mehr vom ganzen Bild) und fördern die Selbstreflektion der Beteiligten. Dialog-Interviews können die Arbeit von Pilotgruppen informieren und ergänzen und sind somit gut kombinierbar.

Dialog-Interviews sind nicht nur dazu da, Informationen zu sammeln, sie sind:

- eine Intervention, so wie jede Frage eine Intervention darstellt. Aus diesem Grund ist es entscheidend, welche Art von Fragen gestellt werden.
- eine Möglichkeit, Beziehung zwischen Facilitator und Teilnehmenden bereits im Vorfeld zu gestalten und Vertrauen aufzubauen.
- ein bewährtes Instrument der Organisationsdiagnose, in der Hinsicht, dass relevante Wahrnehmungen, Wirklichkeitsdeutungen und die jeweiligen Logiken des Systems erkennbar werden.
- sie liefern Hinweise für das Prozessdesign (das Wie) und die relevanten Themen (das Was).

Fragen nach Zielen, Wünschen und Potenzialen helfen, die Aufmerksamkeit auf die ideale Zukunft zu richten. Dies kann wichtig sein, falls Klienten vorwiegend den nicht wünschenswerten

Status Quo beschreiben. Grundsätzlich ist es die Aufgabe des Facilitators, den Gesprächspartner zu unterstützen, die Ambivalenz in den Raum zu holen, also Themen und Aspekte anzusprechen, über die normalerweise nicht gesprochen wird. Auf diese Weise wird der Entscheidungsraum größer, der für den weiteren Prozess höchst relevant ist.

Zentrale Statements verschiedener Stakeholder, die in diesem Sinne hilfreich erscheinen, werden aus den Dialog-Interviews anonymisiert und abstrahiert mit der Pilotgruppe und ggf. in späteren Veranstaltungen geteilt. Durch die Perspektivenvielfalt sowie durch die Vielfalt der unterschiedlichen Ebenen, die angesprochen werden, kann die Wahrnehmung einer Herausforderung vom ganzen System her unterstützt werden.

Nukleus der Willigen – ähnlich wie in einer Pilotgruppe geht es darum, eine Suchbewegung zu unternehmen und den Beteiligungsprozess für die ganze Organisation zu entwickeln und zu begleiten. Der Unterschied: Hier entfällt der Anspruch der Repräsentativität. Es fehlen die Menschen, die als Kritiker, „Störer" oder Verweigerer wahrgenommen werden[115]. Mit ihnen kann parallel Kontakt aufgenommen werden (siehe „Den nicht integrierbaren Projektgegner integrieren", Seite 167). Dieser Ansatz ist ebenso machtvoll wie der Pilotgruppen-Ansatz und bietet eine Lösung für Kontexte, in denen nicht alle Anspruchsgruppen eingebunden werden können oder sollen.

Wisdom Council[116] **(„Rat der Weisen")** – ein von Jim Rough, dem Pionier der Dynamic Facilitation-Methode entwickeltes Format, für eine (zufällig) zusammengesetzte Gruppe von Menschen, die sich für eine Zeit freiwillig treffen, um wesentliche Themen und Herausforderungen einer Organisation gemeinsam zu erkunden und Lösungsansätze zu entwickeln. Diese Gruppen arbeiten mit „Dynamic Facilitation" (siehe Seite 335) und präsentieren der Führungsebene ihre Ergebnisse, die auch Entscheidungs- und Handlungsempfehlungen enthalten können. Der Unterschied liegt vorwiegend im Grad der Beteiligung und im Mandat. Es wird keine Co-Creation oder Co-Führung erwartet, sondern Empfehlungen, denen man folgt oder auch nicht.

Communities – selbstorganisierte Gruppen von Menschen, die sich einer gemeinsamen Sache verschreiben und sich – weitgehend – auf freiwilliger Basis treffen. In Communities kristallisieren sich oft so genannte „Graswurzelbewegungen". Mitarbeitende übernehmen Verantwortung für einen Wertschöpfungsbereich oder ein Thema innerhalb der Organisation, versammeln Expertise und organisieren Wissenstransfer. Communities, auch Menschen-Netzwerke genannt, sind eine Organisationsform, quer zur Hierarchie und basierend auf persönlichen Beziehungen und Interesse an der Sache. Sie sind daher stabil und resilient, was Umbau und Reorganisations-Maßnahmen betrifft. Somit sind sie ein Ort, an dem sich kollektive Intelligenz zeigt. Sie arbeiten meist ergebnisoffen und autonom und verfügen somit nicht unbedingt über ein Mandat durch die Führung. Das heißt, dass eine Community in der Regel nicht dafür da ist, Aufträge des Managements abzuarbeiten – also wie ein weiteres klassisches Team zu wirken. Ihre Mitglieder arbeiten an dem, was sie selbst für wichtig halten – natürlich eingebettet im Kontext und gemäß den Rahmenbedingungen ihrer Organisation. In größeren Communities wird auch mit Pilotgruppen gearbeitet, um die Intention und den gemeinsamen Weg zu koordinieren (mehr zu Communities, siehe Seite 406).

Campus – ein Format, dass wir in einem großen, weltweit-agierenden Konzern kennengelernt haben. In einem leerstehenden Gebäudekomplex treffen sich beispielsweise an drei Tagen pro Woche über zwei Monate rund 100 Menschen hierarchie- und funktionsübergreifend zur Lösung einer komplexen, organisationalen Herausforderung. Dies ist eine große, co-kreative Taskforce auf Zeit, die optimal ausgestattet ist mit allem, was für die Arbeit gebraucht wird.

Zwar kann in diesem Kontext Facilitation angewandt werden, doch eher rein methodisch auf der Meeting-Ebene. Die wesentlichen Unterschiede zur Pilotgruppe und zum Nukleus der Willigen bestehen darin, dass…

- Was-Ziele vorgegeben und nicht infrage gestellt werden,
- diesem Vorgehen in der Regel ein Managementverständnis unterliegt, das darauf gründet, eine Lösung (Konzept) zu finden, die in einem Roll-out – ggf. mit einer „Change-Story" in die gesamte relevante Organisation gebracht wird und die im Regelfall auch nicht mehr verändert oder angepasst wird.

Sandkasten („Sandbox[117]") – Dieser Ansatz bezieht sich auf einen Organisationsbereich oder ein Team, in dem für die Organisation neue Kreativ- oder Managementmethoden ausprobiert werden (z. B. Design Thinking, Holokratie, Facilitation etc.), um zum Beispiel bessere Ergebnisse in einem Strategieprozess zu erzielen. Es gibt in der Regel keinen Auftrag, die Organisation zu entwickeln oder zu verändern oder die Arbeitsweise weiterzuentwickeln. Es geht um Ausprobieren, Lernerfahrungen ermöglichen und um Empfehlungen oder Hinweise, um Entscheidungen vorzubereiten. Hier wird deutlich, dass man Birnen mit Äpfeln vergleichen würde, wenn man Pilotgruppen und den Sandkasten-Ansatz vergleichen wollte. Es sind unterschiedliche Vorgehensweisen für unterschiedliche Ziele.

Open Space Beta ist eine Idee für organisationale Transformation[118], die auf der Open Space Technology beruht. Es gibt einen Vorlauf der Planung und Vorbereitung von 60 Tagen, dann ein erstes organisationsweites Open Space Meeting gefolgt von einer Handlungsphase von 90 Tagen und einem zweiten Open Space Meeting zur Prüfung des Erreichten. Danach folgt eine Reifezeit von 30 Tagen. Das klingt auf den ersten Blick nach einer üblichen Großgruppenintervention. Ist es auch. Doch steht der Gedanke eines mutigen, möglichst effektiven und zugleich handhabbaren Transformationsprozesses im Vordergrund. Es ist eine hilfreiche Blaupause, die als Open Source-Sozialtechnologie von den Autoren des gleichnamigen Buches zur Verfügung gestellt wird. Aus Facilitation-Sicht würden wir dieses Vorgehen (und das verwundert wohl niemanden mehr) mit einer Pilotgruppe vorbereiten und begleiten.

Fazit

Diese Varianten der Aktivierung kollektiver Intelligenz entstehen immer dann, wenn individuelle, situationselastische[119] Vorgehensweisen gebraucht werden. Facilitator erkunden und orchestrieren Vorgehensweisen und Prozessarchitekturen gemeinsam mit dem gesamten, relevanten Klientensystem – zum frühestmöglichen Zeitpunkt. Die dadurch zustande kommenden Gruppen muss man natürlich nicht Pilotgruppen oder Pioniergruppen nennen. Doch unabhängig von dem Ansatz, für den man sich entscheidet, ist Facilitation immer dann präsent, wenn kollektive Intelligenz durch die folgenden vier Faktoren aktiviert wird:

- **Partizipation zum frühestmöglichen Zeitpunkt.** Die Einladung, gemeinsam zu denken und zu tun – und zwar von Anfang an –, fördert Verantwortungsübernahme, Selbstwirksamkeit und kollektive Intelligenz.
- **Was- und Wie-Ziele bleiben in der Schwebe** und können sich verändern. Dies führt dazu, dass „Konzepte[120]" ständig überprüft werden und eine hohe Passung mit den Anforderungen der Realität erhalten.
- **Das ganze, relevante System ist beteiligt** – an der Intentionsbildung (Erkenntnis, wir müssen etwas tun), der Suchbewegung (Gemeinsame Erkundungen relevanter Umwelten) und der Lösungsfindung (Gemeinsame Einsichten, gemeinsam getroffene Entscheidung).

- **Verantwortung wird geteilt.** Die fundamentale Grundannahme lautet: „Wir teilen uns die Verantwortung für die Qualität (unserer Organisation)." Dadurch entstehen andere Beziehungsangebote untereinander sowie Lebendigkeit und Agilität in Organisationen.

Weitere verwandte Schulen

Facilitation ist eine übergeordnete und zugleich sehr praktische Disziplin, die in manchen Schulen mit anderen Begriffen belegt wird (z. B. „Hosting"). Und doch sind die Quellen und Wirkmechanismen oft identisch oder sehr ähnlich.

Mit diesem Abschnitt wollen wir andere Wege und „Schulen" nennen, die Facilitation praktizieren, die einen Verwandtschaftsgrad aufweisen oder die einen wertvollen Beitrag für die facilitative Praxis leisten können. Viele Praktiken, Prinzipien und Rahmenwerke (Frameworks) können Anwendung in Pilotgruppen bzw. in der Facilitation-Arbeit finden.

Aus unserer Praxis weisen wir auf die folgenden Schulen und Konzepte hin[121]. Es sind am Menschen und an der Entwicklung orientierte Ansätze wie zum Beispiel die Theory U[122], Art of Hosting[123], Deep Ecology Work[124], Timeless Wisdom[125], Process Work[126], Design Thinking[127], Genuine Contact[128], Sociocracy 3.0[129] und Dragon Dreaming[130] und nicht zuletzt das Integrale Modell (siehe unten).

Praxistipp

Wir empfehlen – neben den Glorreichen Sieben – diese Formate zu erkunden, und die notwendigen, damit einhergehenden, persönlichen Entwicklungen nicht zu unterschätzen. Viele dieser Lehren und Schulen sind so tief und komplex, dass eine davon reicht, sie ein Leben lang zu studieren. Mit fortwährender Übung und Praxis wird man in der Rolle des Facilitators wahrscheinlich demütiger in der Handhabung solcher Rahmenwerke. Mit Geduld und Zeit wird man jedoch bemerken, wie man eines Tages die „Methode" selbst verkörpert und mit diesem Erleben wirksam wird.

„Allem Leben, allem Tun, aller Kunst muß das Handwerk vorausgehen, welches nur in der Beschränkung erworben wird. Eines recht wissen und ausüben, gibt höhere Bildung als Halbheit im Hundertfältigen."
J.W. Goethe, Wilhelm Meisters Wanderjahre I,12

Das Integrale Modell

In den letzten Jahren hat das sogenannte Integrale Modell, basierend auf Ken Wilbers Integraler Theorie in Verbindung mit dem werteorientierten Entwicklungsmodell Spiral Dynamics® nach Beck und Cowan, zusehends an Popularität gewonnen.

Das Integrale Modell[131] stellt mit seinen Quadranten, Entwicklungslinien und Werteebenen ein Meta-Modell[132] dar, in das sich persönliche und organisationale Entwicklung über verschiedene Werteebenen hinweg im individuellen und kollektiven Bereich im Innen und im Außen einordnen lassen. Damit kann es als „Landkarte"[133] für die persönliche und die Organisationsentwicklung dienen. Ebenso ist es möglich, die facilitativen Methoden, Haltungen und Grundannahmen dort einzuordnen. Auf diese Weise lässt sich beispielsweise den Teilnehmern einer Pilotgruppe gut verdeutlichen, in welchen Quadranten eine geplante Entwicklung, ein Projekt oder eine Maßnahme zu verorten ist und welche Themen damit in anderen Quadranten korrespondieren. Doch dies

ist nur eine der vielen Anwendungsmöglichkeiten. In Zusammenarbeit mit Dr. Stefan Enzler und Felix Gnann von der imu augsburg GmbH & Co.KG ist der folgende Abschnitt zur Bedeutung der Integralen Landkarte für Facilitation entstanden.

Eine integrale Sichtweise als Meta-Landkarte

Die integrale Sichtweise auf Organisationen umfasst Individuen, deren Bedürfnisse, Motive und Kompetenzen genauso wie die Realität der gesamten Organisation in der strukturellen und kulturellen Dimension. Die Entwicklung von Menschen und Organisationen findet aus dieser Sichtweise kontinuierlich statt, verläuft in Stufen und schreitet fortlaufend evolutionär voran. Dabei wird die Unterschiedlichkeit der verschiedenen Perspektiven erkannt und in Gestaltungsmaßnahmen der Organisation mit eingebunden.

Integrale Organisationen, wie z. B. im Abschnitt „Die Evolution von Bewusstsein und Organisationsform“ beschrieben (siehe Seite 123), entwickeln sich als gesamte Organisation vergleichbar mit einem lebendigen Organismus. Das führt dazu, dass eine Wirklichkeit entsteht, in der Mitarbeitende weniger als Rädchen oder Medium einer organisationalen Maschine betrachtet werden, sondern vielmehr als ganze und vielfältige Menschen mit vielen Seiten und Potenzialen. Selbstorganisation und Selbstführung werden in einem Maß kultiviert, dass statt einer Machthierarchie eine natürliche Hierarchie entsteht. Und zu guter Letzt entwickeln solche Organisationen häufig einen tieferen oder höheren Sinn und Seinszweck. Was diese Organisationen verbindet, ist oft ein individuell und kollektiv erweitertes Bewusstsein, mit dem auf die Organisation geschaut und eigene Entwicklung gefördert und unterstützt wird.

Die integrale Sichtweise bietet dabei eine Meta-Landkarte[134], mit der jede komplexe Wirklichkeit einer Organisation, eines Teams oder eines einzelnen Menschen feiner und differenzierter wahrgenommen werden kann. Durch die Kombination von drei wesentlichen integralen Methoden entsteht die „Integrale Landkarte“[135] mit

- den vier Quadranten (mit den Dimensionen „Ich“, „Wir“, „Innen“ und „Außen“)[136],
- Werteebenen (Kompetenzstufen oder Werteebenen in Anlehnung an Spiral Dynamics[137]),
- Entwicklungslinien (wesentliche Themen mit Ausprägungen auf allen Werteebenen in den vier Quadranten).

Jedes inhaltliche Thema kann als eigene Entwicklungslinie in dem jeweils passenden Quadranten eingezeichnet werden. Legt man zusätzlich die Entwicklungsebenen als Kreise auf die vier Quadranten, so gibt es für jede Entwicklungslinie an jeder Ebene einen Berührungspunkt. Dort zeigt sich die jeweilige Ausprägung dieses Themas der Entwicklungslinie in der entsprechenden Ebene. Die Ausprägungen, Linien, Quadranten und Ebenen ergeben gemeinsam das Bild einer integralen Landkarte (siehe Seite 189).

Die vier Quadranten

Die Quadranten sind vier Perspektiven zur Betrachtung der Wirklichkeit. Die Perspektiven lassen sich folgendermaßen einordnen: Die linken Quadranten beziehen sich auf unsere subjektiven Erfahrungen (innen), während die rechten Quadranten auf objektive, beobachtbare und messbare Aspekte (außen) eingehen. Dabei beziehen sich die oberen Quadranten auf das Individuum (ich) und die unteren auf das Kollektiv (wir) der Organisation. Die Quadranten helfen dabei, persönliche wie auch organisationale Themen ganzheitlich zu betrachten. Damit wird das Bewusstsein gefördert, dass jede Handlung in Verbindung mit äußeren und inneren, individuellen und kollektiven Wirkungen steht und nie allein betrachtet werden kann.

4 QUADRANTEN-MODELL

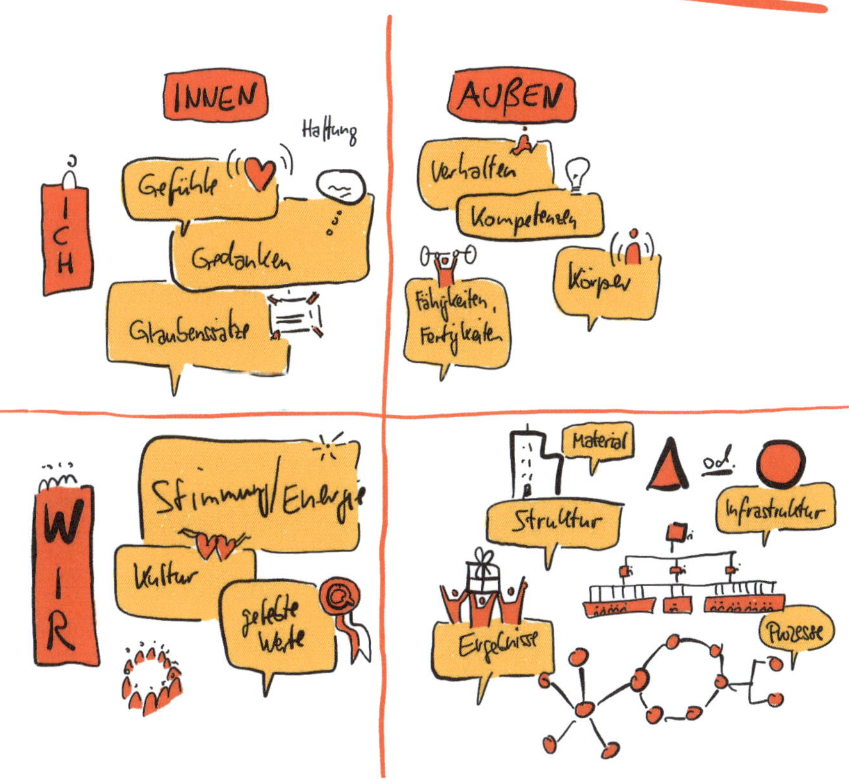

Rechts unten

Der Quadrant *rechts/unten = wir/außen* bezieht sich auf die Aspekte einer Organisation, die objektiv beobachtbar und erfassbar sind. In einem Produktionsunternehmen sind das vor allem die Wertschöpfung in Form von Produkten und Dienstleistungen, aber auch Gebäude, Fahrzeuge, Maschinen, IT-Hardware und Software, Außendarstellung sowie dokumentierte Prozesse der Leistungserbringung.

In diesem Quadranten finden zumeist – neben der sichtbaren Wertschöpfung (Output) – die „klassischen" Optimierungsprozesse statt, um ein Unternehmen weiterzuentwickeln. Der Fokus liegt dabei auf der Verfeinerung von Prozessen, Anpassung von Regeln oder Veränderung von Strukturen. Häufig zeigen sich in diesem Quadranten nur die Symptome, da dieser Quadrant eben beobachtbar ist und auch die meisten Analysetools zur Messung der Wirksamkeit von Organisationen hier ansetzen (Kennzahlen, KPIs etc.) Die tieferen und vielfältigen Wechselwirkungen werden erst durch den ergänzenden Blick auf die anderen Quadranten erkennbar.

Links unten

Der Quadrant *links/unten = wir/innen* umfasst alles, was zwischen den Menschen in einer Organisation entsteht, jedoch nicht objektiv beobachtbar ist. Es geht dabei beispielsweise um die

Unternehmenskultur, welche die Mitarbeitenden in jedem Moment aufs Neue leben. Diese Kultur basiert auf gemeinsamen Grundannahmen und Gewohnheiten, welche explizit ausgesprochen oder häufig auch implizit nicht ausgesprochen sind. Weiterhin bildet dieser Quadrant die Atmosphäre, die Werte und die Beziehungsqualitäten der Menschen ab.

Alle Aspekte des Quadranten links unten sind erfahrbar, aber nicht direkt messbar („softe Faktoren"). Deshalb sind die Themen dieses Quadranten beeinflussbar, jedoch nicht so aktiv steuerbar wie die prozessualen und strukturellen Themen des Quadranten rechts/unten. Eine klare, gemeinsame Ausrichtung in diesem Quadranten bietet beispielsweise eine Basis für erfolgreiche Arbeit in den anderen Quadranten.

Rechts oben

In dem Quadranten *ich/außen = rechts/oben* befindet sich alles, was bei einer Person von außen beobachtbar ist. Im Vordergrund sind hier das Verhalten, die Kompetenzen, das Wissen, die Fähigkeiten sowie der menschliche Körper mit all seinen Eigenschaften. Diese Aspekte sind beobachtbar und liefern beispielsweise Hinweise zu möglichen Kapazitäten und Potenzialen einzelner Protagonisten.

Gleichzeitig ist zu berücksichtigen, dass einem bestimmten Verhalten viele unterschiedliche Motive zugrunde liegen können und dass das äußere Verhalten nicht immer so eindeutig ist, wie es erscheint. Aus diesem Grund kann es sinnvoll sein, die zugehörige innere Haltung zusätzlich zu einem bestimmten Verhalten zu berücksichtigen, die durch den Quadranten links/oben abgebildet wird.

Links oben

Der Quadrant *ich/innen = links/oben* beinhaltet die subjektiven Wahrnehmungen, Empfindungen und Erfahrungen eines Menschen. Damit ist das innere Erleben einer Person gemeint, das von außen nicht beobachtbar ist. Konkret stehen hierfür Gedanken, Grundannahmen, Gefühle, Empfindungen, Motive, Wünsche und Bedürfnisse.

Diese inneren Bewegungen finden oft an der Bewusstheitsschwelle statt. Dies bedeutet, dass viele inneren Empfindungen wie Grundannahmen auch unbewusst wirken. Bewusste wie unbewusste innere Empfindungen haben jedoch eine signifikante Wirkung auf die anderen Quadranten, da sie beispielsweise auf das individuelle Verhalten oder auf die Wahrnehmung einer Situation im Kollektiv einwirken. Im Umkehrschluss ermöglicht der Einbezug dieses Quadranten in Form von emotionaler Intelligenz, höherer Bewusstheit und subtilen Kompetenzen bei den einzelnen Mitarbeitenden ein bedeutsames Entwicklungsfeld für die gesamte Organisation.

Werteebenen

Menschen, Teams, Organisationen und ganze Gesellschaften haben unterschiedliche Wertesysteme. Diese Werte haben immensen Einfluss auf das Fühlen, Denken und Handeln von einzelnen Menschen und wirken damit tief in das Zusammenspiel in Organisationen ein. Deshalb ist das Verständnis der Werteebenen, aus denen heraus ein Mensch oder eine Organisation gerade handelt, sehr hilfreich, um zielgerichtet und abgestimmt Entwicklungsimpulse setzen zu können.

Der Ansatz von Spiral Dynamics bietet ein evolutionäres Entwicklungsmodell mit Werteebenen, das aus der Entwicklung der Menschheit der letzten 100.000 Jahre abgeleitet ist. Wissenschaftlich anerkannt sind die Studien von C. Graves, auf denen Spiral Dynamics basiert.[138] Jede Werteebene entwickelt sich aus der vorangegangenen Ebene, nimmt die bisherigen Werte mit und bildet einen neuen Werteschwerpunkt aus. Zur klaren Beschreibung ist jeder Werteebene eine eigene Farbe zugeordnet.

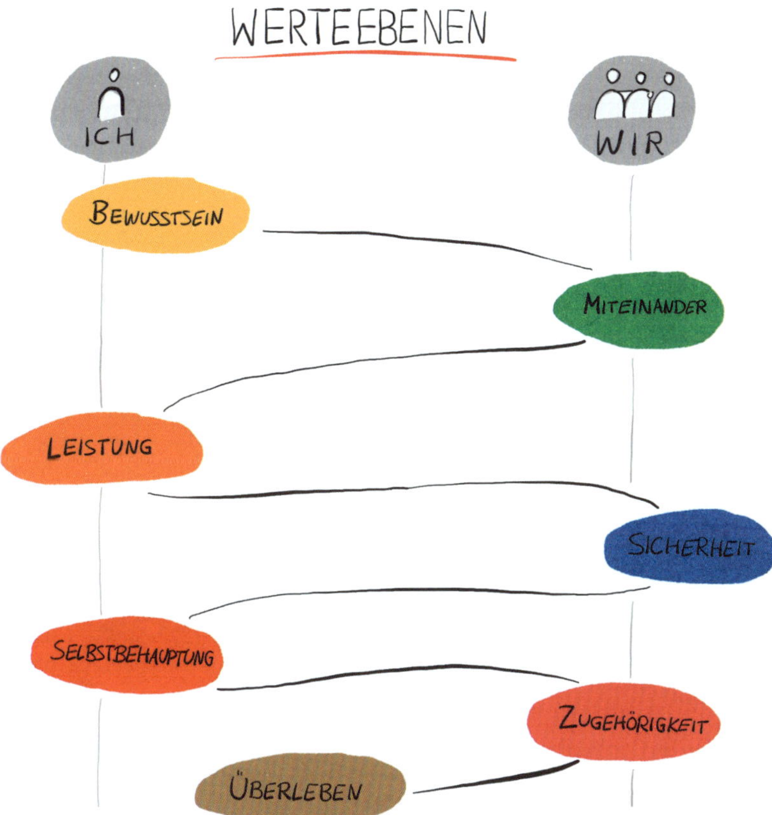

Beige – Überleben (fundamental und instinktiv)

Dieser Wert hat sich vor ca. 100.000 Jahren entwickelt, als sich Menschen im Wesentlichen um das tägliche Überleben gekümmert haben. Der Fokus lag auf Existenziellem wie Selbstschutz, Nahrung, Unterkunft, Fortpflanzung und Gesundheit. Die unmittelbare Umwelterfahrung, ein ausgeprägter Instinkt und affektives Verhalten sind in dieser Werteebene im Vordergrund.

In heutiger Zeit wird diese Werteebene getriggert, wenn beispielsweise der Verlust des Arbeitsplatzes droht, eine lebensbedrohliche Krankheit auftritt oder die Auswirkungen des Klimawandels den eigenen Lebensraum verändern.

Purpur – Zugehörigkeit (magisch und mystisch)

50.000 Jahre später finden sich die Menschen zu ersten Stämmen oder Clans auf engen, abgegrenzten Gebieten zusammen. Der oberste Wert ist die Zugehörigkeit zu der eigenen Gruppe. Mit Ritualen, Zeichen und Symbolen wird diese Zugehörigkeit verstärkt. Die Dinge und Ereignisse der Natur werden beseelt und mystisch angesehen.

Durch bewusste oder unbewusste Rituale wird heute in Familien, Vereinen oder Unternehmen das Gefühl der Zugehörigkeit gestärkt. Beispiele hierfür sind starke Marken, einheitliche Kleidung für Mitarbeitende, identitätsstiftende Veranstaltungen wie Betriebsfeiern oder eine Kultur, die langjährige Zugehörigkeit belohnt.

Rot – Macht (machtvoll und impulsiv)

Vor ca. 10.000 Jahren bauten einzelne charismatische Persönlichkeiten ihre Macht aus, indem sie andere Stämme und Regionen eroberten. Sie erschufen mit ihrer Kraft ganze Weltreiche. Diese Werteebene drückt sich durch energetisch „aufgeladene" Eigenschaften wie Wille, Durchsetzungskraft, einfach Machen und Kreativität aus.

Die Macht dieser Ebene ist in der heutigen Zeit beispielsweise in der Entscheidungsgewalt des Staates in der Gesellschaft, der Führungskräfte in Organisationen oder von Erziehungsberechtigten in Familien erfahrbar. Ist die Machtebene in einem System vordergründig, dann spiegelt sich dies beispielsweise in totalitär geführten Staaten wider. Auf dieser Ebene findet sich auch der Antrieb vieler Gründerinnen von Unternehmen, NGOs oder politischen Bewegungen, etwas in die Welt zu bringen.

Blau – Sicherheit (geregelt und heilig)

Um einer machtbasierten Willkür zu entkommen, entwickelten sich vor ca. 5000 Jahren mit der Entstehung der Weltreligionen Regeln, Gebote, Normen und Moral. Durch Gesetze und klare Hierarchien entstand eine Grundlage für Ordnung und Stabilität. Die Einordnung von „gut und böse" bzw. „richtig und falsch" gibt Orientierung und Sicherheit.

Das Rechtssystem in unserer Gesellschaft, die Auslegung des Christentums durch die evangelische oder katholische Kirche, die Abläufe in vielen Behörden oder Verwaltungen und teilweise auch die Organisationsstrukturen in Großkonzernen basieren bis heute auf der blauen Werteebene. So sollen beispielsweise durch definierte Karriereleitern, Tarifverträge, standardisierte Prozesse, klare Zuständigkeiten und Beauftragtenwesen Sicherheit und Beständigkeit geschaffen werden.

Orange – Erkenntnis (strategisch und materialistisch)

Durch den Einzug der Wissenschaft wurde vor ca. 650 Jahren ein neues Weltbild mit Werten wie Erkenntnis, Leistung und Effizienz geschaffen. Einzelne Menschen schafften es, in Selbstverantwortung und Rationalität alle Möglichkeiten zu nutzen und bisher Unvorstellbares zu realisieren (z. B. die weltweite Industrialisierung). Dieser Erfolg verlieh Ansehen, Autonomie und wiederum neue Spielräume. Leistungsbereitschaft, Zielorientierung, Wettbewerb und Gewinnstreben sind wichtige Eigenschaften.

Die orangene Ebene zeigt sich in heutiger Zeit durch hochspezialisierte Forschungseinrichtungen, börsennotierte Publikumsgesellschaften, Digitalisierung, künstliche Intelligenz und Leistungssport. In Politik und Gesellschaft gelten wissenschaftlich basierte Argumente als Grundlage für Entscheidungen.

Grün – Menschliche Verbundenheit (sensibel und humanistisch)

Die grüne Werteebene hat sich gesellschaftlich vor ca. 60 Jahren angefangen zu verbreiten. Der Fokus liegt auf Menschlichkeit und Nachhaltigkeit. Zwischenmenschliche Beziehungen wurden durch Achtsamkeit und Empathie gestaltet. Hierunter fallen unter anderem auch die Gleichberechtigung von Mann und Frau, die Hippie-Bewegung, das Ende der Apartheid in Südafrika oder auch die Gründung erster Umweltparteien. In dieser Werteebene wird die Entfaltung des Potenzials jedes einzelnen Menschen für die Gemeinschaft aktiv eingeladen.

In der heutigen Zeit spiegelt sich die grüne Werteebene in Bewegungen wie „Fridays for Future" oder „black lives matter" wider. In der Arbeitswelt sind viele NGOs, die sich für soziale und nachhaltige Verantwortung einsetzen, klassische Repräsentanten dieser Werteebene. New Work mit agilen Arbeitsformen, ganzheitliche Entlohnungsmodelle und eine starke Sinnorientierung sind weitere Merkmale der grünen Ebene.

Gelb – Integral (flexibel und fließend)

Seit ca. 15 Jahren entfaltet sich die gelbe Werteebene, in der durch eine authentische Synchronisation von Denken, Fühlen und Handeln (Gehirn-Herz-Kohärenz) die Vielfalt der Menschheit anerkannt wird. Es entsteht eine bewusste Verantwortlichkeit für das eigene Sein in der Evolution. Die Zukunft wird auf der gelben Werteebene wichtiger als das Festhalten an den Ergebnissen der Vergangenheit. Die zunehmende Komplexität und die Zunahme an Paradoxien kann integriert werden. Hierdurch entsteht durch Intuition und Inspiration ein völlig neuer Möglichkeitsraum, in dem bewusst und flexibel navigiert werden kann.

Die gelbe Werteebene befindet sich in der heutigen Zeit noch in der Entwicklungsphase, sodass sie sich in Organisationen oder Teams oftmals nur zeitweise erfahren lässt. Einzelne Personen oder kleine Gruppen können in bestimmten Situationen diese Werteebene beinhalten und völlig Neues entstehen lassen. Beispielhaft sei an dieser Stelle der Gründungsflow und das Zusammenspiel der Gründer in manchen Start-ups genannt.

Mit dem Übergang von grün zu gelb findet ein signifikanter Entwicklungssprung in dem integralen Werteebenen-Modell in die „zweite Ordnung“ statt. Ab gelb werden alle vorangegangenen Werteebenen integriert. Aus dieser Sicht sind alle Ebenen gleichbedeutend und können situativ zur bewussten Gestaltung der Zukunft herangezogen werden. Die Werteebenen der „ersten Ordnung“ (beige bis grün) bauen aufeinander auf. Menschen und Organisationen, die ihren Werteschwerpunkt in eine nächste Ebene entwickeln, lehnen oftmals in der Übergangsphase die vorhergehende(n) Ebene(n) ab. Eine ähnliche Spannung entsteht auch, indem bisher nicht erlebte Ebenen eher mit Widerstand konfrontiert werden.

Entwicklungslinien

Entwicklungslinien stellen wichtige Themenbereiche in der individuellen und kollektiven Entwicklung dar. Während die vier Quadranten ein Raster bieten, um gesamthaft auf die Realität zu schauen, sind die Entwicklungslinien eine Möglichkeit, weiter zu differenzieren. Es gibt in jedem der Quadranten eine unbestimmte Anzahl an Entwicklungslinien und jede davon stellt ein Thema dar, das in diesem Quadranten verortet ist. Durch diese differenzierte Betrachtung helfen sie dabei zu bestimmen, in welchen Bereichen eine Organisation gut aufgestellt ist und in welchen noch Entwicklungspotenzial liegt.

„In unserer 30-jährigen Praxis im Bereich der integralen Organisationsentwicklung haben wir gemeinsam mit vielen Organisationen Entwicklungslinien abgeleitet, die für deren jeweilige Entwicklung von Bedeutung sind.“
Dr. Stefan Enzler, imu Augsburg

Grundsätzlich sind die Linien von Organisation zu Organisation unterschiedlich. Es gibt allerdings Linien, die für die meisten Organisationen wichtig sind. Aus diesem gesammelten Erfahrungswissen ist die „Integrale Landkarte“ mit den wesentlichsten Linien entstanden (siehe nächster Abschnitt). Alle Linien folgen der Logik der Stufenentwicklung, die im vorherigen Abschnitt beschrieben wurde, d.h. es gibt eine Reihenfolge in der Entwicklung. Stufen können dabei nicht übersprungen werden.

Hat eine Arbeitsgruppe beispielsweise das Ziel, die Meetingstruktur in der Organisation zu verändern, ist das eine Entwicklungslinie. An diesem Beispiel lässt sich verdeutlichen, wie eine gesunde Entwicklung stattfinden kann. Wenn die Meetingstruktur ihren Gravitationsschwer-

punkt auf der blauen Ebene hat (Informationen, Rückfragen, Delegation), dann würde es das System überfordern, direkt grüne Rahmenwerke einzuführen (z. B. Treffen im Kreis, Check-in/-out, geteilte Verantwortung). Zuvor steht der Schritt an, die orangene Ausprägung zu meistern (effiziente Moderation, Diskussion, Commitment), der dann die Grundlage für den nächsten Schritt bietet. Wenn man die relevanten Linien für eine Organisation auf diese Art Schritt für Schritt betrachtet, können die Erkenntnisse einer gesunden Evolution auf nahezu alle Themen angewendet werden – und es entsteht ein ganzheitliches Bild. Das hilft dabei, immer wieder den passenden Entwicklungsschritt zu finden, der weder über- noch unterfordert.

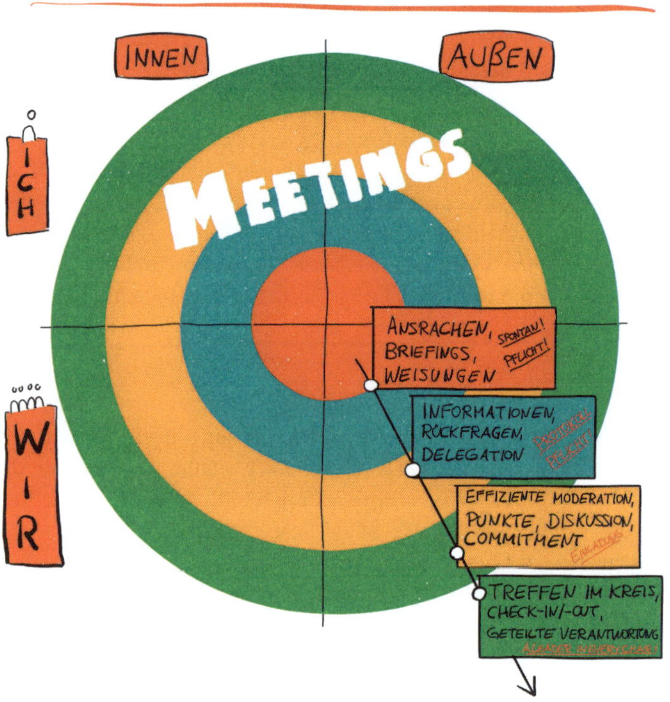

Praxistipps

Viele Veränderungsprojekte scheitern, weil der gewünschte Schritt zu groß ist. Daher sorgt es oft für Erleichterung in einem System, wenn Entwicklungsschritte verfolgt werden, die realistisch erreichbar sind. Dabei dient die jeweils nächste Werteebene als Orientierung. Unterschiedliche Linien können auf den Ebenen unterschiedlich weit entwickelt sein. Beispielsweise kann eine Organisation mit einer blauen Kommunikationskultur auf anderen Linien andere Werte-Schwerpunkte haben. Alle Entwicklungslinien sind – im Sinne von Wechselwirkungen – miteinander verbunden. Je nach Themenstellung kann es jedoch hilfreich sein, sich fokussiert mit einzelnen Linien zu beschäftigten und mögliche Entwicklungsschritte in einem bestimmten Themenfeld zu planen.

Entwicklungslinien zeigen Zusammenhänge auf, die für Veränderungsprozesse wichtig sind. Um einen Schritt auf einer bestimmten Linie zu machen, kann es notwendig sein, zeitgleich einen Schritt auf einer anderen Linie zu gehen. Wenn beispielsweise an der Kommunikationskultur gearbeitet wird, sind weitere Linien relevant: die Meetingstruktur (wir, außen) steht in Verbindung mit der Moderationskompetenz (ich, außen) und diese wiederum mit der Selbstwahrnehmung (ich, innen). Anhand der Entwicklungslinien kann die Organisation sich ihrer Stärken und Schwächen bewusst werden und Neues ausprobieren – auf individueller und kollektiver Ebene.

Die Integrale Landkarte

In den vorherigen Abschnitten wurden mit den vier Quadranten, den Stufen und den Linien drei Elemente aus dem Integralen Modell (nach Ken Wilber) vorgestellt. Wenn wir sie miteinander kombinieren, entsteht die Integrale Landkarte für Organisationsentwicklung. Sie zeigt auf allen Quadranten relevante Linien für Entwicklungsprozesse und die jeweils zugehörigen Ausprägungen auf den Werteebenen.[139] Mit ihr kann der aktuelle Entwicklungsstand einer Organisation oder eines Teams sowie der Wunschzustand präzise abgebildet werden. Hierdurch entsteht unter den beteiligten Menschen eine gemeinsame Sprache und gleichzeitig ein Orientierungswerkzeug, das für Veränderungsprozesse eine klare Ausrichtung bietet.

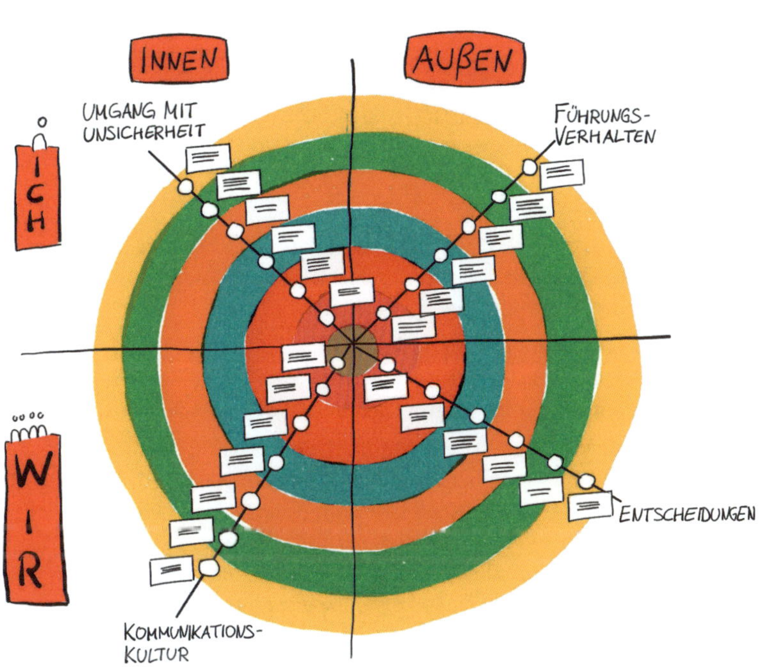

Wohl wissend, dass die Landkarte eine Vereinfachung der Realität ist (wie alle Modelle), bietet sie eine neue Präzision in der Gestaltung von Systemen. Die Kompetenz, sich selbst zum Untersuchungsgegenstand zu machen, wird durch die Integrale Landkarte unterstützt. Durch die Verortung in der Integralen Landkarte werden Ansatzpunkte für konkrete Entwicklungsschritte und zielgerichtete Interventionen ersichtlich.

Gerade in der zunehmend komplexen Welt, in der heutige soziale Systeme integriert sind, führen Veränderungen in der Umwelt zu einem permanenten Entwicklungsdruck. Durch die intrinsische Visualisierung von Entwicklungsbewegungen über die Integrale Landkarte können Organisationen proaktiv diesen Druck in eigene Veränderungsdynamik übersetzen.

Anwendung in der Facilitation-Praxis

Durch die Integrale Landkarte nehmen wir eine Meta-Perspektive auf soziale Systeme ein. Dabei ist es wichtig, sich stets zu erinnern, dass die Entwicklungsschritte von einer Ebene zur nächsten ein aufwendiger und profunder Prozess sind. Während eines Entwicklungsschritts verändert sich die Perspektive auf die Welt grundlegend – Grundannahmen, innere Haltung und die Art, wie wir unsere Realität konstruieren, entwickeln sich ebenso wie die Werte, Kultur oder beispielsweise Beziehungsdynamiken. Daher ist es wichtig, jedem Schritt die benötigte Zeit und Ressourcen einzuräumen, auch wenn bereits der nächste und übernächste Schritt auf dem Radar ist. Eine integrale Sichtweise verschafft einen umfassenderen Blick auf den gesamten Entwicklungsprozess. Dadurch, dass zum Beispiel vorangegangene Ausprägungen gewürdigt und integriert werden, kommt es seltener zu Abwehrreaktionen in einer Organisation oder bei einzelnen Menschen als Resonanz zu einem Schritt auf dem Weg zu einer Neuausrichtung.

In der Facilitation-Praxis kann die Integrale Landkarte helfen, eine klare Ausrichtung zu finden. Entwicklungslinien eignen sich beispielsweise zur Konkretisierung einzelner Teilaspekte eines Mandats für Entwicklungs- und Veränderungsinitiativen (Mandat, siehe Seite 158). Mit jeder einzelnen Entwicklungslinie wird sichtbar, wo der Entwicklungsschwerpunkt liegt und wo sich die Gruppe oder Organisation hinbewegen will. Das Ziel und die nächsten Schritte werden damit greifbar. Erfolg wird messbar.

Gerade in der Pilotgruppenarbeit und der präzisen Ausrichtung von Change-Vorhaben sind Entwicklungslinien ein wertvolles Werkzeug. Die Integrale Landkarte kann dabei helfen, unterschiedliche Ansichten zu verbinden. Jenseits des Richtig-falsch-Paradigmas kann es eher gelingen, den nächsten funktionalen Schritt zu vereinbaren.

Bei dem Einstieg in die Arbeit mit der Integralen Landkarte kann bisweilen der Eindruck entstehen, dass die Komplexität zunächst steigt. Durch die ganzheitliche Betrachtung können allerdings wertvolle Wirkungszusammenhänge sichtbar werden, die sonst häufig unbeachtet bleiben.

Und letztlich schafft das Vier-Quadranten-Modell Bewusstsein dafür, dass Entwicklung und Transformation in sozialen Systemen in inneren und äußeren sowie individuellen und kollektiven Dimensionen stattfinden, die im besten Fall in einem dynamischen Gleichgewicht gehalten werden. Symptome können sich in allen vier Quadranten zeigen. Interessant für die facilitative Praxis ist, wenn die Wechselwirkungen und Abhängigkeiten erkennbar werden. Denn Vielschichtigkeit ist kein Problem, wenn man sie beschreiben kann. Sie wird nur dann problematisch, wenn sie Teil des blinden Flecks einer Organisation wird.

Haltepunkt: Der Übergang vom Osten in den Süden

Vom Osten (Preparation) kommend, haben wir uns gemeinsam mit dem Klienten folgendes erarbeitet:

- Wir haben Vorbereitungen getroffen, um Partizipation zum frühestmöglichen Zeitpunkt zu ermöglichen.
- Wir haben uns einen „Kontext des Gelingens" geschaffen, in dem wir miteinander erfolgreich sein können.
- Wir haben die Besetzung, das Auswahlverfahren, die Einladung und den Start einer Pilotgruppe vorbereitet – mit Mandat, Givens und einer Agenda für das Kick-off-Meeting.
- Wir haben die Arbeitsfähigkeit einer Pilotgruppe durch Praktiken des Gelingens, Koordinationsmechanismen und benötigte Ressourcen und Rahmenbedingungen hergestellt.
- Und zu guter Letzt haben wir über Alternativen zu Pilotgruppen und über verwandte Schulen gesprochen, die Partizipation und kollektive Intelligenz zum Ziel haben.

Praxistipp

Am Ende dieses Kapitels laden wir ein, die folgenden Fragen zu reflektieren[140]*: „Was wurde bei mir lebendig, auf meiner Reise durch den Osten (die Phase der Vorbereitung PREPARATION)? Was war neu und gegebenenfalls positiv überraschend? Worüber möchte ich weiter nachdenken? Was werde ich in meine Praxis mitnehmen? Wie werde ich das umsetzen?"*

Ausblick

Im Süden unseres Facilitation-Flows liegt CO-CREATION (schöpferische Zusammenarbeit). Es geht darum, den Flow der Erkundung, des Studierens und des Prototyping mit und im gesamten relevanten System zu ermöglichen und zu schützen. Wichtig dabei werden soziale Technologien, also kleine und große Methoden und Vorgehensweisen, die Vielfalt nutzen und kollektive Intelligenz ermöglichen. Es geht um folgende Fragen:

1. Welche Aufgaben haben Pilotgruppen in der Phase CO-CREATION?
2. Ab wann und auf welche Art und Weise arbeiten Pilotgruppen mit dem Managementteam zusammen?
3. Mit welchen Hindernissen und Herausforderungen ist zu rechnen?
4. Welches sind die wichtigsten Prinzipien co-kreativer Ansätze?
5. Welche Hilfs-Disziplinen gibt es? (Neuro, Visual, Online)
6. Was sind die sieben wichtigsten Facilitation-Methoden für gemeinsame Erkundung, Kollaboration und Entscheidungsfindung im gesamten System.

3.4 Süden: CO-CREATION (schöpferische Zusammenarbeit): Ein Flow der Erkundung, des Studierens und des Prototypings mit und im gesamten relevanten System

CO-CREATION, die schöpferische Zusammenarbeit, liegt im Süden unseres Facilitation-Flows. Der Begriff „Creation“ verweist auf das „Schöpfen“ und den „Schöpfer“ (engl. Creator). Mit der Vorsilbe „Co“ wird es zu einem partizipativen Vorgang.

Am Anfang des Kapitels beschreiben wir die Pilotgruppe in ihren drei Rollen – erweiterter Wahrnehmungskörper, Modell und Architekt. Ziel der Facilitatoren ist, die Pilotgruppe auf eine Art und Weise zu beraten und zu begleiten,

- dass sie wahrnimmt, was sich gerade aus der Zukunft heraus in der Organisation und ihren relevanten Umwelten zeigt,
- dass sie als behutsam entwickelte Gemeinschaft selbst ein Modell der wünschenswerten Zukunft wird,
- dass sie in der Lage ist, die gesamte Organisation oder relevante Teile davon, an der Suchbewegung, Willensbildung und an Entscheidungen zu beteiligen.

Wir schreiben über die drei häufigsten Hindernisse und Herausforderungen für Pilotgruppen in der Phase der CO-CREATION und darüber, wie die Zusammenarbeit mit dem Managementteam gestaltet wird.

Wenn alles gut läuft, wird die Zukunft in der Pilotgruppe bereits in einem frühen Stadium des Entwicklungs- und Veränderungsvorhabens spürbar.

> *„Ich habe bisher Veränderungsprojekte durchgeführt, wo man Bestehendes verbessern wollte. Bei der Pilotgruppenarbeit verbinden wir uns mit einer Zukunft, die im Entstehen ist.“*
> Mitglied einer Pilotgruppe

Für Dialoge und Erkundungen zur Sache werden sowohl in der Pilotgruppe als auch mit dem gesamten relevanten System die Formate der **Glorreichen Sieben** (ab Seite 222) angewendet. Gemeint sind die wichtigsten dialog-orientierten Methoden im Repertoire eines Facilitators. Die Auswahl und Anwendung dieser sozialen Technologien gleicht der Auswahl eines robusten Gefäßes, in dem unterschiedliche Zutaten aufeinander und miteinander reagieren. Wir bezeichnen dieses Gefäß gern als „sicheren Container“ oder auch Schmelztiegel (engl. Crucible). Für die Pilotgruppe bieten die Verfahren Räume, in denen, entsprechend dem Mandat, aktuelle Entwicklungen innerhalb und außerhalb der Organisation, Arbeitsprozesse, Strategien, Strukturen und die Kultur der Führung und Zusammenarbeit bedacht, ausgehandelt und erprobt werden können.

- **The Circle Way** bezeichnen wir in unserer Praxis zum Beispiel gern als die Blaupause oder „das Betriebssystem“ für alles, was wir mit und in Gruppen tun.
- **Appreciative Inquiry**, die wertschätzende Erkundung, findet ihren Platz immer dann in Pilotgruppen, wenn wir herausfinden, anerkennen und vermehren wollen, was schon funktioniert.
- Mit dem **World Café** laden wir zu inspirierenden, tiefen Gesprächen mit sorgfältig ausgewählten Fragen ein.
- Im **Open Space** treffen wir uns, wenn Teilnehmende eigene Anliegen einbringen und selbstorganisiert bearbeiten.

- **Real Time Strategic Change/Whole Scale Change** liefert einen umfangreichen Werkzeugkasten mit spannenden Fragestellungen und Aufgabenstellungen für Gruppen.
- Die **Zukunftskonferenz** enthält wirksame Phasen, die wir auch losgelöst von ihrem Gesamt-Flow in Pilotgruppen einsetzen.
- **Dynamic Facilitation** dient als Koordinationsmechanismus zur Entscheidungsfindung und als Methode für kreative Durchbrüche.

Diese, von uns sogenannten Glorreichen Sieben, die ausführlich in diesem Kapitel beschrieben werden, erhalten in der Facilitation-Praxis tatkräftige Unterstützung durch drei wertvolle **Hilfs-Disziplinen**, von denen wir aufgrund ihrer Wirksamkeit und Praxistauglichkeit überzeugt sind:

- **Visual Facilitation** hilft dem miteinander Denken, dem Verstehen und der Kreativität.
- **Online Facilitation** ermöglicht ortsunabhängige Treffen, Austausch und Zusammenarbeit. Der digitale oder auch virtuell genannte Raum sollte nicht auf Facilitation-Expertise verzichten.
- **Neuro Facilitation** hilft zu verstehen, wie Menschen ticken. Das ist für Facilitation unerlässlich, wenn man zum Beispiel Worte, Begriffe und Bilder nutzen möchte, die Menschen wirklich einladen, inspirieren und ermutigen.

Die Wegstrecke dieses Kapitels im Überblick:

1. Die Pilotgruppe in der Phase der CO-CREATION
2. Generelle Prinzipien für co-kreative Ansätze – so lässt sich kollektive Intelligenz erwecken!
3. Die Glorreichen Sieben
4. Hilfs-Disziplinen: Visual, Online und Neuro Facilitation

3.4.1 Die Pilotgruppe in der Phase der CO-CREATION

In der Phase der Co-Creation füllt die Pilotgruppe ihre drei Rollen wie folgt aus:

- Sie ist **erweiterter Wahrnehmungskörper** und hat den Finger am Puls der Organisation und ihrer relevanten Umwelten.
- Sie ist **Modell für die Transformation** und verkörpert mit ihren Einladungen, ihren Beziehungsangeboten, ihrer Sprache und ihrem Handeln Aspekte der wünschenswerten Zukunft.
- Sie ist **Architekt des beteiligungsorientierten Designs** und orchestriert den gesamten Prozess in einer atmenden Bewegung aus Klein- und Großgruppenarbeit, aus asynchronen, themen-zentrierten Deep Dives und das Ganze in den Blick nehmenden, integrativen Großveranstaltungen.

Schauen wir uns die drei Rollen und die damit zusammenhängenden Aufgaben an.

Die Pilotgruppe als erweiterter Wahrnehmungskörper

Durch den repräsentativen Querschnitt treffen in der Pilotgruppe viele Perspektiven und unterschiedliche Wahrheiten aufeinander. Das ist für die Arbeit an der Sache von großem Wert. Es geht darum, mitzubekommen, was in der Organisation und ihren relevanten Umwelten vor sich geht.

Zur Erinnerung: Pilotgruppen tauchen tief ins Thema ein und machen Erfahrungen dazu – nicht um eigene Lösungen und fertige Konzepte für die gesamte Organisation zu finden, sondern um Hinweise zu erlangen für den dialog- und beteiligungsorientierten Weg, zu dem möglichst große Teile der gesamten Organisation eingeladen werden („Entwerfen und Begleiten", siehe Seite 159).

Victory Cycle und Current Reality

Gern starten wir Erkundungen mit dem Fokus auf Potenzialen und wünschenswerten Zielbildern. Es führt zu unterschiedlichen Dialogen und Erkundungen, ob wir fragen: „Was genau ist das Problem und wie konnte es dazu kommen?" oder ob wir z. B. in Anlehnung an Steve de Shazers Wunderfrage formulieren: „Stellt euch vor, wir befinden uns zwei Jahre von hier in der Zukunft und hätten bereits den wünschenswerten Zielzustand erreicht, den unser Mandat beschreibt. Nun würden wir uns rückblickend erzählen, was wir jetzt sehen und erleben und wie wir das geschafft haben!" So eingeladen berichten die Teilnehmenden – aus der Zukunft heraus – mit wachsender Begeisterung von ihren kühnsten Vorstellungen, Wünschen und Zielhorizonten. Dieses Vorgehen beflügelt die Sinne, es aktiviert die Kreativität und Lebensgeister und ist zudem noch sehr praktisch, denn in kurzer Zeit entsteht ein potenzialorientierter, positiver Bilderabgleich, der gleich die notwendige Handlungsenergie mitliefert.

Wie geht das konkret?

1. Kontext – Klärung des Auftrages (Hintergrund und Umfeld)
Wenn der Facilitator mit dem Victory Cycle arbeitet, ist das Mandat der Pilotgruppe bereits geklärt. Alle wissen, zumindest in einer ersten Version, wo es hingehen soll und welche Rahmenbedingungen gesetzt sind.

Praxistipp

Außerhalb von Pilotgruppen oder immer dann, wenn der Kontext, in dem man die Methode anwendet, nicht allen bekannt ist, empfehlen wir, mit allen Anwesenden anhand der W-Fragen, z. B. am Flipchart, eine Kontext- und Zielklärung vorzunehmen (Was, Wann, Warum, Wie und durch Wen). Das dauert in der Regel nicht länger als fünf bis zehn Minuten. Danach sind alle im Bilde. Und den Kontext immer wieder zu erwähnen, hilft zur Orientierung und zur Fokussierung.

2. Victory Cycle – die Pilotgruppe visualisiert ihre erfolgreiche Arbeit
Der Victory Cycle ist eine besondere Art eines Brainstormings aus der gewünschten Zukunft heraus. Alle Teilnehmenden sind eingeladen, ihre Ideen und Vorstellungen, ihre Wünsche, Visionen und Ziele so zu beschreiben, als wären sie bereits Realität. Es ist eine Pseudo-Projektion in der Zeit. Der Zukunftsforscher Matthias Horx nennt diese Technik „Re-Gnose" (statt Prognose). Es ist die Idee eines Zukunfts-Sprungs, der uns erlaubt, die Zukunft wirklich zu erfahren, statt sie, wie bei der klassischen Prognose, von der Gegenwart blickend zu visionieren oder zu zeichnen und sofort von Bedenken und Ängsten durchkreuzen zu lassen.

„Re-Gnosen bilden hingegen eine Erkenntnis-Schleife, in der wir uns selbst, unseren inneren Wandel, in die Zukunftsrechnung einbeziehen. Wir setzen uns innerlich mit der Zukunft in Verbindung, und dadurch entsteht eine Brücke zwischen Heute und Morgen. Es entsteht ein »Future Mind« – Zukunfts-Bewusstheit."
Matthias Horx[141]

Facilitatorin: „Stellt euch das Thema, die Organisation in der idealen Zukunft vor … Wir schauen gemeinsam auf das, was gelungen ist. Wir feiern den Erfolg, sind stolz und erinnern uns an alles, was gewesen ist: Was haben wir zusammen erreicht? An was erinnert ihr euch besonders gern? Was war überraschend? Was hat euch wirklich berührt? Was ist positiv passiert? Was könnt ihr sehen, schmecken, fühlen? Was kommt euch in den Sinn?"

Die Teilnehmenden setzen ihren Erfolg gedanklich voraus. Aus dieser Perspektive beschreiben sie alles, *was* und *wie* sie es erreicht haben.

Was wichtig ist während des Prozesses:

- Alles wird im Präsens gesprochen und mitgeschrieben, z. B. „Wir arbeiten jetzt so und so …!", aber auch „Ich erinnere mich, dass wir dieses und jenes gemacht haben, und heute führt das zu einer neuen Art, wie wir dies und jenes miteinander tun …!"
- Nichts und niemand wird abgewertet. Auch sich widersprechende Aussagen werden aufgenommen. Sie geben in der Reflexion nützliche Hinweise zu dem, was wichtig ist.
- Alles wird konkret beschrieben. Oft fragt die Facilitatorin nach, wie mögliche Hindernisse auf dem Weg überwunden wurden oder wie die Gruppe es geschafft hat, so erfolgreich zu sein.

In dieser Phase wird deutlich, wie sich die im Mandat formulierten Ziele in der Praxis zeigen. Auch unterschiedliche Sichtweisen werden für alle erlebbar. Die ideale Zukunft, die auf diese Weise gemeinsam beschrieben wird, belebt die Pilotgruppe, setzt Ressourcen frei, fokussiert auf das, was erreicht werden soll und führt die Gruppe als Gemeinschaft zusammen.

Die gemeinsame Vision zusammenzutragen, mit all ihren Neuerungen, Verfeinerungen, ihrem kreativen Potenzial und auch Ungereimtheiten, dauert je nach Gruppengröße und Thema 45 bis 60 Minuten. Sie wird zunächst nicht weiter besprochen, auch nicht weiter reflektiert, sondern bleibt unkommentiert stehen. „We declare Victory!“ (Wir verkünden den Sieg!) heißt es im Amerikanischen. Daher der Begriff „Victory Cycle“. Die positive Energie und Freude dieses Arbeitsschrittes werden mitgenommen in die nächste Phase. Der Fokus wird nun auf die reale Gegenwart („Current Reality“) gelenkt.

3. Current Reality – Analyse der aktuellen Situation
Nun schaut die Gruppe zuerst auf sich und auf die Organisation. Und zwar auf Stärken.

Facilitatorin: „Wenn ihr euch die Vision bzw. den wünschenswerten Zielzustand anschaut, welche Stärken habt ihr (heute) als Gruppe oder einzelne, die helfen, diese Zukunft tatsächlich zu erreichen? Was bringt jeder zur Verwirklichung der Vision an Stärken mit? Welche Stärken liegen in der Organisation? Was spielt euch in die Karten?“

Danach wird die Pilotgruppe eingeladen, die aktuelle Realität anhand drei weiterer Perspektiven zu erkunden: die aktuellen Herausforderungen, die Fallen und der Nutzen.

Herausforderungen: „Welche Herausforderungen oder Hürden müsst ihr voraussichtlich überwinden, um die wünschenswerte Zukunft zu erreichen? Was wisst ihr schon heute darüber, was eure Aufmerksamkeit erfordern wird?“

Fallen: „Wenn ihr euch auf den Weg macht, welche Gefahren sollten wir im Blick behalten und welche Fallen (in denen wir uns sonst gern verfangen) vermeiden?“

Nutzen: „Wofür machen wir das eigentlich? Wer hätte etwas davon? Wer würde wie davon profitieren?“ Hier geht es gezielt darum, sich als Gruppe den Nutzen klarzumachen und ihn konkret zu beschreiben. Ist der Nutzen groß genug, dass es lohnt, sich den Herausforderungen und Fallen zu stellen, um die gewünschte Zukunft zu erreichen?

Alle Beiträge werden aufgeschrieben – auch wenn sie sich widersprechen. Das ist allerdings sehr selten der Fall. Erstaunlicherweise gibt es zu 90 % eine einheitliche Sichtweise auf die aktuelle Realität.

4. Reflexion und konkrete Absprachen
Nach der Klärung des Kontextes, der Erkundung des wünschenswerten Zielzustands und der aktuellen Realität ist Zeit für eine gemeinsame Reflexion.

Facilitatorin: „Was fällt euch auf? Was war überraschend? Was sagt euch diese Felderkundung? Was möchtet ihr anmerken zu dem, was ihr gemeinsam beschrieben habt?"

Hier beginnt in der Regel die Beratungsleistung der Facilitatorin. Sie ist gefragt, ebenfalls zu reflektieren, das eigene Erfahrungswissen bezogen auf Veränderungsprozesse und bezogen auf die Methode zu nutzen und zum Beispiel auf unterschiedliche oder sich widersprechende Aussagen hinzuweisen. Häufig bestehen Unstimmigkeiten zwischen gewünschten Zielen und den bereitgestellten Ressourcen (Zeit und Geld). Meistens erkennt die Gruppe das allerdings selbst und es geht nur darum, nächste Schritte abzustimmen.

Hier sind einige Beispiele zu dem, was reflektiert wird und was direkt auf nächste Schritte verweist:

- Ein Gespräch mit der Führung über eine weitere Klärung der Ziele. Dies ist dann sinnvoll, wenn deutlich wird, dass das Mandat und die darin enthaltenen Ziele präzisiert werden müssen. Diese Rücksprache kann auch als Vergewisserung dienen: Was ist uns wirklich wichtig? Was wollen wir wirklich? Was sind wir bereit zu investieren?
- Die Pilotgruppe könnte auch entscheiden (weil sie den Prozess stärkend und klärend erlebt hat), dass alle in ihre Bereiche der Organisation zurückgehen, um dort das, was als „Victory" beschrieben wurde, mit den anderen zu teilen. Oder um die Methode vor Ort anzuwenden. So oder so könnte man herausfinden, wie die Menschen aus dem gesamten relevanten System darauf reagieren und welche weiteren Bilder in Bezug auf das Mandat entstehen.
- Verhandeln von Ressourcen. Das kommt ziemlich häufig vor: Angesichts der Vision und der aktuellen Realität wird bemerkt, dass man mit dem Primärklienten über die Rahmenbedingungen (Givens) oder über die Ressourcen und Zusagen sprechen möchte.
- Manchmal ist an dieser Stelle ein Exkurs oder ein tieferer Dialog („Deep Dive") in alte Muster der Organisation angebracht. Das kann heißen, die Dynamiken zu thematisieren, die die jetzige Situation oder das als hinderlich erkannte Verhalten stabil halten. Die Frage ist, was alle dazu beitragen, dass die Situation so ist, wie sie ist, und was nötig wäre, um aus den alten Mustern auszusteigen.

Methodisch sitzen alle in dieser Reflexionsphase im Kreis, schreiben alles auf bzw. visualisieren es und sprechen miteinander in einem offenen Dialog. Am Ende ist es wichtig, zu konkreten Absprachen für nächste Schritte zu kommen. Oft findet hier ein spürbares und hörbares Commitment für den Prozess statt, weil gemeinsame Werte und Absichten zur Sache buchstäblich durch die Visualisierung sichtbar sind.

Erkundungen im Organisationsalltag und der Regelarbeit

Als erweiterter Wahrnehmungskörper sind die Mitglieder der Pilotgruppe aktiv in der Regelarbeit. Sie bekommen in unterschiedlichen Situationen mit, was die Menschen in der Organisation beschäftigt, was ihnen die Führung und Zusammenarbeit erleichtert und was sie erschwert.

Das für das Mandat relevante aktuelle Geschehen innerhalb der Organisation wird in der Pilotgruppe reflektiert. Wertvolle Hinweise für das weitere Vorgehen und für etwaige erfolgskritische Interventionen werden gesammelt und besprochen. Einige Beispiele:

- Mit relevanten Schlüsselpersonen oder -gruppen, die auf dem Weg identifiziert wurden oder die sich gemeldet haben, werden Vereinbarungen zur Zusammenarbeit getroffen. Je nach Situation werden weitere Repräsentanten einer Gruppe in die Pilotgruppe nachnominiert, andere wünschen sich eine Informationsveranstaltung zum facilitativen Vorgehen, wieder andere wünschen sich eine Fortbildung oder eine andere Form der Unterstützung.
- Manchmal kommt es vor, dass Beteiligte unterschiedliche Standpunkte oder Sichtweisen haben. Wenn dies für den gemeinsamen Prozess und die Zukunft der Organisation relevant ist, begleiten Facilitatoren Prozesse der Verständigung, des gemeinsamen Lernens und der Entwicklung – in und mitunter auch außerhalb der Pilotgruppe.
- In einigen Fällen geraten wichtige Protagonisten im Veränderungsprozess in persönliche Herausforderungen und bitten um Beratung und Begleitung. Die Facilitatoren besprechen mit und in der Pilotgruppe, wer wem und mit welcher Intention ein Unterstützungsangebot macht.
- Gelegentlich werden Facilitatoren oder Pilotgruppenmitglieder missverständlich als eine Art Projektleiter verstanden und angesprochen. Oder es gibt Fragen des Managementteams zur Rolle und zu Verantwortlichkeiten der Pilotgruppe. Dies ist verständlich, da interne Mitarbeiter oft mehrere „Hüte aufhaben“ und der Facilitation-Ansatz noch nicht in Fleisch und Blut übergegangen ist. In solchen Fällen lernen wir in der Pilotgruppe gemeinsam, die Rolle der Facilitatoren und die der Pilotgruppe zu klären und auszufüllen. Wir sprechen hier von permanenter Rollen- und Auftragsklärung zwischen Pilotgruppen-Mitgliedern, Facilitatoren und allen weiteren Klienten-Typen des relevanten Systems (siehe Seite 92 f.).
- Es kann passieren, dass durch die Erkundung neue Informationen zur Sache bekannt werden oder dass sich neue Erkenntnisse ergeben. Dies könnte Konsequenzen für das Mandat oder die Rahmenbedingungen haben. In der Pilotgruppe wird dann besprochen, wie man diese neuen Informationen und Erkenntnisse integriert und ob neue Absprachen (mit dem Primärklienten) benötigt werden.

Die Beispiele verdeutlichen, was es in der Praxis heißt, als Pilotgruppe ein „erweiterter Wahrnehmungskörper“ zu sein. Da sich Organisationen durch gemeinsame Reflexion und Sinngebung entwickeln, liefern Pilotgruppen allein durch diese „Wahrnehmungskörper-Funktion“ einen wertvollen Beitrag zur Organisationsentwicklung.

Mit dem Finger am Puls der Organisation werden die vielen Details und Feinheiten, die für einen gelingenden Entwicklungs- und Transformationsprozess vonnöten sind, wahrnehmbar. Die Pilotgruppe ist im Rahmen ihres Mandats für das gesamte relevante System ansprechbar und verfügbar. Und sie bekommt schnell mit, wie das System auf aktuelle Entwicklungen reagiert. Das heißt auch, dass jede und jeder, der einen Beitrag leisten oder eine Perspektive einbringen möchte, in der Pilotgruppe Verbündete finden wird. So entstehen belastbare, praxistaugliche Lösungen und eine Kultur der Kooperation im Sinne „Von allen, für alle!“ – dem Herz von Facilitation.

Praxistipp

Wir haben Pilotgruppen erlebt, die durch eigene Visitenkarten, E-Mail-Signaturen und Social Media-Plattformen ihre Bekanntheit vergrößert und ihre Ansprechbarkeit innerhalb der eigenen Organisation organisiert haben. Es kann sinnvoll sein, solche Ideen in der Pilotgruppe zu erörtern und umzusetzen.

Die Pilotgruppe als Modell für die Transformation

In der Pilotgruppe ist mit Entwicklung auf persönlicher und sozialer Ebene zu rechnen. Das ist eine gute Nachricht! Menschen entwickeln ihre Fähigkeit zur Wahrnehmung, ihr Verständnis für organisationale Themen, ihr Erfahrungswissen zu Aspekten von Entwicklung und Transformation, ihre Sensibilität für Sprache und ihr Verhalten.

Pilotgruppen werden dadurch zum Modell für die angestrebte Transformation. In der Pilotgruppe werden Praktiken und Formen der Zusammenarbeit kultiviert, die oft wünschenswert für die gesamte Organisation sind und die, sobald wie möglich, z. B. in Großgruppenformaten, auf Lernreisen oder wann immer man Kontakt mit der Pilotgruppe hat, erlebbar werden.

Wir haben im Rahmen eines Pilotgruppentreffens einmal die Frage gestellt, wie die Teilnehmenden ihre eigene Entwicklung und die Zusammenarbeit in der Pilotgruppe erlebten. Hier einige O-Töne:

- „Ich kann eine Stärke einbringen und sie nutzt dem Kreis, ohne dass jemand denkt, ich will mich in den Vordergrund spielen."
- „Ja, es ist ein magischer Ort hier. Wir denken „out of the box" und lernen nur das, was einem unter die Haut geht. Ich bin neugierig. Es ermöglicht mir kennenzulernen, wohin uns das trägt."
- „Ich hätte mir nicht erträumt, dass es bei uns im Unternehmen so eine respektvolle, wertschätzende Gruppe gibt. Gut für meinen weiteren Weg."
- „Durch die unterschiedlichen Sichtweisen und Charaktere entsteht hier ein Raum, in dem etwas ins Leben kommt."
- „Die Methodenkompetenz hilft mir auch in anderen Lebensbereichen!"
- „Ich merke, wir haben das gleiche Ziel. Ich erlebe gelungene Beziehungen und habe hier eine Menge gelernt. Was ich hier erleben darf, das kann mir keiner mehr nehmen."
- „Ich habe in 20 Jahren bei uns so einen Austausch auf Augenhöhe nicht erlebt. Und mir war gar nicht klar, wie sehr ich das vermisst oder wie sehr mir das gefehlt hat."
- „‚Und morgen fährst du zu deiner zweiten Familie', meint meine Frau."
- „Ich bemerke den Unterschied zwischen der Pilotgruppe („schöne Welt") und dem restlichen Umfeld („Blick in den Abgrund"). Wir können sonst nicht so miteinander umgehen."
- „All dies führt zu einem deutlichen Perspektivenwechsel: die Orte, an denen wir sind, die Methoden, die wir anwenden. Das führt zu lebensentscheidenden Erkenntnissen. Ich habe meine Geduld und meine Demut weiterentwickelt."
- „Wir haben neue Beziehungen geknüpft, können anders hinhören und draufschauen."
- „Meine Sprache hat sich entwickelt. Ich kann Dinge benennen, z. B. den weißen Elefant."
- „Es führt zu einem weiteren Hinterfragen meiner selbst als Mensch."

Die Kraft und die positiven Auswirkungen der Zusammenarbeit sind kaum besser zu beschreiben als mit diesen Aussagen von Pilotgruppen-Mitgliedern. Die Teilnehmenden erschaffen sich auf Basis des Mandats, der Praktiken des Gelingens, der facilitativen Grundannahmen und Werte ein kooperatives, zieldienliches Miteinander. Sie entwickeln sich persönlich, fachlich und als Kollektiv weiter. In vielen Fällen zeigt sich eine Art und Weise der Zusammenarbeit, die als selten oder als besonders wahrgenommen und beschrieben wird.

Margaret J. Wheatley nutzt dafür das Bild einer „Insel des gesunden Menschenverstands" („Island of Sanity"), wir sagen auch gern „Insel der Stimmigkeit". Der Begriff „Insel" verweist auf die Idee des lokalen Handelns und globalen Denkens („Act local, think global"[142]). Es kommen auch Demut und Hoffnung damit zum Ausdruck. Die Demut resultiert aus der Erkenntnis, dass wir mit Facilitation und einer Pilotgruppe nicht die ganze Welt – und vielleicht auch nicht die ganze Organisation – retten können und es auch gar nicht versuchen. Die Hoffnung speist sich aus der Erfahrung, dass jede und jeder vor Ort, quasi „im Kleinen" die Wirklichkeit erschaffen und kultivieren kann, die sie und er für heilsam, zukunftsfähig und lebensbejahend hält. In diesem Sinne ist die erste Pilotgruppe in einer Organisation ein Anfang, auf den oft weitere Pilotgruppen folgen und Menschen sich gemeinsam und selbstwirksam ihre eigene (Arbeits-)Welt von morgen erschaffen.

> *„Wir müssen nicht auf eine große utopische Zukunft warten. Die Zukunft ist eine unendliche Abfolge von Gegenwarten, und jetzt so zu leben, wie wir meinen, dass der Mensch leben sollte, trotz allem, was um uns herum schlecht ist, ist schon ein wunderbarer Sieg."*
>
> Margaret J. Wheatley zitiert den Historiker Howard Zinn[143]

Pilotgruppen entwickeln sich im besten Fall zu einer Insel der Stimmigkeit und werden auf diese Weise zu einem Modell für andere. Sie sind eine Lichtung für das Neue.

Facilitatoren unterstützen diese Entwicklung, indem sie selbst Modell sind im Umgang mit dem, was sich täglich zeigt. Sie bringen ihre eigene Haltung zu den Dingen ein, die wir im Kapitel 2 mit „Die gute Medizin des Facilitators" beschrieben haben (siehe Seite 17 ff.). Pilotgruppen übernehmen in Teilen die damit verbundenen Qualitäten und entwickeln ihre eigenen Formen der Bedürfnisfreiheit, der Unerschrockenheit, der Autonomie und der Liebe.

Praktiken zur Inspiration

Um die persönliche und kollektive Entwicklung in Pilotgruppen zu unterstützen, haben wir Praktiken formuliert, die wir an geeigneter Stelle im Prozess teilen und als Anlass für Dialoge nutzen.[144] Die Texte beschreiben konkrete Handlungen in einer facilitativen Qualität, die zur Inspiration und Orientierung dienen können. Hier einige Beispiele:

- **Autonomie und Freiheit achten**
  „If it doesn't add to people's power, don't do it": Wenn es die Macht der Menschen nicht erweitert, wenn es nicht dazu beiträgt, Menschen zu stärken, tue es nicht.
  Wenn du mit Menschen arbeitest, achte besonders auf ihre Autonomie und Freiheit und darauf, Spielräume zu erweitern. Setze auf Freiwilligkeit, sage, was du denkst, sei transparent. Lass dich beraten und ermögliche anderen, die Lösung zu finden, die Antwort zu geben. Unterstütze keine Konzepte, die versuchen, Menschen zu manipulieren. Freiwilligkeit, Spielräume und Autonomie stehen für völlig neue Formen der Zusammenarbeit.

- **Wahre Gemeinschaft entwickeln**
„Community building first, decision making second“[145]: Die Entwicklung einer Gemeinschaft bildet das Fundament für die Weisheit einer Gruppe. Du bist Baumeister eines solchen Fundaments. Du kennst den Unterschied zwischen einer Debatte und einem Dialog. Du weißt, was es heißt zu parlieren, zu scheinen oder von Herzen zu sprechen. Du spürst die Unterschiede. Hilf den Menschen dabei, ihren eigenen Weg von der Pseudo-Gemeinschaft zur wahren Gemeinschaft (Community) zu finden.
- **Gute Absicht unterstellen**
Was auch immer Menschen, Gruppen oder ganze Organisationen tun, unterstelle eine gute Absicht. Humberto Maturana sagte: „Man kann nur auf zwei Arten auf das Leben reagieren: mit Verärgerung oder mit Neugier.“ Wähle die Neugier. Sie hilft, gute Absichten anderer herauszufinden. Wenn Menschen Dinge tun, die du negativ bewertest, sage dir: Es wird einen guten Grund dafür geben, den ich noch nicht sehe.
Verurteile nicht. Aus Sicht der handelnden Personen sind die meisten ihrer Handlungen vernünftig und schlüssig. Und vielleicht sogar notwendig. Gehe davon aus, dass sie bestimmten Werten verpflichtet sind und etwas Kostbares schützen sollen. Du verstehst es, unbeeindruckt vom üblichen „Hören & Sagen“ neu und frisch hinzuschauen und zuzuhören. Dadurch ermöglichst du, dass Menschen Vertrauen entwickeln und vorbehaltlos ihre persönliche Wahrheit sprechen. Das ist ein guter Anfang.
- **Rigoroses Mitgefühl üben**
Neues zu lernen ist für viele Menschen eine Herausforderung. Vieles, was uns in Zeiten von Transformation begegnet, fühlt sich an wie eine Schwierigkeit oder gar eine Provokation. Denn so manches, was noch vor Kurzem funktionierte, ist heute nicht mehr hilfreich. Auf der Suche nach Antworten reagieren viele mit Angst, Verteidigung oder Angriff. Begleite Menschen und Gruppen in diesen schwierigen Lernphasen. Genau dafür bist du da. Übe rigoroses Mitgefühl. Das heißt so viel wie: „Lass dich nicht einschüchtern, weiche nicht zurück, halte deine Empathie rigoros für die Menschen aufrecht – egal wie stark der Wind dir selbst ins Gesicht bläst.“ Wisse, dass es ein Zeichen für gute Entwicklung ist, wenn Dynamik und Betroffenheit spürbar werden. Halte den Raum dafür. Halte die Beziehungen. Sei ein sicherer Boden, wenn die Dinge in Bewegung geraten.
- **Nichtwissen umarmen**
Dein Nichtwissen ist dein Potenzial. Setze es ein. Kenne keine Lösung. Wisse nichts vom Fach. Achte auf Details, auf Beziehungen und Zusammenhänge. Bemerke Unterschiede. Habe Antennen für Stimmungswechsel. Frage nach. Sei neugierig.
Wenn du dich damit beschäftigst, wann du ein gutes Zitat anbringen oder einen schlauen Eindruck hinterlassen kannst, bist du bei dir und bei deinem Wissen. Nicht bei deinem Gegenüber. Verweile in deinem Nichtwissen. Unaufgeregt, offen, zugewandt. Bleibe ehrlich – manipuliere nicht. Wenn du nicht weißt, was zu tun ist, frag die Gruppe. Übe den Satz „Ich weiß es nicht.“ Ergänze „Was meinen Sie denn?“
Umarme dein Nichtwissen und bleibe entspannt. Denn auf diese Weise bekommst du mit, worum es wirklich geht.
- **Das Feld erkunden**
Bevor du dich für eine Antwort, eine Richtung oder eine Intervention entscheidest, erfasse die Weite des Feldes. Betrete das Feld Schritt für Schritt. Schaue hin. Höre zu. Halte Annahmen in der Schwebe. Verweile.

„Jedes Problem, groß oder klein, setzt eine ungeheure Demut voraus, die Demut, zuzulassen, dass es uns mitteilt, was es von uns erwartet, und nicht, dass wir dem Problem mitteilen, wie es gelöst werden soll. Es entwickelt sich aus seinem eigenen inneren Konzept, dem wir zuhören und das wir verstehen müssen."
Friedrich Kiesler

Erkläre das Feld zum gemeinsamen Untersuchungsgegenstand, hört einander zu, schaut gemeinsam hin. So werden alle Beteiligten zu Forschern und zu Autoren ihrer eigenen Sache.

- **Worte wählen**
  Deine Sprache offenbart, wie du auf die Welt, auf eine Situation oder eine Herausforderung blickst. Dies gilt auch für deine Klienten: Was wir denken, zeigt sich in unserer Sprache, und in unserer Sprache wird sichtbar, wie wir unsere Realität erschaffen. Es macht daher einen Unterschied, für welche Worte und welche Sprache du dich entscheidest. Sei eine Lichtung für Fragen, die das Gute vermuten. Sei Modell für einfache, lebendige und positive Sprache. Teile Gutes, ehre Bemerkenswertes. Benenne gute Absichten. Sprich einen Dank aus. Vertraue darauf, dass du dich damit selbst beschenkst. Die Art und Weise, wie wir sprechen, bestimmt unsere Gegenwart und unsere Zukunft. Wähle deine Worte weise.
- **Beziehung gestalten**
  Herausfordernde Situationen benötigen Unvoreingenommenheit und Offenheit. Das klingt einfach, ist aber nicht leicht – vor allem nicht, wenn man selbst betroffen ist. Unvoreingenommenheit und Offenheit werden möglich, wenn es genuinen, unverstellten Kontakt zwischen Menschen geben kann. Gerade Entwicklung und echte Veränderung brauchen eine Kultur, in der sich alle um sichere und belastbare Beziehungen bemühen. Sei eine wandelnde Einladung für tiefe Begegnungen und Beziehungen, insbesondere in schwierigen Phasen. Übe dich darin, über Wesentliches zu reden, in echten Kontakt zu kommen und Veränderung nicht nur in den Köpfen, sondern mit den Herzen zu vollziehen. Denn jede Veränderung ist an erster Stelle Selbstveränderung, und das ist für viele Menschen die eigentliche Herausforderung.

Wir laden in der Pilotgruppe dazu ein, diese und weitere Praktiken auszuprobieren und eigene Erfahrungen damit zu machen. Erfahrungsgemäß bringen diese Praktiken auf den Punkt, worum es jetzt, in der Co-Creation-Phase, ganz praktisch geht.[146]

Praxistipp

Diese und weitere facilitative Praktiken mit Prinzipien-Charakter sind in vielen Situationen hilfreich. Facilitatoren legen diese als Karten-Set in die Mitte des Kreises. Vor dem Check-in eines Meetings laden sie die Teilnehmenden ein, zum Beispiel zu zweit eine der Karten zu ziehen, sich den Text durchzulesen und darüber zu sprechen. Bei dem folgenden Check-in erzählen die Teilnehmenden dann, welche Karte sie gezogen haben und was ihnen diese Botschaft sagt in Bezug auf das aktuelle Thema des Meetings bzw. die aktuellen Herausforderungen in der Organisation. Auf diese Weise werden facilitative Praktiken und Prinzipien gelernt und Teilnehmende erhalten wertvolle Hinweise zu aktuellen Fragestellungen.

Die Pilotgruppe als Architektin des beteiligungsorientierten Designs

Als Architektin des Dialogs und der Beteiligung achtet die Pilotgruppe darauf, welche Konversation und welche Erfahrungen des eigenen Weges auch in größeren Gruppen und Bereichen der Organisation stattfinden sollten. Mit diesem Fokus plant und orchestriert die Pilotgruppe eine atmende Bewegung aus Klein- und Großgruppenarbeit, aus Lernreisen, Meilensteinveranstaltungen, aus Ausarbeitungen mit Detailtiefe und Entscheidungspunkten. Das Differenzieren-Integrieren-Modell verdeutlicht diese unterschiedlichen Bewegungen, die schließlich durch die Begleitung der Facilitatoren mit der Pilotgruppe zu einem stimmigen Gesamt-Flow orchestriert werden, damit möglichst viele Vieles selbst erfahren können.

Das ganze System beteiligen mit dem Differenzieren-Integrieren-Modell

In der Praxis der Veränderungs- und Transformationsbegleitung wird man schnell erkennen, dass zwei grundsätzliche Bewegungen entscheidend sind: die Differenzierung und die Integration.

In ihrem Grundlagenwerk[147] stellen die beiden Autoren Paul R. Lawrence und Jay W. Lorsch fest, dass die wirtschaftliche Leistung einer Organisation durch ihre Fähigkeit bestimmt wird, beide Bewegungen, die Differenzierung und die Integration, bewusst einzusetzen. Im Anwendungskontext von Facilitation lehrt uns diese Erkenntnis, dass eine Entwicklung, Veränderung oder Transformation aus einem steten Fluss differenzierender und integrierender Maßnahmen bestehen sollte.

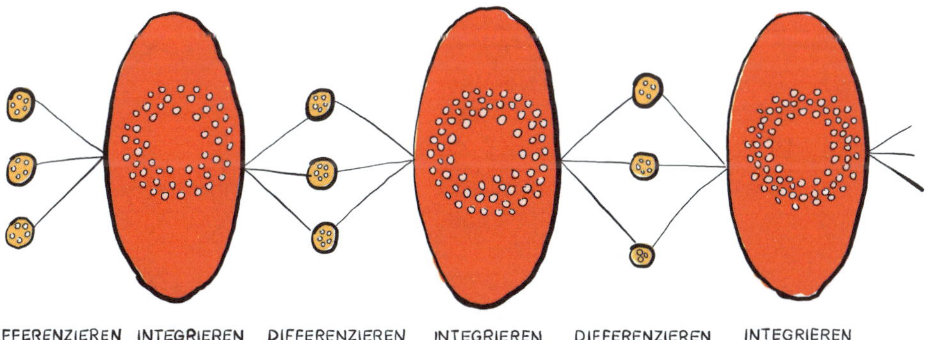

Die *Differenzierung* in organisationsweiten Veränderungsprozessen drückt sich z. B. in themenorientierten Projektgruppen, in Team- und Abteilungsmeetings und vielen informellen und

formellen Einzelveranstaltungen aus, in denen es inhaltlich in die Tiefe geht. Auch Pilotgruppen sind in diesem Verständnis mit ihrem Mandat und ihrem Fokus auf den Beteiligungsprozess Teil der differenzierenden Bewegung.

Die *Integration* ereignet sich hingegen in bereichsübergreifenden Großgruppenveranstaltungen mit allen Beteiligten, in denen es darum geht, das ganze Bild zu erkennen und Sichtweisen zu verschmelzen. Facilitatoren beraten daher mit einer Pilotgruppe, wann es differenzierende Maßnahmen braucht und wann eine Organisation in ihrer Ganzheit zusammenkommen sollte.

„Die Weisheit für den Berater besteht darin, zu wissen, wann er „aufs Ganze geht" („going whole") und wann er kleiner und tiefer geht."[148]
Dannemiller Tyson Associates

Aktivitäten in den Teilprojekten

Die Arbeitsfähigkeit der Pilotgruppe, die wir in der Startphase entwickelt haben, wird nun in der Co-Creation zur Führungs- und Projektleitungs-Expertise weiterentwickelt. Es geht darum, sich selbst und die vielfältigen Aspekte und Teilprojekte zu managen. Hier ein Artefakt aus einer Pilotgruppe, die sich anhand der Themen, die auf der Visualisierung sichtbar sind, organisiert und in Teilprojekte aufgeteilt hat:

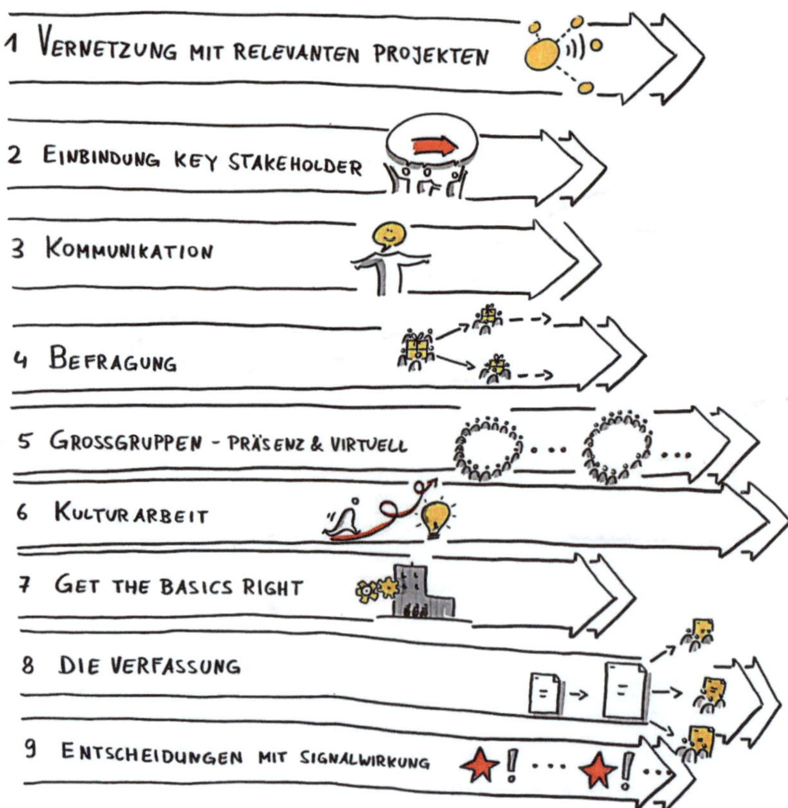

Vernetzung mit relevanten Projekten: In diesem Teilprojekt wurde die Zusammenarbeit und der Austausch mit parallel verlaufenden Projekten organisiert, die eine Nähe oder auch eine Schnittmenge zu dem Mandat der Pilotgruppe hatten.

Einbindung Key-Stakeholder: Relevante Entscheider und einflussreiche Gruppen wurden in diesem Teilprojekt identifiziert und, oft zusätzlich zu ihrer Repräsentanz in der Pilotgruppe, aktiv in den Prozess eingebunden (z. B. Vorstand, Personalvertretung, Personalabteilung, zweite Führungsebene).

Kommunikation: In diesem Teilprojekt ging es um die Planung und Initiierung der organisationsweiten Kommunikation zum Projekt, dem Mandat, zur Rolle der Pilotgruppe, zu den Beteiligungsmöglichkeiten, außerdem darum, schriftliche Materialien und filmische Dokumentationen (z. B. Interviews mit den Primärklienten) verfügbar zu machen, um Social Media und vielem mehr.

Befragung: Eine große und bereichsübergreifende Werte-Befragung wurde organisiert. Dazu ließ man sich beraten, wählte ein zieldienliches Konzept und Tool aus und begleitete die Befragung mit Reflexions- und Dialogveranstaltungen.

Großgruppen – präsenz & virtuell: Die Vorbereitung, Durchführung und Nachbereitung regelmäßiger Großgruppenkonferenzen zur Beteiligung des gesamten relevanten Systems war in diesem Teilprojekt angesiedelt. Hier wurden auch interne Facilitatoren fit gemacht, Agenda-Flows konzipiert, das „Fühlen" ermöglicht und organisatorische Herausforderungen gemeistert.

Kulturarbeit: Die fortwährende Arbeit an der eigenen inneren Verfasstheit, die Grundannahmen bezüglich Führung, Organisation und Zusammenarbeit, Inspirationen zu neuen Themen der Organisation der Zukunft, das alles wurde in dem Teilprojekt geplant, begleitet und umgesetzt – inklusive Lernreisen, Lesezirkel und themenspezifische Fortbildungen.

Get the basics right: Solange fundamentale, ungelöste Probleme die Menschen in der Organisation beschäftigen, weil sie beispielsweise ihre tägliche Arbeit nicht verrichten können, werden sie wenig Bereitschaft haben, sich auf neue, in der Zukunft liegende Themen und Entscheidungen einzulassen. Dafür gab es in der Pilotgruppe ein eigenes Team, dessen Fokus es war, die grundlegenden Themen (basics) zu identifizieren, die dem gemeinsamen Erfolg im Weg standen.

Die Verfassung: Zu jedem Entwicklungs- und Transformationsprozess könnte man ein Buch verfassen, in dem Interessierte nachlesen können, was mit welchem Ziel, auf welche Art und Weise und mit wem entwickelt wird. Auch ein Status zum Erreichten, zu den Lernerfahrungen und den anstehenden Entscheidungen würde in so einem Buch stehen. Ein Teilprojekt von Autoren hatte in dieser Pilotgruppe die Aufgabe übernommen, ein derartiges Schriftstück mit der Idee einer neuen Verfassung zu schreiben.[149]

Entscheidungen mit Signalwirkung: In diesem Teilprojekt wird, meist gemeinsam mit den Primärklienten, auf Basis der aktuellen Geschehnisse mit Nachdruck an ersten, positiven (Signal-) Entscheidungen gearbeitet, die die Lebens- und Arbeitswirklichkeit der Menschen von einem auf den anderen Tag verbessern. Im Kern besteht Organisationsentwicklung und -transformation aus einer Vielzahl von Entscheidungen. Diese wohlbedacht vorzubereiten und in der Pilotgruppe zu beraten, war in diesem Teilprojekt das Ziel.

Je nach Komplexität der Situation und des Mandats oder auch aufgrund von Zeitdruck kann es vorkommen, dass ein Großteil der Arbeit einer Pilotgruppe zwischen den einzelnen Treffen der Pilotgruppe erfolgt. Die Pilotgruppentreffen selbst erhalten in solchen Fällen mehr und mehr einen Koordinations-Charakter. Die Teams der einzelnen Teilprojekte berichten, was sie getan, weiterentwickelt und erfahren haben. Ressourcen werden organisiert. Die eine Gruppe benötigt

ein Budget für XY, die andere Gruppe braucht Unterstützung bei der Planung einer organisationsweiten Befragung, wieder eine andere Gruppe fragt um Rat, wie man mit der ein oder anderen Schlüsselperson oder -gruppe in einen guten Kontakt kommen kann. Es wird koordiniert, entschieden, gemeinsam gelernt und nächste Schritte geplant.

Praxistipp

Inwiefern die Pilotgruppen-Mitglieder das Entwicklungs- oder Veränderungsvorhaben neben, während oder zusätzlich zur Regelarbeit leisten, wird vorab besprochen und zieldienliche Rahmenbedingungen werden vereinbart (siehe Checkliste „Kontext des Gelingens", Seite 147). In einem größeren deutschen Konzern der Telekommunikationsbranche gibt es informell das 80:20-Prinzip: 80 % Arbeit in der Organisation (Regelarbeit) und 20 % Arbeit an der Organisation (Entwicklungs- und Transformationsprojekte). Auf diese Weise werden Kapazitäten für Entwicklung und Transformation bereitgestellt, Potenziale der Organisation genutzt und das Netzwerken abteilungsübergreifend gefördert.[150]

Divergieren-Konvergieren[151]

Dialoge und Erkundungen folgen in der schöpferischen Zusammenarbeit (Co-Creation) immer den Prinzipien des Divergierens und Konvergierens. Ein wesentlicher Aspekt der Suchbewegung einer Pilotgruppe ist, im Rahmen ihres Mandats das gesamte Feld zu erkunden und beispielsweise unterschiedliche Sichtweisen und Erfahrungen zum Themenspektrum zu sammeln. Das kann auch einmal ein Brainstorming oder die Sammlung verschiedener Standpunkte in Bezug auf einen Sachverhalt sein. Diese Aktivitäten führen zu divergierenden Denkprozessen.

Da wir es mit einem repräsentativen Querschnitt des gesamten relevanten Systems zu tun haben, treffen in der Pilotgruppe unterschiedlichen Perspektiven, Expertisen und auch „Typen" aufeinander. Daher sind Dialoge und Erkundungen in der Regel bedeutsam, aufrüttelnd und meist augenöffnend. Das macht es für alle so vielfältig, herausfordernd und auch spannend. Die Gruppe setzt sich mit Hypothesen, Ideen, Erfahrungen, Informationen und Wissen unterschiedlichster Art auseinander und versucht, diese nebeneinander stehen zu lassen. Es geht nicht darum, schnelle Antworten zu geben, sondern bessere Fragen zu entwickeln und den gesamten Kontext und die darin erkennbaren Wechselwirkungen zu verstehen. Dabei sind widersprüchlich erscheinende Aspekte keine Seltenheit.

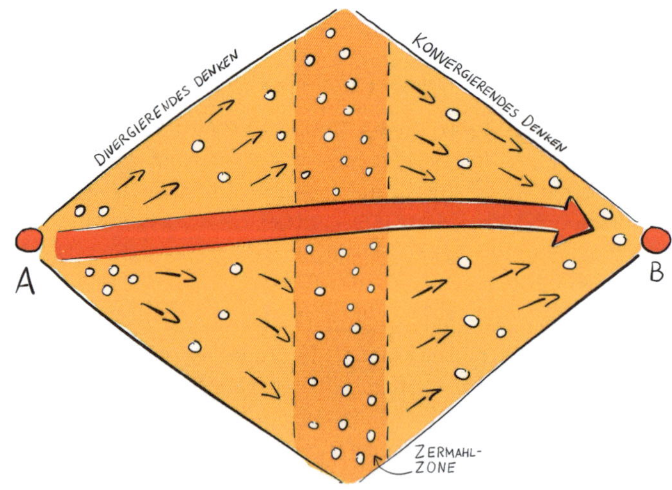

Je mehr unterschiedliche Sichtweisen und Informationen den Raum füllen, desto eher tendiert eine Gruppe oder einige ihrer Mitglieder zu defensiven, reaktiven Verhaltensmustern. Diese zeigen sich beispielsweise in Verharmlosung, Abwehr, Ohnmacht, Unwohlsein/Beklemmung oder Verurteilung. Dies sind Zeichen für die zwischen der Divergenz und der Konvergenz liegenden Phase, die als „Zermahl-Zone“[152] (Groan-Zone; to groan = ächzen, stöhnen oder zermahlen) bezeichnet wird. „Zermahlen“ erinnert an die teils schmerzhaften Prozesse und Dynamiken, die sich zeigen, wenn wir mit scheinbar übermächtigen Herausforderungen konfrontiert sind, viel Neues lernen müssen und noch keine (Lösungs-)Wege in Sicht sind. „Zermahlen“ werden auch unter Umständen alte Besitzstände, Grundannahmen und Routinen, denn in der Entwicklung, Veränderung und Transformation wird Altes und Bewährtes auf die Probe gestellt, während sich das Neue erst ganz allmählich, teils in sehr kleinen Schritten, zeigt.

Diese Phase ähnelt den unteren Zimmern der „Vier Räume der Veränderung“ (Selbst-Zensur/Leugnung und Konfusion, siehe Seite 132) und markiert notwendige und ganz normale Prozesse der Ablösung vom Bekannten und der Hinwendung zu Neuem und Unbekanntem.

Wenn eine Gruppe mehr vom ganzen Bild sieht und gelernt hat, einander besser zuzuhören, findet eine allmähliche Integration von Sichtweisen, Standpunkten und Möglichkeiten statt. Gruppen verlassen die Zermahl-Zone und befinden sich in konvergierenden Denkprozessen.

Konvergenz bedeutet, dass sich Dinge aufeinander zubewegen: erste Lösungsansätze werden sichtbar, verschiedene Sichtweisen integriert, Übereinkünfte getroffen, die Handlungsenergie erwacht und inspiriert zu einem nächsten, folgerichtigen Schritt. Es entstehen ein neues Miteinander und oft auch Aufbruchsstimmung.

In der Praxis befinden wir uns in einem steten Flow divergierender und konvergierender Denkprozesse. Diese gestalten Facilitatoren mithilfe bewährter Moderationstechniken, Methoden, sozialen Technologien und Modellen, die dem Muster des Divergierens und Konvergierens, ähnlich dem Ein- und Ausatmen, folgen (z. B. divergierend wirken öffnende Fragen, Brainstorming, Mindmap, Interviews, World Café, etc.; schließend wirken Fazit-Fragen, Schlußfolgerungen, Ernte-Fragen, Fertigstellung von Prototypen, Liste nächster Schritte, etc.).

Egal mit welcher Theorie, mit welchen Welterklärungsmodellen oder sozialen Technologien Facilitatoren und Klienten arbeiten, sie befinden sich immer wieder in der Zermahl-Zone. Es ist hilfreich, diese teils schwierigen Phasen in Gruppen als völlig normalen und auch notwendigen Aspekt von Suchbewegungen im Kollektiv zu begreifen.

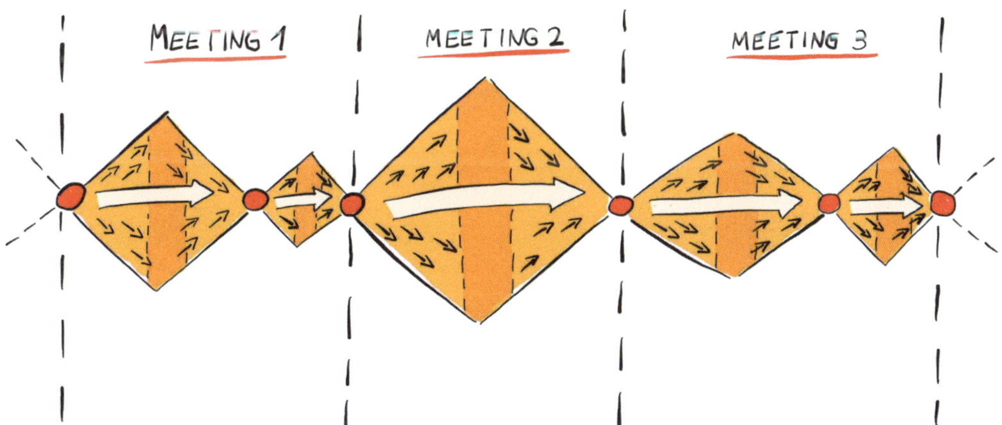

Für Facilitatoren und Pilotgruppen ist das Divergieren-Konvergieren-Denkmodell ein hilfreicher Orientierungsrahmen, wenn es darum geht, die Denk- und Handlungsrichtung im eigenen Prozess oder im gesamten relevanten System zu besprechen oder zu planen. Dies zeigt sich mitunter in einer neuen Sprache, wenn man sich – aus Prozess-Sicht – darüber verständigt, ob man gerade „divergiert" oder „konvergiert". Die Teilnehmenden in Pilotgruppen erlernen durch die verschiedenen Denkmodelle schnell diesen Blick auf den Prozess und können mit der Zeit gut unterscheiden, in welcher Phase sie gerade unterwegs sind (Divergieren-Konvergieren) oder auf welcher Ebene sie gerade sprechen (Content-Prozess-Kontext, „Drei Schüssel-Modell", siehe Seite 75 ff.). Diese Erfahrungen, gepaart mit dem Verständnis und einer sich entwickelnden Sprachfähigkeit bezogen auf Methoden, Dynamiken und soziale Prozesse, helfen den Gruppenmitgliedern, in ihre Rolle als Prozessarchitekten hineinzuwachsen.

Praxistipp

Facilitatoren unterstützen die Entwicklung der Prozess- und Transformationskompetenz in Pilotgruppen und Managementteams, indem sie immer dann, wenn es hilfreich erscheint, an Prinzipien erinnern, Denkmodelle und Theorien teilen und alle Beteiligten zur Reflexion des eigenen Erlebens einladen.

Hindernisse und Herausforderungen

Co-Creation ist eine einfache Idee und doch nicht immer leicht. Zu den Hindernissen bzw. Herausforderungen zählen unter anderem Ungeduld und Zweifel am Vorgehen, aber auch die Gefahr, in alte Routinen zurückzufallen.

Trotz guter Rahmenbedingungen und Ressourcen (siehe „Kontext des Gelingens", Seite 147) wird man als Klient bzw. als Mitglied einer Pilotgruppe auf einige Hindernisse und Herausforderungen stoßen. Die Herausforderungen liegen oft in unbewussten Denkgewohnheiten (Grundannahmen) und in den Handlungsroutinen und Konventionen des jeweiligen Anwendungskontexts (des Systems bzw. der Organisation). Wir beschreiben nun die häufigsten Hindernisse und Herausforderungen aus der Facilitation-Praxis und was man tun kann.

Ungeduld und Zweifel

Wir erklären Facilitation gern mit der Metapher der „Langsamkeit der Katze vor dem Sprung"[153]. Wenn eine Katze eine Maus fängt, dann bestehen 95 Prozent des gesamten Prozesses aus anpirschen, schauen, beobachten, regungslos dastehen und wieder anpirschen. Der Sprung nach der Maus selbst geschieht in Sekundenschnelle. Damit die Maus gefangen wird, braucht es den Prozess der allmählichen Annäherung.

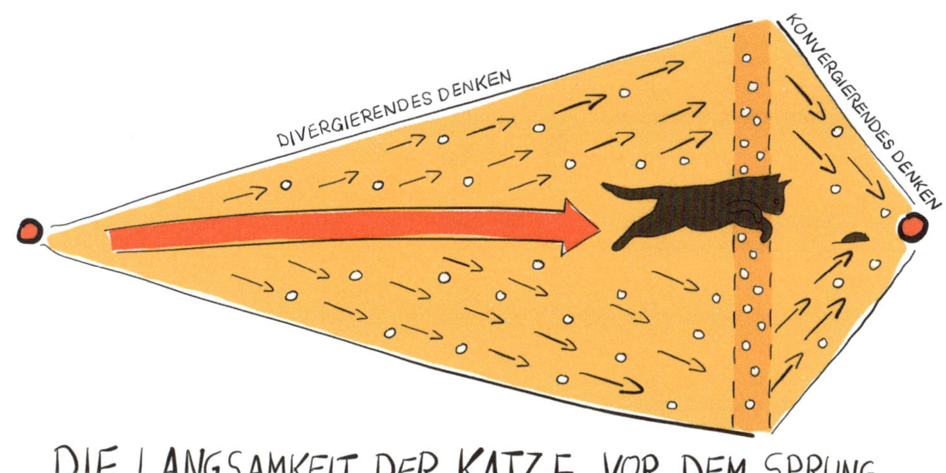

Ebenso verhält es sich mit Facilitation. Damit Entscheidungen mit Blick auf die Menschen und die Organisation hilfreich sind, wird zunächst die Arbeitsfähigkeit hergestellt, es werden Annahmen zur Sache überprüft und Kontakt mit den verschiedenen Realitäten der Menschen aufgenommen. Viele Sichtweisen werden dazu übereinandergelegt. Dies führt manchmal bei den Primärklienten und weiteren Beteiligten zu Ungeduld und Zweifel.

„Ich wurde auch bei unserem Facilitation-Projekt nach einer Weile nervös. Es gab harte Tatsachen, und ich fragte mich, worüber reden die Menschen? Haben sie einen klaren Sachbezug? Investierst du deine Zeit richtig? … Am Ende musst du dich immer fragen: ‚Hast du dein Geschäft im Griff?' Hier die Ruhe zu bewahren, ist schwierig."
Frank Buchholz, Deutsche Telekom

Wenn Ungeduld und Zweifel spürbar werden, empfiehlt sich der Vergleich mit herkömmlichen Vorgehensweisen. „Wie sieht der Business-Case facilitativer Projekte aus?" wird oft gefragt. Hierzu eine Erfahrung eines Klienten aus der Konzernpraxis:

„Es gab Kritik an der Arbeit der Pilotgruppe wegen der Zeit, die sie benötigte. Und ja, wir waren 18 Monate unterwegs, um eine Führungsstruktur zu entwickeln. Das hatte zum Teil planerische Hintergründe, denn Schichtmitarbeiter können nicht so einfach verplant und aus dem Betrieb herausgenommen werden, ohne dass dies finanzielle und steuerliche Konsequenzen hatte. Dafür verlief die Umsetzung umso schneller. Alle konnten mit dem Ergebnis mitgehen. Wir mussten nur noch den formellen Weg einhalten. Es gab keine Klagen und Einigungsstellen, wie bei allen anderen Reorganisationen, die ich vorher miterlebt hatte. Wir waren in der Summe erheblich schneller als in der Vergangenheit."
Michael Knauf, ehemaliger Kabinenleiter München, Lufthansa, selbstständiger Facilitator, Partner der Kommunikationslotsen und Co-Initiator Lighthouse Lab

Temporäre Zweifel und Unsicherheiten aller Beteiligten sind ein ganz natürlicher und wichtiger Teil der Reise durch die „Vier Räume der Veränderung" (siehe Seite 132). Diese Reise begleiten Facilitatoren mit ihrem Erfahrungswissen, ihrer Beratungsexpertise und ihrer Menschlichkeit.

Praxistipp

Wenn statt Energie und Initiative eher Zweifel oder Veränderung der Priorisierung spürbar werden, dann laden Facilitatoren ein, darüber zu sprechen. Die Meta-Kommunikation gibt den eigenen Gedanken Raum, erkennt sie an und ermöglicht, sie durch andere Sichtweisen zu überprüfen.

Ungeduld und Zweifel aus Sicht der Klienten sind nachvollziehbar. Wenn das Vertrauen oder die Zuversicht der Klienten oder anderer relevanter Meinungsträger oder Multiplikatoren in den Ansatz schwinden und wir als Facilitator weder weiter einladen, noch inspirieren, noch ermutigen können, dann ist es hilfreich, den Klienten zu vertrauen und sich von dem eigenen Ansatz in diesem Anwendungskontext zu distanzieren. Wir ehren stattdessen die Beziehung.

Praxistipp

Auch wenn Facilitatoren gute Argumente für den Facilitation-Ansatz haben, so empfiehlt es sich, immer den „Aikido-Move", den wir in der Auftragsklärung beschreiben (siehe Seite 139), in Erwägung zu ziehen. Kurz: Den eigenen Ansatz nicht verkaufen, sondern sich immer für die Beziehung entscheiden und sich, wenn hilfreich, vom eigenen Ansatz in einem gegebenen Kontext, selbst distanzieren. Folgende Frage darf in diesen Momenten in der Schwebe gehalten werden: Vielleicht braucht es im Moment tatsächlich etwas anderes?

Kommen wir zu einem weiteren „Klassiker" der Hindernisse und Herausforderungen.

Die Gefahr, in alte Routinen zurückzufallen

In einem Umfeld, in dem die vorrangigen Dynamiken mit Konkurrenz-, Zeit- und Ergebnisdruck beschrieben werden, besteht die Gefahr, in alte, dysfunktionale Handlungs- und Beziehungsmuster zurückzufallen.

Facilitation-Projekte erschaffen sich mit Pilotgruppen eine eigene, zieldienliche Wirklichkeit. Diese Wirklichkeit ist der Erfolgsfaktor, nur hat sie manchmal wenig mit der Wirklichkeit der restlichen Organisation zu tun. Aus diesem Grund haben es engagierte Führungskräfte und Wissensarbeiter einer Pilotgruppe mit zwei unterschiedlichen Welten zu tun. Die potenzialorientierte, auf Selbstwirksamkeit, Gemeinschaft und den inhaltlichen Rundumblick ausgerichtete Kultur der Pilotgruppe trifft häufig in Konzernen und konservativ geführten Organisationen auf ein diametral entgegenstehendes Umfeld. In diesem geht es tendenziell eher um Einzelne, die sich in ihre Silos zurückziehen und gar nicht zuhören können, weil sie abliefern müssen.

„Die alleinige Fokussierung auf Business-Outcomes nimmt immer mehr zu. Der Glaube, die vielfältigen komplexen Ziele im eigenen Team besser steuern zu können, nimmt wieder zu. Wir flüchten wieder in die Silos. Dann bemerkst du, wie groß der Druck ist."

Führungskraft eines Konzerns[154]

Wenn das Umfeld seine Dynamiken entfaltet, dann spürt man die Auswirkungen in der Pilotgruppe. Wenn die zuvor vereinbarten Vorgehensweisen, Praktiken und Methoden zum Beispiel erlahmen oder nur halbherzig umgesetzt werden, oder wenn man entdeckt, dass das Mandat und die Ziele aufgrund neuer Informationen und Erkenntnisse in dieser Weise gar nicht umgesetzt und erreicht werden können, dann ist Führung gefragt.

An dieser Stelle wird deutlich, wie wichtig Führung im Facilitation-Ansatz ist. Führungskräfte müssen Facilitation nicht nur intellektuell verstanden haben. Sie müssen es selbst wollen. Sie sind diejenigen, die vorangehen und entscheiden – gerade wenn Menschen an die Routinen und vermeintlichen Grenzen der Organisation stoßen. Die Facilitatoren sind (nur) die Begleiter. Die eigentlichen Facilitatoren sind die Führungskräfte. Die folgende Anekdote eines Klienten beschreibt sehr eindrücklich, wie schwer es manchmal fallen kann, Routinen zu verlassen und Neues auszuprobieren.

„Es gab einen Moment, das war ein richtiger Turnaround. Da habt ihr (Kommunikationslotsen) uns den Business Circle[155] *selbst probieren lassen. ‚Übt das doch jetzt mal', hieß es. Und da saßen wir – leitende Angestellte, alle sechsstellige Gehälter, 25 Jahre im Job – vor dieser Wand und wurden allein gelassen mit der Aussage: ‚Erlebt das mal.' In dieser Situation gab es in der Gruppe wenige, die mich darin unterstützt haben, den Prozess weiterzuführen. Wir haben es gemacht und nach einer Stunde haben alle gesagt: ‚Ja, okay, das ist gut.' Und dann haben wir beschlossen, dass wir es weitermachen. … Das war der Moment, an dem ich merkte, jetzt müssen wir durchsetzen, aus der Komfortzone herauszugehen und gemeinsam zu üben. Wären nicht noch drei weitere Kollegen stabil gewesen, hätten wir diese Kurve nicht hinbekommen. Und das Meeting heute wäre nicht anders als sonst. Und die Organisation wäre keine andere."*

Georg Schmitz-Axe, Deutsche Telekom,
Privatkunden Vertriebsgesellschaft

„Es steckt so viel Lehrreiches in diesem Text darüber, wie leicht wir dazu verfallen, Dinge so zu tun, wie wir sie immer getan haben – und welche Veränderungen geschehen können, wenn wir die Form wirklich praktizieren."

Christina Baldwin und Ann Linnea
über die obige Geschichte von Georg

Die Entropie

Eine weitere Herausforderung dialog- und beteiligungsorientierter Vorgehensweisen ist die Entropie[156], verstanden als die Zunahme an Einzelaspekten und Informationsdichte. Wenn eine Pilotgruppe darauf achtet, welche Themen und Arbeitspakete sich unmittelbar aus dem Mandat ableiten lassen, kann dem Zuwachs Einhalt geboten werden. Und genau darin liegt die Herausforderung. Es liegt ein schmaler Grat zwischen der Erkundung und dem divergierenden Denken einerseits und der schwindenden Handhabbarkeit und Verarbeitungskapazität angesichts zu vieler Aspekte und Einzelthemen.

Es ist hilfreich, sich klarzumachen, dass auf einem Entwicklungs- und Transformationsprojekt viele Erwartungen und Sehnsuchtsziele auftauchen werden. In der Praxis trifft es besonders solche Initiativen und Gruppen, die in einem Umfeld initiiert werden, in dem Beteiligung und Dialog in der Vergangenheit wenig genutzt wurden. Dann ist es vergleichbar mit einem Wasserträger in der Wüste. Viele Menschen dürsten danach, gehört zu werden. Viele Menschen, deren Verbesserungsinitiativen seit Langem schlummern, vermuten, dass man das Thema über die neue Pilotgruppe nun doch noch auf die Agenda bekommt. In einigen Fällen wird, meist nachvollziehbar und aus gutem Grund, gesagt, bevor wir diese Pilotgruppe bzw. diese neue Initiative unterstützen können, brauchen wir erst einmal Dies und Jenes, um überhaupt arbeitsfähig zu sein (die Grundlagen herstellen, „Get the basics right", siehe Seite 205). Es gibt viele gute Gründe, das Mandat einer Pilotgruppe erweitern zu wollen.

Sobald eine Pilotgruppe ihre Arbeit beginnt, kann es also passieren, dass sie mit Wünschen und Zusatz-Aufträgen überfrachtet wird. Oder sie stößt auf Themen, die an anderer Stelle bearbeitet werden. In beiden Fällen ist es hilfreich, sich auf das Mandat und die damit verbundene Verantwortung der Pilotgruppe zu fokussieren und, wo nötig, Absagen zu erteilen bzw. sich rauszuhalten. Wenn dies nicht gelingt, besteht die Gefahr, dass eine Pilotgruppe die anstehende Arbeit nicht bewältigt und sich in Erwartungen und Anforderungen verfängt. Oder sie macht die Arbeit anderer und löst Irritationen aus. In solchen Fällen muss man miteinander sprechen und Nahtstellen zu Parallelprojekten identifizieren. Eine Pilotgruppe arbeitet immer in einem komplexen, miteinander verwobenen Umfeld und stimmt sich fortwährend mit anderen Gruppen und deren Initiativen und Zielen ab.

Das Denkmodell „Circle of Influence"[157]

Ein hilfreiches Denkmodell, mit dem eine Pilotgruppe ihre Arbeit ausrichten und sich regelmäßig überprüfen kann, ist der sogenannte „Circle of Influence".

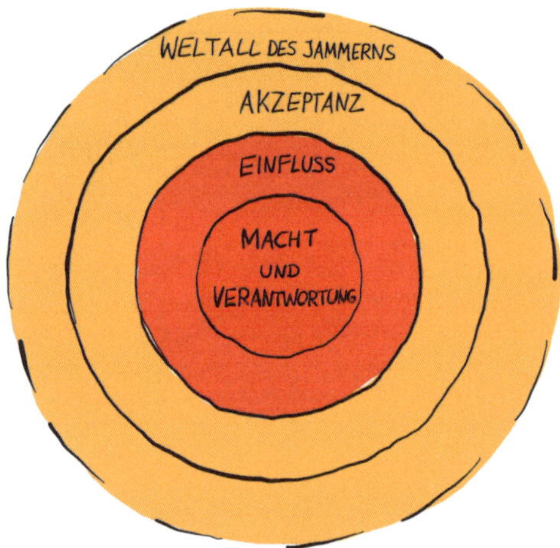

Verantwortung und Macht

Die Kernidee dieses Denkmodells ist, dass wir am wirksamsten sind und unsere Zeit am sinnvollsten einsetzen, wenn wir in unserem eigenen Verantwortungs- und Machtbereich tätig sind (das Mandat). Dies ist der Bereich, in dem wir niemanden um Erlaubnis oder um eine Entscheidung fragen müssen. Wir sind beauftragt und haben die Macht und Verantwortung, Dinge in Bewegung zu setzen.

Einfluss

Jenseits dieser Grenzen liegt ein Bereich, den Pilotgruppen zwar nicht aus sich selbst heraus gestalten oder verändern können, aber sie haben Einfluss. Sie können verhandeln, gute Argumente vorbringen oder aufgrund guter Beziehungen Einfluss geltend machen. Es kann im Laufe der Arbeit einer Pilotgruppe zu Nachverhandlungen bezüglich des Mandats und der Givens kommen.

Akzeptanz
Danach folgt ein Bereich, den alle Menschen, auch in Pilotgruppen, akzeptieren müssen. Es ist sinnvoll, wenn man Rahmen, die unumstößlich sind, auch als solche akzeptiert.

Praxistipp

In sehr engagierten Pilotgruppen kommt es manchmal vor, dass Teilnehmende genau damit hadern und dass es einiger Reflexion bedarf, bevor das Feld der Akzeptanz positiv besetzt wird. Diese Reflexionen sind meistens sehr wertvoll, weil dadurch mehr Energie für das Mandat entsteht und sich der persönliche Lernprozess entlastend auswirkt auch auf andere Bereiche des Lebens.

„Gott gebe mir die Gelassenheit, Dinge hinzunehmen, die ich nicht ändern kann, den Mut, Dinge zu ändern, die ich ändern kann,und die Weisheit, das eine vom anderen zu unterscheiden."
Reinhold Niebuhr zugeschrieben

Weltall des Jammerns
Der letzte und größte Bereich ist das mit einem Augenzwinkern genannte „Weltall des Jammerns“. Hier hat man weder Verantwortung noch Einfluss und akzeptiert nicht, was ist. Man kritisiert andere und anderes und beklagt sich über den Status quo. Wäre, hätte, müsste … Unzufriedenheit und negative Bewertungen haben hier ihren Ort, für den man sich bewusst entscheiden kann. Man findet immer viele Gesprächspartner und Sozialkontakte, doch ist dies für Pilotgruppen – und auch generell aus Sicht von Facilitation – nicht der Bereich, der für besonders sinnvoll eingesetzte Lebenszeit bekannt ist. Aus diesem Grund scheint es sinnvoller und zieldienlicher zu sein, sich auf den eigenen Verantwortungs- und Machtbereich sowie auf die Dinge zu konzentrieren, auf die man Einfluss hat.

Praxistipp

Facilitatoren nutzen das „Weltall des Jammerns" zur Reflexion und fragen in der Gruppe, wofür das Jammern gut sein könnte. Oft verbirgt sich dahinter die Sorge, die Bindung an die Gruppe zu verlieren, Angst vor Veränderung oder der fehlende Mut, sich mit sich selbst auseinanderzusetzen. So können wichtige emotionale Zustände und Wünsche aufgedeckt werden, die auch Hinweise geben zu den drei Rollen der Pilotgruppe (siehe Seite 194 ff.). Und last but not least: Manchmal hilft zeitlich begrenztes und bewusstes Jammern zur Entlastung und Psychohygiene.

Das Denkmodell „Circle of Influence“ inspiriert über die Anwendung in Pilotgruppen hinaus, genau hinzuschauen, in welchem Kreis („Circle“) man sich gerade aufhält. Es ist daher nützlich für Einzelpersonen, Teams und für ganze Organisationen, was Strategie, Kommunikation und die Kultur der Zusammenarbeit betrifft.

Die Zusammenarbeit mit dem Managementteam

Wenn es um die Veränderung der Organisationsform oder einzelner Strukturen, wie dem Wegfall einzelner Führungs-Ebenen, geht, ist – neben der Pilotgruppe – die Zusammenarbeit mit dem Top-Führungsgremium (dem Managementteam) anzuraten. Immer wenn das Mandat die Arbeit

an der Organisation erfordert (Transformation), sollte die Führungsspitze auf einen ähnlichen Entwicklungspfad eingeladen und begleitet werden wie die Pilotgruppe.

In der Lotsen-Liste „Kontext des Gelingens" heißt es dazu: „Wenn der persönliche Erkenntnisprozess auf Entscheiderebene nicht organisiert wird, kann es zu einem ‚Disconnect' (einem Abbruch) zwischen Entscheidern und der Pilotgruppe bzw. zwischen dem ursprünglichen ‚Ja!' für den Transformationsprozess und dem gegenwärtigen Erleben kommen. Das bedeutet oft das Ende der Initiative." (Siehe Seite 147.)

Auch wenn ein oder mehrere Mitglieder des Managementteams gemäß der ARE IN-Formel in der Pilotgruppe aktiv sind, kann es zu diesem Abbruch zwischen ihnen und ihren Kolleginnen in der Führung kommen.

Die Auseinandersetzung mit sich selbst und der Zukunft und die permanente Reflexion führen zu einer Entwicklung der Pilotgruppe und ihrer Mitglieder. Was im Einzelnen wahrnehmbar werden kann:

- Sachverhalte und bisherige Lösungen erscheinen in einem neuen Licht. Die Menschen distanzieren sich zum Beispiel von einigen ihrer bisherigen Ansichten.
- Neue, facilitative Konzepte und Theorien zu Entwicklung, Organisation und Zusammenarbeit fördern eine andere Art, die Dinge zu betrachten und sich auszudrücken. Wahrnehmung und Sprache verändern sich.
- Die Gruppe klärt miteinander bisherige Konfliktthemen und erarbeitet sich Konsens und Einmütigkeit, wo sonst in der Organisation weiter die „alten" Unterschiede gesehen werden.
- Gemeinsame, unausweichliche Erfahrungen außerhalb der eigenen Organisation führen zu innovativen Lösungsansätzen, die von allen gemeinsam erkannt wurden und nun getragen werden („unausweichliche Erfahrungen", Seite 2).

Das Umfeld einer Pilotgruppe kann diese Entwicklungen wahrnehmen und reagiert unterschiedlich – mal mit Zugewandtheit, Neugier und Interesse, mal mit Ablehnung. Dies kann im Managementteam ebenso wie in anderen Gruppierungen passieren. Hier zeigt sich wieder das „Die-und-Wir-Paradigma" (siehe Seite 24).

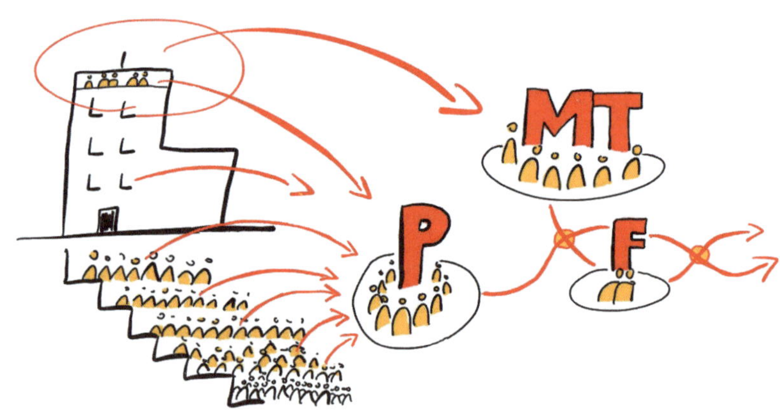

GEMEINSAMER WEG VON PILOTGRUPPE, MANAGEMENT-TEAM UND FACILITATOREN

Um in der Entwicklung beieinander zu bleiben, kann es daher hilfreich sein, mit dem Managementteam einen ähnlichen Entwicklungsweg wie den der Pilotgruppe zu gehen. An dieser Stelle übernehmen Facilitatoren die zweite Gruppe, die zu begleiten ist.

Der Weg vollzieht sich in der Regel leichtfüßig und unaufwendig, da die Pilotgruppe bereits vorangegangen ist und wertvolle Hinweise geben kann, an welcher Stelle und zu welchen Aspekten das Managementteam eigene Erfahrungen machen sollte oder könnte. Was häufig im Managementteam thematisiert wird, ist ein tieferes Verständnis von Facilitation und die damit verbundenen Auswirkungen auf Führung. Die facilitativen Grundannahmen, Denkmodelle, Praktiken und Methoden sind Gegenstand von Erkundung und Erfahrung. Sie werden in der täglichen Führungspraxis erprobt und in den einzelnen Treffen reflektiert. Mitunter ergeben sich Gelegenheiten im Prozess, die beide Gruppen – Pilotgruppe und Managementteam – zeitgleich wahrnehmen werden, wenn beispielsweise ein wichtiger Impuls, eine Meilensteinveranstaltung oder ein Besuch bei einer Organisation anstehen.

Und: Es können weitere Gruppen hinzukommen! Manchmal gibt es relevante Einflussgruppen, die in ihrer Gesamtheit und nicht allein durch eine Person in der Pilotgruppe beteiligt werden sollten. Dann könnte, wie beim Managementteam auch, ein „Disconnect" eintreten, oder es gibt andere Gründe für eine Beratung und Begleitung der gesamten Gruppe (z. B. weitere Führungsebenen, Personalvertretung, Betriebsrat). In diesen Fällen gilt es, Mittel und Wege zu finden, wie diese Gruppen parallel begleitet und zu gemeinsamen Erfahrungen eingeladen werden können.

Praxistipp

Je nach Kontext, Verfügbarkeit und Fähigkeit können – neben den Facilitatoren – weitere Mitglieder der Pilotgruppe oder auch des Managementteams solche zusätzlichen Gruppen-Prozesse begleiten bzw. unterstützen.

3.4.2 Generelle Prinzipien für co-kreative Ansätze – wie sich kollektive Intelligenz erwecken lässt

Die Absicht co-kreativer Formate – und der in diesem Buch vorgestellten „Glorreichen Sieben"-Methoden aus der Facilitation-Praxis[158] – ist das Erwecken kollektiver Intelligenz oder gar Weisheit. Gemeint sind im Kollektiv erarbeitete Lösungen für *komplexe* Fragestellungen, die tragfähiger und klüger sind als Lösungen, die sich Einzelne ausdenken. Menschen, die betroffen sind, eine spezifische Sichtweise und ein Interesse an dem Thema haben, bringen häufig genau das mit, was es braucht: Erfahrungswissen, Praxisbezug und Motivation. An anderer Stelle haben wir bereits den Begriff „voraussetzungsvoll" erwähnt. Ein gesamtes System von Menschen oder eine große Gruppe ist nicht ohne Weiteres immer nur schlau oder gar weise. Damit sich kollektive Intelligenz zeigt, sind bestimmte Rahmenbedingungen und Arbeitsprinzipien förderlich.

Erstes Prinzip: Sich auf Menschen einlassen
Sich auf Co-Creation einzulassen bedeutet, sich auf Menschen und ihre Realität zuzubewegen. Das hört sich banal an, ist es aber nicht, denn allzu oft wünschen wir uns, dass die, mit denen wir zu tun haben, doch bitte anders sein mögen. Die Neurowissenschaften und die Psychologie haben in den letzten Jahren viel dazu beigetragen, besser zu verstehen, wie Menschen sind (nicht wie wir sie gern hätten).

Menschen sind chaotisch, vergesslich, iterativ, lernen langsam oder schneller, wenn sie es gemeinsam tun, lieben die Verbundenheit und Wertschätzung, zeigen sich einsichtig und sind zu Risiken bereit, wollen schnell ans Ziel, lieben Abkürzungen und sind bereit, nach Erkundungen zu handeln, die gut genug sind bzw. an denen sie beteiligt werden – um nur einige Eigenschaften zu nennen. Gegen diese Eigenschaften anzukämpfen (oder es sich anders zu wünschen), ist in der Regel Verschwendung von Zeit und Energie. Lohnender ist es, herauszufinden, wie man mit emotional getriebenen, fehlerhaften, widersprüchlichen und ambivalenten Individuen am besten kooperieren kann. Wie man ihre Fantasie, ihren Mut, ihre Kreativität und ihre sozialen Bindungen nutzen kann, um gemeinsam Großes und Gutes zu erreichen – für den einzelnen, die Organisation, die Gesellschaft und die Erde.[159] Die co-kreativen Methoden aus der Facilitation-Praxis zeigen, wie es geht.

Zweites Prinzip: Autonomie achten
Menschen lieben Veränderung – widersetzen sich aber, wenn sie verändert werden sollen. Schaut man sich die Entwicklung eines Menschen an, dann wird klar, warum wir als Menschen Veränderung lieben. Im Rahmen der Schwangerschaft verändert sich ein (werdender) Mensch jeden Tag. Er wächst buchstäblich täglich über sich hinaus. Dieses Bestreben geht auch nach der Geburt weiter und hört im Prinzip bei guten Umfeldbedingungen niemals auf. Etwas zum ersten Mal tun (Kajak fahren, Bungee springen, an einem Tanzturnier teilnehmen) ist aufregend, erfordert Mut und ist ein selbst gewählter Veränderungs- und Lernprozess. Übergangsrituale (z. B. eine Hochzeit) werden ebenso willkommen geheißen und gefeiert wie der Schritt in einen neuen Job.

Wird dagegen top-down vorgegeben, dass sich etwas verändern oder ich mich ändern soll, setzt in der Regel ein menschlicher Automatismus ein: Widerstand – weil das Grundbedürfnis nach Autonomie ausgehebelt wird, weil keine Beteiligung stattfindet, weil persönlicher Bezug, Sinn und Nutzen fehlen.

Menschen bringen sich in Wandlungsprozesse gern freiwillig ein, wenn sie selbst denken und gestalten können und wenn sie mit einem klaren Mandat und mit Ressourcen ausgestattet werden. Hier findet nach und nach gemeinsame Intentionsbildung statt. Innovationen werden geboren, Entscheidungen mit Signalwirkung getroffen und neue Konventionen verabredet. Die in diesem Kapitel als „Glorreiche Sieben" bezeichneten Methoden sind machtvolle soziale Technologien, die auf menschlichen Grundbedürfnissen aufbauen und erfolgreiche Veränderungsprozesse durch Co-Creation ermöglichen.

Drittes Prinzip: Einbindung in einen größeren Prozess
Es gibt im organisationalen Alltag in einigen Situationen den Glauben, es müsste *eine* richtige Antwort auf die Herausforderungen der Organisation geben und dann wäre alles in Ordnung und die Störung vorbei. Genauso wie es keine eine Wahrheit gibt, gibt es keine einzig richtige Antwort auf immer wieder neue Herausforderungen. Daher sind alle Versuche, die auf der Annahme *einer* (am liebsten einmaligen) richtigen Antwort beruhen, zum Scheitern verurteilt. Vielmehr ist ständige Anpassung ein gesunder Umgang mit immer wieder neuen Herausforderungen, Suchbewegungen und Lösungen. Die „Glorreichen Sieben" bieten durch ihre verschiedenen Zugänge verschiedene Wege an, sich den aktuellen Phänomenen zu stellen, sie zu studieren und zu erkunden. Co-Creation bzw. Facilitation und die damit verbundenen Formate sind kein einmaliges Ereignis, an dessen Ende der Change – beispielsweise nach zweieinhalb Tagen im Open Space – fertig wäre. Co-Creation und das damit verbundene Ziel der Erweckung der kollektiven Intelligenz ist ein Weg, zu dem man sich entscheidet, der über einmalige Ereignisse, Methoden und Formate hinausgeht. Alle Maßnahmen sind eingebunden in einen fortwährenden, größeren Prozess der Mitgestaltung und der Koordination von Initiativen im gesamten System.

Viertes Prinzip: Dialog und Aktion als Hauptelemente co-kreativer Ansätze
Wenn es um kollektive Intelligenz und Co-Creation geht, dann sprechen Menschen miteinander – meist in unterschiedlichen Settings und zu erlesenen Fragestellungen. Im Zentrum co-kreativer Formate steht deshalb auch der Dialog, dem die Aktion folgt.

Alle in diesem Buch beschriebenen Formate gehen davon aus, dass Vielfalt eine Ressource und keine Störung ist. Im Dialog verändern sich Sichtweisen und Standpunkte, weil Menschen sich in ihrer Ganzheit erfahren, weil die Geschichte hinter der Geschichte deutlich wird oder weil bisherige Informationen neu gehört werden können. Im Dialog kommen Gedanken in Bewegung. Menschen erleben eine schöpferische Kreativität, durch die innovative Verbindungen geknüpft werden und Bisheriges in einem neuen Licht erscheint. Fakten, Positionen und Meinungen sind nicht starr, sie können re-interpretiert und auch anders verstanden werden, je nachdem, ob und wie man in eine gemeinsame Untersuchung eintritt. So nähert man sich im Rahmen der Formate einer Zugewandtheit, einem geteilten Verständnis und entwickelt sich als Gruppe und im Thema weiter. Entscheidungen und Aktionen folgen in einem natürlichen Fluss.

Damit unterschiedliche Meinungen und differenzierte Wahrnehmungen deutlich werden, bestehen alle Formate aus sogenannten Dialog-Containern, die zu Beginn einer Veranstaltung „leer" sind und die durch Worte, Emotionen und Sichtweisen im Verlauf mehr und mehr gefüllt werden. Dabei ist es für das Gelingen ausschlaggebend, zu welchem Fokus, mit welcher Intention gesprochen werden soll. Es ist also niemals das Format oder die Methode allein, die segensreich wirkt, sondern es sind immer die Rahmung, mit der sie angewandt werden und die Menschen, die in absichtsvollen Dialogen, Entscheidungen und folgenden Aktionen einen Mehrwert schaffen und Zukunft gestalten.

„Was alle Methoden miteinander verbindet, ist, dass den Beteiligten ermöglicht wird, ihre Situation anders zu beschreiben, sie anders zu erklären und zu bewerten. Da nämlich diese Aspekte der Wirklichkeitskonstruktion das Handeln leiten, eröffnet ihre Veränderung auch die Chance zur Veränderung der unliebsamen Interaktionsmuster."
Fritz B. Simon[160]

Man könnte auch sagen, dass der bereichsübergreifende, schöpferische Dialog, der in den Methoden stattfindet, der Schlüsselprozess ist, durch den sämtliche Elemente der Organisation verändert und weiterentwickelt werden können. Das passiert allerdings nur, wenn wir beherzigen, dass Dialog und Aktion zusammengehören. Man kann einen tiefen Dialog führen zur Frage: „Ist das Glas halbvoll oder halbleer?" Margaret Wheatley verändert die Frage für den Dialog in: „Schau, da ist Wasser im Glas. Wer braucht es und wie kommt es dahin?"

Fünftes Prinzip: Systemisches kontext-passgenaues Handeln
Systemisches und systematisches Handeln sind zwei unterschiedliche Vorgänge. Systematisch kann ich einen Schlips oder Schal binden. Das heißt, der Vorgang, wie ich den Schlips binde, ist immer derselbe, egal in welchem Umfeld ich mich befinde (ob zuhause, in der Straßenbahn oder in der Oper), und das Ergebnis ist ebenfalls immer gleich.

Im Gegensatz dazu steht der systemische Ansatz der Co-Creation. Es gibt zwar grobe Parameter, Leitlinien und Prinzipien, aber jedes Format entfaltet sich (selbst bei gleicher Wortwahl in der Rahmung und Instruktion) in jeder Organisation und in jedem Kontext anders. Alle Formate reagieren kontextspezifisch. Das bedeutet, Methoden und Formate müssen kontextgenau für jede Organisation bezogen auf jede Herausforderung ausgewählt und angepasst werden. Dafür ist hilfreich – wie beim Pilotgruppenansatz beschrieben –, sie im Vorfeld in einem repräsentativen Querschnitt aller Beteiligter zu planen und auf ihre Wirkung hin zu testen. Die Methoden schaffen „nur" einen Rahmen, innerhalb dessen man handeln kann. Wie sie wirken, hängt jedoch vom jeweiligen Kontext und der spezifischen Situation ab sowie vom Erfahrungswissen des Facilitators und der passgenauen Ausgestaltung der Methoden (Rahmung, Fragestellungen, Sprache etc.).

Sechstes Prinzip: Muster unterbrechen und verändern
Durch die „Glorreichen Sieben" gelingt es, blockierende Muster innerhalb der Organisation aufzudecken und sie zu unterbrechen. Das geschieht häufig dadurch, dass verschiedene Gruppen aus dem gesamten relevanten System fokussierte Gespräche zu relevanten Themen führen oder gemeinsam etwas gestalten. Durch dieses Netzwerk von Worten (in Dialogen) und des gemeinsamen Prototyping wird Veränderung geschaffen. Wenn Menschen eingebunden werden und mitgestalten, dann tritt in der Regel direkt eine Verhaltensänderung ein. Das hat unter anderem damit zu tun, dass sich ihr Blick weitet durch die unterschiedlichen Perspektiven, dem Verständnis für die Hintergründe der jeweiligen Denkweisen und dem gemeinsamen Entdecken und Gestalten von möglichen, wünschenswerten Zukünften. Ihre mentale Landkarte verändert sich. Es kommen neue Wege (Synapsenverbindungen) im Gehirn dazu und alte werden als Sackgassen definiert und nicht weiter beachtet. Die Umsetzungsenergie wird bei allen beteiligungsorientierten Formaten direkt mitgeliefert.

Siebtes Prinzip: Die Kraft der Emotionen einbeziehen
Die „Glorreichen Sieben" setzen nicht nur auf logische Argumente und Einsicht, sondern beziehen auch die Kraft der Emotionen mit ein. Menschen sind eingeladen, über das zu sprechen, was sie

wirklich bewegt und was für sie wertvoll ist. Sie sind eingeladen, das zu teilen, was sie im Inneren motiviert, um dann gemeinsam zu entdecken, wie sie das in der Zukunft noch mehr nutzen können zum Wohl aller und von allem. So entstehen Ergebnisse, die verbal (und oft auch mit Bildern oder Prototypen) ausgedrückt werden, die aber weit über die Bedeutung der einzelnen Worte hinausgehen, weil sie untrennbar mit der Situation, in der sie entstanden sind, verbunden und emotional aufgeladen sind. Das begründet auch, dass es nahezu unmöglich ist, Ergebnisse aus co-kreativen Veranstaltungen zu kommunizieren bzw. auszurollen. Worte und sichtbare Ergebnisse können zwar weitergegeben werden, aber nicht die Emotionen und das tiefere Verständnis der Beteiligten. Umso wichtiger ist, das ganze System in einen Entwicklungs-, Veränderungs- oder Transformationsprozess einzubeziehen. Co-kreative Methoden lassen emotionales Engagement entstehen, das in der Regel viel stärker wirkt als rationale Begründungen. Wie Menschen in Zukunft denken und handeln (sollen), was sie glauben (sollen), ist nicht durch Order zu erreichen, wohl aber durch Teilhabe und Co-Creation zu generieren.

Achtes Prinzip: Räume für Communities schaffen

Im Rahmen von co-kreativen Veranstaltungen und Initiativen entstehen hochwertige Verbindungen, tiefe Freundschaften und echte Communities (Menschennetzwerke). Warum ist das so? Weil Beziehungen entstehen, die über Smalltalk und die reine Erledigung von Aufgaben weit hinausgehen. Solche Communities liegen oft quer zur Organisation und sie ergänzen die bestehenden Linien-, Projekt-, und agilen Organisationen.

Communities funktionieren bereichsübergreifend, geben sich ihren eigenen Purpose, sind durch Leidenschaft und Expertise zur Sache geprägt, bestehen meist aus hierarchiearmen Räumen und sind unabhängig von dem, was im Org.-Chart steht.

„Communities sind die Organisationsform der Zukunft – sie überdauern Umorganisationen und bilden das eigentliche Rückgrat der Organisation."
Dr. Winfried Ebner, Deutsche Telekom AG

Persönliche Verbindungen und Netzwerke sind stabil. Sie halten lange über ein einzelnes co-creatives Ereignis hinaus. Wo immer Gruppen und Projekte begleitet werden, wird die Bitte ausgesprochen, mit der Lebenszeit aller Anwesenden so achtsam umzugehen, dass es für alle einen größtmöglichen Nutzen bietet. Das ist die Ermutigung dazu, ehrlich zu sein, authentische Beiträge zu liefern – wir sagen dazu „die eigene Wahrheit sprechen" – und zugleich die Vereinbarungen und die Intention des Treffens bzw. der Community zu ehren. Teil einer selbstermächtigten Community zu sein, Verantwortung für das Gelingen zu übernehmen und zu wissen, dass es an jeder einzelnen Person liegt, wie Zukunft aussehen wird, hat einen vitalisierenden und motivierenden Charakter. Es hat auch etwas mit Liebe zu tun. Allen Menschen ist etwas wichtig. Entdecken Menschen ihre gemeinsamen Verpflichtungen, entstehen Energie, Vertrauen und Zugewandtheit. Neue Möglichkeiten werden sichtbar und die Lust steigt, sich für die Umsetzung in einem Netz von Menschen, denen man vertraut, zu engagieren. Je mehr solcher Communities entstehen, umso hilfreicher ist das für Organisationen, die sich immer wieder an sich ändernde Umfelder anpassen müssen. Facilitation ist damit eine Investition in die Zukunftsfähigkeit. Durch Facilitation wird das Soziale Kapital[161] erhöht.

Neuntes Prinzip: In Stärken investieren

Aus unserer Sicht kann man (und sollte man) Co-Creation dazu nutzen, um in Stärken zu investieren. Wenn man verstanden hat, wie kompetenz-einschränkend und anstrengend es ist, Stress, vermeintliche Fehler und Schwächen zu beheben oder auszugleichen, dann empfiehlt sich eine Aufmerksamkeitsfokussierung auf Gelungenes, auf Potenziale und auf Stärken.

Sarah Lewis spricht (im Rahmen der positiven Psychologie) von der Idee der „Organisation als eine Ökonomie der Stärken"[162]. „Interessanterweise zeigt die Forschung, dass gut zu sein und gut zu arbeiten zusammenpassen. Die Organisationen, die sich auf die Schaffung einer positiven Kultur und die Führung mit Werten konzentrieren, in denen die Mitarbeiter und die Organisation gedeihen, in denen es eine Tendenz zum Positiven gibt und in denen ein Gefühl der Fülle herrscht, sind oft auch wirtschaftlich sehr erfolgreich."[163]

Wir haben in unserer Praxis festgestellt, dass Kooperation und Wandel grundsätzlich leichter werden, wenn man alle beteiligungsorientierten Formate auf Stärken hin ausrichtet. Damit erhält man die Integrität jeder einzelnen Person in jeder Phase, sorgt dafür, dass alle „gut aussehen" und erhöht den Faktor der Freude an der Arbeit um ein Vielfaches.

Zehntes Prinzip: Das ganze System in einen Raum holen

Über die Arbeit mit dem ganzen System haben wir schon an verschiedenen Stellen im Buch geschrieben. Das ist nicht zufällig, denn die Arbeit mit dem gesamten relevanten System ist für Facilitation und die kollektive Intelligenz ein wesentlicher Hebel. Mit dem ganzen System sind alle gemeint, die man auch als interne und externe Stakeholder bezeichnen würde. Alle, die eine Perspektive zur Sache haben. Die Effekte, die die Zusammenarbeit im ganzen System hat, sind mannigfaltig. Diese zeigen sich bereits in der Pilotgruppe (siehe Seite 164 ff.). Sie werden aber als ungleich stärker erfahrbar, wenn tatsächlich das ganze System (bis 1000 Menschen und mehr) in einem Raum ist:

- Vertrauen wächst, Misstrauen schwindet! Wenn alle im Raum sind, muss niemand mehr misstrauisch darüber nachdenken, was die anderen denn wohl dazu meinen würden. Jeder bekommt es direkt mit.
- Mehr Mitgefühl, weniger (Vor-)Urteil! In Echtzeit werden falsche Annahmen über andere Menschen und Gruppen beseitigt. Mitgefühl, Empathie und Sympathie füreinander wachsen, weil sich das Verständnis für die unterschiedlichen Perspektiven weitet.
- Vom Ich zum Wir! Das „Wir-und-Die-Paradigma" wird überwunden. Im Verlauf werden Gemeinsamkeiten sichtbar, ein Gefühl der Zugehörigkeit breitet sich aus. Das Grundbedürfnis, Teil einer Gemeinschaft sein zu wollen, wird befriedigt, unser (uraltes) Stammesbewusstsein erwacht. Im Raum wird spürbar: Wir sind nicht nur aufeinander bezogen, sondern auch voneinander abhängig. Wir brauchen einander. Die Wertschätzung für das Ganze wächst.
- Das gemeinsame Ziel in der Mitte! Einzelinteressen werden überwunden, aber die einzigartige Perspektive jeder Person wird wertgeschätzt, und im Miteinander werden Synergien erfahrbar, die neue Handlungsmöglichkeiten eröffnen. „Mit der Systemperspektive erlebt jeder so etwas wie einen Überblickseffekt – nicht unähnlich dem, wenn Astronauten unseren Planeten zum ersten Mal sehen. Die Forschung zeigt, dass die Erfahrung des Ganzen das Beste in der menschlichen Interaktion hervorbringt und die Fähigkeit, die zugrunde liegenden Beziehungen zu sehen, zu schätzen und zu nutzen, die es jedem ermöglichen, besser zu gedeihen."[164] So entsteht kollektive Intelligenz!

Elftes Prinzip: Die Führung in der Co-Creation achten

Co-Creation bedeutet nicht Basisdemokratie und bedingungslose Freiheit. Facilitatoren wissen, dass es der Sinn und Zweck einer Organisation ist, mit vielen Menschen gemeinsam auf möglichst effektive Art und Weise eine beabsichtigte Wertschöpfung zu erzielen. Abgestimmte Handlung ist ein Wesensmerkmal von Organisationen. Aus diesem Grund kommt den Eignern bzw. der eingesetzten Führung eine wichtige Rolle und Funktion in der Co-Creation zu. Die Führung definiert die Ziele und den Rahmen. Sie formuliert das Mandat und den Grad der Beteiligung. Auch wenn alles besprechbar und aushandelbar ist, so ist die Führung die Instanz, die letztlich bestimmt, was verhandelbar ist und was nicht. Das alle Beteiligten mit den Auswirkungen von Entscheidungen leben müssen, versteht sich von selbst.

Es ist für gelingende Co-Creation entscheidend, dass sich Entwicklungs- und Transformationsvorhaben in solch einem ausgehandelten und verabredeten Rahmen ereignen (siehe „Kontext des Gelingens“, Seite 147). Der Rahmen für Facilitation und Co-Creation bedingt eine dialogische und co-kreative Denkweise der Führung. Eine Nichtpassung zwischen dem Vorhaben und der Denkweise der Führung führt in der Regel zu Kollateralschäden in der gesamten Organisation, angefangen von Zeit- und Vertrauensverlust bis hin zur inneren Kündigung von Mitarbeitenden. Das bedeutet, dass sich co-kreative Vorgehensweisen und ihre Ergebnisse auf lange Sicht nicht weiter entwickeln können, als es die Denkweise und Haltung der Führung zulässt.

3.4.3 Die Glorreichen Sieben

In Anlehnung an den Kult-Western „Die Glorreichen Sieben“ beschreiben wir sieben Formate, die helfen, sich für das Gute einzusetzen. Sie sind höchst unterschiedlich, denn sie haben jeweils einen sehr eigenen Charakter. Im Film wie in der Facilitation-Praxis wird auf Basis dieser Vielfalt ein gesamtes System so begleitet, dass kollektive Intelligenz erfahrbar wird.

Die Glorreichen Sieben gehören zu den wirksamsten sozialen Technologien für die Herausforderungen unserer Zeit. Die Beschäftigung damit, in Theorie und Praxis, führt zu einem tieferen Verständnis von Facilitation. Wenn man die inhärenten Prinzipien und Praktiken verinnerlicht, ist man mit einer hohen Prozesskompetenz ausgestattet und kann Räume eröffnen, in denen sich Synergien zeigen und kleine Wunder ereignen können. Sie bilden einen brauchbaren Grundstock für das eigene Facilitation-Repertoire, das mit der Zeit um weitere und andere co-kreative Methoden und Schulen ergänzt und erweitert werden kann (siehe Seite 181).

Alle ausgewählten Formate sind weltweit erfolgreich. Sie zu kennen und kontextpassend einsetzen zu können, ist eine Schlüsselfähigkeit für Facilitatoren und Facilitative Leader. Für sich genommen ist jedes einzelne Format bereits ein Meisterwerk der Bahnung von Aufmerksamkeit, Vertrauensbildung und Kreativität – gepaart mit „Big Picture“-Handeln. Gemeint ist die Fähigkeit, seine eigene Blase verlassen zu können, um größere Zusammenhänge zu erkennen, kreativ zu nutzen und zu lernen.

- **The Circle Way** – ein belastbares Betriebssystem für Dialog und Co-Führung
- **Appreciative Inquiry** – Fokus auf Stärken und vermehren, was funktioniert
- **World Café** – gemeinsam Konversation kultivieren und tiefe Fragen erkunden
- **Open Space Technology** – eigene Anliegen einbringen und selbstorganisiert bearbeiten
- **Real Time Strategic Change/Whole Scale Change** – Wandel in Echtzeit ermöglichen
- **Zukunftskonferenz/Future Search** – Konsens über gemeinsame Ziele in heterogenen Umfeldern erzielen
- **Dynamic Facilitation** – kreative Durchbrüche in scheinbar ausweglosen, verfahrenen Situationen erleben

Die Glorreichen Sieben sind Kunstformen, die einzelnen Menschen, Gruppen und auch ganzen Organisationen tiefe Prozesse der Erkundung, Reflexion und Erkenntnis ermöglichen. Bis auf The Circle Way und Dynamic Facilitation gehören alle Methoden zu den sogenannten Großgruppenformaten. Diese sind so konzipiert, dass 50 bis 1000 und mehr Menschen co-kreativ miteinander arbeiten können. Zudem beinhalten alle Großgruppenformate wertvolle Bausteine für die Arbeit mit Einzelpersonen und Teams. Umgekehrt bieten The Circle Way und Dynamic Facilitation als

Methoden, die zunächst für bis zu 25 Personen gedacht sind, bedeutsame Tipps für die Arbeit mit großen Gruppen. Warum das so ist und wie das passiert, beschreiben wir für jedes Format in den nächsten Abschnitten.

Damit die Glorreichen Sieben leicht in ihrer Unterschiedlichkeit zu vergleichen sind, folgen die Abschnitte einer Struktur:

- Historie und Absicht
- Die Komponenten
- Lehrreiche Anekdote(n)
- Ein beispielhafter Flow (Agenda)
- Die Methode und ihr Platz bei den Glorreichen Sieben

Im letzten Abschnitt befindet sich eine Tabelle, die einen Überblick verschafft und den Vergleich einzelner Aspekte ermöglicht. Und wir zeigen beispielhaft auf, wie die Formate kombiniert werden können.

The Circle Way

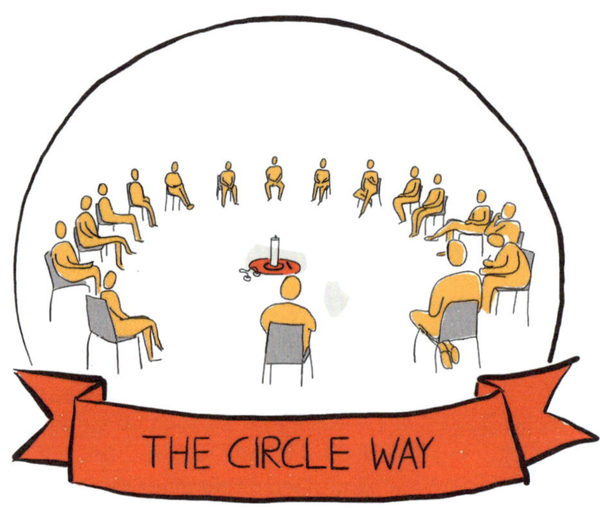

Die Idee von The Circle Way zeugt von Tiefe – zweifellos geht es um mehr als um eine Methode. Das Format liefert ein Grundgerüst für jeden Dialog, ein alltagstaugliches Meetingkonzept, ein zeitgemäßes Führungsverständnis und ein praktisches wie auch philosophisches Modell, wie wir Menschen im Miteinander sein können. Hier finden wir einen sicheren (oft heilsamen) Rahmen, in dem Menschen sich entwickeln können, in dem durch die Form Intuition und altes Wissen aktiviert werden, in dem sich Entwicklung, Übergang und Wandlung (Transformation) ereignen.

The Circle Way ist universell anwendbar in persönlichen, geschäftlichen und öffentlichen Kontexten – da, wo zwischenmenschliche Beziehungen und gemeinsame Vorhaben gemeinschaftlicher, rücksichtsvoller und kreativer gestaltet werden sollen.

Historie und Absicht

Von alters her sitzen Menschen im Kreis, um ihr Wissen, ihre Erfahrungen und ihre Geschichten auszutauschen, um für sich selbst und andere zu sorgen und sich zu organisieren. Anthropologisch betrachtet wird das Sitzen um ein Feuer dabei eine wesentliche Rolle gespielt haben. So wurde der Kreis vor langer Zeit zu einem Ort, an dem Menschen gemeinsam zuhören, denken und kreativ sind.

Im Zuge der sogenannten Leistungsgesellschaft setzten sich im letzten Jahrhundert jedoch eher rechteckige, Flugzeugträger große Tische durch, um die sich die Menschen versammelten. Die Kreisform geriet vielfach in Vergessenheit – als Setting ebenso wie als Philosophie. Macht-Hierarchie, Position und Status waren bestimmend. Im Jahr 1991 trafen sich Christina Baldwin, Seminarleiterin und Schriftstellerin, und Ann Linnea, Naturforscherin im Forstdienst und Lehrerin für Umwelterziehung, während eines Seminars für professionelles Schreiben in den USA. Als sie ihre Fähigkeiten und Erfahrungen verbanden und Seminarteilnehmer einluden, sich in den Kreis zu setzen, entdeckten sie, dass etwas geschah: Durch die Sitzordnung entwickelte sich eine Gruppe von Individuen zu aktiv Mitwirkenden sowohl im Lernen wie im Führen. Durch die Form des Kreises bildete sich eine neue Art des Zuhörens und Sprechens heraus. Diese Erfahrungen veranlassten beide, die überlieferte soziale Form des Kreises in eine moderne Sprache und Anwendung zu bringen. Sie bereisten alle Kontinente, um den Kreis zurück in Organisationen, in Wirtschaft und Gesellschaft zu bringen.

Der Kreis dient heute wie damals als sozialer Container, in dem gehaltvolle Gespräche wahrscheinlicher werden. Indem Menschen einen Kreis, z. B. aus Stühlen, formen, aktivieren sie eine Urform, einen Archetypus. Archetypen bezeichnen kollektive Menschheitserfahrungen, die im Unbewussten verankert sind.[165] Mit dieser Urform hängt die besondere Kraft von The Circle Way als Dialograum zusammen.

Bei The Circle Way geht es um Präsenz, Partizipation und Übernahme von Verantwortung. Gefördert werden Selbstorganisation, Gesprächsqualität und (Selbst-)Führung. Wir betrachten The Circle Way als das Fundament für Facilitation, als eine Meta-Technologie, die zu einem spürbar stimmigen Kommunikationsverhalten beiträgt.

Die Komponenten

Wir erläutern alle Komponenten der Methode von Christina Baldwin und Ann Linnea. Um die Kraft des Kreises zu nutzen, müssen nicht alle Komponenten gleichzeitig aktiviert werden. Hier dienen sie dazu, das Konzept und die Bedeutung für Facilitation insgesamt zu verstehen.

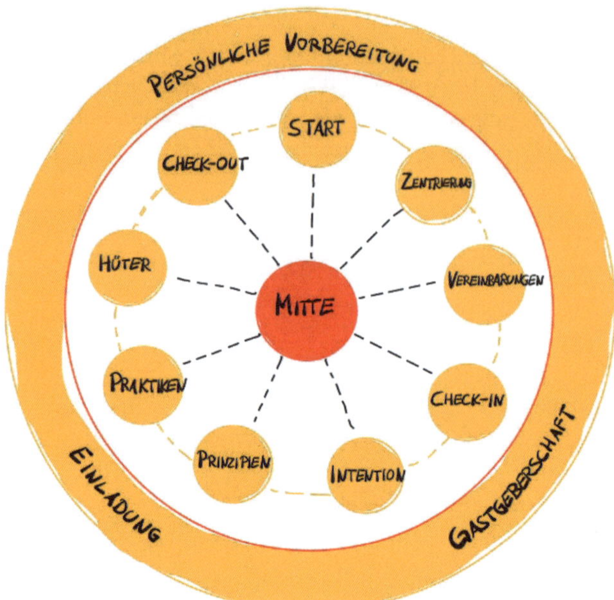

Vorbereitungen im Vorfeld (Gastgeberschaft, Einladung, persönliche Vorbereitung)

Gastgeberschaft

Zunächst ist wichtig, dass es einen Gastgeber für das anstehende Kreisgespräch gibt. Ohne Gastgeber erfolgt keine Einladung in einen Circle. Der Gastgeber ist auch die Person, die zu Beginn begrüßt und die Leitung (zumindest für den ersten Teil) übernimmt. Der Gastgeber sorgt für die Organisation und die Logistik des Treffens. Er spricht die Einladung aus, die immer auf Freiwilligkeit beruht und die je nach Brisanz oder Komplexität des Themas in der Wortwahl auch mit einer Pilotgruppe gemeinsam formuliert werden kann (siehe Seite 164).

Einladung

Die Einladung (ein ausführliches Beispiel dazu gibt es im Kapitel „Sprache" ab Seite 61) enthält Hinweise:

- zum Anlass,
- zur Intention,
- zu den Teilnehmenden,
- zu den Erwartungen an sie,
- zur Methodenwahl und
- zum Ablauf.

Persönliche Vorbereitung

Die persönliche Vorbereitung des Gastgebers und der Teilnehmenden für den Circle weist darauf hin, dass es förderlich ist, wenn Menschen sich auf Gespräche innerlich ausrichten, um während des Gesprächs präsent zu sein. Ganz ohne Ablenkung. Jeder kann sich fragen, was das eigene Anliegen für das anstehende Kreisgespräch (Meeting) ist. Nützlich ist, für sich zu klären, welche eigenen Emotionen mit dem Thema zusammenhängen. Und je nach Thema empfiehlt sich neben der persönlichen natürlich auch eine inhaltliche Vorbereitung.

Einige Beispiele zum Anlass und der damit verbundenen Intention von The Circle Way:

- In einer Organisation findet ein Veränderungsprozess statt, in dem Kooperationen neugestaltet werden sollen. Die mit Blick auf Kooperationen herausfordernden Schnittstellenthemen und unterschiedlichen Perspektiven darauf sollen in einem respektvollen Rahmen gehört und tiefer erkundet werden.
- Ein Team oder eine Organisationseinheit möchte Strukturen reflektieren und neue ressourcenschonende Strukturen für die Zusammenarbeit festlegen. In einem Circle soll allen die Möglichkeit gegeben werden, eigene Vorstellungen zu teilen.
- Der Vorstand/ein Führungsteam will Entscheidungen treffen, die von allen im Raum getragen werden.
- Eine Projektgruppe möchte The Circle Way für ihre wöchentlichen Treffen nutzen, um den jeweiligen Status zu besprechen, Konflikte zu lösen und gemeinsam Erfolge zu feiern. Dazu soll es einen ersten Circle geben, in dem die zukünftige Struktur unter Einbezug aller Perspektiven erarbeitet wird.

Das Setting und die Mitte (Intention)

Wenn Menschen zu einem Kreisgespräch eintreffen, dann spüren sie die Achtsamkeit, mit der der Raum vorbereitet wurde. Die Stühle[166] stehen in einem ausgerichteten, wohlgeformten Kreis. Das bringt Ruhe und Ordnung in den Raum.

Die Mitte des Kreises ist gestaltet. Die Gestaltung kann mit den Teilnehmenden oder einer Pilotgruppe im Vorfeld abgestimmt werden. Dabei geht es nicht nur um Schönheit oder Ästhetik, denn die Mitte dient als Fokuspunkt und repräsentiert die Intention des Treffens bzw. der Konversation. Praktisch kann die Mitte ein symbolischer Gegenstand passend zum Thema sein: beispielsweise das Leitbild, eine Kerze, Blumen bzw. Artefakte aus der Natur, eine Schale mit Obst oder Fotos von Menschen – was auch immer für die Anwesenden und die gemeinsame Absicht, die sie zusammengeführt hat, stimmig ist. Der Blick zur Mitte hilft den Anwesenden, die Intention zu erinnern. Wir kennen auch andere wirkungsvolle Kreismethoden, wie den Dialog nach David Bohm[167] oder Community Building nach M. Scott Peck[168], mit denen wir Erfahrungen gemacht haben und zu denen keine gestaltete Mitte gehört. Für uns ist mit der Zeit jedoch deutlich geworden, dass eine absichtsvoll (nicht als Dekoration) gebildete Mitte zur Qualität des Dialogs beiträgt.

Exkurs: Die Kerze als Mitte

„Wenn wir weit genug zurückgehen, finden wir das Lagerfeuer.
Christina Baldwin

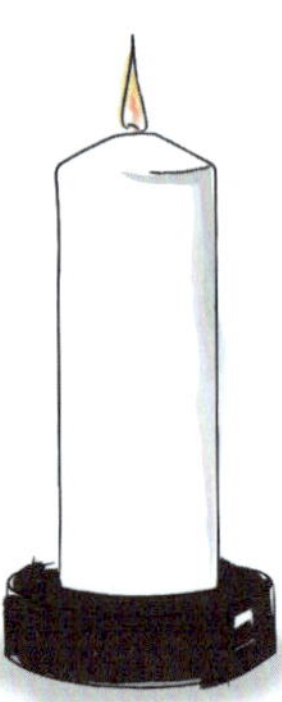

Die Urform der Mitte war das Feuer. Heute ist es nicht so einfach, ein Feuer in die Mitte eines Raumes zu holen, außer durch eine Kerze. Wir haben zu besonderen Anlässen auch gute Erfahrungen mit Indoor-Feuerschalen gemacht, doch eine größere, meist weiße Kerze ist im Laufe der Zeit unsere bevorzugte Mitte geworden. Wir verzichten nur darauf, wenn wir ausdrücklich darauf hingewiesen werden, dass sie missverstanden werden und zu Irritationen führen könnte.

Eine Begebenheit dazu aus der Praxis: Wir waren gebeten worden, bei einem Leadership-Workshop in einem Dax-Konzern keine Kerze zu nutzen, weil es als „esoterisch" verstanden werden würde. Deshalb hatten wir einen bunten Blumenstrauß als Symbol für die Vielfalt und für das Lebendige, das in der Führung angestrebt werden sollte, für die Mitte bestellt. Bei der Bestellung war etwas schiefgelaufen, sodass der Blumenstrauß am ersten Tag des Workshops nicht geliefert wurde.

Da wir immer eine Kerze dabeihaben und uns die Gestaltung der Mitte, auch als Ruheort für die Augen, sehr wichtig ist, haben wir uns trotz der warnenden Stimmen dazu entschieden, die Kerze in die Mitte zu stellen. Wir haben den Teilnehmenden erzählt, dass dafür eigentlich ein Blumenstrauß geplant war. Dann haben wir unseren Lieblingsspruch für diese Situation zum Besten gegeben: „Man kann die Kerze esoterisch sehen. Muss man aber nicht!" Meist geht dann ein Schmunzeln durch den Kreis. Die aufgelockerte Stimmung nutzen wir, um ein wenig davon zu erzählen, was wir mit der Kerze als Symbol verbinden.

Am nächsten Tag kam der Blumenstrauß. Noch bevor die Teilnehmenden ankamen, tauschten wir die Symbole aus. Was passierte? Im Check-in zum Tag fragten einige, ob wir die Kerze nicht wieder in die Mitte stellen könnten. Das hätte gestern so gutgetan und würde heute fehlen. Wir trauten unseren Ohren nicht und sind dem Wunsch gern nachgekommen. Diese Anekdote ist ein Beispiel dafür, wie Symbole aus sich heraus wirken und wie prägend und machtvoll Bedeutungsgebung und Rahmung sein können.

Kerzenlicht hat schon immer faszinierend auf Menschen gewirkt. Die beruhigende Wirkung ist auf die leichten und langsamen Bewegungen der Flamme zurückzuführen. Die Wirkung machen wir uns in der Prozessbegleitung zunutze. Wir weisen oft am Anfang darauf hin, dass alle eingeladen sind, in angespannten Situationen die Augen auf die Kerze in der Mitte zu richten.

Eine Kerze kann auch als Lebenslicht eines Menschen verstanden werden. Die Kerze brennt herunter, während sie ihr Licht abgibt. Zu Beginn einer Veranstaltung erinnern wir absichtsvoll daran, dass das anstehende Treffen unser aller Lebenszeit ist. Die Stunden, die wir hier miteinander verbringen werden, kann uns niemand zurückgeben. Deshalb laden wir dazu ein, sie bestmöglich zu nutzen, so, dass es gut verbrachte Lebenszeit wird. Dazu können alle am besten beitragen, wenn wir uns die Verantwortung für die Qualität der Zusammenkunft teilen.

Auch diese Bedeutungsgebung zum Symbol der Kerze hilft, dem Treffen eine wesentliche Ausrichtung zu geben. Die Kerze ist eine Intervention und ein hilfreiches Tool für gehaltvolle Dialoge.

Rollen im Circle

Zur Methode The Circle Way gehören drei (begleitende) Rollen: der Gastgeber (Host), der Achtgeber des Prozesses (Guardian) und der Schreiber (Scribe).

Die Gastgeberin/der Gastgeber

Auffällig ist, dass wir in der Kreisarbeit von einer Gastgeberin sprechen, nicht von einer Moderatorin und auch nicht von einer Leiterin. So wie die Gastgeberin bei einer Abendgesellschaft präsent ist, für das leibliche Wohl sorgt und einen schönen Rahmen vorbereitet, geht es für die Circle-Gastgeberin darum:

- den Raum, die Mitte und die Begrüßung so vorzubereiten, dass die Teilnehmenden spüren, sie sind willkommen.
- zu Anfang sicherzustellen, dass alle Teilnehmenden wissen, wozu sie zusammengekommen sind und was das Thema ist.
- dafür zu sorgen, dass Vereinbarungen zum Miteinander formuliert werden und dass es ein gemeinsames Verständnis über die Intention des Kreises gibt.
- zu sagen, wer anwesend ist und wie der zeitliche Rahmen aussieht.
- zu beschreiben, welche Absicht mit The Circle Way verbunden ist.
- den Dialog mit einem Check-in zu eröffnen und die Vereinbarungen und das Thema im Blick zu halten (wie alle anderen im Kreis auch).
- an dem Gespräch teilzunehmen, so wie es sich entwickelt.
- am Ende zu einer Check-out-Runde einzuladen und den Circle abzuschließen.

Praxistipp

Manchmal kann es in Gruppen hilfreich sein, mit wenigen Worten zunächst nur den Check-in und Check-out vorzustellen und zu kultivieren. Dann, nach einigen Erfahrungen, tiefer einzusteigen in die Komponenten von The Circle Way.

Der Achtgeber/die Achtgeberin des Prozesses (Guardian)

Der Achtgeber, auch „Guardian" genannt, hält aufmerksam die Energie der Gruppe und die Zeit im Blick. Er achtet auf den Verlauf des Kreisgesprächs, auf den Rhythmus, die Atmosphäre und ganz besonders auf die Unversehrtheit des Kreises als Ganzes. Damit ist gemeint, dass sich alle Teilnehmenden in Bezug auf die Intention des Kreises und zueinander in stimmiger Art und Weise beziehen. Das geschieht mal lebendig, mal ruhig – vor allem aber immer zugewandt, achtsam und mit Liebe und Respekt für unterschiedliche Menschen und ihre Sichtweisen.

Der Guardian hat die Erlaubnis der Gruppe, den Prozess zu unterbrechen, sei es, um zu entschleunigen, um die Intention in den Fokus zu holen oder um an die Vereinbarungen zu erinnern. Aus diesem Grund ist es sinnvoll, eine Zimbel, eine Klangschale oder einen anderen Gegenstand mit einem angenehmen Klang bereitzuhalten.

Alle Anwesenden können während der gesamten Konversation den Guardian bitten, das akustische Signal ertönen zu lassen. Umgehend wird das Gespräch unterbrochen. Ziel der Pause ist, allen Teilnehmenden einen Moment Zeit zu geben, um wahrzunehmen, was in ihnen und im Kreis gerade passiert. Die Pause ist eine Einladung, die eigenen Befindlichkeiten zu regulieren und sich neu auf die Intention des Kreises auszurichten.

Alle Beteiligten atmen ein paar Mal tief durch und setzen das Gespräch nach einem zweiten Signalton fort. Der Guardian oder die Person, die um eine Unterbrechung gebeten hatte, erklärt üblicherweise in neutralen Worten, warum pausiert wurde. Dafür ist die Fähigkeit notwendig, ohne Schuldzuweisung zu sprechen. „Ich möchte an unser Thema erinnern" ist neutrale Sprache. „Sie sind ganz weit weg vom Thema!" ist Schuld zuweisende Sprache.

Der Guardian (Prozess/Intention und Energie) arbeitet mit der Gastgeberin (Inhalt und Intention) zusammen. Ihre Präsenz, ihre innere Verfasstheit, ihre Kompetenz im Zuhören und ihre Gabe der Beziehungsgestaltung kreieren den sicheren Rahmen, der die Grundlage dafür ist, dass intensive Dialoge stattfinden können. In der Regel sitzen sich Gastgeberin und Guardian dafür gegenüber, sodass sie einfach kooperieren können und noch besser in der Lage sind, den gesamten Kreis im Blick zu haben und energetisch gut zu halten.

Der Schreiber/die Schreiberin (Scribe)
Je nach Intention und Rahmen eines Kreises kann die Notwendigkeit entstehen, dass jemand die wesentlichen Gedanken eines Gesprächs oder eine getroffene Entscheidung dokumentiert. Es ist wichtig, dass man bereits im Vorhinein darüber nachdenkt, ob und welche Art von Mitschrift angemessen ist. In der Regel wird ein Schreiber dann gebraucht, wenn The Circle Way im Rahmen eines projektbezogenen Meetings genutzt wird. Der Schreiber dokumentiert, wie es zu der Gruppe passt, mit einem elektronischen Tablet, Protokollbuch, Flipchart oder einer Pinnwand. Ein Flipchart oder eine Pinnwand können in den Kreis integriert werden. Manche Gruppen engagieren für diese Rolle eine professionelle Visualisiererin, die Worte und Bilder in chronologischer Reihenfolge oder als grafisches Protokoll in einer Art Landkarte festhält (siehe Seite 401). Aufzeichnungen können auch individuell erfolgen, d. h. jeder macht sich eigene, persönliche Notizen während des Diskurses.

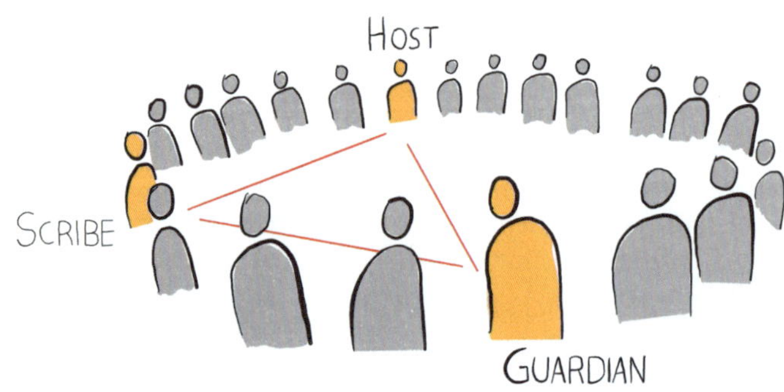

Exkurs: Co-Facilitation

Die Gastgeberschaft, die dienende Leitung und Begleitung wird bei The Circle Way durch die drei Rollen Host, Guardian und Scribe umgesetzt. Diese drei Menschen bilden das sogenannte „Hosting Team".

Das Geschenk für Facilitation liegt darin, dass die drei Rollen und die damit verbundenen Praktiken das Thema Co-Facilitation konkret und praktisch verstehbar machen. Denn auch außerhalb des Kreis-Settings sind verschiedene Rollen und geteilte, aufeinander abgestimmte Verantwortung ein Beitrag zu professioneller Prozessbegleitung. Das gilt sowohl für große, dialog-orientierte Beteiligungsprozesse und die damit einhergehenden Großgruppenverfahren, als auch für komplexe, ggf. konfliktbeladene Themen im Rahmen der Organisationsentwicklung, der Führungsentwicklung und in Transformations-Initiativen.

Wenn wir zu zweit arbeiten, dann übernehmen wir oft die Aufteilung, dass einer mehr auf den Inhalt und die Intention achtet und der andere auf den Prozess, die Energie und die Zeit. In nativen, erdverbundenen Kulturen findet man eine ähnliche Rollenaufteilung im Rahmen von Zeremonien und wichtigen Anlässen. Der Leiter (hier „Host") ist mit der Sache an sich, also dem Thema, den Menschen, der Organisation und Durchführung beschäftigt. Wir nennen dies die *horizontale* Leitung. Es gibt darüber hinaus eine Rolle, die dem Guardian vergleichbar ist. Diese Rolle wird im Amerikanischen „Intercessor" (Fürsprecher) genannt, die jemanden beschreibt, der die *vertikale* Führung verfolgt und Kontakt aufnimmt mit höheren Mächten und deren Wohlwollen – den „Spirits". Auf diese Weise entsteht eine ganzheitliche Führung in der Horizontalen (Organisation/Leitung) als auch in der Vertikalen (ein guter Verlauf, der von anderen Dingen abhängt). Auch das kann man esoterisch finden. Wir sagen immer: „Muss man aber nicht." Altes Wissen zeremonieller Abläufe, überlieferte Formen der Zusammenkunft und Phasen tiefer, menschlicher Transformation sind Aspekte, die lohnenswert sind für Facilitator und Facilitative Leader (siehe auch „Beyond Facilitation" ab Seite 425).

Zentrierung und Check-in

Zu Beginn eines Circles kann es sinnvoll sein, zunächst bei sich selbst anzukommen. Geist und Körper in Einklang zu bringen, kann bereits durch ein paar bewusste Atemzüge geschehen. Im nächsten Schritt könnte die Aufmerksamkeit erweitert werden auf die Menschen im Raum, auf den Raum an sich, auf den Anlass und das Thema. Zentrierung kann auch bedeuten, sich den persönlichen Raum, den man als Person einnimmt, bewusst zu machen und in der Vorstellung so zu erweitern, dass alle Anwesenden sich in diesem gemeinsamen Raum („Space") befinden. Dies mündet oft in einer gesteigerten Präsenz des Übenden und in einem Gefühl von Willkommensein bei anderen.[169] Solche und ähnliche Praktiken der Zentrierung („Centering") schaffen Raum anzukommen und fördern die Qualität des anschließenden Dialogs. Sie markieren auch den Übergang von der alltäglichen Unterhaltung hin zum Kreisdialog mit dem Anspruch der Präsenz von allen. Dazu kann schon das Vorlesen eines inspirierenden Zitats oder Gedichts hilfreich sein oder eine passende Musik, das Anzünden einer Kerze oder eine Minute Stille.

Nach der Zentrierung folgt die als „Check-in" bezeichnete Einstiegsrunde, in der je nach Situation und Zusammensetzung der Gruppe der Name gesagt sowie zur aktuellen Verfassung und zu einer Einstiegsfrage gesprochen wird. Die Einstiegsfrage ist entweder von einer Pilotgruppe vorbereitet oder von der Gastgeberin eingebracht.

Diese erste Runde, in der alle zu Wort kommen, sorgt dafür, dass Verbundenheit entsteht. Dadurch, dass alle Anwesenden am Anfang ihre Stimme im Raum hören, wird vermittelt: meine Stimme ist wichtig, sie wird gehört. Ich bringe mich ein und bin präsent.

Das ist kein Selbstzweck, kein Kindergarten und kein therapeutisches Anliegen, sondern Potenzialorientierung. Menschen interagieren besser, wenn sie „ganz" sein dürfen. Wenn sie spüren, hier werde ich mit all meinen Seiten angenommen und muss mich nicht verstellen.

Oft wird gefragt „Wie geht es dir?" im Sinne von „Was ist gerade bei dir bzw. in deinem Leben/deiner Praxis wichtig?" Das ist mit *aktueller Verfassung* gemeint. Teilnehmende nutzen ihre Antwort auf die Frage, um zu erklären, warum sie gerade an diesem Tag oder in dieser Situation so sind, wie sie sind. Es tut gut – auch wenn es anfangs vielleicht ungewohnt ist –, einen Ort zu haben, an dem ich als ganzer Mensch angesprochen werde, an dem ich erzählen kann, was mir gerade Sorgen macht oder warum ich vor Glück platze. Das hilft allen anderen, das Verhalten dieser Person im Verlauf des Meetings besser einzuordnen. Damit sparen alle Energie, weil sich niemand überlegen muss, was mit dem Kollegen wirklich los ist. Und der Kollege muss sich nicht überlegen, wie er seine aktuelle Verfassung verdecken oder überspielen kann.

Neben der ernst gemeinten Frage „Wie geht es dir?" empfiehlt es sich, eine oder auch zwei weitere Fragen zum Einstieg anzubieten. Diese Fragen sind meist verbunden mit der Intention, mit der Sache, um die es geht, oder mit den Anwesenden. Auch hier unterstützen die Antworten der Teilnehmenden die gemeinsame Arbeit in zweierlei Hinsicht:

1. die Person, die antwortet, klärt sich selbst und richtet sich aus.
2. die anderen hören etwas, worauf sie sich beziehen können und was sie selbst gegebenenfalls inspiriert.

Auf diese Weise wird direkt zu Beginn Verbindung, Qualität und Tiefe ermöglicht.

Für den Check-in eignen sich viele Fragen. Sie sind abgestimmt auf das Thema und die Menschen im Raum. Zur Inspiration teilen wir einige Check-in-Fragen, die nahezu immer funktionieren[170]:

- Was hat jetzt deine Aufmerksamkeit? Was ist dir im Moment wichtig – bezogen auf das Thema und/oder unabhängig vom Thema.
- Was sagt dein Kopf zum Thema? Was dein Herz?
- Wenn deine Gedanken von dem, was wir heute hier tun, abschweifen würden, wohin würden sie abschweifen und warum?
- Was ist etwas, das du jetzt beiseitelegen müsstest, um dich auf dieses Treffen zu konzentrieren?
- Was ist dein Herzensanliegen für heute?
- Was schätzt du an der Arbeit hier (und etwas, was du als Herausforderung empfindest) – in diesem Team, in dieser Abteilung, in dieser Organisation?
- Was haben wir in der Vergangenheit gut gemacht? Was könnten wir heute noch besser machen?

Da uns bewusst ist, dass die Lebenszeit aller kostbar ist, leisten wir als Facilitatoren unseren Beitrag dazu, dass Kreisgespräche (Meetings) bewusst und mit Fokus auf die Intention und den Kontext starten und dass sie ebenso bewusst, mit Herz und Empathie, aber auch mit Klarheit durchgeführt werden.

Prinzipien, Praktiken und Vereinbarungen

Drei Prinzipien, drei Praktiken und vier Vereinbarungen sind weitere prägende Komponenten der Kreisarbeit. Je nach Gruppe und Anlass werden sie alle (oder eine Auswahl) nach dem Check-in vorgestellt, abgestimmt und vereinbart.

Drei Prinzipien stärken die Selbstorganisation und Selbstführung

- **Rotierende Leitung**
  Jede Person leistet im Kreis einen Beitrag, indem sie phasenweise die Gesprächsleitung, das Protokoll oder die Rolle des Guardian übernimmt. Bei The Circle Way sitzt auf jedem Stuhl eine Führungsperson. Die dazugehörige facilitative Grundannahme lautet „There is a Leader in every Chair". Einseitige Erwartungen und Vorstellungen, wie Leitung geht und was man von Führung erwarten darf, prägen in vielen Meetings und Gruppen die innere Haltung. Die geteilte Form von Leitung und Führung, die im Kreis erlebbar wird, ist mit einem Paradigmenwechsel verbunden. Die Last der Verantwortung liegt nicht mehr allein auf den Schultern der Einladenden und zugleich geht es für sie darum, Macht abzugeben, und für alle anderen, mehr Leitung zu übernehmen. In der Philosophie von The Circle Way gibt es keine Rollen, die eine Person immer und automatisch einnimmt, sondern alle sind eingeladen, Leitung abwechselnd zu übernehmen.
- **Verantwortung teilen**
  Daraus folgt, dass Verantwortung geteilt werden muss. Jede Person ist verantwortlich für die Ergebnisse und dafür, den Prozess nach besten Kräften und mit ihren kooperativen Fähigkeiten zu unterstützen. Das facilitative Prinzip dazu lautet: „Wir teilen uns die Verantwortung für die Qualität." Mit diesem Prinzip entfällt die Möglichkeit, andere zur Verantwortung zu ziehen und nicht selbst zu übernehmen. Mehr Bereitschaft zur Verantwortungsübernahme zu erreichen, ist in vielen Organisationen ein erklärtes Ziel. Mit der Philosophie und der Haltung von The Circle Way kann dieses Ziel mit ein wenig Übung gelingen. Für uns ist dieses Prinzip auch ein Paradigmenwechsel für Meetings, Projekte und Führungshandeln in Organisationen.
- **Sich auf die Ganzheit verlassen**
  Sich auf die Ganzheit verlassen, würdigt die Synergien, die entstehen, sobald sich alle die Verantwortung für die Qualität teilen. Wenn jeder das gemeinsame Ziel über den persönlichen Erfolg stellt, entstehen Weisheit, Kreativität und ganz neue Möglichkeiten innerhalb der Gruppe. Co-Creation wird zur gelebten Praxis und entlastet Einzelne in der Vorstellung, man müsse aufgrund der Position oder Funktion für die Lösung sorgen. Gleichzeitig fordert das Prinzip dazu auf, sich nicht zu sehr mit den eigenen Vorstellungen zu identifizieren, sondern darauf zu vertrauen, dass sich die Weisheit des Kreises, unabhängig von eigenen Vorstellungen oder Verhaftungen, zeigen kann und wird. So wird die Kreisarbeit auch zu einer Übung im Loslassen.

Fasst beispielsweise eine Teilnehmerin im Kreis nach vielen Wortbeiträgen zusammen, was sie gehört hat und regt an, einen nächsten Schritt zu gehen, so übernimmt sie für den Moment Leitung – ohne offizielle Rolle, aber als „Leader in every chair". Wenn die Gruppe ihrer Idee folgt, vertraut sie, dass das ein guter Beitrag für alle war. Wenn sie dem nicht folgt, dann weiß die ganze Gruppe genauer, dass noch etwas fehlt, bevor ein nächster Schritt gegangen werden kann. In jedem Fall hat ihr Beitrag für mehr Klarheit gesorgt.

Die Prinzipien und ihre praktischen Auswirkungen sind es, die The Circle Way so besonders und zugleich so zeitgemäß machen. Sie schaffen das Fundament dafür, dass sich jeder zu jeder Zeit in geteilter Verantwortung für das Ganze, unabhängig von offiziellen Rollen und Status, mit dem Vertrauen in die Weisheit der gesamten Gruppe einbringen kann. Sie liefern gleich mehrere wertvolle Unterscheidungen mit, die in der Meetingwelt (und darüber hinaus) Paradigmenwechsel auslösen können.

Drei Praktiken führen zur Umsetzung der Prinzipien

- **Aufmerksames Zuhören**
  Die Teilnehmenden konzentrieren sich darauf, was andere sagen und wie sie es sagen. Beim aufmerksamen Zuhören werden Denken und Empathie verbunden:

- **Intentionales Sprechen**
  Gemeint ist eine Art und Weise des Sprechens, die den Versuch unternimmt, soweit wie möglich bewusst zu wählen, was und wie man etwas sagt. Hilfreich ist, wenn das Gesprochene einen Bezug zur Intention (des Gesprächs) und zur Situation hat. Absichtsvoll sprechen heißt auch, Belehrungen und Bewertungen zu vermeiden.
- **Zum Wohlergehen der Gruppe beitragen**
  Durch die Art des Zuhörens, Sprechens und Verhaltens kann jeder viel für das Wohlergehen aller beitragen. Im Kern dieser Praktik liegt die Idee, alles, was ich tue, von den möglichen Auswirkungen her zu betrachten. Es ist eine dem Leben dienende Praktik, zum Wohle von allem Lebendigen beizutragen. So tut man auch sich selbst etwas Gutes.

Praxistipp: Sich selbst beobachten und innerlich prüfen

Die Praktiken und Prinzipien formulieren einen hohen Anspruch an die innere Haltung und an die Beiträge der Anwesenden. Eine praktische, mentale Checkliste hilft dabei, sich selbst zu beobachten und sich innerlich zu überprüfen. Allzu schnell sind Worte gesprochen (besonders in emotional aufgeladenen Situationen), die einmal gesagt, nicht so einfach aus der Welt zu schaffen sind. Deshalb lohnt sich eine kurze Reflexion mithilfe der folgenden Fragen:

- *Ist dies der geeignete Moment, um etwas beizutragen?*
- *Spreche ich mit einer Haltung, die Bereitschaft zur Zusammenarbeit signalisiert?*
- *Was sagt mir mein Körper?*
- *Wie formuliere ich in neutraler Sprache und spreche dennoch die Wahrheit?*
- *Wie kann ich mit Integrität sprechen, ohne die Integrität der Gruppe zu verletzen?*
- *Wie soll die Gruppe in diesem Moment von meinem Beitrag profitieren?*

Praxistipp: Ausreden lassen

Wir erleben oftmals zu Beginn eines Prozesses, wenn wir einladen zu beschreiben, wie wir zusammenarbeiten wollen, dass Menschen sagen: Wir möchten ausreden dürfen. Neben dem, dass es ein verständlicher Wunsch ist, dem sehr wahrscheinlich entsprechende negative Erfahrungen zugrunde liegen, verbirgt sich in dem Wunsch eine Art Freifahrtschein: Weil wir vereinbart haben, dass wir uns ausreden lassen, kann jeder so lange reden, wie er will, und sagen, was er will. Das ist zwar schwarz-weiß gedacht, aber unter der Maßgabe, dass wir als Facilitatoren und Facilitative Leader jedes Wort ernst nehmen, sind wir hier besonders achtsam. Ja, wir können vereinbaren, dass wir uns ausreden lassen und wirklich mit offenem Herzen und Verstand zuhören, wenn wir gleichzeitig vereinbaren, dass wir absichtsvoll sprechen und uns damit klar ist, warum oder wozu wir etwas beitragen. Das

Eine geht nicht ohne das Andere. Vereinbarungen helfen von Zeit zu Zeit, die eigenen Verhaltensweisen und Annahmen und die eigene Wortwahl zu reflektieren.

Vier Vereinbarungen für einen sicheren Rahmen

Vereinbarungen sind die Antwort auf die Frage, was wir als Gruppe und als Individuen verabreden wollen, damit wir präsent sind und einen für alle stimmigen Umgang mit allen Beiträgen und situativen Geschehnissen pflegen können (siehe Vereinbarungen für die Zusammenarbeit formulieren, Seite 168). Vereinbarungen bieten ein zwischenmenschliches Sicherheitsnetz. Sie beschreiben konkret, auf welche Art und Weise jedes einzelne Mitglied der Gruppe Verantwortung für die Qualität der Interaktion übernehmen will.

- **Die persönlichen Geschichten sind vertraulich.**
  Während Erkenntnisse, hilfreiche Informationen oder Entscheidungen nach außen kommuniziert werden, werden alle Informationen privater Natur vertraulich behandelt. Diese Vereinbarung garantiert allen ein sicheres Umfeld, in dem es möglich ist, Gefühle und persönliche Geschichten zu teilen. Was „Vertraulichkeit" im Einzelnen heißt, muss der jeweiligen Situation entsprechend angepasst werden.
- **Wir hören mit Neugier und Mitgefühl zu und halten Bewertungen zurück.**
  Neugier ermöglicht, dass Menschen zuhören und miteinander ins Gespräch kommen, ohne der gleichen Meinung sein zu müssen. Neugier und negative Bewertung kann unser Verstand nicht gleichzeitig verarbeiten. Wenn Menschen sich also für die Neugier entscheiden, bleiben negative Bewertung eher außen vor. Auf diese Weise gelingt es, unterschiedliche Meinungen und Lebenserfahrungen respektvoll zu hören und die darin verborgenen Weisheit zu entdecken.
- **Wir bitten um das, was wir brauchen, und geben, was wir können.**
  Diese Vereinbarung ermutigt, nach dem zu fragen, was gerade gebraucht wird, und gelassen zu bleiben, wenn das niemand leisten kann. Somit korrespondiert diese Vereinbarung mit dem Vertrauen auf die Ganzheit. Auf einer praktischen Ebene kann das heißen, dass jemand um Unterstützung, um mehr Zeit oder um ein Glas Wasser bittet. Und was auch immer die Anwesenden tun und geben können, werden sie tun oder geben. Das gilt als vereinbart. Und es befreit und lässt das Drama draußen, wenn jemand nicht das bekommt, was er oder sie gerade gern hätte. Das kann sehr pragmatisch sein.
- **Von Zeit zu Zeit unterbrechen wir das Gespräch, um unsere Gedanken zu sammeln und uns (neu) zu fokussieren.**
  Die Unterbrechungen des aktuellen Geschehens sind Teil der Selbstregulierung des Kreises. Jeder im Kreis kann um eine solche Pause bitten. Gemeint sind weniger Kaffeepausen, sondern vielmehr kurze Unterbrechungen zum Innehalten, Nachspüren und Re-Fokussieren. Wie das von der Etikette her konkret vorgesehen ist, haben wir im Zusammenhang mit der Rolle des Guardian beschrieben (siehe Seite 227 f.).

Praxistipp und Beispiele für spezifische Vereinbarungen in unterschiedlichen Kontexten

Wenn eine Gruppe Erfahrung mit The Circle Way hat, ist es wahrscheinlich, dass sie ihre Vereinbarungen mit eigenen Worten formuliert. Eigene Vereinbarungen auszuhandeln, ist eine lohnende Maßnahme, die der Gruppe ermöglicht, ihre unterschwelligen Annahmen und sozialen Muster genauer zu überprüfen. Zwei Praxisbeispiele für angepasste Vereinbarungen veranschaulichen den individuellen Umgang mit dem erwünschten Verhalten im Kreis.

- *„Wir verpflichten uns gemeinsam, zum Prozess und im Prozess präsent zu sein.*
- *Wir wollen eine entspannte, bewertungsfreie Gesprächsatmosphäre bewahren.*

- *Wir erlauben uns die Freiheit, etwas nicht zu wissen oder völlig falsch zu liegen.*
- *Wir haben die Absicht, die Leitungsrolle rotieren zu lassen, indem wir einzelne Mitglieder bitten, die monatlichen Treffen freiwillig zu planen, zu organisieren und zu moderieren.*
- *Wir stimmen darin überein, dass alle Mitglieder für das Entstehen der Tagesordnung verantwortlich sind."*[171]

Ein Praxisbeispiel aus dem Bereich Vorstand/Führungsteam:
(Diese Vereinbarungen waren ein Novum in der Organisation, in der innerhalb einiger Jahre ein kultureller Wandel für die gesamte Organisation erlebbar wurde.)

- *„Wir wählen eine Gesprächskultur, die verschiedene Formen von Gruppenprozessen zulässt. Der Kreis ist unser Zuhause.*
- *Wir gehen von den guten Absichten aller aus und teilen uns die Verantwortung, ein durch Respekt geprägtes Umfeld zu erzeugen.*
- *Wir behandeln persönliche Inhalte und Vorstandsentscheidungen vertraulich, dem jeweiligen Thema entsprechend.*
- *Wir setzen einen Guardian ein, der die Bedürfnisse, den Zeitrahmen und die Energie im Blick behält.*
- *Wir einigen uns darauf, das Signal des Guardians für eine Pause zu nutzen und den Guardian um eine Pause zu bitten, wenn es für uns nötig ist."*[172]

In dem Dreiklang der Prinzipien, Praktiken und Vereinbarungen steckt eine besondere Kraft, die im Erleben der Beteiligten zu tiefen Erfahrungen und zu einer neuen Form von Zusammenarbeit im gesamten System führt. Ein „soziales System" ist eine Verbindung von Menschen, die gemeinsame Ziele oder vereinbarte Regeln haben. Die Handlungen innerhalb des Systems sind zu koordinieren, damit das bestmögliche Ergebnis erzielt werden kann. The Circle Way stiftet sozialen Systemen (Gruppen, Organisationen) ein sogenanntes „soziales Betriebssystem" – vergleichbar mit der Software im Computer, die von Zeit zu Zeit ein Update benötigt und dafür sorgt, dass Menschen effektiv und gezielt arbeiten und zusammen etwas erreichen.

Das Kreisgespräch

„Die Magie des Kreises ist für jeden einzelnen Menschen zugänglich."
Christina Baldwin

Wenn alle im Kreis sitzen und ein offenes Gespräch angestrebt wird, dann stellt sich die Frage nach der Reihenfolge der Sprecher. In vielen Meetingformaten sind Rednerlisten üblich. Diese führen jedoch häufig dazu, dass Menschen darauf warten, an der Reihe zu sein. Erfahrungsgemäß führt dies zu einem „Slot-Denken": Man liefert seinen Teil, den man zu sagen hat, ab und ist damit fertig. Das, was ein Kreisgespräch ausmacht, nämlich das tiefe Zuhören, das aufeinander eingehen oder gar aufeinander aufbauen, das Weiterdenken und die gemeinsame Erkundung werden weniger gefördert. Ein Redeobjekt schafft Abhilfe. Wer zum Beispiel den Redestein in Händen hält, spricht. Die anderen hören.

Wenn man ein Redeobjekt bereits in der Anfangsrunde nutzt, wird er im Uhrzeigersinn jeweils an die nächste Person weitergegeben. In einem offenen Dialog kann er aus der Mitte geholt und zurückgelegt oder an die Menschen, die signalisieren, dass sie etwas beitragen möchten, direkt weitergegeben werden.

Die ritualisierte Übergabe des Redeobjekts führt zu einer wohltuenden Entschleunigung des gesamten kommunikativen Vorgangs. Die Pausen, die sich durch die Übergabe und das Weiterreichen ergeben, verhindern die aus Debatten bekannte Für- und Gegenrede und sorgen somit für eine entwickelte Kommunikationskultur. Menschen können in Ruhe ausreden und sie scheinen mehr Raum zu haben, um in Ruhe zu überlegen, was sie beitragen möchten. Davon profitieren nicht nur einzelne Beiträge, sondern auch das gesamte Erleben und das Ergebnis.

In großen Gruppen dient ein Mikrofon als Redeobjekt. Wenn man die Hintergründe und Vorteile eines Redeobjekts erläutert, erweitert sich das Verständnis für das Mikrofon: vom Klangverstärker zum Dialog-Werkzeug. Wenn man ein Redeobjekt (das kann auch ein Flipchart-Marker sein) in einer Gruppe pragmatisch einführen möchte, kann man es als Mikrofonersatz oder Moderationshilfe bezeichnen und darauf hinweisen, dass es dabei hilft, in einer entspannten Reihenfolge, etwas entschleunigt, miteinander zu sprechen und in Ruhe zuzuhören.

Je nachdem, wie man ein Redeobjekt einführt und nutzt, hat dies Auswirkungen auf den Rhythmus und die Geschwindigkeit des Dialoges. Mal ähnelt der Kreis einer lebhaften Diskussion, mal stehen Ruhe und Reflexion im Vordergrund.

Praxistipp

Verschiedene Möglichkeiten, wie Dialoge im Kreis koordiniert werden können, auf einen Blick:

- *Die Redereihenfolge ergibt sich nach dem, wer einen Rede-Impuls hat („Popcorn-Stil"). Dies wird durch ein Redeobjekt, durch Handzeichen oder andere Etiketten, wie z.B. die vor dem Körper zusammengefalteten Hände, signalisiert.*
- *Das Redeobjekt wird fortlaufend im Kreis in mehreren Runden von Person zu Person weitergegeben („Den Korb flechten", in Englisch: „Weaving the Basket").*
- *Das Redeobjekt wird nach jedem Beitrag zunächst in die Mitte zurückgelegt.*
- *In der Gemeinschaftsbildung nach M. Scott Peck[173] wird ebenso wie in einigen indigenen Kulturen begonnen, indem man sagt: „Mein Name ist …". Beendet wird mit „Ich habe gesprochen." oder „Dies sind meine Worte."*

Exkurs: Talking Stick

Der Talking Stick basiert auf der Tradition der amerikanischen Ureinwohner. Ursprünglich war dieser „Stick" der Pfeifenstopfer, der genauso achtsam behandelt wurde wie die „heilige" Pfeife selbst. Anstatt die Pfeife fortwährend kreisen zu lassen, wurde dieser Pfeifenstopfer als „Talking Stick" genutzt.

Zwei Regeln prägten damals und prägen noch heute die Verwendung eines Talking Sticks: Nur wer ihn in den Händen hält, hat die Macht der Worte, die anderen schweigen. Der Inhalt der Beiträge soll wahrheitsgemäß sein und die Worte sollen aus dem Herzen kommen.[174]

Der Talking Stick und die damit verbundene Art zu sprechen …

- leistet einen Beitrag zur Demokratie. Alle, die reden wollen, werden gehört.
- fördert echtes Zuhören, innerhalb eines Raumes der Stille.
- hat heilende Wirkung durch das Aussprechen der eigenen Wahrheit, während zugleich auf das Wohlergehen und die Integrität der Gruppe geachtet wird.
- führt in der Regel zu einem tieferen Verständnis unterschiedlicher Sichtweisen und komplexer, sozialer Zusammenhänge.
- verschiebt den Fokus weg vom Facilitator bzw. Gastgeber (Host) und hin zur Gruppe, da sie aufgrund der Komponenten des Kreises in der Lage ist, den Dialogprozess selbst zu steuern.
- zeigt einen Weg, wie sich Menschen mit unterschiedlichen Standpunkten und Wahrheiten sowie aus unterschiedlichen Kulturen und Nationen einander begegnen und mit offenem Herzen zuhören und zu mehr gegenseitigem Verständnis gelangen können.

Business Circle

Neben der universellen Einsetzbarkeit von The Circle Way gibt es eine Variante für Regel-Meetings und wiederkehrende Besprechungen mit mehreren Tagesordnungspunkten. Die Prinzipien, Praktiken und Vereinbarungen gelten auch für diese Variante.

Auch dieses Meeting beginnt mit einem Centering und einem Check-in, der oft verbunden ist mit der Sammlung der aktuellen Themen für das Meeting. Danach wird die Agenda tagesaktuell gemeinsam festgelegt (siehe Abbildung auf Seite 237). In der Regel gibt es eine Gastgeberin (Facilitatorin) für das gesamte Meeting – eine Person, die den Überblick behält. Die Gastgeberin führt durch die Sitzung, übernimmt die Verantwortung für das Erstellen der Tagesordnung, für den Blick auf die Intention und die Inhalte und dafür, wie dokumentiert wird. Im Meeting gibt es zudem einen Hüter/Guardian, der die Zeit und Energie sowie den Prozess im Blick behält.

Für jedes einzelne Thema wird ein separater Themen-Gastgeber bestimmt: jemand, der/die sachkundig und bereit ist, durch das Thema zu führen. Je nach Zeitbedarf des Anliegens (ab etwa 20 Minuten) lohnt es sich, für jedes Thema einen neuen Guardian zu bestimmen. Das bringt wieder frische Energie und Abwechslung in das Meeting. So wird The Circle Way zu einer hocheffektiven und belastbaren Meeting-Struktur für den Alltag, die viel Gutes bewirkt (Konzentration, Fokussierung, Beteiligung, Potenzialorientierung) und das oftmals Störende weitgehend verhindert (Zwischengespräche, nebenbei arbeiten, Unaufmerksamkeit). Durch die rotierende Leitung in den unterschiedlichen Rollen (Host, Guardian, Scribe) können alle Beteiligten aktiv beitragen, und weil jeder in der Regel einen guten Job machen möchte, sind spürbar alle mehr dabei.

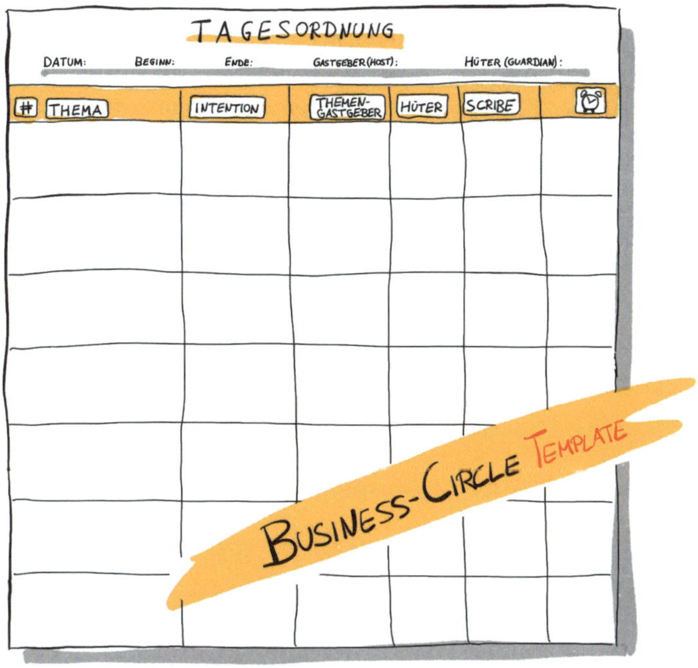

Neben dem Business Circle werden weitere Formen von The Circle Way praktiziert. Beispielsweise ein Geschichtenkreis, in dem alle eingeladen sind, dem Anlass entsprechend Geschichten zu teilen. Eine besonders positive Wirkung entfaltet ein Wertschätzungskreis, in dem Einzelne gewürdigt werden oder eine ganze Gruppe sich gegenseitig wertschätzt. The Circle Way kann auch online und telefonisch praktiziert werden.

The Circle Way im Kreis der Familie an Festtagen, mit Kindern oder mit Freunden führt oft zu berührenden Erfahrungen, und selbst die Kleinen lernen schnell, wie es geht und worum es geht. So hatte die dreijährige Tochter unserer Kollegen die starke Wirkung des Talking Sticks für sich entdeckt. Sie bestand eine Zeit lang darauf, ihn für jedes Gespräch zu nutzen, und wenn sie ihn in der Hand hielt, überlegte sie jeweils sehr lange, ob sie nicht doch noch etwas sagen konnte. So sehr genoss sie die Regel, dass alle anderen ihr zuhörten.

Check-out

Eine letzte Komponente von The Circle Way ist der Check-out. Am Ende stellen sich nicht nur Fragen nach nächsten Schritten und Terminen. Der Check-out dient auch einem guten Abschluss in der Sache und mit den Menschen. Als Facilitatoren empfehlen wir, dem Geschehenen eine *zieldienliche* Bedeutung zu geben und es damit nutzbar zu machen für das, was stärkend und ermutigend ist. Deshalb bietet es sich an, am Ende eines Treffens eine Frage zu stellen, die genau in diese Richtung zielt. „Mit welchem Gefühl möchte ich aus dem Meeting gehen?“ Oder: „Wie können wir zum Abschluss das Erreichte würdigen?“

Als Facilitatoren weisen wir mit einigen Sätzen einleitend darauf hin, wozu ein würdigender Abschluss gut ist und tragen so zur Sinngebung bei. Auf jeden Fall kann an die Autonomie der Deutungshoheit erinnert und dazu eingeladen werden, sich – sowohl in der Sache als auch für

die Menschen – auf das zu fokussieren, was gelungen ist. Der Gastgeber beendet das Meeting mit wenigen Sätzen offiziell und wiederholt ggf., welche nächsten Schritte nun stattfinden werden.

Es gibt viele Fragen, die helfen, für ein gutes Ende[175] zu sorgen. Besonders wirksam sind die, die passend zum Erlebten sind und die das Sprechen aus dem Herzen fördern:

- Bitte teilt eines der folgenden Details zum Abschluss mit den anderen: eine Erkenntnis, eine Wertschätzung, eine Verpflichtung oder eine Hoffnung.
- Was nimmst du als Ergebnis aus diesem Treffen mit bzw. was lässt du zurück?
- Was hat dich an der Arbeit dieser Gruppe überrascht, ermutigt oder inspiriert?
- Wenn du nach Hause gehst und jemand fragt dich nach unserer gemeinsamen Zeit, welches Wort würdest du wählen, um sie zu beschreiben?
- Was hast du heute Gutes über jemanden erfahren, was neu, überraschend oder außergewöhnlich ist? Was ist eine Sache, die du an dieser Gruppe schätzt?

Praxistipp

Wenn man mit The Circle Way beginnen und die damit verbundene Dialogkultur in der eigenen Organisation bzw. in Kundenprojekten kultivieren möchte, dann sind Check-in und Check-out einfach anzuwendende Tools und Interventionen für erste Erfahrungen. Nach etwa fünf bis zehn Meetings mit einem Check-in und einem Check-out hat man in der Regel genügend Stoff, um darüber zu reflektieren, welche Wirkungen erlebt wurden und wie man den Kreis und seine Komponenten weiterhin nutzen möchte.

Eine wissenswerte und lehrreiche Geschichte

Kurz nachdem wir 2008 das Circle Praktikum bei Christina Baldwin und Ann Linnea absolviert hatten, bekam ich (Roswitha Vesper) eine Anfrage von einem Verband, für den ich schon früher gearbeitet hatte. Sie kannten mich und vertrauten mir. Es ging um Konflikte zwischen den hauptamtlichen Angestellten und dem ehrenamtlichen Vorstand. Beseelt von den Erfahrungen in der Fortbildung zu The Circle Way, bot ich ihnen genau die Methode und das Verfahren an in dem guten Glauben, das ist das, was sie jetzt brauchen. The Circle Way würde alles richten. In diesem Bewusstsein begann ich die Veranstaltung und erzählte vom Kreis, seinen Prinzipien, den Praktiken, den Rollen, den Vereinbarungen … Die Gruppe bekam also das volle theoretische Programm (über 30 Minuten), verbunden mit dem Hinweis, sie mögen bitte alle zur Mitte sprechen. Zum Ende meiner Einführung brach es aus einem Vorstandsmitglied voller Empörung heraus, sie wolle das nicht. Es wäre Zeitverschwendung. Was das Ganze denn mit ihrer Situation zu tun hätte? Und noch einiges mehr – auch von anderen. Ich war geschockt. Damit hatte ich nicht gerechnet. Nur das durch die bisherige Zusammenarbeit aufgebaute Vertrauen half mir in diesem Moment, dass die Gruppe bereit war, gemeinsam die Situation zu retten. Danach habe ich mich mehrere Monate lang nicht mehr getraut, The Circle Way anzuwenden.

Drei wesentliche Learnings habe ich aus dieser Erfahrung mitgenommen:

1. Das Verständnis für die Theorie ist keine Voraussetzung, um gut im Kreis arbeiten zu können. Im Gegenteil. Die Frage lautet eher, wie wenig methodisches Wissen nötig ist, damit die Teilnehmenden sicher und offen an ihren Themen arbeiten können? Was kann ich als Facilitatorin (Host) weglassen, damit die Anwesenden mehr Raum bekommen?
2. Mein Fokus war an jenem Tag, konzentriert auf die *richtige* Anwendung der Methode. Mir ging es mehr um das Verfahren und weniger um den Kontext, den Anlass und um die Menschen im Raum. Das haben sie wohl gespürt und dem Ausdruck gegeben. Eine Methode darf nicht zur Botschaft werden.

3. Die Veranstaltung war an meinem Schreibtisch vorbereitet worden, nicht mit einem Querschnitt des Systems, also mit einer Pilotgruppe. Das hatte zur Folge, dass alle unterschiedliche Erwartungen hatten. Eine sorgfältige Situationsanalyse und Planung – in dem Fall mit den unterschiedlichen Konflikt-Vertreterinnen – hätte dazu geführt, dass ich mehr von den Menschen mitbekommen hätte (vgl. die Pilotgruppe als erweiterter Wahrnehmungskörper, Seite 194).

Zusammenfassend zeigt dieses Beispiel, was passieren kann, wenn wir als Facilitatoren nicht bedürfnisfrei sind, sondern eine Agenda im Kopf haben, die wenig mit den Menschen im Raum zu tun hat, sondern mehr mit dem Glauben an eine Methode.

Eine generische Agenda (Flow)

Die folgende Agenda bezieht sich auf bis zu zehn Teilnehmende. In der Praxis ist die Dauer der einzelnen Phasen abhängig von weiteren Einflussfaktoren wie Thema, Kultur, Umfeld oder Rahmenbedingungen. Daher ist der Agenda-Flow nicht als Schablone zu verstehen. Alles ist kontextpassgenau zu bedenken und für die eigene Praxis anzupassen.

The Circle Way

Zeit	Minuten	WAS	Beschreibung
09:00	5′	**Zentrierung**	Eine kleine Geschichte passend zum Thema
09:05	5′	**Begrüßung und Intention durch die Gastgeberin**	Anlass und Absicht Eventuell Zahlen, Daten, Fakten
09:10	20′	**Check-in**	Wie geht es dir? Was ist dir bezogen auf die Intention heute ein Herzensanliegen?
09:30	60′	**Dialog**	• mit einem Redeobjekt • und einem Achtgeber (Guardian), der für Muster-Unterbrechungen zur Refokussierung sorgt. • Und einem Scribe, der wesentliche Inhalte im Kreis mitvisualisiert.
10:30	20′	**kurze Kaffeepause**	
10:50	30′	**Dialog Teil 2**	
11:20	30′	**Konsequenzen und nächste Schritte ableiten**	Die Inhalte werden auf der Metaebene reflektiert und Vereinbarungen zu Aktionen getroffen
11:50	10′	**Check-out**	Was ist uns heute gemeinsam gelungen? Wofür bist du dankbar?
12:00	5′	**Verabschiedung durch die Gastgeberin**	

The Circle Way und die Glorreichen Sieben

The Circle Way ist ein durch Tiefe und Sicherheit geprägter sozialer Dialog-Container. Die Komponenten, teilweise Wissen aus alter Zeit, sorgen dafür, dass die Teilnehmenden als ganze Menschen willkommen sind. Respekt und Achtung vor dem So-sein werden kultiviert. Durch die Rollen im Hosting-Team wird ermöglicht, dass jederzeit nachjustiert werden kann, sodass der Dialogprozess für Einzelne als auch für das Kollektiv zu einer positiven Erfahrung werden kann. Diese soziale Technologie gründet auf einer profunden Prozesskompetenz und auf echter Menschenkenntnis. Da sich im Circle durch die Vereinbarungen jeder und jede für die Qualität

mitverantwortlich fühlt, sind Beteiligte erfahrungsgemäß achtsam und aktiv zugleich. Auf diese Weise kann sich kollektive Intelligenz in einem demokratischen Umfeld zeigen.

Im Rahmen der Glorreichen Sieben hat The Circle Way einen zentralen Platz, denn der Kreis als Setting, die profunde Kenntnis über Gastgeberschaft und geteilte Leitung sowie die kultivierte Art und Weise des Sprechens und Hörens liefern wertvolle Beiträge für nahezu jede Methode und jede Interaktion. Der Kreis befruchtet somit andere Methoden und soziale Technologien in guter Weise. Im Zusammenspiel können komplexe und zugleich belastbare Dialogarchitekturen entworfen werden – für die Herausforderungen unserer Zeit.

The Circle Way wirkt durch Artefakte, wie z. B. ein Redeobjekt, durch die Art der Eröffnung und Rahmung als Host, durch das Zusammenspiel mit dem Guardian und Scribe sowie durch die Prinzipien, Praktiken und Vereinbarungen und ist für Facilitatoren die Basis aller sozialen Technologien, die an die jeweilige Situation und wünschenswerte Kultur angepasst werden kann. In jedem Fall wird durch die Praktiken und Historie des Kreises eine besondere Qualität spürbar – oft wohltuend geordnet, zugleich offen und menschlich, fokussiert und effektiv.

Appreciative Inquiry

Manchmal ist es schwierig, sich für *einen* Einstieg in ein Kapitel zu entscheiden. Deshalb beginnt dieses Kapitel mit drei möglichen Zugängen:

1. Wenn man sich mit dialog-orientierten Methoden beschäftigt, dann liegt eine Frage nahe: Welche ist eigentlich der beste Großgruppenansatz? Antwort auf diese Frage gibt ein Bericht des UN Global Compact. Darin wird der Appreciative Inquiry Summit als „die beste Großgruppenmethode, die es heute auf der Welt gibt", ausgezeichnet.[176] Mit dem Hinweis auf die besondere Auszeichnung für die co-creative Methode Appreciative Inquiry (AI) könnte dieses spannende Kapitel beispielsweise beginnen.
2. Es könnte aber auch mit einer persönlichen Frage starten: Worauf reagierst du positiv und motiviert? Auf Vorwürfe und Kritik oder auf Lob und Anerkennung? Wann gehst du gern auf andere ein, wenn du auf Fehler hingewiesen wirst oder wenn dir jemand ein positives

Feedback gibt, dir vielleicht sogar ein Kompliment macht? Bei AI wird Kritik durch Wertschätzung ersetzt. Die konsequente Wertschätzung steuert den Wandlungsprozess. Dieser potenzialorientierte Fokus ist auch als „Stärken stärken!" bekanntgeworden.

3. Das Kapitel über Appreciative Inquiry könnte mit einem Zitat anfangen, denn AI hat in den letzten Jahrzehnten maßgeblich zu positiven Entwicklungen in der Wirtschaft, in der Gesellschaft und bei Regierungen auf der ganzen Welt beigetragen:

> *„Ich möchte Sie ganz besonders für Ihre Methodik Appreciative Inquiry loben und Ihnen dafür danken, dass Sie diese bei den Vereinten Nationen eingeführt haben. Ohne diese Methode wäre es sehr schwierig, vielleicht sogar unmöglich gewesen, so viele Führungskräfte aus Wirtschaft, Zivilgesellschaft und Regierung (für den UN Global Compact Leadership Summit im Jahr 2004) konstruktiv einzubinden."*
>
> Kofi Annan[177]

Appreciative Inquiry ist eine fulminante Entdeckung nicht nur für Co-Creation in großen Gruppen. Kleine Gruppen und Einzelpersonen profitieren davon in allen Bereichen des Lebens. Facilitation ist maßgeblich durch den AI-Ansatz geprägt. „Appreciate" bedeutet wertschätzen, das wahrzunehmen, was Vitalität und Exzellenz gibt. „Inquire" meint erforschen, entdecken, systematisch erkunden und Fragen stellen.

Appreciative Inquiry ist

- ein Ansatz, der Problemorientierung ersetzt durch eine Form des wertschätzenden Erkundens und Entdeckens, denn wir können aus dem, was funktioniert, mehr lernen als aus dem, was nicht funktioniert.
- ein Prozess, der menschliche Potenziale freisetzt, lernende Organisationen hervorbringt und Kommunikation auf ein neues Level hebt.
- ein Leadership-Modell, eine Haltung und eine Philosophie der Veränderung, die konsequent nach dem Besten in Menschen, in Organisationen und in der Welt sucht.

Historie und Absicht[178]

Schaut man auf die Geburtsstunde von Appreciative Inquiry, dann kann man wesentliche Züge und kleine Schätze entdecken, die das Verstehen von AI erleichtern. Die Anfänge gehen zurück auf das sogenannte Cleveland-Projekt, in dem David Cooperrider 1979 im Rahmen des Doktorandenpro-

gramms (über das Verhalten in Organisationen an der Case Western Reserve University) Untersuchungen durchführte. Cooperrider sammelte Daten zu Fragen wie: Was gibt Organisationen Leben? Wie zeigen sich Organisationen von ihren besten Seiten? Er konzentrierte sich ausschließlich auf die lebensfördernden Faktoren, die zum Florieren einer Organisation beitrugen. In einem Interview[179] erzählte uns Cooperrider, dass er damals erstmalig positive Veränderungen in einer Organisation herbeigeführt hatte, indem er ausschließlich durch Fragen die Aufmerksamkeit der Menschen auf das richtete, was funktionierte. Diese Befragung führte er drei Jahre in Folge durch und jedes Mal verbesserten sich die wirtschaftliche Situation und die Zufriedenheit der Menschen messbar.

Der Begriff Appreciative Inquiry wurde erstmals 1980 in einer Fußnote in einem Bericht erwähnt, den Cooperrider und sein Doktorvater Suresh Srivastva aufgrund ihrer Erkenntnisse für den Führungskreis der Cleveland-Klinik erstellt hatten. Der Bericht sorgte für große Unruhe und führte zur Frage: Wo sind unsere Probleme hin? Cooperrider konnte auf den in der Fußnote erwähnten Begriff Appreciative Inquiry hinweisen und darauf, dass es sich um eine wertschätzende Erkundung gehandelt hat (und nicht um eine Problemdiagnose).

1985 stellte Cooperrider seine Dissertation „Appreciative Inquiry: Auf dem Weg zu einer Methodik für das Verständnis und die Förderung organisatorischer Innovation“[180] an der Case Western Reserve University fertig.[181] Er erinnert sich im Rückblick: „Das Schreiben der Dissertation war einer der Höhepunkte in meiner Karriere, und der Kern von AI fühlte sich wie ein Geschenk an, das aus dem Jenseits kam, als hätte es ein eigenes Leben und eine eigene Berufung. Jedes Mal, wenn mir zum Beispiel der Mut fehlte, rief das Thema nach mehr. Es gab ein Gefühl von Sinn und Zweck, und es war ein Nervenkitzel, Teil eines Geburtsprozesses zu sein.“[182]

Cooperriders erste öffentliche Präsentation von AI als neue Veränderungsphilosophie erfolgte im selben Jahr vor Wissenschaftlern und Praktikern der Organisationsentwicklung auf einer Konferenz in San Francisco. Er argumentierte aufgrund seiner wissenschaftlichen Untersuchungsergebnisse, dass Problemlösungsprozesse dazu tendieren, die Probleme, die sie zu lösen versuchen, zu verschärfen. Mehr Veränderung könnte erreicht werden, wenn man die Aufmerksamkeit auf die „lebensspendenden Eigenschaften“ der jeweiligen sozialen Systeme lenken würde. Die Mehrheit der damals Anwesenden reagierte ungläubig auf den Ansatz, weil viele sich nicht vorstellen konnten, damit aufzuhören, sich auf Probleme zu konzentrieren.[183]

1987 veröffentlichten Cooperrider und Srivastva[184] „Appreciative Inquiry in Organizational Life“. Hier forderten die beiden erneut, die defizitäre Theorie der Veränderung zu überwinden und zu einer positiven, lebenszentrierten Theorie zu kommen: Organisationen sind keine Probleme, die gelöst werden müssen, sondern Zentren unendlicher menschlicher Fähigkeiten – ein lebendiges Geheimnis. Sie stellten die Hypothese auf, dass menschliche Systeme in die Richtung wachsen, die die Menschen erforschen, daher sollten alle nach dem Wahren, dem Guten, dem Besseren und dem Möglichen in menschlichen Systemen suchen.

Trotz einiger anfänglicher Skepsis setzte sich Appreciative Inquiry in den kommenden Jahren immer mehr durch. Es begann eine weltweite „Revolution“, in der viele bis dahin handlungsleitende Annahmen zur Kultur, zum Management und zum Miteinander überdacht wurden. Auch das stärkenbasierte Management und die positive Psychologie haben zentrale Wurzeln in AI.[185]

Zu den für Facilitation wichtigsten Anwendungen gehört der Appreciative Inquiry Summit (AIS)[186]. Dabei handelt es sich um ein Konferenzdesign auch für viele Teilnehmende. Diana Whitney und David Cooperrider haben 1998 das Vorgehen dazu beschrieben. Der Appreciative Inquiry Summit konzentriert sich darauf, den positiven Veränderungskern der Organisation zu entdecken, zu entwickeln und ihn in strategische Geschäftsprozesse, Personalentwicklung und

Entwicklung neuer Produkte zu übertragen. AIS ist ein co-creativer Prozess mit dem Ziel, das Beste in menschlichen Systemen hervorzubringen (siehe „Der 5-D-Zyklus", Seite 249).

Abschließend ein Statement von David Cooperrider aus dem Jahr 2020, das die Idee von Appreciative Inquiry auf den Punkt bringt:

> *„Das Beste in menschlichen Systemen kommt zum Vorschein, wenn Menschen kollektiv eine lebensspendende Ganzheit über mehrere Systeme von wichtigen Interessengruppen – intern und extern – erleben …"*[187]
>
> David L. Cooperrider

David Cooperrider weist in einem Interview mit Holger Scholz darauf hin, dass es die eigentliche Kunst von AI ist, auch dann in einer wertschätzenden Untersuchung zu bleiben, wenn man sich im Zentrum einer Tragödie befindet. Er beschreibt, dass AI in außergewöhnlich positiven Situationen sehr leicht ist. Im Alltag, im Gewöhnlichen wird es dagegen herausfordernder. Und wenn alles zusammenbricht, dann braucht es reife, entwickelte Menschen, die unter diesen Umständen den potenzialorientierten Fokus halten können.

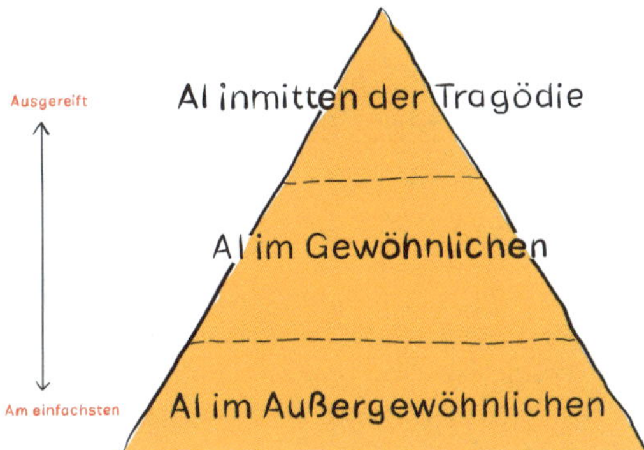

Die Komponenten

Schaut man sich die Komponenten dieses Ansatzes genauer an, dann eignen sich fünf Elemente, um das Wesen von Appreciative Inquiry tiefgehend zu verstehen:

- drei Grundannahmen als Fundament der Methode
- wertschätzende Fragen zur Fokussierung der Aufmerksamkeit
- Geschichten zur Erkundung des lehrhaften Kerns
- zehn Kernprinzipien als philosophische Basis
- der 5-D-Zyklus zur Gestaltung co-kreativer Veränderungsprozesse

Drei Grundannahmen als Fundament der Methode

Die erste Grundannahme besagt, dass **jeder Mensch, jedes Team, jede Organisation und Institution ungeahnte und ungenutzte positive Potenziale hat.**[188] So lassen sich Organisationen als Zentren wichtiger Verbindungen und lebensspendender Potenziale betrachten: Beziehungen, Partnerschaften, Allianzen, Netze von Wissen und Handeln sind große Ressourcen für Lernen und Entwicklung.

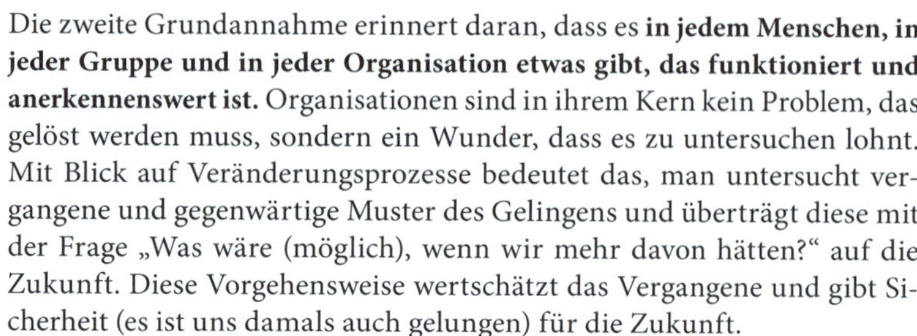

Die zweite Grundannahme erinnert daran, dass es **in jedem Menschen, in jeder Gruppe und in jeder Organisation etwas gibt, das funktioniert und anerkennenswert ist.** Organisationen sind in ihrem Kern kein Problem, das gelöst werden muss, sondern ein Wunder, dass es zu untersuchen lohnt. Mit Blick auf Veränderungsprozesse bedeutet das, man untersucht vergangene und gegenwärtige Muster des Gelingens und überträgt diese mit der Frage „Was wäre (möglich), wenn wir mehr davon hätten?" auf die Zukunft. Diese Vorgehensweise wertschätzt das Vergangene und gibt Sicherheit (es ist uns damals auch gelungen) für die Zukunft.

Die dritte Grundannahme besagt, dass sich **soziale Systeme in die Richtung entwickeln, in die sie ihre Aufmerksamkeit lenken und womit sie sich vorwiegend beschäftigen. Worauf wir unsere Aufmerksamkeit richten, wird mehr.** „Energy flows where attention goes." Die Lebensenergie folgt meinem Fokus. Die Frage: „Wo ist das Problem?" hat eine andere Wirkung als die Frage: „Was funktioniert hier am besten?" Die Kernidee von Appreciative Inquiry bzw. der Potenzialorientierung heißt: Wir werden ständig besser, wenn wir uns mit dem, was funktioniert, auseinandersetzen.

Auf dem Fundament dieser Grundannahmen lässt sich das Konzept von Appreciative Inquiry entfalten.

Praxistipp

Der defizitorientierte Ansatz zur Veränderung beruht auf der Idee, dass sich Veränderung zeigt, wenn die dringendsten Probleme identifiziert, die Lücken und Fehler gefunden und Ursachen benannt werden können. Kennst du das? Versuche Folgendes: Denke an die letzten drei Projekte, in denen du mitgewirkt, und an die letzten fünf Meetings, an denen du teilgenommen hast. Wie viele der Projekte waren darauf ausgelegt, etwas Störendes zu beheben? Wie viele der Meetings wurden einberufen, um ein Problem zu lösen? Wo und wie kamen Potenziale und das, was funktioniert, dabei vor? Welche Grundannahmen entdeckst du in dir und in der Organisation?

Zugrunde liegende wissenschaftliche Theorien im Überblick[189]

In unterschiedlichen wissenschaftlichen Disziplinen finden wir die Wirksamkeit von Appreciative Inquiry bestätigt. Hier ein kurzer Überblick dazu:

Der Placebo-Effekt in der Medizin: das Auftreten einer therapeutischen Wirkung durch die Gabe von Tabletten ohne Wirkstoff. Menschen erleben, was sie erwarten zu erleben. Im Rahmen einer Studie zeigte sich, dass zwischen einem und zwei Drittel der Patienten einer Gruppe, denen unwissentlich ein Placebo verabreicht worden war, eine deutliche Verbesserung der angegebenen Symptome ihrer Krankheit eintrat. Sie glaubten daran, dass sie das wirksame Medikament erhalten hatten.

Der Pygmalion-Effekt[190] (selbsterfüllende Prophezeiung): Wenn wir bestimmte Erwartungen auf andere projizieren, wird passieren, was wir erwarten. Die Pygmalion-Studien zeigen, dass die Bilder, die Lehrer von ihren Schülern haben, sich auf deren Leistungsniveau und ihre Zukunftsaussichten auswirken.

Neuroplastizität: Das Gehirn ist veränderbar. Die Neuroplastizität bedeutet, dass die Synapsen im Gehirn neu verschaltet werden können. Das bedeutet, die fokussierte Arbeit an positiven Gefühlen stärkt neuronale Verbindungen und schafft „Muskeln des Optimismus".

Gedächtnis und Zukunftsdenken: Unser Gedächtnis und das Zukunftsdenken sind im Gehirn eng miteinander verknüpft. Durch positives Erinnern können wir unser Handeln auf zukünftige Situationen einstellen. Unsere Erinnerungen helfen dabei, uns positiv in der Zukunft zu sehen.

Psychoneuroimmunologie: Die Persönlichkeitseigenschaften, die ein angenehmes Lebensgefühl verbreiten, korrelieren mit einer besseren Funktionsfähigkeit des Immunsystems.[191]

Sport und visuelle Bilder: Die Vorstellungskraft oder das Üben mit Bildern ist ein wirksames Mittel, um die sportliche Leistung zu verbessern. Je mehr Sinne in eine Imagination einbezogen sind, desto stärker wirkt das Bild während des Wettkampfs.[192]

Wertschätzende Fragen zur Fokussierung der Aufmerksamkeit

AI ist im Ursprung eine wissenschaftliche Erkundung (Inquiry). Damit verbunden ist die Praktik, Fragen zu stellen, um ungenutzte Potenziale zu entdecken. Bei Appreciative Inquiry geht es also um die Kunst, Fragen zu stellen, um Zugang zu den Stärken und zu den verborgenen Ressourcen zu bekommen. Das umfasst auch das Aufspüren der Faktoren, die Lebensenergie fördern, besonders dann, wenn menschliche, ökonomische und ökologische Bedürfnisse für eine enkeltaugliche Zukunft in Einklang gebracht werden sollen.

Gemeint sind Fragen, die das Gute vermuten und die dadurch Räume eröffnen für Wertschätzung, Anerkennung und zur Schaffung neuer Möglichkeiten. Fragen kreieren Welten. Sprache ist nicht neutral. Unsere Fragen sind nicht neutral, sie lösen etwas aus. Die Macht, mit Fragen und Worten Welten kreieren zu können, sensibilisiert dafür, Worte und Fragen weise zu wählen (siehe Seite 51). Wenn man Exzellenz anstrebt, dann muss man nach Momenten der Exzellenz fragen und diese tiefgehend untersuchen.

Appreciative Inquiry-Fragen haben folgende Eigenschaften:

- sie lenken die Aufmerksamkeit auf das Positive,
- sie fokussieren auf das, wovon man mehr haben will,
- sie identifizieren Stärken und den positiven Kern eines Themas oder einer Organisation,
- sie sind dem Kontext angepasst und in einer Sprache formuliert, die die Beteiligten inspiriert.

Einige Beispiele:

- *Was hat dich zu der Arbeit bzw. zu unserer Organisation anfänglich hingezogen?*
  Durch die gemeinsame Erinnerung in einer Gruppe an positive Emotionen aus der Anfangszeit wird die eigene Energie in der Gegenwart erhöht. Es entsteht eine wertschätzende Stimmung, die sich in der Gruppe ausbreitet. Mit einem hohen positiven Energielevel kann man anstehende Themen (in großen und/oder kleinen Gruppen) freudvoller und meistens auch kreativer bearbeiten.

- *Wann hast du in dieser Organisation/in diesem Team Hoch-Zeiten erlebt? Wann war die Organisation am besten? Wer war dabei? Was war deine Rolle? Was hast du gemacht? Welche Faktoren waren für das Gelingen ausschlaggebend?*
  Fragen, die sich auf das Beste konzentrieren, können die positiven Emotionen von damals in der Gegenwart erwecken (Stolz, Mut, Zuversicht). Durch das Wiedererleben werden Eigeninitiative, Motivation und Leistungsbereitschaft gefördert.
- *Wenn du für eine bestmögliche Zukunft drei Dinge verändern könntest. Was würdest du ändern wollen? Wenn über Nacht ein Wunder passiert wäre, woran würdest du es erkennen?*
  Diese Fragen gehören zu der Wunderfrage, die auf Steve de Shazer zurückgeht[193]. In ihnen schwingt eine Portion Magie mit. Sie weiten die Perspektive und haben ein hohes Potenzial, zu neuen Erkenntnissen und Einsichten zu kommen.
- *Was ist eine kleine Sache, die wir entscheiden könnten, die einen Unterschied machen würde? Oder: Was ist das nahezu Unvorstellbare, was wir tun könnten? Welcher kühne, mutige Schritt, der einen positiven Unterschied machen würde, wäre herausfordernd und zugleich machbar für unsere Organisation?*
  Fragen dieser Art lenken die Aufmerksamkeit der Menschen auf Handlungsoptionen. Sie erhöhen damit das Gefühl der Selbstwirksamkeit – im Gegensatz zum Opfer-Empfinden (ich kann nichts tun). Damit ist das Negative nicht verschwunden, aber es verliert an Kraft, weil Dinge, die man tun kann, stärker ins Blickfeld kommen.

Praxistipp

Wir empfehlen, Fragen, die im Rahmen von Mitarbeiterbefragungen und Mitarbeitergespräche genutzt werden, auf ihre Wirkung hin zu untersuchen: Wie viele positiv- und potenzialorientierte Fragen und wie viele negativ- und defizitorientierte Fragen wurden gestellt?

Was wäre, wenn wir die nächsten drei Befragungen ausschließlich nach dem AI-Ansatz gestalten? Jede Frage ist eine Intervention. Welche Fragen würden den Fokus auf das Positive und auf Potenziale lenken? Was hindert uns daran, rigorose Untersuchungen zu außergewöhnlichen Momenten hohen Engagements, Commitments und leidenschaftlicher Leistung zu entwickeln?

Geschichten zur Erkundung des lehrhaften Kerns

Appreciative Inquiry basiert auf einer uralten Verfahrensweise, dem Erzählen von Geschichten.

Positive Geschichten setzen das innere Leben in Bewegung. Sie transportieren Wahrheiten und Möglichkeiten, sie regen die Fantasie und Kreativität an, sie trösten und motivieren, sie besänftigen und zeigen neue Wege, sie laden ein, Werte auszudrücken, zu erforschen und anzupassen, sie beleben den menschlichen Geist und machen neugierig. Kurz: Geschichten sind unverzichtbar.

„Nichts auf der Welt ist mächtiger als eine gute Geschichte. Nichts kann sie aufhalten, kein Feind vermag sie zu besiegen."[194]
Game of Thrones

Praxisbeispiel

Bei Anschlussflügen wird erwartet, dass das Gepäck zeitgleich mit den Passagieren am Zielflughafen ankommt. Bei einer Fluggesellschaft war das nicht der Fall. Gepäck ging häufig verloren oder wurde nicht den Erwartungen entsprechend weitergeleitet. Die Abläufe funktionierten nicht zuverlässig. Ein Problem.

Anstelle der üblichen Problemanalyse hatte das Management entschieden, wertschätzend mit dem AI-Ansatz zu arbeiten. Die Frage lautete: Wovon wollen wir mehr haben? Als wünschenswerter Zielzustand wurde im Rahmen eines Workshops formuliert: „Exceptional arrival experience!" (ein außergewöhnliches Ankunftserlebnis). Ganz einfach. Ziel war, dass das Gepäck zeitgleich mit den Passagieren ankommt. Mit diesem Kernthema wurden nun, unter Einbeziehung sämtlicher Beteiligter, alle Begebenheiten nacherzählt und zusammengetragen, bei denen dies in der Vergangenheit bereits funktioniert hatte.

Die vielen kleinen Erfolgsgeschichten und Anekdoten förderten zutage, was und wie man es anstellen muss, damit es klappt. Auf diese Weise wurden schlummernde Potenziale entdeckt und schließlich nutzbar gemacht.[195]

AI als Methode betont die narrative Form der Kommunikation anstelle von Daten, Fakten, Präsentationen oder Listen. Denn Bedeutung und Sinnstiftung entstehen zwischen Menschen, nicht zwischen Daten und Fakten. Entscheidend dabei ist die bewusste Auswahl von dem, was tiefgehend erkundet werden soll.

In unserem Kulturkreis sind wir es gewohnt, Probleme tiefgehend zu erkunden und dazu Geschichten und Erfahrungen als Beleg zu teilen. Probleme genau zu analysieren, bis zum Kern, löst aber oftmals eine Problemtrance[196] aus. Die Problemtrance ist ein Zustand, in der die Aufmerksamkeit auf das Problem fixiert ist. Das hat oft zur Folge, in einem emotional meist belastenden Zustand festzustecken. Mit Appreciative Inquiry unternimmt man auch tiefgehende Erkundungen und Analysen – nur mit positiven Vorzeichen. Die Dynamiken, die durch solche Geschichten ausgelöst werden, sind energetisch freudvoll und oft mit dem Erleben von Kompetenz, Effektivität, Erfüllung und Leichtigkeit verbunden. Bestenfalls entsteht durch das Geschichtenerzählen und durch die Untersuchung des lehrhaften Kerns der Geschichten ein Flow, der mit einer Lösungstrance verbunden ist. In diesem Flow geht alles leicht von der Hand, der Geist ist wach und präsent. Eine tiefe, schöne Erfahrung, durch die Entwicklung mühelos, quasi wie von selbst, geschieht.

Die Idee vom „lehrhaften Kern" haben wir in einem Buch über Benedikt von Nursia wiedergefunden:

„Das Geschichtliche hat … keine Mitte mehr, sondern dient lediglich als Folie einer Lehre, die der Erzähler unter allen Umständen anbringen will. … Erzählung wird zum Rahmen für einen lehrhaften Kern."
Benedikt von Nursia[197]

Geschichten zu hören, inspiriert und regt die Fantasie an. Geschichten ermutigen dazu, Dinge ausprobieren zu wollen, die bei anderen auch funktioniert haben.

Im Verlauf des Geschichtenerzählens wird deutlich, dass sich das, was als meine Geschichte begann, mit den Geschichten anderer verbindet. Es entsteht eine *gemeinsame Geschichte*. Das führt zu einem Erleben von Zugehörigkeit, Bindung und Vertrauen.

> ***Praxistipp***
>
> *Wer noch mehr positive, beeindruckende Geschichten lesen möchte, dem empfehlen wir die Website www.aim2flourish.com. Dort sind Tausende von Geschichten über Unternehmen zu finden, die erfolgreiche Geschäftsinnovation vornahmen und gleichzeitig eines oder mehrere der UN Global Goals erreichten. Es ist wohl die weltweit größte Quelle für inspirierende, positive Geschichten – ausgehend vom Appreciative Inquiry-Ansatz.*

Zehn Kernprinzipien[198] als philosophische Basis

Zehn Prinzipien liegen der Theorie und Praxis von Appreciative Inquiry zugrunde. Sie sind Ausdruck der philosophischen Basis und generell einsetzbar und hilfreich, wenn es um Zusammenarbeit, Führung, Beteiligung und Entwicklung in Organisationen geht.

Die ersten fünf Prinzipien sind die ursprünglichen. Sie wurden von David Cooperrider und Suresh Srivastva entwickelt:

1. **Das konstruktivistische Prinzip:** Unsere Realität ist ein subjektiver Zustand und wird sozial durch Sprache und Gespräche geschaffen (Worte kreieren Welten). Es gibt keine absolute Wahrheit. Realität und Identität werden gemeinsam erschaffen. Wir sehen die Dinge nicht, wie sie sind, sondern so, wie wir sind.
2. **Das Simultanitätsprinzip:** Jede Befragung ist eine Intervention. In dem Moment, in dem wir eine Frage stellen, beginnt Veränderung. Die Fragen, die wir stellen, lenken die Aufmerksamkeit. Die bedingungslos positive Frage wirkt transformativ.
3. **Das poetische Prinzip:** Teams und Organisationen sind wie offene Bücher mit endlosen Seiten und sprudelnden Quellen. Wir haben zwar Gewohnheiten, wohin unsere Aufmerksamkeit wandert, aber wir können jederzeit frei wählen, welche Seiten wir studieren wollen.

> ***Praxistipp***
>
> *Finde das, wovon du mehr willst. Entwickle ein wertschätzendes Auge.*

4. **Das antizipatorische Prinzip:** Menschliche Systeme bewegen sich in Richtung ihrer Bilder von der Zukunft. Je positiver und hoffnungsvoller das Bild von der Zukunft ist, desto positiver ist das Handeln in der Gegenwart.
5. **Das positive Prinzip:** Positive Fragen führen zu positiver Veränderung. Um ein Momentum für großflächigen Wandel zu erzeugen, braucht es positive Impulse und echten sozialen Kontakt zwischen Menschen. Positive Fragen sorgen dafür.

Im Laufe der Jahre haben sich weitere Prinzipien herauskristallisiert, die auf den fünf ursprünglichen AI-Prinzipien aufbauen.

6. **Das Ganzheitsprinzip:** Ganzheit bringt das Beste im Menschen und Organisationen hervor. Jeder von uns ist ein Mensch, mit einer eigenen Lebensgeschichte und eigenen Fähigkeiten, die über den Jobtitel, die formale Ausbildung und die Position im Organigramm hinausgehen. Alle Perspektiven (Stakeholder) und Fähigkeiten in einer Organisation zu vereinen und nutzbar zu machen, fördert die Kreativität und entwickelt kollektive Leistungsfähigkeit.

7. **Das Enactment[199]-Prinzip:** Um wirklich eine Veränderung zu bewirken, müssen wir „die Veränderung selbst sein, die wir uns wünschen“ (Mahatma Gandhi). Positiver Wandel entsteht, wenn die Art und Weise, wie die Veränderung herbeigeführt werden soll, selbst ein lebendiges Modell der idealen Zukunft ist.
8. **Das Prinzip der freien Wahl:** Menschen erbringen bessere Leistungen und sind engagierter, wenn sie die Freiheit haben zu wählen, wie und was sie beitragen wollen. Die freie Wahl stimuliert organisatorische Spitzenleistungen und positive Veränderungen.
9. **Das narrative Prinzip:** Wir konstruieren Geschichten über uns und unser Leben (persönlich und beruflich) und leben diese Geschichten. Wir erzählen uns und anderen diese Geschichten und verändern uns, wenn wir diese Geschichten verändern oder weiterentwickeln.
10. **Das Awareness[200]-Prinzip:** Unsere zugrunde liegenden Annahmen zu verstehen und sich ihrer bewusst zu sein, ist wichtig für gute Beziehungen, für eine hohe Selbstkenntnis und für achtsame Entscheidungen. Reflexionsschleifen zur Integration der AI-Prinzipien kultivieren den wertschätzenden Ansatz und machen ihn täglich selbstverständlicher.

Der 5-D-Zyklus

Zu Appreciative Inquiry gehört eine Methode der Organisationsentwicklung, der Appreciative Inquiry Summit (AIS). Diese Methode ist skalierbar und kann sowohl mit Einzelpersonen (Coaching) und Teams (Teamentwicklung) als auch mit ganzen Organisationen und größeren Systemen durchgeführt werden. AIS ist dann besonders empfehlenswert und hilfreich, wenn der Anlass ein systemweites oder komplexes Problem ist und kollektive Intelligenz für den noch bevorstehenden unbekannten Weg benötigt wird.

Die Teilnehmenden durchleben den Appreciative Inquiry Summit in fünf Phasen. Diese fünf Phasen (5-D-Zyklus[201]) bestimmen immer den Ablauf, unabhängig davon, ob es sich um einen eintägigen Workshop, eine mehrtägige, größere Konferenz oder um einen mehrjährigen Entwicklungsprozess handelt:

- Definition – ein wertschätzendes Kernthema definieren
- Discovery – entdecken, was schon ist
- Dream – träumen, was sein könnte
- Design – gestalten, was sein sollte
- Destiny/Delivery – umsetzen, was sein wird

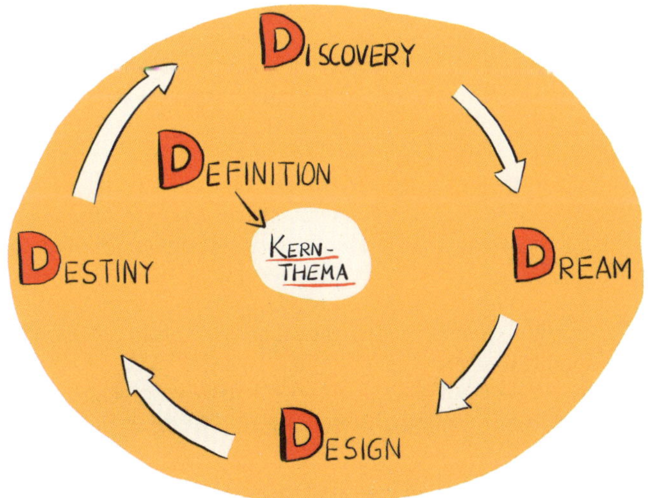

Jeder Appreciative Inquiry Summit (AIS) hat bei genauerer Betrachtung ein einzigartiges Prozessdesign und eine einzigartige Form der Durchführung. Alles wird kontextpassgenau bedacht, geplant und umgesetzt. Denn jede Organisation ist einzigartig in Bezug auf die Art und Weise, wie Beziehungen gestaltet und Werte gelebt werden. Es gibt höchst unterschiedliche Formen der Sinnstiftung und jeweils ganz eigene formelle und informelle Prozesse, Entscheidungen zu treffen. Jede Besonderheit sollte und kann bei einem AI Summit berücksichtigt werden, damit eine bestmögliche Resonanz entsteht und Engagement und Zusammenarbeit zwischen den Teilnehmenden leicht möglich wird.

DEFINITION – ein wertschätzendes Kernthema definieren

Wer sich mit der Planung eines Appreciative Inquiry Summits oder eines mehrjährigen AI-Prozesses befasst, sollte gemeinsam mit einer Pilotgruppe – bestehend aus einem Querschnitt der zu erwartenden Teilnehmenden – zunächst klären:

Welcher ist der wünschenswerte Zielzustand bzw. wovon wollen alle mehr haben?
Die positiven Kernthemen (wünschenswerte Zielzustände) zu finden, ist ein wichtiger und in den meisten Fällen kreativer und erkenntnisreicher Prozess. In einem Vorbereitungs-Workshop wird z. B. mittels eines ersten Interviews oder anhand geeigneter Brainstorming- und Dialogverfahren folgendes herausgefunden:

- was die Beteiligten am meisten an ihrer Organisation, ihrem Arbeitsplatz, dem Team und ihrer eigenen Person und Rolle (wert)schätzen,
- welche die positiven Kräfte sind, die der Organisation Leben geben bzw. was der Organisation Kraft verleiht.
- welche Wünsche für die Zukunft der Organisation, des Teams oder eines bestimmten Themas vorhanden sind.

Auf diese Weise offenbaren sich erste Themen zu Potenzialen und wünschenswerten Zukunftsbildern einer Organisation oder Gruppe. Dieser Schritt ist sehr wichtig, denn wenn das, was Menschen in Organisationen untersuchen bzw. worauf sie ihre Aufmerksamkeit lenken, zunimmt, dann ist es entscheidend, dass sie sich in der Vorbereitung gut darüber abstimmen, worauf sie den Fokus legen wollen. Das Kernthema bildet den Untersuchungskorridor für den Gesamtprozess.

Was macht wirksame positive Kernthemen aus?

- Es sind Zustandsbeschreibungen. Wir formulieren nicht: „Wir hätten gerne, dass das Gepäck ankommt." Vielmehr kreieren wir ein mutiges Statement in Gegenwartsform und untersuchen dann die Fälle, in denen wir genau das bereits erlebt haben („außergewöhnliches Ankunftserlebnis").
- Sie wecken Neugier, mehr darüber zu lernen, zu entdecken und zu erfahren.
- Sie provozieren Diskussionen über eine wünschenswerte Zukunft und fordern den Status quo heraus. Die Kernthemen sind formulierte Zustände einer idealen Zukunft. Das kann und sollte ruhig ein wenig provokativ sein, denn wer will schon langweilige Zukunftsszenarien erkunden?
- Sie reflektieren lebendige Werte. Es geht stets darum, was Menschen bewegt und beschäftigt. Auf diese Weise entstehen Kernthemen, die die Menschen verbinden und die Sehnsucht nach einer stimmigen Zukunft wecken.
- Sie sind inspirierend in Bezug auf die benutzten Worte bzw. Sprache. Statt „Gute Arbeitsbedingungen" könnte man auch „Magnetisierendes Arbeitsumfeld" formulieren. Wünschenswert? Na klar!

Praxistipp

Sobald sich ein Kernthema herauskristallisiert, wird es auf seine Wirksamkeit hin geprüft, indem dazu erste Geschichten des Gelingens erzählt werden. Manchmal spürt man geradezu, wie sich die Energie im Raum hin zum Positiven und Lebendigen wandelt. Wenn dies nicht passiert oder wenn kaum Geschichten mit Gehalt erzählt werden können, wird weiter geforscht. Es wird so lange probiert und getestet, bis alle aus ganzem Herzen sagen können: Ja! Davon wollen wir wirklich mehr! So ist in dem Kernthema von Anfang an das Sachliche (die Herausforderung und anstehende Aufgabe) mit dem Emotionalen (die Energie und Kreativität) verbunden.

Skepsis zeigt sich: Und was ist mit den Problemen?
In der Phase des Definierens taucht häufig die folgende Frage auf: Und was ist mit den Problemen?

Neurowissenschaftlich ist es erwiesen, dass Menschen sich erst dann der Zukunft und damit der Frage, wovon wir mehr wollen, zuwenden können, wenn sie sich mit ihren Sichtweisen zu dem, was in der Vergangenheit schlecht gelaufen war und/oder derzeit nicht gut ist, verstanden und gesehen fühlen. Insofern ist Skepsis verständlich. Facilitatoren hören deshalb genau hin und spiegeln das Gehörte. Sie äußern (echtes) Verständnis und Mitgefühl für schwierige Situationen, Ärger und Frust. Gleichzeitig achten sie auf den richtigen Zeitpunkt, an dem sie einladen, und bitten, mehr von dem zu erzählen, was Menschen zukünftig wollen. Das erfordert Fingerspitzengefühl, Intuition und eine gute Beziehung zu den Anwesenden.

Praxistipp

Manchmal dauert es lange, bis Menschen sich ausreichend ernst genommen fühlen in ihrer Frustration, Hoffnungslosigkeit und in ihrem Schmerz. Facilitatoren kürzen diese Phase nicht rigide ab. Gleichzeitig laden sie (ggf. auch mehrmals) zu einem Perspektivwechsel ein: „Ich habe verstanden, was ihr nicht möchtet und wie es euch damit ergeht. Was ich noch nicht genau verstanden habe, ist, was ihr möchtet und wohin es gehen soll. Erzählt mir etwas mehr von dem, was ihr wollt …" Facilitatoren ermutigen, über den Traum zu sprechen statt über das Problem. Denn das ist motivierend, energetisierend und löst positive emotionale Zustände aus. Sie sind achtsam für den Moment, wann der Übergang im Gesprächsverlauf vom Problem zum wünschenswerten Zustand stattfinden kann.

Ein anderer Aspekt, der sich aus der Frage, was mit den Problemen ist, ergibt, bezieht sich darauf, dass sich einzelne Teilnehmende oder Führungspersonen den negativen Gefühlen und der Problemlage nicht stellen wollen. Dann werben Facilitatoren für eine ehrliche Auseinandersetzung, indem sie beispielsweise darauf hinweisen, dass AI keine „rosarote Brille" ist und kein elegantes Verfahren, mit dem Probleme unter den Tisch gekehrt werden können. Grundsätzlich gilt, dass durch Appreciative Inquiry keine Probleme ignoriert werden. Stattdessen nähert man sich ihnen von einer anderen Seite.

DISCOVERY– entdecken, was schon ist

Zu dem gefundenen bzw. definierten Kernthema werden in der Discovery-Phase Partner-Interviews durchgeführt. Standardgemäß entwickelt man dazu ausgehend von dem Kernthema die drei aufeinander aufbauenden Fragen, die dann als Interviewleitfaden für die Erkundung verwendet werden: Was ist passiert? Was hat es ermöglicht? Welche Empfehlungen wollen wir für die Zukunft ableiten? Zwei Interviewpartner erzählen sich nacheinander ihre Geschichten und Beobachtungen zu den Fragen.

Ein Beispiel-Leitfaden zum Kernthema „Magnetisierendes Arbeitsumfeld"

1. Beschreibe bitte eine Begebenheit oder Situation aus deinem Arbeitsumfeld oder einem anderen Bereich, ... den du als „magnetisierend" empfunden hast. Sei es, dass du dich durch Personen oder Umfeldbedingungen auf besonders gelungene Art und Weise unterstützt und gefördert gefühlt hast, sei es, dass du in einem außergewöhnlich erfolgreichen/angenehmen Team gearbeitet oder du dich auf spezielle Art und Weise hingezogen gefühlt hast. Berichte von einer Situation, die in diesem Sinne überaus positiv und außergewöhnlich war, sodass sie dir positiv im Gedächtnis geblieben ist.
2. Was schätzt du am meisten an dem Erleben? Und warum?
3. Was hat es ermöglicht bzw. wie konnte es dazu kommen, dass du diese gute Erfahrung machen konntest? Was waren die Faktoren des Gelingens, die all das möglich gemacht haben?
4. Mit Blick auf die Zukunft: Nenne drei Empfehlungen (oder Entscheidungen, die getroffen werden sollten), die zukünftig noch mehr solcher magnetisierenden Momente und/oder Begebenheiten in deinem Arbeitsumfeld ermöglichen würden.

Die Besonderheit der Interviewphase liegt darin, dass durch die Auswahl der Fragen der gesamte AI Summit ein erstes Mal anklingt. Ähnlich zu einer Oper, die mit einer Ouvertüre beginnt, werden alle wichtigen musikalischen Leitmotive vorgestellt. Im AI-Interview können die Teilnehmenden ihre Erfahrungen teilen, Ideen äußern und auf Basis von Empfehlungen in Kontakt mit der Zukunft kommen. Das ist besonders wichtig für aktionsorientierte Menschen, die nicht bis zum Schluss ungeduldig warten wollen, um ihre Ideen für konkretes Handeln einzubringen. Die AI-Expertin Sarah Lewis spricht von einem holographischen Beginn[202], der ganze Prozess wird in der ersten Phase abgebildet.

Der holographische Beginn führt in unserer Facilitation-Praxis dazu, dass wir oft nur die ersten beiden Phasen (Definition und Discovery) in Workshops und Konferenzen nutzen. Die beiden Phasen sind – wenn sie sorgfältig vorbereitet und mit einem Querschnitt des gesamten relevanten Systems entwickelt wurden – zusammen so stark, dass bereits hier sehr viel Material und Energie entsteht für konkrete Handlungsinitiativen (Destiny).

Das liegt nicht zuletzt daran, dass die Phase des gemeinsamen Geschichtenerzählens ein besonderes Erlebnis ist, durch das viele gute Wirkungen erzeugt werden: Menschen fühlen sich von ihrer besten Seite gesehen, sie verbinden sich über die Geschichten, sie haben von Anfang an eine gleichberechtigte Stimme und begegnen sich auf Augenhöhe.

Die so erzielten guten Wirkungen, beachtet, gehört und respektiert zu werden, übertragen sich aus der geschützten Discovery-Phase zu zweit auf die große Gruppe und die nächsten Schritte.

Praxistipp

In der Kommunikationslotsen-Praxis gestalten wir das Setting gern so, dass man sich nach dem Geschichtenerzählen zu zweit in kleinen Gruppen trifft (sechs bis acht Teilnehmende) und sich reihum die gehörten Begebenheiten erzählt. Jede Gruppe wählt dann eine Geschichte aus, die sie als besonders lehrreich für die Intention und Aufgabe betrachtet. Diese ausgewählte Geschichte wird mit allen in der Kleingruppe tiefergehend untersucht und dann für alle im Plenum ein weiteres Mal nacherzählt. Das sind besonders kraftvolle, berührende, manchmal witzige und immer unter die Haut gehende Momente.

Grundsätzlich kann in der Entdeckungsphase (Discovery-Phase) – als Alternative zu dem beispielhaften Interview-Leitfaden – zu folgenden Fragen geforscht werden:

- Wer sind wir, individuell und kollektiv?
- Welche Ressourcen bringen wir mit?
- Was sind unsere Kernkompetenzen?
- Welche Hoffnungen und Träume haben wir für die Zukunft?
- Welche hoffnungsvollen Trends erleben wir derzeit?
- Und welche Wege können wir uns vorstellen, gemeinsam zu gehen?

Alle Methoden und Moderationstechniken, die in dialog-orientierter Art und Weise helfen, Antworten und Geschichten zu diesen Fragen zu generieren, können genutzt werden. Methodisch lässt AI einen großen Spielraum zur Ausgestaltung der einzelnen Phasen. Man könnte beispielsweise auch zum Abschluss der ersten Phase eine (Land-)Karte erstellen, die alle Ressourcen, Fähigkeiten, Kompetenzen, Hoffnungen, Beziehungen, Allianzen und Ideen abbildet. Oder die Teilnehmenden sammeln auf einer Zeitleiste, was die Organisation in der Vergangenheit lebendig und vital erhalten hat und was alle davon in die Zukunft mitnehmen möchten. So entstehen Artefakte, die über eine einzelne Veranstaltung hinauswirken.

Es können auch mehrere Kernthemen (Untersuchungskorridore) auf einmal bearbeitet werden, indem zum Beispiel auf einem AI Summit mehrere Kernthemen, die alle wichtig sind für die Zukunft eines Themas oder einer Organisation, in Form eines Leitfadens vorbereitet werden. Die Teilnehmenden entscheiden auf der Konferenz und stimmen mit den Füßen ab, für welches Kernthema sie sich in diesem Moment entscheiden, nehmen sich den entsprechenden Leitfaden und suchen sich eine zweite Person, die auch Interesse an dem Kernthema hat. Zusammen starten sie den Geschichtenerzähl-Prozess. In großen Gruppen können so mehrere Kernthemen parallel bearbeitet werden.

DREAM – träumen, was sein könnte

In der nächsten Phase geht es darum, im Bewusstsein der eigenen Potenziale weiterzudenken und eine Vision zu entwickeln: Was wäre möglich, wenn wir mehr davon hätten? Wie würden wir dann leben, arbeiten oder lernen? Was wären wir dann für eine Organisation? Wie sähe unsere Welt aus, wenn wir das, was gelingt und was positiv für die Menschen und das Leben ist, mehren?

Die Bedeutung einer gemeinsamen Vision ist hinlänglich bekannt. In einem AI Summit wird diese Vision mit einer Gruppe von Menschen entwickelt, die bereits einen gemeinsamen Schritt gegangen ist. Durch das Geschichtenerzählen sind Momente des Gelingens bewusst geworden, es konnten sich Beziehungen untereinander entwickeln, Leidenschaft für die gemeinsame Sache ist entstanden. Die Vision entsteht auf einem gut vorbereiteten Feld.

Um die Visionsphase in einer Gruppe zu initiieren und zu begleiten, eignen sich viele Methoden. Erfahrungsgemäß werden Dialogverfahren (z. B. World Café, Seite 262) oder kreative und alle Sinne ansprechende Vorgehensweisen, wie zum Beispiel Visualisierung, Kunst, Rollenspiele, Phantasiereisen, Lego® Serious Play®, Handwerkliches und die Natur[203], eingesetzt. Als Facilitatoren laden wir ein, neue und erneuerte Bilder der Organisation für die Zukunft zu schaffen. Wie kann die Organisation im Idealfall aussehen, wenn heutige Konventionen und Routinen überwunden werden? Welche mutigen und innovativen Wege sind denkbar, die zudem noch einen Beitrag liefern zur Bedeutung von Organisationen angesichts globaler Herausforderungen?

DESIGN – gestalten, was sein sollte

Der besondere Moment für echten Wandel und tatsächliche Entwicklung liegt im „Design" verborgen. Während die Vision beschreibt, was sein könnte, wird nun gestaltet und bestimmt, was sein sollte. Wichtig: Die Umsetzung darf die Vision nicht auf das Machbare reduzieren. Vielmehr geht es jetzt darum, den Status quo herauszufordern, indem von den Beteiligten provozierende Zukunftsaussagen formuliert werden. Die Vision im Rücken stellt sich jede und jeder die Frage: Was wäre möglich, wenn wir tatsächlich ...? Im Amerikanischen wird von What-if-Statements gesprochen. Jetzt geht es darum, mutig und konsequent das Außergewöhnliche der Geschichten und Visionen für den Alltag, das heißt, für das tatsächliche Tun, zu formulieren.

Checkliste[204] für provozierende Zukunftsaussagen

- **Affirmativ** – sie sollten positiv formuliert sein, mit Blick auf das, was man will, und nicht auf das, was man nicht will.
- **Anspruchsvoll** – sie sollten die Mitarbeiter*innen und die Organisation herausfordern, ihre Leistung zu steigern (daher „provokativ"), aber dennoch erreichbar sein.
- **Im Präsens formuliert** – das macht es für die Menschen einfacher, sich hineinzuversetzen und es sich vorzustellen.
- **Spannend** – sie sollten so formuliert sein, dass man bereits aufgrund der Sprache und inneren Bilder Lust bekommt, dazu eine Geschichte zu erzählen oder zu hören.

Was wollen wir also von den vielen Möglichkeiten, die wir miteinander erarbeitet haben, nun konkret festhalten? Welche Leitgedanken oder What-if-Statements schreiben wir hier und jetzt als Richtschnur auf?

Beispielhafte Zukunftsaussagen zum Kernthema „Magnetisierendes Arbeitsumfeld" könnten lauten:

- Wir unterstellen aneinander eine gute Absicht.
- Wir gewähren allen Zugang zu allen Geschäftsinformationen.
- Wir können mit schwierigen und sensiblen Neuigkeiten umgehen.
- Wir schätzen die kollektive Intelligenz. Deshalb praktizieren wir bei Entscheidungen einen Beratungsprozess.
- Wir gestalten uns einen Kontext, der emotional und spirituell sicher ist, sodass wir uns authentisch verhalten können.
- Probleme betrachten wir als Einladung zum Lernen und Wachsen. Fehler einzugestehen, wertschätzen wir besonders.
- Wir übernehmen alle Verantwortung für unsere Gedanken, Worte und Handlungen.
- Wir füllen unsere Rollen mit unseren Seelen – nicht mit unserem Ego.
- Wir schaffen Bedingungen, die es uns leicht machen, uns beständig weiterzuentwickeln und Neues zu lernen.

Im Rahmen der Designphase wird manchmal, im Anschluss an die Formulierung, eine Bewertung der provokativen Aussagen vorgenommen. Hierzu sind unterschiedliche Kriterien denkbar:

- Welche organisatorische Unterstützung (z. B. durch das Management) und welche Ressourcen (Geld, Zeit und Fähigkeiten) sind für die Umsetzung nötig?
- Wie groß ist das Potenzial für einen möglichen Gewinn bzw. eine mögiche Wertschöpfung?
- Was gefällt euch an der Zukunftsaussage?
- Wie hoch ist die Lust zur direkten Umsetzung? Löst sie einen Handlungsimpuls aus?

- Welche Wirkung wird die Umsetzung erzielen, bei Stakeholdern, Kunden, in der Organisation, in der Gesellschaft, in der Natur? Werden wir gemeinsam stolz sein?

Das Ziel dieser Art von BeWERTungen ist, Antrieb, emotionalen Bezug und strategische Bedeutung auszuloten, um Entscheidungen auf Organisationsebene zu vereinfachen und abzusichern. Die Logik dahinter ist, wenn Menschen begeistert und inspiriert in der Bewertung der Zukunftsaussagen sind, dann zeigt sich darin Handlungsenergie, und die Umsetzung wird wahrscheinlicher.

Die provozierenden Zukunftsaussagen (manchmal werden sie auch Design Statements genannt) können als Ausgangspunkte für die Gestaltung von Prototypen dienen. Dazu sind besonders die Statements geeignet, die über kulturelle Aspekte hinausgehen. Wenn es um Produkte oder technische Lösungen geht, dann werden zum Beispiel Muster hergestellt. Zukunftsaussagen werden so anfassbar und sichtbar.

Exkurs: Dialogue down. Design up

David Cooperrider erzählte im Interview[205] davon, dass er die Design-Phase zunehmend wichtiger findet (in den Anfängen war es die Discovery-Phase). In Kooperation mit dem für menschenzentriertes Design bekannten Innovationsunternehmen IDEO[206] wurden z. B. in der Design-Phase Prototypen gebaut. Wenn er einen Aufkleber für ein Auto produzieren würde, dann stände darauf: „Dialogue down. Design up".

Das hört sich vielleicht überraschend an, korreliert aber mit dem, was wir tatsächlich brauchen: mehr miteinander tun und gestalten und weniger darüber reden. Wir hören immer wieder von Kunden, die davon erzählen, dass aus den vielen Gesprächen, die sie führen, keine Handlungen erwachsen, sondern nur neue Gespräche, die geführt werden müssen.

Cooperriders Anmerkung zur Bedeutung der Design-Phase weist darauf hin, partizipative Dialoge nicht wie eine Art Checkliste durchzuführen nach dem Motto: Wer hat schon mit wem geredet und wer muss noch mit wem reden? Check! Stattdessen heißt Facilitation, über die notwendigen Dialoge hinaus ins Handeln zu kommen und durch Kooperationen, die über die eigene Organisation hinausgehen, nachhaltige Lösungen direkt umzusetzen.

Gleichzeitig gilt in vielen Organisationen, dass Gespräche allgemein als Zeitverschwendung abgetan werden: Aktion wird mehr geschätzt als Dialog. Wenn Menschen sich zuhören und wirklich aufeinander eingehen und miteinander sprechen, schaffen sie mit ihren Worten die Voraussetzungen für Veränderungen. Vorstellungskraft, Bewusstseinsentwicklung und Willensbildung entstehen durch die Worte und Sätze, die Menschen in ihren Interaktionen teilen. Durch die emotionale Energie eines Gesprächs können Menschen und ganze Gemeinschaften spürbar zusammenrücken. Deshalb bedeutet es für Facilitatoren, genau hinzuschauen und Räume zu schaffen für echte Dialoge und handlungsleitende Entscheidungen, die die Wirklichkeit von Menschen, seien es Kunden, Kooperationspartner oder Mitarbeiter, spürbar verbessern.

DESTINY/DELIVERY – umsetzen was sein wird

Wenn in der Design-Phase die Vision vom Kopf auf die Füße gestellt wird, dann lernen die Füße nun laufen. Aus den provokativen Zukunftsaussagen und Prototypen werden Umsetzungspläne geschmiedet. Das geschieht zum Beispiel in einem Open Space (Seite 277). Einzelne Initiatoren nennen eine Zukunftsaussage oder eine Umsetzungsidee und beginnen noch vor Ort mit den Vorbereitungen und ersten Umsetzungs-Schritten. Das geht auch mit einfachen Arbeitsgruppen, die sich interessengeleitet im maximalen Mix (Querschnitt der Gesamtorganisation) oder in Heimatgruppen (z. B. nach Arbeitsbereichen oder Regionen) aufteilen. Egal für welches Vorgehen man sich entscheidet, es ist wichtig, dass sich selbst führende Akionsteams bilden, die die Arbeit im Dienste des Ganzen fortsetzen und die notwendigen Ressourcen erhalten.

In der Praxis zeigt sich, dass durch Appreciative Inquiry kleine Wunder in der Zusammenarbeit möglich werden. Gruppen mit unterschiedlichen Interessen und Positionen (wie das Management und der Betriebsrat) finden Wege zueinander, weil die Beteiligten …

- sich um ein wünschenswertes Kernthema versammeln,
- in einer wertschätzenden Atmosphäre zu informeller Konfliktlösung finden und weil
- ehrliche, menschliche Beziehungen über Funktionen, Bereiche und Ebenen hinaus entstehen.

Praxistipp

Im Vorfeld eines AI-Prozesses sollte mit der Pilotgruppe bzw. mit dem Primärklienten geklärt sein, welche Ressourcen für Umsetzungsschritte zur Verfügung gestellt werden können, damit die positive Energie und der Antrieb für die Umsetzung gleich in die richtigen Bahnen kommen und Fahrt aufnehmen können (Kontext des Gelingens ab Seite 147).

Eine Besonderheit in dieser letzten Phase des 5-D-Zyklus ist der Anspruch, die wertschätzende Haltung in der Umsetzungsphase zum Ausdruck und damit in die ganze Organisation zu bringen. Deshalb überlegen die Arbeitsgruppen, wie sie den positiven Geist von AI erhalten und vergrößern, wie sie die Wertschätzung kultivieren und wie sie ihre Erfolge in Zukunft feiern wollen (siehe auch Harvesting, Seite 388).

Praxistipp

Das Davor und Danach ist bei jeder Veranstaltung wichtig. Bei Appreciative Inquiry liegt (wie auch schon bei The Circle Way) die Bedeutung darin, dass es sich bei AI nicht nur um eine Methode handelt, sondern vielmehr um eine Management- und Führungsphilosophie, die neben der Haltungsebene konkrete, methodisch-operationale Handlungsweisen mitliefert. AI ist metaphorisch beschrieben die Philosophie und Idee von „Licht" und die mitgelieferte Methode ist die „Glühbirne". Es macht wenig Sinn, wenn man keine Idee von „Licht" und keine entsprechende Installation hat, aber irgendetwas mit Glühbirnen machen will. Es macht folglich auch keinen Sinn, in AI eine Methode zu sehen, die man an- und wieder ausknipsen kann.

Sich für AI zu entscheiden, bedeutet bestenfalls, sich für eine Haltung und ein positives Welt- und Menschenbild zu entscheiden, nicht nur für den Einsatz einer interessanten, dialog-orientierten Methode. Sonst heißt es: „Kennt ihr schon AI?", „Ja, haben wir auch schon mal gemacht!" Gerade weil dies ein häufig zu beobachtender Umgang mit vielen wertvollen, sozialen Technologien und Führungsphilosophien ist, empfehlen wir, sich im Vorfeld auf der Topentscheider-Ebene ausgiebig damit zu befassen, um dann eine informierte Entscheidung zu treffen. Die Auseinandersetzung mit dem wertschätzenden Blick und der radikalen Potenzialorientierung kann tiefe und langanhaltende Auswirkungen auf die Kultur einer Organisation haben. Dafür braucht es robuste Rahmenbedingungen, einen echten Willen und einen langen Atem. Wenn das nicht ausgiebig beraten und begleitet wird, dann bleibt eine einzelne Veranstaltung weit hinter ihren Möglichkeiten zurück und kann sogar ein schales Gefühl hinterlassen.

Eine wissenswerte und lehrreiche Geschichte

Vor einiger Zeit hatten wir im Rahmen der Jugendhilfe von Ostbelgien die Gelegenheit, ein fachliches Forum als Beratungsgremium für den zuständigen Minister mitzugestalten.[207] Durch die Zusammenarbeit in den Vorjahren war allen Beteiligten in der Vorbereitung klar, dass das Forum nicht nur eine Beratung für den Minister ist, sondern auch eine positive Ausstrahlung in das gesamte System haben sollte. Schon die Frage „Wer ist das ganze System?" löste intensive Gespräche aus und brachte einige (Vor-)Urteile zur Sprache. Die Gruppe einigte sich nach einiger Zeit auf eine erste mutige Entscheidung. Entgegen den sonstigen Teilnehmenden (nur Vertreter der Jugendhilfeeinrichtungen) sollten nun Vertreter*innen aus dem ganzen System eingeladen werden (z. B. auch Polizei, Gericht, Ministerium, Schulen, Vertreter aus den angrenzenden Ländern Deutschland und Niederlande).

> *„Alle Kooperationspartner rund um die Kinder und Jugendlichen waren vertreten. Wir sind gestartet mit verschiedenen Akteuren, die im Laufe der Arbeit in der Jugendhilfe auftauchen und intervenieren. Jeder arbeitet in seinem System für sich, mit seiner eigenen Handlungslogik. Durch die Zusammenarbeit mit den Kommunikationslotsen haben die Akteure die Zusammenarbeit und Kooperation beginnen und auch langfristig festigen können."*
>
> Nathalie Miessen[208]

Ausgehend von den täglichen Herausforderungen in der Zusammenarbeit der unterschiedlichen Akteure überlegten wir in der Pilotgruppe gemeinsam, worum es auf der Konferenz gehen sollte, was für alle gleichermaßen relevant war. Die Kernfrage war: Wovon wollt ihr mehr? Die Antwort war ein zähes Ringen mit einigen Versuchen und immer wieder der Erkenntnis: Das ist es nicht! Bis jemand sagte: Eigentlich wollen wir doch, dass wir bei all den Problemen, mit denen wir uns täglich beschäftigen müssen, den Blick für das Positive nicht verlieren. Dem konnten alle uneingeschränkt zustimmen. So entstand der Untersuchungskorridor bzw. das Kernthema: Fokus auf PLUS! Der wertschätzende Blick als das Fundament der Jugendhilfe.

Wir formulierten zu dem Kernthema einige einstimmende Sätze, die die Bedeutung der Wertschätzung im Zusammenhang der Jugendhilfe hervorheben sollten (siehe der Beispiel-Leitfaden auf Seite 259).

Entgegen den Annahmen, dass bestimmte Vertreter von Organisationen nicht teilnehmen würden, kamen alle Eingeladenen zum Forum. Das hatte es in dieser Form noch nicht gegeben und war bereits ein Erfolg an sich.

Neben dem Teilen von Geschichten wurden Empfehlungen für die eigene Organisation, für sich selbst und an den Minister formuliert und ihm gegen Abend feierlich im Rahmen eines Dialoges übergeben.

Der wertschätzende Umgang im Miteinander prägte den ganzen Tag und blieb auch im Fishbowl mit dem Minister erhalten, der davon sichtlich überrascht und bewegt war. So endete der erste Tag in Dankbarkeit für das Erlebte. Alle hatten sich durch den AI-Prozess daran erinnert und erneut erfahren, welch gutes Miteinander möglich ist, welche unvermuteten Potenziale sich zeigen, wie leicht Vorurteile abgebaut werden können und wie Geschichten die Menschen organisationsübergreifend verbinden.

Um die Strahlkraft von AI in die gesamte Jugendhilfe möglich zu machen, war der zweite Tag des Forums konzipiert als Trainingstag. Wir übten mit den 100 Anwesenden, Kernthemen zu formulieren, und entwickelten Interviewleitfäden, um den wertschätzenden Ansatz in die einzelnen Organisationen weiterzutragen. Ein kleiner Beitrag zur Nachhaltigkeit.

„Wir sind gestartet mit vielen engagierten Individualisten. Wir haben das Jammertal, das uns glauben lässt, dass andere vielleicht schuld sind, verlassen. Die Wertschätzung für unsere eigene Arbeit und für die des anderen rückte ins Licht und veränderte unsere Haltung. Wir haben durch diesen Prozess kontinuierlich unsere (Arbeits-)Welt verbessert. Wir können unser Ziel gemeinsam ein Stück mehr verfolgen."
Nathalie Miessen

Praxistipp

Es empfiehlt sich, einen AI-Leitfaden mit folgender Struktur aufzubauen:

- *Kernthema,*
- *einführende und einstimmende Sätze zum Kernthema,*
- *Fragen zur positiven Geschichte (und Raum für Notizen zur Geschichte),*
- *Faktoren des Gelingens in der Vergangenheit,*
- *Empfehlungen für die Zukunft.*

Um die Struktur zu veranschaulichen, fügen wir den vollständigen Leitfaden zur oben beschriebenen Geschichte ein. Er kann an jeden anderen Kontext angepasst werden; im Wesentlichen ändert sich dann nur das Kernthema und der Einführungstext.

***Beispiel-Leitfaden** für ein wertschätzendes Interview zum Kernthema: (hier) Fokus auf Plus*

„Fokus auf Plus"

Befragte(r): ______________________________

Interviewer(in): ______________________________

Ziel dieses Dialoges ist, die Kraft und die Weisheit, die in Erfolgen liegt, offenzulegen und daraus für aktuelle Aufgaben und Herausforderungen zu lernen.

Fokus auf PLUS
Der wertschätzende Blick als das Fundament der Jugendhilfe.

Wertschätzung öffnet Türen und ermöglicht Begegnungen auf Augenhöhe. Wertschätzung ist vertrauensbildend. Sie tut gut und ist ansteckend.

Mit Wertschätzung gelingt es, Potenziale zu entfalten und Ressourcen aufzudecken. Der wertschätzende Blick erleichtert das Miteinander und damit Intervention und Prävention. Wir sind auf der Suche nach Geschichten oder Anekdoten, die vom Fokus auf PLUS erzählen. Wir bitten Sie in diesem Arbeitsschritt, dass Sie nach Erfahrungen, nach Gelungenem und dem Besten suchen, was Sie in diesem Sinne bisher für sich selbst, mit Klienten, in Gruppen oder Organisationen erlebt haben.

Tipps für die Zuhörerin/den Zuhörer

- *Seien Sie ein aufmerksamer und einfühlsamer Zuhörer: Lassen Sie Ihren Partner/Ihre Partnerin seine/ihre Geschichte erzählen. Bitte erzählen Sie nicht gleichzeitig Ihre Geschichte.*
- *Seien Sie neugierig „wie ein Kind" auf die Erfahrungen des anderen. Gehen Sie den Dingen auf den Grund.*
- *Lassen Sie Ihrem Partner/Ihrer Partnerin Zeit.*
- *Erzählen Sie sich anschließend, welche für Sie die inspirierenden Sätze und neuen Einsichten waren.*

1. Zunächst bitte ich Sie, mir die Begebenheit oder Situation nachzuerzählen. (Wer war beteiligt? Was war Ihre Rolle? Wie ging es Ihnen in dieser Situation? Was war noch wichtig?)

2. Wie würden Sie die Ursachen bzw. förderliche Umstände bezeichnen, die den Fokus auf PLUS ermöglicht haben? Oder anders gefragt: Was hat zum Gelingen beigetragen? Analysieren Sie bitte die geschilderte Situation und benennen Sie die wesentlichen Erfolgsfaktoren.

3. Mit Blick auf die Zukunft: Was würden Sie empfehlen, wenn es nun darum geht, mehr dieser außergewöhnlichen Präventionserfahrungen zu ermöglichen? Was empfehlen Sie …

sich selbst ______________________________

dem Minister/der Politik ______________

Eine generische Agenda (Flow)

Diese Agenda bezieht sich auf bis zu 100 Teilnehmende. In der Praxis ist die Dauer der einzelnen Phasen abhängig von weiteren Einflussfaktoren wie Thema, Kultur, Umfeld oder Rahmenbedingungen. Daher ist der Agenda-Flow nicht als Schablone zu verstehen. Alles ist kontextpassgenau zu bedenken und für die eigene Praxis anzupassen.

Appreciative Inquiry

Tag 1

Zeit	Minuten	Was	Beschreibung
09:00	10′	**Begrüßung und Intention durch die Primärklientin**	• Anlass und Absicht • Begrüßung und Orientierung zur Philosophie von Appreciative Inquiry • Wozu das Kernthema… • Übergabe an die Facilitatorin
09:10	10′	**Check-in in Murmelgruppen**	An unserem Bereich/Team schätze ich besonders…
09:20	60′	**Discovery zum Kernthema**	Die Interviewphase: Geschichten des Gelingens zu zweit anhand eines Interviewleitfadens erzählen
10:20	20′	**Pause**	
10:40	60′	**Geschichten des Gelingens teilen in Kleingruppen (6 oder 8 Teilnehmende)**	Gruppenarbeit: Die Geschichten auswerten und die Faktoren des Gelingens bestimmen. Eine Top-Story pro Gruppe auswählen
11:40	10′	**Storytelling in zwei Gruppen**	Jede Gruppe teilt mit einer anderen Gruppe ihre ausgewählte Geschichte. Die beiden Gruppen entscheiden sich für eine Geschichte, die im Plenum geteilt werden soll, weil alle in diesem Moment daraus lernen können.
11:50	20′	**Storytelling im Plenum**	Sechs ausgewählte Geschichten werden im Plenum geteilt
12:10	10′	**Kurze Pause**	
12:20	40′	**Dream Teil 1**	• Persönliches Journaling: Was wäre möglich, wenn wir mehr davon hätten • 10 Gruppen gestalten jeweils eine gemeinsame Vision
13:00	60′	**Mittagessen**	
14:00	30′	**Dream Teil 2**	Fortsetzung der Kleingruppenarbeit
14:30	60′	**Visionen im Plenum präsentieren**	Anschließend Eindrücke zu den Visionen reflektieren
15:30	30′	**Kaffeepause**	
16:00	60′	**Design**	Gruppen formulieren ihre Zukunftsaussagen Ggf. entstehen direkt Prototypen zu den Zukunftsaussagen
17:00	15′	**kurze Pause**	
17:15	80′	**Zukunftsaussagen vorstellen**	ggf. bewerten und vereinbaren
18:35	20′	**Check-out**	Was mich heute positiv überrascht hat …
18:55	5′	**Verabschiedung durch die Primärklientin**	

Tag 2

Zeit	Minuten	WAS	Beschreibung
09:00	10′	**Begrüßung und Einstimmung in den Tag**	
09:10	60′	**Bewertung und Auswahl der Zukunftsaussagen**	Welche organisatorische Unterstützung (z. B. durch das Management) und welche Ressourcen (Geld, Zeit und Fähigkeiten) sind für die Umsetzung nötig? Wie groß ist das Potenzial für einen möglichen Gewinn (Wirtschaft, Zufriedenheit der Mitarbeitenden, für die Natur)?
10:10	120′	**Delivery mit integrierter Pause**	Maßnahmenplanung und Zeit für Prototyping zu den Zukunftsaussagen: teamübergreifend oder im Team
12:10	60′	**Vorstellung der Ergebnisse**	Feedback und Tipps zur Weiterarbeit
13:10	30′	**Verabredungen zur weiteren Umsetzung der Kultur von AI**	
13:40	20′	**Check-out**	Was waren großartige Beiträge, die andere geleistet haben? Stimmen aus der großen Gruppe.
14:00	0′	**Abschluss und Einladung zum Mittagessen**	

Appreciative Inquiry und die Glorreichen Sieben

Appreciative Inquiry ist die Entdeckung des Besten in Menschen, in ihren Organisationen und ihren relevanten Umwelten. Es ist die Kunst und Praxis, konsequent positive Fragen zu stellen, um Menschen und Organisationen zu ihrem höchsten Potenzial und Ideal zu führen. Es ist eine Einladung an Menschen, das zu entdecken und davon zu erzählen, was Leben gibt, davon zu träumen, was möglich wäre (wenn man mehr davon hätte), und das als Realität zu bestimmen, was sein soll, damit Zukunft sich wertvoll, sinnvoll und nachhaltig für alle und alles entfaltet.

Im Rahmen der Glorreichen Sieben ist Appreciative Inquiry wie eine innere Ausrichtung auf das, was funktioniert. Mit dieser Ausrichtung ist es möglich, in Organisationen, größeren Systemen und Gesellschaften zu finden, was bereits gut funktioniert, und zu vermehren, wovon alle mehr haben wollen. In Kombination mit den anderen Verbündeten der Glorreichen Sieben erhält jede Methode ein potenzialorientiertes Upgrade und die damit verbundene wissenschaftlich bestätigte positive Wirkung.

World Café

Über das World Café zu schreiben, fühlt sich an, wie Eulen nach Athen zu tragen, wie eine überflüssige Tätigkeit. Das World Café ist vielfach beschrieben worden.[209] Mehr noch, es wird auf der ganzen Welt angewendet, weil es eine – auf den ersten Blick – einfache Methode ist, die in nahezu jedem Werkzeugkoffer für Prozessbegleitung und Führung einen Platz hat. In unserer facilitativen Arbeit treffen wir auf wenige Situationen, in denen Menschen noch nicht vom World Café gehört haben.

Warum gehört das World Café zu den Glorreichen Sieben?

- Mit dem World Café haben wir eine Technik, die in *einem* Raum die Vernetzung lebendiger Systeme abbildet (dies kann auch ein Onlineraum sein). Organisationen bilden und stabilisieren sich dadurch, dass Menschen sich vernetzen. Im Organisationsalltag ist oft die Rede von „Silos" und „Blasen", in denen sich die Menschen befinden. Dadurch stocken der Wissenstransfer, die Zusammenarbeit und die Entwicklung tragfähiger Beziehungen. Im World Café passiert dagegen Vernetzung in Echtzeit an einem Ort: Know-how wird ausgetauscht, neue Ideen werden generiert und Vertrauen gebildet. Alles, was gesagt wird, kann aufeinander aufbauen, weil alle alles zeitnah mitbekommen. Die Kunst der schnellen Vernetzung und der kurzen Wege ist ein hohes Gut – nicht nur für die facilitative Praxis.
- Das World Café zeigt uns, wie es geht, frontale „Sit and Listen"-Settings zu überwinden und stattdessen auf Kreativität, Dialog und Selbstführung zu setzen. In der Fachsprache wird diese Art von beteiligungsorientierten Konferenzen als „Unconference"[210] bezeichnet. „Unconference" ist von der Idee der Gleichwürdigkeit und Expertise aller Teilnehmenden geprägt und sorgt häufig durch den informellen, nahezu familiären Charakter für Entspannung und zugleich für mehr Kontakt untereinander. Dies macht den Zugang zu eigenen Potenzialen wahrscheinlicher.
- Wir erinnern mit dem World Café auch an die Wiener Kaffeehauskultur, die als „typische gesellschaftliche Praxis" seit 2011 offiziell in das Verzeichnis des nationalen immateriellen Kulturerbes der UNESCO aufgenommen ist, nicht zuletzt, weil die Cafés einen realen und metaphorischen Ort schufen, an dem Menschen eine schönere, bessere und/oder andere Welt verhandelten.[211]

- Das World Café gleicht einer Tür in den zentralen Garten der partizipativen Methoden. Diese Metapher verwendet Juanita Brown, eine der Erfinderinnen des Formates. Sie meint damit, dass es verschiedene Türen gibt, die zu dem gleichen Anliegen führen: durch Vernetzung, mithilfe der kollektiven Intelligenz, eine Welt zu schaffen, die das Leben für alle und alles nachhaltig im Blick hat.

Diese Aspekte sind Grund genug, das World Café als eine der weltweit wichtigsten sozialen Technologien unter den „Glorreichen Sieben" aufzuführen.

Historie und Absicht

In einem Interview mit einem langjährigen Weggefährten[212] erzählt Juanita Brown von ihrer persönlichen Geschichte und der Historie des World Cafés. Schnell wird deutlich, dass die Entstehung der Methode eine weitreichende gesellschaftliche und politische Bedeutung hat. Einige Anekdoten sollen das belegen.

Juanita Brown erzählt von ihrer Mutter, die Aktivistin in der Bürgerrechtsbewegung in den USA war. In diesem Zusammenhang verteilte Juanita Brown schon als Kind politische Flyer und war zugegen, wenn denen Gastfreundschaft gewährt wurde, die sich in der Bürgerrechtsbewegung vernetzen wollten.

Als sie in der 2. Klasse war, fragte Juanita Brown eines Tages ihre Klassenlehrerin Mrs. Johnson: „Welche Hautfarbe hat Gott?" Die Frage löste unangenehme Reaktionen bei der Lehrerin hervor, und die Mutter wurde zum Gespräch vorgeladen. Im Gespräch mit der Lehrerin wies die Mutter Juanita zunächst mit den Worten zurecht, sich anständig zu benehmen, und danach fragte sie die Klassenlehrerin: „Und welche Hautfarbe hat Gott?" Auf dem Rückweg nach Hause ergänzte die Mutter auch noch: "… und ich glaube an deine Fragen!". Im World Café geht es darum, Fragen zu stellen, die an die Substanz gehen und altes Denken hinterfragen. Juanita Brown hat das schon früh gelernt und praktiziert.

Ihre Mutter war sehr engagiert in der Übernahme sozialer Verantwortung. „Mutter, warum tun wir all dies?", fragte Juanita einmal. Die Mutter antworte: „Wir tun dies, weil wir an die Demokratie glauben." Zu der Entdeckung des World Cafés und dem Erleben der damit verbundenen Wirkungen sagt Juanita Brown heute: Das World Café ist Demokratie in Aktion.

Eine weitere Spur, die in die Tiefe des World Cafés führt, geht zurück auf eine wichtige Bezugsperson von Juanita Brown, die sie besonders als junge Erwachsene prägte, ihre Nenn-Großmutter Trudy in Mexiko. Sie war Widerstandskämpferin im Zweiten Weltkrieg, wanderte aus der Schweiz aus und liebte den Dschungel mehr als die Menschen. Unter anderem setzte sie sich für den Erhalt des Regenwaldes und für die Ureinwohner ein. Dafür bekam sie im Alter von 90 Jahren den Global 500 Award[213]. Juanita begleitete sie zur Preisverleihung und fragte: „Trudy, hast du nicht das Gefühl, dass dein Vermächtnis nun vollendet ist?" „Gottverdammt nein", war ihre Antwort, „ich will kämpfend sterben".

Juanita Brown spürte sofort, als sie die Antwort der Großmutter hörte, dass sie nicht wie ihre Großmutter kämpfend sterben wollte, sie wollte liebend sterben. Und darin sieht sie im Rückblick auch eine Verbindung zum World Café: Es schafft eine Struktur, in der Menschen Beziehungen aufbauen, die geprägt sind durch gegenseitige Achtung und der Anerkennung der Integrität jeder einzelnen Person. Die Gespräche sind ein Ausdruck von Respekt und das Gegenteil von Kampf.

Die Anekdoten aus dem Leben von Juanita Browns zeigen, in welchem Geist und Kontext die Methode entstanden ist:

- in der Überzeugung, dass es entscheidend ist, welche Art von Fragen wir uns stellen,
- in der Zuversicht, dass die Art und Weise der Konversation über diese Fragen eine machtvolle Ressource für die Weiterentwicklung von Gemeinschaften sind,
- in der mannigfaltigen Erfahrung, dass gemeinsames Lernen und abgestimmtes Handeln Frieden, Gerechtigkeit und Stimmigkeit fördern.

Die zufällige Entdeckung des World Cafés

Juanita Brown und ihr Ehemann David Isaacs berichten von einem Regentag im Jahr 1995 in Kalifornien, der ihre Pläne durcheinanderbrachte. Im Rahmen eines internationalen Workshops – 24 Teilnehmende aus sieben Ländern – mussten sie aufgrund des Regens das für draußen geplante Setting spontan nach drinnen verlegen. Aus der Not heraus entstand in gemeinsamer Kreativität ein Setting mit kleinen Tischen, mit improvisierten Papiertischdecken, Blumen und Stiften auf den Tischen. Und über der Tür hing zur Begrüßung ein Willkommensschild, auf dem stand: Homestead Café[214]. Als die Teilnehmenden ankamen, stellten sie sich an die Tische, um auf die anderen zu warten, und begannen, intensiv miteinander zu sprechen. Sie erkundeten die Inhalte, mit denen sie sich am Vortag beschäftigt hatten. Es ging um intellektuelles Kapital, um das, was wir heute Wissensmanagement nennen.

Für Juanita Brown und David Isaacs schien es in der Rolle der Begleitung nicht angemessen, die angeregten und themenbezogenen Gespräche für eine offizielle Begrüßung zu unterbrechen. Als ein Teilnehmer nach einer Weile Interesse äußerte, zu erfahren, was an anderen Tischen diskutiert wurde, entstand die Idee, zwischen den Tischen zu wechseln und eine Person jeweils am Tisch zurückzulassen. Als weitere 60 Minuten vergangen waren und mehr Neugierde aufkam, was an den anderen Tischen passierte, wurde die Idee der Runden geboren. Die improvisierten Papiertischdecken dienten dazu, wichtige Erkenntnisse zu notieren und diese mit anderen Erkenntnissen zu verbinden.

Nach der dritten Runde des Wechselns sammelten die Teilnehmenden die beschriebenen Tischdecken und legten sie um ein leeres, großes Papier. Alle gingen herum und schauten, was sie geschaffen hatten. Kernpunkte ihrer Erkundungen schrieben sie auf das neue Papier, das sich nach und nach mit Verbindungen, Mustern und tieferen Einsichten füllte. Sie ernteten die Früchte ihrer Gespräche und vertieften die Konversation. Alle spürten den besonderen Moment, den sie gerade erlebten.

In der anschließenden Reflexion im „Hosting-Team" (Facilitatoren/Begleiter*innen) bemerkten Juanita Brown, David Isaacs und Finn Voldtofte (ein Freund, Kollege und Teilnehmer des Workshops), dass sie so etwas noch nicht erlebt hatten und dass es etwas gänzlich anderes war als das Dialogformat nach David Bohm, das sie am ersten Tag praktiziert hatten. Sie fanden heraus, dass der sich entwickelnde Prozess die Gruppe am zweiten Tag in die Lage versetzt hatte, auf eine Form von kollaborativer Intelligenz zuzugreifen, die immer spürbarer wurde, je mehr Ideen und Menschen von Tisch zu Tisch wanderten, neue Verbindungen hergestellt wurden und je mehr ihre unterschiedlichen Einsichten sich gegenseitig befruchteten.[215] Finn brachte den Gedanken ein, das World Café sei eine Struktur des Bewusstseins, die in die Welt gebracht wurde, um der Welt zu dienen. In diesem Moment wurde der Name World Café geboren.[216] Er (Finn) erinnerte auch daran, dass in der Geschichte der Menschheit Wissen schon immer weitergetragen wurde: früher von Dorf zu Dorf. In dem neuen Erleben von Tisch zu Tisch. Es war dasselbe Muster.

Viele, die 1995 an diesem sich selbst entwickelnden Prozess teilgenommen hatten, experimentierten in der Folgezeit damit – und schnell war klar, dass mit der Technik in einer einzigartigen Weise Kopf und Herz verbunden waren: Problemlösungsfähigkeiten und emotionale Prozesse führten zu erstaunlichen Ergebnissen in großen und kleinen Gruppen. Kollektive Intelligenz ist dank des World Cafés für viele Menschen erfahrbar.

Rund um das World Café hat sich eine weltweite Bewegung und Online-Gemeinschaftsplattform gebildet.[217] Für World-Café-Gastgeber ist es ermutigend und inspirierend, in Verbindung mit Weggefährten zu sein. Die World-Café-Gemeinschaft lädt alle Praktiker zu einer Vielzahl von Veranstaltungen und Lernprogrammen ein, um ihre Gastgeberpraxis zu stärken.

Die Komponenten

Der Grundgedanke des World Cafés ist, Menschen miteinander ins Gespräch zu bringen. Relevante, innige Diskurse im kleinen Kreis und wechselnden Gruppen. Das Besondere des World Cafés ist der Mix aus intensiven Gesprächen im kleinen Kreis (vier Personen) und der gemeinsamen Ernte im ganzen Plenum (Harvesting-Prozess). Jedes World Café ist ein Labor für bedeutsame Dialoge in Gruppen und Gemeinschaften. Die wesentlichen Komponenten, die wir näher betrachten, sind:

- Vorbereitung mit Substanz
- Fragen mit Relevanz
- Erlesene Gastgeberschaft
- Die Café-Etikette
- Die Kaffeepause und das Setting
- Die Ernte (Harvesting)
- Die Gestaltungsprinzipien auf einen Blick

Vorbereitung mit Substanz

Wie immer bei co-kreativen Vorgehensweisen ist eine gute Planung im Vorfeld wichtig, um sicherzustellen, dass die Zielrichtung allen bewusst ist und dass vor- und nachgelagerte Aktivitäten und Entscheidungen vollzogen werden können bzw. im Blick sind.

Die wichtigsten Fragen zur Vorbereitung

Während die Technik des World Cafés einfach ist, führt die Anwendung nicht automatisch zum Gelingen eines World Cafés. Im Zusammenhang mit Veranstaltungen, die World Café genannt wurden, haben wir immer wieder von Teilnehmenden gehört, dass die Absicht des Cafés nicht transparent oder der gesamte Kontext nicht gut durchdacht waren. Dies führt oft zu Enttäuschungen und in einem gewissen Grad auch zur Beschädigung der Methode – auch weil im Nachgang nichts weiter passierte. Eine Methode allein kann jedoch niemals die nicht erfolgte Rahmung und Kontextualisierung kompensieren.

Die folgenden Fragen bieten einen Überblick zu relevanten Planungsfragen, die einen Beitrag leisten, für ein von allen Seiten wohl überlegtes, durchdachtes und gut vorbereitetes World Café:

- Was soll mit dem World Café erreicht werden? Wer möchte das erreichen?
- Warum/Wozu wird dieses World Café einberufen?
- In welchen größeren Prozess/Kontext ist das World Café eingebunden? Was muss vorher passieren? Wie geht es hinterher mit den Ergebnissen weiter?
- Welche wichtigen Ereignisse finden parallel statt? Welche Auswirkungen könnten die Ereignisse auf das World Café haben?
- Wie heißt das zentrale Thema und was wollen wir in diesem World Café erkunden?
- Wie lauten die einzelnen Fragen, die uns auf wertschätzende Art und Weise tiefer in unser zentrales Thema führen (in drei bis vier Runden)?
- Wer sollte eingeladen werden bzw. muss an dieser Konversation teilnehmen, damit wir der Intention näherkommen und das erreichen, was wir erreichen möchten?
- Wer übernimmt die Café-Begleitung (Hosting bzw. Facilitation) und welche Rollen/Funktionen benötigen wir noch (z. B. Visual Facilitator)?
- Wie können wir eine Atmosphäre schaffen, die geprägt ist durch den informellen und kreativen Geist einer Kaffeepause?
- Und mit einem Augenzwinkern: Wie stellen wir sicher, dass es guten Kaffee gibt?

Praxistipp

Für die Vorbereitung eines World Cafés kann man auch ein World Café Creation Template nutzen, das die wichtigsten Fragen strukturiert und Gruppen hilft, gemeinsam an der Planung zu arbeiten. Bezugsquellen von Templates werden im Anhang „Ressourcen der Kommunikationslotsen" auf Seite 477 vorgestellt.

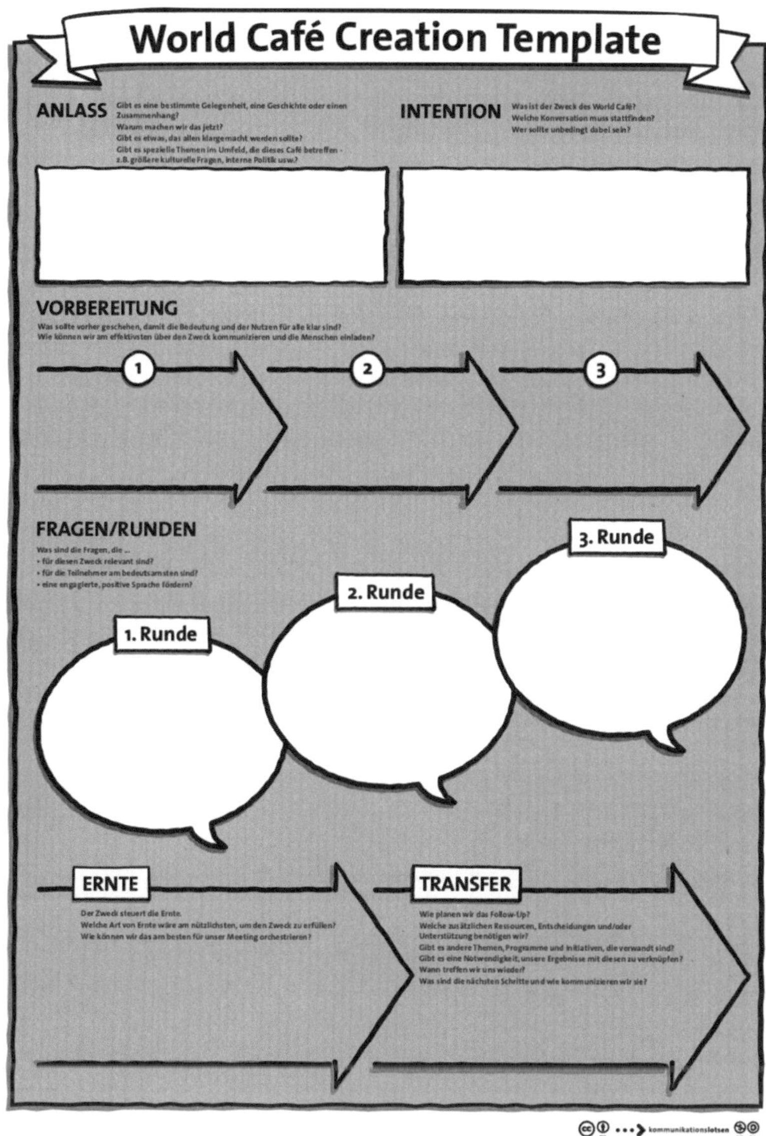

Fragen mit Relevanz

Juanita Brown und David Isaacs sehen das World Café als ein Gewächshaus der Konversation, „das die Bedingungen für die schnelle Verbreitung von umsetzbarem Wissen schafft“[218]. Die stimmigen Fragen sind der Dreh- und Angelpunkt für ein erfolgreiches World Café. Sie sind die Saat für das Gewächshaus.

„Die Nützlichkeit des Wissens, das wir erwerben,
und die Effektivität der Maßnahmen, die wir ergreifen,
hängen von der Qualität der Fragen ab, die wir stellen.“[219]

Fragen öffnen die Tür zum Dialog und ebnen den Weg hin zur Intentionsbildung und zur informierten Entscheidung. Deshalb gilt es, der Entwicklung von Fragen in der Vorbereitung besondere Aufmerksamkeit zu widmen. Die Fragen dienen als Attraktor. Sie sind spannend formuliert, sodass sie die Neugier der Teilnehmenden wecken und dem Gespräch eine positive und fruchtbare Richtung geben. Gleichzeitig sind die Fragen aber auch einfach und verständlich. Es ist sinnvoll, die Fragen in der Planungsphase in einem eigens dafür durchgeführten World Café zu testen und weiterzuentwickeln.

Praxistipp

Mit den folgenden Fragen können wir die Stimmigkeit der Fragen, die im World Café gestellt werden sollen, überprüfen.

- *Welche Grundannahmen verbergen sich hinter der Frage? Sind es eher Grundannahmen, die auf Probleme ausgerichtet sind, oder Grundannahmen, die das Lösungsdenken in den Fokus rücken?*
- *Welche Grenzen setzen wir uns selbst? Wie groß oder klein bzw. eng oder weit ist der Untersuchungskorridor? „Was wollen wir uns als Team für die nächste Woche vornehmen?" ist ein enger Untersuchungskorridor. „Was wäre in Zukunft möglich, wenn wir in der gesamten Organisation unseren Seinszweck noch mehr als bisher an den globalen Herausforderungen unserer Zeit ausrichten würden?" ist schon deutlich weiter. Bei der Formulierung von Fragen ist es daher ratsam, bewusst zu entscheiden, worauf man den Fokus richten möchte.*
- *Welche Relevanz hat die Frage für die Praxis und/oder das Leben derjenigen, die eingeladen sind? Wie können wir sicherstellen, dass die Bedeutung für jeden Einzelnen gegeben ist? Beispielsweise: Wie dient es mir, wie dient es den Menschen, wie dient es dem großen Ganzen?*
- *Ist es eine echte Frage, auf die wir bisher keine gemeinsame Antwort haben? Wie sehr akzeptieren wir die Tatsache, dass wir derzeit auf viele Fragen keine Antworten haben? Welche Fragen sollten wir uns deshalb stellen?*
- *Lädt die Frage zu frischem Denken und Fühlen ein? Wenn wir in unterschiedlichen Zusammenhängen immer wieder dieselben Fragen stellen, dann sollten wir nicht erstaunt sein, wenn wir immer wieder die gleichen Antworten bekommen.*
- *Welche Frageworte nutzen wir, um kraftvolle Fragen zu formulieren? Wozu und Wie leiten inspirierende Fragen ein: Wozu sollten wir über Fragen, die wir uns stellen, nachdenken? Wie gelingt es uns, ganz neue Fragen zu stellen? Fragen nach Wer und Wann sind demgegenüber eher kraftlos. Grammatik und Sprache helfen hier, zu energiegeladenen Fragen zu kommen.*
- *Signalisiert die Frage Kooperationsbereitschaft oder Konkurrenz? Ist sie ego-zentriert oder hat sie das Wohl größerer, gemeinschaftlicher Wirklichkeiten im Blick?*

Was noch wichtig ist:

- *Die Fragen sollten aufeinander aufbauen und dennoch trennscharf sein.*
- *Formuliert werden offene Fragen, denn im World-Café-Dialog geht es nicht um Ja oder Nein, sondern um eine gänzlich neue Gedanken- und Ideenwelt, die es gemeinsam zu erkunden gilt.*
- *Besonders wirksam sind provokante, aus dem gewohnten Denken herausrufende Fragen mit ungewöhnlichen Worten oder Wortkombinationen, um die Teilnehmenden bereits durch die Art der Fragestellung aus den Routinen des Denkens zu führen.*

Sich auf den Weg zu machen, die wirklich großen Fragen zu finden, gleicht einer Schatzsuche. Man gewinnt viel Klarheit über die Beschaffenheit des Umfeldes, und wenn man die inspirierenden Fragen gefunden hat, dann spürt man es sofort, weil der Sog, direkt mit einem Dialog beginnen zu wollen, sehr stark ist.

Praxistipp

Es ist eine bewusste Entscheidung, wie viele Fragen im World-Café bearbeitet werden. Manchmal genügt eine einzige starke Frage, die in mehreren Runden immer tiefer erkundet wird.

„Wenn ich eine Stunde Zeit hätte, um ein Problem zu lösen, würde ich 55 Minuten damit verbringen, über die richtige Frage zu dem Problem nachzudenken, und fünf Minuten über die Lösung."
Albert Einstein[220]

Erlesene Gastgeberschaft

Wie schon bei The Circle Way wird die Rolle der World-Café-Begleiterinnen als Gastgeber (Host) bezeichnet. Wer zuhause ein guter Gastgeber ist, der erfüllt die besten Voraussetzungen für diese Rolle im World Café. Alle Gäste sollen sich wohl und orientiert fühlen, denn nur dann wird es allen gelingen, sich in dem folgenden Gespräch vollkommen einzubringen.

Neben dem World-Café-Gastgeber gibt es noch Tisch-Gastgeberinnen (Table Hosts), die am Ende einer Runde ernannt bzw. auf freiwilliger Basis gewählt werden. Die Tisch-Gastgeber

- bleiben für die nächste Runde an ihrem Tisch,
- begrüßen die Neuankömmlinge,
- sorgen dafür, dass die Gäste sich vorstellen,
- regen dazu an, gemeinsam die Kerngedanken und wichtigsten Erkenntnisse der vorherigen Runde zusammenzutragen,
- laden ein, zu visualisieren, und
- haben den Umgang miteinander im Blick und sorgen im besten Fall für eine gute Atmosphäre und hilfreiche Rahmenbedingungen.

Die Tisch-Gastgeber haben nicht die Aufgabe, das Gespräch in irgendeiner Weise zu moderieren oder zu dominieren. Und noch etwas ist wichtig: Im World Café gibt es keine Zuschauer. Alle sollen die ganze Zeit dabeibleiben und mitmachen. Vornehme Zurückhaltung, z. B. der Führung, führt nur zu Missverständnissen und falschen Signalen.

Praxistipp

Laut Amy Lenzo[221], einer guten Facilitator-Kollegin und World-Café-Community-Kümmererin in den USA, wird zunehmend auf die Rolle des Tisch-Gastgebers verzichtet, denn offenbar sind die Tischgruppen auch ohne diese zusätzliche Rolle gut in der Lage, sich zu organisieren. Je weniger künstliche oder missverstandene Hierarchie an den Tischen erfahrbar wird, desto zuträglicher ist dies für die kollektive Intelligenz. Andererseits kann es hilfreich sein, jemanden zu haben, der nicht nur Neuankömmlinge begrüßt, sondern auch die Fäden zusammenbindet und für Orientierung sorgt. Dies sollte je nach Situation und Einschätzung der Pilotgruppe entschieden werden.

Die Café-Etikette[222]

Wie verhalte ich mich im World Café? Diese Frage stellen sich die Teilnehmenden in der Regel zu Beginn eines World Cafés. Die Etikette wird daher zur Eröffnung im Plenum durch die Facilitatorin erläutert. Zusätzlich kann man die Etikette beispielsweise auf Klappkarten[223] auf den Tischen verteilen.

Die Rolle der Tisch-Gastgeber

- Erinnern Sie Ihre Tischgäste daran, wichtige Ideen, Entdeckungen, Verbindungen und tiefer gehende Fragen zu notieren, wenn sie auftauchen.
- Bleiben Sie an Ihrem Tisch, wenn die anderen gehen, und heißen Sie die Neuankömmlinge von den anderen Tischen willkommen.
- Fassen Sie kurz die wichtigsten Erkenntnisse der letzten Runde zusammen und laden Sie die anderen ein, sich mit den Ideen und Entdeckungen ihrer Tischgespräche einzubringen.

World-Café-Etikette

- Lenken Sie Ihren Fokus auf das, was wichtig ist.
- Tragen Sie eigene Ansichten und Sichtweisen bei.
- Sprechen Sie mit Herz und Verstand.
- Hören Sie genau hin, um wirklich zu verstehen.
- Verbinden sie Ideen miteinander.
- Fokussieren Sie Ihre Aufmerksamkeit auf neue Erkenntnisse und tiefergehende Fragen.
- Kritzeln und malen Sie – auf die Tischdecke schreiben ist erwünscht!
- Haben Sie Spaß!

(In Anlehnung an die Etikette-Formulierung der World Café Community, www.theworldcafe.com)

Die Café-Etikette besteht aus einigen Hinweisen, die die Qualität des Dialoges fördern. Wir zitieren hier die Etikette der World Café Community:[224]

Café-Etikette

- Fokus auf das, was wichtig ist.
- Eigene Ansichten und Sichtweisen beitragen.
- Sprechen und Hören mit Herz und Verstand.
- Hinhören, um wirklich zu verstehen.
- Ideen verlinken und verbinden.
- Aufmerksamkeit auf die Entdeckung neuer Erkenntnisse und tiefer gehender Fragen richten.
- Spielen, kritzeln, malen – auf die Tischdecke schreiben ist erwünscht!
- Spaß haben!

In der Etikette spiegeln sich wichtige Aspekte zum Gelingen eines World Cafés und von Facilitation im Allgemeinen wider. Es ist eine Art Kurzprogramm für das Miteinander. Wir schreiben über diese Aspekte an vielen Stellen im Buch (z. B. im Kapitel „Sprache" auf Seite 51 oder im Kapitel „Visualisierung", Seite 357). Die Besonderheit der Etikette liegt darin, dass sie in wenigen und einfachen Punkten die gewünschte Art der Kommunikation auf den Punkt bringt.

Praxistipp

Wenn der World-Café-Gastgebende die Etikette in der Einführung erläutert und mit konkreten Beispielen veranschaulicht, dann ist es gut, auch Erfahrungen aus der Pilotgruppe mit einzubeziehen. Ist in der Pilotgruppe beispielsweise deutlich geworden, dass die Fähigkeit des Zuhörens weiterer Übung bedarf, dann ergibt sich daraus eine gute Möglichkeit für den Gastgeber, einige Sätze zur Bedeutung des Zuhörens zu teilen (siehe Seite 233, 273).

Die Aufmerksamkeit könnte auch auf das Malen und Kritzeln gelenkt werden, denn an diesem Punkt unterscheidet sich das World Café von vielen anderen Methoden. Im World Café dient die Tischdecke als großer gemeinsamer Notizzettel, der die Vernetzung der Gedanken unterstützt und beim Auffinden von tiefer gehenden Mustern und Fragen sehr hilfreich sein kann (siehe Seite 273).

Und manchmal lohnt es sich, explizit auf den Einbezug der Emotionen hinzuweisen, denn so fällt es leichter, mit Herz und Verstand zu sprechen.

Zusammen mit der erlesenen Gastgeberschaft sorgt die Etikette im World Café dafür, dass sich eine tiefe Vernetzung der Menschen und ein neues Verstehen in der Sache ereignen.

Die Kaffeepause und das Setting

Wenn wir über eine Methode schreiben, die das Wort „Café" in ihrem Namen hat, dann darf ein Abschnitt über den Kaffee und die damit verbundene Kaffeepause nicht fehlen. An die Wiener Kaffeehaus-Tradition und ihren politischen Anspruch haben wir in der Einführung erinnert. Mit Schweden gibt es noch ein weiteres europäisches Land, dass seine Kaffee-Tradition pflegt. In dem Film „Wie im Himmel"[225] sagt Lena, eine der Hauptfiguren, in einem Moment von Chaos: „Kaffeetrinken ist auch wichtig". Und dann wird erst einmal der Tisch gedeckt und alle trinken in Ruhe Kaffee. „Kaffeetrinken ist auch wichtig", das haben wir als Facilitatoren verinnerlicht, denn für das Kaffeetrinken gibt es viele gute Gründe:

- Eine Kaffeepause entspannt, weil es eine Pause ist, die man nicht direkt am Arbeitsplatz macht. Neurowissenschaftlich belegt ist die Tatsache, dass wir in einem entspannten Setting ohne großen Anspruch und vor allem ohne Stress den besten Zugang zu unseren Potenzialen haben.
- Eine Kaffeepause ist kommunikativ, da man die Pause nicht allein macht, sondern in ungezwungenen Gruppen zusammenkommt. Der informelle Austausch trägt zur Zufriedenheit bei. Die Voraussetzung dafür ist, dass keine heftigen Konflikte besprochen werden.
- Eine Kaffeepause bietet einen lockeren Rahmen, in dem es leicht ist, über Themen zu sprechen, die einen wirklich betreffen. Solche Gespräche erleben Menschen als sinnvoll und erfüllend.
- Eine Kaffeepause dient dazu, Kontakte zu knüpfen. Hierarchie ist beim Kaffeetrinken kein Thema. Das fördert eine demokratische Kultur.

Eine Kaffeepause ist in Schweden an keine Zeit und an keinen Ort gebunden – ebenso wenig wie das World Café. Nur das Setting sollte stimmen:

- Ein Raum mit ausreichend Platz für kleine, runde Tische (zum Stehen oder Sitzen) für vier bis fünf Personen.
- Zwischen den Tischgruppen sollte aus Gründen der Akustik und der Bewegungsfreiheit genügend Raum vorhanden sein.
- Die Tische sind mit weißen Papiertischdecken und ein paar Stiften/Markern ausgestattet.
- Vielleicht gibt es eine Blumenvase oder passende Tischdekoration.
- Je nach Wunsch kann Gebäck, Obst oder Süßes den Kaffee ergänzen und wird daher auf den Tischen angeboten.
- Für weitere Annehmlichkeiten sind der Fantasie keine Grenzen gesetzt. Was gehört zu einem guten Kaffeehaus? Vielleicht leise Hintergrundmusik, angenehmes Licht, …

Da das World Café als Dialog- und Workshop-Methode weltweit im Einsatz ist, gibt es verschiedene Varianten zu dem klassischen Ansatz. Nicht nur der Ort, sondern auch der Ablauf eines World Cafés kann angepasst werden, je nach der Erfahrung und dem Verständnis der Gastgebenden, wie die World-Café-Prinzipien in verschiedenen Kontexten wirksam werden können.[226]

- Wenn man mehr als drei Runden durchführt, dann kann sich die Gruppe, die in der ersten Runde zusammen war, zur Auswertung und Verbindung der Eindrücke und Erfahrungen wieder treffen.
- Die Teilnehmenden bleiben sitzen, doch die Themen wandern! Jede Tischgruppe gibt einfach einen auf einer Karte notierten Kerngedanken bzw. eine wichtige Erkenntnis an den Nachbartisch weiter. Auf diese Weise erhält jede Gruppe einen neuen Gedankenanstoß für die nächste Runde.
- Der gesamte Raum kann in mehrere Zonen eingeteilt werden. Zu verschiedenen Oberthemen finden kleine World Cafés parallel statt. Die Teilnehmenden entscheiden ggf. sogar in jeder Runde neu, ob sie von einer Zone in die nächste wechseln.
- Wie wäre es am Abend mit einem „Outdoor-Café" an mehreren „Schweden-Feuern[227]"?
- Oder mit einem „Boots-Café" auf einem See mit mehreren kleinen Ruderbooten oder Kanus (könnte nass, aber in jedem Fall lustig werden)?
- Auch von einem „Café unterwegs" in Autos und Bussen, mit Wechseln an Parkplätzen, wurde schon berichtet.

Die Ernte (Harvesting)

Wie alle co-kreativen Methoden ist auch das World Café eine hochdynamische und motivierende Erfahrung, wenn die Vorbereitungsarbeit mit Herz, Verstand und Substanz erfolgt ist. Die Teilnehmenden gehen aus den Gesprächen verändert hervor. Sie haben ihre mentalen Landkarten vergrößert, und das Verständnis füreinander wurde vertieft. Die Energie, sich mit dem Thema auseinanderzusetzen, ist gewachsen, und die Bereitschaft zur Zusammenarbeit, um etwas zu bewirken, hat sich erhöht.

Der Wert und die Bedeutung dieser Gespräche wird für alle besonders deutlich, wenn die Erkenntnisse hinterher im Kreis/Plenum vergemeinschaftet und ausgewertet werden: die Ernte[228]. In dieser Phase wird die Gruppe eingeladen, ihre Erkenntnisse und Erfahrungen aus dem World Café mit allen zu teilen. Es ist wichtig, die individuellen Eindrücke und Ideen im Plenum zu hören. Dies ermächtigt die Gruppe, Verbindungen zu sehen, relevante Bedeutungen zu erkennen und als Kollektiv bewusster zu werden. Bestenfalls vertieft sich der Dialog hier ein weiteres Mal.

Praxistipp

Reflexionsfragen eröffnen die Möglichkeit, das Erlebte Revue passieren zu lassen und daraus zu lernen.

- *Wie war es für euch, und was ist euch aufgefallen?*
- *Welche Verbindungen/Verknüpfungen konntet ihr erkennen (in den Runden oder beim Wechsel von Tisch zu Tisch)?*
- *Habt ihr interessante Geschichten oder Anekdoten gehört, die ihr mit uns allen teilen wollt?*
- *Welche vielleicht überraschenden Erkenntnisse oder Ideen gab es?*
- *Welche darüberliegende Frage bzw. welches (Meta-)Thema beschäftigt uns alle hier?*
- *Was ist aus eurer Sicht nun der nächste Schritt?*
- *Habt ihr auf eurer „kleinen Reise" jemanden getroffen, mit dem ihr das Gespräch vertiefen möchtet? Dann nutzt die nächste Kaffeepause dafür.*

Reflexionsphasen und Dialoge im Plenum sind deutlich konzentrierter, erkenntnisreicher und nachhaltiger, wenn sie im Moment des Geschehens visuell dokumentiert werden. Im weiteren Prozess ist die Dokumentation ein hilfreiches Werkzeug, um sich schnell wieder eindenken und die Qualität des Café-Prozesses wachrufen zu können.[229]

Eine fortwährende und oftmals kreative Visualisierung kommt bereits während des World Cafés durch die zum Teil kunstvoll gestalteten (Papier-)Tischdecken zum Ausdruck. Wenn es eine Vernissage, Galerie oder einen Infomarkt im Anschluss an das World Café oder als Teil der Ernte geben soll, dann wird ausreichend Platz benötigt, um die Tischdecken zu präsentieren. Oft werden Pinnwände in Form einer Arena aufgestellt, und die Teilnehmer wandern dann herum und schauen sich an, was notiert und gezeichnet wurde.

(Papier-)Tischdecken können für das World Café gestaltet und auch vorproduziert werden. Gestaltete Tischdecken haben sich bewährt, da man damit die Schreib- und Leserichtung vorgeben kann und später im Infomarkt nicht verkehrt herum lesen muss. Die gestalteten Tischdecken sind besonders praktisch, wenn sie die Fragen der jeweiligen Runden bereits enthalten. In Kooperation zwischen Neuland und den Kommunikationslotsen ist die folgende World-Café-Tischdecke entstanden.[230]

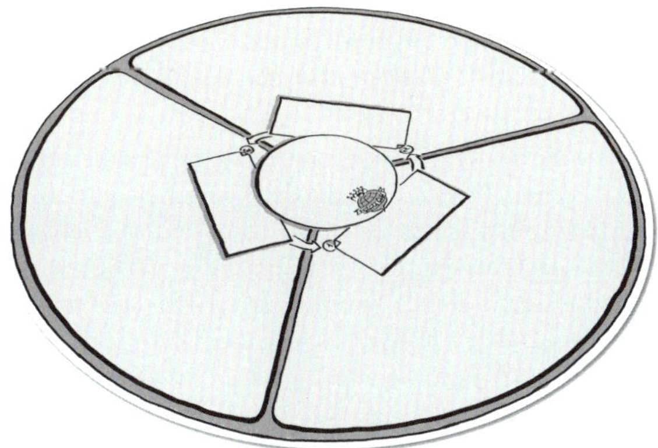

Im Rahmen der ersten europäischen Facilitator-Konferenz, die wir 2005 in Bad Honnef organisierten und begleiteten[231], wurden die einzelnen Tischdecken als Buchseiten verwendet und in ein extra für diesen Anlass produziertes, überdimensional großes Buch geheftet. Dieses Buch der Ideen und Erkenntnisse stand nach dem World Café im Foyer und konnte von allen Teilnehmerinnen und Teilnehmern im weiteren Verlauf der mehrtägigen Dialogkonferenz durchgeblättert werden. Es war ein Wissensbuch, ein emotionaler Reminder und ein Artefakt – gemeinsam gestaltet von 170 Facilitatoren aus der ganzen Welt.

Die Gestaltungsprinzipien[232] auf einen Blick

Sieben Gestaltungsprinzipien ergeben, wenn sie zusammen angewendet werden, ein sicheres Fundament für das Gelingen eines World Cafés:

1. Den Kontext festlegen: Wer soll wozu zusammenkommen?
2. Einen gastfreundlichen Raum schaffen – emotional sicher und einladend
3. Fragen erforschen, die für alle bedeutungsvoll und kraftvoll sind
4. Die Beiträge von allen wertschätzen – Zuhören und eigene Sichtweisen beitragen
5. Verschiedene Perspektiven verbinden und weitertragen
6. Nach Mustern und Einsichten suchen – durch die Qualität des Zuhörens die tiefere Bedeutung erkennen und eine Verbindung zum größeren Ganzen herstellen
7. Gemeinsame Entdeckungen teilen – die Ernte zelebrieren

Eine wissenswerte und lehrreiche Anekdote

Die Geschichte einer Umzugskonferenz

Zu Beginn unserer Arbeit mit dem World Café wollten wir es besonders richtig machen. Wir hatten den Auftrag, in einem großen Konzern ein World-Café mit 250 Beteiligten durchzuführen. Ziel war, sich mental und logistisch auf den bevorstehenden Umzug in ein neues Gebäude vorzubereiten. Der Veranstaltungsraum war wie ein echtes Café gestaltet. Die Menschen fühlten sich direkt sehr wohl und fingen an, in ihren vertrauten Runden miteinander zu sprechen. Wie methodisch vorgesehen, versuchten wir nach 30 Minuten die erste Runde zu beenden und im Plenum nach Erfahrungen zu fragen.

Zwei Schwierigkeiten zeigten sich:

1. Die Anwesenden hatten so einen großen Gesprächsbedarf, dass sie sich in ihrem Gespräch nicht unterbrechen ließen. Wir versuchten es mehrmals über die Mikroanlage. Es dauerte circa 10 Minuten, bis es im Raum still war und wir nach Einsichten und Erleben fragen konnten.
2. So laut und lebendig, wie es an den kleinen Tischen war, so still und betreten war es nun im Plenum. Keiner sagte etwas. Nach wenigen Minuten des Wartens und Schweigens akzeptierten wir, dass niemand unsere diversen Einladungen zur Reflexion annehmen wollte.

Wir führten in die zweite Runde des World Café ein und forderten alle auf, die Tische zu wechseln und zur zweiten Frage zu sprechen. Etwa die Hälfte der Menschen blieb am gleichen Tisch stehen, wie wir beobachten konnten. Sofort wurde es aber wieder laut und lebendig. Nach 30 Minuten wieder das gleiche Spiel. Es dauerte erneut sehr lange, bis die letzten ihre Gespräche beendet hatten und wir unsere Fragen zur Reflexion stellen konnten. Dieses Mal trauten sich einzelne, verhalten erste Beobachtungen zu teilen. Dabei wurde erstmalig das Thema Führung erwähnt.

Für die dritte Runde luden wir erneut zum Tischwechsel ein und stellten die Frage für diese Runde vor. Auch dieses Mal vollzog den Tischwechsel nur etwa ein Drittel der Anwesenden.

Die abschließende Harvesting-Phase war ziemlich energielos. Kaum jemand sagte etwas. Die Atmosphäre im Raum war bedrückend. Was war passiert? Was haben wir gelernt?

- In der Planungsphase hatten wir das durch Führung eingebrachte und für uns naheliegende Thema (Umzug eines Unternehmensbereichs) als gesetzt hingenommen. Wir hatten versäumt, nach anderen aktuellen, relevanten Themen in der Organisation zu fragen. Nach dem Ende des World Cafés kam ein Teilnehmer auf uns zu und sagte, der Verlauf hätte nichts mit uns zu tun. Wir wären sympathisch, aber das eigentliche Thema wäre ein Führungsthema. Alle hätten es genossen, endlich einmal darüber im kleinen Kreis zu sprechen, aber ansonsten wäre es in der Organisation ein Tabuthema. Deshalb hätte kaum jemand etwas im Plenum gesagt. Wir waren dankbar für dieses Feedback. Nun konnten wir das Verhalten im Raum besser verstehen. Wir haben gelernt, dass es manchmal schwierig ist, im Vorfeld herauszufinden, ob für eine Aufgaben- oder Fragestellung genügend Energie da ist. Oder ob es nicht ein wichtigeres Thema gibt. Unserer Beobachtung nach zeigt sich dieses Phänomen eher dann, wenn es keine Pilotgruppe gibt oder wenn die Pilotgruppe *nur* das Mandat für eine einzelne Veranstaltung mit einem gesetzten Thema bekommt. Unser Blick ist nach dieser Erfahrung geschärft.
- Für uns war es unangenehm, nach jeder Runde den Flow der Gespräche zu unterbrechen, nur um die nächste Runde und Frage anzukündigen. Das fühlte sich falsch und geradezu schädlich für den Prozess an. Seitdem verzichten wir, wann immer es geht, auf Zwischenmoderationen. In der Einführung erklären wir das gesamte Prozedere anhand eines visuellen Prozessbilds. Wir stellen alle Fragen vor und nehmen uns danach komplett zurück. Wir achten auf die Zeiten, sind präsent, stören aber nicht weiter. Mit einer Zimbel geben wir das Signal des Tisch-

Wechsels. Nach 90 Minuten bitten wir alle, mit den beschriebenen und durch kleine Kritzeleien ergänzten Tischdecken in den Kreis zu kommen. Erst dann nehmen wir uns ausführlich Zeit für die Ernte. Dieses Vorgehen passt zu unserem Facilitation-Prinzip: Keep a low profile. (Verhalte dich zurückhaltend.)

- Durch diese Anekdote haben wir noch etwas Drittes gelernt: Menschen brauchen oft die explizite „Erlaubnis", sich zu Fremden an den Tisch zu stellen. Mindestens muss eine deutliche Einladung dahingehend ausgesprochen werden. Wir erläutern das Prinzip der Vernetzung in der Einführung ausführlich und sagen dann mit einem zwinkernden Auge: „Meiden Sie Ihre Freunde! Deren Geschichten und Erfahrungen kennen Sie schon. Gesellen Sie sich zu Menschen, die Sie vielleicht von Weitem schon immer nett fanden. Heute haben Sie die Chance, diese in einem anregenden Gespräch kennenzulernen. Holen Sie sich frische Perspektiven und seien Sie gewiss, dass Fremde sehr genau zuhören bei Ihrer einzigartigen Perspektive." Diese wenigen Sätze führen zu spielerischen Kontaktaufnahmen und dazu, dass Menschen oft lachend miteinander in Kontakt treten.

Eine generische Agenda (Flow)

Die folgende Agenda bezieht sich auf bis zu 200 Teilnehmende. In der Praxis ist die Dauer der einzelnen Phasen abhängig von weiteren Einflussfaktoren wie Thema, Kultur, Umfeld oder Rahmenbedingungen. Daher ist der Agenda-Flow nicht als Schablone zu verstehen. Alles ist kontextpassgenau zu bedenken und für die eigene Praxis anzupassen.

World Café

Zeit	Minuten	Was	Beschreibung
09:00	10′	**Begrüßung und Intention durch die Primärklientin**	• Anlass und Absicht • Übergabe an die Facilitatorin
09:10	15′	**Einführung in das World Café**	Die Idee, die Vorgehensweise und die Etikette erläutern
09:25	30′	**Erste Runde zu einer bedeutungsvollen Frage**	Vierer Gruppen treffen sich an 50 Stehtischen
09:55	30′	**Zweite Runde zu einer bedeutungsvollen Frage**	• Die Frage für die zweite Runde baut auf die erste Frage auf. • Die Gruppen wechseln die Tische in einem maximalen Mix. • Die Gastgeberin bleibt am Tisch und empfängt drei neue Gäste von drei unterschiedlichen Tischen. Alle erzählen kurz von der ersten Runde, bevor sie sich der zweiten Frage zuwenden.
10:25	30′	**Dritte Runde zu einer letzten bedeutungsvollen Frage**	Die Gruppen wechseln ein drittes Mal, so dass wieder neue Menschen aufeinandertreffen. Die Gastgeberin begrüßt und alle erzählen von dem, was sie in der zweiten Runde miteiander geteilt haben. Dann beginnt der Dialog zur dritten Frage.
10:55	30′	**Pause**	
11:25	60′	**Harvesting im Plenum**	Das Setting an den Stehtischen ist aufgelöst. Alle treffen sich in konzentrischen Kreisen zum Harvesting: • Was haben wir erlebt? • Welche Einsichten haben wir gehabt? • Was nehmen wir mit und was wird unser Verhalten beeinflussen? Ein Graphic Recorder hält die Ergebnisse auf einem großen Wandbild fest.
12:25	20′	**Nächste Schritte**	Wie geht es weiter mit dem Thema?
12:45	10′	**10 Stimmen zum Abschluss**	10 Freiwillige teilen ihre Gedanken für einen guten Schluss in der Sache und mit den Menschen
12:55	5′	**Verabschiedung durch die Primärklientin**	
13:00	60′	**Gemeinsames Mittagessen**	

Das World Café und die Glorreichen Sieben

Das World Café ist ein Format, das wenig Ressourcen benötigt, um Tiefgang zu bewirken: offene Ohren, offene Herzen und eine Tasse Kaffee oder Tee. Es sorgt für schnelle Verbreitung und Umsetzung von Know-how.

Im Rahmen der Glorreichen Sieben hat das World Café seinen Platz als einfache, intuitive Methode für informelle, kreative Gespräche zu wirklich wichtigen Fragen. Wie wir dargelegt haben, gilt das „einfach“ vor allem für die Wahrnehmung der Teilnehmenden, nicht unbedingt für die Facilitatoren und die Pilotgruppe, die im Vorhinein und im Hintergrund für einen zieldienlichen Kontext sorgen. Der Teufel steckt im Detail. Eine gewissenhafte Vorbereitung mit Blick auf das Davor und das Danach sowie eine Erprobung der Fragen ist daher die Empfehlung. Dann kann ein World Café viel bewirken.

Open Space Technology (OST)

„Open Space ist einfach, aber nicht leicht."
Michael Pannwitz

Auf strategischen Konferenzen oder Workshops finden die wichtigsten Gespräche immer in den Kaffeepausen statt! Dies ist eine Erkenntnis von Harrison Owen, dem Erfinder der Open Space Technology. Tatsächlich beruht der informelle Geist einer Kaffeepause – wie auch beim World Café – auf einer kreativen und unbeschwerten Kraft, die sich viele in der eigenen Organisation wünschen. Diese Kraft heißt Selbstorganisation. Mit der Open Space Technology kann die Selbstorganisation in die Organisation „geholt" werden. Die Übersetzung „Offener Raum" bzw. „Freiraum" weist darauf hin, dass man im Open Space im Gegensatz zu vielen anderen Meeting- und Konferenzformaten vor allem freien Raum vorfindet. Raum, um sich zu gemeinsamen Themen zu treffen. Raum, um gemeinsam Lösungen zu finden. Raum, um sich als Unwissender mit anderen Unwissenden oder Neugierigen einem Thema oder Anliegen zu nähern, das für alle relevant ist.

Historie und Absicht

Die Open Space Technologie wurde unter Mitwirkung vieler Menschen und maßgeblich durch Harrison Owen entwickelt. Owen selbst nennt Open Space ein Weltprodukt, dem unterschiedliche Vordenker und Kulturen gemeinsam die heutige Form gegeben haben. Und doch ist sein Name eng mit der Methode verknüpft. Durch sein Denken und Handeln verstehen wir mehr von dem Kontext, in dem sich die Open Space Technology entwickelt hat.

Bei der Entdeckung des Verfahrens spielten Frust, Kaffeepausen, Spirit[233] und zwei Martinis eine besondere Rolle. Für Harrison Owen begann es zunächst mit einer Passion:

„Für mich ist Spirit ganz einfach das Wichtigste in meinem Leben, in meiner Arbeit und in den Organisationen, denen ich diene. Wenn er präsent ist, erlebe ich Kraft, Flow und endlose Möglichkeiten. Wenn Spirit in den Urlaub geht, ist es in der Tat ein langweiliger Tag. … Man könnte sogar sagen, dass ich süchtig nach Spirit bin. In der Tat scheint es eine lebenslange Sucht zu sein."

Harrison Owen[234]

Owen hat sein Leben auf die Suche nach Spirit ausgerichtet. Er hat viel über das Thema geschrieben, ohne es genau zu definieren, in der Annahme, dass wir Menschen erkennen, wenn wir Spirit begegnen (z. B. im Teamgeist oder wenn wir von Esprit sprechen), und dass dann wunderbare Dinge geschehen.

Sein Bestreben, das Leben „geistvoll" zu gestalten, bestand zunächst darin, Priester zu werden. Der klerikale Kragen war ihm damals lieber als der Flanellanzug. Diese Entscheidung erwies sich für ihn jedoch von kurzer Dauer. In rascher Folge wurde er Organisator für Bürgerrechtsdemonstrationen, leitete eine kommunale Aktionsgruppe, schuf städtische Programme für das Friedenskorps in Westafrika, konzipierte und leitete öffentliche und professionelle Bildungsprogramme für das Nationale Gesundheitsinstitut und setzte seinen Weg fort mit einem Job als politischer Angestellter in der Carter-Administration.

Daran anschließend wurde Harrison Owen selbstständiger Berater mit dem Schwerpunkt der Kultur von Organisationen im Wandel. Seine Suche nach Spirit begleitete ihn fortlaufend. Und Spirit kam für ihn schließlich auf höchst unerwartete Weise als das Geschenk von zwei Martinis. So beschreibt er es, wenn er von der Entstehung der Open Space Technology erzählt. Im Jahr 1983 organisierte Harrison Owen mit einigen Kollegen eine Konferenz, „das erste internationale Symposium über die Transformation von Organisationen". Nach einem intensiven Jahr der Vorbereitung fand die Konferenz mit 250 Teilnehmenden und einer Vielzahl von Rednern, Workshops und Podiumsdiskussionen statt. In der anschließenden Evaluation zeigte sich zu Owens Überraschung und Leidwesen, dass die Kaffeepausen das Beste an der Konferenz gewesen waren. Das löste nach der intensiven Vorbereitungszeit Frust bei ihm aus. Und doch stimmte er zwei Jahre später erneut zu, als er gefragt wurde, das dritte Symposium zu veranstalten. Die Erfahrung der ersten Konferenz mit der offenen Frage, wie man die Energie einer Kaffeepause mit dem Anspruch einer effektiven Konferenz verbinden könnte, hatte ihn die ganze Zeit nicht losgelassen. Wie das gehen sollte, war ihm bei der Zusage für das dritte Symposium noch nicht klar.

Aber dann kamen im Rahmen der Vorbereitung, vier Monate vor dem Datum der Konferenz, die Martinis (Cocktails) ins Spiel. Der erste Martini half ihm endgültig über den Ego-Schock hinweg, der durch das Feedback zur ersten Konferenz verursacht worden war. Und mit dem zweiten Martini begann er dann, über mögliche Alternativen nachzudenken. Er erinnerte sich an Erfahrungen in westafrikanischen Buschdörfern, wo ihm aufgefallen war, dass die Menschen sich mit Leichtigkeit und einem Minimum an Planung und Organisation zu versammeln schienen. Auch erinnerte er, dass sie immer im Kreis saßen. Vielleicht, so dachte Owen, könnte die Konferenz auch in einem Kreis beginnen. Nur, was sollte dann passieren? Ihm kam das Bild eines großen „schwarzen Brettes" in den Sinn, an der all die Dinge ausgehängt werden, die die Menschen erforschen wollten. Auf diese Weise würde die Wand zum Marktplatz, auf dem man unterschiedliche Themengruppen zeitlich und räumlich koordinieren könnte. Damit war die Vorbereitung der Konferenz für ihn so gut wie abgeschlossen. Harrison Owen betonte mit einem zwinkernden Auge, dass es auch keinen weiteren Martini mehr gab. Es folgte die Einladung zur Teilnahme an der Konferenz mit dem Prinzip: wer kommt, der kommt.

Vier Monate später führte er die Konferenz genauso durch. Zur Überraschung aller funktionierte es nicht nur, sondern die Teilnehmenden spürten eine besondere Qualität in dieser Konferenz. Die für Harrison Owen wichtigste Erfahrung war, dass sich Spirit zeigte.

> *„Nenne es Inspiration, inspirierte Leistung – nenne es, wie du willst, aber auf irgendeine undefinierbare Weise (und die Präsenz des Geistes scheint immer die Kapazität der Sprache zu übersteigen) wurde die Gruppe elektrisch, fast glühend. Sie leuchtete einfach. Dabei ging es nicht um frenetische Aktivität oder um herausragende Leistungen dieses oder jenes Einzelnen, obwohl beides vorkam. Aber die Gruppe als Ganzes zeigte ein Tempo, einen Rhythmus, einen Fluss, der gleichzeitig mühelos und von enormer Kraft zu sein schien. Uhren, obwohl vorhanden, schienen nie zu Rate gezogen zu werden. … Ich kann nur sagen, dass Spirit (mit einem großen S) aufgetaucht ist".*
>
> Harrison Owen[235]

In den ersten drei Jahren nach dieser Konferenz wurde Open Space nur einmal im Jahr für die OT-Konferenzen (International Symposium on Organization Transformation) weiter genutzt. Die Konferenzen waren lustig, aufregend und produktiv, aber niemand dachte darüber nach, was vor sich ging und warum es funktionierte.

Das änderte sich Anfang der 1990er-Jahre, als mehrere Klienten von Harrison Owen Probleme hatten, die in einer sehr kurzen Zeitspanne gelöst werden mussten. Owen bot ihnen das durch die OT-Konferenzen erprobte Verfahren an. In Ermangelung an Alternativen und mit einer gewissen Verzweiflung auf Seiten der Klienten willigen sie schließlich ein. Wieder war die Anwendung des Verfahrens ein voller Erfolg. Von hier aus verbreitete sich Open Space dann schnell und weltweit.

Mit der Open Space Technology war nicht nur das Auftauchen von Spirit verbunden, sondern auch eine Technik, die überall mit allen Themen funktionierte. Beispielsweise erzählt Owen von 400 Boeing-Ingenieuren, die die Aufgabe hatten, Türen zu verbessern, die sie für verschiedene Flugzeugtypen herstellten.[236] Mitarbeitende, die sich für Türen interessierten, wurden zu einem Treffen eingeladen. Zu Beginn des Treffens saßen alle in mehreren konzentrischen Kreisen. Nach der Einführung in die Verfahrensweise stellten die Anwesenden ihre Themen und Anliegen vor und posteten sie auf einer Pinnwand. Anschließend wurde der Marktplatz eröffnet. Die Menschen, die zusammen etwas erkunden oder entwickeln wollten, trafen sich und organisierten sich selbst. Führung – losgelöst von der offiziellen Rolle – zeigte sich dort, wo sie benötigt wurde. Meinungsvielfalt wurde als Humus für neue Möglichkeiten gewürdigt. Die Menschen, die in anderen Situationen Konkurrenten waren, wurden – scheinbar ohne Absicht oder Anstrengung – zu etwas, was nach einer wirklichen Gemeinschaft aussah. Es wurde hart gearbeitet, viel erreicht und alle hatten Spaß dabei. Dabei intervenierte niemand, keine offizielle Führungskraft bemühte sich, die Gruppe zu steuern oder zusammenzuhalten. Alles schien wie von selbst zu gehen. Am Ende saßen die Teilnehmenden wieder, wie zu Beginn, im Kreis und reflektierten die Ergebnisse und das Geschehen.

„Öffne den Raum, und Spirit taucht auf. Das war meine Erfahrung, die von einer Vielzahl meiner Kollegen geteilt zu werden scheint. Die Wirkung von Spirit in einer Gruppe von Menschen ist tiefgreifend und führt zu Ergebnissen, die oft als unglaublich, magisch und manchmal seltsam bezeichnet werden."
Harrison Owen[237]

Der Zweck von Open Space ist, Menschen zusammenkommen zu lassen, um Dinge zu besprechen, die für sie wichtig sind, und zwar auf eine Art und Weise, die effektiv, produktiv, einnehmend und angenehm ist. Damit Teilnehmende ihre eigene Agenda erstellen können, brauchen sie das Bewusstsein darüber, dass sie sowohl das Recht als auch die Verantwortung dafür haben, die ihnen wichtigen Themen einzubringen. Die dazu passende facilitative Grundannahme heißt: Wir teilen uns die Verantwortung für die Qualität (siehe Seite 170).

Erfahrungen der letzten 30 Jahre haben gezeigt:

- Mit der Open Space Technology kann man partizipativ und selbstorganisiert auf die Bedürfnisse und die Herausforderungen des Augenblicks eingehen.
- Damit ist der Einsatz in komplexen, sich schnell verändernden Situationen für fünf bis zu 2000 und mehr Teilnehmende empfehlenswert.
- Außerdem kann die Open Space Technology einfach in Veranstaltungen eingebunden und mit anderen Formaten kombiniert werden – immer mit der Idee, dass Menschen eingeladen werden, darüber zu sprechen, was ihnen wichtig ist. Ganz so, als wären sie in einer Kaffeepause.

Wichtig ist uns, aus der Open-Space-Historik heraus zwei Merkmale herauszustellen, die zudem zum Wesen von Facilitation gehören: die *Selbstorganisation*, die sich in allen lebendigen Organismen findet und die wir nutzen können bei der Begleitung von Gruppen. Und den *Spirit*. Wir verstehen darunter eine geistige Haltung, die sich aus Tatkraft, Mut und Sinn zusammensetzt und dem, wofür auch uns Worte fehlen. Wir nennen es den facilitativen Geist[238].

„Wenn wir Spiritualität von Religion trennen können, können wir Facilitation als einen Weg betrachten, Spirit in eine Gruppe zu bringen oder den gesunden Spirit bzw. die gesunden Spirits, die bereits vorhanden sind, zu befreien, um lebensspendende Entscheidungen zu treffen."
Brendan Geary[239]

Die Komponenten

Wie die Entstehungsgeschichte zeigt, wird für die Open Space Technology nicht viel benötigt, um inspiriertes und entfesseltes Arbeiten zu ermöglichen – nicht abgehoben, sondern ganz praktisch und themenorientiert auf den Punkt genau. Wie das möglich wird, reflektieren wir in den nächsten Abschnitten:

- Voraussetzungen und die Bereitschaft zum Loslassen
- Die Philosophie – fünf Prinzipien und ein Gesetz
- Die Technologie
- Friedliche Selbstorganisation

Voraussetzungen und die Bereitschaft zum Loslassen

Open Space funktioniert immer, wenn man sich an *fünf Voraussetzungen* hält, die beachtet werden müssen, damit Menschen selbstorganisiert Verantwortung für ihre Anliegen übernehmen.[240]

Benötigt wird ein *Rahmenthema*, dass für *alle* relevant und bedeutungsvoll ist. Es reicht nicht, wenn einige denken: Dazu könnten wir ja mal einen Open Space veranstalten! Das Rahmenthema wird häufig als Motto formuliert und auf einem großen Banner für alle Teilnehmenden sichtbar im Raum aufgehangen.

Ein hohes Maß an *Komplexität* muss gegeben sein. In dem Beispiel mit den Flugzeugtüren war die Komplexität dadurch gegeben, dass niemand den Überblick hatte über all die verschiedenen Details, die mit der Produktion verbunden waren. Alle Beteiligten hatten Einzelwissen, weil an verschiedenen Standorten mit unterschiedlichen Zulieferern immer wieder kleine Veränderungen stattgefunden hatten und es keine zentrale Stelle für all das Wissen gab.

Die Voraussetzung für Komplexität ist derzeit allerdings meistens gegeben – wie wir durch die Denkmodelle VUKA und BANI sowie durch die drei Arten der Komplexität gezeigt haben (siehe Seite 115 ff.).

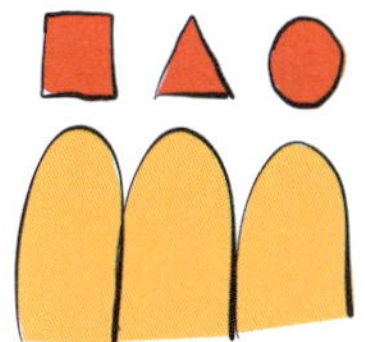

Vielfalt in Bezug auf Meinungen, Berufe, ethnische Zugehörigkeit, Geschlechter, Hierarchie oder Rollen ist eine wichtige Voraussetzung für das Gelingen eines Open Space.

Wer mit dem Pilotgruppenansatz arbeitet, sorgt immer dafür, dass Vielfalt systemweit abgedeckt wird. Die Pilotgruppe kann überprüfen und darüber reflektieren, ob wirklich ausreichend Vielfalt für den Anlass vorhanden ist bzw. wie die Vielfalt noch erhöht werden kann (siehe Rollen der Pilotgruppe, Seite 108).

Und die Pilotgruppe kann auch herausfinden, ob das Maß an Leidenschaft und *Konflikten* groß (genug) ist. Die Frage dazu lautet: Welche unterschiedlichen Ideen und Interessen gibt es in Bezug auf den Anlass bzw. das Thema? Spüren wir hier genügend Energie und starke Emotionen?

Und die letzte Voraussetzung bezieht sich auf die *Dringlichkeit*. Ein guter Ausgangspunkt für einen Open Space ist die Aussage: Wir können es eigentlich nicht schaffen, aber wir wollen nichts unversucht lassen. So ein Startpunkt hat sich beispielsweise in unserer Praxis mehrfach dann ergeben, wenn Fach- oder Expertenberatungen nach der Analyse und Beratung wieder weg waren und die Mitarbeitenden der Organisation in der Umsetzung vor einem gefühlten Scherbenhaufen standen.

Eine wissenswerte und lehrreiche Anekdote

In einer Facility Management-Organisation eines großen Industrieparks schien nach einer Reorganisation nichts mehr zu funktionieren. Beispielsweise waren die kleinen Garagen mit dem Handwerkszeug und dem Material aufgelöst und zentralisiert worden. Niemand wusste nun, wo was zu finden war. Für die Haustechniker ein frustrierendes Gefühl. Sie konnten ihre Arbeit nicht mehr in der gewohnten Schnelligkeit und Sorgfalt ausführen. Nach einem Dialog in der Pilotgruppe, in dem viele der Schmerzpunkte erstmalig ausgesprochen wurden, pilotierten wir

im kleinen Kreis die Open Space Technology. Schnell war für alle spürbar: Wenn alle ihre Anliegen und Erfahrungen einbringen, dann haben wir die Chance, gemeinsam Lösungsideen zu generieren. Konflikte waren ausreichend vorhanden, weil alle unterschiedliche Ideen hatten, wie nun bestenfalls die Situation bereinigt werden sollte. Und damit war auch die Vielfalt der Perspektiven als weitere Voraussetzung gegeben. Die Entscheidung für die Methode war gefallen.

Im Verlauf der Beratungen zeigte sich eine Herausforderung, die das kulturelle Umfeld prägte: die starke Hierarchie der Organisation. Es wurde klar, dass ein Dialog auf Augenhöhe nicht ohne Weiteres stattfinden wird, nur weil man die Methode Open Space anwendet. Der Kontext erforderte, extra etwas dafür zu tun, damit alle sehen, dass ein Dialog auf Augenhöhe nicht nur gewünscht, sondern die einzige Möglichkeit ist, um aus der für alle unbefriedigenden Situation herauszukommen. In der Pilotgruppe entstand die Idee, allen Teilnehmenden ein hochwertiges schwarzes Poloshirt zu schenken, mit der Bitte, das Shirt am Veranstaltungstag zu tragen. So sahen alle im Open Space „gleich" aus, und die sonst zwischen Blaumännern und Anzugträgern erlebte Machtdistanz wich in der Konferenz einem echten Miteinander. Dies war für alle eine wohltuende Erfahrung, die die Zusammenarbeit, sowohl im Open Space als auch im Transfer danach, positiv beeinflusste.

Bereitschaft zum Loslassen

Die fünf Voraussetzungen betreffen die Sache und die Teilnehmenden. Es gibt aber auch eine Voraussetzung auf Seiten der Open-Space-Facilitatorinnen und der Entscheider: sie müssen in der Lage sein, loszulassen. Wenn man das Geschehen kontrollieren möchte, können sich die Kräfte der Selbstorganisation nicht entfalten. Weisbord und Janoff bringen es mit ihrem Merksatz auf den Punkt:

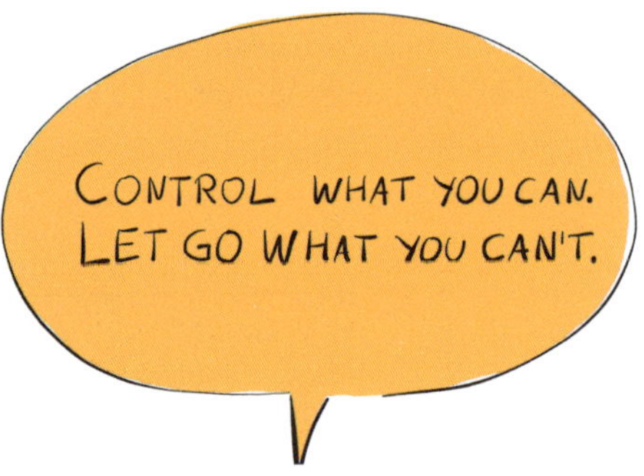

Kontrolle können wir ausüben in Bezug auf unser eigenes Verhalten, bei der sorgfältigen Planung und bei der Entscheidung zur Struktur. Während des Meetings/der Konferenz können wir als Begleiterinnen und auch als Entscheider nur noch unser eigenes Verhalten kontrollieren. Was wir nicht kontrollieren können und was wir auch nicht zu kontrollieren versuchen sollten, sind Teilnehmermotivation, Commitment und Arbeitsergebnisse.

Für die Facilitatorin zeigt sich die Bereitschaft zum Loslassen in einem weiteren Aspekt. Sie steht beim Open Space nur am Anfang für circa 15 Minuten im Mittelpunkt, wenn sie das Verfahren und die Philosophie erläutert. Danach hält sie unauffällig und zugleich präsent den Raum. Gelegentlich kann das auch bedeuten, Kaffeetassen wegzuräumen.

Ein Open Space ist einfach, aber nicht leicht. Vor allem für Entscheider und Facilitatoren ist es nicht leicht, weil beide am meisten loslassen müssen: keine Korrekturen, keine Interventionen und stattdessen dem Prozess der Selbstorganisation und den Menschen vertrauen.

Eine Sache erleichtert das Loslassen: die Givens. Givens sind die unumstößlichen Rahmenbedingungen, die eingehalten werden müssen. Wir haben über die Givens bei der Mandatierung zur Pilotgruppenarbeit gesprochen (Seite 158). Hier tauchen sie wieder auf, denn sie markieren – bildlich gesprochen – das Spielfeld. Innerhalb dieses Feldes bewegen sich alle, und wenn es weit und breit genug ist, sind Energie und Motivation spürbar. Die Givens sind ein guter Schutz und sie sorgen für einen enttäuschungs-sicheren Rahmen. Sie bewahren davor, dass Energie in etwas gesteckt wird, was im Vorfeld aus guten Gründen ausgeschlossen werden konnte, und sie bewahren vor Enttäuschung, wenn es mit Themen nicht weitergeht, die über die derzeitigen unumstößlichen Rahmenbedingungen hinausgehen.

Bei der Formulierung der Givens in der Vorbereitungsphase ist häufig die Beratungskompetenz der Facilitatoren wichtig. Sie sind die Platzhalter für das Neue und hinterfragen alles, was eingeschränkt werden soll. Sie helfen, den Raum für neue Möglichkeiten und Sichtweisen zu öffnen und bringen so einen neuen Geist oder frischen Wind in eingefahrene Denkweisen.

Und auch die Givens gilt es im Open Space loszulassen. Denn in der Einführung zum Verfahren gibt es das Versprechen, dass kein Thema abgelehnt wird. Das bedeutet, auch die Themen, die über die Givens hinausgehen oder die Ressourcen benötigen, die nicht zugesagt waren, werden auf die Agenda aufgenommen. Es hat sich in der Praxis jedoch gezeigt, dass diese Themen meistens nicht weiterbearbeitet werden und wenn doch, dann zeigen sich Ergebnisse, die überraschend gut und plausibel sind und die sich niemand vorher hätte vorstellen können.

Die Philosophie – fünf Prinzipien und ein Gesetz

Wie kommt es, dass die Open-Space-Technologie so reibungslos funktioniert? Dafür gibt es fünf Prinzipien, ein Gesetz, zwei Erscheinungen und eine Erinnerung. Die damit verbundene Philosophie wird zu Beginn in der Einführung erläutert und gut sichtbar im Raum auf Postern ausgehangen. So wird Selbstorganisation im Open Space ermöglicht. Und darüber hinaus bietet die Philosophie Orientierung für ein gutes, sinnvolles Leben.

- **Wer auch immer kommt, es ist der/die Richtige!**[241]

Richtig sind die Menschen, die im Raum versammelt sind, und die, die sich im Verlauf des Open Space zu einem gemeinsamen Anliegen zusammenfinden. Wer sich für ein Thema in eine bestimmte Gruppe begibt, hat eine Wahl getroffen. Bessere Mitstreitende sind in dieser Situation nicht vorstellbar. Jemandem nachzutrauern, den man gern in seiner Gruppe dabeigehabt hätte, ist sinnlos und unproduktiv, weil die damit verbundene Energie ins Leere läuft.

- **Was auch immer geschieht, es ist das Einzige, was geschehen kann!**

Wer ein Anliegen eingebracht hat, verbindet damit ggf. bestimmte Vorstellungen und Wünsche – auch wie der eigene Workshop verlaufen sollte. Alle Gedanken von „hätte", „sollte" und „müsste" verändern nichts. Sie kosten nur Zeit und Energie. Es ist ratsam, offen zu bleiben, was in der jeweiligen Gruppe passiert und wie es vonstatten geht. Den unerwarteten und ungeplanten Dingen Raum geben und neue Möglichkeiten entdecken, darum geht es.

Als Lebensprinzip erinnert es daran, dass das Leben geschieht, ob es uns gefällt oder auch nicht. Und wenn etwas geschieht, können wir das Geschehene nicht ändern. Deshalb ist es nützlich, von hier aus weiterzugehen mit einem lebensdienlichen Fokus und ganz praktisch mit der Frage: Was ist mit den Menschen, die hier zusammen sind, jetzt möglich?

- **Wann immer es beginnt, es ist die richtige Zeit!**

Wer definiert die „richtige" Zeit? Es sind die, die da sind. Der Beginn der einzelnen Workshoprunden ist im Open Space zwar zeitlich festgelegt, dennoch erinnert dieses Prinzip an den informellen Geist des Verfahrens. Wichtiger als der minutengenaue Start ist das richtige Gespür für den passenden Moment. Kreativität, Inspiration und Geistesblitze lassen sich nicht terminieren und dennoch bemerkt man in der Regel den guten Zeitpunkt für den Beginn – ganz praktisch zum Beispiel dann, wenn sich genügend Teilnehmende eingefunden haben.

- **Wenn es vorbei ist, ist es vorbei!**

Wenn eine Gruppe schnell zu einem Ergebnis kommt, sollte sie nicht zwanghaft (weil noch Zeit ist) zusammenbleiben und Gefahr laufen, die guten Früchte der Arbeit zu zerreden. Besser, man beendet den Workshop zu dem Thema und wendet sich anderen, noch laufenden Gruppen zu. Oder trinkt einen Tee oder Kaffee.

Das Prinzip bedeutet auch: „Nicht vorbei, ist nicht vorbei". Wenn die vorgesehene Zeit nicht ausreicht und die Gruppe das Anliegen noch nicht abschließend bearbeitet hat, hilft nur eines: einen Termin zur Weiterarbeit verabreden. Die Beteiligten wissen, wann ein guter Zeitpunkt für das Ende gekommen ist.

Als Lebensphilosophie ist mit diesem Prinzip die Praxis des Loslassens und die Anerkennung der eigenen Endlichkeit gefragt (siehe Seite 36).

- **Wo immer es geschieht, ist der richtige Ort!**

Das fünfte Prinzip ist „eine Einladung zu bemerken, dass all die wunderbaren Dinge, die *in* einer Open-Space-Veranstaltung auftreten, nicht an der Ausgangstür des Veranstaltungsortes haltmachen müssen. In der Tat passieren Meetings und Arbeitsgruppen während eines Open Space und auch danach an allen möglichen Stellen und Orten und das darf auch so sein."[242] Deshalb ist das Entscheidende, was passiert, und *nicht, wo* es passiert.

- **Das Gesetz der zwei Füße**

Das Gesetz der zwei Füße – oder auch Mobilitätsgesetz – ist kein Gesetz im Sinne der Verfassung. Es besagt nur: Wenn du dich zu irgendeinem Zeitpunkt in einer Situation befindest, in der du weder lernst noch etwas beiträgst, dann nutze deine zwei Füße. Bewege dich an einen Ort, an dem du wirklich sein möchtest. Das Gesetz der zwei Füße ist ein wichtiges Lebensprinzip, das auch außerhalb eines Open Space (oft unbewusst) unser Verhalten steuert. In einem langweiligen Meeting ist beispielsweise nach kurzer Zeit der Aufmerksamkeit nur noch der Körper anwesend. Kopf und Herz sind lange schon „weitergewandert". Der Open Space lädt ein, anzuerkennen, wenn wir weder etwas lernen noch etwas beitragen können, ist es ratsam, den Ort zu wechseln. So haben wir die Chance, mit jedem Schritt unser Leben ganzheitlicher, sinnvoller und vitaler zu gestalten.

Harrison Owen erwähnt in diesem Zusammenhang das seit 1945 offizielle Motto des US-Bundesstaats New Hampshire: „Live Free or Die“ (deutsch: „Lebe frei oder stirb“)[243]. Er schreibt:

> *„Die guten Menschen im Bundesstaat New Hampshire (USA) mögen zu übertriebenen Aussagen neigen, aber ich kann ihnen nur zustimmen. Ihr Motto: Frei leben oder sterben. Ehrlich gesagt, glaube ich nicht, dass man wirklich eine Wahl hat. Wenn das Leben auf enge Räume beschränkt ist, stirbt es fast zwangsläufig. Oder vielleicht noch schlimmer – ein solches Leben ist nicht lebenswert. Das Gesetz der zwei Füße ist das Herz und die Seele von Open Space, und, noch tiefer, des Lebens selbst. Wenn wir Angst haben oder vergessen, unsere beiden Füße zu benutzen, wird das Leben zu einer bewegungslosen Hülle. Erstarrt. Tot. Das Gesetz der zwei Füße ermöglicht unsere Reise. Es öffnet den Weg zum Herzen der Frage. Oberflächlich betrachtet mag es so aussehen, als würden wir nur unsere Wünsche befriedigen, uns selbst erfreuen. In Wirklichkeit nähern wir uns der Schnittstelle des Lebens und der ehrfürchtigen Gegenwart des Heiligen.“*
>
> Harrison Owen[244]

Gehe dorthin, wo es dich interessiert. Bleibe in keinem Workshop, der dir uneffektiv erscheint. Stimme permanent mit den Füßen ab. Das reduziert große Egos und starke Meinungen und macht jede Person für die Qualität des eigenen Beitrags und des eigenen Lernens verantwortlich.

Hummeln und Schmetterlinge

Wer sich nach dem Gesetz der zwei Füße verhält, sorgt mit dafür, dass zwei Erscheinungen im Open Space sichtbar werden. Die „Hummeln“ ziehen von einer Gruppe zur nächsten und transportieren dabei unmerklich Ideen, Stimmungen und Neuigkeiten. Hummeln sind Menschen, die irgendwann zu einer Gruppe dazukommen. Im Open Space erkennen wir die Chance, dass sie gute Ideen mitbringen und heißen sie herzlich willkommen. Die „Schmetterlinge“ dagegen sieht man eher an der Kaffeebar oder im Park wandeln. Dies ist ausdrücklich „erlaubt“, denn hier geht es um Selbstorganisation und Menschen mit eigenem Antrieb. Systemisch gesehen bilden Schmetterlinge „aktionsfreie Zonen“. Und wo nichts vorgesehen ist, ist Platz für Neues – auch für neue Themen, die für den Gesamtprozess wichtig sein können und die durch Schmetterlinge in den Prozess eingebracht werden.

Und dann gibt es noch die Erinnerung: *Sei darauf vorbereitet, überrascht zu werden!* Es ist eine Einladung, sich zu öffnen für Größeres und Anderes, für etwas, was die eigenen Vorstellungen übertrifft und aus dem Bisherigen herausragt.

Genau solche Überraschungen sind schon in vielen Open-Space-Konferenzen weltweit vorgekommen. Die fünf Prinzipien, das Gesetz, die zwei Erscheinungen und die Erinnerung sind im Wesentlichen eine Einladung, auf die Potenziale und Ressourcen der versammelten Menschen zu vertrauen, Pläne und Vorurteile loszulassen und sich im vorbereiteten Rahmen auf die Selbstorganisation zu verlassen.

Die Technologie

Den Raum eröffnen

Es beginnt im Kreis. Die Begleiterin eröffnet den Raum, indem sie den Kreis abschreitet und dabei alle Teilnehmenden anschaut. Sie weist auf die Kompetenzen und Fähigkeiten der Menschen im Raum als die wichtigsten Potenziale für das Rahmenthema hin. Sie zeigt, wie es praktisch geht, eigene Anliegen einzubringen, und macht vor, wie die Anliegen auf die bis dahin leere Agenda kommen. Anschließend lädt sie ein, der Philosophie von Open Space zu folgen und erläutert dazu die fünf Prinzipien, das Gesetz, die zwei Erscheinungen und die Erinnerung (siehe Seite 283). Nach der Einführung in das Rahmenthema, die Arbeitsweise, und die Philosophie[245] von Open Space haben alle Teilnehmenden die Möglichkeit, Anliegen einzubringen, an denen sie mit anderen arbeiten wollen. Etwas, das unter den Nägeln brennt oder auf dem Herzen liegt, wofür Bereitschaft besteht, Verantwortung zu übernehmen.

> ***Praxistipp***
>
> *Die Kunst der Einführung in ein Open Space ist entscheidend für die Qualität der Anliegen. Die Begleiterin steht an dieser Stelle für einen kurzen Zeitpunkt im Zentrum und ist sichtbar als Modell. Die Einführung hat eine wichtige rituelle Funktion, denn hier werden die äußere Struktur gesetzt und die inneren Räume geöffnet. Dies ist ein wesentlicher Hebel für das Gelingen. Deshalb sollte sie gut vorbereitet sein – mit der entsprechenden Open-Space-Haltung und ganz konkret durch eine Sprechweise, die Marvin Weisbord mit „No throw away lines" beschreibt: Kein Satz zu viel und keiner zu wenig!*

Im Open Space ist grundsätzlich jedes Anliegen innerhalb des Rahmenthemas willkommen. Dieses Rahmenthema zeigt allen Beteiligten die Zielsetzung und/oder den Untersuchungskorridor des Meetings auf und hängt am besten in Form eines Mottos auf einem Banner sichtbar im Raum.

Agendasetting

Wer ein Anliegen einbringt, tritt in den Kreis, schreibt seinen Namen und einen kurzen Titel auf ein Anliegenblatt und stellt sein Anliegen vor: „Ich heiße …, mein Anliegen ist …"

Anschließend pinnt sie oder er das Anliegen an die Anliegenwand. Auf vorbereiteten Haftnotizen oder selbstklebenden Moderationskarten stehen die Anfangs-/Endzeiten und die möglichen Treffpunkte in Form von Symbolen oder Nummern. Die Initiatoren wählen eine Zeit und einen Ort. Nun wissen alle, wann und wo dieses Anliegen bearbeitet bzw. besprochen wird.

Praxistipp

Die Phase der Agenda-Erstellung ist für viele Facilitatorinnen und auch für die anwesenden Führungskräfte die schwierigste Phase, denn in diesen Minuten wird Vertrauen und Gelassenheit, Zuversicht, Ruhe und vor allem Präsenz gebraucht. Einerseits ist es für Facilitatorinnen wichtig, Menschen zu ermutigen, sich mit ihren Anliegen zu melden, und andererseits ist es genau so wichtig, einer Gruppe gleichzeitig zu „erlauben", zunächst mehrere Minuten zu schweigen, nachzudenken und sich dabei gut und richtig zu fühlen.

Anliegen werden oft spontan, aus dem Bauch heraus und manchmal auch mit ein klein wenig Überwindung eingebracht. Sie landen nach und nach – wie Wellen – auf der Anliegenwand. Dabei kann es auch längere Pausen geben, bevor ein nächstes Anliegen auftaucht. Dafür kann es verschiedene Gründe geben:

- Einigen ist das eigene Thema noch nicht klar. Sie ringen um eine gute Formulierung oder warten erst einmal ab, was sonst noch eingebracht wird.
- Andere betreten nicht gern den großen Kreis oder sprechen nicht gern vor anderen.
- Einzelne fragen sich, was die anderen zu ihrem Anliegen denken, und haben Sorge vor negativer Bewertung oder, dass keiner kommt.
- Und vielleicht spüren einige auch, dass mit ihrem Anliegen ein echtes Risiko verbunden ist.

Facilitatoren sollten davon ausgehen, dass in dieser Phase in den Köpfen und Herzen der Anwesenden, auch wenn es äußerlich still ist, viel hin- und herbewegt wird. Es ist wichtig, diese Situation mit all den unterschiedlichen Energien genießen zu lernen. Das bedeutet auch, gelassen mit der Angst oder anderen unangenehmen Gefühlen der Anwesenden umzugehen. Auch Stille kann für einige der Anwesenden beängstigend sein. Das zeigt sich z. B. im Gesichtsausdruck. Menschen werden manchmal auch unruhig und rutschen auf dem Stuhl herum oder sie schauen etwas panisch auf die Facilitatorin. Jede Gruppe und jede Situation sind anders. Deshalb gibt es kein Rezept, sondern nur das eigene Ermessen für den Zeitpunkt, an dem die Fascilitatiorin das Agenda-Setting für den Moment beschließt und den Marktplatz eröffnet.

Der Marktplatz

Etwa eine Stunde nach Konferenzbeginn ist die zu Beginn leere Anliegenwand (z. B. drei oder vier nebeneinander gestellte Pinnwände) gefüllt mit Themen und Anliegen der Initiatorinnen und Initiatoren. Innerhalb kurzer Zeit entsteht nun ein „lebhafter Marktplatz", ein Austausch über die Agenda.

Alle tragen sich namentlich auf den Anliegenblättern ein. Das gibt den Einladenden ein Gefühl dafür, wie groß das Interesse an ihrem Thema ist. Initiatorinnen und Initiatoren erläutern bei persönlichen Nachfragen nochmals ihr Thema, zwei Gruppen erkennen ihr gleiches Anliegen und legen ihren Workshop gegebenenfalls zusammen. Andere Workshops werden eventuell zeitlich verschoben, um einigen, die an zwei gleichzeitig statt findenden Workshops teilnehmen möchten, den Besuch zu ermöglichen.

Die Arbeit in selbstgewählten Gruppen

Anschließend beginnen die Gruppen parallel und selbstorganisiert zu arbeiten. Sie teilen sich ihre Arbeitszeit und Pausen im vorgegebenen Zeitraster selbst ein. Jede Gruppe fasst ihre Ergebnisse und Vereinbarungen in Arbeitsberichten eigenverantwortlich zusammen.

Morgenrunden und Abendnachrichten

Jeweils morgens (Morgenrunden) und abends (Abendnachrichten) treffen sich alle Teilnehmenden im Kreis oder in konzentrischen Kreisen. Die Begleiterin koordiniert diese Treffen. Dabei gibt es die Möglichkeit, wichtige Erkenntnisse, relevante Fragen, neue Anliegen und Verabredungen für alle hörbar auszusprechen. Ein weiterer Aspekt dieser Treffen im gesamten Kreis ist, dass sich die Gruppe in ihrer Gesamtheit wahrnimmt, bevor sich wieder alle auf den Weg – in die nächste Gruppe oder abends nachhause oder auf ihr Zimmer – machen. Auf diese Weise lernen Großgruppen sich zu koordinieren und allmählich ein funktionierender Organismus zu werden.

Berichte aus den Gruppen

In der letzten Phase eines Open Space erhalten alle Teilnehmenden den „Bericht". Das ist die Dokumentation aller Arbeitsgruppenergebnisse (digital oder analog). Diese Dokumentation wird nun von allen Teilnehmenden gelesen. Alle bekommen auf diese Weise mit, was insgesamt gelaufen ist und bei welchem Thema sie ggf. noch mitmachen oder etwas nachfragen wollen. Eine Alternative zu dem Bericht sind Templates zur Dokumentation und Ergebnissicherung, die bereits in den Gruppen an Flipchart oder Pinnwand im Dialog- und Erkundungsprozess ausgefüllt wurden.

Diese Ergebnisplakate funktionieren hervorragend für eine „Galerie der Ergebnisse“ oder einen „Infomarkt“, auf dem sich die Teilnehmenden für eine Zeit lang tummeln, um sich zu informieren, weitere Ideen zu generieren und Kontakt mit den Initiatorinnen und allen, die auch an dem Thema gearbeitet haben, zu knüpfen. Beide Formate – „Bericht lesen“ und eine „Galerie/Infomarkt besuchen“ – lassen sich kombinieren in dem Sinne, dass es einerseits für alle den Bericht schriftlich gibt und dass es zusätzlich vorgesehen ist, sich an den Pinnwänden/Flipcharts zu treffen.

Handlungsplanung
Obwohl in den Open-Space-Gruppen mit großer Wahrscheinlichkeit bereits über nächste Schritte und Umsetzungsideen gesprochen wurde, gibt es eine gesonderte Handlungsplanung. Diese hat zum Ziel, dass sich alle Anwesenden dort verabreden können, wo sie an den Transfermaßnahmen mitarbeiten wollen. Es wird ausdrücklich darauf hingewiesen, den Kalender bzw. die Planungs-App mitzubringen, sodass alle, die möchten, sich konkret verabreden können. Die Prinzipien und das Gesetz gelten auch hier. In den Gruppen werden Verabredungen zur Weiterarbeit und Umsetzung getroffen. Die dafür benötigten Ressourcen und Rollen, Arbeitsweisen und Zeiten werden geplant, sodass für alle transparent ist, wann, wie und mit was es in den nächsten Wochen weitergehen wird.

Kategorien können helfen, die Weiterarbeit zu organisieren:

- A – Ab morgen ohne weitere Entscheidung umsetzbar
- B – Nächste Schritte benötigen eine Managemententscheidung
- C – Gedankenaustausch: keine koordinierte Handlung nötig

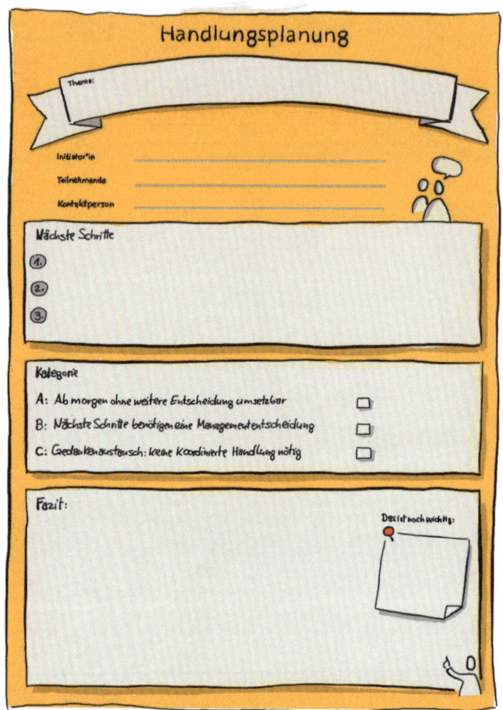

In großen Systemen mit sehr vielen Anliegen ist es manchmal wichtig, die Handlungsplanung mit Blick auf das jetzt Machbare zu gestalten. Besonders dann, wenn sich bereits im Vorfeld (Pilotgruppe) gezeigt hat, dass so viel zu tun ist und nicht alles gleichzeitig angepackt werden kann, empfiehlt sich eine Priorisierung. Die Gruppe wählt, zum Beispiel durch eine Punkteabfrage, zehn Anliegen/Themen aus, die sowohl dringend als auch wichtig sind. Damit entscheiden alle gemeinsam, was bevorzugt umgesetzt werden soll. Zu diesen zehn Anliegen/Themen findet dann die Handlungsplanung in Freiwilligengruppen statt.

Abschluss

Zum Abschluss berichten alle Teilnehmerinnen und Teilnehmer von ihren Eindrücken und Erlebnissen – ein Check-out aus dem Open Space. Positive Energie und echtes Commitment werden deutlich. Es ist beeindruckend, wie viel Potenzial frei wird, wenn alle an den Anliegen arbeiten, für die sie im Open Space aufgestanden sind und ihre Füße in Bewegung gesetzt haben.

Praxistipp

Nach einem Open Space braucht grundsätzlich keine Gruppe auf irgendetwas oder irgendjemanden zu warten. Alle können und sollen nach eigenem Ermessen und Tempo die Arbeit in den Gruppen fortführen. Zugleich empfiehlt es sich, ein Auswertungstreffen mit der Pilotgruppe und dem Managementteam zu vereinbaren, um alle Anliegen einzeln durchzugehen: Wie kann die Unterstützung für die einzelnen Gruppen aussehen? Gab es Fragen oder Wünsche seitens der Initiatorinnen? Welches Thema braucht eine Richtungsentscheidung durch die Führung? Wo braucht es Ressourcen? Alle Initiatorinnen bzw. Kontaktpersonen der Gruppen erhalten baldmöglichst jegliche Unterstützung zur Weiterarbeit an den Themen und, wo nötig oder gewünscht, eine direkte Rückmeldung zu Fragen oder Entscheidungen durch das Managementteam.

Exkurs: Open Space und die Kinder

Wenn wir uns gemeinsam mit den Klienten fragen, wer alles zum relevanten System gehört, dann kommen wir in vielen Fällen zu der Erkenntnis, dass Kinder und Jugendliche dazu gehören und mit eingeladen werden müssten, weil sie von den Auswirkungen betroffen sein werden. Oft scheuen sich Klienten, Kinder einzubeziehen, aber Kinder *können* Open Space. Sie erinnern sich leicht an den Kreis und vor allem, sie haben noch keine Vorbildung im Sinne von Führung und Management und wie es „richtig" ist. Sie verstehen das Vorgehen intuitiv, nehmen sich das Mikro und stellen ihr Anliegen vor. Sie beleben die Konferenz. Es ist faszinierend, ihnen zuzuschauen, vor allem wenn sie zwischendurch spielen. Unsere Partnerin Nicole Hackenberg[246] schreibt zu ihren Open-Space-Erfahrungen mit Kindern:

> *„Der Open Space gibt einen sicheren Freiraum, den Kinder – besonders junge – selbstverständlich füllen. Sie sind neugierig und erkunden die Möglichkeiten bis ins letzte. Sie sind ergebnisoffen und geben sich dem Moment hin. Sie lieben das Spiel und kommen so auf großartige Ideen. Sie warten nicht auf das/den/die Richtige/n, sondern nutzen den Moment. Sie bringen oftmals eine frische Perspektive ein und sehen Möglichkeiten statt Hindernisse. Kinder haben eine klare Sprache und beschönigen nicht. Sie übernehmen Verantwortung für ihre Leidenschaft."*
>
> Nicole Hackenberg, Facilitatorin, Partnerin der Kommunikationslotsen

Kinder sind die Zukunft. Vielleicht ist eine der vordringlichsten Aufgaben für Facilitatoren und Facilitative Leader, sie konsequent und nachhaltig in unser Denken und Handeln einzubeziehen. Viel mehr und mutiger als bisher.

Friedliche Selbstorganisation

Der Open-Space-Prozess basiert so umfassend wie kein anderes der in diesem Buch vorgestellten co-kreativen Formate auf Selbstführung und Selbstorganisation.[247] Nach der Einführung durch die Facilitatorin macht die Gruppe alles allein. Die Facilitatorin begleitet zwar noch die Treffen am Morgen und am Abend, wird aber kaum wahrgenommen, denn die entscheidenden Beiträge leisten die Teilnehmenden. Open Space funktioniert ausschließlich mit der Energie der anwesenden Menschen, die zu jeder Zeit selbst entscheiden, womit und wie sie sich beschäftigen wollen. Und in diesem selbstorganisierten Prozess entsteht schnell eine friedliche Stimmung. Dafür gibt es verschiedene Gründe:

1. **Niemand bringt leichtfertig Themen ein.** Das exponierte kleine Ritual beim Agendasetting, in der Mitte des Kreises zu stehen, den eigenen Namen zu nennen und dann zum Anliegen einzuladen, braucht Mut, Verantwortungsbereitschaft und Leidenschaft für das Thema. Im Open Space kommen nur Themen auf die Agenda, die Herzensanliegen der Menschen sind – das spüren alle im Raum.
2. **Kein Thema wird abgelehnt.** Diese Zusage ist ein Friedensangebot. Niemand muss darum kämpfen, dass das eigene Anliegen auf die Agenda darf. Es gibt keine Bewertung durch die Gruppe, z.B. durch die Frage: „Möchtet ihr dieses Anliegen wirklich?" Alle eingebrachten Anliegen werden gleichbehandelt und mit einer Zeit und einem Ort versehen – unabhängig davon, wer sie eingebracht hat. Darin liegt eine besondere Chance für die Menschen, die aufgrund der Strukturen in der Organisation im Alltag nicht gehört werden.

3. **Die Arbeitsweise in den kleinen Gruppen wird frei gewählt.** Dabei muss niemand beweisen, dass eine andere Frage besser wäre oder für die Arbeitsweise eine andere Form gewählt werden sollte. Alle, die im Verlauf der Zusammenkunft nichts lernen oder beitragen können, sind aufgefordert, die Gruppe zu ehren, indem sie die Gruppe verlassen. Auch das ist ein Beitrag zum Frieden, weil die weiter zusammenarbeiten können, die sich über das Anliegen verbunden haben, und jene ohne großes Aufheben weiterziehen können, die dies wollen.
4. **Das Gesetz der zwei Füße ist die Absicherung dafür, dass niemand in einer Gruppe eingesperrt ist.** Das trägt maßgeblich zum Frieden bei, weil so heftige emotionale Reaktionen jederzeit selbst reguliert werden können. Menschen können gehen und sollten es auch, um das, was sie betrifft, in Ruhe außerhalb der Gruppe zu reflektieren. Gleichzeitig sorgt das Gesetz auch für eine inhaltliche Selbstregulation. Wenn niemand der Einladung zu einem Anliegen folgt, dann kann sich der Initiator fragen, woran das gelegen hat: Falsche Zeit, falsches Thema oder niemand, außer er selbst, hat die Weitsicht für dieses Thema? Meistens ist damit ein persönlicher Lernprozess verbunden. Lernen tun auch die Menschen, die sich nach kurzer Zeit allein wiederfinden, wo eben noch eine Gruppe war. Meistens betrifft das Kontrollfreaks oder Vielredner, die jedoch sehr selten im Open Space auftauchen, weil allen klar ist, dass es auf ein gutes Miteinander ankommt, nicht auf Kontrolle und nicht auf Monologe.
5. **Menschen, die im Alltag oft konfliktiv verbunden sind (Management und Betriebsräte, konkurrierende Einheiten, Führung und Mitarbeitende) treffen sich im Open Space in einem entspannten Rahmen**, in dem sie sich menschlich begegnen. Es wird in völliger Freiheit so lange miteinander gesprochen, bis einer das Gefühl hat, es wäre besser zu gehen. Erstaunlicherweise ist das Ringen um die Sache in so einem friedlichen Rahmen einfacher als in jedem anderen Setting.
6. **Alle wissen, niemand muss fertig werden.** Entscheidungen können getroffen und nächste Schritte vereinbart werden, wenn die Zeit dafür reif ist. Wenn nicht, dann gibt es explizit die Einladung über den Open Space hinaus, an dem Thema weiterzuarbeiten. Das wirkt entspannend, denn Spannungen und Druck bleiben draußen.
7. **Niemand kennt die genaue Agenda im Vorfeld.** Meinungen und Ansichten bilden sich oder verändern sich im Tagesgeschehen. Das ermöglicht offene Gespräche und überraschende Begegnungen während der Konferenz. Es führt zu weniger Lobbyarbeit und Politik im Vorfeld.
8. **In einem Open Space treffen alle Kräfte aufeinander,** die chaotischen Kräfte, die konfliktiven Kräfte, die Verwirrungskräfte, die Strukturierungskräfte, die Kräfte der Erneuerung und die des Bewahrens. Alle Kräfte des gesamten relevanten Systems befinden sich in einem Raum. Und wenn die unterschiedlichen Kräfte tatsächlich willkommen sind, dann entsteht aus dem Zusammenspiel der Kräfte ein Gefühl von Frieden und Ganzheit.[248] Menschen erleben das und schöpfen neuen Mut.
9. **Konflikte werden im Open Space dadurch aufgebrochen, dass der vermeintliche Konfliktpartner in einem anderen Kontext plötzlich etwas sagt, mit dem man sich selbst auch identifiziert.** Open Space ermöglicht Menschen, sich gegenseitig anders zu hören, zu sehen und zu verstehen. So werden neue, oft auch unerwartete Gemeinsamkeiten entdeckt. Das Schwarzweiß-Denken bekommt Grautöne und wird manchmal sogar bunt, weil sich unerforschte Möglichkeiten zeigen – im Sowohl-als-auch oder durch das Finden von ganz anderen Wegen, raus aus festgefahrenen Routinen.

Eine Folge der friedlichen Selbstorganisation im Open Space ist, dass unmerklich Persönlichkeitsbildung stattfindet. Das Gesetz der zwei Füße liefert direktes Feedback zu Meinungen, Einstellungen, Verhaltensweisen. Das Erlebnis des selbstgesteuerten Miteinanders bringt neue

Möglichkeiten der Zusammenarbeit hervor und hilft dabei, eigene Annahmen und Vorurteile zu überprüfen. Wenn sich Organisationen entscheiden, nicht nur einen Open Space durchzuführen, sondern die Philosophie und das Verfahren in den Alltag zu integrieren und z. B. Meetings nach diesen Prinzipien zu gestalten, dann entwickelt sich eine immer größer werdende Bereitschaft und Fähigkeit, Verantwortung zu übernehmen. Da niemand gezwungen ist, eigene Themen einzubringen, können sich alle die Zeit nehmen, die sie brauchen, bis sie eines Tages selbst in die Mitte gehen und zu ihrem Anliegen stehen und sprechen. Sie haben verinnerlicht, dass es keiner für sie tun wird. Diese Form der Persönlichkeitsbildung ist ein wichtiges Anliegen von Facilitation. Der Open Space ist ein perfektes Lernfeld dafür. Im Open Space können wir uns zur Freiheit des Lebens hin entwickeln.

Praxistipp

Als Open-Space-Fascilitator könnte man auf die Idee kommen, die eigene Rolle wäre nicht wichtig. Das stimmt auch auf eine äußerlich beobachtbare Weise. Energetisch leisten Open-Space-Begleiter jedoch einen wichtigen Dienst für die Gruppe, indem sie den Raum halten. Das heißt, sie sind präsent, ausgeglichen und gelassen. Sie strahlen aus: Es ist alles in Ordnung. Um das zu können, ist es gut, sich mit einer eigenen Praxis innerlich darauf vorzubereiten:

- *nicht einzugreifen, wenn widerstrebende Kräfte spürbar werden,*
- *als Begleiter demütig und bescheiden zu sein, was den eigenen „Glanz" angeht,*
- *Einsamkeit auszuhalten,*
- *mit Phasen der Stille umgehen zu können und die Kraft der Stille zu kennen,*
- *gelassen zu bleiben und auf die Prinzipien zu verweisen, wenn Störungen auftreten. Vor allem dann, wenn sogenannte Space Invader auftauchen. So werden im Open Space Kontrollfreaks genannt. Kontrolle ist der größte Feind der Selbstorganisation.*[249]

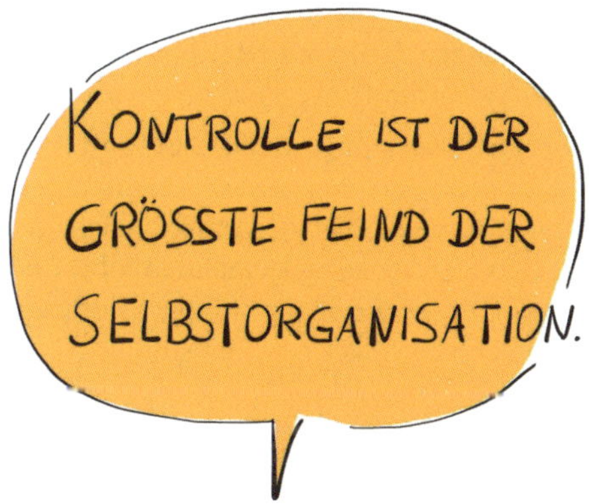

Um Raum für andere öffnen zu können, schützen Facilitatoren den eigenen inneren Raum. Folgende Fragen und Anregungen können dabei helfen:

- *Wie sieht meine Praxis der Persönlichkeitsentwicklung aus? Habe ich eine Praxis? (Meditation, Yoga, Natur …)*
- *Wie praktiziere ich die Prinzipien? Bin ich bereit, überrascht zu werden? Wie frei bin ich, mich als Hummel oder Schmetterling durch das Leben zu bewegen? Wie zeigt sich das Gesetz der zwei Füße in meinem Alltag?*
- *Mitunter ist ein Prinzip für die innere Arbeit besonders herausfordernd: Wer auch immer kommt, es ist der/die Richtige! Die Frage dazu lautet: Was kann ich jetzt von dieser Person lernen? Wieso ist sie die Richtige? Eine schöne (nicht leichte) Übung für jeden Tag.*

Zwei wissenswerte und lehrreiche Anekdoten

Wir führen seit über 20 Jahren Open-Space-Konferenzen durch und es stimmt, sie funktionieren immer, wenn man die Voraussetzungen einhält und in der Lage ist, wirklich loszulassen. Zwei Erfahrungen haben sich besonders eingeprägt. Wir haben viel daraus gelernt.

Wir sind bereit, so lange zu warten, bis die Anliegenwand gefüllt ist.
In einer Pilotgruppe wurden in der Vorbereitungsphase vielfach Frust und Verletzungen thematisiert. Alles, was wir aus dem System (menschlich, inhaltlich, emotional) hörten, sprach für uns für die Methode Open Space. Deshalb probierten wir mit der Pilotgruppe das Verfahren aus. Schnell kamen die drängenden Themen auf den Tisch und alle spürten: Ja, das sind genau die Themen, über die wir reden müssen.

Wir vertrauten dem Prozess, führten am Tag der Konferenz in den Open Space ein und betonten den wohltuenden Charakter der Kaffeepause. Wir bestätigten mit Nachdruck, dass alles freiwillig sei (das Gesetz der zwei Füße) und beschrieben die Schmetterlinge, die man vielleicht ausschließlich an der Kaffeebar findet. Nach der Einführung setzten wir uns hin und gaben das Startzeichen für die Anliegensammlung. Von den 200 Teilnehmenden stürmten – wie auf Kommando – gefühlte 150 Menschen zur Kaffeestation, die 50 Meter entfernt von den konzentrischen Kreisen aufgebaut war. Wir schauten uns an. So etwas hatten wir bis dahin noch nicht erlebt. 150 Menschen, die sich einen Kaffee holen, hält niemand auf. Wir versuchten äußerlich ruhig zu bleiben und warteten, bis die Teilnehmenden nach und nach mit ihren Kaffeetassen in der Hand zurückkamen. Sie brachten dann auch – zögerlich und langsam – ihre zentralen Anliegen ein. Die Konferenz wurde trotz dieses einmaligen Starts ein Erfolg. Hinterher konnten wir herzlich über diese Situation lachen.

Seit der Erfahrung, dass der Drang zur Kaffeebar (wir unterstellen gute Gründe dafür) stärker sein kann, als die eigenen Anliegen einzubringen, beenden wir unsere Einführung zum Open Space immer mit dem Satz: „Wir (Begleiterinnen) sind jetzt bereit, mit Ihnen zusammen so lange zu warten, bis Ihre Anliegen an der Wand sind."

Harrison Owen verwendet in diesem Zusammenhang folgende Formulierung: „Ich habe wirklich keinen Plan B, und ich bin durchaus bereit, den ganzen Tag hier zu stehen, bis etwas passiert."[250] Wir gehen einen Schritt weiter und sagen, *bis die Anliegenwand gefüllt ist*, weil wir durch und mit der Pilotgruppe erfahren haben, dass es viele Themen gibt, und es braucht „nur" Mut und vielleicht Zeit, diese aufzurufen. Die Vorbereitung in der Pilotgruppe gibt uns die Gewissheit, dass die Voraussetzungen für den Open Space gegeben sind.

Der blaue Teppich
In einer großen Stadt gab es vor einigen Jahren eine Familienoffensive, die der Oberbürgermeister beauftragt hatte. Er wollte, dass alle Ämter dabei einbezogen werden. Die Zuversicht, dass Beteiligung ernst gemeint wäre, wurde aufgrund vergangener Erfahrungen stark angezweifelt. In der Pilotgruppe hörten wir: „Wir sind schon so oft gefragt worden und nie ist etwas passiert. Wir haben eigentlich kein Interesse mehr, hier mitzuwirken!"

Diese Aussage erklärte uns, warum die Beteiligten in dem bisherigen Planungsprozess so lustlos und uninteressiert erschienen. Nach den ehrlichen Worten, die der vorhandenen Skepsis und Enttäuschung Ausdruck verliehen, veränderte sich die Pilotgruppenarbeit. Es wurde lebendig und ein echtes Miteinander wurde erfahrbar. Uns veranlasste die Gefühlslage und die bisherigen Erfahrungen der Teilnehmenden dazu, um ein gesondertes Gespräch mit dem Oberbürgermeister zu bitten (in Absprache mit der Pilotgruppe). Wir wollten herausfinden, wie ernst es ihm mit der Beteiligung war. Diese Absicherung brauchten wir für unsere Integrität, denn Scheinbeteiligung wollten wir nicht unterstützen, und den Open Space wollten wir vor jeglicher Instrumentalisierung schützen. Der Oberbürgermeister sicherte zu, Entscheidungen aufgrund der Ergebnisse zu treffen und den Menschen die Themen auch nach dem Open Space zu lassen und sie in der Weiterarbeit in ämterübergreifenden Gruppen mit Ressourcen zu unterstützen. Damit hatten wir wichtige Voraussetzungen für das Gelingen geklärt.

Im weiteren Verlauf der Vorbereitung ging es um den physischen Raum, in dem die Veranstaltung stattfinden sollte. Auch das war aus unserer Perspektive eine Hürde. Der Open Space sollte in einer Turnhalle in einer Schule stattfinden und die Workshops in den Schulklassen Platz finden. Räume haben eine große Wirkung, der wir uns praktisch nicht entziehen können. Räume sind mit Erlebnisnetzwerken im Gehirn verbunden, die automatisch aktiviert werden, wenn wir diese Räume betreten. Wir fragten in der Pilotgruppe: „Wäre es zieldienlich, wenn alle Teilnehmenden des Open Space, die mit Schule verbundenen Netzwerke und die damit verbundenen Emotionen aufrufen?" Schnell war allen klar, dass wir kreativ tätig werden müssen, um genau das zu umgehen. Bei einer Ortsbesichtigung planten wir die Umgestaltung der Turnhalle in einen einladenden Open-Space-Raum. Dazu gehörten vor allem große (Leih-)Pflanzen und ein blauer (Messe-) Teppichboden, ausgelegt in der gesamten Turnhalle. Nachdem wir alles eingerichtet hatten, war die Halle wie verwandelt.

Der große Raum, dessen Ästhetik nun spürbar war, beflügelte die Menschen, die ihnen wichtigen Anliegen einzubringen und das Gesetz der zwei Füße zu nutzen. Bei diesem Open Space entstanden viele überraschende, ämterübergreifende Ergebnisse. Die Teilnehmenden brachten am Ende ihren Dank zum Ausdruck und betonten immer wieder die besondere Wirkung des blauen Teppichs, auf dem so viel Magie spürbar wurde. Der Teppich wurde zum Symbol für ein neues Erleben und für die neue Form der Zusammenarbeit. Das veranlasste uns, beim Auswertungstreffen mit der Pilotgruppe zu überlegen, was wir mit dem blauen Teppich nun tun könnten, wie wir seine Wirkung weiter nutzen könnten. Am Ende wurde der Teppich in kleine Teile geschnitten und alle (über 200), die teilgenommen hatten, bekam zur Erinnerung an den Open Space ein Stück davon. Im Rahmen einer Kunstaktion in einer Grundschule waren die kleinen Teppichstücke gerahmt und verziert worden. Dieses kleine Geschenk, verbunden mit Zusagen zur Umsetzung, zu ersten Entscheidungen und Ressourcen für die Gruppen, hielt die Motivation noch lange aufrecht.

Etwas so Profanes wie der blaue Teppich wurde durch den Tag und das, was auf ihm stattgefunden hatte, zu einem wichtigen und wirksamen Symbol für die Sache und die Menschen. Das hatte keiner geplant oder kommen sehen. Es passierte einfach so. Harrison Owen würde sagen: Spirit hat sich gezeigt.

Eine generische Agenda (Flow)

Diese Agenda bezieht sich auf bis zu 300 Teilnehmende. In der Praxis ist die Dauer der einzelnen Phasen abhängig von weiteren Einflussfaktoren wie z. B. Thema, Kultur, Umfeld oder Rahmenbedingungen. Daher ist der Agenda-Flow nicht als Schablone zu verstehen. Alles ist kontextpassgenau zu bedenken und für die eigene Praxis anzupassen.

Open Space

Tag 1

Zeit	Minuten	Was	Beschreibung
09:00	15′	**Begrüßung und Sinnstiftung durch die Sponsorin**	• Dank an die Pilotgruppe • Einführung in das Motto • Übergabe an die Facilitatoren
09:15	10′	**Kennenlernen in Sitznachbarschaften und Check-in**	Die Teilenehmenden machen sich untereinander bekannt in dem Bereich, in dem sie sitzen und erzählen sich gegenseitig, welche Aspekte zum Motto ihnen besonders wichtig sind.
09:25	20′	**Einführung in das Open Space Verfahren**	• Den Open Space Geist beschreiben • Das Thema und die Arbeitsweise • Die Philosophie
09:45	30′	**Agendasetting**	Die Anwesenden gestalten die Agenda der Tage mit ihren Themen
10:15	20′	**Marktplatz**	Teilnehmende tragen sich zu den Workshops ein und verhandeln gegebenenfalls, ob Themen zeitlich verlegt oder zusammengelegt werden.
10:35	15′	**Pause zum Übergang**	
10:50	90′	**Arbeit an Themen: Runde 1**	In selbstgewählten und sich selbst steuernden Gruppen zum Motto arbeiten
12:20	0′	**Durchgehendes Mittagsbufett von 12:00 – 14:00 Uhr**	
12:20	90′	**Arbeit an Themen: Runde 2**	In selbstgewählten und sich selbst steuernden Gruppen zum Motto arbeiten
13:50	90′	**Arbeit an Themen: Runde 3**	In selbstgewählten und sich selbst steuernden Gruppen zum Motto arbeiten
15:20	90′	**Arbeit an Themen: Runde 4**	In selbstgewählten und sich selbst steuernden Gruppen zum Motto arbeiten
16:50	45′	**Aufbau Infomarkt und Kaffeepause**	Alle Ergebnisplakate werden für alle sichtbar im Raum ausgehängt
17:35	30′	**Infomarkt**	Teilnehmende schauen sich zu zweit die Ergebnisplakate der drei Sessions an und reflektieren die Ergebnisse.
18:05	55′	**Abendnachrichten**	• Wichtige Erkenntnisse im Plenum teilen • Weitere Themen für den nächsten Tag ergänzen • Verabredungen für den Abend treffen
19:00	0′	**Abendessen und get together**	

Tag 2

Zeit	Minuten	Was	Beschreibung
09:00	10′	**Begrüßung und Rückblick**	
09:10	15′	**Morgenrunde**	• Weitere Themen, wichtige Hinweise, neue Ideen und Erkenntnisse • Orga für den Tag
09:25	90′	**Arbeit an Themen: Runde 5**	In selbstgewählten und sich selbst steuernden Gruppen zum Motto arbeiten
10:55	60′	**Treffen im Plenum**	Gesamtübersicht aller Ergebnisse
11:55	65′	**Handlungsplanung in kleinen Gruppen**	Nächste Schritte und Verabredungen zur Weiterarbeit in Freiwilligengruppen
13:00	60′	**Mittagsimbiss**	
14:00	60′	**Abschlussplenum**	Vergemeinschaften: Wer macht was mit wem? Zusagen: Wie geht es weiter mit dem Prozess?
15:00	60′	**Check-out**	Das Mikro wandert durch alle Reihen und alle sind eingeladen, etwas für einen guten Abschluss in 60 Minuten Gesamtzeit zu sagen
16:00	10′	**Dank und abschließende Worte durch die Sponsorin**	

Open Space und die Glorreichen Sieben

Open Space bedeutet, einen offenen Raum für Selbstorganisation und Eigenverantwortung zu nutzen. Besonders kennzeichnend sind der Spirit, der entsteht, und die friedliche Atmosphäre, die sich über den ganzen Raum ausbreitet. Die Open Space Technology gehört zu den Glorreichen Sieben, weil die zugrunde liegende Philosophie dazu beiträgt, bewusst und intensiv – auch im Alltag – zu leben. Die Kostbarkeit, Freiheit und Verantwortung für die eigene Lebensgestaltung werden allen durch die Prinzipien, das Gesetz und durch die Hummeln und Schmetterlinge auf freundliche, humorvolle und klare Weise vor Augen geführt.

Open Space hat auch deshalb einen Platz bei den Glorreichen Sieben, weil das Format direkt mit dem bekannten Western „Die glorreichen Sieben" verbunden ist. Zur Erinnerung: In dem Filmklassiker werden sieben Abenteurer angeheuert, um ein mexikanisches Dorf zu befreien, das regelmäßig überfallen wird. Open Space ist ein Peacemaker („Friedensbringer"), ein Tool für mehr Frieden in der Welt.

Real Time Strategic Change/Whole Scale Change

„Die Kraft, wirklich die Erfahrung zu machen„„ein Hirn und ein Herz" zu werden, verleiht jeder Organisation eine unbestreitbare Ausrichtung und Stärke, und dieses Ergebnis ist es, worauf die Whole-Scale™-Veränderungsmethodik basiert."[251]

Kathleen Dannemiller

Whole Scale Change und Real Time Strategic Change (RTSC) sind Denkweisen und Formate, die sicherstellen, dass Veränderungen in Echtzeit in einer gesamten Organisation stattfinden. Die unterschiedlichen Namen sind historisch bedingt (dazu mehr im nächsten Abschnitt). Die Bezeichnung „Real Time" basiert auf der Idee, dass Veränderung in Echtzeit in einer gesamten Organisation ermöglicht werden kann. Durch eine bestimmte Abfolge von Phasen und damit verbundenen Fragestellungen gelingt es, sich in einer Großgruppe innerhalb von zwei bis drei Tagen mit gemeinsamen Werten und Zielen strategisch neu auszurichten.

Wir konzentrieren uns im Folgenden auf das mit Whole Scale Change/RTSC verbundene methodische Handwerk zur Co-Creation in großen Gruppen und ganzen Systemen (und nutzen zur Verdeutlichung abwechselnd die Begriffe „RTSC-Konferenz" und „Wandel in Echtzeit-Konferenz").

Damit sich dieser Wandel in Echtzeit ereignen kann, stellen wir die Formel für Veränderung vor und beschreiben ihren Einsatz in der Praxis. Wir ergänzen diese Formel durch neurowissenschaftliche Erkenntnisse, die wegweisend sind für die Gestaltung und Durchführung nicht nur von RTSC-Konferenzen, sondern letztlich für alle Großgruppenformate, die einen Wandel in Echtzeit anstreben (siehe Neuro Facilitation, Seite 364). Das erhöht zwar die Komplexität für Facilitation, gibt aber mehr Sicherheit im Tun und fördert das Gelingen.

Historie und Absicht

Für manche ist es verwirrend: Wie heißt es nun wirklich, Whole Scale Change oder RTSC? Ein Blick in die Geschichte hilft bei der Orientierung. Beide Formate haben dieselben Wurzeln in den frühen 1980er-Jahren in den USA. Kathie Dannemiller († 2003) und Chuck Tyson gründeten 1984 Dannemiller Tyson Associates (DTA), um Organisationen dabei zu helfen, schnelle und dauerhafte Veränderungen zu erreichen.

Das erste große Projekt von DTA war eine Zusammenarbeit mit der Ford Motor Company, die damals versuchte, ihre Kultur von „Befehl und Kontrolle" hin zu einem partizipativen Stil zu bewegen.

Diese frühen beteiligungsorientierten Managementseminare von Ford waren das erste Mal, dass große Gruppen von Führungskräften aus verschiedenen Ebenen und Funktionen zusammengebracht wurden, um in einem gemeinsamen Gruppenprozess zu denken und zu planen. Eine Auftraggeberin von damals erinnert sich:

> *„Ich wusste nicht, wen ich brauchte – ich wusste nur, dass sie mir dabei helfen mussten, etwas für ein ganzes Unternehmen auf einmal zu entwerfen, etwas, das die Führungskräfte aufschrecken und erfreuen und überzeugen würde, so wie die Fertigungswelt von Ford das Streben nach Qualität verinnerlicht hatte. Ich brauchte Löwendompteure mit Sinn für Humor. Und Herz."*[252]
>
> Nancy Lloyd Badore, Ford Motor Company

Diese Löwendompteure waren damals Kathleen Dannemiller, Chuck Tyson, Al Davenport und Bruce Gibb. Sie gestalteten eine Veranstaltung, die im Leben der teilnehmenden Führungskräfte unvergessen bleiben sollte und die letztlich die Ford Motor Company veränderte. Alle Geschäftsbereiche waren vertreten. Die Führungskräfte verstanden sich gegenseitig, die Mitbewerber und den Markt zum ersten Mal als ein zusammenhängendes, energiegeladenes, fokussiertes und abgestimmtes Ganzes. Sie erstellten strategische Pläne, die sich alle zu eigen machten, und änderten die Managementstrukturen und die Art und Weise, wie Entscheidungen getroffen wurden – alles, um die gemeinsamen Ziele zu unterstützen.

Das waren die Anfänge von Real Time Strategic Change. In der Folge entstanden Grundlagenwerke zur strategischen Arbeit mit Organisationen und großen Gruppen. 1994 veröffentlichte Robert W. Jacobs, Partner bei DTA, das Buch „Real Time Strategic Change"[253]. Jacobs schreibt darin: „Kathleen Dannemiller ist eine der Erfinderinnen des einzigartigen und leistungsstarken Ansatzes für organisatorische Veränderungen, der in diesem Buch beschrieben wird." Kurze Zeit später verließ er DTA und machte sich selbstständig. Dannemiller Tyson Associates entwickelte sich weiter und nannten ihre Arbeit fortan Whole Scale Change.[254] Der Begriff „Whole-Scale" wurde gewählt, um zu verdeutlichen, dass sie in ganzen Systemen und auf allen Ebenen arbeiteten – mit allen, von allen, für alle.

Matthias zur Bonsen schrieb das deutschsprachige Grundlagenwerk zu RTSC.[255] Deshalb nutzen wir auch den im deutschen Sprachraum eingeführten Begriff „RTSC" oder Wandel in Echtzeit-Konferenz – ohne zu vergessen, dass wir Kathleen Dannemiller und dem Konzept des Whole Scale Change sehr viel Inspiration für Facilitation verdanken. Kathie war mehr als 30 Jahre lang eine leidenschaftliche Verfechterin der ganzheitlichen Systemveränderung. Sie berührte jeden Menschen, ob er nun ein paar Minuten oder ein ganzes Leben mit ihr verbrachte,[256] und ihr Grundprinzip gilt bis heute: „Menschen unterstützen das, was sie mitgestalten!"

Sie verstarb 2003, nicht ohne eine wichtige Botschaft für uns Facilitatoren zu hinterlassen:

> *„Und so, nächste Generation … wir Pioniere ziehen in die nächste Lernumgebung und überlassen euch diese. Mein Auftrag an euch, bevor ich gehe, ist der folgende: Steht auf den Schultern der Pioniere, die vor euch gegangen sind … ehrt uns und lernt von uns … und dann springt in die Zukunft mit neuen und robusten Konzepten, die mehr sein werden, als wir alten Hasen uns je erträumt haben. Ihr seid die kreativen Köpfe dieses sich entfaltenden Jahrtausends."*
>
> Kathleen Dannemiller [257]

Die Komponenten

Durch eine Reihe von Aufgaben arbeiten Teilnehmende in einer Wandel in Echtzeit-Konferenz daran, ein gemeinsames Verständnis ihrer aktuellen Realität zu erzielen, sich mit einer Vision der Zukunft bzw. mit gemeinsamen Zielen zu verbinden und die entsprechenden Aktionsschritte zur Umsetzung zu gehen. Die ersten Schritte dazu finden direkt auf der Konferenz statt.

Aufgrund der hohen Anpassungsfähigkeit der Konferenzdramaturgie werden Wandel in Echtzeit-Konferenzen sowohl in der Wirtschaft als auch im kommunalen und institutionellen Sektor gleichermaßen eingesetzt. Die Anwendungsfelder reichen von dialogorientierten Jahrestagungen großer Mitgliederorganisationen über Fusionen, Veränderungs- und Integrationsprozesse bis hin zu Bürgerbeteiligungs-Projekten der Regional- und Stadtentwicklung. RTSC holt (wie auch schon Open Space und Appreciative Inquiry) das ganze relevante System in einen Raum. Das Besondere an dem Konzept sind vier Aspekte:

1. Hierarchie (wenn vorhanden) wird in der Veranstaltung funktional sichtbar.
2. Inputs – zum Aufrütteln – durch Experten oder Kunden sind möglich und oft auch sinnvoll.
3. Die Arbeit an einem vorab entworfenen Strategiepapier kann ein wichtiger Bestandteil der Konferenz sein.
4. Neben der Arbeit an den Inhalten ist die Verbesserung der internen Kooperation bzw. Kooperationsfähigkeit ein Bestandteil des Formats.

Wie bei allen beteiligungsorientierten Methoden und Vorgehensweisen empfiehlt sich die Einberufung einer Pilotgruppe für die Planung und Durchführung. Das Ziel der Zusammenarbeit mit der Pilotgruppe ist die Erarbeitung eines Konferenzdesigns inklusive der Frage: Was muss vorher, was hinterher passieren?

Die Formel für Veränderung

Die Formel für Veränderung geht auf David Gleicher zurück (Anfang der 1960er-Jahre) und wurde zu Beginn der 1980er-Jahre von Kathleen Dannemiller in eine einfache Sprache „übersetzt". Sie liefert Faktoren, die Hinweise geben, was in Veränderungsprozessen bzw. auf Konferenzen passieren muss, damit Veränderung in Echtzeit stattfinden kann. Die Formel ergänzen wir in einem zweiten Schritt durch ein Update aus der Praxis der Kommunikationslotsen.

Formel für Veränderung: D x V x F > R

D steht für Dissatisfaction: Die Unzufriedenheit mit der aktuellen Situation.
V steht für Vision: Der wünschenswerte Zielzustand bzw. gemeinsame Ziele.
F steht für First Steps: Erste Schritte in die Richtung der gemeinsamen Vision gehen.
R steht für Resistance to Change: Der Widerstand, sich zu wandeln.

Veränderung findet dann statt, wenn die drei Faktoren D, V und F größer sind als der natürliche Widerstand (R), sich zu wandeln. Wenn nur einer dieser Faktoren fehlt (mit 0 bewertet wird), ergibt das Produkt der Formel Null. Das heißt, die benötigte Veränderungsenergie wird nicht erreicht, der Widerstand wird nicht überwunden, und es findet keine Veränderung statt.

Für wirksame Change-Konferenzen braucht es deshalb eine Phase des Aufrüttelns, sodass allen die eigene Unzufriedenheit mit der Situation bewusst wird. Danach ist eine Phase notwendig, in der alle Teilnehmenden an der gemeinsamen Vision arbeiten. Und ganz wichtig: Es braucht schon während der Konferenz eine Phase, in der bereits konkret an der Umsetzung gearbeitet wird. Wenn diese Phasen im Prozessdesign Berücksichtigung finden, kann der Widerstand, sich zu wandeln bzw. sich zu verändern, überwunden werden. Aus der eigenen Facilitation-Praxis haben Dannemiller und ihr Team für jede Phase Aufgabenstellungen bzw. Interventionen gesammelt und dokumentiert (siehe weiter unten), sodass man gleich einen Baukasten für das Prozessdesign mitgeliefert bekommt.[258]

Praxistipp

Die Formel der Veränderung ist ein leicht verständliches Modell (Tool), das z. B. in der Zusammenarbeit mit Pilotgruppen hilfreich ist, um Prozesskompetenz zu vermitteln. Die Formel kann zu Beginn einer Design- und Planungsphase genutzt werden, dann verstehen alle schnell, worauf es bei der Konzeption ankommt. Menschen sind erfahrungsgemäß in der Lage, den beabsichtigten Wandel und die dafür nötigen Schritte (der Baukasten an Interventionen) den einzelnen Faktoren zuordnen. In parallel arbeitenden Designteams können so in kurzer Zeit verschiedene dialogorientierte Konferenz-Choreographien entstehen, die in sich stimmig sind. Durch die verschiedenen Designs kommt man schnell ins Gespräch darüber, welche Fragestellungen und Interventionen besonders hilfreich erscheinen und kann sie auch direkt testen. Das ist selbstwirksame Partizipation zum frühestmöglichen Zeitpunkt.

Neurowissenschaftliches Wissen vermitteln

Die Formel für Veränderung wirkt besonders gut, wenn sie im Schulterschluss mit der Vermittlung bzw. Berücksichtigung von neurowissenschaftlichen Erkenntnissen angewendet wird. Für Facilitation allgemein und hier im Besonderen für Wandel in Echtzeit-Konferenzen ist das SCARF-Modell nach David Rock[259] eine Bereicherung. Es fasst Erkenntnisse zu Grundbedürfnissen von Menschen (in Wandlungsprozessen) in fünf Bereichen zusammen, die wir näher im Kapitel Neuro Facilitation beschreiben (siehe Seite 364):

- Status: Beachtung des eigenen Beitrags
- Certainty: Gewissheit und Orientierung mit Blick auf die Zukunft
- Autonomy: eigener Handlungsspielraum
- Relatedness: Verbundenheit mit anderen
- Fairness: Gerechtigkeit und Kollegialität

Mithilfe des SCARF-Modells und der Formel für Veränderung können Konferenzen geplant werden, in denen sowohl die Faktoren der Formel als auch die Grundbedürfnisse von Menschen geachtet werden.

Praxistipp

SCARF kann auch als Tool für die erste Phase der Bewusstwerdung der Unzufriedenheit mit der Ist-Situation genutzt werden:

- *Was erleben Menschen derzeit in der Organisation, wenn es um die Anerkennung ihres Beitrags geht? Wie soll das zukünftig aussehen?*
- *Wo erleben Menschen im Moment Unsicherheit? Wie wollen wir mit diesem Faktor in Zukunft umgehen? Welche Form von Sicherheit können wir für uns alle vermitteln?*
- *Welche Ausprägung von Autonomie gibt es bei uns derzeit? Welchen Rahmen für (mehr) Autonomie gestalten wir für die Zukunft?*
- *Wo, wann und mit wem erleben wir echte Verbundenheit? Wo zeigt sich Silo-Denken? Wann unterscheiden wir zwischen „wir und die"? Welches Netz von Verbindungen brauchen wir zukünftig, damit Wertschöpfung gelingt?*
- *Was bewerten wir als fair? Was empfinden wir als unfair? Welche Signale von Fairness wollen wir für die gemeinsame Zukunft setzen?*

Bei der Planung von Wandel in Echtzeit-Konferenzen auf der Grundlage der Formel für Veränderung gibt es neben SCARF einen zweiten Aspekt, der den Wandel in Echtzeit befördert: Menschen verbinden.

Menschen verbinden

Verbundenheit wird hier nochmals herausgehoben und der Formel für Veränderung an die Seite gestellt, weil Verbindung eine herausragende Bedeutung für Menschen hat – auch am Arbeitsplatz, besonders in Krisensituationen und in Zeiten des Wandels. Der Widerstand, sich zu verändern, oder auch die Angst, gemeinsam in das Unbekannte zu gehen, kann überwunden werden, wenn

Menschen auf der Konferenz möglichst viele Gelegenheiten für tiefe Begegnungen bekommen. Dadurch entstehen Verbundenheit, Freude am Miteinander und Zuversicht.

Wenn wir uns mit anderen verbunden fühlen, sind wir psychisch stabiler und können mit dem, was uns im Leben entgegenkommt, besser umgehen. Wir meinen hier tiefe, potenzialorientierte Verbindungen, so wie sie durch die Praktiken des Gelingens kultiviert werden (siehe Seite 168) oder durch die Grundannahmen (Facilitative Thinking, siehe Seite 40) und zu guter Letzt auch durch The Circle Way und Appreciative Inquiry.

Das co-kreative Segel

Mit den drei Aspekten (Formel, Neurowissenschaft, Verbindungen) entsteht ein co-kreatives Segel. Jede Ecke des Segeltuches steht für eine Perspektive:

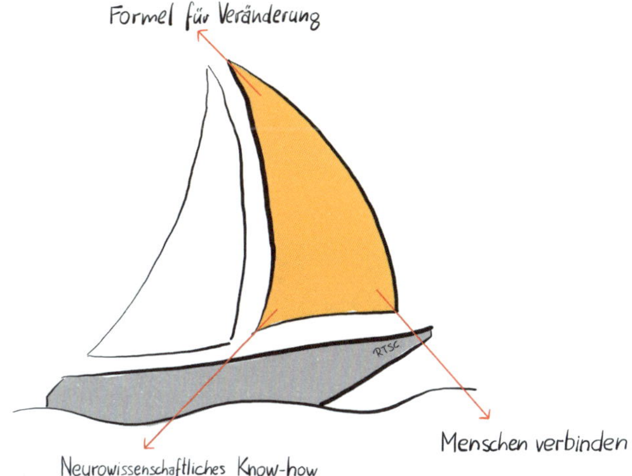

- Die sachliche Perspektive: Was ist im Hinblick auf den angestrebten Wandel zu tun? Welcher Prozess ist zu durchlaufen? Die Antworten dazu liefert die Formel für Veränderung.
- Die individuelle Perspektive: Welches Wissen über Menschen und menschliche Bedürfnisse unterstützt auf dem Weg der Veränderung? Welche wissenschaftlichen Erkenntnisse helfen, uns und andere besser zu verstehen? Das SCARF-Modell und weitere neurowissenschaftliche Erkenntnisse geben Hinweise, worauf es ankommt.
- Die soziale Perspektive: Wie wird das Erleben von Gemeinschaft gestaltet? Wie gelingt es in der Konferenz (und darüber hinaus), dass Menschen Vertrauen entwickeln, sich verbunden fühlen und sich öffnen?

Wenn alle drei Perspektiven aus dem co-kreativen Segel dazu führen, dass das Segel optimal aufgespannt ist, dann können wir als Facilitatoren davon ausgehen, dass genügend Energie für ein transformatorisches Momentum generiert wird und der Wandel stattfindet. Ein auf diese Weise gespanntes Segel nutzt alle Winde optimal, um Menschen schneller voranzubringen in eine neue Zukunft.

Der Baukasten

Schauen wir nun etwas tiefer in die einzelnen Faktoren der Formel für Veränderung, die jeweils mit einigen praktischen Interventionen hinterlegt sind. Dabei ist es wichtig zu wissen, dass alle Interventionen, Methoden, Tools oder Strukturen, die den angestrebten Zweck (Dringlichkeit, Vision, Aktion) erfüllen, eingesetzt werden können.[260] Damit sind auch Interventionen beispiels-

weise aus dem Design Thinking, Liberating Structures, aus dem agilen Methodenset, aus den Kreativitätstechniken, aus dem Psychodrama, der gewaltfreien Kommunikation, aus Effectuation, aus dem Bereich der hypnosystemischen Interventionen, aus der Theory U und auch aus anderen facilitativen Formaten gemeint, um nur einige zu nennen. So ergibt sich ein zeitgemäßes, dem eigenen Stil entsprechendes Baukastensystem hinter den Faktoren der Formel für Veränderung. Jeder facilitative Werkzeugkasten kann anders aussehen. Eine zielgenaue Auswahl der Interventionen erfolgt in der Pilotgruppe und angepasst an den jeweiligen Kontext.

Praxistipp

Was immer du auswählst an Intervention, führe sie so ein, dass Menschen verstehen, wozu du sie einlädst, was der Zweck ist. Meistens reicht es nicht, zu sagen: „Wir wollen etwas ausprobieren. Danach werden wir schlauer sein." Erkläre, in welchem Zusammenhang eine Intervention mit dem steht, was vorher war und was nun kommen wird. Teilnehmende sind bereit, sich auf viel einzulassen, wenn sie sich in dem, was sie tun sollen, sicher fühlen und Sinn erkennen. Deshalb vermeide unnötige Unsicherheiten, was besonders wichtig ist, wenn Menschen (Organisationen) sich in einer Krise befinden.

D – Dissatisfaction (Unzufriedenheit mit der aktuellen Situation)

In der ersten Arbeitsphase einer Wandel in Echtzeit-Konferenz geht es darum, die aktuelle Ausgangssituation zu untersuchen und Dringlichkeit für notwendige Veränderungen im gesamten System zu erzeugen. In dieser Phase werden u. a. Impulse von Externen oder auf Basis von realen Erfahrungen (Lernreisen) genutzt, die die Beteiligten aufrütteln sollen – also Unzufriedenheit herstellen mit der aktuellen Realität, damit Handlungsenergie entsteht.

Was sollten alle jetzt wissen, damit strategische Entscheidungen in der Zukunft umgesetzt werden können?

- Zahlen, Daten, Fakten
- Die Kundenperspektive
- Die Führungsperspektive
- Entwicklungen aus dem Umfeld
- …

Matthias zur Bonsen erzählt[261] von einem niederländischen Suppenhersteller, der schlechte Qualität produzierte. Die Arbeiter hatten das aber nicht verstanden. Daraufhin brachte der CEO über 1000 Mitarbeitende zu der riesengroßen Lagerhalle, in der die reklamierte Ware verrottete. Alle bekamen einen Block und einen Bleistift und sollten ausrechnen, wie viel Millionen Euro hier vergammelten. Das hat alle aufgerüttelt.

In einer unserer Konferenzen hat sich der Bereichsvorstand eines Paketzustelldienstes mit einer durchsichtigen Schutzhülle und einem darin befindlichen völlig zerfledderten Paket vor seine Leute gestellt und die Geschichte dieses Paketes erzählt. Es war drei Jahre unterwegs. Bei der Übergabe an den Empfänger verlangte der Bote 120 Euro Gebühr. Im großen Saal war es sehr still und allen war bewusst: Wir haben ein Thema mit unserer Qualität.

Das Ziel des Faktors D der Formel für Veränderung ist, dass allen die Unzulänglichkeit des Augenblicks unter die Haut geht. Es geht um das Spüren, um die reale Erfahrung und nicht um PowerPoint-Folien und Charts. Nur dann können alle das größere Bild und ihren Platz darin sehen.

Was auch immer getan wird, um aufzurütteln, es sollte achtsam geschehen. Hier kommen die neurowissenschaftlichen Erkenntnisse ins Spiel, die zeigen, dass jede Inszenierung Wahrheiten, Fakten und Emotionen erzeugt, die für den Verlauf der Konferenz zieldienlich, aber je nach Dosierung auch hinderlich sein können, weil zentrale Bedürfnisse von Betroffenen nicht ausreichend beachtet werden.

Die Idee aus dem Change Management, brennende Plattformen[262] zu kreieren, um damit die Unzufriedenheit mit der aktuellen Situation zu erreichen, ist im wahrsten Sinne gefährlich. Der Ursprung dieser Metapher liegt wahrscheinlich in dem Feuer auf der Bohrinsel Piper Alpha im Jahr 1988, bei der 167 Menschen starben.[263] Brennende Plattformen kann man – nimmt man das Bild wortwörtlich – wahrscheinlich nur in Angst, Schrecken oder Panik verlassen. Neurowissenschaftlich wird dadurch die Weg-von-Bewegung ausgelöst, die eine starke, nicht so leicht zu überwindende emotionale Stressreaktion beinhaltet. Die Weiterarbeit wird eingeschränkt, weil Menschen in diesem Status nicht fähig sind zur Co-Creation. Die erzeugten Emotionen führen dazu, dass die Betroffenen nur noch sich sehen und ihr eigenes Überleben sicherstellen wollen. Die brennende Plattform ist ein Beispiel dafür, dass Dringlichkeit erzeugen mit Umsicht erfolgen sollte.

Praxistipp: Aufrütteln in der Sache (D)

Oder: Dem anstehenden Wandel Sinn geben. Drei konkrete Beispiele für Bausteine:

- *Zu Beginn wird ein Film gezeigt, in dem Kunden erzählen, wie sie die Qualität der Produkte, um die es in der RTSC-Konferenz gehen soll, finden. Sie erzählen ihre Geschichte (der Enttäuschung) mit dem Produkt. Im Anschluss daran wird die Perspektive der Mitarbeitenden in den Raum geholt. Alle werden in kleinen Gruppen zu einem Dialog zu den Unterschieden und Gemeinsamkeiten der Sichtweisen eingeladen. Sie reflektieren miteinander Sichtweisen, Reaktionen und Emotionen.*
- *Zahlen, Daten, Fakten werden durch die Führung sachlich (ohne Schuldzuweisung) so vorgestellt, dass sie nachvollziehbar sind. Die entsprechenden Auswirkungen werden mit allen im Dialog durchdacht und reflektiert.*
- *Ein Zukunftsforscher berichtet von absehbaren Megatrends und realen Konsequenzen für Unternehmen. In kleinen Gruppen unterhalten sich die Teilnehmenden darüber, was das für ihr Geschäft und ihre eigene Rolle bedeuten könnte.*

Flankierend zum Aufrütteln in der Sache, kann Wissen vermittelt werden, das hilft, mögliche Stressreaktionen aus der Metaperspektive zu verstehen. Und in besonders herausfordernden Situationen kann es sinnvoll sein, Übungen aus dem Embodiment zu nutzen, die zeigen, wie man sich in bedrohlich wirkenden Situationen selbst regulieren kann.

Wenn die Präsentation von schlechten Zahlen für einige besorgniserregend wirken könnte, dann kann das Konzept der Bedrohungslevel (Seite 368) eingeführt werden, und alle werden eingeladen, sich anonym zu verorten, beispielsweise über eine Punkteabfrage oder online mit einer App. Im Anschluss wird das Ergebnis reflektiert und durch einen kleinen Input mit einfachen Übungen aus dem Embodiment, wie z. B. Atemübungen und verschiedene Körperhaltungen, ergänzt.[264]

Das Grundbedürfnis nach Anerkennung des eigenen Beitrags kann man zum Anlass nehmen, direkt zu Beginn der Konferenz von Situationen zu erzählen, in denen der eigene Status besonders wertgeschätzt wurde. Das führt zu einem Kompetenzerleben. Erst danach werden Zahlen, Daten, Fakten präsentiert. Facilitatoren verstehen sich als Anwälte der Ambivalenz. Das heißt, sie sorgen dafür, dass einerseits Klartext in der Sache gesprochen wird und auf der anderen Seite das gewürdigt wird, was gut ist.

Wenn Menschen sich verbunden fühlen, können sie mehr Informationen aufnehmen. Deshalb ist es in der Phase des Aufrüttelns besonders wichtig, auf echte potenzialorientierte Verbindungen untereinander zu achten.

Praxistipps: Wie es gelingen kann, dass Teilnehmende stärkende Beziehungen zueinander aufbauen

Buddy-Systeme (z. B. Lernpartnerschaften) einführen und Gelegenheiten organisieren, sich regelmäßig als sich unterstützende Buddys zu treffen und sogenannte Valentins-Briefe[265] (was wir aneinander schätzen) schreiben – über Bereichsgrenzen hinweg.

Realität gemeinsam mit der Frage analysieren: Was macht mich/uns sad (traurig), glad (froh), mad (verrückt/rasend) bezogen auf das Anliegen des Wandels? Froh, traurig, verrückt/rasend sind Worte, die uns direkt mit tiefen Gefühlen verbinden. Das Teilen dieser Gefühle in einem psychologisch sicheren Raum verbindet Menschen.

In kleinen bereichsübergreifenden Gruppen dysfunktionale Muster, die uns derzeit an einer echten Kooperation hindern, gemeinsam humorvoll aufdecken und als Bedienungsanleitung oder als Sketch den anderen vorspielen. Diese Form der Analyse verhindert eine Problemtrance, weil aus der Distanz heraus gemeinsam humorvoll, nur beschreibend und nicht bewertend, die Muster herausgearbeitet werden.

In der Phase des Aufrüttelns ist es wichtig, positive Erfahrungen und Humor in den Raum zu holen, um auch freudvolle geistige Erregung zu erzeugen anstatt (ausschließlich) Dringlichkeit, Angst oder Bedrohung.

Wenn eine Hirnregion übermäßig aktiviert sein sollte und Stress und Angst im Raum spürbar werden, kann eine Übererregung dadurch vermindert werden, dass eine andere Hirnregion aktiviert wird. Deshalb wirkt ein Spaziergang nach der Phase des Aufrüttelns oft Wunder und erleichtert den Einstieg in die Phase der Vision.[266]

V – Vision (mit gemeinsamen Zielen identifizieren)

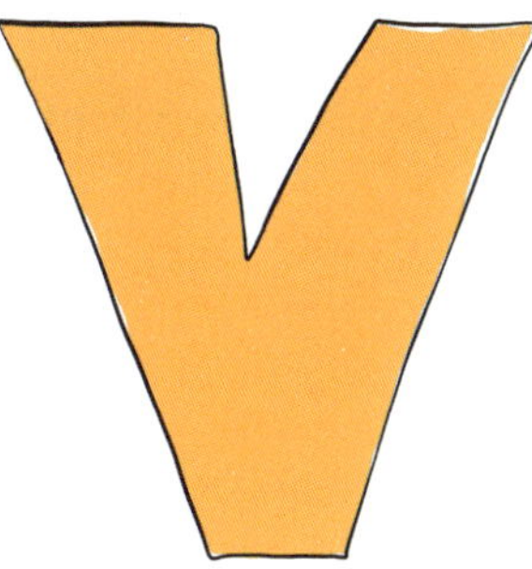

An die Phase der Dringlichkeit schließt sich eine Phase an, in der ein bereichsübergreifender Dialog über die Kultur, über Werte, Visionen und Ziele geführt wird. Angestrebt wird die Identifikation aller mit gemeinsamen Zielen. Dazu werden z. B. vorbereitete Visonen, Leitsätze oder Ziele in einer Wandel in Echtzeit-Konferenz durch die Führungs- bzw. Leitungsebene (oder auch durch die Pilotgruppe) vorgestellt.

Zu der Vorstellung gehört es, den Prozess zu beschreiben, der im Vorfeld erfolgt ist, um zu den Zielen zu kommen. So verstehen alle, wie die Ziele entstanden sind und idealerweise auch das Ringen darum, möglichst alle und alles im Blick zu haben. Zu wissen, wer die Ziele entwickelt hat, erleichtert den inhaltlichen Fokus auf die wünschenswerte Zukunft und niemand braucht sich zu fragen, woher die Ziele kommen und wie sie entstanden sind. Denn in einem nächsten Schritt setzen sich die Teilnehmenden mit der Vision und den Zielen in kleinen Gruppen auseinander und verändern sie so, dass eine Identifikation von allen mit den Zielen und der Vision möglich wird. Dazu finden Dialoge in gemischten (hierarchie- und bereichsübergreifenden) Gruppen statt. Dies fördert ganzheitliches und organisationsweites Denken.

„Das oder etwas Stimmigeres!" ist das handlungsleitende Prinzip der Dialoge. Das heißt, mögliche Kritikpunkte und Änderungswünsche werden in den Gruppen direkt zu stimmigeren Aussagen umformuliert. Die Anmerkungen, Ergänzungen und Änderungen aus allen Gruppen werden am Ende des Arbeitstages im Plenum vorgestellt.

Auftraggeber und die Pilotgruppe ziehen sich am Abend mit zwei, drei weiteren Freiwilligen zurück und sichten die neuen Ideen und Veränderungswünsche. Sie arbeiten sie in die Strategie ein, sodass am nächsten Morgen die überarbeitete Version für alle vorliegt und vorgestellt werden kann. Manchmal dauert das die halbe Nacht. Und dennoch: In dieser Phase ist oft freudige Aufbruchstimmung spürbar.

Praxistipp: Drei Beispiele zum Faktor V (Vision)

- *Als Übergang vom Aufrütteln zur Vision kann zunächst eine Phase der Inspiration erfolgen. Dazu sind Vertreterinnen von Organisationen eingeladen, die bereits einen mutigen Weg gegangen sind. Sie erzählen von ihren Erfahrungen und ihrer Vision.*
- *Entscheider und/oder Vertreter aus der Pilotgruppe halten eine Rede: „Ich/Wir haben einen Traum …"*
- *In kleinen bereichsübergreifenden Gruppen werden Muster des Gelingens humorvoll erträumt und mit einem Rezept zur Erreichung verbunden und szenisch dargestellt.*

Flankierend kann auch in der Visionsphase neurowissenschaftliches Wissen vermittelt werden, wenn es zum Prozess und zur Gruppe passt.

Für den Übergang von Dissatisfaction zur Vision kann beispielsweise an die natürliche Bewegung des Gehirns „weg von" erinnert werden. Um anschließend darauf aufmerksam zu machen, dass es einer größeren Anstrengung des Gehirns bedarf, die „Hin-zu"-Bewegung auszulösen, die nun in der Visionsphase gebraucht wird. Deshalb wird die Empfehlung für die Teilnehmenden ausgesprochen, ihre Vision co-kreativ so attraktiv und verlockend zu gestalten, dass das Gehirn automatisch die Hin-zu-Bewegung auslöst.

Interessant für die Visionsphase ist auch die Neigung des Gehirns zu Verzerrungen. Hier kann das SEEDs-Modell (Seite 372) eingeführt werden, damit alle auf mögliche Voreingenommenheiten bei der Bearbeitung bzw. Entscheidung der zukünftigen Ziele achten. Das verhindert vorschnelle Bewertungen und gibt z.B. den Stimmen, die aus der Distanz (Unternehmensperipherie) kommen, eine größere Bedeutung.

F – First Steps (erste Schritte gehen bzw. planen)

Der letzte Faktor in der Formel für Veränderung ist das F, das für erste Schritte zur Umsetzung der neuen Strategie steht. Je nachdem, wie sinnvoll es ist, arbeiten die Teilnehmenden hier bereichsübergreifend gemischt oder in sogenannten Heimatgruppen. Heimatgruppen sind die Teams, die auch im Alltag zusammenarbeiten. In dieser Phase wird direkt an der Umsetzung der Ziele gearbeitet. Dafür eignet sich auch das Prototyping. Gemeinsam schafft man erste Muster und Formen zu den ausgewählten Zielen. Dafür wird ein sicherer Raum des Experimentierens und folgenlosen Fehlermachens zur Verfügung gestellt. Eine Kultur des Handelns, des Probierens, des Scheiterns und Lernens wird so etabliert bzw. gepflegt.

Wenn darüber hinaus neue Fähigkeiten und Fertigkeiten zur Umsetzung der Ziele gebraucht werden, dann gibt es erste Schritte zur Aneignung von neuen Kompetenzen (z.B. durch eine erste Trainingseinheit zu facilitativen Meetingformaten oder auch zu Fertigkeiten, die für den digitalen Raum wichtig sind).

Welche Hinweise geben die Neurowissenschaften zum Faktor F?
Auch für den Faktor F können neurowissenschaftliche Erkenntnisse nützlich sein. Denn unser Gehirn kann sich nur wenige Informationen gleichzeitig merken. Eine Studie an der University of Missouri/Columbia aus dem Jahr 2001 hat ergeben, dass die Anzahl der Dinge, die man im Kopf behalten kann, drei bis vier sind[267] – und selbst dann hängt dies noch von der Komplexität der vier Gegenstände ab. Vier einfache Zahlen sind für die meisten kein Problem, vier lange

Wörter, und es wird schwieriger. Vier Sätze sind schon schwer im Gedächtnis zu behalten. Mit Blick auf die neue Strategie bzw. die ausgewählten Ziele, führt das zu der Frage: Wie viele Ziele wollen wir und können wir verkraften? Gibt es den Anspruch bzw. wäre es sinnvoll, dass alle die Ziele auswendig lernen und jederzeit nennen können? Wie kann es dem Gehirn einfacher gemacht werden, das Wichtigste zu behalten? Welche Ordnung/Einteilung bietet sich an und welche Form der Visualisierung?

Praxistipp

Das Wissen um die begrenzte Aufnahmekapazität des Gehirns ist besonders dann sinnvoll anzubringen, wenn Pilotgruppen und/oder Auftraggeber vieles auf einmal und gleichzeitig wollen. Das überfordert Teilnehmende, denn ohne die Leistung zu beeinträchtigen, kann das Gehirn nur einen *Prozess gleichzeitig durchführen. Der Wissenschaftler Harold Pashler hat zum Beispiel gezeigt, dass die kognitive Kapazität von Menschen, die zwei kognitive Aufgaben gleichzeitig erledigen, von der eines Harvard-MBA-Absolventen auf die eines Achtjährigen sinken kann.*[268] *Der Effekt ist konstante und intensive Erschöpfung. Keiner kann mit vielen Themen und den damit verbundenen Verarbeitungsprozessen gleichzeitig umgehen.*

Diese Erkenntnisse in Pilotgruppen weiterzugeben, sensibilisiert für das Machbare. Dazu ein positives Beispiel zu teilen, veranschaulicht, wie es gehen kann.

Ein (positives) Beispiel dazu, wie ein strategisches Ziel und dessen Umsetzung an neurowissenschaftliche Erkenntnisse angepasst ist, haben wir von dem Hirnforscher Gerald Hüther gehört.[269] Er setzt sich mit anderen dafür ein, dass kein Kind in der Schule die (angeborene) Lust am Lernen verlieren soll (strategisches Ziel). Das Motto ihrer Initiative lautet: Lernlust statt Schulfrust. In einem Interview[270] erzählte er, dass dieses eine Ziel nicht nur leicht zu behalten ist (er betont, dass es nicht drei oder vier oder noch mehr Ziele sind), sondern dass das Ziel auch noch der Kategorie entspricht, hinter die sich nahezu eine ganze Gesellschaft versammeln kann, denn niemand kann wollen, dass Kinder ihre Lernlust verlieren.

Und auch die Umsetzung dieses Ziels ist frappierend einfach, denn es bedarf keiner Demonstrationen oder anderer Aktionen, sondern wird lokal umgesetzt. Schulen, die mitmachen wollen, bekommen Unterstützung dabei, Schritte zu entwickeln, wie das Motto bzw. das Ziel in ihrem Kontext passgenau umgesetzt werden kann. Dabei hilft natürlich auch facilitative Prozesskompetenz.

Dieses Beispiel kann dazu anregen, sich entsprechend der Weisheit „Weniger ist mehr!" für ein Ziel entscheiden zu wollen, das sinnvoll, klug und einfach umzusetzen ist. Facilitatoren bringen ihr Wissen diesbezüglich in den Prozess ein und beraten Entscheider und Pilotgruppen.

R – Resistance (Widerstand, sich zu wandeln – auch nach der Konferenz)

Wenn wir uns den Weg der RTSC-Konferenz bis hierhin anschauen, dann haben wir die Formel für Veränderung dazu genutzt, eine co-kreative Konferenz zu gestalten, deren Absicht es ist, Wandel in Echtzeit zu ermöglichen. Das Versprechen der Formel lautet, dass die Wirkung der Faktoren Dringlichkeit, Vision und erste Schritte größer sein werden als der Widerstand, sich zu wandeln. Die einzelnen Faktoren haben wir ergänzt durch neurowissenschaftliches Wissen, das die Gestaltung und Durchführung der Konferenz „hirnfreundlicher" und damit menschlicher macht.

Während der Konferenz haben viele Teilnehmende Gemeinschaft erlebt und neue Beziehungen geknüpft. Sie sind zu neue Einsichten gekommen und haben Ideen zur Umsetzung entwickelt bzw. erste Schritte zur Umsetzung sind erfolgt. Nun können alle davon ausgehen, dass Menschen den Wandel in Echtzeit co-kreiert haben. Sie haben ein Herz als Gemeinschaft und ein Hirn im gemeinsamen Denken zur Sache erlebt.

> *„Aber am dritten Morgen waren sie miteinander verbunden.*
> *Das war das 'ein Gehirn und ein Herz', von dem ich gesprochen habe …*
> *sie sahen alle die gleichen Dinge, sie fühlten alle die gleichen Reaktionen,*
> *sie sorgten sich alle auf die gleiche Weise."*[271]

Und was passiert nach der Konferenz?
Dann beginnt der Alltag. Die Euphorie lässt schnell nach, denn der auf der Konferenz im Gehirn entstandene neurochemische Cocktail (Dopamin, Oxytocin und Adrenalin) und die Intensität des Erlebens lassen schnell nach. Auch das gilt für alle Großgruppenkonferenzen. Umso wichtiger ist es nun, Nachhaltigkeit abzusichern. Es geht darum, Erinnerungshilfen, Unterstützungsstrukturen und Prozesse zu nutzen, die das, was man vorhat, ebenso wie die Verbindungen untereinander lebendig halten, damit die Motivation für das Neue im Fokus der Aufmerksamkeit bleibt. Neurowissenschaftlich ausgedrückt heißt das:

> *„Wenn du deine Aufmerksamkeit veränderst, ermöglichst du …*
> *eine 'selbstgesteuerte Neuroplastizität'. Du verdrahtest dein eigenes*
> *Gehirn neu. Das ist nicht nur gut für deine Gesundheit und wichtig,*
> *um bei der Arbeit effektiv zu sein, es ist auch ein wichtiger Bestandteil dafür,*
> *wie du dein Gehirn langfristig formst. Nimmt man all das zusammen,*
> *dann ist alles, was ihr tun müsst, um eine Kultur zu verändern,*
> *ob zu Hause oder bei der Arbeit, die Aufmerksamkeit anderer*
> *Menschen lange genug auf neue Weise zu fokussieren."*[272]

Wie kann man das erwünschte Neue im Fokus der Aufmerksamkeit halten? Drei Schlüsselprinzipien sind dafür notwendig:

1. Eine sichere Umgebung schaffen – nicht nur in co-kreativen Konferenzen, sondern auch im Alltag.
2. Unterstützungsstrukturen schaffen, die die Aufmerksamkeit auf zieldienliche Weise fokussieren.
3. Die neuen Verbindungen im Gehirn (Synapsen) durch Wiederholungen am Leben erhalten.[273]

Die Pilotgruppe, ein Ernteteam und/oder das Managementteam können helfen, das in der Konferenz entstandene Momentum aufrechtzuerhalten. Dies tun sie beispielsweise durch einen Dankesbrief, durch Visualisierungen, durch Symbole oder durch regelmäßige E-Mails an alle Beteiligten mit Berichten zu einzelnen Themen, durch das Sammeln von Geschichten (Heldengeschichten) über neue Verhaltensweisen, die sich aus dem Veränderungsprozess ergeben, durch Town-Hall-Meetings zu erreichten Meilensteinen, Chatrooms und Messengerdienste für kontinuierliche Alltagskommunikation oder durch andere Möglichkeiten, die es Menschen leicht machen, in Verbindung zu bleiben – denn diese Verbindungen sind der eigentliche Schmierstoff für den Wandel.

RTSC-Konferenzen brauchen eine sorgfältige Vorbereitung und eine konsequente Nachbereitung. RTSC-Facilitatoren sind deshalb in der Regel in größere Organisationsentwicklungsprozesse eingebunden.

Ein Zeitdokument – Ron and Kathie's Principles

Während die Formel für Veränderung Hinweise zum Design von RTSC-Konferenzen gibt, vermittelt das folgende Zeitdokument[274] einen Eindruck der dahinterliegenden Haltung und dem Spirit (Geist). Der Urheber dieses Dokumentes ist Barry Camson (ein Organisationsberater und Trainer), der 1995 Kathie Dannemiller und Paul Tolchinsky bei der Moderation einer Großgruppenkonferenz für die *Ford Motor Company* beobachtete. Im Laufe des Meetings achtete er auf Verhaltensweisen und deren positive Auswirkungen auf Führungskräfte, Teilnehmerinnen und Berater. Kurz nach der Veranstaltung schickte er seine Beobachtungen an Kathie Dannemiller und nannte sie „Kathie's Principles" (Kathies Prinzipien). Kathie Dannemiller veränderte den Titel zu „Ron and Kathie's Principles", weil die Prinzipien genau das widerspiegelten, was sie von ihrem Mentor Ron Lippitt gelernt hatte.

Wir integrieren Ausschnitte aus dem Zeitdokument hier, weil es uns spüren lässt, worum es bei „Wandel in Echtzeit" im Kern geht, nämlich um:

- die Liebe zu den Menschen,
- echten Kontakt untereinander,
- unter die Haut gehende Erfahrungen,
- und sofortiges Handeln.

Barry Camson schreibt:

> *„Liebe Kathie,*
> *für mich ist es sicher wahr, dass man sich bei dem ständigen Ansturm neuer Organisationsentwicklungs- und Veränderungsmethoden oft in den Techniken und der Modeerscheinung verfängt und aus den Augen verliert, was diese Arbeit für mich erhaben macht und was für die Klienten den nachhaltigsten und stärksten Unterschied ausmacht. Zu sehen, wie du die Tradition der Menschlichkeit, das Engagement für demokratische Prozesse und die Beratung reflektierst, war ein herzerwärmender Gewinn unserer gemeinsamen Zeit. Dies sind Botschaften, an denen ich auch weiterhin festhalten werde, wenn ich mit meiner Arbeit in der Organisationsgestaltung fortfahre …"*

Soweit ein Ausschnitt aus dem Anschreiben von Barry Camson an Kathie Dannemiller, der allein schon deutlich macht, in welcher Tiefe Facilitation stattfindet. Es folgt die Zusammenstellung der einzelnen Beobachtungen und der Prinzipien.

Camson fährt fort:

> *„Bei dieser Arbeit geht es darum, Menschen von der Passivität zur Aktivität zu bewegen – die Aktivität des Geistes, des Handelns, des Glaubens, des Vertrauens, des Engagements von Menschen miteinander und mit ihrer Arbeit. Beispielsweise werden repräsentative Teilnehmer in den Planungs- und Logistikprozess eingebunden, um sie von der Passivität zur Aktivität zu bewegen.*

- *Schaffe eine* ***kontaktfreudige Umgebung.*** *Kontaktfreudigkeit wird in das Herz der Veranstaltung eingebaut. Ermögliche den Menschen, miteinander in Kontakt zu treten. Erleichtere Berührungspunkte zwischen verschiedenen Ansichten. Ermögliche jeder Person – Führungskraft, Mitarbeitende, Management, Betriebsrat – zu artikulieren, was sie glaubt. Unterstütze jede Person dabei, die Wahrheit der anderen anzuhören und nicht mit ihr zu argumentieren.*

- *Betone von Anfang an eine* ***andere Art des Zuhörens.*** *Eine neutrale, nicht wertende Art des Zuhörens. Unterstütze die Menschen dabei, das, was andere gesagt haben, aufzunehmen und zu reflektieren. Nutze dafür das Format des offenen Forums:*
  1. Was haben wir von den anderen gehört?
  2. Wie reagieren wir darauf?
  3. Welche Verständnisfragen haben wir? An wen?
  Wenn die Teilnehmenden Fragen an Personen stellen, sind sie eingeladen, ihren Namen zuerst zu nennen.
- *Unterstütze auch eine* ***andere Art des Sprechens****, bei der sich die Menschen Zeit nehmen, sich selbst zuzuhören, bevor sie sprechen.*
  Der Facilitator lädt die Teilnehmenden ein: „Nimm dir eine Minute Zeit und denke über deine Antwort nach, bevor du sprichst."

- *Schaffe* ***kleine Momente der Wahrheit****. Trage dazu bei, ein Umfeld zu schaffen, in dem die Teilnehmenden bereit sind, sich zu behaupten und sich dabei wohlzufühlen. Teilnehmende werden z. B. gefragt, ob sie die gewünschte Antwort vom Redner oder der Führungskraft bekommen haben. „Sage nicht einfach, dass deine Frage beantwortet wurde, wenn es für dich nicht stimmt" ist ein gelegentlich verstärkender Kommentar des Facilitators. Dies fördert die Bereitschaft und das Gefühl der Sicherheit, sich zu äußern.*
- *Schaffe eine Interaktion, die auf einer* ***Perspektive von mehreren Realitäten*** *basiert. Hilf, eine Umgebung zu schaffen, in der jede Person erkennt, dass sie ihre eigene Wahrheit mitbringt; dass es* ***im Umgang mit der eigenen Wahrheit keinen richtigen oder falschen Weg gibt.*** *Helfe den Menschen, sich bewusst zu machen, wie jeder die Botschaft anders hört. Das stärkt das Bewusstsein für mehrere Realitäten. Es ermöglicht den Menschen auch, sich bewusst zu machen, wie ihre eigenen Filter, Perspektiven oder ihr Bedürfnis, sich zu verteidigen, die Botschaft beeinflussen. Helfe Menschen, ein gewisses Maß an Neutralität (oder gar Empathie[275]) in Bezug auf die Wahrheiten anderer Menschen zu erlangen. Unterstütze Menschen dabei, zuzuhören, und die Welt mit den Augen der anderen zu sehen.*
- *Arbeite mit einer maximalen Mischung von Standpunkten.* ***Nutze Mikrokosmen des Ganzen – einen holografischen Ansatz*** *in Design, Logistik, Teamarbeit und Arbeitsgruppen.*
- *Schaffe eine Gemeinschaft, die mit* einem *Gehirn und* einem *Herzen arbeitet. Die Gemeinschaft baut* ***ein gemeinsames, interaktives Bild ihrer Zukunft*** *auf, das aus einer gemeinsamen Datenbasis entsteht und die sich aus den individuellen Bildern der einzelnen Mitglieder der Gemeinschaft zusammensetzt. Dies führt zu einem gemeinsamen Gefühl der Fürsorge unter den Mitgliedern der Gemeinschaft.*
- *Alles in der Konferenz, in der Veränderungsarbeit der Organisation sowie in ihrem zukünftigen Betrieb* ***leitet sich von der Vision und den Werten ab.*** *Das sind der Hauptwert und Kern dieses Prozesses. Die Organisation und Facilitatoren stimmen sich immer wieder darauf ein und kehren*

immer wieder zu ihr zurück als dem Kern aller aktuellen und zukünftigen Arbeit. Vision und Werte sind kraftvoll, weil sie aus dem vollen Input aller Mitglieder der Organisation entstehen sowie aus der Gewissheit, gehört zu werden, und der umfassenden Möglichkeit zur Klärung und der Konsensbildung mit allen. Die Möglichkeit von Zwang wird ausgehebelt.

- ***Ein gemeinsames Bild in der Organisation**, wo die Organisation hinwill und mit dem sie sich um eine strategische Richtung vereinigt, ist der Leitfaden, um Entscheidungen zu treffen. Daten werden in die Konferenz aus einer Vielzahl unterschiedlicher Quellen und unterschiedlicher Modi eingebracht.*
- *Bei dieser Arbeit geht es um die **Übernahme von Verantwortung durch alle**. Die Teilnehmenden agieren in den Rollen des Moderators, des Protokollanten und des Reporters. Jeder ist aufgefordert, Verantwortung für kreatives Denken zu übernehmen. Auf dem Weg dorthin werden Kompetenzen aufgebaut, z. B. im Zuhören, Sprechen, Schreiben, Dokumentieren und in subtilen Fähigkeiten, wie dem Erkennen von Themen.*

- *Ermögliche der **Organisation, sich selbst zu diagnostizieren** und der Diagnose eine sinnvolle Bedeutung zu geben, z. B. durch Glad, Sad, Mad.[276] Schaue an, was in der Organisation funktioniert und was nicht.*
- *Das Hören von anderen Anbietern und Best Practices bei Besuchen vor Ort ermöglichen den Teilnehmern zu diagnostizieren, was ihre eigene Organisation braucht und was sie verwenden könnte, um einen gewünschten zukünftigen Zustand zu erreichen. Diese Arbeit hilft, **das organisatorische Feld aufzubauen**. Es wird kontinuierlich Input aus verschiedenen Quellen geliefert.*
- *Betone die Wichtigkeit, **sich selbst vollständig in den Prozess einzubringen**, als:*
  - *Führungskraft: Beispielsweise kann die Führungskraft eine sehr persönliche Vision teilen. „Ich komme in die Organisation und sehe …“*
  - *Gewerkschafter: Beispielsweise stellt der Vorstand der Gewerkschaft sein hohes Engagement mit persönlichen Geschichten über sich selbst dar. „Mein Vater hat mir mal erzählt …“*
  - *Teilnehmende: Beispielweise werden die Teilnehmenden zu einem frühen Zeitpunkt des Workshops gebeten, ihre Geschichten zu erzählen.*
  - *Facilitatoren: Zum Beispiel zeigen und modellieren die Facilitatoren ständig, dass sie bereit sind, sie selbst zu sein, und helfen der Gemeinschaft, einen Einblick in diese Art des Seins zu gewinnen …*

  Sei als Facilitator offen dafür, deine Verpflichtung gegenüber deinen Klienten zu leben. Sei offen dafür, dass diese Verpflichtung dein Herz, deinen Bauch, deinen Intellekt und deinen Geist sowie deine Werte, deine persönliche Vision und deinen Enthusiasmus einbezieht.

  Erkenne gleichzeitig an, dass der Klient sich entscheiden muss, die Verantwortung für seine individuelle Veränderung und für die Führung der organisatorischen Veränderung zu übernehmen. Das Engagement des Facilitators für den Klienten bedeutet nicht, etwas für den Klienten zu tun. Sei bereit, aus dieser Verpflichtung heraus zu leben. Die Verpflichtung des Facilitators gegenüber

dem Klienten basiert im Idealfall auf einer einseitigen Liebe des Facilitators zum Klienten, in der er den Klienten so bejaht, wie er ist. Dies führt dazu, dass eine auf Vertrauen basierende Arbeitsbeziehung entsteht.

***Bei dieser Arbeit geht es um eine aufrichtige, tiefe, beständige, unerschütterliche und nicht modische Sicht von Empowerment, die zum Kern des eigenen Wesens führt** und sich im Verhalten gegenüber anderen Facilitatoren, gegenüber dem Klienten und in der Art und Weise, wie man mit dem Klienten arbeitet, widerspiegelt. Sie ist allumfassend und allgegenwärtig. … Es geht um **die ideale Integration von Menschlichkeit und Beratung**.*

Bei dieser Arbeit geht es auch um Tradition – ein wissendes, tiefes und beständiges Bekenntnis zu den Wurzeln der Organisationsentwicklung als einer demokratischen Praxis, die die Befähigung von Menschen unterstützt, ihr volles Potenzial als Individuen und als Gruppen zu erreichen und auf eine humane Weise zu leben.

*Es liegt eine unbestreitbare Kraft darin, die gesamte Organisation im Raum zu haben, und **ermöglicht der Organisation, sich in Echtzeit zu verändern,** sowohl inkrementell als auch in großen Paradigmenwechseln. Es schafft eine gemeinsame Erfahrung, auf die sich die Organisation und all ihre Teile beziehen und aus der heraus sie in Zukunft agieren können – und die mit der Zeit, wenn sie verbessert wird, Vorrang vor den alten Wegen haben wird.*

Soweit die bearbeiteten Auszüge aus dem Dokument. Wir haben diesen Pionieren viel zu verdanken, denn durch sie haben wir u. a. die Anfänge der Pilotgruppenarbeit kennengelernt. Und vor allem haben wir am Beispiel der RTSC-Konferenzen einen Leitfaden für das Design und die Durchführung von Großgruppenformaten, die einen Wandel in Echtzeit anstreben.

Eine wissenswerte und lehrreiche Anekdote

Das Ziel einer viertägigen Konferenz mit 60 Teilnehmenden aus Bolivien und Deutschland war die Abstimmung der strategischen Ziele der nächsten fünf Jahre für die beiden Standorte. Die zweisprachige Konferenz fand in Deutschland statt und wurde begleitet durch zwei Facilitatoren.

Wir hatten deshalb vier Tage angesetzt, weil uns während der Vorbereitung klarwurde, dass die Zweisprachigkeit mehr Zeit benötigen würde. Hinzukam, dass der Vorbereitungsprozess im Wesentlichen auf deutscher Seite stattgefunden hatte, zwar immer mit Absprachen auf bolivianischer Seite, aber neurowissenschaftlich konnten wir in der Nachbetrachtung reflektieren, dass die Voreingenommenheiten, die sich alleine aus der Distanz der beiden Länder ergeben, zu dem Wir-und-Die-Paradigma geführt haben: die Deutschen, die sich ähnlicher und näher waren, haben ausgehend von ihren Erfahrungen, die nicht mit den bolivianischen übereinstimmten, „schnell“ einen Prozess gestaltet, der besonders ihren Kontext im Blick hatte.

Bereits am ersten Abend spürten viele die herausfordernden Dynamiken, die sich abzeichneten. Wir bildeten als Reaktion darauf für die nächsten Tage eine erweiterte Pilotgruppe, die nun paritätisch besetzt war. Miteinander versuchten sich alle besser zu verstehen und wir veränderten die Agenda zeitlich und inhaltlich, sodass es sich für alle stimmig anfühlte. Das veränderte die Atmosphäre im Raum deutlich:

- Der Status der Teilnehmenden aus Bolivien hatte sich durch mehr Einbezug verändert. Ihr Beitrag war sichtbarer.
- Das Autonomieerleben war durch die Anpassung der Agenda erhöht.
- Die Fairness wurde durch die paritätische Besetzung der Pilotgruppe sichtbar.
- Und das Ringen um eine für alle sinnvolle Agenda hatte die Menschen stärker über die Standorte hinweg verbunden.

Im weiteren Verlauf der Konferenz wurde es erneut herausfordernd. Als beide Standorte die an den jeweiligen Orten vorbereiteten strategischen Ziele präsentierten, wurde schnell klar, dass auch hier Voreingenommenheiten und Verzerrungen durch einseitige Sichtweisen spürbar waren. Alle beteiligten sich daran, die Ziele gemeinsam und stimmig zu formulieren.

Am Ende waren alle menschlich zusammengewachsen und sachlich auf einer Zielgerade. Als Facilitatoren hatten wir viel gelernt über Sprache und Übersetzung und darüber, wie schnell grundlegende menschliche Bedürfnisse missachtet werden können, wie einfach es ist, die eigene Sichtweise wichtiger zu nehmen, und wie gut es ist, wenn genau das im Dialog besprechbar wird. Diese Erfahrungen haben auch dazu geführt, dass wir neurowissenschaftliches Know-how stärker in unsere Arbeit einbeziehen und es auch der Gruppe zur Verfügung stellen. Die beiden Modelle SCARF und SEEDS (siehe Seite 365 ff.) helfen dabei.

Und noch etwas, was wir später reflektiert haben: Dieser RTSC-Konferenz hätte es gutgetan, mehr Sinne einzubeziehen, z. B. durch noch mehr Visualisierungen, durch Embodiment, durch Singen und Tanzen, durch Metaphern und Rituale, denn so werden Gehirnteile aktiviert, die über die Sprache hinausgehen und für ein vertieftes Erleben sorgen, was besonders wichtig ist – nicht nur im interkulturellen Kontext.

Eine generische Agenda (Flow)

Diese Agenda bezieht sich auf bis zu 160 Teilnehmende. In der Praxis ist die Dauer der einzelnen Phasen abhängig von weiteren Einflussfaktoren, wie z. B. Thema, Kultur, Umfeld und Rahmenbedingungen. Daher ist der Agenda-Flow nicht als Schablone zu verstehen. Alles ist kontextpassgenau zu bedenken und für die eigene Praxis anzupassen.

RTSC/Whole Scale Change

Tag 1

Zeit	Minuten	Was	Beschreibung
09:00	30′	**Kaffee zum Ankommen**	
09:30	15′	**Begrüßung und Intention durch den Entscheider**	Wozu diese Konferenz? Wer ist im Raum? Dank und Vorstellung der Pilotgruppe? Übergabe an die Facilitatoren
09:45	10′	**Einführung in den Ablauf der RTSC Konferenz**	Überblick Praktiken des Gelingens
09:55	30′	**Check-in 8er Gruppen (Menschen verbinden)**	20 Gruppen bereichsübergreifend (maximaler Mix): Kennenlernen und Sad,Glad, Mad (Was macht mich bezogen auf meinen Arbeitsplatz derzeit froh traurig, und was verrückt?)
10:25	15′	**Stimmen aus den Gruppen**	und kurze Reflexion zu den Aspekten, die geteilt wurden
10:40	30′	**Faktor D – Input Aufrütteln/Dringlichkeit**	Teil 1: Die Sicht der Kunden: Drei Kunden berichten von ihrem Erleben (Film oder live) Teil 2: Die Sicht der Führung dazu: Um was geht es hier? Zahlen, Daten, Fakten
11:10	20′	**Kurze Pause**	
11:30	30′	**Open Forum in den Max Mix Gruppen vom Anfang**	Was haben wir gehört? Was sind unsere Reaktionen darauf? Welche Fragen haben wir an wen?
12:00	30′	**Dialog im Fishbowl**	Dialoge und Analysen zur aktuellen Situation
12:30	30′	**Muster des Handelns aufdecken, Menschen verbinden**	Neue Max Mix Gruppen bilden: Teilnehmende verarbeiten die Gedankenanstöße in Sketchen (jeweils 1′), die aufdecken, nach welchen Mustern bereichsübergreifend derzeit gehandelt wird.
13:00	75′	**Mittagspause**	
14:15	30′	**Präsentation der Stehgreif-Sketche**	20 mal 1 Minute
14:45	15′	**Zwischenernte: Was ist bis hierhin deutlich geworden?**	Ein Graphic Recorder visualisiert die Ergebnisse
15:00	45′	**Faktor V – Vision und gemeinsame Ziele**	Inspirationen aus Organisationen, die zum erwünschten Erleben, bereits Erfahrungen gemacht haben: Drei Vertreterinnen erzählen live jeweils 15′ von ihrem Weg • Darstellung der Ziele, (Visionen Werte, Programme) • Feedback von den Teilnehmenden Überarbeiten der Ziele (Visionen, Werte, Programme) durch die Pilotgruppe, Führung und Freiwilligen aus der Teilnehmerschaft
15:45	30′	**Open Forum in neuen Max Mix Gruppen (Menschen verbinden)**	Was haben wir gehört? Was sind unsere Reaktionen darauf? Welche Fragen haben wir an wen?
16:15	30′	**Dialog im Fishbowl im Plenum**	Fragen, Ideen und Hinweise: Zukunftsdialog
16:45	30′	**Pause**	
17:15	20′	**Führung stellt Visionen und Ziele vor**	Das, oder etwas Stimmigeres…

17:35	60′	**Bearbeitung der Visionen und Ziele in Max Mix Gruppen**	Gruppen erarbeiten Änderungswünsche. Ziel ist die Identifikation mit den Zielen
18:35	40′	**kurze Präsentation der Ergebnisse**	und Verständnisfragen
19:15	0′	**Abendessen und gemeinsame Party**	Die Pilotgruppe, die Entscheider und 2-3 Freiwillige verpflichten sich, die Änderungswünsche in die Visionen und Ziele einzuarbeiten

Tag 2

Zeit	Minuten	Was	Beschreibung
09:00	10′	**Einstimmung in den Tag**	und kurzer Rückblick
09:10	30′	**Darstellung der überarbeiteten Visionen und Ziele**	Jede und Jeder bekommt eine druckfrische Visualisierung der Ergebnisse
09:40	60′	**Neue Vereinbarungen, damit die Umsetzung gelingt**	Erarbeitung in Max Mix Gruppen: Unsere 10 Prinzipien für die (bereichsübergreifende) Kooperation
10:40	45′	**Pause und Infomarkt**	Auswahl der 10 Prinzipien, an die sich alle halten wollen
11:25	45′	**Reflexion und Bestätigung im Plenum**	
12:10	50′	**Faktor F: Was werden wir direkt wie umsetzen?**	Treffen in Teams und Heimatgruppen (Menschen, die im Alltag zusammen arbeiten): Was bedeuten die Visionen und Ziele für unseren Bereich? Erste Schritte werden überlegt und wenn möglich auch direkt umgesetzt.
13:00	60′	**Mittagessen**	
14:00	75′	**Handlungsplanung für organisationsweite Maßnahmen**	Freiwilligen Gruppen bilden sich zur bereichsübergreifenden Zusammenarbeit
15:15	30′	**Präsentation der Ergebnisse**	
15:45	15′	**Zusicherung und Dank der Entscheider**	• Nach der Konferenz werden die erforderlichen Ressourcen bereitgestellt, damit die Umsetzungsenergie erhalten bleibt • Einladung zu Kaffee, Kuchen und Sekt
16:00	60′	**Feier der Ergbnisse**	Menschen gehen aufeinander zu und geben sich positives Feedback zur Stärkung für die Umsetzung
17:00	0′	**Abschluss**	

RTSC und die glorreichen Sieben

RTSC-Konferenzen bieten ein Verfahren, durch dass es gelingt, sich mit einem ganzen System regelmäßig strategisch und in Echtzeit auf die Zukunft hin auszurichten.

Das Zitat von Kathie Dannemiller zu Beginn des Kapitels sowie alle Ausführungen aus „Ron und Kathies Prinzipien“ (siehe Seite 313) sind sehr aktuell, wie neurowissenschaftliche Erkenntnisse belegen. Als Gruppe ein Gehirn zu werden, ist nicht nur ein frommer Wunsch oder ein symbolischer Ausdruck. Wissenschaftliche Erkenntnisse über Spiegelneuronen (siehe Seite 368) belegen, dass es möglich ist, gemeinsam ein Herz zu werden und tiefe Verbundenheit zu spüren. Dies ist nicht nur etwas Schönes für den privaten Teil des Lebens, es ist auch beruflich sehr erstrebenswert, denn dadurch erleichtern Facilitatoren die Zusammenarbeit, fördern die Gesundheit aller Menschen bzw. allen Lebens und verhelfen großen Organisationen zu mehr Sinn und mehr Leistung.

Im Rahmen der Glorreichen Sieben ist RTSC als Inspirationsquelle (facilitative Philosophie und Haltung) und als Handwerkszeug sehr nützlich. Mit der Formel für Veränderung und den zugleich konkreten Interventionen (Baukasten) gehört sie zu den praktischsten und umfassendsten Meta-Methoden, in die weitere Formate integriert werden können. Wir hoffen, dass es in Zukunft noch viele co-kreative RTSC-Konferenzen in ganzen Systemen geben wird, denn die erfolgreichsten und bedeutsamsten Organisationen werden die sein, die in der Lage sind, schnell und effektiv grundlegende, systemweite Veränderungen zu antizipieren und sich in einer Weise zu wandeln, dass dabei die Menschen ein Herz und ein Gehirn werden.

RTSC-Konferenzen haben außerdem das Potenzial, ebenso wie Zukunftskonferenzen, die wir im nächsten Abschnitt vorstellen, mit vielen Menschen gleichzeitig große gesellschaftlich drängende Themen zu bearbeiten.

Zukunftskonferenz (Future Search)

„Unsere Gesellschaft fängt gerade erst an zu erkunden, was sich alles erreichen lässt, wenn ganz unterschiedliche Gruppen an derselben Aufgabe arbeiten.

Marvin Weisbord und Sandra Janoff[277]

Die Zukunftskonferenz nach Marvin Weisbord und Sandra Janoff entspricht in ihrem Aufbau der Formel für Veränderung, die wir im Zusammenhang mit RTSC im letzten Abschnitt beschrieben haben. Sie folgt aber im Unterschied zu den frei gestaltbaren RTSC-Konferenzen einem Bauplan mit festgelegten Interventionen (Aufgabenstellungen) in fünf Phasen:

- Blick in die Vergangenheit
- Analyse der Gegenwart
- Co-Creation der gewünschten Zukunft
- Gemeinsame Ziele
- Maßnahmen

Das Besondere an der Zukunftskonferenz ist, dass sie *alle* (oftmals konkurrierenden) Interessengruppen zu komplexen Problemen und Fragestellungen in einen Raum holt.

Die Intention ist, herauszufinden, welche gerechten, menschlichen und nachhaltigen Gemeinsamkeiten es gibt („common ground"), auf die sich alle beziehen und für die sich alle aktiv einsetzen werden. Im Original „Future Search" (Zukunftssuche) genannt, drückt diese Bezeichnung deutlicher den co-kreativen Anspruch an Zukunftsgestaltung aus. Zukunftskonferenzen können aus drei Perspektiven betrachtet werden: als prinzipienbasiertes Meeting-Design, als Philosophie von Facilitation und als globale Veränderungsstrategie.[278] Wir beziehen uns in diesem Buch vor allem auf das Meeting-Design und vergrößern damit den Handwerkskoffer für Facilitation.

Historie und Absicht

In einem persönlichen Gespräch[279] erzählt Sandra Janoff, die zusammen mit Marvin Weisbord als Urheberin der Zukunftskonferenz gilt, von ihrem starken Bedürfnis, schon als Kind und Jugendliche Dinge heilen zu wollen. In ihrer Familie hatte sie ein Gespür dafür, wenn etwas auseinanderzufallen drohte und sie bemerkte, dass es unter den Konfliktthemen ähnliche Bedürfnisse und Emotionen gab. Sie erzählt von heftigen Konflikten zwischen ihrem Bruder und Vater und zwischen dem Großvater und seinem Bruder. Immer hat Sandra Janoff versucht, zur Versöhnung beizutragen. Ihr ging es darum, Emotionen herunterzufahren und ein gemeinsames Ziel oder eine gemeinsame Absicht zu finden, bei gleichzeitiger Anerkennung der Unterschiede. Als junge Erwachsene war sie Teil der Hippie-Bewegung in den 1960er-Jahren in den USA und hat sich für Frieden im Angesicht des Vietnamkrieges eingesetzt und für Liebe statt Hass. Das, was Sandra Janoff damals wichtig war, was sie im familiären Kreis beabsichtigt hatte, hat sich konsequent fortgesetzt in ihrer Arbeit mit der Zukunftskonferenz nun global und in ganzen Systemen.

Während ihr langjähriger Geschäftspartner Marvin Weisbord sich vor einigen Jahren aus Altersgründen aus dem aktiven Berufsleben zurückgezogen hat, ist Sandra Janoff heute, im Jahr 2021, voller Enthusiasmus und betont im persönlichen Gespräch, wie bedeutsam es ihr ist, die Quellen zu nennen und zu würdigen, aus denen die Zukunftskonferenz erwachsen ist.

Zwei wichtige Quellen gehen zurück auf die Sozialwissenschaftler Eric Trist und Fred Emery einerseits und auf Eva Schindler-Rainmann und Ronald Lipitt andererseits.[280] Eric Trist und Fred Emery machten schon 1960 im Rahmen einer Begleitung eines Fusionsprozesses von zwei Motorenwerken die erstaunliche Beobachtung, dass Menschen leichter eine gemeinsame Basis finden, wenn sie eine Aufgabe haben, die über ihr eigenes Anliegen hinausgeht. Emery hat – aufbauend auf der Forschung des Sozialpsychologen Salomon Asch – **Bedingungen für einen effizienten Dialog** formuliert:

a) Alle Parteien sprechen über die gleiche Welt – die Menschen belegen ihre Sichtweisen mit Beispielen.
b) Alle erleben ihre gemeinsame Menschlichkeit und ähnliche Bedürfnisse nach Nahrung, Wärme, Unterkunft, Schutz für ihre Kinder und Sinn in ihrem Leben.

Wenn diese beiden Bedingungen in einem Treffen eintreten, dann werden „meine Fakten" und „deine Fakten" zu „unseren Fakten" (dritte Bedingung), was die Tür zu einer effektiven Planung der Zukunft öffnet.

Wenn alle über eine Welt sprechen, die alle Wahrnehmungen einschließt, wird die Gruppe fähig zu einem echten Dialog und zu realistischem Handeln.[281]
Die zweite wichtige Quelle für die Entstehung der Zukunftskonferenz geht zurück auf Eva Schindler-Rainmann und Ronald Lippitt, die in den 1970er-Jahren in Nordamerika große Konferenzen zur Zukunft des Gemeinwesens durchführten. Dazu luden sie einen breiten Querschnitt von unterschiedlichen Akteuren der Gemeinde ein und erzielten besonders innovative Durchbrüche. Sie erkannten, dass **das Entwerfen einer idealen Zukunft deutlich mehr positive Energie bei den Betroffenen erzeugte als der Versuch, alte Probleme zu lösen.**

Diese beiden Quellen führte Marvin Weisbord zusammen und gemeinsam mit Sandra Janoff entstanden die vier wichtigsten Grundprinzipien[282] der Zukunftskonferenz:

- Das ganze System in einen Raum holen
- Den „ganzen Elefanten"[283] erkunden als Kontext für lokale Aktionen
- Den Fokus auf die Zukunft und auf Gemeinsamkeiten richten
- In selbstgesteuerten Gruppen arbeiten und eigenverantwortlich handeln

Marvin Weisbord erwähnte den Begriff „Zukunftskonferenz" (Future Search) erstmals 1987 in seinem Buch *Productive Workplaces*[284]. Die Zukunftskonferenz entwickelte sich mit der Zeit zu einem Verfahren, dass jeden dabei einbindet, ganze Systeme zu verbessern,[285] und lebt aus der Überzeugung, dass Menschen fast immer gemeinsame Werte in Bezug auf gegenseitigen Respekt, Würde, Gemeinschaft, Kooperation und effektives Handeln haben. Der Name „Future Search" ehrt die beide Quellen der Entstehung und fühlt sich demokratischen Idealen und deren Verkörperung in der Aktionsforschungstradition des Sozialpsychologen Kurt Lewin verpflichtet.[286]

Heute ist die Zukunftskonferenz zu einem globalen Lernlabor für gemeinsame Führung, Selbstmanagement und nachhaltige Planung geworden. Mit dem Future Search Network gibt es einen Zusammenschluss von vielen Freiwilligen weltweit, die Zukunftskonferenzen als öffentlichen Dienst anbieten. Sie wollen Gemeinschaften überall auf der Welt helfen, offener, solidarischer, gerechter und nachhaltiger zu werden. Dazu gehören u. a. Konferenzen zu sozialen Themen wie wirtschaftliche Entwicklung, Schulmanagement, Integration von Gesundheitssystemen, religiöse

Gemeinden, Nachhaltigkeitsprogramme, Jugend- und Familienprojekte, Landnutzungs- und Wasserressourcenplanung, Technologiemanagement und Gemeindeplanung.[287]

Die Komponenten

Das Ziel einer Zukunftskonferenz ist immer ein Aktionsplan für die Zukunft. Dafür arbeiten alle Vertreterinnen (bis zu 100) eines Systems gleichzeitig an denselben Aufgaben und co-kreieren gemeinsame Werte, Visionen und Ziele.

Ein prinzipienbasiertes Großgruppen-Design: Vier Prinzipien helfen den großen Gruppen, trotz Unterschieden in Alter, Kultur, Bildung, ethnischer Zugehörigkeit, Geschlecht und sozialer Schicht auf einer gemeinsamen Basis zu planen und zu handeln.

- **Das ganze System in einen Raum holen**

Das ganze System in einen Raum holen, heißt mehr Vielfalt, Multiperspektivität und weniger Hierarchie als in einem üblichen Meeting. Es beinhaltet die Chance für jede Person, mit der eigenen Sichtweise gehört zu werden und mehr über andere Sichtweisen in Bezug auf die anstehende Aufgabe zu lernen. Das „ganze System" besteht aus den Menschen, die einen Bezug zum Schwerpunktthema haben: Autorität, Ressourcen, Fachwissen, Informationen und solche, die von den Auswirkungen betroffen sein werden (siehe ARE IN, Seite 156).

> ***Praxistipp***
>
> *Sollen Schlüsselpersonen oder -Funktionen im Vorfeld ausgeschlossen werden, könnte eine relevante Stimme für weitreichende Lösungen fehlen.*

- **Den „ganzen Elefanten" erkunden als Kontext für lokale Aktionen**

Der ganze Elefant geht auf ein Gleichnis[288] zurück, in dem eine Gruppe von Blinden den Auftrag hat, zu beschreiben, was ein Elefant ist.

Jeder untersucht jeweils ein Körperteil, wie z. B. ein Bein, den Schwanz oder einen Stoßzahn. Dann teilen sie ihre Erfahrungen untereinander und merken, dass jede individuelle Erfahrung zu einer unterschiedlichen Definition eines Elefanten führt. In dem Gleichnis stehen die Blindheit für die individuelle Sichtweise und der Elefant für die komplexe Realität. Je nachdem, welchen Teil der Realität jeder sieht, führt das zu unterschiedlichen Erkenntnissen. Und nur wenn es gelingt, alle Sichtweisen nebeneinanderzulegen, gibt es eine Chance, das Gesamtbild zu sehen und es in die Co-Creation mit einzubeziehen. Damit in einer Zukunftskonferenz stimmige lokale Aktionen geplant werden können, ist es sinnvoll, sich zunächst mit dem ganzen Elefanten zu beschäftigen, also das gesamte Feld zu erkunden und global zu denken.

Praxistipp

Das Gleichnis lässt sich schnell und inspirierend zu Beginn einer Zukunftskonferenz erzählen. Alle verstehen durch das Bild des Elefanten, wie sinnvoll es ist, jede Perspektive einzubringen und genau anzuhören, damit ein möglichst umfassendes Bild entsteht und in der Folge alle Teile als Ressource berücksichtigt werden können.

- **Den Fokus auf die Zukunft und auf Gemeinsamkeiten richten**

In der Zukunftskonferenz wird nichts ausgelassen, nichts wird unter den Teppich gekehrt. Sandra Janoff betont, wie wichtig es ist, *alle* Differenzen in den Raum zu holen und nicht darüber hinwegzugehen. Probleme und Konflikte werden als wichtige Informationen betrachtet, nicht als Tagesordnungspunkte für Aktionen. Niemand muss Differenzen aushandeln, damit das Treffen ein Erfolg wird, denn der Fokus liegt auf der Zukunft und auf den Gemeinsamkeiten. Differenzen sind dabei Ressourcen, auf denen aufgebaut werden kann. Indem alle Perspektiven ausgesprochen werden, entdecken die Teilnehmenden gemeinsame Bestrebungen, Werte und Richtungen. Die Zusage, dass keine alten Konflikte gelöst oder vergangene Probleme bewältigt werden müssen, befreit alle und erleichtert, den Fokus auf die Zukunft und auf Gemeinsamkeiten zu richten. Diese Konzentration setzt viel Energie frei. Die Teilnehmenden sind kreativ, schauen nach vorne und ihre Handlungen sind aufeinander abgestimmt.

- **In selbstgesteuerten Gruppen arbeiten und eigenverantwortlich handeln**

In einer typischen Zukunftskonferenz arbeiten acht Vertreterinnen von jeweils acht unterschiedlichen Interessen- oder Anspruchsgruppen (64 Teilnehmende) zusammen; zwei Facilitatoren (ein Mann und eine Frau) begleiten den Gesamtprozess. Die einzelnen Aufgaben werden eigenverantwortlich und selbstgesteuert in kleinen Gruppen (gemischte Gruppen und Stakeholder-Gruppen[289]) und in der Gesamtgruppe bearbeitet. In den Kleingruppen wird die Leitungsrolle geteilt.

Praxistipp

Menschen möchten Verantwortung übernehmen, so lautet ein Prinzip des facilitativen Denkens. Damit sie das tun können, brauchen sie Facilitatoren, die darauf verzichten, für eine Gruppe das zu tun, wozu ihre Mitglieder selbst in der Lage sind. Das bedeutet in der Zukunftskonferenz, dafür zu sorgen, dass die Teilnehmenden in den kleinen Gruppen Rollen *übernehmen. Zu den bekannten Rollen, wie Moderatorin, Zeitnehmerin, Schreiber und Sprecher, kommt in der Zukunftskonferenz noch die Datenmanagerin hinzu. Das ist die Person, die in den Gruppen darauf achtet, dass alle Daten sorgfältig dokumentiert werden, und dafür sorgt, dass die Originalpapiere (Flipchart-Daten) an einem vereinbarten Platz gesammelt und dokumentiert werden, sodass sie allen zur Verfügung stehen bzw. für alle protokolliert werden.*

Die Teilnehmerinnen und Teilnehmer identifizieren sich mit den Ergebnissen, an deren Entwicklung sie maßgeblich mitgewirkt haben. Selbstentwickelte Strategien sind wirkungsvoller und qualitativ besser als vorgegebene, weil in ihnen die Perspektiven von vielen Menschen integriert sind. In Zukunftskonferenzen zeigt sich, dass die meisten Teilnehmenden fähig sind, Differenzen zu überbrücken, wenn sie gleichberechtigt, autonom und eigenverantwortlich an gemeinsamen Themen arbeiten. So gelingt es auch, Vorurteile über die anderen zu überwinden.[290] Statt andere Menschen ändern zu wollen, werden die Bedingungen geändert, unter denen man interagiert.

Praxistipp

Die Zukunftskonferenz ist in erster Linie eine strukturelle Intervention, *bei der es nicht darum geht, das Verhalten der Menschen zu ändern. Der Hinweis auf die Zukunftskonferenz als strukturelle*

Intervention ist bedeutsam, wenn einzelne Vertreter von Interessensgruppen in der Planungsphase erkennen lassen, dass sie darauf hoffen, dass sich einzelne Menschen in ihrem Verhalten grundsätzlich und langfristig verändern.

Die fünf Phasen einer Zukunftskonferenz

Vertreterinnen und Vertreter (Stakeholder) aus allen Bereichen einer Organisation oder eines größeren Systems kommen für 2,5 Tage (18 Stunden Arbeitszeit) zusammen. Stakeholder sind all jene, die einen Anteil an der Zukunft haben. Gemeint sind u.a. alle Hierarchieebenen, aber auch externe Partner, Lieferanten, strategische Partner, Kunden, Produktentwickler, Marketingexperten – Menschen, die eine Bezug zum System haben. Es geht darum, möglichst viele für die Aufgabe nützliche Perspektiven in einen Raum zu holen, um neues Denken zu ermöglichen und neue Erkenntnisse zu gewinnen. Wer Menschen und Interessengruppen, die üblicherweise nicht in die Zukunftsentwicklung einer Organisation aktiv einbezogen werden, beteiligt, der berücksichtigt nicht nur relevante Sichtweisen, sondern nährt auch partnerschaftliche Beziehungen und das Vertrauen in die Organisation.

Alle Teilnehmer und Teilnehmerinnen sitzen zu Beginn einer Zukunftskonferenz in heterogenen Gruppen (sogenannten Max-Mix-Gruppen). Diese Gruppen stellen jeweils einen repräsentativen Querschnitt (Mikrokosmos) des gesamten Systems dar, d.h. in jeder Kleingruppe sitzt ein Vertreter jeder Interessengruppe (ein maximaler Mix). Zusammen bilden sie in jeder Gruppe einen Mikrokosmos des im Raum anwesenden Gesamtsystems.

Nach einer Begrüßung durch die Sponsorin führen die Facilitatoren in das Format der Zukunftskonferenz ein. Sie erläutern den Ablauf, geben Hinweise zu den Prinzipien, zu den Rollen, zur eigenverantwortlichen Arbeit in den Stakeholder- und Max-Mix-Gruppen und zu den Spielregeln.

An dieser Stelle wird auch oft das Denkmodell „Die vier Räume der Veränderung“ des schwedischen Sozialpsychologen Claes Janssen vorgestellt (siehe Seite 132).

Praxistipp

Für einzelne Phasen einer Zukunftskonferenz kann das Denkmodell „Die vier Räume der Veränderung" eine zentrale Bedeutung bekommen, weil damit emotionale Zustände reflektiert und „normalisiert" werden können, die während einer Zukunftskonferenz auftauchen können. Die beiden oberen Räume Zufriedenheit und Inspiration (auch „Erneuerung" genannt) sind in der Regel weniger herausfordernd für die Teilnehmenden und für die Facilitatoren als die zwei unteren Räume Selbstzensur (auch „Leugnung" genannt) und Verwirrung (auch „Konfusion" genannt). Je länger die Zukunftskonferenz dauert und je mehr Daten aus der Vergangenheit und Gegenwart in den Raum kommen, um so wahrscheinlicher ist es, dass sich viele in den unteren Räumen aufhalten. Dann gibt es mitunter unruhige Momente, Gefühle von Ohnmacht und manchmal auch die Tendenz, den Prozess abbrechen zu wollen. Diese Umstände direkt am Anfang zu benennen, kann helfen, sich darauf einzustellen und vor allem nicht darauf zu hoffen, dass es eine Abkürzung von der Zufriedenheit direkt zur Inspiration bzw. Erneuerung gibt. Alle müssen durch die unteren Räume durch! Es hilft, zwischendurch an die vier Räume zu erinnern, die unangenehmen Gefühle zu regulieren und

sie sogar wertzuschätzen, denn die Erfahrung hat gezeigt, dass Lösungen besonders innovativ und nachhaltig sind, wenn sich die Teilnehmenden lange im Raum der Verwirrung aufgehalten haben.

Erste Phase: Der Rückblick in die Vergangenheit

Nach einer Vorstellungsrunde, z. B. anhand von Mitbringseln, die die Teilnehmenden mit dem Thema der Konferenz verbinden, erinnern sich alle an Meilensteine, wichtige Ereignisse und Wendepunkte aus der Vergangenheit zu drei unterschiedlichen Aspekten:

- persönlich – individuelle Meilensteine
- lokal – die Organisation/das Thema betreffend
- global – Weltereignisse

Zunächst machen sich alle Notizen zu den Meilensteinen der Vergangenheit und übertragen diese nach wenigen Minuten auf große Wandzeitungen. Es gibt eine Wandzeitung mit je einer Zeitleiste (Bsp. 1990er-Jahre, 2000er-Jahre, 2010er-Jahre, 2020 bis heute) für jeden der drei Aspekte.

In kurzer Zeit sind alle auf den Beinen und in Bewegung. Es entsteht ein Bewusstsein für die Bedeutung der Vergangenheit. Gleichzeitig wird das Thema bzw. die Organisation in einen größeren Kontext eingebettet, der den Beteiligten hilft, über ihren eigenen Radius hinauszublicken und sich zu öffnen für Sichtweisen und Erfahrungen anderer.

Die gesammelten, komplexen Daten werden anschließend von verschiedenen Gruppen interpretiert: Ein oder zwei Gruppen nutzen die Daten und erzählen eine Geschichte über die persönliche Vergangenheit der Menschen im Raum. Andere Gruppen interpretieren die globale Vergangenheit und erarbeiten eine Geschichte zu den Ereignissen, die unsere Gesellschaft geprägt haben. Wiederum andere Gruppen analysieren die Daten zur Vergangenheit der Organisation (bzw. des Themas der Konferenz) und erzählen eine Geschichte anhand wichtiger Meilensteine, Umbrüche und Entwicklungsschritte.

Alle Gruppen präsentieren ihre Ergebnisse. Die erste Phase endet (wie jede andere auch) mit einer ausführlichen Reflexion im Plenum über Muster, persönliche Eindrücke und Zusammenhänge, die deutlich wurden.

Zweite Phase: Untersuchung der Gegenwart – Teil 1 und Teil 2

Teil 1: Trends und Entwicklungen, die auf uns zukommen
Die Bestandsaufnahme der Gegenwart beginnt mit der Erstellung eines großen und komplexen Bildes im Plenum in Form einer Mind-Map.

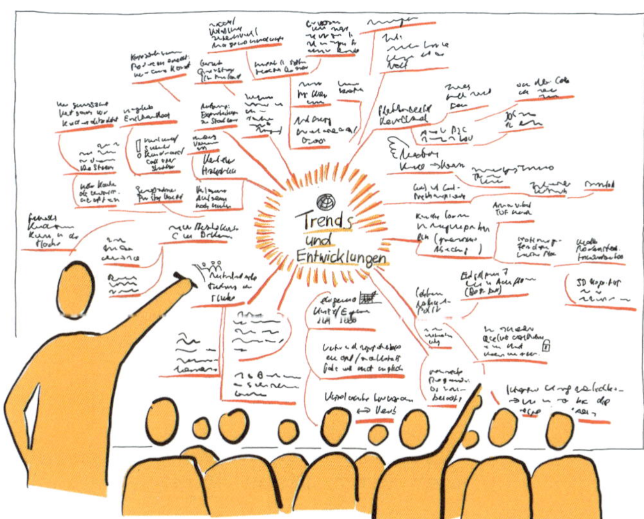

Die Teilnehmenden tragen ihre Beobachtungen zusammen zu aktuellen Trends und Entwicklungen in der Welt, die einen Einfluss von außen auf das zu bearbeitende Thema haben. Alle Trends – auch wenn sie sich widersprechen – werden aufgeschrieben.

> ***Praxistipp***
>
> *Falls abstrakte Trends genannt werden, werden die Teilnehmenden nach Beispielen für ihre Beobachtung gefragt.*

Das komplexe Bild löst oft Chaos und Verwirrung aus. In dieser Phase wird die Vernetzung der Trends allen Teilnehmenden bewusst. Das führt im Folgenden zu Denk- und Planungsprozessen in größeren Zusammenhängen und verhindert Stückwerk.

In homogenen Gruppen wird an dem Bild der Trends weitergearbeitet. Dazu werden die gemischten Gruppen aufgelöst. Nun sitzen diejenigen, die zu einer Interessengruppe gehören, in sogenannten Heimatgruppen (bzw. Stakeholdergruppen) zusammen und wählen drei bis fünf Trends aus, die sie im Hinblick auf die Zukunft für besonders wichtig halten. Dann besprechen sie einerseits, was sie bisher schon als Antwort auf diese Trends tun und andererseits, was sie künftig im Rahmen ihrer Einflussmöglichkeiten tun könnten – und bisher noch nicht tun. Erste co-kreative Ideen für die Zukunft zeigen sich.

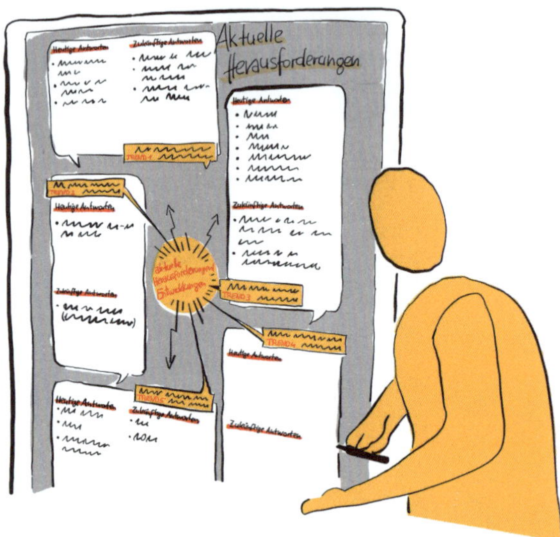

In dieser Phase entsteht ein facettenreiches und realistisches Bild der Gegenwart. Alle registrieren die jeweiligen unterschiedlichen Sichtweisen und Beobachtungen. Die einzelnen Teile des „Elefanten" fügen sich mehr und mehr zusammen.

Teil 2: Stolz und Bedauern

Es erfolgt eine Aufgabe, die sich auf die interne Reflexion der Organisation oder zum Thema bezieht. In diesem Aufgabenfeld berichten sich die Teilnehmenden gegenseitig in Heimatgruppen (homogene Sitzordnung), worauf sie stolz sind und was sie bedauern. Durch ihren persönlichen Beitrag oder gemeinsam mit anderen haben sie zum Erfolg der Organisation beigetragen – oder haben gute Entwicklungen beispielsweise gebremst oder gar verhindert. Ein besonderer Wert dieser Aufgabe liegt darin, dass die Teilnehmenden Verantwortung für ihr Handeln in der Vergangenheit übernehmen, ohne anderen Schuld zuzuweisen.

Praxistipp

Für einige ist es eine emotionale Herausforderung, das Wort „Stolz" für sich zu nutzen. Darauf kann man als Facilitatorin hinweisen und die Teilnehmenden bitten, für sich zu entscheiden, ob sie es nutzen oder ein alternatives Wort wählen möchten.

Etwas schwieriger im Umgang ist die Tendenz der Teilnehmenden bei der Präsentation der Punkte, die sie bedauern, auf andere zu verweisen und deren Verhalten zu bewerten. Da das ausdrücklich in der Aufgabe nicht gemeint und nicht erwünscht ist, weil Angriffe z. B. direkte Auswirkungen auf das Stresserleben haben (vgl. Neuro Facilitation auf Seite 370), ist hier eine besonders achtsame Moderation erforderlich. Die Facilitatoren erinnern daran, dass es ausschließlich um die Reflexion der eigenen Beiträge geht und nicht darum, mit dem Finger auf andere zu zeigen.

Dritte Phase: Wünschenswerter Idealzustand

„Die Zukunft, die wir wollen, muss erfunden werden.
Sonst bekommen wir eine, die wir nicht wollen."
Joseph Beuys

Vergangenheit und Gegenwart sind beschrieben. Ein ganzes System setzt sich nun gleichzeitig mit der gewünschten Zukunft auseinander und beschreibt Strukturen, Prozesse, Abläufe, Verhaltensweisen, Programme und die neue Qualität der Zusammenarbeit. In heterogenen Gruppen (die Heimatgruppen werden aufgelöst), also wiederum im maximalen Mix des gesamten Systems, wird ein Idealbild der Zukunft entwickelt. Die Zukunft wird imaginiert, als wäre sie im Moment Realität. Die Gruppen beziehen das Beste aus der Vergangenheit genauso mit ein wie kreative Antworten auf die herausfordernden Trends. Das Bedauern ist gewichen durch Ideen zur Überwindung von Blockaden, Hindernissen und Versäumnissen. Die einzelnen Zukunftsszenarien werden im Plenum in einer kreativen Form präsentiert.

„Ich nenne die Beziehung zwischen der Vision und der aktuellen Realität strukturelle Spannung. Während des kreativen Prozesses haben Sie ein Auge darauf, wo Sie hinwollen, und Sie haben auch ein Auge darauf, wo Sie momentan sind. Am Anfang des kreativen Prozesses wird es immer eine strukturelle Spannung geben, denn es wird immer eine Diskrepanz zwischen dem, was man will, und dem, was man hat, geben. Warum? Weil Schöpfer Schöpfungen ins Leben rufen, die noch nicht existieren. Strukturelle Spannung ist ein grundlegendes Prinzip im kreativen Prozess. In der Tat ist es Teil Ihrer Aufgabe als Schöpfer, diese Spannung zu erzeugen."[291]

Robert Fritz, Autor

Nach Robert Fritz entsteht mit der Beschreibung der wünschenswerten Zukunft eine strukturelle Spannung zwischen dem gewünschten und dem aktuellen Status als grundlegendes Prinzip in co-kreativen Prozessen. Die so erzeugte Spannung löst sich automatisch durch Aktionen. Die für die Umsetzung der angestrebten Vision nötige Energie entsteht quasi nebenbei. Aufgrund der strukturellen Spannung ist es leichter, das zu tun, was erforderlich sein wird.

Vierte Phase: Abstimmung der gemeinsamen Ziele

Unter dem Eindruck der vielfältigen Visionen setzen sich die Max-Mix-Gruppen wieder zusammen und formulieren gemeinsame Ziele, die sie in den vorgestellten Zukunftsentwürfen entdecken konnten und für die sie sich einsetzen wollen. Das können WAS-Ziele (Was wir erreichen wollen) oder WIE-Ziele (Wie wir das Gewollte erreichen) sein. Ziele, über die kein Konsens besteht, werden im Kein-Konsens-Speicher – eine Liste an der Wand – dokumentiert.

In den meisten Gruppen werden die Ziele relativ abstrakt beschrieben: „Wir sind klimaneutral", „Mitarbeitende bestimmen selbst, wo sie arbeiten", „Personalentscheidungen werden im Team getroffen", „Schnellere Reaktionszeiten durch Selbstführung."

Jeweils zwei Gruppen führen ihre Ziele im Anschluss zusammen und bringen ihre Ergebnisse nun mit ins Plenum.

Der Konsensprozess: das Nadelöhr der Konferenz

Die ganze Gruppe clustert die Ziele, und Freiwillige schreiben ein Statement zu jeder Themengruppe, dass auch von denen verstanden werden soll, die im Moment nicht anwesend sind. Die Statements und Ziele werden im Hinblick auf ein gemeinsames Verständnis überprüft. Dann findet die ganze Gruppe in einem Konsensprozess heraus, ob es Ziele gibt, hinter denen sich das ganze System versammelt. Dazu werden die Ziele einzeln abgestimmt.

Praxistipp

Das Setting kann eine Kinobestuhlung sein oder ein Kreis. Während wir früher das frontale Setting, wie in der Visualisierung gezeigt, wählten, setzen wir uns heute in den Kreis (siehe unten). Die Kraft dieses Settings sorgt dafür, dass sich alle im Blick haben und die gemeinsame Verantwortung im Sinne der Intention, die durch die Mitte verkörpert wird, ausgedrückt wird. Die Ziele, die ein Ja bekommen, werden in die Mitte gelegt.

Ziele (Was- und Wie-Ziele), die kontrovers sind, kommen in den Kein-Konsens-Speicher (oder auch als Wand der „Ungelösten Differenzen" bezeichnet). Diese Ziele sind Teil des offiziellen Konferenzergebnisses, werden aber auf der Konferenz nicht weiter bearbeitet.

Die vierte Phase ist das Nadelöhr der Zukunftskonferenz. Hier entscheidet sich, ob die Gruppe eine gemeinsame Plattform (common ground) findet, die von allen getragen wird, oder ob sie sich von alten Mustern und dem Blick auf Unterschiede hindern lässt, gemeinsam in die Zukunft zu gehen.

Marvin Weisbord und Sandra Janoff nennen die Phase Realitätsdialog. Sie weisen darauf hin, dass dieser Dialog nie einfach ist. Er verlangt von allen, die Differenzen auszuhalten, in dem Nichtwissen, ob es überhaupt gemeinsame Ziele geben wird. Bis zu diesem Moment hatte die Gruppe Zeit, alles über das System zu lernen. Nun ist es die Entscheidung der Gruppe und die Verantwortung jeder einzelnen Person, gemeinsame Ziele abzustimmen. Das Ergebnis dieser Phase sind mindestens Informationen darüber, wo jeder und jede steht und was nicht von allen getragen wird (kein Konsens). Bestenfalls zeigen sich jedoch die Ziele, für die sich alle gemeinsam einsetzen werden. Hier wächst das Verständnis darüber, dass es die gemeinsame Aufgabe ist, eine Basis für alle zu finden.

Praxistipp

Zur Einführung in diese Phase kann neurowissenschaftliches Wissen geteilt werden. Man kann zum Beispiel darauf hinweisen, dass es in dieser Phase sehr sinnvoll ist, sich bewusst zu machen, dass wir beispielsweise Dinge, die sich ähneln, gern mögen, dass wir Sicherheit suchen und Risiko eher meiden, dass wir die Tendenz haben, schnelle Entscheidungen zu treffen, und dass wir das, was die Menschen zu sagen haben, die weiter weg sind, nicht so genau betrachten. Diese menschlichen Tendenzen können in Entscheidungsphasen zu Verzerrungen führen. Sich dies während der Abstimmung bewusst zu machen und für sich selbst zu reflektieren, warum ich ablehne oder zustimme, hilft, vorschnelle und unsachliche Entscheidungen zu vermeiden (siehe SEEDS-Modell, Seite 372).

Fünfte Phase: Vereinbarungen und Maßnahmen

Zum Abschluss der Zukunftskonferenz werden Themen und Menschen verbunden. In einem Verfahren bilden sich neue Gruppen (z. B. im Open Space, siehe Seite 277), die für die Umsetzung eines Zieles Verantwortung übernehmen wollen und dafür geeignete Maßnahmen planen.

Nach dem Konsenprozess und den ersten Planungsgesprächen herrscht oft im ganzen Raum Aufbruchsstimmung- Zufriedenheit und Erleichterung sind spürbar. Auch Motivation zur Weiterarbeit und Dankbarkeit für das Erlebte sind Ergebnisse dieses langen Prozesses gemeinsamer Erkundung und Auseinandersetzung.

Wie geht es weiter?

Nach einer Zukunftskonferenz werden keine Kontrollinstanzen gebraucht, wohl aber Unterstützungsstrukturen für die Selbstorganisation. Bewegen wir uns im Rahmen einer hierarchischen Organisation, dann haben sich Projekt-Paten aus der Führungsebene bewährt. Diese haben die Aufgabe, da, wo sie Macht und Mittel haben, Ressourcen zugänglich zu machen, Türen zu öffnen und den Transferprozess zu erleichtern. Die einzelnen Vorhaben bleiben in der Verantwortung der Beteiligten.

Der Samen für die Umsetzung ist gesät. Regelmäßige Folgemeetings (auch online) helfen, die Arbeit zu koordinieren, zu beobachten und die Entwicklung des gesamten Systems im Blick zu halten. Mitdenken, Mitwissen, Mithandeln, Mitverantworten, Mitentscheiden, Mitfühlen sind in der Zukunftskonferenz erlebte Faktoren, die die Kultur einer Organisation und eines Systems verändern. Eine zukunftsweisende Form der Zusammenarbeit wird möglich.

Eine wissenswerte und lehrreiche Anekdote

Vor einigen Jahren habe ich (die Autorin Roswitha Vesper) einen ehrenamtlichen Verband der katholischen Kirche begleitet, der sich auf Einladung des Vorstandes im gesamten System auf gemeinsame Ziele verständigen wollte. Aus finanziellen Gründen sollte die Zukunftskonferenz nur einen Tag dauern. Da in der Gruppe viel Erfahrungswissen hinsichtlich solcher Prozesse vorhanden war und ich ihre Situation gut verstehen konnte, bin ich auf den Rahmen eingegangen. Jedoch nicht ohne ausdrücklich und ausführlich auf die Risiken und Nebenwirkungen hingewiesen zu haben:

1. An einem Tag können nicht alle fünf Phasen durchlaufen werden. Das ist für alle eine Überforderung. Wir müssen also kürzen. Kürzungen führen dazu, dass der ganze Elefant vielleicht nicht ausführlich genug erkundet wird bzw. dass Teilnehmende gern länger an einzelnen Themen arbeiten möchten, aber der Zeitrahmen es nicht zulässt.
2. Das Gehirn braucht zur Verarbeitung zwischendurch Phasen der Ruhe. Deshalb empfehlen Marvin Weisbord und Sandra Janoff das Prinzip „Schlaf zweimal!" („sleep twice"). Das bedeutet: Sorge für zwei Übernachtungen, damit das neu Gelernte verarbeitet und im Gehirn

integriert werden kann. Bei zu viel Input ohne Ruhephasen steigt die Konfusion, klares Denken ist nicht mehr möglich und die negativen Gefühle der unteren Räume in dem Denkmodell von Claes Janssen potenzieren sich gegebenenfalls.

3. Die Phase der Abstimmung der Ziele kann länger dauern, und es kann zu hoher Frustration kommen, wenn hier Zeitdruck herrscht.
4. Für die Maßnahmenplanung wird vermutlich nur sehr wenig Zeit bleiben.

Sehenden Auges haben wir die Agenda geplant und die Phase des Rückblicks ersetzt durch einige Meilensteine der Vergangenheit, an die der Vorstand und Mitglieder aus der Pilotgruppe zu Beginn in einem szenischen Vortrag aus verschiedenen Ecken im Raum erinnerten. Den Check-in und das Kennenlernen in den Max-Mix-Gruppen haben wir verbunden mit einer Sammlung von Trends in kleinen Gruppen (nicht im Plenum).

Stolz und Bedauern und auch die Visionsphase wurden zeitlich verkürzt. Für die Formulierung der Ziele, die sich aus den Visionen ergaben, planten wir 40 Minuten.

Und dann begann die Konsensphase. Alle hatten sich im Vorfeld dafür ausgesprochen, diese Phase zügig und ohne lange Erklärungen bei Vetos durchzuziehen. 36 Ziele sollten abgestimmt werden. Wie die Gruppe es geschafft hat, in so kurzer Zeit so viele substanzielle Ziele zu formulieren, bleibt ihr Geheimnis.

Der Konsensprozess war einmalig. Von den 36 Ziele bekamen 31 Ziele von allen ein Ja. Nur fünf Ziele landeten in dem Kein-Konsens-Speicher. Damit hatte niemand gerechnet.

Nun blieb noch eine kurze Weile für den Beginn der Maßnahmenplanung. Es war spürbar, dass niemand so recht wusste, wie 31 Ziele umgesetzt werden sollten. In dieser nachdenklichen Stimmung endete die Zukunftskonferenz.

Wenige Wochen später bekam ich einen Anruf mit der Frage, ob ich noch einmal kommen könne, denn die Gruppe konnte mit dem Ergebnis nicht weiterarbeiten.

Gern habe ich zugesagt, denn die Fähigkeit der Gruppe zur Reflexion hat mich beeindruckt und auch, dass sie für das Ergebnis die volle Verantwortung übernommen hatten. In ihrer internen Reflexion hatten sie ein Muster ihres Handelns identifiziert: Ihnen fällt es schwer, auf Basis des zur Verfügung stehenden Zeitbudgets (Ehrenamt) realistisch zu planen. Es fehlt ihnen an der Fähigkeit, loszulassen und ihre Grenzen zu akzeptieren.

Wir überlegten gemeinsam, wie wir mit den Erkenntnissen der Reflexion und den Ergebnissen aus der Zukunftskonferenz umgehen wollten und planten einen Workshoptag, an dem es darum gehen sollte, die Ziele ein zweites Mal abzustimmen. Zur Einstimmung für diesen Tag führten wir eine Übung durch, bei der alle Anwesenden jeweils fünf private Dinge auf fünf Zettel schreiben sollten, die ihnen sehr wichtig sind. Danach sammelten wir in vier Runden jeweils einen Zettel ein, sodass sich alle pro Runde entscheiden mussten, was sie abgeben und loslassen wollten. Die Erfahrung dieser Übung war tief und für alle beeindruckend, wie sich in der Reflexion dazu zeigte.

So eingestimmt führten wir die Konsensphase noch einmal durch. Sieben Ziele blieben am Ende übrig, zu denen alle ein zweites Mal Ja gesagt haben. Nur dieses Mal war es ein Ja nach dem Motto: Nein, das wollen wir in keinem Fall loslassen! Das ist uns so wichtig, dass wir dieses Ziel in jedem Fall behalten wollen!

Die Stimmung in der Gruppe war euphorisch. Das, was sonst eher Frust auslöst, war hier eine Art Befreiung: Wir haben es geschafft. Wir haben uns gemeinsam auf das verständigt, was uns allen wirklich wirklich am Herzen liegt.

Das größte Learning für mich war, dass das, was am ersten Tag nach Scheitern aussah, sich als ein sehr nachhaltiger Lerneffekt herausstellte. Das System hatte eine Menge über sich gelernt, und natürlich war es eine Bestätigung dafür, dass eine Zukunftskonferenz an einem Tag in einem ganzen System nicht durchgeführt werden kann.

Ein beispielhafter Flow (Agenda)

Diese Agenda bezieht sich auf bis zu 64 Teilnehmende. In der Praxis ist die Dauer der einzelnen Phasen und ihre Gestaltung abhängig von weiteren Einflussfaktoren wie Thema, Kultur, Umfeld, Rahmenbedingungen. Daher ist der Flow nicht als Schablone zu verstehen. Alles ist auf den konkreten Kontext hin zu bedenken und für die eigene Praxis anzupassen.

Zukunftskonferenz

Tag 1

Zeit	Minuten	Was	Beschreibung
12:00	60′	**Mittagsimbiss**	
13:00	15′	**Begrüßung durch die Sponsorin**	• Wozu die Zukunftskonferenz? • Wer ist im Raum? • Wer hat die Veranstaltung vorbereitet? • Wie wird es weitergehen/Was passiert mit den Ergebnissen?
13:15	25′	**Einführung durch die Facilitatoren**	Hinweise zum Format, zu den Prinzipien, zu den Rollen, zum Denkmodell 4 Räume der Veränderung, zum Ablauf und zu den Praktiken des Gelingens
13:40	60′	**Kennenlernen/Check-in**	Teilnehmende stellen sich in Max Mix Gruppen anhand ihrer Mitbringsel (symbolische Verbindungen zum Thema) vor.
14:40	30′	**Kaffeepause**	
15:10	120′	**Rückblick in die Vergangenheit**	1. Ein gemeinsames Bild (großes Wandbild) unserer Welt, unserer Werte und unserer Geschichte entwickeln. Sammlung bedeutungsvoller Wegmarken oder Wendepunkte in Bezug auf: • das persönliche Leben • die Vergangenheit des Umfelds (Gesellschaft, Wirtschaft, Politik…) • die Vergangenheit des Themas in der Organisation 2. Auswertung des Rückblickes in Max-Mix Gruppen 3. Erkenntnisse und das Erleben in den Gruppen präsentieren und gemeinsam im Plenum reflektieren
17:10	15′	**Pause**	
17:25	60′	**Gegenwart 1: Trends Teil 1**	Eine gemeinsame Sicht der von außen auf uns zukommenden Herausforderungen entwickeln. Im Plenum eine gemeinsame Mindmap der Trends erstellen.
18:25	35′	**Tagesabschluss**	Erste Reflexion zu den Trends und zum Tag. Jeder wählt die sieben wichtigsten Trends beim Verlassen des Raumes durch Klebepunkte aus.
19:00	0′	**Ende Tag 1**	Empfehlung: gemeinsames Abendessen

Tag 2

Zeit	Minuten	Was	Beschreibung
09:00	15′	**Begrüßung Tag 2**	Einstimmung und Überblick
09:15	100′	**Gegenwart 1: Trends Teil 2**	Die wichtigsten Trends als Gruppe auswählen und in Heimatgruppen bearbeiten: • heutige Antworten • zukünftige Antworten Ergebnisse präsentieren und reflektieren
10:55	30′	**Pause**	
11:25	95′	**Gegenwart 2: Stolz und Bedauern**	Die heutige Realität bezogen auf das Thema bewerten, gemeinsame Werte entdecken. Heimatgruppen erstellen eine Liste der Dinge, auf die sie mit Bezug auf das Thema stolz sind und eine Liste der Dinge, die sie in Bezug auf Ihren Beitrag bedauern und präsentieren ihre Ergebnisse. Reflexion im Plenum
13:00	90′	**Mittagspause**	
14:30	150′	**Vision – ideales Zukunftsbild**	In Max-Mix Gruppen eine Zukunft entwerfen, für die alle arbeiten wollen und diese kreativ präsentieren.
17:00	20′	**Pause**	
17:20	60′	**Gemeinsamkeiten herausarbeiten Teil 1**	Max-Mix Gruppen formulieren Ziele
18:20	40′	**Gemeinsamkeiten herausarbeiten Teil 2**	Zwei Gruppen gehen zusammen und stimmen ihre Ziele ab: Dubletten werden entfernt und die Ziele, die nicht von allen aus den beiden Gruppen getragen werden, kommen in den Kein Konsens-Speicher
19:00	75′	**Abendessen**	
20:15	90′	**Gemeinsamkeiten herausarbeiten Teil 3**	Konsensprozess im Plenum In einem ausführlichen Dialog, in dem auch die nicht übereinstimmenden Punkte festgehalten werden (Realitätsdialog) werden die Ziele abgestimmt, die von allen gemeinsam getragen werden.
21:45	15′	**Abschluss**	Reflexion und Würdigung des Erreichten
22:00	0′	**Ende Tag 2**	

Tag 3

Zeit	Minuten	Was	Beschreibung
09:00	15′	**Einstimmung in den Tag**	
09:15	120′	**Umsetzung (Handlungsplanung)**	Ziele und Menschen für die Umsetzung verbinden Aktionspläne für Projekte und Programme erstellen in neuen Freiwilligen-Gruppen (z. B. im Open Space)
11:15	45′	**Nächste Schritte zur Weiterarbeit abstimmen**	Reflexion zum weiteren Vorgehen
12:00	30′	**Abschluss/Check-out**	Wofür bis du dankbar? Sponsorin dankt als Letzte und beschließt die Zukunftskonferenz mit einer Einladung zu einem gemeinsamen Mittagsimbiss.
12:30	60′	**Gemeinsamer Mittagsimbiss**	
13:30	0′	**Ende Tag 3**	

Die Zukunftskonferenz und die glorreichen Sieben

Während Systeme heute immer brüchiger werden (vgl. BANI, Seite 118) und auseinander zu fallen drohen, bietet die Zukunftskonferenz ein auf allen Kontinenten erprobtes Konzept, durch das es gelingen kann, ein ganzes System oder eine Gruppe, die sich um ein gemeinsames Thema versammelt, zu einer „Insel des gesunden Menschenverstands" zu entwickeln. Dies ist besonders wichtig angesichts der Krisen, die wir als Menschheit zu bewältigen haben. Die Zukunftskonferenz ist ein Format, das ermöglicht

- Fragmentierungen, Konflikte und Einzelinteressen zu Gunsten eines größeren und höheren Ziels zu überwinden,
- Unterschiede und Differenzen als Ressourcen zu erleben,
- die eigene Verantwortung innerhalb eines größeren, miteinander verwobenen Gesamtsystems zu sehen und wahrzunehmen,
- dass sich ein ganzes System zusammen auf den Weg macht, Daten aufdeckt, lernt und das, was alle gemeinsam wollen, zugänglich macht,
- dass sich eine heterogene Gruppe auf eine gemeinsame Zukunft ausrichtet und kooperiert.

Dynamic Facilitation

„Ich bin der Hausmeister des Geistes … alles, was ich tue, ist, die Fenster ein wenig zu wischen, damit man selbst hinaussehen kann."
Godfrey Chips[292]

Was machen Sie, wenn eine Situation schwierig, vertrackt und konfliktbeladen ist, und Sie schon alles mögliche zur Lösung versucht habt? Was machen Sie, wenn viel von Change gesprochen wird, aber niemand den Change spürt? Wenn es stockt und keiner eine Idee hat, woran es liegen könnte? Wenn es einfach nicht weitergeht? Unsere Antwort auf diese Fragen lautet regelmäßig: Dynamic Facilitation! Eine Art Fenster putzen, wodurch viel Klarheit für alle entsteht.

Die von Jim Rough entwickelte Methode Dynamic Facilitation ist das letzte co-kreative Format, das wir vorstellen möchten. Es steht symbolisch auch für die letzte Möglichkeit, wenn bereits vieles versucht wurde. Dann ist Dynamic Facilitation (DF) das Mittel der Wahl. Warum das so ist und welche Qualitäten in dem Format enthalten sind, erkunden wir auf den nächsten Seiten. Dabei wird sich herausstellen, dass DF auch die erste Wahl sein kann. So wird sich der Kreis der Glorreichen Sieben schließen.

Dynamic Facilitation bietet die Möglichkeit, in einer Gruppe – nahezu gleichzeitig – über Probleme, Lösungen, Ideen, Bedenken, Einwände oder Fragen zu sprechen. **Durch Dynamic Facilitation werden Wahlmöglichkeiten für scheinbar nicht lösbare Themen geschaffen** (im Amerikanischen heißt dies „Choice-Creating"). Ziel ist, in besonders konfliktären, scheinbar ausweglosen Fällen eine Lösung zu finden, die für alle gut ist und die zugleich Organisationen und Gruppen hilft, sich durch die Problemlösung zu entwickeln.

Das gelingt vor allem durch eine spezielle Weise des Sprechens, nämlich durch die Unterscheidung von zwei Arten des Sprechens.

„Um zu verstehen, wie wir Weisheit erzeugen können, müssen wir den Unterschied zwischen zwei Arten des Sprechens erkennen: dem transaktionalen (TA) und dem transformationalen (TF). TA-Gespräche sind eine Übertragung von Informationen zwischen Sender und Empfänger. Es ist, als ob Informationsbits ausgetauscht und einer Datenbank hinzugefügt werden, die jede Person in sich trägt. Ein TF-Gespräch hingegen ist eine Herz-zu-Herz-Erfahrung, bei der sich Menschen und Konzepte gemeinsam weiterentwickeln. Die Teilnehmer an einem TF-Gespräch können von der Erfahrung ‚bewegt' sein oder sie als ‚zutiefst bedeutsam' empfinden."[293]

Jim Rough

Historie und Absicht

Zu Beginn der 1980er-Jahre arbeitete Jim Rough als Qualitätsberater in einem Sägewerk an der Westküste der USA. Er traf dort auf unzufriedene Mitarbeitende, auf vertrackte und konfliktbeladene Situationen – sowohl zwischen Management und Gewerkschaften als auch zwischen Arbeitenden und Teamleitern. Keine der von ihm angewendeten Moderationsmethoden und Kreativitätstechniken brachten gute Lösungen für die tiefer liegenden schmerzhaften Probleme in den Teams.[294] Jim Rough experimentierte in diesem Umfeld mit einem neuen Format, inspiriert durch zwei Quellen: einerseits das kreative Denken (Kopfkreativität) und andererseits seine Studien zum Dialog (Herzkreativität).[295] Ihm war es ein Anliegen, beide Quellen zu verbinden. So entstand ein neues Format, das schon nach wenigen Monaten eine andere Form der Zusammenarbeit im Sägewerk ermöglichte. Das Verständnis füreinander und das Vertrauen untereinander waren signifikant gewachsen. Frustrationen wurden zu durchdachten Aktionen. Die Mitarbeitenden wurden kooperativer, neugieriger, informierter und aufmerksamer in ihrem Tun. Produktivität und Qualität stiegen um 30 %.[296]

Die co-kreative Methode bekam den Namen Dynamic Facilitation. Entstanden war ein nichtlineares Vorgehen, das zu gemeinsamen Aha-Erlebnissen und praktischen Lösungen führte, weil alle Gedanken – ob Informationen, Bedenken, Lösungen oder dahinter liegende Themen – gleichzeitig gehört und sorgfältig notiert wurden. Durch eine Art behüteter Kreativität ist Dynamic Facilitation vergleichbar mit einem Gewächshaus der Evolution. Neue Ideen, Perspektiven und Ansätze gedeihen in diesem Gewächshaus oftmals ungeplant, zu unvorhersehbaren Zeitpunkten und in einer nicht vorstellbaren Art und Weise. Facilitatoren sind im Rahmen dieses Formats in der Lage, die Vielfalt der Informationen ad hoc aufzunehmen und dem dauernden Gedankenstrom Raum zu geben.

Es ist ein unspektakuläres und konsequentes Vorgehen: Beteiligte sprechen, der Facilitator hört zu und schreibt alles auf. Dies führt nach einer Zeit zu kreativen Durchbrüchen, verbunden mit Win-win-Lösungen und gemeinsam getragenen Entscheidungen.

Ab 1990 begann Jim Rough zunächst Manager aus Wirtschaft und Politik zu Dynamic Facilitation-Seminaren einzuladen. Er hatte schon damals verstanden, dass mit Dynamic Facilitation sehr wichtige Fertigkeiten und Fähigkeiten für Führungspersonen verbunden sind. Um die zu vermitteln, ließ er die Teilnehmenden echte, sie persönlich und emotional betreffende Themen (keine Rollenspiele) wählen, um das Verfahren im Training möglichst authentisch erlebbar zu machen. Die Teilnehmenden erlebten auf diese Weise echte Durchbruchslösungen zu sozialen Themen, die damals brisant waren, wie zum Beispiel AIDS, Abtreibung oder Obdachlosigkeit. Alle bemerkten, wie sich das eigene Bewusstsein und Denken durch Dynamic Facilitation erweiterte, wie sie Altes loslassen und Neues gemeinsam empfangen konnten. Und dass das Format nicht nur für schwierige technische und organisationale Fragen geeignet war, sondern auch für weitreichende soziale und gesellschaftspolitische Themen.

Bei Dynamic Facilitation geht es im Kern um die Schaffung von Wahlmöglichkeiten, die vor dem Dialog noch nicht bekannt, greifbar oder denkbar waren. Es geht um eine Bewusstseinserweiterung und Optionsvielfalt in Bezug auf ein Problem bzw. ein Thema, dem man auf den Grund gehen will und für das man kreative Lösungen braucht.

Die folgende Aussage, die Albert Einstein zugeschrieben wird, wurde schon vielfach für Methodenbeschreibungen verwendet. Für Dynamic Facilitation trifft sie den Kern:

> *„Die Probleme, die es in der Welt gibt, können nicht mit den gleichen Denkweisen gelöst werden, die sie erzeugt haben."*[297]

Und Dynamic Facilitation erwies sich als skalierbar. Die ursprüngliche maximale Gruppengröße von bis zu 25 Personen konnte erweitert und damit zu einer Strategie für den Wandel im gesamten System werden – heute bekannt als der „Rat der Weisen" bzw. „Wisdom Council" (siehe Seite 179, 347).

Mit dem Beginn der 2000er-Jahre wird das Verfahren in der Politik auch für Bürgerräte genutzt. Die Teilnehmenden eines Bürgerrats, meistens zwölf bis fünfzehn Personen, werden dazu eingeladen, über aktuelle Themen und Fragestellungen zu diskutieren. Dabei benennen sie die Herausforderungen aus ihrer subjektiven Sicht und erarbeiten gemeinsam Lösungsideen. Inhaltlich wird der Bürgerrat weder angeleitet noch gesteuert, Dynamic Facilitation liefert die Struktur.[298] 2006 fand der erste Bürgerrat in Europa statt. Besonders das österreichische Bundesland Voralberg hat dazu viele gute und dokumentierte Erfahrungen gemacht.[299]

Nachdem es anfangs keine schriftlichen Unterlagen zum Verfahren gab, schrieb Rosa Zubizarreta in Zusammenarbeit mit Jim Rough ein Manual für die Teilnehmenden der Trainings. Heute ist das methodische Wissen durch das Standardwerk „Dynamic Facilitation"[300] für alle zugänglich. Das Verfahren ist strukturell einfach und kann sofort angewendet werden, wenn man die dahinter liegenden Prinzipien verinnerlicht und die mit dem Vorgehen verbundenen Techniken des gleichzeitigen Hörens und Schreibens beherrscht.

Die Komponenten

Um Dynamic Facilitation in seiner Einfachheit und Besonderheit zu verstehen, beschreiben wir folgende Komponenten:

- Das Setting
- Die Rolle der Dynamic Facilitatorin
- Phasen, die im Rahmen von Dynamic Facilitation beobachtet werden können
- Mögliche Reaktionen der Dynamic Facilitatorin in spezifischen Situationen
- Gute Wirkungen, die Dynamic Facilitation auslöst
- Der Rat der Weisen: Dynamic Facilitation für große Systeme

Das Setting

Das Setting in einem Dynamic Facilitation-Prozess besteht aus vier Pinnwänden, auf denen alle Beiträge der Teilnehmenden notiert werden. Die Teilnehmenden sitzen in einem Halbkreis mit Blick auf die Pinnwände. Die vier Pinnwände haben die folgenden Überschriften:

- Informationen/Sichtweisen (Data)
- Lösungen/Ideen (Solutions)
- Bedenken/Einwände (Concerns)
- Metathemen/Metafragen (Problemstatements)

Auf den Pinnwänden werden die Beiträge der Teilnehmenden durch die Dynamic Facilitatorin notiert und nummeriert. Sie steht während des Prozesses und bewegt sich zwischen den Teilnehmenden und den Pinnwänden hin und her (im Amerikanischen „surfing" genannt). In einer dem Surfen ähnlichen Körperhaltung holt die Facilitatorin bei den Teilnehmenden ab, was sie zu sagen haben und zugleich hält sie immer Kontakt mit den Pinnwänden, spiegelt das Gesagte und schreibt mit.

Praxistipp

Zu Beginn und zum Ende eines Treffens oder eines gesamten DF-Prozesses verändern wir das frontale Setting von DF und bilden einen Kreis mit allen. Im Kreis findet immer der Check-in und Check-out statt (The Circle Way, siehe Seite 222). Der Kreis hilft Einzelnen, als ganze Person anzukommen bzw. da zu sein, und der Gruppe, sich als Einheit wahrzunehmen.

Die Rolle der Dynamic Facilitatorin

Die Rolle und das Verhalten der Dynamic Facilitatorin unterscheidet sich von den bisher vorgestellten Rollen im Rahmen der co-kreativen Methoden:

- Die Dynamic Facilitatorin **ist sehr aktiv**. Jeder Dialog findet zunächst mit ihr bzw. durch sie mit den Pinnwänden statt. Sie konzentriert sich auf die Person, die gerade spricht und mutet allen anderen zu, auch in Ruhe zuzuhören und nicht zu unterbrechen. Die Konzentration auf den Sprecher zeigt die Dynamic Facilitatorin beispielsweise dadurch, dass sie sich den Teilnehmenden und Pinnwänden körperlich zuwendet („surfen"). Sie versucht zu verstehen und spiegelt das Gehörte zurück. Beim Spiegeln geht es darum, dem Sprecher die Möglichkeit zu bieten, den eigenen Gedanken tiefer zuzuhören und sie zu überprüfen.
- Die Dynamic Facilitatorin **lenkt und managt den Prozess inhaltlich nicht**. Sie achtet nicht auf einen roten Faden und hat auch nicht die Aufgabe, auf Konvergenz hin zu moderieren. Stattdessen folgt sie allem Gesagten und unterstützt den Sprecher nur dabei, die Gedanken auszudrücken. Ein Coach fühlt sich beispielsweise verpflichtet, die genau richtigen und weiterführenden Fragen zu stellen, die dem Klienten helfen, sich zu verändern. Eine Dynamic Facilitatorin beschäftigt sich nicht damit, die nächste „richtige" Frage zu formulieren. Sie hat wenige, einfache Fragen (siehe Seite 345), um den Sprecher dazu einzuladen, in die eigene Gedanken- und Gefühlswelt tiefer einzutauchen. Sie weiß, dass es der Prozess des Gehörtwerdens aller ist, der die Veränderung bewirkt.

„Was die kleine Momo konnte wie keine andere, das war: Zuhören. Das ist doch nichts Besonderes, wird nun vielleicht mancher Leser sagen, Zuhören kann doch jeder. Aber das ist ein Irrtum. Wirklich zuhören können nur ganz wenige Menschen. Und so wie Momo sich aufs Zuhören verstand, war es ganz und gar einmalig. Momo konnte so zuhören, dass dummen Leuten plötzlich sehr gescheite Gedanken kamen. Nicht etwa, weil sie etwas sagte oder fragte, was den anderen auf solche Gedanken brachte, nein, sie saß nur da und hörte einfach zu, mit aller Aufmerksamkeit und aller Anteilnahme. Dabei schaute sie den anderen mit ihren großen, dunklen Augen an, und der Betreffende fühlte, wie in ihm auf einmal Gedanken auftauchten, von denen er nie geahnt hatte, dass sie in ihm stecken."[301]

Michael Ende

- **Sie schreibt (möglichst) die Originalworte der Sprechenden auf.** Es geht nicht darum, alles Wort für Wort aufzuschreiben, sondern den Kern der Aussage so zu erfassen und aufzuschreiben, dass der Sprecher sich verstanden fühlt. Sie unterstützt ihn dabei, seine Gedanken auszu-

drücken, solange bis er sagt: „Ja, das ist genau das, was ich sagen wollte." Auf diese Weise dokumentiert sie das gesamte Gespräch und nummeriert die Beiträge auf den vier Listen. So entstehen Dokumente, die es den Teilnehmenden leicht machen, Bezüge zu anderen Beiträgen herzustellen.

- Die **Dynamic Facilitatorin ist allparteilich**. Sie erkennt die Gaben, die auch in vermeintlich schwierigen Beiträgen liegen, und würdigt sie – wenn beispielsweise zwei Menschen in einem Konflikt sind, weiß sie, dass es in dieser Situation für beide etwas gibt, das ihnen sehr am Herzen liegt. Bringen Menschen kritische oder negative Energie mit in ein Meeting, weiß die Dynamic Facilitatorin, dass alles, was sie tun, einem Anliegen bzw. einer tieferliegenden Verpflichtung entspringt. Durch das Zuhören, Spiegeln und Aufschreiben wird jeder Beitrag in gleicher Weise wertgeschätzt.

Diese Haltung und Rolle ist für viele Prozessbegleiterinnen und Leader ungewohnt. In der Praxis beobachten wir, wie schwer es fällt, sich ganz in den Dienst der Teilnehmenden zu stellen und nur dafür zu sorgen, dass sie alles sagen können, was sie im Moment sagen möchten, ohne ihre eigenen Bewertungen, ihr Wissen oder Lösungen mit in den Prozess einfließen zu lassen.

Phasen im Dynamic Facilitation-Prozess

Vorbereitungsphase

Die Auftragsklärung mit dem internen oder externen Kunden umfasst, wie bei anderen Interventionen auch, Vereinbarungen zu Rolle, Zweck, Ziel, Ergebnissen, Transfer und Follow-up-Prozess und ist dem Kontext der Organisation angepasst.

Zwei Verfahren werden zur Vorbereitung eines DF-Prozesses angewendet:

1. Vorgespräche und Dialog-Interviews mit Einzelpersonen, um das Feld zu erkunden und um Gruppen mit dem Prozess vertraut zu machen (Dialog-Interviews, siehe Seite 178). Die Facilitatorin hört in den Interviews viel über subjektive Befindlichkeiten, Meinungen und persönliche Umstände. Damit diese Details in den Prozess einfließen können, ermutigt sie die Personen, ihr Wissen und ihre Haltungen in der Gruppe zu teilen.
2. Die Zusammenarbeit mit einer Pilotgruppe (siehe Seite 164). Der Dynamic Facilitation-Prozess wird direkt in der Pilotgruppe, einem repräsentativen Querschnitt des relevanten Systems ausprobiert. Danach werden Kontextbedingungen besprochen und in die Wege geleitet, sodass der Prozess in einen zieldienlichen Gesamtprozess eingebettet ist.

> ***Praxistipp***
>
> *Da Dynamic Facilitation insofern „voraussetzungsvoll" ist, dass die Methode den Teilnehmenden mit ihrem strukturierten Setting, der steuernden Begleitung und den langen Rede- und Zuhörzeiten einiges abverlangt, eignen sich Pilotgruppen besonders dazu, Dynamic Facilitation im Vorfeld zu pilotieren, um die hilfreichen Wirkungen zu erleben. Danach ist eher klar, was zur Vorbereitung geschehen sollte, wie einzuladen ist und was man davon hat.*

Für die Durchführung von Dynamic Facilitation im relevanten System gibt es zwei Varianten, mit denen wir in der Praxis gute Erfahrungen gemacht haben:

- ein zweitägiges, durchgängiges DF-Meeting oder
- ein sequenzieller Meeting-Prozess bestehend aus vier Sitzungen mit jeweils vier Stunden im Rahmen eines definierten Zeitraumes (z. B. ein Monat).

In der Vorbereitungsphase wird geklärt, in welcher Variante der DF-Prozess stattfinden soll.

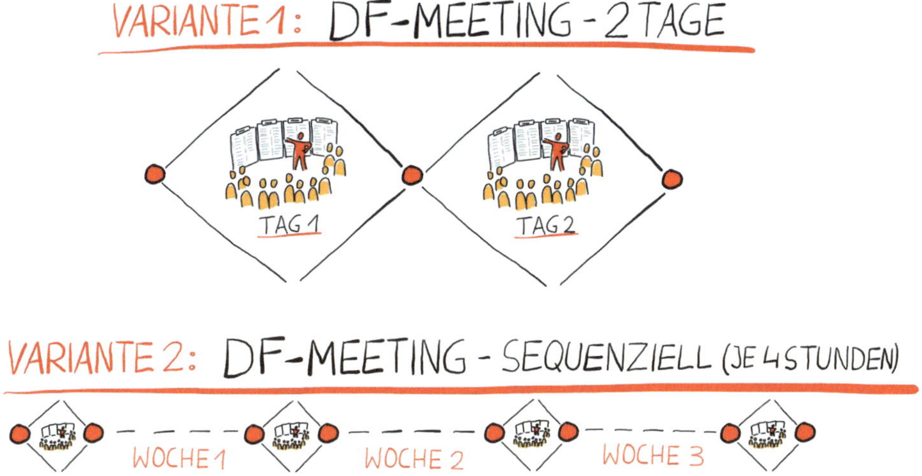

Einführung in das Dynamic Facilitation-Meeting

Die Auftraggeberin begrüßt und spricht über Anlass sowie Ziel des Meetings. Ein Ziel ist immer (metaphorisch gesprochen) eine *dokumentierte Landkarte* (die vier gefüllten Listen) des gesamten, größeren Themenfeldes zu erstellen. Diese Landkarte ist in sich wertvoll, weil mehr vom ganzen Bild zu sehen ist und Wahlmöglichkeiten deutlich werden. Bestenfalls kommt es aber im Verlauf zu einem *kreativen Durchbruch* und alle spüren die einmütige kreative Lösung, die vorher so nicht absehbar war. Somit wird die Landkarte als „Plan B" bezeichnet. Und das wird auch explizit gesagt, weil die Erfahrung zeigt, wie entlastend es sein kann, dass ein Durchbruch einerseits nicht garantiert werden kann und andererseits von den Teilnehmenden nicht als etwas gelten sollte, was unbedingt erreicht werden muss.

Anschließend übergibt die Auftraggeberin an die Dynamic Facilitatorin. Grundsätzlich ist es ratsam, mit einer Vorstellungsrunde und/oder einem Check-in im Kreis zu beginnen. Damit wird jede Stimme am Anfang schnell in den Raum geholt, was wiederum die Hemmschwelle zu sprechen senkt (The Circle Way, siehe Seite 222).

Im Anschluss führt die Facilitatorin in den Prozess ein. Sie stellt die vier Pinnwände anhand der Überschriften vor und erklärt das Prozedere, ihre Rolle und wie sie sich verhalten wird.

Danach gibt sie Hinweise zum Verhalten der Teilnehmenden:

- Sie lädt die Teilnehmenden ein, ihre eigene Meinung als Mensch und nicht als Interessenvertreter einer Gruppe zu äußern. Jeder spricht seine ganz persönliche authentische Wahrheit. Es geht explizit nicht um die Aufrechterhaltung einer politischen oder taktisch im Vorfeld vereinbarten Position oder Grundsatzhaltung.
- Sie weist darauf hin, dass niemand bestimmte Voraussetzungen, spezielles Wissen oder Können braucht, bevor er oder sie bei Dynamic Facilitation mitmachen kann.
- Sie verabredet, dass die Teilnehmenden ausschließlich mit der Facilitatorin sprechen. Dieses Gespräch bzw. das Zuhören erfolgt mindestens so lange, bis die vereinbarte Meetingzeit zu Ende ist oder bis sich die oftmals vorhandenen Spannungen auflösen und es zu einem kreativen Durchbruch kommt.

- Sie verdeutlicht, dass immer nur eine Person mit der Facilitatorin spricht und dass alle anderen so lange zuhören, bis sie selbst an der Reihe sind. Dadurch werden Ping-Pong-Effekte (Rede-Gegenrede) und direkte kommunikative Angriffe verhindert, die den Prozess zum Erliegen bringen könnten. Um diese Vereinbarung auch in einer mit Emotionen aufgeladenen Situation durchzusetzen, holt sie die Erlaubnis ein, sich auch zwischen die Teilnehmenden stellen zu dürfen, wenn sie sich nicht an die Regel halten.
- Sie bittet alle Beteiligten um Geduld, aktives Zuhören und um eine Haltung, die man als „einander Raum geben" bezeichnen könnte. Da alle so lange sprechen können, bis sie nichts mehr zu sagen haben, kann das manchmal zu längeren Phasen des Zuhörens kommen.
- Sie informiert darüber, dass sie alles, was die Teilnehmenden sagen werden, auf einer der vier Listen aufschreibt. In diesem Zusammenhang bittet sie alle, mit darauf zu achten, dass das Geschriebene dem entspricht, was sie sagen wollten, denn die Gedanken-Listen „gehören" den Teilnehmenden.
- Sie vereinbart mit den Teilnehmenden, dass alle während der Dauer des DF-Prozesses zusammenbleiben. Pausen werden gemeinsam vereinbart und gemeinsam genommen. Das ist eine wichtige Voraussetzung für das Gelingen.

Entleerung/Ausspülen

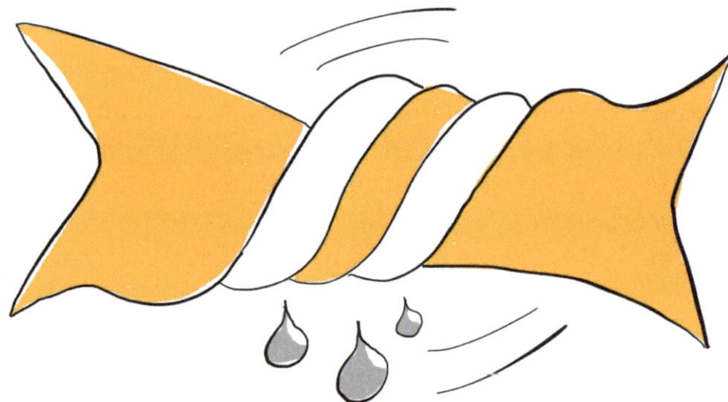

Wenn die Teilnehmenden mit dem Prozedere einverstanden sind und sich auf die Spielregeln bezüglich des Verhaltens einlassen, startet der Prozess. Die Dynamic Facilitatorin beginnt, alle Beiträge nacheinander aufzunehmen. Sie arbeitet im Stehen, geht auf die Sprechenden zu, hört zu, spiegelt und notiert das Gesagte auf den vier Pinnwänden. In dieser Phase geht es darum, alle Beiträge so lange aufzunehmen, bis alles für den Moment gesagt ist. Im Amerikanischen heißt diese Phase Purging, was durchspülen, entleeren oder säubern bedeutet. Purging trifft die Absicht dieser Phase sehr gut: Alles, was die Anwesenden bisher zum Thema gedacht haben oder denken, wird „entleert", indem es ausgesprochen wird. Dadurch entstehen innerer Freiraum für den Einzelnen und ein größerer Lösungsraum für alle Beteiligten.

Praxistipp

Wenn Führungskräfte anwesend sind, beginnt der Prozess mit ihnen, denn ihre Beiträge sind gerade anfangs wichtig, damit niemand Spekulationen über die Sichtweisen der Führungskräfte anstellen muss, anstatt sich auf die eigenen Äußerungen zum Thema zu konzentrieren und anderen zuzuhören. Außerdem ist es für den Dialogprozess ungünstig, wenn die Führungskräfte erst viel später sagen, was alles nicht geht bzw. dass alles ganz anders ist. Dann hätten die Beteiligten das Gefühl, ihre Äußerungen und die Zeit, die eingesetzt wurde, um diese zu hören, wären wertlos gewesen. Das Prinzip wird im Amerikanischen „Purge the boss first" genannt.

Während die Dynamic Facilitatorin einen nach dem anderen drannimmt und schreibt, führt die Fülle an Daten und Informationen allmählich weg vom Bekannten hin zum Unbekannten. Alle erhalten die Möglichkeit, ihre Sichtweisen, Informationen, Fragen, Ideen und Bedenken zu äußern. Das kann je nach Gruppengröße viel Zeit in Anspruch nehmen und zugleich ist dies sehr gut investierte Zeit, denn schon nach wenigen Stunden oder nach dem ersten Tag sagen viele: „Wir haben uns selten so gut zugehört!"

Alles, was gesagt wird bzw. wurde, steht irgendwann in einer beeindruckenden Fülle sichtbar und durchnummeriert auf einer der vier Listen. Vollgeschriebene Listen wurden durch neue ersetzt. Alle Papiere/Listen werden so aufgehängt, dass sie im Blick bleiben. Die Wirkung ist spürbar, denn sukzessive sehen die Teilnehmer und Teilnehmerinnen das ganze, komplexe Bild und sie beginnen damit, auch andere Sichtweisen in Betracht zu ziehen sowie sich aus der Verhaftung mit ihren bisherigen Gedanken und Gefühlen zu lösen. Es entsteht ein offener Raum für Neues. Auch eine neue Qualität der Aufmerksamkeit wird erlebbar. Sie ermöglicht den Beteiligten, einander wirklich zuzuhören, gemeinsam und voneinander zu lernen und schöpferisch zu denken. Diese erste Phase der Reinigung kann mehrere Stunden dauern, je nach Komplexität des Themas und Verfassung der Gruppe.

Yuck-Phase (Phase der maximalen Verwirrung)

Wenn alles, was die Teilnehmenden in Bezug auf das Thema schon vorher wussten und dachten (was sie sozusagen mitgebracht haben), auf den vier Listen steht, und immer weitere Aspekte und Sichtweisen hinzukommen, bis Einzelnen ggf. nichts mehr einfällt oder angesichts dieser Komplexität überwältigt sind, und dann noch immer keine von allen getragene Lösung greifbar erscheint, dann kann die durch Neugier geprägte, konstruktive Stimmung kippen. Einige zweifeln vielleicht das Vorgehen an, andere sind einfach nur schlecht gelaunt. In solchen Momenten befindet sich die Gruppe – methodisch betrachtet – in der sogenannten Yuck-Phase. Diese Phase ist für die Teilnehmenden schwer auszuhalten.

Die Facilitatorin unternimmt jedoch nichts, um für Erleichterung zu sorgen oder um den Prozess zu beschleunigen. Das Wichtigste, was sie in diesem Moment tun kann, ist, diese schwierige Phase anzuerkennen. Manchmal kann es helfen, alle Listen vorzulesen, damit allen nochmals das größere Bild deutlich wird. Letztlich führt dies jedoch auch nur zur Aufschiebung eines notwendigen und teilweise länger anhaltenden Moments unbehaglicher Stille.

Nun heißt es, zu warten und darauf zu vertrauen, dass die Mitglieder der Gruppe damit beschäftigt sind, alle Informationen, die bisher aufgetaucht sind, zu verdauen. Neurowissenschaftlich

zeigt sich ein körperliches Unwohlsein, weil das Gehirn durch die vielen Informationen in Unordnung geraten ist. Diesen Zustand versucht das Gehirn möglichst schnell zu überwinden, um wieder Kohärenz herzustellen. Auf diesen biologischen Umstand kann sich die Facilitatorin nahezu verlassen. Jemand wird den Sprung in die nächste Phase einleiten, indem er etwas ausdrückt, was neu ist – ob sachlich, inhaltlich oder auch emotional. Das könnte ein Beitrag wie dieser sein: „Beim Zuhören ist mir folgender neuer Gedanke gekommen: Was wäre, wenn es gar nicht um die Schnittstellen geht, sondern darum, dass unsere Prozesse insgesamt ein Update brauchen und damit auch klar wird, dass wir neue Zuschnitte für unsere Teams brauchen. Ich könnte mir das folgendermaßen vorstellen…" Andere folgen, denn der Wunsch ist groß, das, was bisher erreicht wurde, nun vorwärts zu bringen und neue Perspektiven zu sehen.

Kreativer Flow

Im Übergang von der Yuck-Phase zu einem kreativen Flow wird meist eine veränderte Energie und Atmosphäre im Raum wahrgenommen. Sind die Teilnehmenden in der Yuck-Phase eher verwirrt und ungehalten angesichts der Fülle an widersprüchlichen Meinungen, Fragen, Daten und Fakten, so beginnt nun ein kreatives und beschleunigtes Zusammentragen gemeinsamer Lösungs- und Umsetzungsideen. Jemand sagt: „Was wäre, wenn wir damit anfangen …!" Jemand anderes ergänzt: „Ja, dann könnten wir auch …" Unterdessen macht die Facilitatorin das Gleiche wie zuvor: Sie schreibt alle Perspektiven auf die vier Listen und hält sie so für die Gruppe fest. Sie versucht nach wie vor *nicht*, den Prozess auf Konvergenz hin zu moderieren, sondern fragt eher nach weiteren Ideen und Bedenken. Während die Beiträge aufgrund der Dynamik nun temporär auch unter den Teilnehmenden ausgetauscht werden, hält sie sich mehr im Hintergrund, ist aber sehr wachsam, was das Geschehen angeht und jederzeit bereit, sich stärker einzubringen, wenn starke negative Emotionen ins Spiel kommen. Das ist in dieser Phase jedoch selten der Fall.

Stattdessen sprechen die Gruppenmitglieder häufiger miteinander und es kommen neue, von allen geteilte Sichtweisen zum Vorschein. Die jetzt gefundenen Lösungen (Wahlmöglichkeiten) erscheinen allen mitunter so selbstverständlich und klar, dass sie nicht immer als inhaltlicher bzw. *kreativer Durchbruch und als einmütige Lösung* wahrgenommen werden. Stattdessen wird die Gruppe von einem produktiven Schwung erfasst und arbeitet an der Umsetzung weiter – vieles geht dann ganz schnell.

Um zu prüfen, ob der Durchbruch felsenfest („rock-solid") ist, fragt die Facilitatorin, ob es noch jemanden im Raum gibt, der diese Lösung nicht mittragen kann oder nicht als einen Durchbruch ansieht … und wenn es dann viel Gegenwind gibt, man solle doch nun aufhören, so zu fragen, dann ist der Durchbruch verifiziert. Die Gruppe verteidigt den Durchbruch vor der Facilitatorin. Es ist geschafft! Die Euphorie, die in solchen Momenten erlebbar werden kann, ist ein rares Gut in Meetings. Das Gefühl echter Einmütigkeit ist ebenso selten. Beide Emotionen gehen aber oft einher mit kreativen Durchbrüchen, die das Ziel von Dynamic Facilitation sind. Sie liefern die Energie für die Umsetzung.

Eine DF-Einheit abschließen

Wenn die Gruppe noch in der Phase der Entleerung und die Meetingzeit noch nicht vorüber ist, werden mithilfe eines Charts (auch die fünfte Liste genannt) die wichtigsten Themen und ungelösten Spannungen zusammengefasst. Es werden alle Zusagen und Vereinbarungen und nächste Schritte notiert. Dafür bittet man die Teilnehmenden – zum Beispiel in kleinen Gruppen –, die für sie wichtigsten Ergebnisse (fünf pro Gruppe) aus dem heutigen Meeting zusammenzutragen. Oder man lädt sie ein, die Wahlmöglichkeiten, die sie im Meeting gesehen haben, zu unterstreichen oder die Punkte herauszuheben, zu denen noch nicht alles gesagt wurde. Auch Metaphern oder

Symbole sind geeignet, ein Meeting mitten im Entleerungs-Prozess zu beenden. Denkbar ist das Symbol des Schlüssels als Ausdruck dafür, dass eine Tür für gegenseitiges Verstehens geöffnet worden ist. Oder ein Samenkorn, mit dem die Zuversicht verbunden ist, dass etwas Gutes wachsen wird aus dem Prozess. Alles, was man am Ende tut, wirkt wie eine Art Lesezeichen (Bookmark). Alle wissen, dass es genau an dieser Stelle beim nächsten Mal im DF-Prozess weitergehen wird. Grundsätzlich gilt: Die vier Listen und das Ergebnisflipchart sind das Protokoll des Gruppendialogs. Es ist die Landkarte der gesamten Konversation – mit allen Höhen und Tiefen – und wird allen Beteiligten zur Verfügung gestellt.

Zwischen den DF-Meetings

Die vier Listen und das Ergebnisflipchart werden häufig bis zum nächsten Termin abgetippt und sind in einer Excel-Tabelle sowohl chronologisch als auch nach Themen geclustert gut lesbar.

Erfahrungsgemäß passiert in der sequenziellen Variante von DF zwischen den Meetings in einer Organisation viel. Der Gedankenstrom wird in verschiedenen Konstellationen fortgeführt. Es kann sogar vorkommen, dass der eigentliche Durchbruch zwischen den Meetings stattfindet. Wenn tatsächlich eine echte Lösung für alle entstanden ist, wird das im nächsten Meeting auf den Listen deutlich bzw. man merkt es der Gruppe an.

Oft kommen Menschen „vorbereitet“ ins zweite oder dritte Meeting. Das zeigt sich daran, dass sie direkt anfangen wollen, zu sprechen. Sie tragen dann konzentriert und fokussiert das vor, was ihnen zwischendurch wichtig geworden ist. Das sind oft besonders spannende Momente, in denen man eine Stecknadel fallen hört.

Den DF-Prozess abschließen

Wenn man zu einer echten Lösung bzw. zu einem kreativen Durchbruch gekommen ist und der Prozess in diesem Arbeitsformat abgeschlossen werden kann, lässt man gemeinsam den Gesprächsverlauf Revue passieren. Man spricht nun nicht mehr über die Inhalte, sondern über den Prozess – also beispielsweise über beobachtete Wendepunkte und Meilensteine. Man würdigt das Erreichte und reflektiert, wie es dazu kommen konnte. In jedem Fall wird die Gruppe eingeladen, sich bewusst zu machen, was sie durch Dynamic Facilitation gelernt hat. Beispielsweise die Nicht-Linearität guter Gespräche und Lösungsfindungen. Oder die Bedeutung des Entleerens bzw. Ausspülens alter Gedanken, bevor Raum für Neues entstehen kann. Das dadurch entstehende Prozesswissen kommt wiederum als Organisationslernen allen Beteiligten und deren Projekten und parallelen Handlungsfeldern zugute.

Mögliche Reaktionen der Dynamic Facilitatorin in spezifischen Situationen

In einem DF-Prozess tauchen bestimmte Situationen immer wieder auf. Für die Facilitatorin wird es einfacher, wenn sie auf diese Situationen vorbereitet ist und mögliche Reaktionen und die entsprechenden Fragen kennt:

- Bei kurzen, schlagwortartigen Beiträgen: „Kannst du mehr darüber erzählen?“
- Bei Beiträgen, die darauf fokussieren, was alles nicht möglich ist bzw. nicht geht: „Was soll in dieser Situation passieren?“ „Was würdest du stattdessen machen?“ „Worin würde für dich die Lösung bestehen?
- Wenn Teilnehmende sich im Konjunktiv äußern („müsste, könnte, sollte“): „Was denkst du, ist der nächste Schritt in diese Richtung? Und was muss dann als Nächstes passieren?“
- Bei besonders langen Beiträgen kann die Facilitatorin um Hilfe bitten: „Ich möchte das für dich möglichst passend aufschreiben. Wie soll ich das für dich festhalten?

- Wenn es danach aussieht, dass ein Teilnehmer zum Ende kommt, kann die Facilitatorin einladen zu überprüfen, ob alles gesagt wurde: „Fertig?" oder „Noch etwas?"
- Wenn jemand etwas gegen die Lösung eines anderen Teilnehmenden einwendet und dabei eine starke emotionale Reaktion zeigt, lädt die Facilitatorin ein, die Bedenken oder Befürchtungen explizit zu machen: „Was genau ist deine Befürchtung?" „Worüber bist du am meisten in Sorge?" Die Facilitatorin hört zu und erkundet, welche eigene Lösung der Teilnehmer hat: „Hast du auch bereits eine Idee, wie man das Problem anders lösen könnte?" oder „Was würdest du empfehlen?"
- Wenn sich zwei Teilnehmende über ihre Sichtweisen streiten oder ein Zwiegespräch beginnen, dann stellt sich die Facilitatorin zwischen die beiden Kontrahenten, erinnert an die Vereinbarung, die es ihr erlaubt, dies zu tun, und fragt erst den einen: „Welche Bedenken hast du?" und „Wie sähe deine Lösung aus?" Anschließend wendet sie sich dem anderen zu und stellt die gleichen Fragen.
- Wenn Nebenbotschaften oder einschränkende Grundannahmen hinter einem Beitrag spürbar werden, zum Beispiel im Sinne von „So lange unsere Führungskräfte dies und jenes immer top down entscheiden, wird das nie etwas werden mit authentischen Beteiligungsprozessen", dann kann die Facilitatorin versuchen, Raum für die impliziten Annahmen zu geben, indem sie fragt: „Wenn du das so sagst, nimmst du an, dass die Führungskultur das eigentliche Thema ist? Ist das richtig?"
- Wenn ein Teilnehmer die Bildung einer Arbeitsgruppe vorschlägt und damit zum Beispiel den DF-Prozess als „zum falschen Zeitpunkt angesetzt" betrachtet oder das ganze Unterfangen abhängig von einer anderen, nicht im hier und jetzt liegenden Aktivität abhängig sieht, kann man fragen: „Stell dir vor, du hättest eine Arbeitsgruppe einberufen, die eine Analyse erarbeitet (oder was immer die Prozess-Empfehlung war). Und nun stell dir vor, du wärest sehr zufrieden mit den Ergebnissen. Welche Empfehlungen könnte diese Arbeitsgruppe aussprechen?" Und dann schreibt man die auf die Liste der Ideen und Lösungen auf.
- Wenn ein Teilnehmer jemanden verbal angreift oder abwertet, dann formuliert die Facilitatorin das Gesagte in neutraler Sprache. An dieser Stelle verzichtet sie auf die Originaltöne und benennt und wertschätzt aber die Emotionen.
- Was immer ein Teilnehmer in diesem Prozess teilt und was auch immer die mitgelieferte Energie ist, die DF-Facilitatorin bedankt sich für jeden Beitrag. Denn jeder Beitrag zeigt, dass sich die Menschen kümmern, dass sie Werten und Zielen verpflichtet sind und dass sie bereit sind, sich dafür einzusetzen.

Die Dynamic Facilitatorin unterstützt den kreativen Prozess jeder Person und der Gruppe als Ganzes, indem sie eine psychisch sichere Umgebung schafft, in der alle Ansichten und Beiträge offen geäußert werden können. Sie unterstützt Menschen darin, Möglichkeiten zu entwickeln, kreative Einsichten zu haben und spontanen Wandel mit dem Herzen zu vollziehen.

Wenngleich die genannten Fragen und Reaktionen hilfreich sein können, wird die Facilitatorin die meiste Zeit einfach nur spiegeln, was sie gehört hat. Dies tut sie in einer Art und Weise, die die Teilnehmenden dazu einlädt, zu korrigieren und mehr darüber zu sagen. Für die Balance zwischen dem Fragenstellen und Spiegeln gilt die Faustformel eins zu drei: Für jede Frage, die die Facilitatorin stellt, spiegelt sie drei Wortbeiträge, die sie aufgeschrieben hat.

Gute Wirkungen

Dynamic Facilitation ist eine Einladung zu einem ganzheitlichen Denkansatz, der wenig mit den üblichen linearen, direktiven, auf Steuerung beruhenden Ansätzen klassischer Moderation und klassischer Führung zu tun hat. Es geht darum, Grundannahmen, Erfahrungswissen, gelernte

Fertigkeiten und liebgewonnene Handlungsroutinen zu hinterfragen und letztlich durch neue – stimmigere – zu ersetzen. Es geht auch darum, Aspekten, Themen und Stimmen, die oft bewusst oder unbewusst ausgeschlossen werden, Gehör zu verschaffen.

- Durch Dynamic Facilitation werden einmütige Ergebnisse erzielt, die die Menschen umsetzen, weil es *ihre* Lösungen sind. In diesen Lösungen sind durch das Vorgehen Motivation und Aktion verankert. Das ist besonders interessant in einer BANI- und VUKA-Welt (siehe Seite 115 ff.), in der es ständiger Anpassungen bedarf und Prozesse notwendig sind, durch die Herausforderungen direkt angegangen werden können – flexibel, schnell und kreativ.
- Meetings können sich durch eine Dynamic Facilitation-Kultur verändern. In vertrackten Situationen kann man schnell in einen DF-Modus wechseln, und je häufiger man es praktiziert, umso einfacher wird es, mit Dynamic Facilitation aus vermeintlich festgefahrenen Situationen gut herauszukommen.
- Eine gute Wirkung ist auch, dass durch den DF-Prozess eine Stärkung des Wir-Gefühls entsteht. Die einzelnen Sichtweisen werden in ihrer Differenziertheit gehört und alle Sichtweisen zusammen werden als Ganzheit wahrgenommen. Die Vielfalt ermöglicht Co-Creation des Neuen und heilt durch das Gefühl, wirklich gehört zu werden, dabei gegebenenfalls alte Verletzungen.
- Der DF-Prozess kann auch in der Einzelarbeit eingesetzt werden. Dynamic Facilitation ermöglicht, innere und äußere Konflikte mit allen Perspektiven ans Licht zu holen und dadurch neue Wege zu sehen und den Lösungsraum zu vergrößern.
- DF entwickelt die individuelle Fähigkeit, eigene Sichtweisen angstfrei offenzulegen. Teilnehmende lernen, Verantwortung für die eigenen Gedanken zu übernehmen und zu einem friedlichen Umgang miteinander zu gelangen – trotz aller Differenzen.

"... Wenn ich will, dass sich etwas verändert, dann muss ich etwas tun. ... Ich muss vor allen aufstehen und sagen: Das ist mir wichtig und da müssen wir weiterkommen. Dieser Lernprozess ist vor allem durch Dynamic Facilitation verstärkt worden. Die Leute wussten, wenn ich hier nichts sage, dann hören die anderen das nicht. Und dann kommen wir hier nicht weiter."[302]

Dr. Margareta Büning-Fesel, Leitung Bundeszentrum für Ernährung

Der Rat der Weisen – Dynamic Facilitation für große Systeme

Der Rat der Weisen[303] (auch Wisdom Council genannt) ist eine Form, wie Dynamic Facilitation in größeren Organisationen oder gesellschaftlichen Zusammenhängen genutzt werden kann.

Zwölf Personen werden aus der Organisation zufällig ausgelost oder auch bewusst als Querschnitt der Organisation (ähnlich einer Pilotgruppe) zusammengestellt. Diese zwölf setzen sich für 1,5 Tage mit einem Dynamic Facilitator für ein gesetztes oder frei gewähltes Thema zusammen. Sie nutzen den Dynamic Facilitation-Prozess, um das Thema zu erkunden und zu einmütigen Ergebnissen zu kommen.

Die Gruppe präsentiert ihre für alle stimmigen Ergebnisse anschließend dem größeren System. Zu diesen Ergebnissen finden im Anschluss zwei bis dreistündige Dialoge mit dem ganzen System statt. Danach löst sich dieser Rat der Weisen auf. Er kommt jeweils nur einmal zusammen. Die Ergebnisse fließen in die Organisation ein.

Praxisbeispiel

In einem Telekommunikationskonzern gab es große Unzufriedenheiten mit den Technikern vor Ort und ihren Befugnissen, was sie bei und für Kunden tun durften oder auch nicht. Das hatte mit Strukturen, Zeitarbeitern, Kompetenzen und Führung zu tun. Nach einem zweitägigen DF-Prozess, durch den es gelungen war, alle tiefgründigen Sichtweisen ausreichend zu hören, gab es eine Präsentation der Ergebnisse vor dem ganzen Managementteam, dem Betriebsrat und weiteren Mitarbeitenden in diesem Feld. Das Managementteam war überrascht über die Sichtweisen der Techniker, wie sie unterhalb des Radars täglich versuchten, den Kunden außerhalb ihrer offiziellen Befugnisse zu helfen. Andere Mitarbeitende sowie der Betriebsrat fühlten sich verstanden mit der aktuellen Situationsbeschreibung. Eine einmütige Lösung bestand darin, die Verträge der Realität anzupassen. Der Rat der Weisen hat zwar keine formale Macht, aber in der Praxis löst er vielfach tiefgreifende Veränderungen aus. So auch hier. Das Management stimmte der Lösung zu und in der Folge bekamen die Techniker neue Verträge, durch die sie, ihren Kompetenzen entsprechend, wertschöpfend und autonomer für die Kunden tätig sein konnten. Dieser Rat der Weisen inklusive der Umsetzung der Ergebnisse erhöhte die Mitarbeiterzufriedenheit. Und die Kunden wurden kompetenter bedient.

Der Rat der Weisen wurde auch in Kommunen, Unternehmen, Schulen und Regierungsbehörden angewendet. Er funktioniert.[304]

Denkbar ist, einen Rat der Weisen regelmäßig durchzuführen, z. B. alle sechs Monate, mit immer neuen, nach dem Zufalls-Prinzip ausgelosten Freiwilligen. Diese Form, mit einem Mikrokosmos des ganzen Systems zu arbeiten, erinnert an die Arbeit mit Pilotgruppen. Der regelmäßig durchgeführte Rat der Weisen dient dazu, die Qualität und Entwicklung in einem großen System kontinuierlich zu fördern. Er ermöglicht, den Finger am Puls der Organisation zu haben, blinde Flecken aufzudecken und damit schnell aktuelle Herausforderungen mitzubekommen, kreative Lösungen zu finden und kollektiv weise zu werden.[305]

Eine wissenswerte und lehrreiche Anekdote

Mein (Holger Scholz) erstes Dynamic Facilitation-„Durchbruchs-Erlebnis" ereignete sich in einem englischsprachigen Team eines weltweit operierenden Konzerns. Die rund 25 Beteiligten waren alle an einem großen, viele Ressourcen und Geld verschlingenden Projekt beteiligt und saßen in mehreren Stuhlreihen vor den vier Wänden.

Da es mein erster Dynamic Facilitation-Einsatz war (und zudem noch in Englisch), machte ich dies anfangs transparent und erklärte, dass ich verschiedene DF-Fragen auf Moderationskarten geschrieben hatte, die ich mir von Zeit zu Zeit anschauen werde. Diese Transparenz gab mir den Raum, in aller Ruhe die Fragen durchzusehen. Zudem war ich sicher und entspannt, denn ich würde keine relevante Frage vergessen und zugleich hatte ich nun einen guten Kontrakt mit allen, die im Raum waren. Teil dieses Kontraktes war die Vereinbarung, dass niemand zwischendurch den Raum verlässt, um beispielsweise das WC aufzusuchen oder einen wichtigen Anruf zu tätigen. Ich verständigte mich mit der Gruppe darauf, dass wir die gesamte Zeit zusammenbleiben und von Zeit zu Zeit gemeinsam Pause machen.

Der erste Tag war geprägt von langen Rede- und Zuhör-Zeiten. Der Prozess des „Ausspülens" („Purging") bei einer derart großen Gruppe zog sich in die Länge. Das gemeinsame Bild wurde durch viele Sichtweisen und Informationen Stück für Stück komplexer und gegen Abend waren weder eine Ordnung noch eine Stoßrichtung erkennbar. Es gab kleinere „Aha!"-Momente, aber ein kreativer Durchbruch war nicht in Sicht. Die Gruppe kam allmählich in die Yuck!-Phase. Verwirrung und Unzufriedenheit waren spürbar. Es wurden grundsätzliche Fragen zur Methode gestellt. Ich schrieb weiterhin alles auf. Schließlich bezweifelte jemand, ob das Vorgehen zu irgendwas führen würde und schlug vor, am nächsten Tag in gewohnter Weise in kleineren Projektteams Maßnahmen an Pinnwänden zu erarbeiten.

Eigentlich hatten wir noch eine Abendeinheit geplant und ich sagte: „Wenn ihr in gewohnter Weise eure Ergebnisse erarbeiten wollt, dann gehe ich davon aus, dass ihr mich morgen nicht braucht. Das ist für mich völlig okay. Ich fahre dann morgen früh nach Hause." Daraufhin beschloss die Gruppe, es sich zu überlegen, ob sie weiter „purgen" wollten. Mir wollten sie nach dem Abendessen, also noch vor der Abendeinheit, Bescheid geben.

Zu meiner Verwunderung wollten sie tatsächlich noch für die Abendeinheit im DF-Prozess bleiben. Und völlig überraschend für alle hatten wir plötzlich, rund 20 Minuten später, einen kreativen Durchbruch! Der Durchbruch lag in der gegenseitigen Vergewisserung der gemeinsamen Verantwortung dafür, dass derzeit in dem Projekt tagtäglich sehr viel Geld „verbrannt" wird. Es brauchte einen ganzen Tag, viele Sichtweisen und Informationen, bis allen das ganze Ausmaß der verfahrenen Situation bewusst war. Darüber hinaus musste Vertrauen entwickelt und der notwendige Mut aufgebracht werden, eigene Fehler einzugestehen und mögliche Sanktionen zu akzeptieren. Jeder brauchte Zeit, seine persönliche Wahrheit zu sprechen.

Als endlich ausgesprochen wurde, was sich ganz langsam und allmählich in den Köpfen und Herzen herauskristallisierte, war dies wie ein Befreiungsschlag, der viel Handlungsenergie auslöste. Der kreative Flow sah so aus, dass sie mich als Facilitator in dem Moment wertschätzend ignorierten und in Windeseile und geöffneten Kalendern die notwendigen nächsten Schritte und Arbeitspakete koordinierten. Die Euphorie kam vermutlich auch daher, dass sie ihre Integrität wiedergefunden hatten. Ich visualisierte einen Smiley auf das Flipchart. Dies wurde zum Symbol des Durchbruchs.

Vier Punkte habe ich bei diesem Projekt über Dynamic Facilitation und über Facilitation allgemein gelernt:

- Wenn sich eine Gruppe mitten im Tun gegen die Methode ausspricht, ist es sinnvoll, zunächst alle Äußerungen weiterhin aufzuschreiben, genauso, wie man es vorher auch praktiziert hat. Erst wenn die allgemeine Empörung so groß wird, dass eine Fortsetzung nicht möglich erscheint, geht man als Dynamic Facilitator auf die Metabene – im Falle des Beispiels in eine Reflexion darüber, ob man die spezielle Form der Kommunikation abbrechen oder weitermachen möchte.
- Wenn sich die Gruppe – inklusive des Facilitators – in der Yuck-Phase befindet, ist es wahrscheinlich, dass ein relevanter inhaltlicher „Shift" auf eine neue Gesprächsebene, eine höhere Gesprächsqualität oder ein kreativer Durchbruch kurz bevorstehen.
- Manchmal ist es hilfreich, seine Klienten ein wenig zu provozieren. Ich hatte der Gruppe gespiegelt, dass sie im alten Arbeitsmodus das tun, was sie immer tun, und wenn sie sich dafür

entscheiden, dann würden sie sicherlich viele Flipcharts vollschreiben, aber mit großer Wahrscheinlichkeit in alten Routinen bleiben (und keinen Durchbruch erleben).

- Es ist als Dynamic Facilitator sinnvoll, in einer Situation, in der die Methode massiv infrage gestellt wird, wirklich loszulassen. Manchmal ist es die wichtigste Intervention, eine Zusammenarbeit zur Disposition zu stellen.

Ein beispielhafter Flow (Agenda)

Diese Agenda bezieht sich auf bis zu 20 Teilnehmende. In der Praxis ist die Dauer der einzelnen Phasen abhängig von weiteren Einflussfaktoren wie z. B. Thema, Kultur, Umfeld, Rahmenbedingungen. Daher ist der Agenda-Flow nicht als Schablone zu verstehen. Alles ist kontextpassgenau zu bedenken und für die eigene Praxis anzupassen. Der folgende Dynamic Facilitation Flow geht von einer Meetingdauer von vier Stunden aus und bezieht sich auf einen sequenziellen Meeting-Prozess bestehend aus vier Sitzungen mit jeweils vier Stunden im Rahmen eines definierten Zeitraumes (z. B. ein Monat). Dafür kann dieser Flow dreimal wiederholt werden. Der Flow kann auch auf zwei Tage ausgedehnt werden. Dann würden wir mindestens zweimal am Tag ein Treffen und einen Dialog im Kreis empfehlen.

Dynamic Facilitation

Zeit	Minuten	Was	Beschreibung
09:00	5′	**Begrüßung, Orientierung, Intention**	Alle Anwesenden wissen durch Gespräche im Vorfeld, was durch die Methode auf sie zukommt und alle haben zum Verfahren zugestimmt.
09:05	15′	**Check-in im Kreis**	Der Dynamic Facilitator lädt alle ein, sich kurz vorzustellen und gegebenenfalls einen persönlichen Bezug zum Thema herzustellen.
09:20	10′	**Einführung in das Dynamic Facilitation-Verfahren & Vereinbarungen**	Das Setting wird gewechselt und alle Teilnehmenden schauen auf die noch leeren Pinnwände. Der Facilitator erläutert die Rolle der Teilnehmenden, seine Rolle und das Vorgehen
09:30	75′	**Durchführung Dynamic Facilitation Teil 1**	Hier beginnt der Purging Prozess. Wenn eine Führungsperson im Raum ist, dann wird sie als erstes eingeladen, zur Sache zu sprechen.
10:45	15′	**Pause**	
11:00	75′	**Durchführung Dynamic Facilitation Teil 2**	Der Prozess des Purgens geht weiter. Die Teilnehmenden, die beitragen möchten, werden eingeladen nacheinander zu sprechen. Solange, bis sie für den Moment, nichts mehr zu sagen haben.
12:15	10′	**kurze Pause**	
12:25	20′	**Das DF Meeting abschließen**	Der Abschluss findet im Kreissetting statt. Der DF-Facilitator bittet alle in kleinen Gruppen, die drei bis fünf wichtigsten Aussagen als "Lesezeichen" (Bookmark) zu notieren und in der Gruppe vorzustellen. Mit den Aussagen wird markiert, wo es beim nächsten Mal weitergehen soll.
12:45	15′	**Check-out**	Alle sind eingeladen, mit einem persönlichen Fazit-Satz das Meeting zu beenden.
13:00	0′	**Ende des ersten DF-Meetings**	Wenn sich die Gelegenheit ergibt, essen alle gemeinsam zu Mittag.

Dynamic Facilitation und die glorreichen Sieben

Im Kreis der Glorreichen Sieben steht Dynamic Facilitation für Fragestellungen und Herausforderungen mit einer verdeckten Dimension. Wenn aufgrund von festgefahrenen Positionen und Zwickmühlen keine Lösung möglich erscheint, ist Dynamic Facilitation eine machtvolle soziale Technologie. Konflikt und Ohnmacht werden als kreative Triebmittel verstanden, nicht als etwas, das es zu vermeiden gilt. Dynamic Facilitation bietet eine robuste Struktur und einen sicheren Container, in dem Vertrauen aufgebaut wird und Menschen sich mehr und mehr wagen, ihre eigene Sicht zu artikulieren – auch angesichts unklarer Gemengelagen und starker Emotionen.

Deshalb ist Dynamic Facilitation die erste Wahl, wenn niemand eine Idee hat, wie man aus einer scheinbar verfahrenen oder blockierten Situation jemals wieder herauskommen kann. Die Art, Fragen zu stellen, und die Idee der Schaffung echter Wahlmöglichkeiten sind Inspirationen für alle weiteren Formate der Glorreichen Sieben.

3.4.4 Übersicht der Glorreichen Sieben

	The Circle Way (Christina Baldwin, Ann Linnea)	**Appreciative Inquiry Summit (David Cooperrider, Diana Whitney)**	**World Café (Juanita Brown, David Isaacs, Worl[…] Community)**
Idee/ Philo-sophie	Indem Menschen einen Kreis (aus Stühlen) formen, aktivieren sie eine Urform, einen Archetypus. Durch die Form des Kreises sowie durch spezielle Praktiken, Prinzipien und Vereinbarungen bilden sich eine neue Art des Zuhörens, Sprechens und Führens heraus. Der Kreis ist der erste soziale Container.	Organisationen sind ein Wunder, das es zu untersuchen lohnt. Worauf wir unsere Aufmerksamkeit lenken, das nimmt zu. Es ist sinnvoll, sich auf das zu fokussieren, was funktioniert, nicht auf das, was nicht funktioniert.	Der Grundgedanke: Menschen miteir in kooperative Dialoge bringen. Gesp Fragen, die für die Teilnehmenden wi Belang sind. Kein Blabla, sondern rele kreative Diskurse im kleinen Kreis (vie nen) und wechselnden Gruppen.
Ziel	The Circle Way bietet einen sicheren Rahmen, in dem wichtige, ggf. brisante Themen besprochen/erkundet werden und in dem zugleich Selbstverantwortung („A leader in every chair"), Selbstorganisation, Gesprächsqualität und effiziente Führung entwickelt werden.	Durch den Fokus auf Potenziale und Gelungenes zu positiver Entwicklung und Veränderung kommen. Gemäß der AI-Philosophie wird stets gefragt: Wovon wollen wir mehr haben? Der Prozess bezieht sich immer auf einen wünschenswerten Zielzustand und nicht auf ein Problem.	Die Macht der Konversation durch ec Kontakt, Perspektivenvielfalt und Bez nutzbar machen. Das World Café basi der Annahme, dass die Menschen ber Weisheit und Kreativität in sich trage selbst die schwierigsten Herausforde zu meistern.
Grundvor-aus-setzun-gen	1. Die einladenden Gastgeber/Sponsoren und die Teilnehmenden müssen ein echtes Interesse daran haben, im Sinne von The Circle Way zusammenzukommen 2. Absicht/Intention des Kreises muss kommuniziert und von allen Teilnehmenden getragen werden 3. Praktiken, Prinzipien, Vereinbarungen und Rollen sollten alle verstanden haben und einhalten (ist ständige Übung) 4. Ein sicherer Raum mit einem Stuhlkreis und einer Mitte, die entsprechend der Intention gestaltet ist (ungestörtes Setting)	1. Ein echter Anlass und ein konkretes Ziel/ echter Veränderungs- und Handlungsbedarf 2. Sich für den potenzialorientierten Ansatz entscheiden und eine bewusste Auswahl treffen, was man tiefergehend erkunden möchte. Denn soziale Systeme entwickeln sich in die Richtung, worauf sie ihre Aufmerksamkeit richten 3. Die AI-Philosophie mit der Geschäftsstrategie und Organisationskultur verbinden und Entscheider beteiligen	1. Ein echter Anlass und ein konkrete Veränderungs- und Handlungsbed 2. Perspektivenvielfalt wird als Resso trachtet 3. Jede Stimme wird als bedeutungs trachtet 4. Komplexität muss nicht reduziert w 5. Nicht geeignet als unverbindliche sprächsform oder Dialogveranstal ohne Konsequenzen 6. Ein einladender Raum
Einsatz-möglich-keiten	• Universell anwendbar in persönlichen, geschäftlichen oder öffentlichen Kontexten • Immer wenn zwischenmenschliche Beziehungen oder Prozesse gemeinschaftlicher, rücksichtsvoller und kreativer werden sollen • Anwendung z. B. im Rahmen von Veränderungsprozessen: Strukturen reflektieren, neue Formen der Zusammenarbeit festlegen, Entscheidungen treffen, die von allen im Raum getragen werden, Konflikte lösen, verschiedene Perspektiven einbeziehen, Erfolge feiern	• Wenn Change positiv und potenzialorientiert angegangen werden soll (aufgrund der frei wählbaren Kernthemen sehr flexibel!) • Wenn sich Organisationen auf Stärken und auf Gelungenes konzentrieren möchten – jenseits des Problemlösungsmodus • Wenn es um die Stärkung eines „positiven Kerns" einer Organisation oder Gruppe geht • Wenn die Absicht ist, aus Erfolgen und Vergangenem über Geschichten zu lernen (das wirkt beziehungsbildend)	• Wenn Raum für Begegnung und eir Maß an Austausch und Beteiligung werden soll • Wenn es um den Einstieg in ein wic Thema oder um die Reflexion konk Fragen geht • Bei echten offenen Fragestellunger die Antwort nicht schon feststeht), hohes Konfliktpotenzial haben • Wenn es darum geht, die kollektive ligenz eines ganzen Systems in den zu holen
Dauer	3 Stunden bis 3 Tage	2 bis 3 Tage	2 bis 3 Stunden bis 1 Tag
Teilnehmer	2 bis ca. 40	unbegrenzt	9 bis unbegrenzt

ace Technology n Owen)	Real Time Strategic Change (RTSC) (Kathleen Dannemiller, Robert Jacobs)	Zukunftskonferenz (Future Search) (Marvin Weisbord, Sandra Janoff)	Dynamic Facilitation (Jim Rough, Rosa Zubizarreta)
st und die Kreativität einer ause für eine ganze Konferenz Selbstorganisation und antwortung in friedlicher näre erleben.	Es gibt eine Formel für Veränderung! Das Produkt aus Dringlichkeit, gemeinsame Ziele und erste Schritte überwindet den Widerstand, sich zu wandeln. $D \times V \times F > R$ D = Dringlichkeit V = Vision F = First steps (Erste Schritte) R = Resistance (Widerstand)	Während früher ausschließlich Experten für die Lösung von Problemen in Organisationen zuständig waren, sind nun ganze Systeme gemeinsam auf dem Weg und gestalten Organisationen. Das „gesamte System" in einen Raum, Fokus auf die Zukunft und auf Gemeinsamkeiten, statt sich in Differenzen zu verzetteln.	Scheinbar unlösbare Probleme und vertrackte Dilemmata in Gruppen transformieren. Gruppen erarbeiten kreativ und vor allem zeitgleich an Lösungen, Bedenken, Informationen und Herausforderungen zur Sache. Konflikte werden kreativ genutzt. Beschränkendes Denken wird überwunden.
ganisation nutzbar machen. ne machen ihre eigene Agen- bearbeiten ihre selbst einge- n Anliegen, Fragestellungen emen im vorher definierten (Motto bzw. Ober-Thema, cen, Givens).	Verschiedene Abteilungen oder Bereiche erzeugen ein Momentum für echten Wandel. Management-Ziele bzw. Vorgaben werden untersucht, geprüft und integriert. Synchroner Wandel findet in Echtzeit (Real Time) in einem gesamten System statt.	Den „ganzen Elefanten" im gesamten relevanten System erkunden als Kontext für lokale Aktionen. Sammlung aller Sichtweisen vor Maßnahmenplanung („Die Langsamkeit der Katze vor dem Sprung."). Sich auf gemeinsame Ziele verständigen und die Umsetzung planen.	Alle Sichtweisen in den Raum holen, um das ganze Bild zu sehen (Purging [engl.] = durchspülen, entleeren, säubern). Die Wahlmöglichkeiten (Choice Creating) werden vermehrt. Es entstehen kreative Durchbrüche in Bezug auf ein Thema.
enthema ist für ALLE relevant s Maß an Komplexität lt in Bezug auf Meinungen, e, ethnische Zugehörigkeit, lechter, Hierarchie oder n kte: unterschiedliche Ideen nteressen lichkeit stützung des Vorhabens die Führungsebene	1. Ein dringender Anlass und ein konkretes Ziel/ Veränderungs- und Handlungsbedarf 2. Wandel in einem gesamten System ist spontan und zeitgleich in Bezug auf Werte, Ziele, Strategien und die Kultur der Zusammenarbeit möglich. Komplexität muss nicht reduziert oder gar verhindert werden. Diese Grundannahmen müssen vom Topmanagement und den Beteiligten gemeinsam getragen werden.	1. Ein dringender Anlass und ein konkretes Ziel/ Veränderungs- und Handlungsbedarf 2. Die Führung und alle Stakeholder müssen die Veränderung wollen und unterstützen 3. Der Fokus liegt auf Zukunft und Gemeinsamkeit, nicht auf Differenzen. Nur wenn das alle akzeptieren und auf Debatten und Diskussionen verzichten, kann auf gemeinsame Ziele (Common Ground) fokussiert werden.	1. Die einladenden Führungskräfte/ Sponsoren und die Teilnehmenden müssen ein echtes Interesse daran haben, ihr Problem zu lösen 2. Dieselben Teilnehmenden müssen die ganze Zeit über zusammenbleiben 3. Es muss genügend gemeinsame Zeit zur Verfügung stehen 4. Die Lösungen dürfen nicht von vornherein feststehen oder auf einige Lösungs-Optionen begrenzt sein 5. Das Thema sollte eine emotionale Komponente haben (Betroffenheit und Dringlichkeit)
Raum für Selbstorganisation, verantwortung und ein hohes n Beteiligung ermöglicht n sollen uppen bzw. Organisationen, gesamtes Wissen zu einem a zusammenbringen und krete Vorhaben münden wollen k-off für ein Generalthema	• Aufgrund der hohen Anpassungsfähigkeit der Konferenzdramaturgie sind RTSC-Konferenzen vielfach einsetzbar zu Themen, die eine ganze Organisation betreffen • Die RTSC-Konferenz ist ein erfolgreiches Instrument im Rahmen komplexer, langfristiger Veränderungsprozesse mit großen Gruppen • Sie ist weniger geeignet als unverbindliche Gesprächsform oder Dialogveranstaltung ohne Konsequenzen (gilt jedoch auch für alle anderen Verfahren)	• Wenn das übergeordnete Ziel ist, eine gemeinsame Vision zu kreieren • Wenn ein Maßnahmenplan erstellt und eigenverantwortlich umgesetzt werden soll • Wenn eine bereits vorhandene Vision implementiert werden soll • Wenn Umbruchphasen anstehen (neue Technologien, Veränderungen der Märkte oder Kundensysteme, Fusionen) • Wenn in einem ganzen System aus Wirtschaft und Gesellschaft die Zukunft gemeinsam in den Blick genommen werden soll • Wenn unterschiedliche Interessen und Positionen sich gegenseitig aussschließen	• Für vertrackte Probleme, an deren Lösbarkeit kaum einer mehr glaubt • Wenn die möglichen Lösungen und die möglichen Einwände gegen die Lösungen starke Emotionen hervorrufen • Für Themen, die eine versteckte Dimension haben • Wenn eine Entscheidung vorgeschlagen wird: DAS oder etwas Stimmigeres. • Wenn ein Dialog über gesellschaftliche Themen ansteht (verbessert das Verständnis zwischen Gruppen).
oder 3 Tage	1 bis 3 Tage	2,5 Tage	2 Tage oder 4 Meetings à 4 Stunden
nbegrenzt	30 bis unbegrenzt	16 bis 100 (ideal 64)	1 bis ca. 40

	The Circle Way (Christina Baldwin, Ann Linnea)	**Appreciative Inquiry Summit (David Cooperrider, Diana Whitney)**	**World Café (Juanita Brown, David Isaacs, World Community)**
Ablauf	1. Zu Beginn: einfaches Ritual zur Zentrierung (signalisiert Wechsel von der normalen Unterhaltung hin zum Kreisdialog) 2. Einstieg/Check-in 3. Intention 4. Kreis-Vereinbarungen 5. Kreisdialog ggf. mit Redeobjekt 6. Abschluss/Check-out	In der Planungsphase wird das Kernthema identifiziert (Define). Zu dem Kernthema werden die wertschätzenden Fragen entwickelt. (Interview-Leitfaden) 4-D-Zyklus: • Discovery (Was funktioniert?) • Dream (Was sein könnte!) • Design (Was sein sollte!) • Destiny (Was sein wird!) Dokumentation und nächste Schritte (situations- bzw. zieldienliches Prozessdesign für die Umsetzung)	1. Fragestellungen für ein World Café wickeln (oft vorher/Pilotgruppe) 2. Begrüßung und Erläuterungen zum dere (»Etikette«). 3. Dialoge/Tischgespräche in 4er-Gru in drei (oder mehr) aufeinander folg Gesprächsrunden (20 bis 60 Minute 4. Harvesting-Prozess – die Ernte und gemeinsame Lernen im ganzen Ple 5. Dokumentation und nächste Schrit tions- bzw. zieldienliches Prozessde die Umsetzung)
Planung	Facilitatorin, repräsentative Pilotgruppe*, Auftraggeber, Sponsorin	Facilitator, repräsentative Pilotgruppe*, Auftraggeber, Sponsorin	Facilitatorin, repräsentative Pilotgrupp traggeber, Sponsor
Setting	Großer, heller Raum mit 4 m^2 Platz je Teilnehmer. Stuhlkreis, Mitte, Redeobjekt, Zimbel o. ä., Flipchart (falls erforderlich)	Großer, heller Raum mit 4 m^2 Platz je Teilnehmer. Setting abhängig vom Design. Ruhige Ecken für die Partnerinterviews. Kreis für das Plenum.	Großer, heller Raum mit 4 m^2 Platz je T mer. Runde oder quadratische, kleine für je 4 Personen, guter Kaffee, Tischd für die Notizen

* Die Pilotgruppe stellt einen Mikrokosmos der Großgruppe bzw. des gesamten relevanten Systems dar. Sie durchläuft in der Vorbereitung die gleichen Phasen (des Veränderungsprozesses) wie die Großgruppe und hat somit Pilot-Funktion. Sie muss im Vorfeld einer Intervention herausfinden, welche die Kernthemen sind (worüber muss dringlich gesprochen werden) und wer einzuladen ist (Interessensgruppen). Das heißt, die Pilotgruppe übernimmt die Rolle des Experten für die Inhalte. Die externen Berater/Facilitatoren übernehmen die Rolle des Experten für den Prozess. Das gilt für alle Methoden.

Es braucht Zeit und Ressourcen, um an den Ergebnissen zu arbeiten. Überlastete Mitarbeitende können einen Changeprozess oder beispielsweise eine Zukunftskonferenz nicht noch „nebenbei" machen.

ace Technology n Owen)	Real Time Strategic Change (RTSC) (Kathleen Dannemiller, Robert Jacobs)	Zukunftskonferenz (Future Search) (Marvin Weisbord, Sandra Janoff)	Dynamic Facilitation (Jim Rough, Rosa Zubizarreta)
ktion des Verfahrens, der ophie und der Prinzipien hmende bringen ihr Thema Anliegen ein (Agendasetting) ir die Arbeit in Gruppen (2 bis fenster) it aus den Gruppen ungsplanung mentation und nächste Schritjations- bzw. zieldienliches ssdesign für die Umsetzung)	Nach der Begrüßung und Einführung in die Konferenz arbeiten alle in unterschiedlichen Gruppen: 1. Unzufriedenheit mit der aktuellen Situation bewusst machen 2. Mit gemeinsamen Zielen identifizieren (Vision) 3. Erste Schritte in die Richtung der gemeinsamen Vision planen und: Zusammenarbeit verbessern 4. Dokumentation und nächste Schritte (situations- bzw. zieldienliches Prozessdesign für die Umsetzung)	Die Teilnehmenden arbeiten zum Teil in homogener und heterogener Sitzordnung. Sie bearbeiten folgende Phasen: 1. Vergangenheit (Rückblick) 2. Gegenwart (Trends und Stolz und Bedauern) 3. Zukunft (Vision) 4. Abstimmung zu gemeinsamen Zielen 5. Maßnahmenplanung (nächste Schritte) 6. Dokumentation und nächste Schritte (situations- bzw. zieldienliches Prozessdesign für die Umsetzung)	Nach der Instruktion des Verfahrens und einer gemeinsamen Vereinbarung dazu schreibt der Facilitator alle Gedanken, Informationen, Bedenken und Ideen zu einem Thema/einer Herausforderung auf (Purging) Phasen: • Entleerung (Purging) • Yuck-Phase (Phase der maximalen Verwirrung) • Kreativer Flow • Den kreativen Durchbruch verifizieren • Session abschließen • Dokumentation und nächste Schritte (situations- bzw. zieldienliches Prozessdesign für die Umsetzung)
orin, repräsentative Pilotgruptraggeberin, Sponsor	Facilitator, repräsentative Pilotgruppe*, Auftraggeberin, Sponsor	Facilitator, repräsentative Pilotgruppe*, Auftraggeber, Sponsorin	Facilitator, repräsentative Pilotgruppe*, Auftraggeberin, Sponsor
heller Raum mit 4 m² Platz je ner, (konzentrischer) Stuhlstaltete Mitte, Anliegenwand, end Raum für Arbeitsgruppen	Großer, heller Raum mit 4 m² Platz je Teilnehmer. Setting abhängig vom Design der einzelnen Phasen: wechselndes Setting: Heimatgruppen, Max-Mix, Plenum	Großer, heller Raum mit 4 m² Platz je Teilnehmer. Start in 8er-Gruppen, wechselndes Setting: Heimatgruppen, Max-Mix, Plenum	Großer, heller Raum mit Stuhlreihen bzw. Halbkreis vor 4 Pinnwänden. 1. Lösungen/Ideen 2. Bedenken/Einwände 3. Informationen/Sichtweisen 4. Fragen/Herausforderungen

Die Glorreichen Sieben – stark im Team

Der Kultwestern „Die glorreichen Sieben“ von John Sturges mit seinen unterschiedlichen Charakteren inspirierte uns zu dem Vergleich mit den für Facilitation so wichtigen sozialen Technologien (Methoden bzw. Formate). Im Western setzen sich sieben beeindruckend ausgebildete und spezialisierte Einzelgänger gemeinsam dafür ein, dass die Autonomie und Sicherheit in einem kleinen Dorf gewahrt bleibt. Sie lassen sich aufeinander ein und bringen ihre jeweiligen Stärken dem Anlass und Ziel entsprechend ins Spiel. Analog zu dieser Metapher sind auch die sieben facilitativen Formate, die unabhängig voneinander entstanden sind, im Organisationskontext stark im Team. Sie ergänzen und bereichern sich. Das heißt, man kann sie kombinieren und damit die jeweilige Stärke der einzelnen Formate auf den aktuellen Kontext angepasst nutzen. Dabei ist es wichtig, die zugrunde liegenden Prinzipien und Grundannahmen der einzelnen Formate verinnerlicht zu haben. So bleibt ihre Wirkkraft erhalten.

Wie die co-kreativen Formate in der Praxis zusammenspielen können, belegen einige Beispiele.

Beispiel 1 – The Circle Way: World Café-Tischgespräche, Open Space- oder auch RTSC-Gruppenarbeiten erhalten durch The Circle Way eine Struktur: Zentrierung, Check-in, Dialog, Ergebnissicherung, Check-out; ein Redeobjekt anstatt Handzeichen und die Rolle einer Achtgeberin zur Unterstützung des Prozesses. Und auch die mit The Circle Way verbundene Haltung und Achtsamkeit der Intention und den Menschen gegenüber verändern die Gesprächsqualität. Für Facilitatoren ist es entscheidend, wie sie einladen, welche Hinweise sie zum Zuhören und Sprechen geben und worauf sie den Fokus im Gespräch lenken. Wer die guten Wirkungen im Circle erlebt hat, möchte diese Gesprächsqualität, Inspiration und Orientierung in keiner Methode missen.

Auch nicht bei Dynamic Facilitation. Das Setting von Dynamic Facilitation hat zunächst keine Verbindung zur Kreisarbeit, aber man kann einen zweitägigen Dynamic Facilitation-Prozess zweimal am Tag – morgens und abends – durch ein Kreisgespräch (30 bis 45 Minuten) ergänzen, um herauszufinden, wo alle gerade stehen, und um allen die Gelegenheit zu geben, sich anzuschauen (und nicht nur auf die Pinnwände zu schauen). Dazu bittet man die Teilnehmenden, in einem Kreis zusammenzukommen. Im Kreis werden Eindrücke, Erfahrungen, Erkenntnisse und Ergebnisse geteilt. Die Gesprächsbeiträge sind kürzer, sind in die Gruppe gerichtet (nicht an den Facilitator) und jeder und jede kommt – im Vergleich zum DF-Prozess – schneller zu Wort. Der Kreis eignet sich zur Reflexion des Geschehens (vgl. Act & Reflect, Seite 31). Von hier aus wechselt man wieder in das DF-Setting mit dem Halbkreis und den vier Pinnwänden, auf die alle ihren Blick richten. Diese Form der Unterbrechung erleben wir als hilfreich für die Gruppendynamik und für die Sache. Es ist eine gemeinsame Zentrierung, die häufig einen Shift auslöst. Der Lösungsraum wird größer, weil die Potenziale der Menschen in den zwei Settings Raum bekommen.

Beispiel 2 – Appreciative Inquiry: Appreciative Inquiry richtet die Idee der Aufmerksamkeitsfokussierung auf Gelungenes, Wünschenswertes, auf Stärken und Potenziale. Auf die damit verbundenen positiven, neuro-biologisch untermauerten Effekte sollte kein Format verzichten. Der Fokus der Fragen – beispielsweise im World Café – wird in der Regel auf das Positive und Wünschenswerte gelegt. Facilitatoren fragen nach dem, was Leben gibt, und laden ein, dem Geschehen eine Bedeutung zu geben, die letztlich stärkt und ermutigt. Egal, was im Prozess passiert, es ist gut und wird als solches genutzt für die angestrebte Entwicklung ohne Abwertung und Schuldzuweisung. Facilitation ist potenzialorientiert. Appreciative Inquiry informiert alle Formate darüber.

Beispiel 3 – Real Time Strategic Change: Real Time Strategic Change bietet mit der Formel für Veränderung klare Hinweise für die Gestaltung des Wandels unabhängig vom gewählten Format. Es ist ein Metamodell des Wandels und kann als fundamentales Phasenmodell im Hintergrund jeder Intervention liegen. Der Sinn und Anlass sowie die *Dringlichkeit* sollte für jede Intention und jedes Vorhaben klar sein. Aber es reicht nicht, nur zu wissen, von was man weg möchte (Unzufriedenheit). Man benötigt auch ein (gemeinsames) Bild von der *angestrebten Zukunft.* Und ganz wichtig, für den angestrebten Wandel sind Dialoge allein nicht genug, es braucht *erste Schritte* zur Umsetzung der Vision. Das sind die Faktoren der Formel für Veränderung und die Voraussetzung dafür, dass Wandel in Echtzeit stattfindet. Kein Faktor darf fehlen – in keiner Methode.

Diese wenigen Beispiele zeigen, wie die Formate zusammenspielen und sich ergänzen können. Auf diese Weise entstehen Prozessdesigns der Co-Creation, über die man bestenfalls das sagen kann, was ein begeisterter Kritiker über das Drehbuch zu dem Film „Die glorreichen Sieben" gesagt hat:

Unbedingt zu loben, ja, zu preisen ist das Drehbuch der „Glorreichen Sieben". Keine einzige überflüssige Szene, kein bisschen Gelaber und nicht ein unpassendes Wort im jeweiligen Mund.[306]

3.4.5 Visual Facilitation – Co-Creation mit dem Stift

Der Stand der Diskussion vor 10 Jahren war: Visualisierung ist toll und hilfreich. Der Stand bei bikablo heute: Wie finden wir gemeinsam mit dem Kunden heraus, welche visuelle Intervention an welcher Stelle des Prozesses welchen Impact hat, um die (vielleicht noch gar nicht klar formulierte?) Absicht zu unterstützen?

Martin Haussmann, bikablo akademie[307]

Die Bedeutung und den Wert von Visualisierung haben wir bereits bei der Initialberatung erwähnt. Wir visualisieren Denkmodelle live, um den facilitativen Ansatz und die damit verbundene Theorie vorzustellen und um aus dem Stehgreif eine visuelle Arbeitsbühne für alle Anwesenden zu erschaffen („Visualisierung hilft dem miteinander Denken!", Seite 82). Daraus wird oft ein informatives und zugleich vielschichtiges Prozessdokument, aus dem schließlich ein gemeinsames Verständnis sowie Vereinbarungen für nächste Schritte erwachsen.

Auch für Co-Creation sind Visualisierung und Visual Facilitation nützlich. Visual Facilitation nennen wir die Beteiligung und Co-Creation mit dem Stift. Nicht nur die Facilitatoren visualisieren, sondern alle werden zur Visualisierung eingeladen. Dabei spielt es in der Regel keine Rolle, ob man zeichnen kann oder nicht, denn nahezu jede Skizze übermittelt etwas, was Worte nicht auszudrücken vermögen, oder was sich sprachlich noch nicht fassen lässt.

Bei der Visualisierung in der Arbeit mit Gruppen wird der Prozess des Suchens, Erkundens oder Sortierens im Miteinander sichtbar gemacht wird. Das bringt einen kreativen Fluss in Gang, der zu einem co-kreativen, schöpferischen Akt führen kann. Visuelle Dialoge zur Beschreibung der aktuellen Realität, gemeinsame Skizzen zur Vision, gestaltete Arbeitsplakate zur Untersuchung des Kernthemas oder kartografierte Projektverläufe können kollektive Weisheit fördern und zieldienliche Lösungsräume bildlich entstehen lassen[308].

Wir haben die Erfahrung gemacht, dass sich Kommunikationsprozesse verändern, wenn Menschen selbst den Stift in die Hand nehmen oder wenn ein großes Blatt Papier an einer Pinnwand zu einer gemeinsamen Arbeitsfläche wird. Neugier und ein natürlicher Spieltrieb werden geweckt. Das Nicht-Benennbare und Ausgeschlossene bekommt eher einen Platz. Der ganze Körper wird in die Arbeit einbezogen. Die eigene Energie und die Energie in der Gruppe ändern sich. Der Konferenzraum wird zu einer Kreativwerkstatt. Es wird lebendig, alle bringen sich mehr ein und vernetztes Denken wird gefördert.

Visualisierung ist ein mächtiger Ansatz, um die Welt zu verstehen. In dem Moment, wo wir ein Bild sehen, versucht unser Verstand, dem Gesehenen einen Sinn zu geben. Da wir Bilderrätsel vermeiden, kombinieren wir Symbole oder Piktogramme mit Worten.

Ziel ist, mit Wort-Bild-Kombinationen:

- Gedanken zu veranschaulichen,
- Themen zu fokussieren und zu ordnen,
- Komplexes zu erfassen,
- Zusammenhänge darzustellen.
- Neues zu kreieren,
- Prototypen zu skizzieren und
- Dokumentationen entstehen zu lassen, die übersichtlich, leicht verstehbar und schnell abrufbar sind.

Praxistipp

(Wieder-)Entdecke deine natürliche Fähigkeit, visuell zu kommunizieren und dich auszudrücken. Beginne mit fünf Formen und den jeweiligen Inhalten (z. B. ein Pfeil, ein Rechteck, eine Sprechblase, eine Glühbirne (der Klassiker!) und eine ganz einfache Figur, die aus einem umgedrehten „U" und einem Kreis besteht).

VISUELLE SPRACHE FÜR FACILITATOREN

Gute Gründe und nützliche Effekte

Wir stellen nun die wichtigsten Gründe und nützlichen Effekte für den Einsatz von Visual Facilitation in Phasen der Co-Creation vor.[309]

Co-kreativ Komplexität und Zusammenhänge erfassen

Skizzen und Zeichnungen fördern die Transparenz. Sie machen komplexe oder auch komplizierte Zusammenhänge buchstäblich sichtbar. Durch Linien, Pfeile und Formen entstehen übersichtliche Bildwelten und Landkarten. Das gemeinsame Erschaffen der Bildwelten führt oft dazu, dass der Entdeckergeist noch mehr schaffen will. Noch mehr Dimensionen sollen visuell integriert werden. Ziele, Wege, Ressourcen, Werte, Kompetenzen und Strategien werden in einer Wissenskarte manifestiert. Die Beteiligten sehen, wir sind uns in der Beschreibung einig, wir verstehen einander, und das Gefühl entsteht, wir sitzen zusammen in einem (Bild-)Boot, oder wie die Amerikaner sagen „Being on the same page". Das ist auch dann der Fall, wenn die Skizzen Unterschiede in den Sichtweisen der beteiligten Personen veranschaulichen und wenn es gelingt, diese als Ressource zu sehen.

Gemeinsame Visualisierungen, die den Schwerpunkt auf die Erfassung von Komplexität und Zusammenhänge legen, können den Fragepronomen wer, was, wann, wo, wie, warum/wozu und wie viel folgen.[310]

- Wer und was sind beteiligt? Ziel ist eine visuelle Zusammenfassung der beteiligten Personen und Themen.

- Wie viele sind beteiligt? Hier wird ein quantitatives Maß der beteiligten Personen/Dinge skizziert.

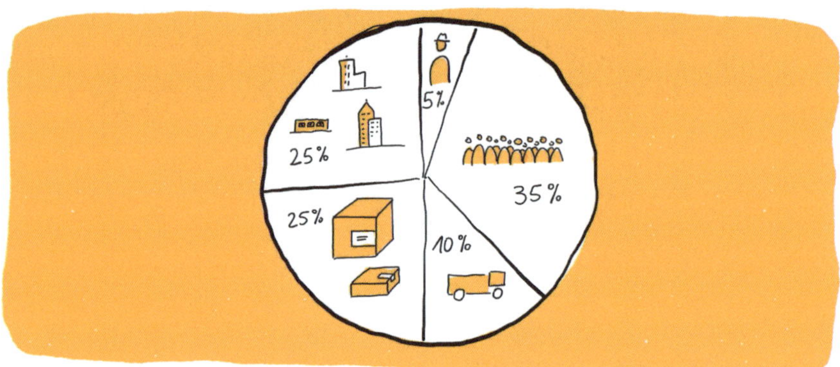

- Wo befinden sich die Beteiligten? Auf einer (Land-)Karte werden Menschen und Dinge veranschaulicht.

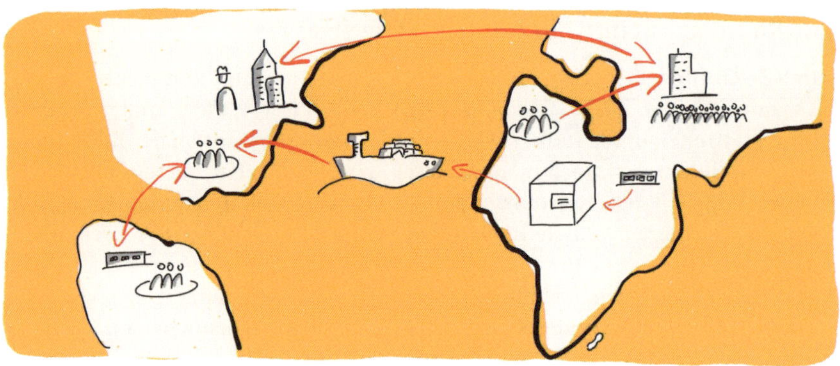

- Wann treten die Dinge auf? Eine Zeitleiste bringt Personen und die Abfolge der Interaktionen in einen Zusammenhang.

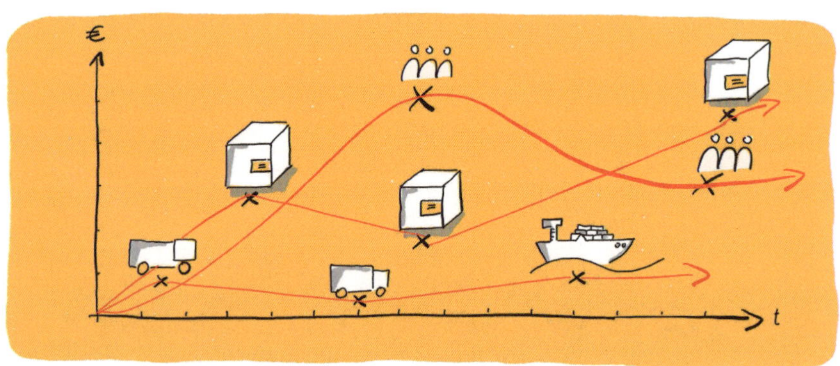

- Wie beeinflussen sich die Dinge gegenseitig? Ein Flussdiagramm zeigt Ursache-Wirkung-Einflüsse und Abläufe.

- Warum/Wozu das wichtig ist? Die wichtigsten Erkenntnisse werden zusammengefasst und bieten allen die Gelegenheit, ihre Erkenntnisse und Einsichten zu teilen.

Visualisierung aktiviert die Vorstellungskraft und Kreativität, der Geist öffnet sich für neue Perspektiven und sieht neue Möglichkeiten. Denn die visuelle Sprache hat das Potenzial, menschliche Fähigkeiten, die das Aufnehmen, Verstehen und Analysieren von neuen Informationen betrifft, zu vergrößern. In Zeiten der digitalen Kommunikation und auch grundsätzlich ist das ein großer Vorteil und Nutzen.

Co-kreativ Verständnis wahrscheinlicher machen

Eine Skizze erleichtert, sich selbst das eigene Denken transparent zu machen. Skizzen klären die eigenen Gedanken. Man versteht sich in einem ersten Schritt oft selbst besser.

Teilt man in einem zweiten Schritt seine Visualisierungen gegenseitig in einer Gruppe, hilft das zu verstehen, was der andere meint bzw. aus welcher Gedankenwelt er kommt.

Erst danach werden in einem dritten Schritt die mentalen Welten so miteinander in Beziehung gesetzt und bestenfalls integriert, dass ein gemeinsames Verständnis und ein Weg entstehen.

Wenn Skizzen in dieser Reihenfolge entstehen, dann kommt es zu einem Dreiklang, der ein guter Ausgangspunkt für Co-Creation ist: Ich verstehe mich in meiner Bildwelt, ich verstehe dich in deiner Bildwelt, wir verstehen uns und co-kreieren unsere Bildwelt für die Zukunft.

Das gegenseitige Erklären und Deuten mit Skizzen sind umso wichtiger, wenn Menschen in internationalen oder interkulturellen Gruppen vor gemeinsamen Herausforderungen stehen. Bilder unterstützen und erleichtern die Inklusion, den Einbezug von allen. Durch die gemeinsamen Erkundungen bringen sie Erkenntnisse hervor, an denen alle schöpferisch und rezipierend zugleich beteiligt sind. Somit sind Skizzen und Visualisierungen oft Beschleuniger für ein gemeinsames Verständnis in einer kollaborativen und co-kreativen Umgebung.

Co-kreativ ein Gruppengedächtnis anlegen

Visualisierungen sind Abkürzungen und Erinnerungshilfen für zukunftsweisende Ideen oder Ziele. Eine Idee mit Worten auszudrücken, kann viele Worte dauern. Auf die Idee, in Form eines Piktogramms oder einer Handskizze, zu zeigen, ist einfacher, geht schneller und verbraucht weniger Energie. Das bedeutet, wir sparen kognitive Ressourcen durch Visualisierungen (vgl. Neuro Facilitation, Seite 364).

Wenn Gruppen ihre Ziele visualisieren, verbinden sie sich emotional mit dem, was sie erreichen möchten. Die visuellen Informationen werden dabei mit den entsprechenden Emotionen, Stimmungen, Energien im menschlichen Gehirn gekoppelt und miteinander verknüpft. Zusammen werden Erinnerungen erzeugt, die jeder jederzeit einfach aufrufen kann, denn durch den Blick auf die Visualisierung werden alle im Bild gespeicherten Informationen in einem Bruchteil von einer Sekunde wachgerufen. Visualisierungen sind Wunderwerke, um Informationen zu verpacken, zu organisieren und abzurufen.

Gruppen können durch Visualisierungen ein Gruppengedächtnis entwickeln. Man erkennt den Weg wieder, den die Gruppe gemacht hat: z. B. „Hier sind wir gestartet …, dann ist folgendes passiert … und dann haben wir das versucht … und dabei erkannt, dass dieser Weg nicht weiterführt …, aber danach war allen klar, dass wir nur so weiterkommen. Und eine Lösung zeigte sich deutlich …!“

Diese Art von Visualisierungen ermöglichen einen leichten Anschluss in der Weiterarbeit. Und wenn neue Beteiligte hinzukommen, können diese visuell in die Historie eingeführt werden. Angesichts von Arbeitsdruck und Informationsflut ist das visuelle Gruppengedächtnis eine Abkürzung und eine wirksame Erinnerungshilfe. Eine Voraussetzung muss dafür erfüllt sein: Die Menschen müssen an der Entstehung direkt (sie haben gezeichnet) oder indirekt (sie haben die Informationen für die Zeichnungen geliefert) mitgewirkt haben.

Gruppen, die fortwährend mit ihrem anwachsenden, sich entwickelnden, visualisierten Gruppen-Gedächtnis arbeiten, erfüllen einen der Erfolgsfaktoren für kollektive Weisheit, die der amerikanische Autor und Inspirator Alan Briskin in seinem gleichnamigen Buch „The Power of Collective Wisdom and the Trap of Collective Folly" beschreibt:

> *„Kollektive Weisheit ist dort zu beobachten, wo es allen Mitgliedern einer Gruppe gelingt, beim Tun den höheren Sinn und Zweck (der Organisation) im Bewusstsein zu halten."*
>
> Alan Briskin[311]

Übersichtsbilder liefern genau dies. Das kleinteilige, operative Tun findet sich in einer übergeordneten, landschaftlich anmutenden Kontextkarte wieder. So lassen sich Mission, Strategie und das Operative in einem Bild unterbringen. Solche Bilder sind nie fertig und sollten auch nicht, wie das früher üblich war, bei einem Profi „bestellt" werden. Man kann sich hingegen von einem Profi („Visual Facilitator" oder „Graphic Recorder") im Prozess helfen lassen. So werden die Erzeugnisse zu eindrücklichen „Artefakten einer neuen Kultur der Zusammenarbeit."[312]

Visualisierung und die glorreichen Sieben

Wir nutzen Visualisierung[313] in allen Formaten, zu allen möglichen Anlässen (Beratung, Training, Coaching) und bei unterschiedlichsten Themen, von der Strategie- und Produktentwicklung bis zur Umstrukturierung und organisationalen Neuaufstellung. Für uns gehört die Fähigkeit zur Visualisierung in den Handwerkskoffer jedes Facilititators. Die Visualisierungen entstehen meist prozessbegleitend und werden in der Situation als Denk- und Gesprächsangebote von Hand gezeichnet. Templates und besonders komplexe oder textlastige Visualisierungen/Plakate können je nach Bedarf auch vorgefertigt werden – am besten so, dass die Visualisierung live und im Moment finalisiert wird und somit die Chance erhält, als Artefakt des Prozesses wahr- und angenommen zu werden. Komplett fertige Visualisierungen erscheinen uns in der prozessorientierten Arbeit mitunter hinderlich, da das fertige Bild die Botschaft eines bereits fertigen Prozesses mitliefert.

Die Glorreichen Sieben sowie alle weiteren facilitativen Methoden bieten vielfältige Möglichkeiten, Visualisierung mit den oben beschriebenen nützlichen Effekten zu integrieren. In einem Business Circle entstehen zum Beispiel zu jedem Punkt der Agenda Wort-Bild-Protokolle, die Text-Protokolle ersetzen. Kunden erleben das wie eine Befreiung aus dem Zwang des Protokollschreibens. Alle sehen sofort in Echtzeit, was entsteht, und können direkt korrigieren, wenn es noch unklar ist.

Rückblicke werden auch in großen Gruppen zu kreativen Erinnerungen, welche die Muster des Gelingens aus der Vergangenheit ans Licht und damit ins Bewusstsein holen. Eine Vision wird vorstellbar, wenn sie mit einem Bild verbunden ist. Abgestimmte nächste Schritte lösen, wenn sie visualisiert werden, Handlungsmotivation aus.

Mit Bildern kann man in großen Gruppen und ganzen Systemen Fakten schaffen und Sinn geben. Die Voraussetzung dafür ist, dass das erwünscht ist, denn Bilder zeigen auch Mängel und Veränderungsbedarf, sie können bestehende Strukturen infrage stellen und Alternativen kreieren. Für Auftraggeber und Führungspersonen kann das herausfordernd sein, weil sie diese Aufgaben innerhalb ihrer Rolle sehen oder weil sie davon ausgehen, dass *schöne* Visualisierungen alles ins rechte Bild rücken. Bei Visualisierungen im Bereich von Facilitation und Co-Creation geht es nicht um glanzvolle, professionell hergestellte Plakate mit dem Ziel der Überredung oder Überzeugung. Auch sind keine Bildwelten gemeint, die aus pseudo-partizipativen und pseudo-kreativen Prozessen stammen. Farbe kann verschleiern, aber am Ende tönt es durch, denn Menschen erleben intuitiv, ob sich etwas stimmig anfühlt oder nicht. Wir setzen uns für die Stimmigkeit ein und nutzen dafür in allen Formaten zur Co-Creation die Visualisierung. Ben Shneiderman, Informatiker und Pionier grafischer Benutzeroberflächen, bringt Visual Facilitation mit einem Satz auf den Punkt:

> *„Der Zweck der Visualisierung ist Erkenntnis – nicht Bilder."*
> Ben Shneiderman[314]

Es geht um einen Prozess, der zu Einsicht und Erkenntnis führt. Es geht nicht um Bilder!

3.4.6 Neuro Facilitation – Co-Creation mit Hirn

> *„Was uns wirklich zu Menschen macht,*
> *ist der richtige Gebrauch von Herz und Hirn."*
> Werner Braun

Was der Aphoristiker Werner Braun unter dem richtigen Gebrauch von Herz und vor allem Hirn verstand, wissen wir nicht, aber wir haben in den letzten Jahrzehnten aus der Hirnforschung viele Hinweise für Facilitation bekommen, die unser Verhalten und Vorgehen wissenschaftlich absichern. Wir nennen das Neuro Facilitation und beschreiben in diesem Kapitel einige Erkenntnisse, die methodenübergreifend Prozessen der Co-Creation zu mehr Gelingen verhelfen. Wann immer möglich, verhalten wir uns als Facilitatoren nicht nur entsprechend dieser Erkenntnisse, sondern vermitteln sie auch in den Gruppen, sodass alle davon profitieren und einzelne Zusammenhänge, Prozessschritte und sich selbst besser verstehen. Neuro-biologisches Wissen ist nicht nur für

Facilitation im engen Sinn nutzbar, sondern auch für die Gestaltung des Lebens im Allgemeinen. Die folgenden fünf Ansätze empfinden wir in unserer Praxis als besonders wertvoll:

- Der Bedürfnis-Schal – Das SCARF-Modell
- Gemeinschaft ist die Lösung – Menschen verbinden
- Achtung, wenn es bedrohlich wirkt – Drei Stufen
- Den Boden für Lösungen bereiten – Von „Weg von" zu „Hin zu"
- Fundierte und weise Entscheidungen – Was steht dem im Weg?

Der Bedürfnis-Schal – Das SCARF-Modell

Das SCARF®-Modell nach David Rock[315] fasst Erkenntnisse zu Grundbedürfnissen von Menschen zusammen. Es beschreibt fünf soziale Bereiche, die die gleichen Bedrohungs- und Belohnungsreaktionen in unserem Gehirn aktivieren, die auch für unser physisches Überleben zuständig sind. Wenn diese sozialen Bereiche nicht genügend beachtet werden, hat das Auswirkungen: Menschen ziehen sich zurück, gehen in den Widerstand bzw. Kreativität, Engagement und konstruktive Zusammenarbeit werden verringert. Werden diese ausreichend befriedigt, dann fühlen sich Menschen in ihrer Haut und mit anderen so wohl, dass der Co-Creation nichts mehr im Weg steht.

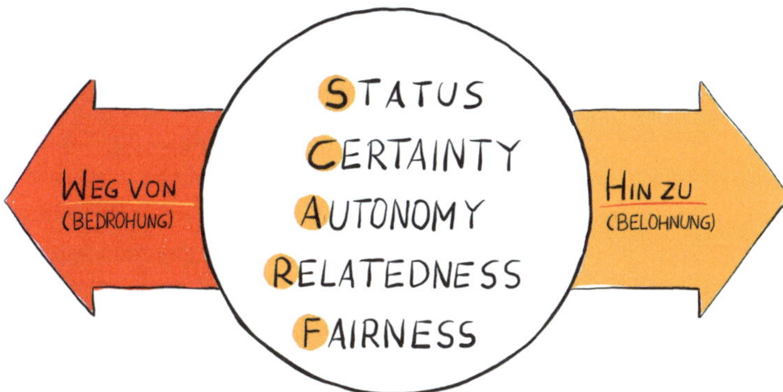

Die fünf sozialen Bereiche ergeben die Akronym SCARF (engl. Schal)[316]:

- Status (Beachtung)
- Certainty (Gewissheit)
- Autonomy (Autonomie)
- Relatedness (Verbundenheit)
- Fairness (Anstand)

Status: Menschen fragen sich immer, ob sie beachtet werden und ihr Beitrag wertgeschätzt wird. Sie messen (oft unbewusst) ihre relative Wichtigkeit für andere. Wenn sie nicht genügend „Status" erleben, werden sie wütend und defensiv. Deshalb gehört die Frage „Was können wir tun, damit sich alle gesehen und auch wertgeschätzt fühlen?" fortlaufend zu jeder Phase eines facilitativen Prozesses. Dahinter liegt die Annahme, dass es neben dem, was verändert werden soll, immer etwas gibt, was ehrlich gewürdigt, geachtet und wertgeschätzt werden kann.

Certainty: Wenn wir uns über etwas unsicher sind, versucht ein Teil unseres Gehirns (der orbitale Frontalkortex) intensiv, sich einen Reim auf das Unbekannte zu machen. Dies kann dazu führen, dass wir den Fokus, um den es eigentlich gehen sollte, aus dem Blick verlieren. Wie können wir

helfen, besser mit Ungewissheit umzugehen? Wie können wir komplexe Prozesse in zugängliche Teile zerlegen? Welche Gewissheiten können wir über die Zukunft geben? Welche Orientierung bieten wir an? Was steht fest? Was nicht? Was bleibt konstant? Was können wir tun und sagen, damit Menschen in Veränderungsprozessen genügend Sicherheitsempfinden für Co-Creation haben? Manchmal genügt ein ehrliches Eingestehen seitens einer verantwortlichen Person: „Ich weiß es auch noch nicht! Aber ich sage Ihnen, und darauf können Sie sich verlassen, dass wir in den nächsten Wochen, die drei Schritte … gehen werden.“ Diese Aussage vermittelt Prozess-Sicherheit, wenn in der Sache Unsicherheit vorherrscht.

Autonomy: Autonomie bezieht sich auf die Fähigkeit, Ergebnisse beeinflussen oder nach eigenen Werten und Interessen handeln zu können. Wenn Mitarbeitende das Gefühl haben, die Kontrolle zu verlieren, geraten sie in Stress, was ihre Fähigkeit, effizient zu handeln, verringert. Daher kann es zieldienlich sein, das Gefühl der Autonomie zu stärken.
Der Bedeutung von Autonomie für Facilitation haben wir ein längeres Kapitel gewidmet (siehe Seite 26 ff.). Fragen im Kontext von Co-Creation können sein:
Wie können wir sicherstellen, dass es genügend echte Wahlmöglichkeiten und Gestaltungsräume gibt, damit Selbstbestimmung und Freiheit erlebt werden? Wer muss welche Kontrolle aufgeben und Ohnmachtsgefühle tolerieren? In welchen Phasen werden Menschen eingeladen und ermächtigt, etwas auszuprobieren und zu entscheiden?
Relatedness: Ein Mangel an Verbundenheit führt zu Isolation und Einsamkeit. Was können wir tun, dass Menschen sich verbunden und sicher bei und mit anderen fühlen? Wie können wir sicherstellen, dass Menschen immer wieder neu die Gelegenheit haben, sich zu verbinden? Wie können wir die Organisationslogik und das Bedürfnis der Menschen nach Verbundenheit gleichermaßen im Blick halten? Da Verbundenheit ein so bestimmender Faktor für Menschen ist (auch am Arbeitsplatz), folgt im Anschluss an das SCARF-Modell, ein gesonderter Abschnitt zu diesem Thema (siehe Seite 367).

Fairness: Menschen spüren, wenn etwas nicht fair oder ungerecht ist. Wenn jemand glaubt, dass etwas unfair ist, wird die Region des Gehirns, die mit Ekel verbunden ist (insularer Kortex) aktiviert. Dies führt zu einer Bedrohungsreaktion. Wie können wir möglichst verhindern, dass Menschen sich unfair behandelt fühlen? Was Menschen als gerecht und fair ansehen, kann allerdings sehr unterschiedlich sein. Persönliche Bedürfnisse und Erfahrungen prägen das Verständnis von Fairness. Facilitatoren bringen das Thema Fairness bei Bedarf ein und regen einen ehrlichen Austausch dazu an. Mit der Anerkennung, dass Fairness ein subjektives Erleben ist und dass im organisationalen Kontext die Wahrscheinlichkeit sehr groß ist, dass Erwartungen enttäuscht und nicht alle Entscheidungen gutgeheißen werden, kann man für einen reflektierten Umgang mit Fairness sorgen.

Mithilfe des SCARF-Modells können Menschen Erfahrungen beschreiben, die sonst vielleicht unbewusst und unerwünscht wirken. Für Facilitation ist das SCARF-Modell ein Tool, das in schwierigen Situationen hilft, gemeinsam zu reflektieren, um so unter Umständen unerwünschte Nebenwirkungen zu verhindern. Ein Beispiel[317] dazu: In einem Unternehmen wurde das Gehalt an zwei Standorten wegen fehlender Aufträge temporär um 15 % gekürzt. An einem Standort wurde das respektvoll, achtsam und bedauernd kommuniziert, am zweiten Standort einfach mitgeteilt und umgesetzt. An diesem Standort verdoppelte sich die Diebstahlrate im Vergleich zu dem Standort mit einer respektvollen Kommunikation. Dieses Beispiel berührt verschiedene Bedürfnisse aus dem SCARF-Modell und zeigt, wie wichtig die Art der Kommunikation ist. Als Facilitator empfehlen wir, die Beteiligten einzubeziehen und anzusprechen: Wie wollen wir gemeinsam mit der herausfordernden Situation der fehlenden Aufträge umgehen?

Eine Einladung zu einer kleinen persönlichen Gedankenreise durch das SCARF-Modell

- Wie fühlt sich das an, wenn du mit jemandem interagierst, der dich darauf aufmerksam macht, was gut an dir ist (Erhöhung deines Status)?
- Wie fühlt sich das an, wenn derjenige Erwartungen an dich klar formuliert (Erhöhung der Sicherheit)?
- Wie fühlt sich das an, wenn du in der Beziehung selbstverständlich eigene Entscheidungen treffen kannst (Erhöhung der Autonomie)?
- Wie fühlt sich das an, wenn du dich auf der menschlichen Ebene mit dem anderen wirklich verbunden fühlst (Erhöhung der Verbundenheit)?
- Wie fühlt sich das an, wenn du dich in der Beziehung zum anderen gesehen und fair behandelt fühlst (Erhöhung von Fairness)?

Studien zeigen, dass Menschen sich ruhiger, glücklicher, zuversichtlicher, verbundener und intelligenter fühlen, wenn sie das oben Beschriebene im Kontakt mit anderen, im Team und in Organisationen erleben. Auch wenn Organisationen aus systemtheoretischer Sicht nicht human, sondern organisational sind, so wird es nicht schaden, wenn Menschen sich wohlfühlen. Denn Mitarbeitende sind in der Lage, mehr Informationen zu verarbeiten, was sich anfühlt, als wäre die Welt größer geworden. Weil sich diese Erfahrung so gut anfühlt, möchten sie mehr Zeit in Kontexten verbringen, die diese Erfahrungen ermöglichen, und sie wollen sich auf jede erdenkliche Weise gegenseitig helfen[318].

Gemeinschaft ist die Lösung

„Was das Problem auch immer sein mag, Gemeinschaft ist die Lösung."
Margaret Wheatley[319]

Es gibt vier biologische Hinweise, die wir kennen sollten, damit es gelingt, eine der vorrangigen Aufgaben als Facilitator wahrzunehmen, menschliche Verbindungen zu ermöglichen:

- **Fremde sind erstmal Feinde**
  Soziale Verbindungen sind zwar lebenswichtig für die Gesundheit und für ein gesundes Miteinander, doch das Gehirn, das bestmöglich unser Überleben sichern will, ist vorsichtig und teilt andere Menschen automatisch in Freund oder Feind ein. Dabei folgt das Gehirn der Standardeinstellung, dass Fremde Feinde sind, solange es keine anderen Anzeichen gibt.

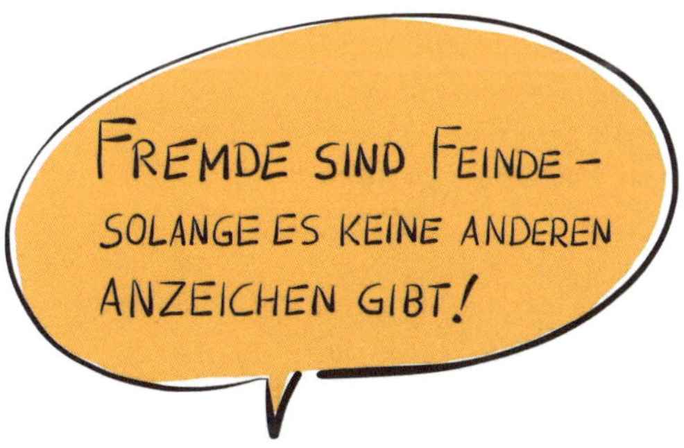

Das Wissen um diese natürliche Ausrichtung hilft, für bestimmte Phänomene des Alltags mehr Verständnis zu bekommen. Beispielsweise hat das Wir-und-Die-Paradigma (siehe Seite 24) diesen uralten lebenserhaltenden Hintergrund, auch die sogenannte Silomentalität. Es entspricht der menschlichen Natur, sichere Stämme mit engen Kolleginnen zu bilden und innerhalb dieser gut zu arbeiten, und gleichzeitig die zu meiden, die man nicht gut kennt und die zudem noch anders zu sein scheinen. Diese anderen bilden zunächst und automatisch eine Gefahr für das Gehirn. Das entspricht auch dem Verhalten, das wir auf großen Konferenzen beobachten können, wenn Teilnehmende sich sofort mit denen zusammentun, die sie kennen, oder dem unangenehmen Gefühl auf Partys, wenn man niemanden kennt. Für das Gehirn bedeutet es in dem Moment, sich in einem Raum voller Feinde aufzuhalten. Das Bedrohungslevel ist sehr hoch. Wenn unser Gehirn annimmt, wir wären von einem Feind umgeben, dann verändern sich die Gehirnfunktionen. Das Gefühl der Empathie wird schwieriger bzw. fällt ganz weg. Wenn man sich im Arbeitskontext in so einer Situation um eine gemeinsame Sache kümmern soll, dann ist man automatisch weniger intelligent, denn das Gehirn versucht, zwei unterschiedliche Probleme gleichzeitig zu lösen: wie man mit einem Feind umgeht und wie man sachlich ins Geschäft kommt. Keinem der beiden Ziele werden genügend Ressourcen zur Verfügung gestellt. Damit sind Fehler vorprogrammiert, die das Bedrohungslevel weiter erhöhen. Die Wahrscheinlichkeit, gute Ideen als solche zu erkennen, sinkt dramatisch. Es steigt dagegen die Bereitschaft, sich aufzuregen und Absichten falsch zu verstehen. Das (Arbeits-)Leben wird schwerer.

Als Facilitatoren können wir in unserer Rolle als Gastgeberinnen dafür sorgen, dass Menschen ihre Standardausrichtung der Feindschaft verlassen und die Vorteile einer vertrauten Beziehung (gefahrlos) genießen. Und wir können von der Standardeinstellung „Feind“ des Gehirns erzählen und an Begebenheiten erinnern, bei denen der Wechsel von Feindschaft zur Freundschaft gelungen ist oder die Erfahrungen reflektieren, wo aus Freundschaft wieder Feindschaft wurde.

Das, was wir hier pauschal mit Freundschaft und Feindschaft beschreiben, sind intrapsychische Vorgänge, die biologisch gesteuert das Zusammenwirken von Menschen maßgeblich beeinflussen. Das Bewusstsein für diese biologischen und neurologischen Zusammenhänge hilft, „feindschaftliche“ Gefühle gegenüber Kollegen aus der anderen Abteilung oder gegenüber „der Organisation“ zu hinterfragen und zu reflektieren.

Zudem zeigen wissenschaftliche Erkenntnisse einen Weg auf, wie der Feindstatus leicht überwunden werden kann. Bei konkurrierenden Zielen kennzeichnet das Hirn den anderen als Feind. Dagegen sind gemeinsame Ziele der Schlüssel oder die treibende Kraft für Verbundenheit. Mit einem gemeinsamen Ziel wird man automatisch zum Freund. Aber leider kann es leicht passieren, dass man trotz jahrelanger positiver Zusammenarbeit den „Freundesstatus“ verliert. Nämlich dann, wenn die Grundbedürfnisse, die im SCARF-Modell beschrieben sind, in einer Beziehung oder einer Organisation nicht hinreichend beachtet werden.

- **Spiegelneuronen[320] ermöglichen Verbindungen**

„Unser Gehirn scheint durch gemeinsame Schaltkreise einen Sinn für andere Menschen zu finden. Wenn Sie sehen, wie jemand anderes eine Handlung ausführt, werden die gleichen Schaltkreise in Ihrem motorischen Kortex aktiviert. Jemand hebt ein Glas auf, Ihr Gehirn tut dasselbe. Durch diese Fähigkeit bekommen Sie dieses intuitive Verständnis für dieZiele anderer Menschen.“[321]

Christian Keysers, ein führender Spiegelneuronen-Forscher aus den Niederlanden

Je klarer wir uns gegenseitig sehen und spüren können, desto einfacher können wir emotionale Zustände zuordnen. Das geht leichter, wenn wir real vor Ort miteinander arbeiten als im digitalen Raum; der digitale Raum wiederum ist einfacher für die Zuordnung von emotionalen Zuständen als eine Telefonkonferenz, die es wiederum einfacher macht, Emotionen zuzuordnen als eine E-Mail. Wenn wir keine sozialen Hinweise haben, auf die wir achten, können wir uns nicht mit dem emotionalen Zustand anderer verbinden. Und damit kehren wir zur Standardeinstellung zurück: Wir betrachten (unbewusst) die anderen als Feinde, wir misstrauen ihnen.[322] Misstrauen ist Gift für Co-Creation.

- **Verbindung ist eine Voraussetzung für Erfolg**
  Die Güte der Verbindungen zwischen Menschen ist meistens die Voraussetzung für Erfolg und gute Leistungen. Es kann mühevoll sein, Verbindungen zu schaffen, aber es lohnt sich und ist sozusagen alternativlos, denn nur wenige Menschen arbeiten in Abgeschiedenheit, d. h. ohne Beziehungen zu anderen. Einzelarbeit ist auch angesichts der täglichen Herausforderungen (VUKA/BANI) selten förderlich.

„Das Einzige, was Menschen glücklich macht, ist die Qualität und Quantität ihrer sozialen Beziehungen."
David Rock[323]

Viele positive Verbindungen zu haben, erhöht nicht nur das Glücksgefühl als Selbstzweck, sondern steigert auch die Leistung und Motivation und ist deshalb auch für Co-Creation ein nützliches Fundament. Nebenbei verlängern positive Verbindungen das Leben, dienen als Puffer gegen Stress, helfen beim Denken und Planen und bei der Regulation der Emotionen. Gute Verbindungen am Arbeitsplatz sind dementsprechend erstrebenswert und ein Treiber für Co-Creation. Durch sie können neue Einsichten gewonnen werden, denn Freunde und richtig gute Kooperationspartner helfen, das eigene Denken zu sehen und zu erweitern.[324] Freunde trauen sich, uns ehrliches Feedback zu geben, und wir hören ihnen anders zu als den Menschen, mit denen wir uns nicht verbunden fühlen. Wenn sich in Teams, Gruppen oder Organisationen alle einbezogen und zugehörig fühlen (Inklusion[325]), dann entsteht ein Raum, in dem alle angstfrei ihre Meinung sagen, Fehler zugeben und ehrliches Feedback geben. Das führt zu besseren Leistungen und damit erhöht sich die Wertschöpfung.

Facilitatoren setzen sich für Verbindungen am Arbeitsplatz ein, die, auch und gerade angesichts der Logik von Organisationen, mehr nach Freundschaft und weniger nach Feindschaft aussehen und sich entsprechend anfühlen. Dazu gehört sicherlich auch, dass man Organisationen nicht mit Familien oder Freundeskreisen verwechselt. Doch Kontexte zu schaffen, in denen Menschen freudvoll alles abrufen können, um gute Arbeit zu leisten und dabei gesund zu bleiben, ist aus Sicht von Facilitation zieldienlich.

- **Die Wirkung von starken Emotionen**
  Während es also schwierig ist, mit wenigen sozialen Signalen (beispielsweise in einer Telefonkonferenz) eine freundliche Verbindung zu anderen aufzubauen, stellt sich die Frage, was passiert, wenn wir sehr vielen und heftigen sozialen Signalen ausgesetzt sind? Studien zeigen, dass ein Überfluss an sozialen Hinweisen dazu führt, dass sich Menschen besser und tiefer verbinden, manchmal allerdings so, dass es herausfordernde Auswirkungen hat, die niemandem bewusst sind. Spiegelneuronen sorgen dafür, dass sich die jeweils vorherrschende, stärkste Emotion in einem Team ausbreitet und alle anderen dazu bringen kann – quasi unbemerkt –, mit der gleichen Emotion in Resonanz zu gehen. Die starke Emotion

erregt Aufmerksamkeit und das, worauf Menschen achten (Fokus)[326], aktiviert ihre Spiegelneuronen. Wir kennen Beispiele aus Meetings, die einen positiven Verlauf genommen haben, weil es starke positive Emotionen von einer wichtigen Person aus dem Team am Anfang des Meetings gab, mit der sich im Verlauf alle verbunden haben. Und wir kennen Verläufe, bei denen eine heftige negative Reaktion – beispielsweise der Führungsperson – dazu führte, dass alle sich damit verbunden haben. Mit der Folge einer emotionalen Spirale abwärts. Auf Führungspersonen wird in der Regel viel Aufmerksamkeit gelenkt. Deshalb ist es für sie und Facilitatoren besonders wichtig, bewusst mit ihren eigenen emotionalen Zuständen und dem Stress, den sie erleben, umzugehen. Traurigkeit wird genauso einfach weitergegeben, wie das Lächeln, das sich durch die Spiegelneuronen ausbreitet.[327]

Praxistipp:

Manchmal ist es ein Ausweg aus der unbewussten Weitergabe von nicht zieldienlichen Emotionen, wenn man das Wissen um die Wirkung der Spiegelneuronen in Kommunikationsprozessen erläutert und alle zur Refokussierung auf die Intention des Meetings einlädt.

Je mehr wir als Facilitatoren über die Automatismen im Hirn wissen, um so bewusster können wir Dynamiken in Kommunikationsprozessen hinterfragen und zum gemeinsamen Lernen darüber einladen.

Achtung, wenn es bedrohlich wirkt – drei Stufen

In manchen co-kreativen Konferenzen und/oder Meetings ist es ein Anliegen, dass Menschen wachgerüttelt werden sollen (z. B. explizit bei der RTSC-Konferenz, Seite 300), damit sie bereit werden, sich auf das Neue einzulassen und es sogar mit erschaffen. Die Teilnehmenden sollen begreifen, dass es sehr ernst um die Zukunft bestellt ist, wenn sie sich nicht verändern. Die Folge davon kann sein, dass Menschen sich bedroht fühlen. Das *NeuroLeadership Institute* hat eine Einteilung in Bedrohungsstufen vorgenommen[328], die Handlungshinweise für Facilitatoren enthalten:

- **Level 1:** In dieser Stufe ist das Unterbewusstsein alarmiert. Die Bedrohung ist weit weg, und Menschen sind arbeitsfähig. Zu Beginn der Corona-Krise war die Bedrohung weit weg in China. In Deutschland wurde sie wahrgenommen, aber die meisten fühlten sich nicht weiter beeinträchtigt. Das Unterbewusstsein von vielen war allerdings damit beschäftigt, sich immer wieder abzusichern, dass sich die Gefahr weiterhin in der Ferne befindet.
- **Level 2:** Hier nimmt das Gehirn wahr, dass die Gefahr näherkommt, was bei vielen Auswirkungen auf das Stressempfinden hat. Damit verbunden sind biologische Flucht- und Kampftendenzen, die kognitiv einschränkend wirken. Die Arbeitsleistung sinkt. Die ersten einschränkenden Corona-Maßnahmen haben beispielsweise bei vielen Mitarbeitenden und auch Führungspersonen die Bedrohungsstufe 2 ausgelöst. Das erklärt manches irrationale Verhalten bis hin zum Hamstern von Toilettenpapier.
- **Level 3:** Die Bedrohung ist direkt über mir. Ich mache viele Fehler und bin kaum noch arbeitsfähig.

Menschen, die sich auf Level 2 der Bedrohungsstufen befinden, sind bereits in ihrer Fähigkeit zur Co-Creation eingeschränkt. Das gilt es zu beachten. Führungspersonen sind hier besonders gefordert, einerseits in der Selbstfürsorge und andererseits in ihrem Modellverhalten, dass Orientierung und Sicherheit geben sollte.

Wenn Facilitatoren in einer solchen Situation zur Prozessbegleitung beauftragt werden, dann brauchen auch sie für sich die Gewissheit, dass sie sich höchstens auf dem Bedrohungslevel 1 befinden (nicht auf 2 und 3), um stabilisierend, erleichternd und ermöglichend wirken zu können.

Den Boden für Lösungen bereiten – von „Weg von" zu „Hin zu"

Neue Informationen werden innerhalb weniger Sekunden im Gehirn in Bedrohungen und Belohnungen klassifiziert.[329] Minimierung von Gefahr („Weg von") und Maximierung der Belohnung („Hin zu") sind Organisationsprinzipien des Gehirns. Wir befinden uns jederzeit in einem der beiden Zustände, die einen prägenden Einfluss auf die Fähigkeit haben, gute Arbeit zu leisten.

Die „Weg von"-Bewegungen sind neurowissenschaftlich betrachtet wichtiger, weil sie das Überleben sichern. Deshalb halten sie lange an, sind stärker und schwierig zu überwinden. Für Co-Creation, für Visionsarbeit und gemeinsame Ziele brauchen Menschen jedoch eine „Hin zu"-Bewegung. Die „Hin zu"-Emotionen sind subtiler, leichter zu verdrängen und schwerer aufzubauen als die „Weg von"-Emotionen. Dies erklärt auch, warum Aufwärtsspiralen (positive Emotionen) seltener sind als Abwärtsspiralen (negative Emotionen). Sprachlich zeigt sich der Unterschied darin: Menschen *gehen* zu etwas hin (Belohnung), aber *laufen* weg (Bedrohung).[330] Das Gehen ist langsam und das Laufen schnell und kraftvoll.

Zudem ist die Konzentration auf Lösungen keine natürliche Tendenz des Gehirns, weil Lösungen in der Regel nicht getestet und damit unsicher sind, was wiederum bedrohlich wirkt. Andererseits kann sich das Gehirn nicht gleichzeitig auf Probleme und Lösungen fokussieren. Bevor man sich möglichen Lösungen zuwenden kann, muss man den Fokus vom Problem lösen. Damit Co-Creation gelingt, gilt es, Wege zu finden, die einen Zustand erzeugen, zu dem sich Menschen hingezogen fühlen. Sie begeben sich so mit ihrer Aufmerksamkeit auf eine Suche und verlassen die Fluchtbewegung. Das erhöht den Dopaminspiegel, der Einsichten eröffnet.

Entsprechend der Grundannahme „Das Wissen ist in der Welt" eignet es sich beispielsweise bei co-kreativen Prozessen, inspirierende Menschen, die von ihren Lösungen erzählen, in den Raum zu holen. Was gibt es für positive Beispiele in der Welt, die uns so faszinieren, dass sie eine „Hin zu"-Bewegung auslösen? Was können wir von anderen lernen? Was wollen wir auch für uns? Möglicherweise hat die Pilotgruppe und/oder das Management dazu Lernreisen gemacht.

Fundierte und weise Entscheidungen – Was steht dem im Weg?

Es gibt 150 nachgewiesene kognitive Voreingenommenheiten (Verzerrungen, engl. Bias), zu denen unser Gehirn neigt, weil wir jeden Tag viele Tausend Entscheidungen zu treffen haben. Kognitive Voreingenommenheiten sind mentale Abkürzungen, die Entscheidungen zwar erleichtern, die aber das durch die Entscheidung Ausgeschlossene nicht berücksichtigen. Wenn man Entscheidungen in einem ganzen System vorbereiten möchte, dann ist es ratsam, die mentalen Abkürzungen, Verzerrungen oder Voreingenommenheiten nicht nur zu kennen, sondern sie in den Prozess der Entscheidungsfindung miteinzubeziehen. Das wird nicht immer und überall gleich gut gelingen, denn auch als Facilitatoren und Facilitative Leader unterliegen wir bei unseren Entscheidungen den eigenen Verzerrungen und dem eigenen Nichtwissen. Sich dieser Phänomene bewusst zu sein, ist eine gute Basis für den achtsamen Umgang mit natürlichen Voreingenommenheiten.

Im Folgenden werden die 150 Voreingenommenheiten, die weisen und fundierten Entscheidungen im Weg stehen können, in einem leicht zu merkenden Modell in fünf Kategorien zusammengefasst

und beschrieben: das SEEDS-Modell® [331]– Similarity (Ähnlichkeit), Expedience (Schnelligkeit), Experience (Erfahrung), Distance (Distanz) und Safety (Sicherheit).

Similarity Bias (Ähnlichkeitsverzerrung): Wir bevorzugen das, was uns ähnlich ist, gegenüber dem, was anders ist. Das heißt, wir umgeben uns gern mit Menschen, die uns ähnlich sind, die anderen betrachten wir zunächst einmal skeptisch (Ingroup versus Outgroup). Wenn im Organisationskontext Entscheidungen getroffen werden, dann ist es hilfreich, darauf zu achten, was die „anderen" aus der Outgroup zu sagen haben. Dies erhöht die Wahrscheinlichkeit, dass man das, was sonst unbetrachtet und ausgeschlossen bleibt, in die neue Lösung integriert oder zumindest in Erwägung zieht.

Expedience Bias (Schnelligkeitsverzerrung): Wir handeln lieber schnell, als uns Zeit zu nehmen, weil uns das Bedürfnis nach Gewissheit keine Ruhe lässt. Das führt zu der Tendenz, zu urteilen und zu entscheiden, ohne alle Fakten zu berücksichtigen. Ein Facilitator, der automatisch auf einige wenige bekannte Lösungen und Methoden zurückgreift, anstatt sich die Probleme des Kunden wirklich anzuhören, leidet wahrscheinlich unter einem Expedience-Bias. Diese Art der Verzerrung wird verstärkt, wenn Menschen erschöpft sind von Stress und zahlreichen Entscheidungen. Haltepunkte im ganzen System (wie zum Beispiel die Wandel in Echtzeit-Konferenzen), die auch dazu dienen können, einen Faktencheck zu machen, helfen, dieser Verzerrung entgegenzuwirken.

Experience Bias (Erfahrungsverzerrung): Biologisch betrachtet, halten wir in unserer Kultur unsere subjektive Wahrnehmung für die objektive, ganze Wahrheit. Andere haben jedoch andere Erfahrungen und kommen so zu unterschiedlichen Wahrnehmungen, Lösungen und Entscheidungen. Um dieser Voreingenommenheit im beruflichen Kontext entgegenzuwirken, nutzen wir Pilotgruppen, in denen sehr schnell die unterschiedlichen Perspektiven, Interessen und Erfahrungen in den Raum kommen und in der Folge bei der Entscheidungsfindung berücksichtigt werden. Das eigene Denken wird regelmäßig überprüft, und es gilt anzuerkennen, dass es viele Wahrnehmungen und damit Wahrheiten gibt.

Distance Bias (Entfernungsverzerrung): Wir bevorzugen das, was näher ist, gegenüber dem, was weiter weg ist. Diese Verzerrung spielt besonders stark in den Organisationen eine Rolle, die sogenannte Global Player sind. Viele Organisationen haben z. B. Standorte oder Zulieferer, die weit entfernt sind. Wie kommt der Input in den Dialog von denen, die fern und damit nahezu aus dem Blick sind. Diejenigen einzubeziehen, die weit weg oder an der Peripherie sind, ist entscheidend für kontextpassende Entscheidungen. Diese Kategorie der Verzerrung erinnert daran, bei der Definition des gesamten betroffenen Systems die Frage zu stellen: Wer gehört zum System, ist aber weiter weg bzw. wird normalerweise nicht einbezogen?

Safety Bias (Sicherheitsverzerrung): Wir schützen uns mehr vor Verlust, als dass wir nach Gewinn streben. Hier zeigt sich in einem anderen Gewand die menschliche Tendenz, Bedrohung stärker zu werten als Belohnung. Das Schlechte erweist sich bei Entscheidungen als stärkeres Kriterium als das Gute: Nachteile werden eher vermieden, anstatt Vorteile anzustreben. In einer Organisation, in der Mitarbeitende durch Lern- und Beteiligungsprozesse in die Lage versetzt werden, Risiken anzunehmen, wird ein Erleben von Sicherheit wahrscheinlicher. Dadurch können sich gesunde Formen im Umgang mit Risiken entwickeln.

Das SEEDS-Modell® ist ein nützliches Tool, um zu verdeutlichen, dass Multiperspektivität, Nichtwissen und Post-Heroismus (die Zeit nach den Helden) zieldienlich sein können, wenn es um Entscheidungen geht. Das Modell bietet Fragen für Reflexionsphasen vor Entscheidungen, beispielsweise: Welche Aspekte und wen könnten wir übersehen haben? Wie holen wir das Ausgeschlossene und Nicht-Bedachte rein? Was wollen wir noch erkunden, bevor wir uns entscheiden und nächste Schritte festlegen? Diese Fragen lohnen sich um so mehr, je weitreichender die Entscheidungen sind, die getroffen werden sollen.

„Zusammenfassend lässt sich sagen, dass der Versuch, die Denkweise anderer Menschen zu ändern, eine der schwierigsten Aufgaben der Welt zu sein scheint. Während die einfache Antwort darin zu bestehen scheint, den Menschen Feedback zu geben, geschieht wirkliche Veränderung, wenn Menschen Dinge sehen, die sie vorher nicht gesehen haben. Der beste Weg, jemandem zu helfen, etwas Neues zu sehen, ist, ihm zu helfen, seinen Verstand zu beruhigen, sodass er einen Moment der Einsicht haben kann. Wenn du Einsichten hast, veränderst du dein Gehirn, und indem du dein Gehirn veränderst, veränderst du deine ganze Welt."

David Rock[332]

Co-Creation baut auf dem Wissen über praktische Theorien und Denkmodelle auf, die zu neuen Entscheidungen führen. Sie sind der Grundstock für den strategischen, kulturellen und strukturellen Wandel in Organisationen.

Abschließend einige (selbst-)kritische Gedanken:

- „Neuro-" ist derzeit ein Modebegriff, der sich mit vielen anderen Begriffen gut kombinieren lässt. Dieses Phänomen nutzen auch wir in dem Bewusstsein, dass wir keine Neurowissenschaftlerinnen sind, aber den praktischen Nutzen im Alltag für Facilitation erfahren. Vor allem zeigt sich der Nutzen darin, dass wir den Klienten anschaulich und wissenschaftlich belegt auf gute Art und Weise irritieren können, sodass neues und frisches Denken – auch über Kommunikation und Organisation an sich – beginnt. Das ist für den Facilitation-Prozess wichtig.
- Ja, wir wissen, dass die hier getroffene Auswahl der Erkenntnisse nur eine kleine Auswahl ist. Wir sind davon überzeugt, dass sich dieses Feld in den nächsten Jahren weiterentwickeln und im Zusammenhang mit Co-Creation und Organisationsentwicklung bedeutsamer werden wird.
- Ja, wir wissen, dass das Gehirn keine autonom agierende Einheit ist. „Ich bin nicht bloß Hirn, ich bin auch und mehr noch Herz, Hand, Fuß."[333] Wir betrachten den Menschen grundsätzlich als Persönlichkeit mit Seele, Körper und Bewusstsein und nutzen einige Erkenntnisse rund um das Gehirn dazu, die Prozessbegleitung hilfreich zu gestalten und da, wo es passt, das Wissen auch zu teilen, damit bestmögliche Entscheidungen in der Sache getroffen werden.
- Ja, wir wissen, dass es aus systemtheoretischer Sicht in Organisationen nicht darum geht, menschlicher zu werden, oder dass es nicht hilfreich ist, das Kommunikationsverhalten einer einzigen Person zuzuschreiben. Neuro-biologisches Know-how als Theorie und Praxis unterstützt Facilitatoren, Kommunikation so zu gestalten, dass die durch Entscheidungen und Kommunikationsprozesse bezweckte Selbsterhaltung und Wertschöpfung einer Organisation wahrscheinlicher werden.

3.4.7 Online Facilitation

Die meisten Menschen würden der persönlichen Begegnung einem digitalen Treffen vorziehen. Und doch bietet der digitale Raum für Facilitation eine Fülle an Möglichkeiten, und es gibt sogar Dinge, die nur online möglich sind.

Als eine der wertvollen Hilfs-Disziplinen kommt Online Facilitation der Verdienst zu, Facilitation Menschen zugänglich zu machen, die sich weltweit an ganz verschiedenen Ort aufhalten. Tatsächlich treffen sich täglich verteilte Teams, kleine und große Gruppen aus aller Welt, um online zusammenzuarbeiten, zu lernen oder einfach nur, um sich wiederzusehen. Niemand braucht für ein Gespräch, ein Kennenlernen oder für ein Planungsmeeting das Haus zu verlassen. Wer schon einmal online an einer achtsam begleiteten weltweiten Weiterbildung, einer Dialogveranstaltung oder an einer Hochzeitszeremonie teilgenommen hat, der weiß um die Kraft und die potenziell emotionale Wirkung des virtuellen Raumes.

„Ich bin sehr dankbar dafür, dass ich die Möglichkeit habe, an diesem Onlinemeeting teilzunehmen und dass ich so viele wunderbare Menschen mit ähnlichen und doch so unterschiedlichenHintergründen kennenlernen darf. Es scheint, als wären wir alle gemeinsam dabei!!!“[334]

Mit Online Facilitation ist nicht alles, aber vieles möglich. Und ja, Begegnungen im digitalen Raum sind anders als solche im analogen Raum. Wir werden in diesem Kapitel darüber schreiben, was möglich ist und worauf es mit Blick auf Facilitation ankommt. Alles, was wir beschreiben, kommt direkt aus der Praxis. Vieles, was wir gelernt und an Ideen und hilfreichen Praktiken entwickelt haben, ist in der Zusammenarbeit mit internationalen Kolleginnen und Kollegen entstanden.[335] Wenn wir von Online Facilitation sprechen, dann meinen wir „Online-Hosting“. Denn ähnlich wie bei The Circle Way (Seite 222) und beim World Café (Seite 262) sprechen wir auch online eher von „Gastgeberschaft“ (engl. „Hosting“). Die Qualitäten eines guten Gastgebers mit der entsprechenden Haltung, der Freundlichkeit und der Bereitschaft, Verantwortung für einladende Räume zu übernehmen, spiegeln sich in dem Begriff „Online Hosting“ wider.

Starten wir mit ein paar wesentlichen Grundannahmen, die Online Facilitation bzw. Online-Hosting intensivieren und stärken:

- #1: Wir Menschen sind nicht weniger real, nur weil wir online sind.
- #2: Technologie will deine Verbündete sein.
- #3: Die wichtigste Zeit in einem Online-Meeting ist die Zeit vor dem Online-Meeting.
- #4: Online-Hosting ist zu 95 Prozent Facilitation.

Grundannahmen

Grundannahme #1: Wir Menschen sind nicht weniger real, nur weil wir online sind

Menschen sind reale, lebendige und fühlende Wesen auch vor dem Bildschirm, so wie in einem Stuhlkreis vor Ort. Alles, was wir miteinander erfahren, besprechen, alle Verabredungen und Vereinbarungen haben den gleichen Wert wie in der analogen Welt. Manche sagen „nur online". Darin liegt eine nicht notwendige Beschränkung oder gar Abwertung von Online-Interaktionen. Die Grundannahme, dass online „nicht wirklich" oder „nicht echt" wäre, hat Auswirkungen. So stehen Menschen ggf. nicht in gleicher Weise zu ihrem Wort oder zu dem, was erarbeitet wurde. Auch wenn es ihnen nicht bewusst ist, kann sich diese Grundannahme in die eigene Wahrnehmung und das eigene Handeln hineinweben. Das wäre nicht zieldienlich. Facilitatoren, die online arbeiten, empfehlen wir daher eine Grundannahme, beispielsweise „Menschen sind real – online und offline."

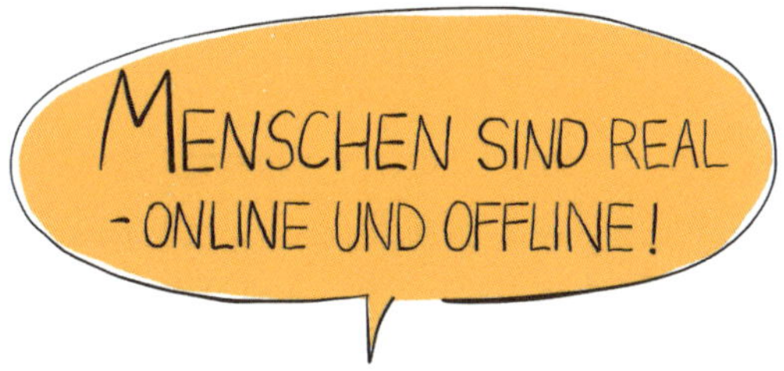

Grundannahme #2: Technologie will deine Verbündete sein

Wer kennt das nicht, wir befinden uns in einem Online-Meeting, und es kommt der entscheidende Moment, in dem etwas *wirklich* gelingen muss. Und genau in diesem Moment wird der Bildschirm schwarz oder der Ton fällt aus. Diese, im Amerikanischen liebevoll als „Tech-Monkeys" („Technik-Affen") bezeichneten Zwischenfälle kann man nicht verhindern, man kann aber wählen, wie man darauf reagiert. Es ist hilfreich, in einer Gruppe davon auszugehen, dass nicht alles nach Plan laufen wird und dazu direkt zu Beginn Absprachen zu treffen. Zum Beispiel kann man sich darauf verständigen, dass immer dann, wenn die Technik an einer bestimmten Stelle zu haken scheint, allen Teilnehmenden zunächst einmal miteinander tief ein- und ausatmen und dann applaudieren. So lassen sich vermeintlich peinliche und Stress auslösende Situationen positiv und potenzialorientiert nutzen.

Die Personifizierung und Bezeichnung als „Tech-Monkeys" schenkt uns eine freundliche Vorstellung von dem, was da gerade passiert. Statt individueller oder kollektiver Ohnmacht laden uns die „Tech-Monkeys" zu einer spielerischen Haltung und Handhabung ein. Darüber hinaus hilft vielleicht die Erfahrung, dass es im Online-Raum – wie offline – offenbar für Teilnehmende mehr Bedeutung hat, wie sehr man sich um sie kümmert und wirklich achtsam und präsent ist, und weniger, wie viele verschiedene Apps und zusätzliche Online-Plattformen man nutzt.

Grundannahme #3: Die wichtigste Zeit in einem Online-Meeting ist die Zeit vor dem Online-Meeting

Es gibt immer einen Prozess vor dem Prozess. Als Online-Host gründen wir ein Gastgeber-Team („Hosting-Team"), bestehend aus einem Prozess-Host, einem Technik-Host („Tech-Host") und oft auch einem Schreiber/Visualisierer („Scribe"). In diesem Team entwickeln wir – meist unter Einbeziehung potenzieller Teilnehmer – die Intention und den Gesamtprozess. Auch ein einzelnes Online-Meeting hat einen Prozess davor, einen Prozess während und einen Prozess danach. All dies schauen wir uns an, sprechen es durch und verteilen To-dos gemäß unserer Rollen. Am Tag des Online-Meetings treffen wir uns eine Stunde vorher, machen im kleinen Kreis einen Check-in, prüfen die notwendige Technik und gehen noch einmal die Zielsetzung und unser Flow-Dokument (Agenda) durch. Diese Praktik erkennen wir in der Aussage von Joseph Jaworski wieder:

„Die wichtigste Zeit in einem Meeting ist die Stunde vor dem Meeting."
Joseph Jaworski[336]

Um ein breiteres soziales Feld zu erschließen, schaffen wir einen warmen und inspirierten Wir-Raum im Gastgeberteam. Detailliert vorbereitet und in einer guten, verbundenen Verfassung starten wir das Online-Meeting. Durch die Vorbereitungen haben wir ein soziales und in technischer Hinsicht optimales Feld vorbereitet. Damit erhöhen wir die Wahrscheinlichkeit, dass der Online-Raum auf verschiedenen Ebenen als weit, einladend und zieldienlich wahrgenommen wird. Und wir sind auf eine Art und Weise innerlich und äußerlich vorbereitet, dass die Grundannahme „Technologie will deine Verbündete sein" in positiver Weise erfahrbar wird.

Grundannahme #4: Online-Hosting ist zu 95 Prozent Facilitation

Wenn es uns als Online-Host gelingt, die beiden erstgenannten Grundannahmen zu integrieren und unser Facilitation-Know-how abzurufen, dann verfügen wir bereits über 95 Prozent der notwendigen Fähigkeiten. Als Facilitatoren wissen wir, wie wichtig der Rahmen ist, den wir uns selbst geben, um erfolgreich zu sein. Im Bereich von Online Facilitation inspiriert uns dieses Prinzip:

„Quetschen Sie nicht ein ganzes Tagesprogramm in zwei Stunden."
Marvin Weisbord und Sandra Janoff[337]

Gerade online ist es keine gute Idee, wenn man das Format und den Zeitansatz von Anfang an überfordert. Teilnehmende spüren das sehr schnell, werden kritisch und steigen innerlich aus. Um ein Erleben von Raum und Begegnungsqualität zu ermöglichen, ist eine komfortable Agenda, die Zeit für Menschlichkeit sowie für kleinere Exkurse, Dialoge und Nachfragen zulässt, förderlich.

Kurzum, wir können online unser gesamtes Erfahrungswissen in Beratung und Begleitung, genau wie in der analogen Welt, zum Einsatz bringen. Unser gesamtes Repertoire entlang des Facilitation-Flows – von der Intention über Preparation und Co-Creation bis schließlich zum Harvesting – ist gefragt. Was ist die Intention? Zu was genau wird eingeladen? Wie muss das Ganze gerahmt und vorbereitet werden? Wer muss dabei sein? Pilotgruppen? Kreisarbeit? Zukunftskonferenz? Open Space? Jeder Mensch und jede Organisation kann sich beim Online-Hosting die Prozess- und Methodenexpertise eines Facilitators zunutze machen.

Die restlichen 5 Prozent

Wenn Online-Hosting zu 95 Prozent aus Facilitation besteht, was sind dann die restlichen 5 Prozent? Auch Facilitation! Nun folgen die Hinweise, die online auf gar keinen Fall fehlen dürfen und die wirklich einen Unterschied machen.

Es scheint eine wiederkehrende Erfahrung vieler Online-Wissens-, Prozess- und Kreativarbeiter zu sein, dass man es in der digitalen Interaktion eher mit flüchtiger Präsenz, mangelnder Konzentration und einem tendenziell eher schwach ausgeprägten Commitment und Wir-Gefühl zu tun hat.

Als Facilitator würde man vermutlich antworten, dass Präsenz, Konzentration, Commitment und Wir-Gefühl höchst voraussetzungsvolle, emergente Phänomene sind, für deren Erscheinen man absichtlich etwas tun muss. Gewiss ist, solche Voraussetzungen sind selten einfach so da. Sie gemeinsam zu etablieren, ist eine der Aufgaben des Facilitators, denn Facilitatoren wissen: „Kontext ist alles!".

Die 5 Prozent, die online nicht fehlen dürfen und die wirklich einen Unterschied machen, sind:
- spezielle, auf den digitalen Raum ausgerichtete Vereinbarungen mit den Teilnehmenden,
- die Präsenz des Online-Hosts,
- die besonderen digitalen Interventionen.

Sehen wir uns das genauer an.

Spezielle, auf den digitalen Raum ausgerichtete Vereinbarungen mit den Teilnehmenden

Die folgenden Vereinbarungen, sogenannte „Praktiken des Gelingens online", sind erprobt und bewirken eine spürbare Veränderung des digitalen Beziehungsraumes, der Konzentrationsfähigkeit und des Engagements aller Beteiligten.

- **Wir teilen uns die Verantwortung für die Qualität der Online-Erfahrung**

Im digitalen Raum gehört die Vereinbarung „Wir teilen uns die Verantwortung für die Qualität der Online-Erfahrung", die auch in analogen Meetings zu unseren Favoriten gehört (siehe Seite 170), zu den wichtigsten überhaupt, denn durch sie erschafft man sich von Anfang an einen Kontext, in dem Mitwirkung, Fokus, Konzentration und der gemeinsame Wille, etwas zu erreichen, explizit vereinbart sind. Diese formale oder informelle Zustimmung zu einer geteilten Verantwortung ist, in anderen Worten gesagt, die Eintrittsvoraussetzung. Sie führt zu der wertvollen und höchst praktischen Erfahrung, dass niemand zufällig in ein Online-Meeting kommt.

Ein Online-Meeting ist ein kooperativer Akt, der nur mit dem Wohlwollen und dem Mittun aller Beteiligten eine spürbare Qualität erreicht. Doch wie kommt man zu einem solchen, von allen getragenen Verständnis? Ein erster Schritt ist, zu erläutern, dass die Einladenden oder die

Facilitatoren nicht allein die Verantwortung für die Qualität übernehmen können. Man kann gut vorbereitet sein und sein eigenes Verhalten kontrollieren, man kann aber nicht das Verhalten, das Commitment und die Motivation anderer kontrollieren (siehe „Control what you can. Let go what you can't.", Seite 47). Menschen verstehen unmittelbar, dass kein Einzelner die Verantwortung für die Qualität eines Gruppenprozesses tragen kann.

Daher reicht oft der Appell, und Beteiligte zeigen sich spürbar als Mitgestalter. Sie bringen ihre (Führungs-)Fähigkeiten ein und verstehen das Meeting, das Projekt bzw. den Entwicklungsprozess als eine Gesamtform mit einem verborgenen Potenzial, an dessen Erweckung sie einen Anteil haben. Noch wirksamer kann es sein, wenn Meetings, Projekte oder notwendige Konversationen von vornherein auf eine Art und Weise geplant, kommuniziert und schließlich auch vollzogen werden, sodass es gar keine Frage ist, ob die Beteiligten Mitverantwortung übernehmen oder nicht. Der Prozess vor dem Prozess spielt auch hier eine wichtige Rolle.

Wenn dieses voraussetzungsvolle, gemeinsame Verständnis geteilter Verantwortung nicht vereinbart werden kann, dann sollte man sich grundsätzlich fragen, ob das Meeting bzw. das Projekt überhaupt notwendig, gewünscht oder bedeutsam ist. Diese Fragen würden Facilitatoren stellen.

Wenn dabei herauskommt, dass das Meeting wichtig und dringend ist, empfiehlt es sich, zu Beginn Zeit auf der Agenda für gemeinsam zu vereinbarende Online-Praktiken und Haltungen einzuplanen. Für ein bedeutsames Online-Meeting ist die Phase, miteinander arbeitsfähig zu werden, wichtiger und meist auch aufwendiger als gedacht. Zur Erinnerung: Online-Meetings sind reale Meetings mit realen Menschen und realen Ergebnissen. Es ist daher lohnenswert, diese anfängliche Mehrarbeit und den Zeitaufwand zu investieren – vor allem wenn man sich die oben erwähnte Frage nach dem „Finger am Puls der Gruppe" stellt und immer dann, wenn man ein spürbares Maß an Begegnungs- und Ergebnis-Qualität in der eigenen Online-Arbeit entwickeln möchte.

Praxistipp

Wenn die Routinen und Konventionen von Online-Meetings in der eigenen bzw. der Klienten-Organisation kaum veränderbar erscheinen oder wenn generell wenig Erfahrungswissen zur Onlinearbeit vorhanden ist, empfehlen wir Meta-Kommunikation, also Kommunikation über Kommunikation. In der Praxis wäre dies ein Online-Meeting eigens für den Zweck, um über die Online-Meeting-Kultur und -Praktiken zu sprechen. In diesem Rahmen gelingt es eher als zwischendurch, grundsätzliche Fragen und Ideen zur Art und Weise in die Kommunikation zu bringen und neue Verabredungen zu treffen.

- **Einfühlen, einfühlen, einfühlen …!**

Wenn sich Menschen online begegnen, steht im Vergleich zum Analogen nur ein Bruchteil der gewohnten Fülle an Informationen zur Verfügung. Alle bekommen viel weniger voneinander mit. Man fragt sich vielleicht: „Sind wir wirklich alle gemeinsam dabei?", „Sind das überhaupt *meine* Leute?" und vieles mehr. Dies ist beobachtbar ab vier Teilnehmern und im Konzernalltag gelebte Realität – ständig neue Projekte, neue Leute etc.

„Das Gehirn ordnet Menschen automatisch und unbewusst in eine In-Gruppe und eine Out-Gruppe."
David Rock[338]

Laut Rock fühlt sich die eigene Gruppe, also die In-Gruppe, besser an, ermöglicht eine bessere Verständigung und Menschen machen weniger kognitive Fehler. Die Out-Gruppe wird hingegen eher als Bedrohung wahrgenommen und das bleibt auch so, bis das Gegenteil bewiesen wurde (siehe auch „Fremde sind erstmal Feinde“, Seite 367).

Wenn Menschen in einem Online-Meeting aus unterschiedlichen Organisationsbereichen, Orten und Ländern zusammenkommen, kann dies zu unangenehmen Gefühlen, Fehldeutungen, Irritationen und Rückzugsverhalten, auch Online-Müdigkeit, führen. Der digitale Raum kann dann als eng und kalt empfunden werden.

Genau das Gegenteil will Facilitation. Facilitatoren gestalten Räume, in denen sich Menschen willkommen, orientiert, wertgeschätzt, inspiriert und sicher fühlen – gerade auch online! Daher ist es ratsam, eine Online-Etikette zu praktizieren, die von radikaler Empathie („Einfühlen, einfühlen, einfühlen“) geprägt ist:

- Wir unterstellen einander gute Absichten und fühlen uns in andere ein.
- Wir achten auf unsere Mitmenschen und kümmern uns umeinander.
- Wir wählen die Neugier, nicht die Verärgerung.

Die Anwesenden üben diese und ähnliche Praktiken und übernehmen damit auch unmerklich die dahinterliegende, menschenorientierte, positive Haltung. Dies führt zu einem annehmbaren, sicheren und weichen Erleben des Miteinanders. Je bewusster dies in Gruppen geschieht, desto eher werden achtsam gewählte Haltungen und das dazu passende Verhalten als Führungsfähigkeit betrachtet. Gruppen werden auf diese Weise zu einer In-Gruppe.

Sind Facilitation und Führung in diesem Sinne präsent, kümmern sich die Menschen erfahrungsgemäß umeinander und arbeiten miteinander. Deshalb lautet die Empfehlung: einfühlen, einfühlen, einfühlen!

- **Wir praktizieren bewusste, positive Verstärkung**

Sich in andere einzufühlen, ist das eine, einander radikal wertzuschätzen, das andere. Eine Praktik, die anfangs ungewohnt sein kann, die aber online zu einem großzügigen und warmen Beziehungsraum führt, liegt darin, sich gegenseitig anzuerkennen und zum Beispiel Komplimente zu machen. Das kann ein kurzes „Schön gesagt!“ im Chat sein, ein „Herz-Icon“ als Reaktion auf etwas, was einen berührt, oder eine positive, unterstützende Geste, mit der man den Mut eines Teilnehmers würdigt.

Auch persönliche Botschaften untereinander können im Chat durch “@Name…“ öffentlich geteilt werden. Dies sorgt für Transparenz, reduziert Parallel-Kommunikation und signalisiert das gewünschte Miteinander in Echtzeit.

Praxisbeispiel

In einer internationalen Gruppe im Rahmen des bereits erwähnten Online-Praktikums[339] haben wir diese Praktik als „Soul Cues“ (Seelenstupser) bezeichnet. Die Menschen wussten instinktiv, was gemeint war. Durch positives Feedback, wertschätzende Bestätigung und liebevolles Anstupsen entstand in kurzer Zeit das, was im Amerikanischen als „We Space“ (Wir-Raum) bezeichnet wird.

Im Chat liest man dann beispielsweise:

„Schön, dich zu sehen!"
„Sehe ich auch so!"
„Das gefällt mir!"
„Toll, dass du das so gesagt hast. Danke!"

Der Zwischenraum, der sonst in Online-Meetings oft leer und stumm bleibt, wird auf liebevolle, anerkennende Weise gefüllt mit vielen Botschaften der gemeinsamen Versicherung und Anerkennung im Sinne von „Wir machen das hier zusammen."[340] Dies ist ein Beispiel dafür, was in dieser Art und Weise tatsächlich nur online funktioniert.

Einige Stimmen zu dieser Online-Erfahrung:

„Ich fand es toll, die Offenheit von Gordon zu hören, als er Caroline willkommen hieß und ihren Beitrag anerkannte."
Amy Lenzo[341]

„Die Wärme der Gruppe ist unglaublich und hat heilende Eigenschaften, die das kollektive Wohlbefinden fördern. Danke, danke."
Gordon, Teilnehmer

„Heilsam war heute, dass nicht alles, was wir tun, dem nächsten Schritt, dem Business und dem Profit diente. Vieles von heute war für uns als Menschen, für die Liebe und für den Geist!"
Constanze, Teilnehmerin

Die Praktik der „Seelenstupser" brachte eine grundlegende, atmosphärische Veränderung. Und alle waren mit dabei. Der digitale Raum wurde großzügig, geräumig, kontaktvoll und organisch. Es war so, als erhielte jede und jeder – neben den Inhalten zur Sache – auf persönlicher Ebene den Teil an Angenommen-sein, Gesehen- und Anerkannt-werden, den wir Menschen auch in persönlichen Treffen in einem physischen Raum an einem Ort erhalten. Und so verflog jegliche Online-Müdigkeit ins Gegenteil. Die Gruppe wollte gern zusammenbleiben und sprach über ein Nachtreffen im Online-Raum, so wie wir das auch von analogen Treffen her kennen. Es ist nicht übertrieben, zu sagen, dass sich Menschen hingezogen fühlen zu solchen heilsamen, die Seele nährenden Zusammenkünften, in denen man ganz nebenbei sehr produktiv und kreativ ist.

- **Wir ermöglichen eine barrierefreie und authentische Teilnahme**

Die durch die Technik ausgelöste strukturelle Macht der Leitung oder Führung bewirkt in Online-Begegnungen oft eine Teilnahme, die nur dann aktiv wird, wenn sie in der Agenda vorgesehen ist. Eine spontane Äußerung oder Mitwirkung scheint nicht gewünscht oder ist zumindest oft nicht vorgesehen (man hat ja eh schon so viel mit der Technik zu tun). Als Online-Host kultivieren wir daher die Idee der barrierefreien, authentischen Begegnung online. Wir wollen den Teilnehmenden das Gefühl geben, ihre Autonomie, Kreativität und Freiheit im digitalen Raum nicht einschränken zu müssen.

Wir nutzen dafür die Idee eines virtuellen Circles mit den Praktiken von „The Circle Way" und der radikalen Grundannahme „There is a Leader in every Chair" (siehe Seite 231).

In dieser besonderen Gesprächsform wird hin und wieder mit einem Redeobjekt gearbeitet. Online nutzen wir ein virtuelles Redeobjekt („Talking Stick“[342]). Die Etikette dazu lautet: Wann immer eine Teilnehmerin im Kreis etwas beitragen möchte, sagt sie:

„Ich nehme mir den Redestab (oder das Redeobjekt).“

Dann teilt sie, was es zu teilen gibt. Alle im Kreis hören zu. Kommt der Beitrag zu einem Ende, sagt die Teilnehmerin so etwas wie:

„Ich lege das Redeobjekt wieder in die Mitte.“ Oder kurz: „Zurück zur Mitte.“[343]

Nun folgen weitere Teilnehmende und nehmen sich das Redeobjekt, um sich auf den Beitrag zu beziehen oder Weiteres einzubringen. Im Chat oder über Gesten und Emoticons/Icons räsonieren weitere Teilnehmende auf die Beiträge in unterstützender, anerkennender Weise.

Auch wenn es einen Agenda-Flow, also eine vorgesehene Struktur und Zeiten für Dialog und Austausch gibt, können Teilnehmende zu jeder Zeit selbst aktiv werden und sich barrierefrei einbringen. So zeigt sich die Übernahme der Verantwortung für die Qualität der gemeinsamen Online-Erfahrung. Wir erleben in der Praxis häufig, dass Menschen behutsame und wichtige Beiträge zur Sache oder zum Gruppenprozess beitragen und dass sie sehr weise selbst entscheiden, wann sie diese einbringen. Als Facilitator und Online-Host vertrauen wir auch online den Menschen und dem Prozess.

Soweit die „Praktiken des Gelingens online“. Man kann sich lebhaft vorstellen, wie sich die Atmosphäre und die Interaktionen im digitalen Raum durch diese Praktiken hin zum Lebendigen und Bedeutsamen verändern. Im Folgenden möchten wir ein paar Aspekte explizit machen, die der Online-Host tun kann – auch im Sinne modellhaften Handelns.

Die Präsenz des Online-Host

Im digitalen Raum, genauer gesagt in einer Videokonferenz, stehen die Sinne Sehen und Hören im Vordergrund. Andere Sinne, wie zum Beispiel Schmecken, Riechen oder Fühlen sind an der Online-Interaktion bisher nicht beteiligt. Dies hat zur Folge, dass das Hören und Sehen in einem Online-Meeting verstärkt werden. Online wird um ein Vielfaches stärker und genauer wahrgenommen, was wir sprechen, wie wir sprechen und welches Bild wir abgeben bzw. welche Bilder, Videos oder Töne wir teilen. Diese Erkenntnis empfiehlt die folgenden Vorkehrungen, Handlungen und Praktiken in der Rolle des Online-Host.

Infrastruktur und Erscheinung, Selbstfürsorge und Achtsamkeitspraxis

Als Online-Hosts wissen wir: „Wir sind unser wichtigstes Werkzeug." Damit wir uns selbst in unserem höchsten Potenzial auch nutzen können, sollten wir versuchen, vor einem Online-Meeting in einen ressourcenvollen Zustand zu kommen. Denn in der Online-Hosting-Praxis haben wir eines gelernt, nämlich dass unsere Präsenz wichtiger ist als die Technologie. Was man tun kann, liegt im Bereich zwischen persönlicher Vorbereitung, Selbstfürsorge und Achtsamkeitspraxis.

Infrastruktur und Erscheinung:

- Beenden aller Programme und Nebenaktivitäten, die man nicht braucht.
- Agenda-Flow ausgedruckt oder digital an einem separaten Ort sichtbar.
- Ein zweiter Bildschirm, um gleichzeitig die Teilnehmenden und zusätzliche Apps oder Dokumente zu sehen, kann hilfreich sein.
- Kein Multitasking. Es braucht die Präsenz.
- Gutes Bild, gutes Licht, guter Ton – ggf. in entsprechende Ausrüstung investieren und testen.
- Bildschirmhintergrund bewusst wählen (beruhigend, Ablenkungen vermeiden).
- Kleidung bewusst wählen – wir wollen uns von unserer besten Seite zeigen.

„Wenn sich jemand nicht die Zeit genommen hat, auf dem Bildschirm professionell zu wirken, nehmen wir unbewusst an, dass er in anderen Bereichen nachlässig ist. Eine gute Zusammenarbeit in jeder Form basiert auf Vertrauen, darauf, dass man sich gegenseitig beim Wort nimmt. Die Forschung zeigt, dass sich Vertrauen aus zwei Schlüsselkomponenten zusammensetzt: Wärme und Kompetenz. Wenn man nicht darauf achtet, sich klar zu zeigen, wird beides beeinträchtigt, und das wirkt sich auf die Qualität der Interaktion aus, indem es das Vertrauen verringert und eine ständige Ablenkung darstellt."

David Rock[344]

Selbstfürsorge:

- Trinken und gesunde Nahrung vorbereiten.
- Ausgeruht sein.
- Regelmäßig für frische Luft sorgen.
- Naturgegenstände, Dinge, die einem gut tun, neben den Bildschirm bzw. ins Blickfeld stellen.
- Einen schönen, ruhigen Ort wählen.
- Sitzen oder stehen – Varianten ausprobieren. Gerne wechseln.
- Ausgleich zur Onlinearbeit bewusst einplanen (Embodiment, Sport, Fitness, Freizeit).

Es ist ratsam, die eigene Energie für die Gastgeberschaft zu erhalten, indem man sich gut versorgt. Auch Pausen einzuhalten, ist wichtig. Die Online-Müdigkeit ist real, sie kann Facilitatoren und

Teilnehmende gleichermaßen betreffen. Und zugleich brauchen wir die Möglichkeiten und die Schönheit des Internets nicht zu leugnen.

Die folgende Achtsamkeitspraxis unterstützt die Präsenz als Online-Host. Darüber hinaus bietet es sich an, Teilnehmende während eines Online-Meetings dazu einzuladen.

Achtsamkeitspraxis:
- Ein Moment der Stille und des bewussten Atmens zu Beginn und zwischendurch.
- Zeit für Meditationen[345] einplanen.
- Tagebuchschreiben bzw. sich persönliche Notizen machen (Journaling).
- Körper- und Zentrierungsübungen einfügen.

> *„Wir sind alle in unserem Körper. Und je mehr wir integriert und verbunden sind, desto mehr wird dieser digitale Raum integriert und verbunden sein. Es ist wichtig, dass wir uns mit unserem Körper verbinden, wenn wir online sind. Es geht darum, uns selbst zu zentrieren in Beziehung zum Ganzen. Wenn wir uns zum Beispiel mit Artefakten umgeben, die uns an den größeren Zusammenhang erinnern – unseren Planeten, unser Zuhause, unsere Wurzeln –, desto natürlicher fühlen wir uns und kommen auch so rüber."*
>
> Amy Lenzo

Mit einer sinnorientierten Sprache Welten erschaffen

Durch die bereits erwähnte Reduzierung auf die Sinne Sehen und Hören werden diese geschärft und verstärkt. Teilnehmende erscheinen empfänglicher für das, was gesagt wird und wie etwas gesagt wird. Die Vorstellungskraft und die Intuition kommen ebenfalls stärker ins Spiel, wenn Facilitatoren beispielsweise online, noch mehr als sonst, auf eine sinnorientierte Sprache achten. Sie verwenden Wörter, die Sinne wecken, die Fantasie anregen und die mit Metaphern innere Bilder entstehen lassen. Es macht einen Unterschied, ob wir etwas einen Online- oder Break-out-Raum oder einen „geheimen Garten" nennen. Es erscheint uns hilfreich, die Kreis-Metapher zu kultivieren und alle zu begrüßen, zum Beispiel mit Worten wie „Herzlich Willkommen im Kreis!". Facilitatoren wissen, dass Worte Welten schaffen.

Räumlichkeit ist das Geheimnis

Online-Gastgeber können Atmosphäre und Raum schaffen, indem sie ihre Worte, ihr Sprachtempo und ihre Atmung verlangsamen. Räumlichkeit ist das Geheimnis. Dieses Prinzip zeigt sich in verschiedenen Aspekten:
- zu Beginn: im Raum ankommen und sich orientieren, Ruhe ausstrahlen, Raum (und Zeit) für persönliche Worte, Zeit, etwas aus dem Moment zu machen, was sich von ganz allein zeigt,
- in der Agenda bzw. dem Verlauf: weniger Content, mehr Raum für Reflexion, Dialog und gemeinsames Erleben, Raum für Humor,
- in der Sprache: langsam sprechen, kürzere Sätze, positive, die Sinne und die Räumlichkeit ansprechende Worte/Formulierungen nutzen (z. B. großzügig, Raum, in aller Ruhe, so wie es für uns alle stimmig erscheint …),
- in Pausen: Sprechpausen, gemeinsame Momente der Stille, musikalische Untermalung (z. B. in Biopausen oder auch bei Einzelarbeit), Raum für informelles Zusammenkommen (z. B. optional in den Pausen oder bei mehrtägigen Online-Meetings/Konferenzen informelle Morgen- und Abendrunden),
- zum Ende hin: Raum für einen Check-out und Raum, sich persönlich auch hinterher noch zu begegnen[346] (z. B. über eine zusätzliche Plattform oder Messengerdienste usw.).

Wenn wir die Vereinbarungen „Praktiken des Gelingens online“, die oben beschriebenen Aspekte persönlicher Vorbereitung und die Art und Weise unseres Sprechens berücksichtigen, haben wir vieles dafür getan, dass schnell ein sicherer, Menschen verbindender Wir-Raum entstehen kann. Als Online-Gastgeber sind wir Modell für eine wahrnehmbare Online-Präsenz im digitalen Raum. Geben wir Raum, haben wir auch selbst Raum. Und wenn das Hosting-Team entspannt ist, dann entspannt sich auch die Gruppe.

Als Online-Hosts konnten wir beobachten, dass der durch die Haltung und die Praktiken erzeugte Unterschied im Erleben den Teilnehmenden mit der Zeit auffiel. Die Wirkung, die unsere Erscheinung und unser Verhalten hatte, wurde thematisiert. Auf diese Weise verbreiten sich hilfreiche, facilitative Online-Etiketten. Alle spüren einen großen Unterschied in der Qualität des Erlebens, im Miteinander und für die Ergebnisse.

Die besonderen digitalen Interventionen

Whiteboards und Plattformen als reale Treffpunkte und Arbeitsbühnen

Online-Gastgeber haben, neben dem modellhaften Handeln, die Möglichkeit, online ganz spezifisch zu intervenieren. Sie sind, wie in der analogen Welt, „Raumschaffer“ – und sie tun die drei Dinge: einladen, inspirieren und ermutigen.

Wenn zum Beispiel ein Whiteboard mit allen Teilnehmenden im Kreis, einer Mitte und einem Redeobjekt genutzt wird, entstehen unmerklich Orientierung und ein Raumerleben. Die Tools sind darüber hinaus praktisch nutzbar. Redeobjekte können im Kreis weitergegeben werden, Flipcharts und Pinnwände werden beschrieben oder mit Post-its bestückt und Pausenzonen können so eingerichtet werden, dass sie direkt beim ersten Anblick zur Entspannung einladen.

Praxistipp

Für Online-Hosts empfehlen wir, digitale Artefakte zu sammeln und an zentraler Stelle bereitzuhalten, sodass ohne großen Aufwand alles für das nächste Online-Meeting zur Hand ist.[347]

Bilder, Musik, Videos und Töne erweitern den Erlebnisraum

Eine weitere machtvolle Intervention ist, mit Bildern, Musik, Video und Tönen Erlebnisräume zu erwecken. Es gibt keinen großen Unterschied zwischen der Art und Weise, wie unser Organismus auf reales Erleben reagiert und wie er zum Beispiel auf Tagträume oder Fantasien reagiert.[348]

Menschen und Gruppen profitieren von der Erweiterung des Erlebnisraums. Sie teilen sich mehr mit, sind oft kreativer, lernen einfacher und dies wirkt sich positiv auf die Ergebnisse der Zusammenarbeit aus. Und ganz wichtig: es entsteht eher ein gemeinsames Gruppenerlebnis und das Gefühl von Verbundenheit. Das können wir uns zunutze machen, indem wir immer da, wo es hilfreich erscheint, durch mediale Einspielungen (Sound, Bilder etc.) die Vorstellungskraft anregen. Eine Erkennungsmusik[349], die zu Beginn und am Ende eines Online-Meetings eingespielt wird, bildet einen Rahmen und gibt dem Einzelnen Halt und Orientierung – jenseits der Worte. In einem Online-Training für Facilitatoren hießen wir beispielsweise die Teilnehmenden nach einer kurzen Biopause mit einer wunderschönen Flötenmelodie willkommen zurück im Kreis. Am Abend beim Check-out teilte eine Teilnehmerin, wie sehr sie diese Musik berührte und wie sie spürte, dass ihre Seele angesprochen wurde. So ein Sound-Hintergrund kann, so nebensächlich es einem auch vorkommen mag, viel in Bewegung bringen (z. B. Emotionen).

Kurze Video-Schnipsel zur Inspiration anlässlich der Einführung eines neuen Themas können ebenfalls zum Einsatz kommen. Im Rahmen eines Online-Kurses luden wir die Teilnehmenden zu einem gemeinsamen „Morgenspaziergang durch den Wald“ ein. Unser Online-Gastgeber Jan[350] hatte dafür seinen Lieblings-Weg mit dem Handy aufgenommen, teilte diesen Spaziergang mit allen Teilnehmenden und sprach dazu mit ruhiger Stimme. Das goldene Licht der aufgehenden Sonne und die Vogelstimmen im Hintergrund verbreiteten per Video-Einspielung auf wundersame Weise Morgenstimmung. In nur fünf Minuten fühlten sich alle wach, erfrischt und aufgrund einer gemeinsamen, virtuellen Aktivität auch verbunden. Dieses Erleben einer gemeinsamen Aktivität oder der gemeinsame Aufenthalt an einem Ort, auch virtuell, scheint Gruppen einen wichtigen Referenzpunkt zu schenken, der Teil einer funktionierenden Gemeinschaftsentwicklung und Basis für zieldienliche Zusammenarbeit werden kann („Community building first. Decision making second.“, siehe Seite 11, 201).

Gemeinsam Schweigen

Eine dritte, sehr wirkmächtige Möglichkeit, als Online-Host die Präsenz und das Gewahrsein aller zu unterstützen, liegt darin, bewusst Momente der Stille zu gestalten (was auch in Meetings vor Ort wichtig ist). Gemeinsam still werden. Gemeinsam atmen. Eine Kerze anzünden. Schweigen. Das klingt nach „Räucherstäbchen-Abteilung“, doch werden in Beratung, Begleitung und Therapie seit Langem auf neurobiologischen Erkenntnissen basierende Praktiken der Potenzialorientierung genutzt. Globale Konzerne wie SAP kultivieren gemeinsames Schweigen und andere Achtsamkeitspraktiken in Meetings.

> *„Im Laufe der Jahre hat sich Search Inside Yourself zu der beliebtesten Schulung bei SAP entwickelt. Mittlerweile haben bereits über 10.000 SAP-Mitarbeitende an zweitägigen Kursen in der ganzen Welt teilgenommen und es stehen immer noch fast 10.000weitere auf der Warteliste."*
> Tanja Schaettler[351]

In den auf dem Bestseller „Search Inside Yourself“[352] beruhenden internen Mitarbeiter-Trainings geht es, neben anderen Praktiken wie achtsames Zuhören, Meditation und Tagebuchschreiben darum, sich während des Schweigens des eigenen Körpers und Atems bewusst zu werden. Wenn sich Gruppen bis in diese Ebene des gemeinsamen, stillen Raum-*haltens* vorwagen und dies kultivieren, werden Online-Räume für Menschen sicherer und somit wirksamer. Es ist, als ob eine gläserne Wand, die alle ein Stück weit voneinander trennte, zur Seite geschoben wird. Teilneh-

mende stehen dann für mehr Interaktion zur Verfügung. Kooperatives Verhalten wird gefördert, weil sich alle eher als reale Menschen und weniger als „Köpfe in Boxen“ wahrnehmen.

Die große Bewegung im organisationalen Feld, die weltweit immer deutlicher erkennbar wird und die für Zusammenarbeit und Co-Creation vor Ort und vor dem Bildschirm einen bedeutsamen Unterschied macht, erkennt an, dass wir Menschen fühlende Wesen sind. Das macht Facilitation und Hosting zu einem Großteil aus: die Organisationslogik anerkennen und zugleich stimmige Umfelder gestalten, in denen Menschen ihre Potenziale einbringen und wirksam werden.

Auch Online den größeren Kontext erinnern

Wenn Menschen mit etwas Größerem (als dem Arbeitsalltag) verbunden sind und wenn sie sich willkommen, sicher und orientiert fühlen, steigt die Wahrscheinlichkeit, dass der Online-Raum als natürlicher Begegnungsraum erlebt wird. Online-Hosts laden deshalb dazu ein, sich selbst Erinnerungshilfen zu schaffen, die uns an den größeren Zusammenhang erinnern. Unseren Planeten, unser Zuhause, unsere Wurzeln. Im Check-in heißt es gerade bei internationalen Gruppen dann: „Ich bin (Name) … und meine Füße berühren den Boden in (Ort)!“ Das ist eine schöne Etikette, die uns Bodenhaftung bringt und die Menschen verbindet.

Je mehr wir die natürliche Welt einschließen und verkörpern, desto mehr bringen wir das in unseren Online-Interaktionen ein. Eine Praxis, die wir von Amy Lenzo[353] lernten, ist der Erd-Altar. Es ist ein Stück Natur direkt neben der Tastatur.

Natürliche, absichtsvoll kreierte Willkommensräume, die dazu einladen, sich mit anderen, um eine für alle bedeutsame Fragestellung zu versammeln, sind das Ergebnis guter Gastgeberschaft kombiniert mit facilitativer Prozesskompetenz. Das ist in jedem Online-Meeting, in jedem Präsenz-Meeting und auch auf jeder größeren Konferenz, die diese Zusammenhänge beachtet, erlebbar.

Aufrichtige und sichere Orte sind in der heutigen Zeit – auch online – wie Akupunkturpunkte einer neuen, nachhaltigen und gesunden Zukunft. Online-Hosting kommt die Aufgabe zu, Begegnungs- und Dialogräume weltumspannend und nahezu unabhängig von Ort und Zeit zu erschaffen und die dafür hilfreichen Praktiken zu kultivieren. Virtuelle Arbeit ist die Hauptstütze der heutigen Organisationen. Deshalb kommen der Art und Weise, wie wir im digitalen Raum zusammenkommen, eine wichtige Bedeutung zu. Nicht nur auf organisationaler, auch auf globaler Ebene ist es entscheidend, dass wir gemeinsam vorankommen. Zum ersten Mal in der Geschichte der Menschheit haben wir die Möglichkeit, digital in großen Gruppen und nationenüberschreitend zu arbeiten. Es ist ein beispielloser Moment und eine Gelegenheit, die wir auch für globale Themen, wie z. B. die Umwelt- und Klimakrise, Konflikte und Kriege sowie Rassismus, Bildung und Gesundheit, nutzen sollten. Der digitale Raum ist ein wichtiger Hebel. Deshalb liegt hier ein besonderes Potenzial, die großen Herausforderungen unserer Zivilisation zu meistern.

Wenn Sinn und potenzial-entfaltende Räume im digitalen Raum erfahrbar sein sollen, dann tragen die hier vorgestellten Grundannahmen, Etiketten und Praktiken dazu bei. Wünschenswert wäre, dies zu immer mehr Gelegenheiten und in immer mehr Organisationen und Institutionen zu kultivieren.

Haltepunkt: Der Übergang vom Süden in den Westen

Vom Süden (Co-Creation) kommend, haben wir uns gemeinsam mit dem Klienten folgendes erarbeitet:

1. Die Pilotgruppe hat sich zu einem erweiterten Wahrnehmungskörper entwickelt. Die Pilotgruppe wurde in dieser Phase der CO-CREATION zum Architekten für das beteiligungsorientierte Design. Durch die Arbeitsweise, die entwickelte Kooperationskultur innerhalb der Pilotgruppe und durch persönliche Entwicklung, zeigte sich die Pilotgruppe als Modell für die Transformation.
2. Generelle Prinzipien für co-kreative Ansätze haben geholfen, Entscheidungen zu treffen, die bereichsübergreifende Zusammenarbeit erfolgreich und kollektive Intelligenz erfahrbar machen.
3. Die Glorreichen Sieben wurden als mächtige, soziale Technologien eingeführt und kontextpassend für jeweils aktuelle Fragestellungen und die Erarbeitung von Richtungsentscheidungen im gesamten, relevanten System eingesetzt.
4. Die Hilfs-Disziplinen Visual, Online und Neuro Facilitation haben auf allen Ebenen die co-kreative Zusammenarbeit beflügelt.

Praxistipp

Am Ende dieses Kapitels laden wir ein, die folgende Frage zu reflektieren[354]: „Was wurde bei mir lebendig, auf meiner Reise durch den Süden (die Phase der CO-CREATION)? Was war neu und gegebenenfalls positiv überraschend? Worüber möchte ich weiter nachdenken? Was werde ich in meine Praxis mitnehmen? Wie werde ich das umsetzen?"

Ausblick

Im Westen unseres Facilitation-Flows liegt HARVESTING (die Ernte und das Ergebnis). Wir beginnen damit, Selbsterhaltung und Zukunftsfähigkeit als die beiden wesentlichen Aspekte der Ernte bzw. des Ergebnisses zu beschreiben. Wer weiß, was geerntet werden soll, der richtet die Prozesse der Zukunftssuche, der Bedeutungsgebung und der Entscheidungsfindung danach aus.

Im weiteren Verlauf des Kapitels stellen wir hilfreiche Denkmodelle, Werkzeuge sowie Rollen (Harvesting-Team) für die Ernte vor.

Da erfahrungsgemäß ein großer Anteil an erneuerter Führungskultur immanenter Teil der Ernte ist, beschreiben wir auch diesen Aspekt („Facilitative Leadership", siehe Seite 416).

Und zu guter Letzt gehört zu einer Ernte die Würdigung des Erreichten. Wir schreiben über das Feiern, den gelungenen Abschluss – auch anhand einer Anekdote aus der Praxis.

3.5 Westen: HARVESTING (Ernte/Ergebnis): Die Früchte der Arbeit ernten, Geleistetes feiern und wertschätzen.

Die vierte und letzte Wegstrecke „Harvesting" – nach Intention, Preparation und Co-Creation – liegt im Westen und steht für Ernte und „Erfolg", das, was der Intention, der Vorbereitung und der gemeinsamen schöpferischen Arbeit auf dem Feld folgt. Hier haben wir es mit Ergebnissen zu tun, die im direkten Sinne nährend und damit auch selbsterhaltend sind. In dieser Phase liegt die Rückkehr in den (neuen) Normalbetrieb – das Neue wird zum Standard, zur neuen Etikette und Konvention. Menschen haben sich verändert. Jetzt ist viel mehr möglich! Es zeigt sich eine neue Kultur des Miteinanders. Begegnungen, Beziehungsangebote, Sprache, Praktiken, Koordinationsmechanismen. Vieles ist jetzt anders. Das Narrativ dazu (die Geschichte, wie es dazu kam und wozu es dient) wird im besten Fall von allen weitergetragen. Warum? Weil sie mitgemacht haben. Es ist *ihr* Ergebnis, *ihre* Ernte.

Dieses Kapitel umfasst die folgenden Aspekte:

- Der Kern der Ernte – Selbsterhaltung und Zukunftsfähigkeit
- Verschiedene Zugänge zur Ernte – hilfreiche Denkmodelle
- Dialog-Werkzeuge für die Ernte – co-kreative Formate
- Ein Ernte-Team einsetzen (Harvesting-Team)
- Wellen-Effekte („Ripple Effects") nutzen
- Selbstwirksamkeit und Prozesskompetenz als Teil der Ernte
- Führungskonzept der Zukunft – Facilitative Leadership
- Prozesse abschließen und die Ernte feiern

Der Kern der Ernte – Selbsterhaltung und Zukunftsfähigkeit

Der Kern der Ernte im Kontext von Organisationen ist Selbsterhaltung und Zukunftsfähigkeit. Die Ernte ist dabei das Maß an Wertschöpfung, das die Daseinsberechtigung und Existenz einer Organisation absichert.

„Wir befanden uns innerbetrieblich in einer unglaublich vertrackten Situation und kamen mit unseren üblichen Managementmethoden einfach nicht mehr weiter, Positionen waren schier unüberbrückbar. Dazu kam das Problem, dass eine Lösung Relevanz für über 20.000 Menschen haben würde – es war zum Verzweifeln. Wir brauchten neue Wege, neues Denken ... wir brauchten ein leeres Blatt. Ich hatte bis dahin noch nichts von Pionier- oder Pilotgruppen und den Feinheiten von Facilitation gehört – und doch waren die Methoden wie für uns gemacht. Den Blick zu weiten und das Wissen des ganzen Systems zu Rate zu ziehen, klingt so simpel, wie es richtig und gleichzeitig für alle Beteiligten schwierig ist. Als verantwortliches Management loszulassen, skeptische Beobachter zu gewinnen und gemeinsam viel Geduld aufzubringen, erfordert unglaublich viel Vertrauen – von allen, in alle und in die Philosophie von Facilitation. Auch wenn der Weg anfänglich irre lang und zäh erschien und es einer gewissen Bereitschaft des „dran Glaubens" bedurfte – der Weg, den wir gemeinsam mit den Kommunikationslotsen gegangen sind, hat sich mehr als gelohnt. Der Weg war tatsächlich anstrengend, aber wir haben unser Ziel erreicht und die Umsetzung war dann, wie vorhergesagt (prophezeit), sehr einfach. Die Pioniergruppe hat als sogenannter „Querschnitt des Systems" alle unausweichlichen Probleme während der gemeinsamen

Arbeit früh aufgedeckt und mithilfe der Facilitation bis zum Durchbruch bearbeitet (verdaut), die Umsetzung war tatsächlich eher ein Klacks … aber auch ganz anders als sonst."
Kai Duve, kaufmännischer Geschäftsführer, Eurowings GmbH, und ehem. VP Cabin Crew Management, Deutsche Lufthansa AG

An diesem Feedback eines Klienten wird spürbar, dass vor der Ernte – je nach Komplexität der Situation – eine lange, teils über Jahre gehende Vorbereitung, Kultivierung und Begleitung liegt. Wenn ein gesamtes System (alle Menschen aller relevanter Bereiche und Ebenen) in Bewegung kommt, sodass Richtungsentscheide mit möglichst vielen gemeinsam getroffen werden, dann ist das zwar voraussetzungsvoll, aber die Ernte und Umsetzung aller Arbeit – im Sinne von Transfer – ist dann vergleichsweise „ein Klacks". In diesem Projekt, das wir facilitativ begleiteten, wurden in rund zwei Jahren in 13 mehrtägigen Treffen der Pioniergruppe[355] mit acht Lernreisen, 25 Teilnehmerinnen, der Beteiligung vieler Menschen des gesamten Konzernbereichs und zwei Kommunikationslotsen wesentliche Aspekte der Aufbau- und Ablauforganisation gemeinsam überprüft und mit Blick auf die Zukunft erneuert. Dieser Veränderungsprozess war eine Erneuerung mit eigenen Kräften und Kompetenzen – von allen für alle.

In der Facilitation-Praxis werden durch Co-Creation und kollektive Intelligenz Selbsterhaltung und Zukunftsfähigkeit in den verschiedensten Organisationen und zu den unterschiedlichsten Aspekten erfahrbar (ausführliche Liste siehe Seite 9):

- Qualität
- Führung
- Wissensmanagement
- Kommunikation
- Zusammenarbeit
- Lebensqualität/Kundenorientierung
- Umzug/Umstrukturierung
- Entscheidungsfindung
- Strategie
- Fusion
- Rückabwicklung/Beendigung

Das Mandat und die Intention bestimmen die Ernte

Bei und mit der Ernte schließt sich der Kreis hin zur Intention und zum Mandat. Das Mandat ist eine Art Kontrollinstanz für die Ernte. Abhängig von der Intention wird bereits durch die Auftragsklärung klar, was das Ergebnis sein soll und welche Früchte dementsprechend geerntet werden. Wenn beispielsweise eine neue Führungsstruktur entstehen soll (siehe Mandat, Seite 158), dann besteht eine Frucht folgerichtig daraus, dass es zur Erntezeit die neue Struktur gibt. Sie ist schriftlich fixiert und zeigt sich in entsprechenden Verträgen für Führungskräfte, im Organigramm und in Zuschnitten von Teams und Kreisen, die neu zusammengehören. Wenn die Intention und das Mandat kontextspezifisch und realistisch machbar formuliert wurden, dann kann man diese Saat nahezu immer aufgehen sehen.

Manchmal verändert sich das Mandat mit der Zeit, wenn man spürt, dass beispielsweise die neue Website nicht das eigentlich angestrebte Ziel ist, sondern, dass es vielmehr darum geht, dass Teams und ihre Aufgaben neu zugeschnitten werden müssen und dass davon sowohl die Strategie als auch die Struktur und die Kultur betroffen sind. Diese Erkenntnis auf dem Weg führt dazu, das Mandat durch eine sogenannte Mandatserweiterung anzupassen. Änderungen am Mandat und damit am Auftrag, führen automatisch zu einer anderen Ernte.

Im Facilitation-Flow wird eng entlang des Mandates gearbeitet, sodass kein Wildwuchs entsteht (siehe Entropie, Seite 211) und die verabredeten Früchte sicher sind – mit der Einschränkung, dass niemand die Zukunft kennt und die Auswirkungen von Entscheidungen absehen kann. Genauso wie naturgemäß immer Unvorhergesehenes passieren kann und wird.

Praxistipp

Bei der Formulierung der Intention und des Mandates ist die Frage nach der Ernte sehr inspirierend und oftmals klärend: Was genau willst du am Ende ernten? Was ist das Greifbare und auch das Nicht-Greifbare, was aus der gemeinsamen Arbeit herauskommen soll? Welchen Schwerpunkt wählst du aus? Die Intention, das Mandat und die Ernte sind Anfang und Ende und gehören so eng zusammen wie das Ein- und Ausatmen.

Verschiedene Zugänge zur Ernte

Manchmal kann der Blick verstellt sein für das, was man im Organisationskontext erntet. Dies lässt sich dadurch erklären, dass sich viele Aspekte neuer Wirklichkeiten oft inkrementell ändern, ohne dass man es bemerkt oder dass man es mit einer spezifischen Initiative in Verbindung bringt. Wenn sich zum Beispiel im Rahmen einer Organisationsentwicklung die Führungsspanne der Teamleiter verändert, dann ist die geänderte Führungsspanne sichtbar, doch die vielen kleineren und größeren Praktiken der Zusammenarbeit, die sich auch änderten, werden mitunter gar nicht mehr als neuartig identifiziert. Das neue Normal ist so schnell zur Selbstverständlichkeit geworden, dass man sich an Vergangenes gar nicht erinnert oder erinnern will.

Eine strukturierte Hilfestellung, um die Ernte auf den verschiedensten Ebene wahrzunehmen und zu dokumentieren, bieten einige der facilitativen Denkmodelle.

Ernte in den drei Schüsseln

Für einen Gesamtüberblick der Ernte eignet sich das **Drei-Schüssel-Modell** (siehe Seite 75). Jede Schüssel wird entsprechend der Ebenen separat ausgewertet:

- Was haben wir in der *Content-Schüssel* zur Sache, also inhaltlich, geerntet? Was sind die neuen Lösungen, Produkte und Innovationen? Welche Ergebnisse haben wir erzielt? Welche Entscheidungen wurden getroffen und wie wirken sich diese Entscheidungen im gesamten relevanten System aus? Und eine Frage für den Transfer: Was sollten wir beachten, damit die Ergebnisse in den nächsten Monaten/Jahren ihre positive Wirkung entfalten?
- Was ernten wir in der *Prozess-Schüssel*? Welche Prozesse, Abläufe und Vorgehensweisen der Wertschöpfung haben sich verändert und sind nun stimmiger? Welche neuen Methoden und Praktiken der Führung und Zusammenarbeit haben wir etabliert (Ablauforganisation)? Was haben wir über partizipative und co-kreative Prozesse gelernt? Fragen für den Transfer: Wo und wie können wir das Gelernte in Zukunft anwenden? Welche Prozesse sollten wir weiterhin im Blick halten?
- Wie zeigt sich die Ernte in der *Kontext-Schüssel*? Was hat sich in der Aufbauorganisation (dem Org-Chart) verändert? Welche Strukturen bestimmen die Zusammenarbeit? Haben sich Eigentums-/Machtverhältnisse geändert? Gibt es neue Arbeitsbereiche, Standorte, Produktionsstätten – oder eben diese nicht mehr? Kultivieren wir in der Organisation neue/andere Grundannahmen, Werte, Zusammenarbeit, Führung? Welche Geschichten erzählen wir uns nun in der Organisation?

Praxistipp

In der Erntephase nutzen einzelne Gruppen die drei Schüsseln als Template (z. B. vorgefertigtes, strukturiertes Flipchart mit den drei Schüsseln) und tragen dort ihre Ergebnisse ein. Die Ergebnisse werden präsentiert und alle reflektieren anschließend darüber, welche stärkende Bedeutung die Ergebnisse haben, wem sie noch vorgestellt werden sollten, ob sich Folgeentscheidungen anschließen und wie die bisherige Ernte verstetigt und genutzt werden kann.

Ernte in den vier Räumen der Veränderung

Die „Vier Räume der Veränderung®" (siehe Seite 132) bieten eine anregende Reflexionsfläche für die Ernte – vor allem hinsichtlich der verschiedenen erlebten psychischen Zustände und der Zeitdimension der Veränderung. Anhand der vier Räume (Zufriedenheit, Selbst-Zensur, Konfusion und Inspiration) kann die Geschichte der gemeinsamen Veränderungsreise erzählt werden. Jeder Raum wird einzeln betrachtet:

Der Zyklus der Vier Räume der Veränderung® beginnt meist damit, dass einem der Zustand der Zufriedenheit entgleitet. Irgendetwas stimmt nicht, sodass das Thema der Veränderung bzw. Entwicklung überhaupt in den Raum kommt.

Raum der Zufriedenheit:

- Was hat mit dazu beigetragen, dass uns die Zufriedenheit mit dem Status quo abhandenkam?
- Was genau haben wir identifiziert oder diagnostiziert?
- Wie ist es uns ergangen?
- Was hat uns zum Handeln veranlasst?
- Was hat uns geholfen, einen nächsten Schritt zu wagen?

Raum der Selbst-Zensur (auch Leugnung):
- Welche Themen und Sichtweisen sind uns im Raum der Selbst-Zensur begegnet?
- Was wollten wir eine ganze Zeit lang gar nicht anerkennen oder anschauen?
- Worüber haben wir zunächst nicht gesprochen?
- Wie kam es, dass wir auch Themen hinter den Themen ans Licht holen konnten?
- Was hat dazu geführt, dass wir Feedback geben und annehmen konnten?
- Welche Fakten sind ins Spiel gekommen, die dafür gesorgt haben, dass wir klarer gesehen haben?
- Wie ist es uns gelungen, den Weg weiterzugehen?
- Welche Verhaltensmuster können wir im Nachhinein beschreiben? Was lernen wir daraus?

Raum der Konfusion (auch Verwirrung):
- Wann und wie haben wir den Raum der Konfusion erlebt?
- Wie erging es uns im Raum der Konfusion?
- Wann hatten wir (jeder einzelne und als Gruppe) den tiefsten Punkt erreicht?
- Was hat dabei geholfen, das Alte wirklich loszulassen?
- Wie sind wir mit Nichtwissen und Gefühlen der Ohnmacht umgegangen?
- Wie hat sich Mut gezeigt, durch den wir uns für einen nächsten realistischen Schritt entscheiden konnten? Wer oder was hat den Mut beflügelt?

Raum der Inspiration (auch Erneuerung):
- Welche neuen Möglichkeiten haben wir im Raum der Inspiration gesehen?
- Woran haben wir uns in unseren Entscheidungen für die Zukunft orientiert?
- Gab es eine Richtungsentscheidung? Wenn ja, welche?
- Was haben wir neu begonnen? Welche Initiativen, Aktionen, Umsetzungspläne gibt es?
- Gab es Dinge oder Lösungen, gegen die wir uns entschieden haben? Oder gibt es Dinge, die wir in Zukunft nicht mehr tun wollen?
- Was hat uns geholfen zu priorisieren?

Und schließlich landet man wieder im Raum der Zufriedenheit. Die Ernte findet hier statt:
- Was ernten wir nun im Raum der Zufriedenheit?
- Was können wir tun, um möglichst lange im Raum der Zufriedenheit zu verweilen?
- An was wollen wir uns erinnern? Was wollen wir feiern?
- Was empfehlen wir uns für die Zukunft?
- Wie wollen wir damit umgehen, wenn uns die Zufriedenheit mit der aktuellen Situation wieder entgleitet?

Durch die Vier Räume der Veränderung® als Erntetool erkennen Entscheider, Pilotgruppen und ihre Begleiter, wie sich psychische Zustände in Gruppen und Individuen mit der Zeit verändern und wie Menschen (bestenfalls) durch einen Veränderungsprozess emotional stärker und resilienter werden. Dazu tragen besonders das Erleben und die Begleitung und Beratung in den beiden unteren Räumen bei. Das Denkmodell schärft den Blick für die fassbare und die emotionale Ernte. Die positive Bedeutung der unteren Räume wird in der Gesamtschau deutlich und hinterlässt das gute Gefühl: Der Weg hat sich gelohnt, auch wenn das nicht immer spürbar und einfach war.

Ernte nach Zielebenen (Verhalten, Ergebnis, Haltung)

Die Früchte der Ernte können auch analog zu den drei Zielebenen Haltung, Ergebnis und Verhalten der Zielpsychologie von Maja Storch und Frank Krause[356] strukturiert werden.

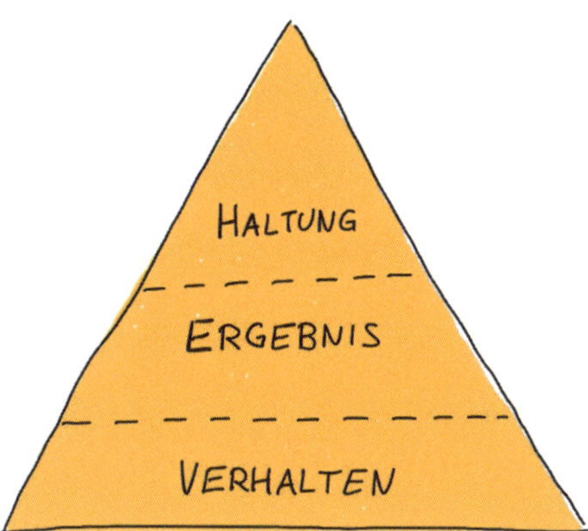

Ziele auf der Haltungsebene beschreiben die innere Einstellung zu einem abstrakten Ziel (z. B. Freude an der Zusammenarbeit). Ziele auf der Ergebnisebene sind Ziele, die spezifisch messbar oder überprüfbar sind (z. B. „Die Mitarbeiterzufriedenheit soll um 5 Prozentpunkte steigen."). Die unterste Ebene der Zielpyramide beschreibt das genaue Verhalten, das benötigt wird, um ein bestimmtes Haltungs- oder Ergebnisziel umzusetzen. Ziele auf der Verhaltensebene fokussieren die Art der Ausführung im Sinne von „Wenn…, dann …!".

Ernte auf der Haltungsebene:

- Welche Ernte im Sinne einer neuen, inneren Einstellung können wir beschreiben?
- Vielleicht haben sich neue Grundannahmen oder Prinzipien der Führung und Zusammenarbeit gezeigt? (z. B. „Wir unterstellen einander eine gute Absicht.").
- Gibt es ein Haltungsziel, an dem sich Führende und Mitarbeitende ausrichten (z. B. „Vielfalt ist unsere Ressource. Wir erlauben uns unterschiedliche Meinungen.")?
- Welche Begriffe oder Attribute werden genannt, wenn die Ernte auf der Haltungsebene formuliert wird (z. B. „Herz für …", „Autonomie des Einzelnen anerkennen", „Freiheit")?

Ernte auf der Ergebnisebene:

- Welche Ergebnisse haben wir erzielt? (Z. B. „Wir haben eine neue Führungsstruktur.")
- Was haben wir konkret verwirklicht?
- Welche Ziele haben wir erreicht? Was wollen wir nachprüfen, messen, evaluieren?
- Wie beschreiben wir unsere neu errungene Wirklichkeit in der Organisation bzw. hinsichtlich eines Themas?

Ernte auf der Verhaltensebene:

- Was ernten wir auf der Verhaltensebene? (Z. B. „Wir beginnen jedes Meeting mit einem Check-in.")
- Welche neuen Formate, Arbeitsmethoden oder Praktiken gibt es?
- Welche neuen Kapazitäten, also Fertigkeiten und Stärken, wurden entwickelt?
- Welche neuen Prozesse und Verfahrensweisen sind etabliert?
- Hat sich die Art und Weise, wie wir planen, innovieren, co-kreieren und führen, verändert?

Materielle und immaterielle Ernte („Tangible & Intangible")

Im Rahmen internationaler Facilitation-Projekte haben wir die Ernte-Matrix „Materiell/Immateriell" bzw. „Individuell & Gemeinschaft/Organisation" kennengelernt. Diese Matrix unterstützt Teilnehmende dabei, verschiedene Ebenen der Ernte zu betrachten.

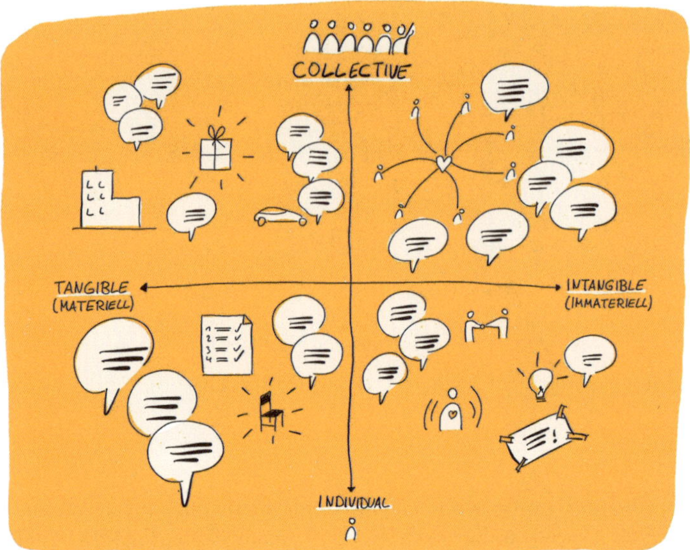

Die materielle Ernte (jeweils auch im Kollektiv und individuell):

- Was nehme ich/nehmen wir ganz konkret an neuem Wissen, neuen Tools und Vorgehensweisen mit?
- Was haben wir vereinbart?
- Was hat sich materialisiert, ist sichtbar geworden (Prototypen, Produkte, Ausstattung, Angebote)?
- Was sind die nächsten Schritte? Wer kümmert sich um was?

Die immaterielle Ernte (ebenfalls im Kollektiv und individuell):

- Was nehme ich „zwischen den Zeilen" mit?
- Was hat mir/uns gutgetan?
- Mit welchem Bild/Symbol würde ich uns als Team oder unsere Ernte zum jetzigen Zeitpunkt beschreiben?
- Was habe ich auf einer menschlichen, zwischenmenschlichen Ebene gelernt/geerntet?
- Mit welchem Gefühl gehe ich heute hier raus?
- Wofür bin ich dankbar?

Einen Zukunftsprozess ernten

Wenn das Veränderungsvorhaben unterschiedliche Aspekte umfasst, wie zum Beispiel strukturelle Fragen, strategische Ziele und die Kultur der Zusammenarbeit, dann hat man es oft mit einem Grad der Komplexität zu tun, der eine besondere Form der Übersicht und Orientierung bedarf. In solchen Fällen ist eine Zeitschiene mit unterschiedlichen Themen-Clustern sehr hilfreich als Ernte- und Transfer-Tool. Der auf diese Weise strukturierte und in realistische, aufeinander aufbauende Schritte visualisierte Zukunftsprozess ist auch ein Teil der Ernte.

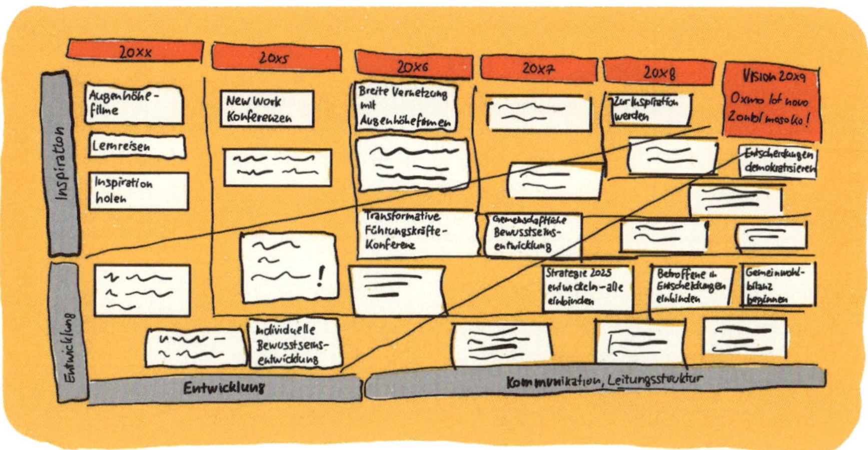

Im Rahmen einer größeren Transformation in einem Konzernbereich war dieses Chart als „Kulturentwicklungsplan“ Teil der Ernte. Es war angefüllt mit konkreten Initiativen für die nächsten fünf Jahre, durch die die weitere Entwicklung in drei Themen-Clustern durchgeplant war (Inspiration, Entwicklung und Kommunikation/Leitungsstruktur). Das gesamte Werk wurde im Rahmen des Prozesses im Topmanagement abgestimmt, freigegeben und mit einem sechsstelligen Budget hinterlegt. Somit kann die Ernte auch ein abgestimmter Fahrplan für Initiativen für die nächsten Jahre sein.

„Diese Visualisierung wird in mehrmonatigen Abständen aktualisiert. In der Rückschau wirken damit erreichte Meilensteine bestärkend; in der Vorschau werden neue Erkenntnisse als zukünftige Meilensteine hinzugefügt und bieten hilfreiche Orientierung für die Transformationsreise."

Stefan Bauer, Global Leadership Consulting

Dialog-Werkzeuge für die Ernte (co-kreative Formate)

Die Tools und Werkzeuge, die im Ernteprozess eingesetzt werden, sind identisch mit einigen bereits ausführlich vorgestellten Denkmodellen, co-kreativen Formaten und dem Einsatz von Visualisierung. In jedem Fall sollten alle Werkzeuge, Tools, Medien und Methoden, die genutzt werden sollen, ausprobiert und an den jeweiligen Kontext angepasst werden. Dafür eignet sich, ein Harvesting-Team zu bilden als Teilprojektteam der Pilotgruppe oder als neues, separat aufgesetztes Team, das in Abstimmung mit der Pilotgruppe arbeitet.

Ernten mit dem Victory Cycle

Wenn man in den Anfängen eines Veränderungsprozesses mit dem Victory Cycle (siehe Seite 194) gearbeitet hat, kann man in der Ernte die Ankunft in der Zukunft feiern und überprüfen, was von den Visionen und Ideen nun Wirklichkeit geworden ist.

- Was haben wir tatsächlich verwirklicht?
- Wo sind noch gute Ideen und Ziele offen?
- Was haben wir auf dem Weg (anders) entschieden?

Ebenso bietet der Schritt „Current Reality“ die Gelegenheit, die Stärken, Herausforderungen, Fallen und den Nutzen nun noch einmal zu überprüfen und auch eine neue Beschreibung der aktuellen Realität vorzunehmen.

- Welche Stärken konnten wir auf unserem gemeinsamen Weg nutzen?
- Wie haben wir die Herausforderungen gemeistert? Was haben wir gelernt?
- Welche neuen Herausforderungen, die wir nicht im Blick hatten, haben sich gezeigt?
- Sind wir tatsächlich in die Fallen getappt oder konnten wir sie umgehen? Was hat uns dabei geholfen?
- Wie sieht der konkrete Nutzen für wen nun aus? Wer hat etwas davon?

Und mit Blick auf die aktuelle Realität heute:

- Welche neuen Stärken konnten wir entwickeln – individuell und im Kollektiv?
- Sehen wir schon jetzt neue Herausforderungen? Welche sind das?
- Welche alten und neuen Fallen sollten wir im Blick behalten?
- Welchen erweiterten Nutzen unserer Ernte sehen wir zum jetzigen Zeitpunkt?

Je nach Situation könnte man mit einem erneuten Victory Cycle den nächsten Sprung in die Zukunft wagen, zum Beispiel: „Es ist das Jahr 20xx, unsere Ernte und alle Ergebnisse von damals konnten wir gut nutzen. Auf Basis dieser damaligen Entscheidungen und Errungenschaften ist heute, x Jahre später, eine Zukunft entstanden, wie wir sie uns nicht besser vorstellen könnten! Wie ist es heute? Und wie haben wir es geschafft, so weit zu kommen?“ Weitere Hinweise dazu siehe Kapitel „Victory Cycle und Current Reality“ (Seite 194).

Ernten mit dem World-Café

Das World Café (siehe Seite 262) bietet einen Rahmen für tiefe Ernte-Dialoge in großen Gruppen. Zum Ernte-Café sind alle eingeladen, die im Prozess mitgewirkt haben. Der Raum ist für diesen Zweck einladend gestaltet. Vielleicht gibt es kleine Erntekörbe mit Obst auf den Tischen. Alle bringen Gegenstände mit zur Frage: Welche Geschichte möchte ich mithilfe dieses Gegenstands erzählen über das, was wir gemeinsam erreicht haben?

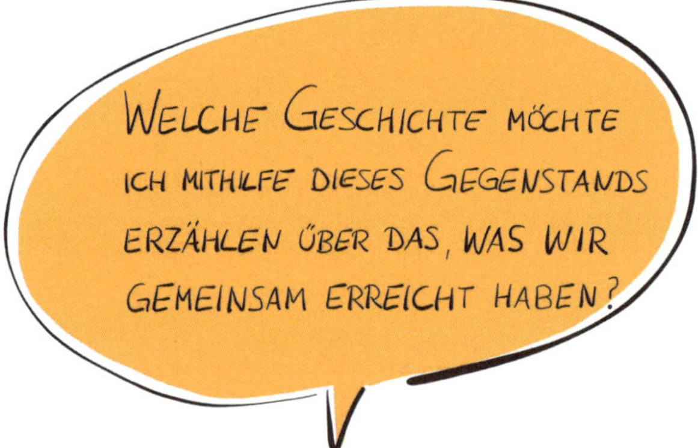

Auf diese Weise werden verschiedene Perspektiven auf die Ernte ermöglicht. Folgende Fragen können helfen, das Ernten anzuregen, das Erreichte zu würdigen und aus den Erfahrungen zu lernen:

Mit Blick auf die Ernte:
- Welche drei Worte beschreiben am besten, was wir erreicht haben?
- Welche konkreten Ergebnisse haben wir erzielt?
- In welcher Art und Weise hat sich unser Vorgehen und/oder Verhalten verändert?
- Was haben wir an innerer Arbeit geleistet, was in der Zusammenarbeit erfahrbar wird?
- Was hat jeder für sich mitgenommen und was kommt der Organisation zugute?
- Was haben wir losgelassen? Von was haben wir uns erfolgreich verabschiedet?
- Welche Gewohnheiten habe ich/haben wir hinter uns gelassen?
- In welchen Momenten konnten wir unsere Komfortzonen verlassen?
- Welche kreativen Durchbrüche haben wir erlebt?
- Welche wahren Wir-Statements können wir nun machen?
- Was hat uns unterwegs immer wieder fasziniert, berührt, inspiriert?
- Was hat uns getragen, was hat uns angetrieben, was getröstet?
- Was und wen haben wir neu kennengelernt?
- Welche Zitate oder Worte haben uns unterwegs aufgemuntert? Wer oder was hat uns unterwegs Energie gegeben?
- An welche Orte sind wir real oder in Gedanken gekommen? Was ist uns dadurch klar geworden?
- Was machen wir heute anders? Was sehen wir heute anders? Was hören wir heute anders? Was fühlen wir heute anders?
- Wer oder was hatte großen Einfluss darauf, dass wir wachsen konnten?
- Was ist schiefgelaufen? Wie können wir das für die Zukunft nutzen?
- Was ist uns nun wichtig, was ist unwichtig geworden?
- Was war überraschend anders als gedacht?
- Welche wertvollen Fehler haben wir gemacht?
- Wofür können wir uns selbst auf die Schulter klopfen?

Mit Blick auf den Transfer:
- Wie werden wir das Beste aus dem Erreichten machen?
- Wie können wir unsere Ernte mit den Menschen in der Organisation auf eine Art und Weise teilen, dass sie sich eingeladen und ermutigt fühlen, die nächsten Wegstrecken mitzugehen?
- Wem werden wir angesichts der Ernte besonders danken? Wie drücken wir unseren Dank aus?
- Was von dem, was wir erreicht haben, wird langfristig eine Bedeutung für uns (alle) haben?
- Wie können andere von dem profitieren, was wir erreicht haben?
- Welche Symbole, die wir mitgebracht haben, weisen über die Ernte hinaus in eine nächste Phase?

> ***Praxistipp***
>
> *Die Pilotgruppe entscheidet, welche Fragen besonders passend, weitreichend und wirkungsvoll sind, indem sie die Fragen in einem Pilot-Ernte-Café ausprobiert. Die Schritte nach dem Ernte-Café werden ebenfalls geplant (siehe „World Café Creation Template“, Seite 267). Ein Harvesting-Team unterstützt die Planung, Durchführung und Nachbereitung des Ernte-Cafés (siehe Harvesting-Team, Seite 403).*

Ernten im Dialog (mit The Circle Way)

The Circle Way (siehe Seite 222) bietet für die Ernte verschiedene Varianten. In Form eines Business Circles können beispielsweise alle Anwesenden die Perspektiven, die sie betrachten möchten, als Agendapunkte einbringen. Denkbar wäre es zum Beispiel, einzelne Veranstaltungen oder

Meilensteine genauer zu untersuchen: Was haben wir bei dieser Veranstaltung oder dieser Lernreise gelernt? Oder jemand könnte anregen, die kleinen Momente der Wahrheit, die besonderen und einschneidenden Momente im Facilitation-Flow zu sammeln und dazu einen Weg des Mutes visualisieren: von der Intention über Preparation und Co-Creation bis zum Harvesting. Für jeden Agendapunkt werden gemäß des Business Circles verschiedene Leitungsaufgaben als Host, Guardian und Scribe übernommen. So wird geteilte Verantwortung auch bei der Ernte spürbar.

Eine andere Möglichkeit ist, The Circle Way als Geschichtenkreis zu nutzen. Was ist deine Geschichte, die du erzählen möchtest zum Erlebten und Erreichten? Der Talking Stick wandert dreimal im Kreis, sodass jede Person maximal drei Ernte-Anekdoten teilen kann (das funktioniert auch virtuell, siehe Seite 381). Die Geschichten können in Absprache als Podcast aufgenommen und in der gesamten Organisation nachgehört und durch neue Folgen immer weiter ergänzt werden.

Stärkend ist es, in der Erntephase eines längeren Transformationsprozesses einen Wertschätzungskreis („Appreciation Circle") durchzuführen. Dieser kann im Rahmen eines Ernte-Workshops beispielsweise abends in gemütlicher Runde stattfinden. In dieser Version des Circles erhalten alle Teilnehmenden einzeln und nacheinander jeweils zwei Minuten Wertschätzung für ihr Tun und Sein von den anderen. Einige erzählen vielleicht, was die Person in einer bestimmten Situation zum Gelingen beigetragen hat. Andere würdigen ihre ruhige, besonnene oder kreative Art. Der Wertschätzungskreis eignet sich besonders gut für Pilotgruppen, die intensiv zusammengearbeitet und viel miteinander erlebt haben.

Collective Story Harvest

Ein weiteres Instrument, das vor allem der kollektiven Sinn- und Bedeutungsgebung dient, ist die Methoden des Collective Story Harvest.

Die Methode wurde von unserer Kollegin Mary Alice Arthur[357] entwickelt. Diese Vorgehensweise bietet die Möglichkeit, im Rahmen der Ernte mit Geschichten zu arbeiten und gemeinsam den neuen kollektiven Sinn zu stärken. Im Rahmen der Ernte werden dazu mehrere Geschichten strategisch ausgewählt. Dies sind zum Beispiel persönliche Geschichten von allen beteiligten Anspruchsgruppen (Stakeholder) zur Transformationsreise, den Richtungsentscheidungen und den neu erworbenen Fertigkeiten. Wie war es für die Führung, die Personalvertretung, einzelne Abteilungen oder Schlüsselpersonen? Wo gab es erste große Aha-Erlebnisse und welche verborgenen Kapazitäten wurden erlebt?

Wer eine Geschichte zu diesem ausgewählten Fokus erzählten möchte, erhält einen Leitfaden als Grundgerüst für die Gestaltung einer guten, etwa 15-minütigen Geschichte. Die Praxis des Geschichtenerzählens sollte darüber hinaus vorbereitend trainiert und gecoacht werde.

„Wissenschaftler sagen uns, dass einer der Gründe, warum Geschichten wirkungsvoller sind als Fakten, darin liegt, dass sie viel mehr Teile des Gehirns aktivieren, einschließlich der motorischen, sensorischen und frontalen Kortexe. Das Hören von Geschichten bewirkt wichtige Veränderungen in der Neurochemie[358], die uns helfen, uns als Menschen zu verbinden."

Mary Alice Arthur

Bei der Auswahl der Geschichten bietet es sich an, Momente des Gelingens hervorzuheben und nach Mustern des gemeinsamen Erfolges zu suchen. Die Teilnehmenden werden eingeladen, mithilfe einer Reihe von gezielten „Zuhörlinsen" zuzuhören. Die Zuhörlinsen können auf die Gruppe aufgeteilt werden, sodass immer eine Person oder eine Untergruppe nur eine Zuhörlinse nutzt. Die Linsen des Zuhörens werden in der Pilotgruppe mit Blick auf die Ernte gewählt und formuliert. Einige Beispiele:

- **Grundsätze/Werte**: Welche Werte zeigen wir, wenn wir unser Bestes geben?
- **Entscheidungsfindung**: Was waren die wichtigsten Entscheidungen und was ist jetzt anders als vorher? Was ist jetzt möglich?
- **Erfolgsfaktoren**: Was waren die Faktoren, Rahmenbedingungen und Ressourcen, die unsere gemeinsame Transformationsreise ermöglicht haben? Auch die einzigartigen Dinge, die normalerweise unbemerkt bleiben.
- **Führungsqualitäten**: Auf welche Weise zeigte sich Führung? Was war hilfreich?
- **Magische Momente**: Was waren die kleinen Momente der Wahrheit, die uns entscheidend geholfen haben? Was waren die kreativen Durchbrüche oder die Entscheidungen mit Signalwirkung?

Die gesamte am Harvesting-Prozess beteiligte Gruppe durchforstet die Geschichten nach neuen Erkenntnissen und Bedeutungen. Dabei helfen die persönlichen Erlebnisse, die in den Geschichten zum Ausdruck kommen, die Ernte und ihre Auswirkungen in der Praxis bewusst zu machen. Die einzelnen Mikrogeschichten geben Aufschluss über das, was die Ernte ganz persönlich für Einzelne bedeutet. Und zu guter Letzt schafft der Akt des Geschichtenerzählens und des gemeinsamen Zuhörens ein Feld des Lernens und der Kohärenz.

Praxistipps[359]

- *Kläre den Fokus der Geschichten und was damit geerntet werden soll. Dies ermöglicht, stimmige Entscheidungen darüber zu treffen, wer Geschichten erzählen und wer zuhören sollte. Und auch, worauf sich das Zuhören fokussieren sollte (Zuhörlinsen).*
- *Arbeite zur Vorbereitung mit Storytellern und Facilitatoren zusammen. Viele Menschen können eine Geschichte erzählen, aber nur wenige können in kurzer Zeit eine klare und fesselnde Geschichte erzählen. Authentizität und Verletzlichkeit helfen, dem Erzähler zu vertrauen und sich auf den Prozess einzulassen.*

- *Orchestriere gemeinsam mit der Pilotgruppe den Prozess der Bedeutungsgebung und Sinnfindung. Wie genau soll nach dem Geschichtenerzählen mit den durch die Zuhörlinsen gemachten Entdeckungen umgegangen werden? Werden sie beispielsweise in einem Circle-Dialog oder einem World Café vergemeinschaftet? Sind danach Entscheidungen zu treffen? Können generelle Erfolgsprinzipien bzw. Faktoren des Gelingens für den Transfer und für künftige Projekte abgeleitet werden.*
- *Schaffe einen Raum, der allen Beteiligten Respekt entgegenbringt. Das Geschichtenerzählen ist eine persönliche Angelegenheit. Es ist hilfreich, eine Verbindung und Vertrauen in der Gruppe zu schaffen, bevor man sich die Geschichten anhört.*
- *Plane genügend Zeit ein. Es ist selten eine gute Idee, diesen Prozess zu überstürzen. Obwohl er einfach erscheint, kann er ein starkes Beziehungsfeld schaffen, das neue Ideen, Verbindungen und Innovationen fördert. Plane und begleite den Prozess mit Bedacht.*

Potenzialorientiert ernten (mit Appreciative Inquiry)

Appreciative Inquiry (siehe Seite 240), die wertschätzende Erkundung, lädt ein, die Ernte mit wertschätzenden Fragen in der ganzen Organisation zusammenzutragen. Dafür wird ein Interviewleitfaden in der Pilotgruppe erarbeitet und die Einladung an die gesamte Organisation ausgesprochen, zu zweit oder in kleinen Gruppen zu den Fragen ein ruhiges Gespräch zu führen. Dies kann zwischendurch im Rahmen der Regelarbeit passieren oder in einer extra für diesen Zweck einberufenen großen Harvesting-Konferenz. Die Daten, die dabei für die Organisation und für spezifische Folgeprojekte von Interesse sind, werden in der Pilotgruppe ausgewertet und mit Empfehlungen für die Zukunft an die entsprechenden Stellen weitergegeben. Die gesamte Ernte aus dem AI-Prozess kann auch durch ein Harvesting-Team medial verwertet und in der gesamten Organisation verbreitet werden (siehe Harvesting-Team, Seite 403).

Folgende Fragen können zur wertschätzenden Erkundung in der Erntephase genutzt werden:

- Wenn du an deine schönsten und eindrucksvollsten Erfahrungen und Momente im Transformationsprozess NN (Motto) zurückdenkst, was waren für dich echte Höhepunkte? Was waren deine besten Erfahrungen? Was war für dich besonders und herausragend?
- Wie hast du, wie haben andere zu diesen Höhepunkten und guten Erfahrungen beigetragen? Was hat all dies möglich gemacht?
- Worauf bist du besonders stolz? Wie kam es dazu?
- Wann hast du die Organisation in den letzten zwei Jahren (Dauer des Prozesses) besonders lebendig und vital erlebt? Wie ist es dazu gekommen? Welche Meilensteine und kleinen Momente der Wahrheit hast du dabei erlebt?
- Was hat dir im Rahmen des Transformationsprozesses Spaß und Freude bereitet?
- Was hast du gelernt? Was, denkst du, hat die Organisation oder dein Team gelernt?
- Was schätzt du am meisten an dem, was wir bis hierhin erreicht haben? Wie kann es von hier aus gut weitergehen?
- Welchen nächsten Schritt siehst du, mit dem wir in der gesamten Organisation (oder auch gesellschaftlich) einen Unterschied machen könnten? Wie können wir mit dem, was wir erreicht haben, dem größeren Ganzen noch mehr dienen?
- Welche Möglichkeiten siehst du für unsere Zukunft? Welche leisen Signale deuten an, in welche positive Richtung wir weiterdenken und handeln sollten, damit wir unsere noblen Bestrebungen weiterverfolgen?
- Welche Warnungen und Achtungszeichen können uns helfen, einen guten Weg zu gehen?
- Was ist für dich ein guter Grund, jetzt zu feiern? Oder vielleicht gibt es auch mehrere Gründe?

Die visuelle Ernte (Visual Harvesting)

Visualisierung und Harvesting sind füreinander geschaffen (siehe auch Visual Facilitation, Seite 357). Bilder gehören zu den ältesten Formen der Kommunikation und dienen der Bewahrung von Erfahrung und Weisheit (z. B. sichtbar an alten Wandmalereien). Visual Facilitatoren[360] arbeiten mit Bildwelten, Metaphern und Symbolen, um Menschen zu helfen, sich zu erinnern, Aspekte zu vernetzen und um das Gelernte festzuhalten. So werden Ergebnisse nachhaltig sichtbar und in vielen Fällen wird deren Verbindung zu anderen Themen und untereinander erst richtig bewusst. Durch visuelle Artefakte, die geteilt werden, wird Menschen, die nicht im Prozess teilnehmen konnten, ein gewisser Grad an Teilhabe und Informationsgehalt ermöglicht.

Bei der „Ernte mit dem Stift" bieten sich verschiedene Arten an, wie Ergebnisse generiert, sichtbar gemacht und anschließend auch geteilt werden können:

- In einem *Graphic Recording* können beispielsweise die wesentlichen Erfolge in einer großen Bildwelt über mehrere Meter festgehalten werden. An einem zentralen Ort aufgehängt, erinnert die Bildwelt alle an den zurückgelegten Weg, an die, die beteiligt waren und an das Erreichte.
- Die neue Strategie wird visuell in leicht merkbare Einzelbilder oder in einem integrativen Gesamtbild aufbereitet und für Dialoge zur neuen Strategie genutzt.
- Ergebnisse, Entscheidungen und neue Prozesse können in einem visualisierten *Erklär-Film* festgehalten werden.
- *Sketchnotes* (visuelle Notizen) begleiten denErnteprozess, indem Wörter und Bilder kombiniert werden, um Zusammenhänge klar herauszustellen und um das Erreichte zu illustrieren.
- In einem *Visual Process Mapping* (visuelle Prozessdokumentation) kann der Prozess nachgezeichnet werden, und alles erworbene Wissen aus dem Erleben wird ausgewertet und auf anstehende Prozesse für die Zukunft übertragen.
- Eine *Bildergeschichte* erleichtert den Weg von der Ernte zur neuen Alltagswirklichkeit. Visualisierung wird zu einem wichtigen Medium für die Integration und Umsetzung der Entscheidungen durch die anschauliche Vermittlung von zum Teil komplexen Sachverhalten.
- *Infoplakate* bringen Inhalte auf den Punkt.
- Vorgefertigte *Templates* helfen bei der Ernte in kleinen Gruppen.

Praxistipp

Die Ernte mit dem Stift ist dann besonders nachhaltig, wenn sie gemeinsam erfolgt, wenn nicht nur der Profi visualisiert, sondern wenn alle eingeladen und auch befähigt werden, mit zu visualisieren.

Unsere Kollegin Karina Antons[361] hat fünf zentrale Wirkaspekte von Visualisierung bei der Ernte zusammengefasst.

Fünf zentrale Wirkaspekte von Visualisierung bei der Ernte

Kompetenzerleben

Beim visuellen Harvesting erleben wir bei Teilnehmenden in erster Linie eine große Zufriedenheit oder Dankbarkeit. Man könnte auch sagen „Kompetenzerleben", weil für sie sichtbar wird, was sie auf einer Veranstaltung alles erarbeitet haben. Kompetenzerleben ist einer der wichtigsten Faktoren beim Fördern von Motivation.

Auch wenn die Bilder einfach „nur" gefallen und zum optischen Rumstöbern einladen, wissen wir, dass zum Beispiel Neugier Botenstoffe im Gehirn auslöst, die das Lernen und Memorieren vereinfachen.

Kognitive Entlastung

In der Harvestingphase kommen Ergebnisse oft Schlag auf Schlag, und nicht selten fühlt es sich an, als würde der eigene Arbeitsspeicher überlaufen. Sicherzugehen, dass das Gehörte aufgenommen wird, zur Verfügung steht und „seinen Platz" in der Fülle und Komplexität hat, wirkt kognitiv entlastend und kann beim fokussierten und empathischen Zuhören helfen.

Memorierbarkeit

Der nächste Aspekt ist eine erhöhte Merkbarkeit durch das Layout. Bewusst strukturiert und erkennbar sortiert, wirkt das Bild oft wie ein „Advanced Organizer" (AO). Ein AO ist eine übergeordnete Struktur oder Bildanalogie, die aus bereits bekannten Elementen besteht und leicht erinnerbar ist. An diese können die neuen, detaillierten Ergebnisse und Informationen angebunden und wieder abgerufen werden. Der Advanced Organizer, das leicht merkbare Bild, hilft, Wissen zu überschauen, zu sortieren und wieder abzurufen.

Vertiefung

Der vierte Aspekt vollzieht sich eher unbemerkt, ist aber besonders wirksam: Durch die Begeisterung dafür, das Gesehene zu verstehen und gemeinsam zu betrachten, wird der Inhalt erneut wiederholt, besprochen, „gefühlt" und bewertet. Das bewirkt eine Vertiefung des Erarbeiteten beim visuellen Wiederholen. Besonders das Bewerten ist eine komplexe kognitive Operation und bindet daher die erarbeiteten Inhalte und Ergebnisse an besonders viele „Vorwissens-Themen" an. Durch den Wechsel der Darstellungsform (auditiv in visuell) und das gemeinsame Sprechen darüber „trampeln" die Beteiligten sozusagen den erstmals vorsichtig beschrittenen Wissenspfad mit der ganzen Gruppe fest und transformieren ihn zu gut sichtbaren Wegen (Synapsenverbindungen).

Emotionale Anker

Visualisierungen in der Erntephase zu nutzen, ist wie emotionale Anker zu setzen. Gab es einen berührenden Moment, eine Durststrecke, ein schreiend komisches Missverständnis? Hat jemand ein sprachliches Bild verwendet, bei dem alle „Eben! Genau!" riefen? Anders als in einem Ergebnisprotokoll oder einem linear angeordneten Text kann Visualisierung Emotionen und kleine Momente der Wahrheit ohne inhaltliche Unterbrechung ergänzen. Damit passen wir die Struktur des Ergebnisprotokolls der unseres Gehirns an: Es arbeitet vernetzt und assoziativ. Es liebt Verknüpfung mit Emotionen und es ruft die damit verbundenen Inhalte viel leichter wieder ab.

Die Möglichkeiten, Visualisierung bei der Ernte einzusetzen, sind vielfältig und abhängig von der Intention des Klienten. Welche Form, welches Bild verwirklicht die mit der Ernte verbundene Absicht am besten? Gemeinsam wird diese Frage in der Pilotgruppe und mit Visualisierungs-

Experten beraten. Unabhängig von der Form und Art der Visualisierung, für die sich Klienten entscheiden, die guten Wirkungen sind Grund genug, Visualisierung in jedem Fall mit der Ernte zu verbinden.

Der Reality Check zur Evaluation

Neben allen für die Ernte geeigneten Zugängen (Denkmodelle) und Werkzeugen gibt es den Fünf-Fragen-Reality-Check. Facilitation folgt der Philosophie des nächsten Schrittes und handelt nach dem Prinzip: „Act and reflect." Agiere, tue etwas und reflektiere im Anschluss darüber (siehe Bedeutung geben, Seite 30). Der Reality Check[362] ist in Verbindung mit dem Prinzip „Act and reflect" die einfachste Form der Ernte. Er wird während eines Facilitation-Flows fortlaufend eingesetzt und ist das wichtigste Tool zur Selbstevaluation besonders auch in Pilotgruppen.

1. Was haben wir gesagt, werden wir tun?
2. Was haben wir tatsächlich getan?
3. Was haben wir gelernt?
4. Was ist neu?
5. Was bedeutet das für den nächsten Schritt?

Mit einem regelmäßigen Reality Check findet ernten und lernen fortlaufend – also in jeder Iteration des Prozesses – statt. Der Reality Check sorgt dafür, Umwege schnell zu entdecken und sich regelmäßig neu auszurichten. Er ermöglicht umgehend und zuverlässig, aus Fehlern zu lernen, und überprüft das eigene Commitment.

Ein Ernte-Team einsetzen (Harvesting-Team)

Unabhängig davon, mit welchen Dialog-Werkzeugen orchestriert wird, ist ein Harvesting-Team immer eine Empfehlung. Das Team, das Teil der Pilotgruppe sein kann oder als Extra-Team aufgesetzt wird, besteht aus Erntehelferinnen, die spezielle Fähigkeiten und Fertigkeiten für den Ernteprozess mitbringen: Social-Media-Experten, Webdesigner, Geschichtenerzählerinnen, Visualisiererinnen und Kommunikationsexperten. In unserer Facilitation-Praxis haben wir gelernt, dass für die Ernte drei Kompetenzen besonders nützlich sind:

- *Journalistische Kompetenzen:* Es hilft, wenn man Menschen dabei oder im weiteren Unterstützerkreis hat, die Interviews führen, Texte verfassen und gut schreiben können.
- *Mediale, digitale Kompetenz:* Es ist ein Segen, wenn man auf die Unterstützung von Menschen bauen kann, die sich in der medialen und digitalen Kommunikationslandschaft und -praxis auskennen und die den Content kontextpassend zur Verfügung stellen können.
- *Facilitative Prozesskompetenz:* Mit der Ernte und dem Transfer sind Prozesse verbunden, in denen sich eine Bedeutung, eine Begriffsklärung, ein Lernschritt oder eine Erkenntnis in der aktiven Auseinandersetzung zeigt bzw. ergibt. Dafür ist es hilfreich, Kommunikation nicht nach dem Sender-Empfänger-Modell (siehe Seite 66) zu denken, sondern zeitgemäß als Emergenzphänomen zu verstehen.

Alle drei Kompetenzen vereint, ergeben ein Harvesting-Team.

Facilitatoren bringen die Prozesskompetenz ein.[363] Die beiden anderen Kompetenzfelder „Journalistische Kompetenz" und „Mediale, digitale Kompetenz" sollten über entsprechend erfahrene und ausgebildete Menschen gewährleistet werden.

Praxistipp

Abfotografierte Pinnwände (sogenannte Fotoprotokolle) sind als Gedächtnisstütze für die, die dabei waren, von Nutzen. Sie sind wenig hilfreich für andere, selbst dann nicht, wenn jemand sie erläutert. Besser funktionieren komplette Mitschriften von O-Tönen sowie Dokumentationen in Bild und Ton.

Eine wissenswerte und lehrreiche Anekdote

Im Rahmen eines größer angelegten Transformationsprozesses entschieden wir uns in der Pilotgruppe für absolute Transparenz und veröffentlichten die Foto- und Bildprotokolle unserer Meetings auf einer unternehmensinternen, für alle Mitarbeiterinnen zugänglichen Plattform. Die Reaktionen lagen zwischen Unverständnis und echter Irritation. Es kamen Fragen und Kommentare wie „Was macht ihr da eigentlich?“ oder „Verstehe ich nicht. Bringt mir nichts!“.

Wir haben gelernt, dass Menschen, die die Arbeit einer Pilotgruppe nicht kennen und denen eine Rahmung zur Orientierung fehlt, mit abfotografierten Pinnwänden nicht erreicht werden können. Wenn zudem ein Dialogangebot fehlt, werden die vielleicht zuvor latent Interessierten mit ihren Fragen und ihrem Interesse alleingelassen. Das ist in der Regel nicht zieldienlich. Man bringt Menschen ohne Not gegen sich und das Projekt auf. Aufbereitete Dokumente in den passenden Medien zur richtigen Zeit sowie einladende Dialogangebote machen einen positiven Unterschied. Die Kompetenzen des Harvesting-Teams wirken zusammen und ergänzen sich weitreichend.

Ein Harvesting-Team in der Praxis

Den Einsatz eines gelungenen Harvesting-Teams haben wir 2014 mitinitiiert und miterlebt als Co-Gastgeber der EuViz, der Europäischen Konferenz für Visuelle Denker, Praktiker und Facilitatoren, in Berlin. Damals versammelten sich 240 Menschen aus 35 Ländern, um der Praxis des visuellen Denkens und Arbeitens in Europa eine Plattform zu geben und um sie zu professionalisieren. Mit-Gastgeber war der wichtigste Verband der visuellen Zunft, das International Forum of Visual Practioners (IFVP[364]). In der Pilotgruppe, die aus einem repräsentativen Querschnitt der internationalen Teilnehmergruppe bestand, wurde entschieden, dass ein besonderer Schwerpunkt auf die Ernte der Konferenz gelegt werden sollte. Um das zu gewährleisten, wurde ein Harvesting-Team gebildet, das sich entlang der Agenda zu folgenden Fragen Gedanken machte:

- Wie können wir den Prozess und die erarbeiteten Ergebnisse der Konferenz dokumentieren, sodass möglichst viele Menschen (Teilnehmende und Nicht-Teilnehmende) davon profitieren können?
- Wie können wir besondere Momente auf eine Art und Weise vermitteln, dass sie auch für Menschen nach der Konferenz erinnerbar und erlebbar sind?
- Wie können wir die vielen Workshops dokumentieren und wie das, was im Plenum passiert (Keynotes etc.)?
- Wie können wir den Teilnehmerinnen und Teilnehmern der Konferenz ein Gesicht und eine Stimme geben?
- Wie können wir Menschen in Echtzeit partizipieren lassen?
- Wie wollen wir die Stimmung und Atmosphäre (Party etc.) vermitteln?
- Wie halten wir das Material auch nach der Konferenz für alle Interessierten weltweit zugänglich?

Wir waren uns bewusst, dass die Ergebnisse, die entstehen würden, für lange Zeit wichtig und für viele Menschen weltweit bedeutsam sind. Ein Harvesting-Webportal (EuViz Meta-Harvest[365]) war schließlich das entscheidende Mittel der Wahl. Dies war die Drehscheibe für alle Informationen,

Dokumentationen in Bild und Ton sowie zur weiteren Vernetzung. Entlang von fünf Konferenzspuren („Tracks") wurde das gesamte Geschehen dokumentiert:

Track 1: Mentale Modelle für Visual Facilitation Advanced
Track 2: Unternehmen, Zusammenarbeit und Führung
Track 3: Bildung, Lernen & Ausbildung
Track 4: Visuelle Methoden
Track 5: Appreciative Inquiry und positive Visualisierung

In einer „EuViz-Video-Box", einem kleinen Nebenraum ausgestattet als Filmstudio, konnten alle Teilnehmerinnen ihre Erfahrungen und Eindrücke in die Kamera sprechen. Auf diese Weise entstanden rund 100 kurze Videoberichte direkt aus der laufenden Konferenz heraus. Parallel dazu wurden die Presenter und Keynoter der Konferenz interviewt.

Über Twitter[366] wurden unter dem Hashtag #euviz2014 Momente und Wissenswertes in Echtzeit geteilt. Nach der Konferenz dienten weitere Tweets unter Nutzung des Hashtags zur Verbreitung der Ergebnisse.

Über die zentral koordinierten Ernte-Aktivitäten hinaus schlossen sich viele der Teilnehmenden der Ernte an und veröffentlichten Fotoalben, Videos, visuelle Landkarten, Bilder-Decks[367] und digitale Bilderbücher. Auf Flickr[368] gibt es eine eigene Foto-Seite zur EuViz 2014 mit über 25 Alben und rund 1.500 Fotos. In einer Facebook-Gruppe wurden sämtliche Aktivitäten koordiniert und Medien selbstorganisiert geteilt. Auf den Punkt gebracht, kann man sagen, dass ein gut orchestriertes Harvesting durch ein Harvesting-Team hilft, die Ernte in all ihren Dimensionen einzufahren und die „Welt" am Geschehen zu beteiligen. Vieles, was koordiniert und medial zur Verfügung gestellt wird, bildet auch langfristig einen wertvollen Ressourcenpool.

Praxistipps für Harvesting-Teams (für einzelne Veranstaltungen und längere Prozesse):

- *Wie groß soll das Harvesting-Team sein? Je größer das Team, umso mehr Möglichkeiten gibt es, die beabsichtigte Ernte zu erfassen und aufzubereiten. Es gibt oft mehr zu ernten, als man zunächst denkt. Daher sind helfende Hände wertvoll.*
- *Verfügt das Harvesting-Team über die notwendigen Kompetenzen (journalistische sowie mediale, digitale Kompetenzen und facilitative Prozesskompetenz)?*
- *Angesichts der Vielzahl an Content und den ausgewählten Medien und Media-Kanälen (digital und analog) kann es sinnvoll sein, eine Art Media-Architektur aufzuzeichnen (man spricht im Onlinemarketing von „Funnel"[369]). Die Idee ist, eine Orientierung zu schaffen, welcher Content über welche Medien und Kanäle erst- und zweitverwertet wird und über welche Zugänge und Verlinkungen das gesamte Harvesting-Netzwerk für Interessierte zugänglich ist.*
- *Besonders empfehlenswert sind O-Töne und Live-Mitschnitte, da sie neben dem Sach-Content auch die Sinne ansprechen und so mehr Informationen vermitteln. Stimmungen werden hörbar und sichtbar. Wichtige inhaltliche Punkte werden verstärkt durch die Persönlichkeit und die Nuancen, mit denen sie von den unterschiedlichen Menschen vermittelt werden.*
- *Das Harvesting-Team sollte so viel Harvesting-Arbeit wie möglich in Echtzeit machen, damit die Ergebnisse schnell zur Verfügung stehen und in die laufende Veranstaltung bzw. in den laufenden Prozess eingebracht werden können. Die dafür benötigten Ressourcen werden zur Verfügung gestellt. Oft ist ein eigens, für diesen Zweck eingerichteter Harvesting- bzw. Redaktionsraum sinnvoll (auch in längerfristigen Projekten).*
- *Das Hosting-Team, die Pilotgruppe und das Harvesting-Team sollten die Zusammenarbeit koordinieren und gemeinsam dafür Sorge tragen, dass nichts verloren geht, dass Priorisierungen vorgenommen werden und dass die Ergebnisse an die Orte gelangen, wo sie für die Zukunft nützlich sind.*

Wellen-Effekte nutzen („Ripple Effects"[370])

Wirft man einen Stein ins Wasser, entstehen für eine Zeit lang konzentrische Kreise, die sich als kleinere Wellen ausbreiten. Solche Ansteckungs- und Aufschaukeleffekte sind in der Natur bekannt. Es gibt sie auch im sozialen Feld. Ansteckungs- und Aufschaukeleffekte zeigen sich beispielsweise im Finanzsektor bei der Entwicklung von Aktienkursen oder im Immobiliensektor bei der Preisentwicklung von Häusern. Dass diese Wellen-Effekte nicht unbedingt kontrollierbar sind, können wir bei Finanz- oder Immobilienkrisen ebenso erkennen wie bei Pandemien oder daran, dass ein Tweet oder ein kleines Filmchen manchmal im Internet viral gehen.

Wellen-Effekte beobachten wir auch im Kontext von Organisationen. Dort werden sie mitunter abfällig als „Neue Sau, die durch das Dorf gejagt wird" bezeichnet. Für die Ernte und überall, wo organisationales Lernen stattfindet oder stattfinden soll, kann man den Wellen-Effekt im positiven Sinne nutzen. Facilitation leistet einen positiven Beitrag durch den Ansatz (die frühzeitige Beteiligung, die Co-Führung und Co-Creation) für weitreichende „Ripples" in Organisationen. Menschen verbreiten schnell, was hilfreich ist und was für sie eine Bedeutung hat. Einige Beispiele, worauf man während der Erntephase zusätzlich achten und wie man die Wellen-Effekte besonders gut nutzen kann, sind

- kaskadierende Dialog-Gruppen,
- Communities,
- Social Walls oder
- virale Artefakte – physisch und sozial.

Kaskadierende Dialog-Gruppen

In großen, ggf. weltumspannenden Organisationen können nicht immer alle Menschen, die von einer Entwicklung oder Veränderung betroffen sind, in gleicher Weise und Intensität an den Prozessen der Intentionsbildung, der Co-Creation, der Entscheidungsfindung und auch nicht an der Erntephase beteiligt werden. Deshalb gilt es, zu bedenken, wie die Ernte – nicht als fertiges Produkt, sondern als Prozess[371] (!) in einer größeren Organisation stattfinden kann.

Dies kann geschehen, wenn sich aktiv am Prozess Beteiligte mit anderen, noch nicht Beteiligten verbinden, um im Dialog die Facetten der Initiative, ihre Historie („Wie kam es dazu?"), den Lösungsraum („Welche Wahlmöglichkeiten?") und die bisherigen Ergebnisse („Was wurde (bisher) entschieden?") gemeinsam zu erkunden. Diese Dialoge geben Raum für Fragen und Zeit, miteinander zu denken, und sind weniger als Informationsveranstaltung[372] zu verstehen. Treffen solcher Art sind so vorbereitet, dass sie inspirierend, informativ, belebend und stärkend sind. Sie finden z. B. auf Mitarbeiterkonferenzen oder informell zu vielen Gelegenheiten und an unterschiedlichen Orten statt. Nach dem Wasserfall- oder Schneeball-Prinzip kann es so – auch in großen Organisationen – gelingen, sich mit dem Entwicklungs- oder Transformationsprozess zu vernetzen und bestenfalls emotional zu verbinden. Empfehlenswert sind Rückkopplungsschleifen, durch die neue Erkenntnisse, wichtige Informationen und Feedbacks dorthin zurückgespielt werden, wo weitere Schritte im Prozess orchestriert werden (Pilotgruppe oder auch das Managementteam).

Communities

Ein wesentlicher Baustein der Wertschöpfung in Organisationen sind sogenannte „Communities of Practice/Expertise" oder einfach kurz „Communities". Die Schaffung von Communities ist eines der generellen Prinzipien für co-kreative Ansätze (siehe Seite 215).

Für die Ernte und Wellen-Effekte sind Communities entscheidend, denn hier entstehen „Weg-von"- oder „Hin-zu"-Bewegungen (siehe Seite 307), die ein Momentum erzeugen können und ähnlich dem Domino-Effekt Auswirkungen auf den Transfer des Neuen in die Regelarbeit haben.

„Du brauchst für eine funktionierende Community den offenen Raum, damit ein Harvesting nachhaltig gelingt. Du brauchst jemanden, der den Raum hält und beschützt, nur so kann die Community ergebnisoffen arbeiten und etwas wirklich Einzigartiges und für die Organisation Bedeutsames in die Welt bringen. Die Führung muss dieses Prinzip mitgehen. Das Management sollte seine Vorstellungen nicht als Aufträge in die Community einbringen, sondern als persönliche Anliegen, sodass der Raum offenbleibt. 'A Leader in every Chair!" ist ein Grundprinzip in der Community-Arbeit und muss gewährleistet sein."
Jochen Pfender, Community Builder,
Deutsche Telekom AG

Communities schlagen um so mehr Wellen, je mehr sie sich als selbst angetrieben und selbstgesteuert erleben. Zugleich profitieren sie von einem eingesetzten, freiwilligen Kümmerer oder Gastgeber, der die notwendige Kontaktfläche organisiert. Diese Rolle kann rotieren. Communities ernten auf einer regelmäßigen Basis und verteilen die Früchte ihrer Kreativität und Arbeit in große Teile der Organisation. Durch regelmäßige informelle Unkonferenzen (ergebnisoffene Treffen ohne vorgegebene Agenda: Open Space oder Barcamp[373]), durch kontinuierliche Zusammenarbeit und Koordinations-Chats bzw. "-Calls" (Telefonate) werden neue Lösungen, Herangehensweisen und Erkenntnisse fortwährend produziert und in der Organisation dorthin gebracht, wo sie den größten Unterschied machen.

Ein schöner, bildhafter Begriff sind die „Corporate Campfires" (Lagerfeuer des Unternehmens). In Organisationen sind oft Communities die Feuerhüter, die den Spirit der Organisation immer wieder befeuern, die die Sinnfrage stellen und die für informelle Treffpunkte, Lernen und Geschichtenerzählen die passenden Räume organisieren. Dadurch entstehen wichtige Beiträge für Ernte und Transfer und für die Durchdringung und Kultivierung des neuen Normal in der gesamten Organisation.

Social Walls

Der Einsatz eines Twitter-Hashtags, wie im obigen EuViz-Praxisbeispiel, kann im Corporate-Umfeld noch durch sogenannte Social Walls gesteigert werden. Bei der Deutschen Telekom stehen an über 150 Standorten große Social Walls (eingebaute Displays/Flachbildschirme) an Wänden und in Form moderner, digitaler Säulen. Auf den Social Walls werden Inhalte aus verschiedenen Social Media Feeds kanalisiert. Man findet sie oft in Aufenthaltsräumen, in der Kantine, in Co-Working-Spaces und in Führungsetagen.

Darüber hinaus wurde bei der Deutschen Telekom ein Do-it-yourself-Installations-Kit zur Verfügung gestellt, mit dem jeder Mitarbeitende einen schwarzen Bildschirm in eine Social Wall umfunktionieren kann. Das Besondere der Social Wall ist, dass sie je nach Einstellung ausschließlich die Posts darstellt, die einen vorher definierten Hashtag nutzen. Social Walls ermöglichen digitale „Ripple-Effekte" in Echtzeit. Ein Hashtag, der sich auf die Ernte eines Facilitation-Projektes bezieht, kann somit wertvolle Dienste leisten.

Praxistipp

Wichtig ist, dass Hashtags den Menschen die Freiheit bieten, etwas Eigenes beizutragen. Als vor einigen Jahren bei der Deutschen Telekom der Aufruf mit dem Hashtag #MeinMagenta erfolgte, konnte die Botschaft von allen Mitarbeiterinnen spielerisch erweitert werden im Sinne von "#MeinMagenta Arbeitsplatz", "#MeinMagenta Kleidungsstück" oder "#MeinMagenta Lieblings-Gadget". Eine Welle der Beteiligung wurde entfacht. Wenn solche Effekte in Zusammenhang mit Ernte und Ergebnistransfer authentisch genutzt werden, entsteht Neugier, ereignet sich Wissenstransfer und Durchdringung.

Virale Artefakte – physisch und sozial

Physische Artefakte

Wellen-Bewegungen können durch Artefakte hervorgerufen werden, die sich als Teil der Ernte physisch in der Organisation verteilen. Zwei Beispiele dazu:

- Der eingerahmte blaue Teppich nach einem erfolgreichen Open Space zur Familienfreundlichkeit einer Stadt ist ein Beispiel, das wir bereits beschrieben haben (siehe Seite 296). Dieses Artefakt wurde als Dank für alle, die dabei waren, zu Hunderten produziert und inspirierte überall, wo es auftauchte, zu Gesprächen über den Prozess und die Ergebnisse. Somit war es eine Erinnerungshilfe zur Unterstützung des Ergebnistransfers und löste eine Zeit lang immer wieder neue kleinere und größere Wellen an Interesse, Kommunikation und Aktivität aus.
- Im Rahmen der Lotsentage, ein Alumni-Treffen aller Teilnehmenden des Facilitator Curriculums der Kommunikationslotsen, entstanden vor einigen Jahren dank unserer Partnerorganisation bikablo-Akademie viele inhaltsreiche, inspirierende Graphic Recordings (visuelle Protokolle). Sie symbolisierten die Ernte aus eineinhalb Tagen Co-Creation mit rund 50 Teilnehmenden. Irgendjemand hatte plötzlich die Idee, die mehrere Meter langen Graphic Recordings in Einzelteile zu zerschneiden, sodass sich alle, die vor Ort waren, ihren Lieblingsausschnitt als Artefakt mitnehmen konnten. Somit ging die Ernte in Form vieler kleiner Inspirations-Schnipsel viral und verteilte sich deutschlandweit und hier und da auch ein klein wenig weiter. Die Schnipsel luden überall da, wo sie sichtbar an einem Schwarzen Brett oder einer Wand hingen, ein zu Dialogen, Inspiration und Wissenstransfer rund um das Thema Facilitation.

Soziale Artefakte

Wir haben durch die Brille von Wellen-Effekten auch „soziale Artefakte“ identifiziert. Formate wie „Circle“, wie die Kreisarbeit „The Circle Way“ gerne genannt wird, breiten sich wellenartig im Kontext von Organisationen aus. Die kurzen Ein- und Ausstiegsrunden gehören zu einer Vielzahl von Mikropraktiken, die als soziale Artefakte viral gehen. Wer einen Blick dafür hat, erkennt an vielen Stellen neue, soziale Mikropraktiken, die Teil von Entwicklungs- und Transformationsprozessen sind und die die Arbeitswelt oft kreativer, agiler und auch ein Stück stimmiger machen (z. B. Gesten, Entscheidungshilfen, Signal-Worte, Etiketten und Werkzeuge, wie z. B. Redeobjekte).

Wenn soziale Mikropraktiken die neue Wirklichkeit einer Organisation prägen, dann können sie als Teil der Ernte betrachtet werden.

„Es ist nach einiger Zeit nicht mehr unterscheidbar, wo der Ursprung der Mikropraktiken liegt. Sie verbreiten sich durch verschiedene Gruppen und Abteilungen, werden angereichert und angepasst und verschmelzen mit Neuem, das als dienlich erachtet wird. Ein wundervoller Kontrollverlust. Zwei Situationen waren für mich besonders eindrucksvoll: Als zum ersten Mal ein von mir gepflanztes Ritual nach einiger Zeit ‚zurückkehrte‘ und mir von jemandem vorgestellt und beigebracht wurde. Zweitens der Moment, als eine Mikropraktik von einem Kunden übernommen wurde und den Schritt über die Unternehmensgrenze hinaus gemacht hat“.

Dr. Gregor Schrott, Vice President, Bosch

Gregor, ein Teilnehmer aus dem Facilitator Curriculum, arbeitet als Führungskraft bei einem großen deutschen Technik-Konzern. Er hat Marillenholz an einem für ihn bedeutsamen Ort gefunden. Ein Teamkollege kam auf die Idee, daraus Redeobjekte („Talking Sticks“) anzufertigen. Diese Talking Sticks wurden in einer kleinen Zeremonie eingeweiht und dienen nun als Werkzeug für die Sozialtechnologie Kreisdialog (siehe Seite 222).

Das gleiche Team legt auf dem Flughafen die Taschen zusammen – als Mitte! Dann gibt es auch schon mal einen Circle am Gate im Stehen. Dies sind einige wenige Praxisberichte, wie physische und soziale Artefakte Teil der Ernte sein können – zumindest dann, wenn es um neue Formen der Zusammenarbeit und um Führung geht.

Selbstwirksamkeit und Prozesskompetenz als Teil der Ernte

Ein Facilitator hat das Ziel, sich so bald wie möglich überflüssig zu machen. Damit dies möglich wird, ist ein von Anfang an parallel mitlaufender Kompetenzaufbau ein relevanter Teil des Beratungs- und Begleitungsprozesses. Durch Prozesskommentare, Metakommunikation und regelmäßige Reflexion von Methoden und Verhalten werden Selbstwirksamkeit und Prozesskompetenz im Klientensystem aufgebaut. Dies nennen wir Developmental Facilitation[374].

Erhöhung der Prozesskompetenz

Die Prozesskompetenz auf Klientenseite wird beispielsweise entwickelt, wenn man den beteiligten Personen die Gelegenheit im Prozess gibt, überall dort verantwortlich etwas zu tun, wo die entsprechenden Fähigkeiten vorhanden sind oder geschult werden können. Facilitatoren machen nichts, was die Klienten selbst tun können. Nicht aus Faulheit oder Hybris, sondern mit Blick auf das Erleben von Selbstwirksamkeit und den Aufbau von Prozesskompetenz innerhalb

der Klientenorganisation. Das gelingt beispielsweise durch konsequente Reflexion der einzelnen Interventionen und durch entsprechende Rahmungen, die den Hintergrund und das Wozu einzelner Schritte im Prozess erläutern. Facilitatoren nutzen Interventionen nicht als magische Zaubermittel, sondern legen den Zweck und das Vorgehen transparent offen. Sie erklären, warum sie manche Worte und Tools nutzen und welche Dynamiken in Gruppen zum Prozess dazu gehören (siehe z. B. Vier Räume der Veränderung, Seite 132).

Wenn möglich, lädt die Facilitatorin interne Akteure ein, z. B. bei Großgruppenveranstaltungen, die Rolle der Facilitatorin zu übernehmen. Sie unterstützt dann in der Planungsphase, bei der Erstellung des Drehbuchs und coacht die internen Facilitatoren für die Durchführung. Auf diese Weise werden facilitative Fertigkeiten im Tun erlernt. Das ist für die Beteiligten sehr motivierend. Und in der Organisation wird durch die eigenen Kolleginnen erlebbar, dass Facilitation und die damit verbundene Prozessexpertise nützliches Handwerkszeug sind.

„Nun wende ich das Gelernte in der Pfarrei, in der ich tätig bin, weiter an, um möglichst viele Menschen in die lokale Kirchenentwicklung einzubinden. Dafür habe ich schon einzelne Methoden eingesetzt. Die Rückmeldung dazu war: ‚In diesen Veranstaltungen ist ein anderer Geist bemerkbar!' Durch den facilitativen Weg könnte der Wunsch vieler in der Kirche verwirklicht werden, nicht nur am Glauben und an der Kirche teilzunehmen, sondern sich sinnvoll und gleichwürdig zu beteiligen."

Pastor Stephan Massolle, Beverungen

Zur Erhöhung der Prozesskompetenz gehören auch die Koordinationsmechanismen. Dazu zählen die Praktiken des Gelingens (siehe Seite 168). Alle haben erfahren, wie wichtig und wirkungsvoll sie sind und wie sehr sie Kommunikationsprozessen ein Upgrade geben können. Die Entscheidungsmechanismen (wie „Five to Fold" oder auch das systemische Konsensieren, siehe Seite 172) haben sich bewährt und werden in der Organisation weiter genutzt. All das erhöht die Prozesskompetenz, die in der Organisation entstanden ist. Damit diese Prozesskompetenz weiter genutzt und kultiviert wird, ist es empfehlenswert, dazu im Ernteprozess Verabredungen zu treffen. In einigen Klientenorganisationen wird nach dem ersten Facilitation-Projekt ein interner Pool aus Facilitatoren gebildet. Dieser bietet Sparring- und Supervisionsangebote für Führungskräfte sowie Projektleiter und Facilitation in den einzelnen Entwicklungs- und Veränderungsprojekten. Häufig sind auch das Konzept der Pilotgruppe und die Idee der Partizipation zum frühestmöglichen Zeitpunkt Teil der Ernte. Facilitation bietet ein umfassendes Betriebssystem für Change, Entwicklung und Transformation. Organisationen lernen, den praktischen Wert des Ansatzes zu schätzen, sodass sie Pilotgruppen auch für weitere Veränderungsvorhaben nutzen wollen. Oft löst eine Pilotgruppe die nächste ab.

„Der Ansatz der Pilotgruppe (wir nennen sie Referenzgruppe) geht einen für mich langfristig erfolgreichen Weg. Diese Gruppen arbeiten an einem wichtigen Auftrag für ihre Organisation, verändern sich selbst, ihr Handeln, ihre Arbeitsweise, ihre Glaubenssätze. Sie reflektieren Ergebnisse und Hindernisse und stoßen – dem Auftrag entsprechend – weitere Veränderungen im Organismus Organisation an. Die Verbesserung wird nachhaltig, von den betroffenen Menschen gestaltet und getragen. Sie sind nicht mehr nur Betroffene, sondern auch Gestalter. Ich (als Facilitatorin)

darf zur Begleiterin werden, Mitstreiterin auf Augenhöhe, darf Anstöße liefern, darf Räume und Wege mitgestalten, sodass diese engagierten Gruppen ihren Weg erfolgreich, mit Freude und Energie gehen können. Pilotgruppen sind das Kernstück des Neuen. Immer wieder."
Christa Engelmann, interne Facilitatorin

Methoden/soziale Technologien kontextpassend und stimmig anwenden
Wenn sich Menschen miteinander eine neue, zweckdienliche Wirklichkeit erschaffen, dann gelingt das häufig über Spielregeln, Praktiken, Etiketten und koordinierte Verhaltensweisen. Genau diese liefern Methoden bzw. soziale Technologien. Ein größeres Methodenrepertoire führt in Organisationen daher zur Erfahrung von Selbstwirksamkeit in der Co-Creation stimmiger „Räume"

- für Willens- und Intentionsbildung,
- für Erkunden und Bedeutungsgebung,
- für Kreativität, Entscheidungsfindung und Aktion.

Facilitation ist praktisches Prozesswissen, ein Handwerk, das den Kernprozess in Organisationen – die Kommunikation – professionalisiert.

Darüber hinaus (neben der Erreichung des Transformationsziels[375]) wurde ich persönlich – und ich bin überzeugt auch unserer gesamtes Team – in zwei Jahren mit so viel neuem Methodenwissen beglückt, wie sonst in 20 Jahren nicht.
Kai Duve, kaufmännischer Geschäftsführer, Eurowings GmbH,
und ehe. VP Cabin Crew Management
Deutsche Lufthansa AG

Zu den Fallen einer ausgiebigen Ernte gehört die Erfahrung, dass Menschen, die beispielsweise neue Praktiken und Methoden gelernt haben, diese auch gleich in jeder mehr oder weniger passenden Situation ausprobieren wollen. Diesen Aspekt greift das folgende Zitat eines Kunden auf.

„Wir haben bei vielen Veränderungsprozessen etliche Methoden eingesetzt und ja, das war nicht nur erfolgreich, sondern eben auch neu. Und wie das so ist mit neuen Fertig- und Fähigkeiten, man möchte sie dann auch bei anderen Gelegenheiten sofort einsetzen und anwenden; das kann dann aber in diesen anderen Kontexten die Beteiligten rasch überrollen – auch, weil vielleicht Vorlaufzeiten fehlen oder es schlicht eben nicht die richtigen Instrumente für die dann fällige „Operation" sind. …
Andreas Winkelmann,
DHL Express Germany GmbH

Individuelle und kollektive Fähigkeiten

Durch Facilitation wird die Kraft, die eine Gruppe entfalten kann, für alle spürbar und nach außen sichtbar. Beteiligte erleben ein neues Gruppengefühl. Sie erleben, dass es in einer Gruppe möglich ist, effizient und effektiv zu arbeiten und sich dabei in den eigenen Grundannahmen, Haltungen und Perspektiven weiterzuentwickeln. Individuelle Fähigkeiten wachsen durch die Arbeit in der Gruppe. Gleichzeitig entwickelt sich ein Kollektiv in Richtung kollektiver Intelligenz und Antwortfähigkeit. Beide Entwicklungen, die individuelle und die kollektive, sind eng miteinander verwoben.

Die Fähigkeit zur Selbstreflexion und Selbstregulation

Durch Facilitation lernen Menschen sich und andere besser kennen. Sie verstehen mehr von ihrer eigenen Haltung, was sie antreibt und nach welchen Prinzipien sie handeln.

„Facilitation ist für mich heilsam, weil es mir einen Raum eröffnet hat, in dem ich wieder in Kontakt kommen konnte mit meinen eigenen inneren Überzeugungen und eigenen Weisheiten. Auf einmal war dieses Gefühl da ‚hier bin ich endlich wieder der Fisch im Ozean und nicht der Pinguin in der Wüste'. Facilitation ist für mich lebensverändernd, weil mir dadurch mein zukünftiger Weg glasklar geworden ist und ich diesen Weg nun Schritt für Schritt gehe. Facilitation ist für mich inspirierend, weil ich durch die Art und Weise, wie ich facilitative Begleitung erlebt habe, Unterschiede entstehen, wenn Menschen mit Hingabe ihrer Berufung folgen."

Larissa Nachtsheim, selbstständige Prozessbegleiterin, Facilitator, systemischer Coach und Partnerin der Kommunikationslotsen

In einem Facilitation-Prozess sind alle dazu eingeladen, nicht nur sich, sondern auch die Gruppe und die Entwicklungen zur Sache zu beobachten und Erkenntnisse dazu im Kreis zu teilen. Diese regelmäßigen Reflexionen führen dazu, dass Menschen lernen, sich und die Gruppe zunehmend besser zu steuern und ihren Fokus auf das auszurichten, was zieldienlich ist, ihnen selbst und der Gruppe hilft. Beteiligte lernen, (starke) Emotionen bei sich wahrzunehmen und sich selbst zu regulieren, bevor sie in der Gruppe handeln.

Diese Lerneffekte werden möglich durch modellhaftes Handeln (der Facilitatoren und der Teilnehmenden), durch die Vermittlung von Etiketten und Praktiken und durch eine sichere Umgebung, in der Menschen einzeln und als Gemeinschaft lernen dürfen. Alle erleben, wie viel mehr zur Sache entsteht, wenn die Aufmerksamkeit potenzialorientiert gelenkt wird. Das wirkt oft positiv über den beruflichen Kontext hinaus in das private Umfeld herein.

Die Fähigkeit, loszulassen

Im Facilitation-Prozess werden viele Meinungen und Ideen ausgetauscht. Das Prinzip des Vertrauens auf die Ganzheit (Seite 233), die Verinnerlichung des Satzes, *Das oder etwas Stimmigeres* (Seite 58, 72), die Grundannahme, *Das Wissen ist in der Welt!*, und andere Prinzipien und Praktiken (Seite 40, 215), führen mit der Zeit dazu, dass Einzelne leichter loslassen können: Meinungen, Ideen, Lösungen, Erwartungen, Kontrolle. Dem Loslassen folgt ein sich Öffnen für Neues.

„Facilitation ist lebensverändernd, weil ich dadurch das Prinzip des Loslassens verinnerlicht habe und sich meine Haltung insgesamt verändert hat. Weg vom Steuern, Kontrollieren und Lösungen vorgeben, hin zur wertschätzender Offenheit für das, was schon da ist bzw. kommen möchte. Dadurch öffnen sich viele Möglichkeiten und neue Perspektiven, beruflich wie auch im privaten Umfeld …"

Simone Schmickl, Facilitation meets Educations

Die Fähigkeit der Konzentration auf die Intention

Facilitation richtet die Aufmerksamkeit auf geklärte Absichten, soweit Menschen diese für sich und im Kollektiv formulieren können. Zur Ernte von Facilitation gehört daher die immer wieder gestellte Frage: Was ist die Intention? Menschen lernen auf diese Weise, sich auf die Intention (z. B. eines Meetings) zu verständigen und zu konzentrieren. Sie erfahren auch, dass es Abweichungen von der Intention geben kann und dass diese ohne Abwertung, eher mit Neugier, hinterfragt werden können. Und sie haben gelernt, die Intention anzupassen, wenn es die Situation erfordert.

„Die versteckten Intentionen offenzulegen und respektvoll darüber zu reden, ist keine einfache Sache. Aber es ist unerlässlich, wenn man sich auf einen Weg begeben will, bei dem gemeinsam entwickelte Ideen auch nachhaltig wirksam umgesetzt und gelebt werden sollen."
Markus Saga, Leiter Stabsstelle Presse, Kommunikation und Strategie, Beschaffungsamt des BMI

Die Fähigkeit der Annahme und Wertschätzung von dem, was ist

Menschen lernen durch Facilitation, das eigene Ego zu überwinden (ich glaube, ich will, ich denke, ich weiß, wie es sein sollte) und das zu schätzen, was ist. Dazu trägt besonders die Open-Space-Philosophie bei. Dort wird erfahrbar, wie sich Kommunikationsprozesse durch Wertschätzung und radikale Akzeptanz von dem, was sich gerade zeigt, positiv entwickeln. Momente und Menschen wertzuschätzen, gehört dazu. Das wird besonders durch Appreciative Inquiry geübt. Geerntet wird ein „wertschätzendes Auge", mit dem es leichter fällt, das zu sehen, was gut ist bzw. was funktioniert.

Die Fähigkeit, mutig die eigene Perspektive beizutragen

Menschen lernen durch Facilitation, mutig ihre Wahrheit auszusprechen. Sie wissen, dass sie einen wichtigen Teil zur Lösung und zum Fortkommen beitragen können und dass jede Sichtweise ein Geschenk (für die Sache) darstellt. Sie entwickeln das nötige Selbstvertrauen, sich an entscheidender Stelle mitzuteilen. Und sie stellen mutig Fragen (auch als Führungskraft) und scheuen sich nicht, Routinen infrage zu stellen. Dadurch eröffnen sich Möglichkeiten für neue, unerwartete Wege und kreative Durchbrüche. Dynamic Facilitation bietet in diesem Sinn eine besonders wirksame Lernumgebung.

„Am allermeisten hat mich hier berührt, wie stark spurbar in meiner Wahrnehmung wir alle uns entwickeln, entfalten und stark werden konnten und dass wir überhaupt diese Chance erhalten haben. Wir werden gesehen und dürfen werden, die wir sind. Das ist etwas, wofür ich von ganzem Herzen und zutiefst dankbar bin und das mich ungemein reich sein lässt – nicht nur ich durfte wachsen, was mich wirklich glücklich macht, sondern ich werde außerdem noch beschenkt dadurch, dass ich miterleben darf, wie es auch meine Kollegen im Kreis tun und mit all diesen wundervoll gewachsenen Menschen. Das ist ein unbeschreiblich großes Geschenk."
Patrizia Pipornetti, Teilnehmerin einer Pilotgruppe, Deutsche Lufthansa AG

Die Fähigkeit zu positiver Sprache

Facilitation drückt sich in einer Sprache aus, die positiv ist: klar, würdigend, friedlich und unverbraucht. Klar in Bezug auf die Sache, würdigend in Bezug auf die Menschen, friedlich in der Wortwahl und unverbraucht, wenn es darum geht, unbewusst genutzte, defizitäre Sprache zu ersetzen durch vitalisierende und potenzialorientierte. Die Sprache spricht das Herz an und öffnet den Geist. Der achtsame Gebrauch von Worten ist eine Frucht von Facilitation: Anliegen werden als Ziele formuliert und nicht als Probleme, die man beseitigen will. Die Appreciative-Inquiry-Frage *Wovon wollen wir mehr?* unterstützt auch in schwierigen Situationen und ist für sich genommen ein Satz, der in vielen Köpfen und Herzen als Frucht verankert ist.

„Interessanterweise haben sich auch meine Sprachmuster während des Kreisprozesses verändert. Meine Wortwahl ist eine andere. Sie ist ausgewogener, feinfühliger, achtsamer und übt natürlich auch eine Wirkung auf meine Teilnehmer aus, die Anteile meiner Kommunikationsart übernehmen. Neben der sprachlichen Neuausrichtung war jedoch die körpersprachliche Anpassung der tiefste Einschnitt. Ganz gleich, ob mimisch, gestisch oder psychophysiologisch, die körpersprachlichen Auswirkungen waren und sind für mich das größte Phänomen. Ich bin ruhiger, gewählter, sensibler und übertrage diese Wirkung in zwei Richtungen: nach innen (zu mir) und nach außen (zu meinen Teilnehmern)."

David Holzer, Head of Coachlng & Training, Active Agile

Die Fähigkeit, geteilte Verantwortung zu kultivieren

Das Verständnis für die geteilte Verantwortung ist verinnerlicht und für viele ein besonders bedeutsamer Teil der Ernte. Durch Facilitation erleben alle, dass nicht der Gastgeber, die externen Begleiterinnen oder die Führungskraft für ein Ergebnis verantwortlich sind, sondern die Gruppe gemeinsam. Das ist ein Paradigmenwechsel, der z. B. dann deutlich wird, wenn das Meeting oder das ganze Projekt als nicht erfolgreich erlebt wird. Es liegt nicht in der Verantwortung der Facilitatorin oder von Einzelnen, sondern alle wissen, dass der Kreis gemeinsam lernt. Niemand hat die Aufgabe, die Gruppe zu kontrollieren, sondern es ist Aufgabe der Gruppe zu lernen, wie man – auf Basis einer Intention – als gemeinschaftlicher Kreis agiert.

„Die Kreisarbeit ist zu einem integralen Bestandteil meines Tuns geworden und hat ohne Übertreibung alles auf den Kopf gestellt. Bescheidenheit gehört nicht unbedingt zu meinen Stärken. Ich war auch bereits vor meiner Begegnung mit Facilitation ein guter Coach und Trainer. Allerdings sind die Früchte meiner Ernte, die ich mit der Kraft des Kreises in Verbindung bringe, von solch unschätzbarer Energie und Tiefe, das ich mühelos über mein Geltungsbedürfnis hinweg sagen kann: Die Wirkung auf mich und mein Handeln ist disruptiv."

David Holzer, Head of Coaching & Training, Active Agile

Die Fähigkeit, schöpferische Dialoge zu führen

Menschen erweitern durch Facilitation ihr Verständnis von Kommunikation. Sie lernen, dass Menschen unter Kommunikation Unterschiedliches verstehen und dass man sich darüber verständigen kann, mit welchem Verständnis und in welcher Haltung man miteinander sprechen möchte (Transaktional versus Transformational, siehe Seite 336). Im Kern der Fähigkeit, schöpferische Dialoge zu führen, liegt die Erfahrung, dass sich die Erkenntnis oder die Entscheidung im Dialog zwischen den Menschen entwickelt. Sie ist im Zwischenraum, nicht in den Köpfen Einzelner. Kommunikation ist ein emergenter Prozess aus Wechselwirkungen. Wirklichkeit entsteht in der Mitte. Und das ist die Magie.

„Wisse, dass derjenige, der spricht, in gewisser Weise im Namen von uns allen spricht, und wir hören auf diese Weise zu."
Alan Briskin[376]

Dieses Kommunikationsverständnis und die damit verbundenen Fähigkeiten führen zu qualitativ hochwertiger Kommunikation, die dadurch geprägt ist, dass:

- unterschiedliche Ansichten als Vielfalt und Ressource betrachtet werden und nicht als etwas, das nicht sein dürfte,
- man eigene Beiträge, Ideen und Annahmen der Gruppe im Dialog anbieten und zugleich in der Schwebe halten kann – im Sinne von „Dies oder etwas Stimmigeres!" (siehe Seite 58, 72),
- sich die gesamte Gruppe in Bezug auf ein Thema oder in Bezug auf sich selbst (als Thema) zum Untersuchungsgegenstand erklärt – mit Neugier, Offenheit und einer lernenden Haltung (siehe Seite 452),
- nichts und niemand als „Es ist so!" oder „Er/Sie ist so!" betrachtet oder bezeichnet wird, weil alles, was wahrgenommen oder gesagt wird, immer in Wechselwirkung mit dem jeweiligen Kontext geschieht,
- Beteiligte – im Zweifelsfall – immer den Blick auf die Intention des Meetings, die Ziele der Organisation bzw. der gemeinsamen Unternehmung und die Zukunft richten, auf das, was alle miteinander verbindet und wozu sie irgendwann einmal Ja gesagt haben,
- niemand andere verändern möchte. Alle wissen, dass Veränderung an erster Stelle Selbstveränderung ist.

Die Gemeinschaftserfahrung, die Übernahme von Verantwortung und die positive Sprache ermöglichen schöpferische Dialoge auf Augenhöhe, durch die sich kollektive Weisheit zeigt und Co-Creation erleichtert wird. Derartige Dialoge werden als sehr hilfreich erlebt. Das spürbare Vertrauen in das Potenzial der Gruppe und in den Prozess gehören zur Praxis eines jeden Meetings.

Die Fähigkeit, schöpferische Dialoge zu führen, zeigt sich oft auch in einer *neuen* Besprechungskultur, in der eine Form der Zusammenarbeit praktiziert wird, die zu deutlich besseren Ergebnissen führt. Durch Facilitation wird das geübt und auch erlernt.

„Auf die Zukunftskonferenz folgten Großgruppenkonferenzen und Gruppenarbeiten, um die Details des Veränderungsprozesses auszuarbeiten. Beschlossen wurde dort auch, die Besprechungskultur komplett umzukrempeln. Die Veränderungen sind bereits äußerlich sichtbar: Die Tische wurden aus den Räumen verbannt, stattdessen gibt es Stuhlkreise und Stellwände. Darüber hinaus gelten für alle Besprechungen neue Regeln. So ist jetzt jeder Teilnehmer für das Ergebnis einer Zusammenkunft verantwortlich. Die neue Form des Zusammenarbeitens elektrisiert. Es klingt fast kitschig, aber ich spüre die Weisheit der vielen."
Dr. Margareta Büning-Fesel,
Leitung Bundeszentrum für Ernährung[377]

Führungskonzept der Zukunft – Facilitative Leadership

Wer sich auf Facilitation und damit auf Selbstführung und Selbstorganisation einlässt, wird über Führung nachdenken und zum Thema Führung Früchte ernten. Führung im Rahmen von Facilitation verbleibt beispielsweise als Ernte in einer Organisation, indem alle Teilnehmenden lernen, Führung temporär auszuüben. Menschen, die sich für eine Zeit lang im Rahmen einer Entwicklungsinitiative mit Facilitation auseinandersetzen, übernehmen häufiger eine temporäre Leitungsrolle, sie dienen der Gruppe und wirken gleichzeitig als eine Stimme im Kreis mit.

Führung, die facilitativ ist, ist eine Haltung – unabhängig vom formalen Führungsauftrag. Führung ist eine zeitlich begrenzte Autorität, eine Verantwortung im Gruppenprozess, ein Zur-Verfügung-Stellen der eigenen Fähigkeiten, damit Kommunikation als stimmig erlebt wird und sich kollektive Weisheit zeigen kann. Dies verstehen die Menschen nicht theoretisch, sondern ganz praktisch. Die zusammengehörenden Prinzipien *rotierende Leitung* und *geteilte Verantwortung* (The Circle Way, Seite 222) bilden den Kern der Ernte für Führung.

Hierarchie, die mit Facilitation kombiniert wird, erntet ein neues Führungsverständnis und -repertoire, mit dem Richtungsentscheidungen, Konsequenzen und mögliche Wirkungen vom ganzen System her betrachtet werden.

Teil der Ernte ist auch, dass Führung in der gesamten Organisation verteilt ist. Führungskräfte, die Facilitation erleben und die Denkschule, das Handwerk und die Kunst Stück für Stück in ihren Alltag integrieren, werden zu Facilitative Leadern. Sie verinnerlichen, dass Führungsarbeit nicht mit formalen Positionen verbunden ist und fortwährend auf allen Ebenen geschieht. Führung wird durch Facilitation zu einer reichlich vorhandenen Ressource in der Organisation.

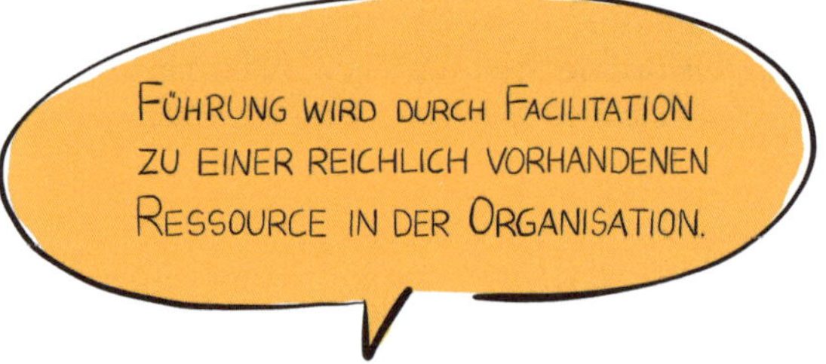

Gesellschaftlich bedeutsame und noble Ziele

Wenn eine Organisation ein Verständnis und eine Kultur im Sinne von Facilitative Leadership erntet, dann wird es dort Menschen geben, die gelernt haben, tiefer zu schauen und jenseits von Partikularinteressen größere Fragen zu stellen. Menschen, die noblen Zielen dienen und die in der Lage sind, Sinn für Zusammenhänge zu entwickeln. In von Krisen und Disruption geschüttelten Organisationen stellen sie die Frage: „Wer wollen wir sein?“ und „Welche Geschichte wollen wir miteinander schreiben oder verwirklichen?“. Wird es eine Geschichte von „Mehr des Alten“ („same old“)? Oder wird es eine Geschichte der Hinwendung, des Mitgefühls, des Loslassens und der Verbindung mit etwas gänzlich Neuen, das durch uns entstehen will.

„Gewährleisten Sie, dass die Arbeit des Managements einem höheren Zweck dient. Die meisten Unternehmen streben nach der Maximierung des Aktionärsvermögens – ein Ziel, das in vielerlei Hinsicht unzureichend

ist. Als emotionaler Katalysator fehlt der Vermögensmaximierung die Kraft, die menschlichen Energien vollständig zu mobilisieren. Sie ist eine unzureichende Verteidigung, wenn Menschen die Legitimität der Unternehmensmacht infrage stellen. Und sie ist nicht spezifisch oder überzeugend genug, um eine Erneuerung anzustoßen. Aus diesen Gründen müssen sich die Managementpraktiken von morgen auf das Erreichen besonders bedeutender und edler Ziele konzentrieren."

Gary Hamel[378]

Facilitative Leader wissen: Menschen brauchen gesellschaftlich bedeutsame und hehre Ziele, wenn es darum gehen soll, ihre Energie und individuellen Stärken vorbehaltlos einzusetzen.

Viele Köpfe treffen klügere Entscheidungen

„Die Führungskraft der Zukunft ist ein Facilitator."

John Naisbitt, Zukunfts- und Trendexperte

Ein wichtiger Teil der Ernte liegt in der Kapazität, echte Beteiligung zu ermöglichen, weil Einzelhirn-Entscheidungen in der VUKA-Welt an ihre Grenze gekommen sind. Organisationen, die facilitative Führung ernten, haben die Fähigkeit, kollektive Intelligenz mutig zu erschließen (im Gegensatz zur kollektiven Dummheit). Entscheidungen treffen sie in Zusammenarbeit mit anderen. Sie erledigen mehr Arbeit in funktionsübergreifenden Teams und durch interne oder externe Partnerschaften. Die Ernte auf einen Punkt: Führungskräfte werden zu guten Facilitatoren.

„Ausschlaggebend für meine Überzeugung, dass Facilitation einfach gute Ergebnisse in der Sache bringt und Menschen (neu) verbindet, war das Jugendhilfeforum, wo ihr Mitarbeitende aus ganz unterschiedlichen Bereichen zusammengebracht habt, die sich sonst nie ausgetauscht hätten. Das hat auch die Arbeit in unserer Organisation positiv beeinflusst. Facilitation hat mir gezeigt, dass das ‚Wie' und mit welchen Methoden wir miteinander sprechen, ausschlaggebend ist. Jede Stimme zählt, und wir teilen uns die Verantwortung für die Qualität ist fest in meinem Führungsverständnis verankert."

Dr. Verena Greten
Geschäftsführende Direktorin des IAWM, Ostbelgien

Führungskräfte als Facilitatoren (Facilitative Leader) haben die Fähigkeit entwickelt, eine Gruppe von Menschen dazu zu inspirieren, Kommunikation zieldienlich zu koordinieren und ihre Sprache und Beziehungsangebote mit lernender Haltung zu üben und stetig zu entwickeln. Sie laden dazu ein, sich gemeinsame Ziele zu setzen und an der Erreichung dieser Ziele zu arbeiten. Und sie ermutigen dazu, sich im Sinne von Selbstfürsorge und Persönlichkeitsbildung auch um sich selbst zu kümmern. Einige Fähigkeiten, die Facilitative Leader im Vergleich zu konventionellen Führungshandeln oftmals so anders erscheinen lassen:

- Sie hören zu.
- Sie verstehen Vielfalt als Ressource.
- Sie achten unterschiedliche Bedürfnisse und Interessen.
- Sie achten die Freiheit und Autonomie.

- Sie überwinden Partikularinteressen.
- Sie streben gelingende Beziehungen an.
- Sie bauen auf die Ressourcen und Potenziale der Gruppe.
- Sie bieten Führung, ohne die Zügel in die Hand zu nehmen.
- Sie laden ein, Verantwortung (Führung) zu übernehmen.
- Sie tragen zur Strukturierung und zum Ablauf von Interaktionen bei, damit Gruppen effektiv arbeiten und hochwertige Entscheidungen treffen können.
- Sie gestalten einen Raum und Rahmen, in dem die Gruppe erfolgreich sein kann.
- Sie haben den größeren Kontext und zukünftige Generationen im Blick.

Wenn eine Führungskraft die Rolle der Facilitatorin übernimmt, gibt sie nicht ihre Führungsrolle auf, sondern füllt sie in einer neuen Weise aus. Anstelle von eigener Entscheidungsfreudigkeit nutzt sie die Fähigkeit, anderen Menschen Container zur Verfügung zu stellen, damit sie zusammenarbeiten (in Kollaboration), Neues ausprobieren (Prototyping) und gemeinsam klüger werden (Co-Creation). Die Fähigkeiten, ein guter Gastgeber zu sein, emphatisch zu sein und sichere Räume zu schaffen, gehören zu den wichtigsten Fähigkeiten eines Facilitative Leaders. Und wenn die Führungskraft selbst Teilnehmer sein will (z. B. bei der strategischen Planung), dann bittet sie eine andere Person, die Facilitation-Rolle zu übernehmen – oder wählt Formate wie The Circle Way, in dem beides möglich ist, nämlich Gastgeberin und Teilnehmerin zu sein.

Wir sind hier gemeinsam drin! („We are in this together!")

Organisationen ernten mit Facilitative Leadership die Kapazität, Gemeinschaft, Fairness und Sicherheit herzustellen. Führende auf allen Ebenen haben gelernt, kleine Zeichen der Verbundenheit zu senden, eine authentische Atmosphäre der Zuversicht und ein „Wir-Gefühl" zu schaffen. Sie bieten – wo nötig und angemessen – auch Platz für Abschiede, Trauer und Kontemplation.

Als Facilitative Leader ist es ihnen weniger wichtig, wie viel sie wissen, sondern wie sehr sie sich kümmern. Facilitative Leader sind in der Lage, sich mit anderen authentisch zu verbinden. Sie leben eine „We are in this together!"-Haltung, -Sprache und -Handlung.

Facilitative Leader bringen ihre unverwechselbare Persönlichkeit echt und authentisch in ihre Arbeit ein. Sie leben anderen ihr wahres Selbst vor und helfen, den Raum zu schaffen, der die Vielfalt und Echtheit eines jeden ehrt. Sie sind Modell für Wertschätzung und immer wieder Platzhalter für das Neue. Wenn es etwas abzugeben gibt – zum Beispiel Besitzstände, Gehälter, Boni, Machtsymbole –, gehen sie voran. Wenn es etwas am eigenen Verhalten zu bedauern gibt, sprechen sie es aus. Sie zeigen die eigene Fehlbarkeit und Verletzlichkeit. Die Integrität einer Organisation steht und fällt mit der Integrität der Führungskräfte, der Inhaber des angestammten Macht-Zentrums. Dies gilt auch für die Zusammenarbeit zwischen der Führung (Management) und dem Betriebsrat bzw. der Personalvertretung. Geteilte Verantwortung kann auch hier Teil der Ernte sein.

„Für mich war einer der Schlüsselsätze: ‚Wir teilen uns die Verantwortung für die Qualität.' Dieser Satz birgt eine Chance, sowohl für das Management als auch für die Mitbestimmung. Allerdings ist damit auch Arbeit verbunden, denn das klassische top-down und die Oppositionsrolle der Mitbestimmung sind vertraut und auf den ersten Blick einfacher. Wenn beide Seiten für ein größeres Ganzes arbeiten, tut das der gesamten Organisation gut und schafft Vertrauen bei den Mitarbeitenden. Sich auf diese Reise einzulassen, erfordert Mut, sowohl auf Seiten des Managements als auch der Mitbestimmung. Wenn ich mich als

Mitarbeitender in der Verantwortung sehe, bin ich eher bereit, mich für das Unternehmen zu engagieren und auch in Krisenzeiten Einschnitte mitzutragen. Das geht meiner Ansicht nach nur mit Facilitative Leadership. In meinem Personalvertretungsalltag wende ich immer wieder Methoden an, die ich während der Ausbildung gelernt habe und freue mich, dass sie langsam, aber sicher greifen."

Susanne French, Deutsche Lufthansa AG,
Verantwortlicher Purser auf Langstrecken

Facilitative Leader leisten einen Beitrag zur Salutogenese (Entstehen von Gesundheit)

Es gibt einen Begriff und eine Theorie, die auf den Punkt bringt, welche Ernte Facilitative Leadership als Kapazität einer Organisation zur Verfügung stellt. Es ist die „Salutogenese"[379] – das Entstehen von Gesundheit. In der Salutogenese wird der „Sinn für Stimmigkeit" („Sense of Coherence") beschrieben, der offenbar bewirkt – wenn man ihn entwickeln kann –, dass man gesünder mit Krisen und Bedrohungen umgehen kann und dass man auch gesünder wieder herauskommt. Der „Sense of Coherence" setzt sich aus drei Einflussfaktoren zusammen:

- **Verstehbarkeit:** Verstehe ich, was gerade passiert?
- **Handhabbarkeit:** Habe ich die Fähigkeiten und Mittel, etwas zu tun?
- **Sinnhaftigkeit:** Kann ich dem, was gerade passiert, größere Bedeutung geben? Kann ich etwas Sinnvolles in dem entdecken, was derzeit passiert?

Facilitative Leader leisten einen Beitrag zur Entstehung von Gesundheit, indem sie *Verstehbarkeit* ermöglichen. Sie entschleunigen das Gespräch regelmäßig, stellen in Meetings alle relevanten Daten und Informationen zur Verfügung und laden die Kolleginnen und Kollegen ein, sie gemeinsam zu verstehen und zu bewerten. Facilitative Leadern ist bewusst, dass es auf gut eingespielte, informierte und antwortfähige Menschennetzwerke ankommt!

Das Gefühl der *Handhabbarkeit* ist die Gewissheit, die Dinge selbst in der Hand zu haben – Gestalter des eigenen Lebens zu sein. Facilitative Leader sorgen dafür, dass sie und andere geeignete Ressourcen an der Hand haben, um Probleme und Herausforderungen zu bewältigen. Sie kreieren Kontexte, in denen sie und andere erfolgreich sein können. Sie vermitteln die Zuversicht, dass Schwierigkeiten zu meistern sind – gleichgültig, ob der Betreffende sie selbst löst oder ob er sich auf andere verlässt.

Facilitative Leader sind *Sinnstifter.* Sie sind in der Lage, Brücken zu bauen zwischen den anstehenden Herausforderungen, den Lehren aus der Vergangenheit und dem Potenzial der Zukunft. Facilitative Leader achten auf die Verbindung zwischen dem, was in einem Gespräch geschieht, und dem, was an anderen Orten oder zu anderen Zeiten geschehen ist, und versuchen, die Sinnhaftigkeit herauszustellen. Sie fragen zum Beispiel, wie sich eine Entscheidung, über die gerade beraten wird, auf Vorgänge in einem anderen Bereich auswirken könnte. Und welchen Sinn das macht.

Sie treffen Entscheidungen mit positiver sinnstiftender Signalwirkung (für alle) und lassen sich von tiefen, weitblickenden Fragen leiten. Angesichts der globalen Krisen, die weit über organisationale Kontexte hinausgehen, sind Facilitative Leader Modell für progressives Führungshandeln.

„Nach meiner bisherigen beruflichen Erfahrung resultieren die meisten Probleme innerhalb einer Organisation aus mehr oder minder offen ausgetragenen Machtkämpfen. Am Ende stecken dahinter oft massive Verlustängste. Was für eine traurige Verschwendung von Zeit und Lebensglück! Wie schön ist es dagegen zu sehen, wenn man in echtem

Austausch gemeinsam Lösungen erarbeitet, die ein wirkliches Fortkommen bedeuten und für alle Beteiligten schon allein deshalb auch einen persönlichen Gewinn darstellen. Was für eine Möglichkeit, die eigene Arbeit ertragreicher und das eigene Leben erfüllender zu gestalten! Die gute Nachricht ist: Es geht. Am Anfang steht dabei der feste Wille dazu und die Offenheit für neue Erfahrungen. Mit einem Wort: Vertrauen. Und die Erkenntnis, dass ich bei mir selbst anfangen muss."

Markus Saga
Leiter Stabsstelle Presse, Kommunikation und Strategie
Beschaffungsamt des BMI

Prozesse abschließen und die Ernte feiern

Alles, was nicht ein sichtbares, fühlbares und klares Ende hat, wirkt im Körper und in der Organisation weiter, so besagt es der sogenannte Zeigarnik-Effekt[380], der zurückgeht auf Studien von Bluma Zeigarnik (einer Schülerin von Kurt Lewin), und zwar durch die Beobachtung eines Kellners, der sich alle offenen Bestellungen bis zu dem Zeitpunkt der Bezahlung merken konnte. Danach hatte er alles vergessen. Für den Kellner war es ein perfektes System im Umgang mit seiner Aufgabe. Bluma Zeigarnik hat dieses Phänomen weiter untersucht und nach ihr ist der gleichnamige Effekt benannt.

„Aus der Sicht der Gedächtnisökonomie bedeutet das, dass unabgeschlossene Handlungen mentale Ressourcen binden und den Menschen geradezu in eine zwanghafte Haltung führen, eine Handlung unbedingt abschließen zu wollen …"[381]

Online-Lexikon für Psychologie und Pädagogik

Facilitatoren kennen das Phänomen, weisen darauf hin und beraten in und mit der Pilotgruppe, was weiterwirken soll bzw. was abgeschlossen werden kann und wie das geschehen soll. So entsteht Platz für Neues.

Praxistipp

Den Zeigarnik-Effekt kann man sich auch in mehrtägigen Konferenzen, Meetings und Fortbildungen zunutze machen. Einfach mit der Frage: Was sollten wir heute unbedingt abschließen und was lassen wir z. B. bis morgen offen, um dann daran weiterzuarbeiten?

Wichtig für die Ernte ist: Prozesse, die nicht abgeschlossen werden und im Unterbewusstsein weiterwirken, können als negative Wirkung dazu beitragen, dass Menschen sich erschöpft fühlen. Es gibt dann zu viele lose Enden, die Energie kosten. Ernte bedeutet auch Abschluss, der bei allen Akteuren ankommt. Dies ist ein wertvoller Beitrag für einen gesunden Energiehaushalt und trägt – zumindest temporär – zur Reduktion der Komplexität bei.

Die Feier der Ernte

Der Abschluss der Ernte ist in vielen Kulturen ein Grund zum Feiern. Erntefeste gehören zu den ältesten Festen der Menschheit und werden weltweit dort gefeiert, wo Menschen Ackerbau betreiben und Früchte ernten. In der Projektmethode Dragon Dreaming[382] gibt es (neben den drei

Phasen: träumen, planen, umsetzen) eine vierte Phase, die Celebration (feiern) heißt. Der Australier John Croft hat Dragon Dreaming mitentwickelt und empfiehlt jeweils 25 % der Zeit, der Kosten und der Aufmerksamkeit auf die vier Phasen zu verteilen. Damit bekommt Celebration den gleichen Stellenwert wie die anderen Phasen. Das ist ungewöhnlich und zukunftsweisend. Es erinnert daran, dass die Feier ein wesentlicher Teil des Menschseins ist und damit auch im beruflichen Kontext ein wichtiges Element. Ohne Feiern verlieren wir die Balance. Die Feier sorgt für Ausgleich und verhindert Erschöpfung. Sie schenkt Energie und Freude.

Mit Celebration sind allerdings keine ausufernden Feiern gemeint, die aus Konsum bestehen, sondern Phasen der Dankbarkeit, Besinnung, Anerkennung und Wertschätzung für alles, was geleistet wurde, was funktioniert hat und auch für das, was nicht gut gelaufen ist. Es geht um einen Blick auf das Ganze und auf jeden Einzelnen, auf Großartiges, Herausragendes, Fehlerhaftes und Verletzliches. Manchmal helfen Trennungs- und Schwellen-Rituale in dieser Phase, Prozesse mit dem ganzen Wesen zu würdigen und abzuschließen, bevor der Schritt in einen neuen Zyklus, ggf. die Regelarbeit, gut gegangen werden kann (siehe „Beyond Facilitation", Seite 425).

Praxistipp

Unabhängig von einem Erntefest ist es eine Art Geheimtipp, besondere Momente – gute und weniger gute – auch im beruflichen Kontext zu bemerken und zu feiern oder zumindest zu würdigen. Besonders in Phasen, in denen es nicht mehr weiterzugehen scheint. So kann auf freudvolle Weise der Fokus verändert werden. Ausgerufen wird „Celebration!" und gemeinsam wird überlegt, was an dieser Situation, die sich mitunter nicht nach feiern anfühlt, gefeiert werden kann, was in diesem Moment anerkennenswert ist und worauf wir uns im Hier und Jetzt besinnen wollen. Für das Gehirn entsteht ein neuer Fokus. Neue Emotionen und Gedanken werden geschaffen. Oft gelingt es, von hier aus spielerischer und leichter weiterzugehen.

Mit der Feier wird die Ernte geehrt und damit die Fülle des Lebens, die Licht- und Schattenseiten, das Gelernte, die neuen Fähigkeiten, die Aha- und die „Oh no!"-Momente. Celebration ist der markante Abschluss, der allen das Ende signalisiert. Der Kreis schließt sich mit der Feier.

Eine wissenswerte und lehrreiche Anekdote

Anlass für ein Kundenprojekt war eine misslungene Reorganisation in einem Industriepark. Im Vorfeld hatte eine Expertenberatung Altes abgewickelt und neue Prozesse und Tools eingesetzt – jedoch ohne Partizipation und ohne bereichsübergreifende Dialoge mit den Mitarbeitenden. Mit einem Mal schien jedoch nichts mehr zu funktionieren. Es gab Missverständnisse, nicht abgestimmte Prozesse und Menschen, die gar nicht mitbekommen hatten, dass sich ihr Kernprozess geändert hatte.

Mit Facilitation sollten die Prozesse wieder stimmig werden und die Stimmung freudvoll. Als wir in die Organisation kamen, bestimmten Wut und Aggression den Alltag ebenso wie Frust und Ohnmacht angesichts der veränderten Rahmenbedingungen, die für viele die Arbeit unnötig beschwerlich machten. Unzufriedene Kunden und Mitarbeitende waren die Folge. Zügig bildeten wir eine Pilotgruppe, analysierten die Situation und öffneten den Raum für alle Stimmen und Sichtweisen. Da die Zeit knapp war, entschied sich die Pilotgruppe bald dazu, mit allen Beteiligten einen organisationsweiten Open Space durchzuführen, durch den die brennenden Themen auf die Agenda kamen. Mit über 300 Mitarbeitenden in zwei Schichten begleiteten wir diesen Open Space, der angefüllt war mit Dringlichkeit, Verantwortungsgefühl und Klartext. Gute Voraussetzungen für einen Open Space (siehe Seite 277)! Am Ende des dritten Tages konnte reichlich

geerntet werden. Die Situation fühlte sich für die Beteiligten leichter und entlastet an. Die guten Lösungen sorgten für eine bessere Stimmung und Zuversicht.

Wenige Tage nach dem Open Space werteten wir – als weiteren Teil der Ernte – alle Ergebnisse mit dem Management und der Pilotgruppe sorgfältig aus. Alle hoch priorisierten Lösungen bekamen Paten bzw. Mentoren aus dem Management, die Wege und Ressourcen öffnen sollten für eine schnelle Umsetzung. Alle Ergebnisse wurden gesichtet und als Gesamtschau visualisiert. Die Teilnehmenden und die Gruppen, die sich für die Weiterarbeit entschieden hatten, bekamen die nötigen Ressourcen. Wir Facilitatoren verabschiedeten uns zufrieden und nach getaner Arbeit aus der Organisation.

Ein halbes Jahr später fand eine beeindruckende Feier in Form einer großen Ausstellung (Finissage) in einer Werkshalle statt. Wir waren dazu eingeladen. Alle Anliegen aus dem Open Space und die Lösungen waren auf Pinnwänden visualisiert und ihre Umsetzung dokumentiert. Der Bereichsleiter hielt eine bewegende Ansprache der Anerkennung und Wertschätzung. Ein kurzes Video, das wir damals nebenbei aufnahmen, wurde gezeigt und mit großer Begeisterung gefeiert. Viele besondere Momente konnten so noch einmal erlebt werden. Besonders gewürdigt wurde die Pilotgruppe, die all das möglich gemacht hatte. Stolz und Dankbarkeit waren im ganzen Raum spürbar. Mit einem Glas Sekt wurde auf den Erfolg angestoßen und mit Kaffee und Kuchen weitergefeiert.

Als wir uns am Ende der Feier verabschiedeten, kam ein Teilnehmer (von der untersten Stufe der Hierarchie) aus der Pilotgruppe zu uns und sagte: „Das muss ich Ihnen unbedingt noch erzählen, bevor Sie gehen. Ich bin aufgestiegen, weil ich so gut in der Pilotgruppe mitgearbeitet habe!" Diese sehr persönliche Ernte hat uns ganz besonders gefreut. Eine kleine Szene, die sich tief in unsere Herzen eingeprägt hat.

Praxistipp

Ebenso wie es ein Harvesting-Team gibt, kann auch ein Celebration-Team gebildet werden, dessen Aufgabe es ist, der Feier (der Dankbarkeit, Besinnung, Anerkennung und Wertschätzung) genügend Raum zu geben. Wie wollen wir das Ende unseres Facilitation-Flows feiern? Mit welchem Ritual können wir für alle ein gutes Ende beschließen? Das Harvesting- und/oder Celebration-Team bezieht alle in die Planung der Feier mit ein. Und auch eine ausgelassene Tanzparty kann ein angemessenes Abschlussfest sein.

Der Abschluss der Pilotgruppe

Wenn alles einen guten weiteren Weg nimmt und es Strukturen gibt, die das Erreichte verstetigen, kommt der Zeitpunkt, an dem die Pilotgruppe ihr Mandat offiziell an die Auftraggeberinnen-Gruppe (Primärklienten) zurückgibt und sich auflöst. Die entstandenen Beziehungen und Freundschaften leben häufig weiter.

Oft gibt es Anschlussprojekte (weitere Pilotgruppen), oder das erworbene Prozesswissen wird der Organisation über einen Pool interner Facilitatoren zugänglich gemacht.

Haltepunkt: Übergang vom Westen in den Norden

Im Westen (Harvesting) haben wir uns mit dem Kern der Ernte, der Selbsterhaltung und Zukunftsfähigkeit von Organisationen beschäftigt. Wir haben verschiedene Zugänge zur Ernte aufgezeigt, vor allem die hilfreichen Denkmodelle, die nun als Ernte-Tool und -Template gute Dienste leisten können. Ein anderer Zugang waren die Dialog-Werkzeuge für die Ernte, also co-kreative Formate. Wir haben über die Wichtigkeit eines Ernte-Teams (Harvesting-Team) berichtet und von Beispielen aus der Praxis erzählt.

Wie man für die Ernte nützliche Wellen-Effekte („Ripple Effects“) nutzen kann, haben wir beschrieben. Und letztlich bleibt von Facilitation immer etwas in den Organisationen und der Führungskultur zurück. Selbstwirksamkeit und Prozesskompetenz sowie Facilitative Leadership – als Führungskonzept der Zukunft – sind wichtige Teile der Ernte. Gute Anfänge und die gute, bewusste Beendigung von Prozessen sind für Facilitation wichtig, denn sie geben Orientierung und sorgen für einen gesunden Energiehaushalt. Aus diesem Grund haben wir dem Abschluss von Entwicklungs-, Change- und Transformationsvorhaben einen eigenen Abschnitt gewidmet.

Praxistipp

Am Ende dieses Kapitels laden wir ein, die folgende Frage[383] zu reflektieren: „Was wurde bei mir lebendig auf meiner Reise durch den Westen (der Phase der Ernte)? Was war neu und gegebenenfalls positiv überraschend? Worüber möchte ich weiter nachdenken? Was werde ich in meine Praxis mitnehmen? Wie werde ich das umsetzen?“

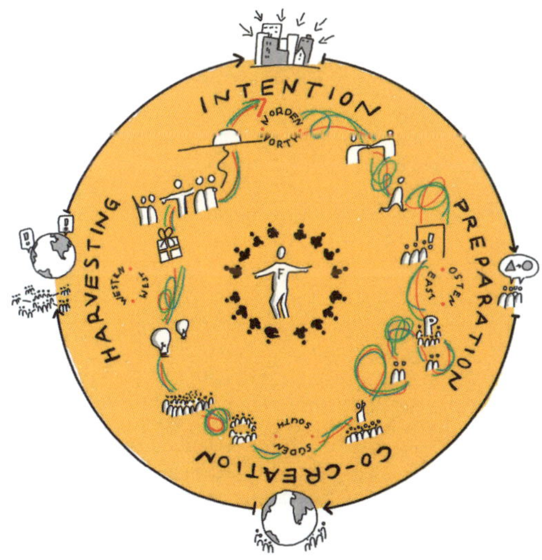

Rundumblick: Im Norden sind wir mit der INTENTION im Facilitation-Flow gestartet. Schwerpunkte waren hier die Auftragsklärung und Initialberatung. Im Osten (PREPARATION) haben wir uns mit und im Klientensystem auf die dialog- und beteiligungsorientierte Reise vorbereitet und unter anderem die Pilotgruppe gegründet. Im Süden (CO-CREATION) sind wir in den Flow der Erkundung, des Studierens und des Prototyping mit und im gesamten relevanten System eingestiegen. Wichtig dabei waren soziale Technologien, also kleine und große Methoden und Vorgehensweisen, die Vielfalt nutzen und kollektive Intelligenz ermöglichen. Und nun hat sich der Kreis mit der letzten Wegstrecke, dem Westen (HARVESTING), geschlossen. Wir blicken wieder auf den Norden. Neue Anlässe zeigen sich. Der richtige Zeitpunkt zum erneuten Aufbruch will abgewogen werden und neue Intentionen kristallisieren sich heraus. Mit einem erweiterten Verständnis von Entwicklung, Veränderung und Transformation und ausgestattet mit neuen Kapazitäten wachsen Zuversicht und Entschlossenheit, wenn es darum geht, die eigene Organisation antwortfähiger, sinnvoller und menschlicher zu machen.

Kapitel 4: Beyond Facilitation – heilige Ordnungen und archetypische Wege der Transformation

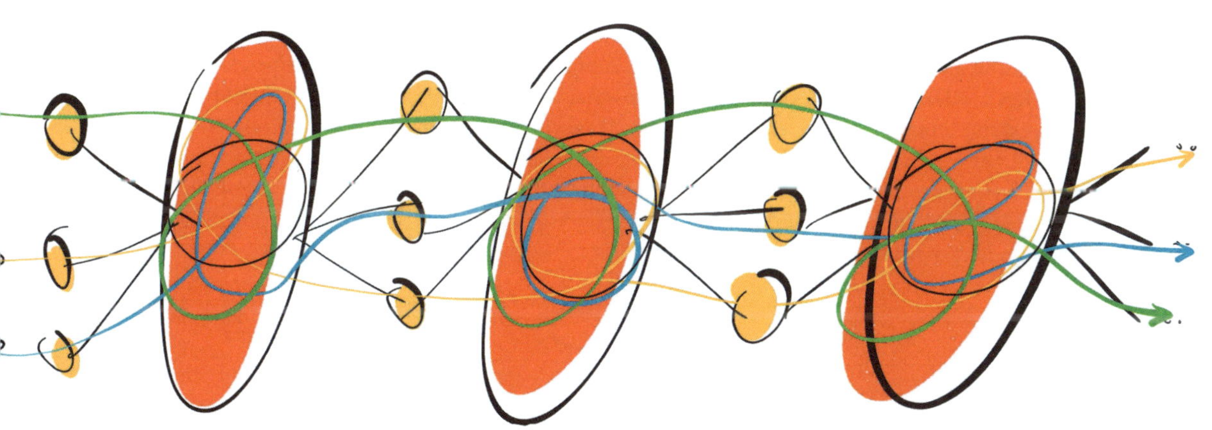

Fragen, die jenseits der Sphäre eines Buchs über dialogorientierte Organisationsentwicklung liegen, könnten lauten: „Aus welchen tieferen Quellen schöpft Facilitation?" „Aus welchen tieferen Quellen schöpfen wir, wenn wir diese Arbeit tun?" Mit diesen Fragen betreten wir den Raum alten Wissens erdverbundener Völker und indigener Nationen. Es geht dabei um heilige Ordnungen, archetypische Wege der Transformation, um überlieferte Sozialgefüge, Kulturtechniken und Übergangsrituale.

„Beyond" aus dem Englischen heißt „jenseits von" und „über (etwas) hinaus". Wir schauen in diesem abschließenden Kapitel über den üblichen Radius von Konzepten und Ansätzen, Methoden, sozialen Technologien, Prinzipien und Praktiken hinaus. Darum wird es gehen:

- Der Ausgangspunkt: Dualität, Fragmentierung und überliefertes Wissen
- Unsere persönliche Geschichte mit „Beyond"
- Schwellen der Transformation: Liminal Pathways Change Framework™
- Erfahrungen und heilsame Lehren
- Die Visionssuche und der heilige Berg
- Die Schwitzhütte und der rote Weg
- Die Heldenreise

4.1 Der Ausgangspunkt: Dualität, Fragmentierung und überliefertes Wissen

Viele Rituale und Zeremonien, die Wandlung ermöglichen, entspringen einem Weltbild der Allverbundenheit. Der Dualismus zwischen der Kultur und Gestaltungskraft der Menschheit einerseits und der wilden, ungezähmten Natur unseres Planeten Erde andererseits ist eine Idee der modernen, westlichen Zivilisation. Viele Kulturen vor uns sahen den Menschen eingebunden in einen großen Kreislauf und Teil eines größeren, lebenden Organismus. Die Idee der Moderne ist hingegen die Linearität, nicht das zyklische Denken wie bei den meisten Urvölkern. Wer linear und nicht verbunden denkt, sieht den eigenen Planeten als Ressource, als etwas getrennt von sich selbst, als etwas, von dem man sich ohne Rücksicht auf (eigene) Verluste bedienen könnte. Diese Auffassung von Trennung und Dualität im Sinne von „der Mensch hier, die Natur da" hat negative Auswirkungen, die wir heute als Menschheit weltweit erfahren. Rituale und Zeremonien können Erfahrungen liefern und Wege ebnen, die heilsam sein können, weil sie zuvor vermeintlich Getrenntes zusammenbringen und dadurch Leben stiften. Der Autor Joseph M. Marshall III erzählt die folgende Geschichte, die den blinden Fleck unserer modernen, westlichen Zivilisation so treffend auf den Punkt bringt:

> *„1996 saß ich mit meinem Großvater zusammen, als wir die Mondlandung sahen. Später fragte ich ihn, was er darüber dachte. Er sagte, dass es gut war. Ich glaube nicht, dass ihn das alles sonderlich beeindruckt hat. Und vielleicht war er sogar ein wenig skeptisch. Und das Gespräch drehte sich darum, was man von Leuten halten sollte, die so etwas machen, zum Mond fliegen, ihn betreten und wieder zurückkommen. Und er war beeindruckt von dieser Fähigkeit. Aber die Frage oder die Aussage, die sozusagen die ganze Diskussion abschloss, war: „Aber ich weiß nicht, ob sie wirklich ein weises Volk sind."*
>
> Joseph M. Marshall III[1]

Und Sandra Janoff beschreibt die Krise der Moderne in einem Satz:

> *„Unsere fragmentierten Systeme sind zerbrochen und brechen vor unseren Augen zusammen.“*
> Sandra Janoff[2]

Ein Blick auf die Weisheit alter Mythologien und die Überlieferungen der „First Nations“ erscheint daher lohnend. Wir tun dies weder im Sinn eines romantisch-exotischen Eskapismus noch spielerisch als „Hobbyistentum“ oder Liebhaberei, sondern aus Überzeugung und Gewissheit, dass alte, überlieferte Urformen der Wandlung aufschlussreich sind für die Frage nach der Herkunft des „Spirits“ in Facilitation. Darüber hinaus bieten sie Anregungen für Führung und Begleitung tiefer, menschlicher und organisationaler Entwicklungs- und Wandlungsprozesse.

Alles, was wir dazu teilen, basiert auf unseren eigenen, subjektiven Wahrnehmungen und Erfahrungen, die wir an geeigneter Stelle durch weitere Quellen ergänzen. Wir erheben nicht den Anspruch, für unsere Lehrerinnen, Freunde und erweiterte Familie oder für indigene Völker an sich zu sprechen. Wir möchten aber den „Spirit“, den Geist, der sich oft durch behutsam begleitete Kreise und angesichts guter Gastgeberschaft zeigt, ein wenig Fundament geben. Denn all dies, so denken wir, kommt nicht von ungefähr. Es liegen tiefere Quellen hinter dem Ganzen.

4.2 Unsere persönliche Geschichte mit „Beyond“

Als mein (Holger Scholz) heute über 80-jähriger Vater[3] 1991 den Hof unserer Kindheit in der Eifel, den Beuerhof, verkaufen wollte, weil die Großeltern nicht mehr da und die Kinder aus dem Haus waren und er allein auf dem Hof keine Zukunft mehr sah, da erhielt er einen Anruf. Am Telefon war ein Sonnentänzer, ein Schüler des heiligen Mannes der Lakota, Archie Fire Lame Deer[4]. Er suchte für eine Gruppe einen Platz, an dem man offenes Feuer machen und in der Nacht trommeln durfte. Sie kamen für eine Woche, vollzogen ihr „Seminar“ und luden meinen Vater am Ende zu einer Schwitzhütte in der Tradition der Lakota ein. Für ihn war dieses Reinigungsritual eine mystische Erfahrung, und am nächsten Morgen wusste er wieder, wofür er diesen Platz in der Vulkaneifel all die Jahre gehütet hatte. Er hatte wieder ein Bild und einen Sinn für die Zukunft.

Und so kam es, dass der Häuptling und Medizinmann Archie Fire Lame Deer ein paar Wochen später bei uns auf dem Hof stand. Da war ich 23 Jahre alt.

Es ist eine bis heute währende Lernreise in eine Welt von dem, was die Lakota „Red Road“, den Roten Weg, nennen. Dazu gehören, neben der persönlichen Praxis, auch regelmäßige Aufenthalte an dem Ort in South Dakota, wo im August die wichtigste Zeremonie der Lakota Nation im Rosebud Reservat stattfindet: der Sonnentanz.

> *„Viele Jahre lang hat man uns gesagt, wir sollen „outside the box“ denken. Jetzt ist es an der Zeit, dass wir uns auf unsere indigene Lebensweise besinnen und innerhalb des Kreises denken.“*
> Terrellyn Fearn[5]

Als wir, Roswitha und ich, rund 20 Jahre später *The Circle Way* von Christina Baldwin und Ann Linnea kennenlernten, kamen beide Welten, die indigene, erdverbundene und die facilitative,

dialog- und menschenorientierte, zusammen. Mit einem Mal wurde mir klar, warum ein Kreis eine Intention und eine Mitte hat – immer. In all den Zeremonien indigener Nationen und Traditionen, die ich in meinem Leben kennenlernen und erleben durfte, gab es immer eine Mitte. Die Mitte hält, wie die Intention, das ganze Geschehen. Sie ist sowohl physisch und praktisch betrachtet ein wichtiger Kardinalpunkt. Darüber haben wir bereits geschrieben (siehe Seite 225). Sie hat aber auch metaphysisch, als Philosophie und Weltbild, eine entscheidende Funktion: Die Mitte gibt uns Ausrichtung und ist in der Lage, einen alltäglichen Raum des Alltagsbewusstseins (profane Welt) in einen heiligen Raum zu verwandeln. Und schließlich hilft die Mitte, uns mit den großen, zivilisatorischen Aufgaben der Menschheit und mit dem Eigentlichen zu verbinden: dem Lebendigen.

„Der profane Raum unterscheidet sich vom heiligen Raum dadurch, dass er keinen festen Punkt oder Mittelpunkt hat, an dem man sich orientieren könnte. Der profane Raum hat keine axis mundi, keinen kosmischen Baum oder eine Säule, die in den Himmel führt. Das ist die Erfahrung der Moderne: Die Menschen sind nicht in der Lage, ein Zentrum zu finden. Der profane Raum erlaubt keinen direkten Kontakt mit der Kraft, die Erneuerung und Regeneration ermöglicht."
Robert L. Moore[6]

Durch Christina Baldwin und Ann Linnea, die unsere Lehrerinnen wurden, konnten wir Verbindungen herstellen, zwischen dem, was wir als Facilitatoren und Hosts all die Jahre taten, und den alten, heiligen Formen der Erneuerung, der Übergänge und Transformation indigener, erdverbundener Traditionen, die sich zum Teil bereits in unserer Arbeit wiederfanden. Auf der einen Seite gibt es das Alltagsbewusstsein, das wir in den Klientenorganisationen vorfinden, mit all dem Small-, Social oder Business-Talk. Das ist gut und wichtig. Doch wenn man das Zeremonielle nicht kennt, wenn man nicht unterscheiden kann zwischen dem Profanen und dem Sakralen, und wenn man keine Idee davon hat, wann es was braucht, dann lässt man einen ganz wesentlichen Teil menschlicher Entwicklung und Natur außer Acht. Was sich teils in unseren Kreisen im Anwendungskontext von Organisationen oder in unserem Facilitator Curriculum (Fortbildung) an tiefer innerer Arbeit, an Spirit und Wandlung zeigt, war und ist fulminant. Nun hatten wir auch eine belastbare Theorie dafür.

Schließlich fanden wir, ähnlich wie es Christina und Ann formulieren, unsere Mission, den Kreis und die Mitte durch Facilitation in die Organisationswelt zurückzubringen. Versteht man Kreis und Mitte über die Methode und das Dialogformat hinaus, so wird deutlich, worum es eigentlich geht. Facilitation, wie wir es verstehen, ist eine uralte Kunst und ein Handwerk, Prozesse des Werdens in die Lebendigkeit zu begleiten.

„Eigentlich suchen Menschen gar nicht nach dem ‚Sinn des Lebens' oder nach ‚Bedeutung'. Menschen suchen nach dem Gefühl, lebendig zu sein."
Joseph Campbell

Diese Arbeit basiert mitunter auf uraltem Wissen, das wir teils noch in unseren Knochen haben und das mit dafür Sorge trägt, dass diesbezügliche Erfahrungen in der Praxis oft von Resonanz und Stimmigkeitserleben begleitet werden. Individuell kennen das viele Menschen, doch gerade in Gruppen ist der Effekt noch größer. Im Amerikanischen wird dies „Activating the old mind" genannt. Gruppen haben das Potenzial, den alten Geist viel stärker zu öffnen, als dies allein möglich ist. Man denke nur an Zeremonien, Feste und Gruppenrituale, wo Menschen miteinander in einen gemeinsamen Flow, Rausch oder Spirit kommen.

In einigen dieser alten Formen geht man auch Wege allein, doch wird jede Zeremonie und jeder Übergang von einer „Communitas" gehalten. Victor W. Turner[7] führte den lateinischen Begriff communitas ein anstelle von „Community" bzw. Gemeinschaft. Gemeint ist damit eine am Transformationsgeschehen aktiv beteiligte, temporäre Gemeinschaft, die den Raum während des Übergangs von einem Zustand in einen anderen hält und absichert. Parallelen zur Pilotgruppe sind nicht zufällig! Victor Turner (1920 – 1983) war ein Anthropologe, der Rituale in Stammesgemeinschaften und in der Moderne studierte. Er beschäftigte sich unter anderem mit den Arbeiten von Arnold van Gennep[8] und bezog sich auf Kurt Lewin und die Aktionsforschung, also auf eine Wiege der Organisationsentwicklung (siehe Seite 11). So gesehen ruhen alte, rituelle Formen begleiteter Entwicklung und die heutige dialog-orientierte Organisationsentwicklung auf demselben Fundament.

4.3 Schwellen der Transformation: Liminal Pathways Change Framework™ [9]

Turner kultivierte einen weiteren Begriff, der für Facilitation wie für Übergangsrituale wichtig ist: den Schwellenzustand. Dieser Begriff erinnert an das von Kurt Lewin entwickelte „Unfreeze, Change, Refreeze" Change-Modell[10] (Einfrieren, Verändern, Einfrieren). Diese dreistufige Theorie der Veränderung hat auch van Gennep in alten Riten des Übergangs gefunden und als „Trennung, Schwelle und Eingliederung" beschrieben.[11] Bei beiden Modellen zeigt sich in der Mitte die Phase der Liminalität. Dies ist die Phase, in der das liminale Wesen (ein Individuum, eine Gruppe oder eine Organisation) den früheren Status losgelassen und den neuen Status noch nicht angenommen oder erreicht hat. Es ist dieser wertvolle und zugleich schützenswerte Zwischenraum, der für Facilitation, und offenbar für alle Prozesse des Werdens, so wichtig ist.

In dieser Phase, die vom Facilitator und der Communitas gehalten und begleitet wird, geschieht die innere (Wandlungs-)Arbeit. Es ist ein Geschehen, ähnlich der Verpuppung der Raupe. Für die tiefe, innere Arbeit ist ein robuster Schutzkörper vonnöten, den wir als Facilitatoren im sozialen und im organisationalen Feld als „Kontext des Gelingens" (siehe Seite 147) und als (sicheren) „Container" bezeichnen. Facilitatoren entwickeln diese Container für die Begegnung mit dem Unbekannten. Denn in jeder Transformation geschieht auch etwas Schmerzhaftes. Je tiefer man geht, desto mehr Struktur wird benötigt.

Unsere Kollegin Gisela Wendling hat den Denkrahmen „Liminal Pathways" entwickelt (siehe die folgende Abbildung), um die drei Phasen der Wandlung mit den dazugehörigen Aspekten zusammenzufassen. Erkennbar ist das Zusammenspiel zwischen der inneren Arbeit (Prozess), die das in der Veränderung befindliche „liminale" Wesen leistet, und der äußeren Struktur, die das Ganze hält und schützt (siehe „Erfahrungen und heilsame Lehren", Seite 431). In der mittleren Phase liegt der Moment des „Nicht mehr das Alte und noch nicht das Neue". Hier braucht es den sicheren Container für die Wandlung. Gisela spricht von einer „Schmelztiegelerfahrung".

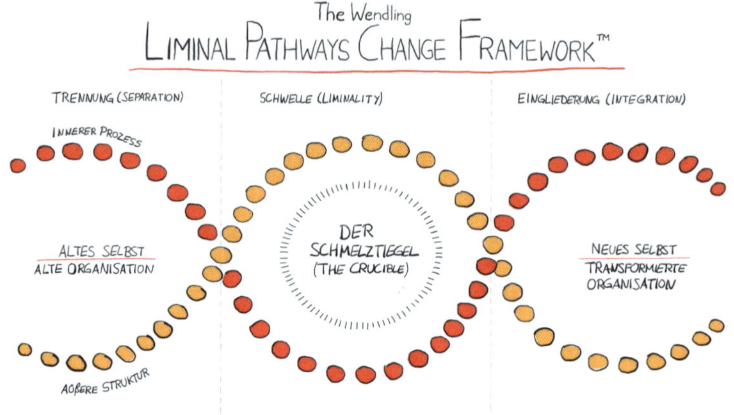

„Wie ein echter Schmelztiegel, in dem Metalle erhitzt und rekombiniert werden, kann diese Phase sehr reichhaltig und herausfordernd sein, insbesondere bei Veränderungen, die transformatorisch sind."
Gisela Wendling[12]

Das Liminal Pathways Change Framwork™ liefert einen Denk- und Orientierungsrahmen für den Wandel von Individuen, Gruppen und Organisationen, das über traditionelle Kulturen hinaus anwendbar ist. Es sorgt für Achtsamkeit und Prozesswissen, indem es entlang der drei Phasen verdeutlicht, was sich im Inneren (nicht sichtbar) und Äußeren (sichtbar) vollzieht und wie eine hilfreiche Begleitung (Facilitation) aussehen kann.

Die Phase im Zwischenraum (Turner nennt sie auch „betwixt and between", etwa „mittendrin und dazwischen"), das Gehalten-werden, der sichere Container, die Mitte und der Kreis, all das sind Urformen und heilige Ordnungen der Wandlung und Transformation, die als tiefere Quellen Facilitation inspirieren und wirksam machen.

Innerhalb der drei Phasen kommen – je nach Zielsetzung, Kultur und Tradition – eine Vielzahl an unterschiedlichen Riten der Läuterung, der Reinigung, der Trennung, der Übergänge, der Reise, der Danksagung, der Angliederung und des Ausgleichs zum Einsatz. Das Konzept der Liminalität und der Verletzlichkeit des liminalen Wesens während der Wandlung erweitert das Verständnis und die Praxis von Facilitation. Es informiert Facilitatoren, Hosts, Führungskräfte, Therapeuten, Coaches und Menschen in beratenden und begleitenden Berufen. Und es fordert uns dazu auf, uns diesen Prozessen zu stellen. Sie am eigenen Leibe zu durchleben, zu erfahren und manchmal auch zu durchleiden, um uns diesem tiefen Prozesswissen Schritt für Schritt, Ritual für Ritual zu nähern. Es könnte eine Einladung sein, diese alten, überlieferten Phasen der Wandlung nicht nur theoretisch zu kennen, sondern sie zu verkörpern. Es war und ist zumindest für uns eine immerwährende Einladung, eigene Erfahrungen damit zu machen. Darüber schreiben wir im nächsten Abschnitt „Erfahrungen und heilsame Lehren".

Aus Sicht von Facilitation macht es einen Unterschied, insofern dass die Demut mit Blick auf die Begleitung von Entwicklung und Wandlung wächst. Das Bewusstsein für stabile Schmelztiegel der Wandlung nimmt zu. Die Fähigkeit, belastbare, Vertrauen spendende, äußere Strukturen zu schaffen, damit die innere Arbeit geleistet werden kann, entwickelt sich. Wenn Facilitatoren diese Qualitäten in ihre Arbeit integrieren, werden sie wirksamer. Die dafür notwendigen Schritte im Anwendungskontext von Organisationen haben wir im Kapitel „PREPARATION" beschrieben (siehe Seite 145 ff.).

4.4 Erfahrungen und heilsame Lehren

Im diesem Abschnitt berichten wir von eigenen Erfahrungen, von heilsamen Lehren („Teachings“) und von Erkenntnissen, die unsere Arbeit als Facilitatoren jenseits der Methoden bereichert haben. Die Erfahrungen mit den verbundenen Zeremonien stellen nur eine Auswahl dar. Weltweit sind in allen Kulturen, Traditionen erdverbundener, sogenannter indigener Völker, Hunderte und Tausende von Zeremonien bekannt und werden zum Teil bis in die heutige Zeit erhalten. Diese Zeremonien kamen in unser Leben, wie wir es wenige Seiten zuvor im Abschnitt „Unsere persönliche Geschichte mit ‚Beyond‘“ beschrieben haben. Die Visionssuche und die Schwitzhütte können als Übergangsrituale verstanden werden, die uns durch das reale Erleben ein erweitertes Verständnis von Facilitation geschenkt haben. Beide Rituale bestehen aus mehreren Phasen, beinhalten verschiedene Schwellen und nutzen verschiedene Helfer. Man verlässt die bekannte Welt und taucht ein in eine unbekannte Welt, in der man mitunter unvorhersehbaren Herausforderungen ausgesetzt ist. Sowohl die verschiedenen Praktiken als auch die Unterstützungsstrukturen, die notwendige innere und äußere Arbeit und die psychologischen Zustände lassen viele Ähnlichkeiten mit Transformation und Transformationsbegleitung erkennen.

Wir nutzen die Begriffe „Zeremonie“ und „Ritual“ in nahezu gleicher Weise, denn jedes Ritual wird zur Zeremonie, wenn es in der Öffentlichkeit stattfindet. Und viele Zeremonien, die aus einzelnen Riten bestehen, können, wenn man sie regelmäßig für sich selbst durchführt, zu einem persönlichen Ritual werden. Das eine vom anderen in jedem Kontext abzugrenzen, ist daher oft eine Sache der Perspektive.

Die Visionssuche und der heilige Berg

Da es viele Traditionen der Visionssuche („Vision Quest“) gibt und verschiedene Wege von uns hätten gegangen werden können, mussten wir abwägen. Wir folgten unserem Bauchgefühl und hielten uns an Christina und Ann und ihre begleitete Visionssuche in den Cascadia Mountains (USA/Washington).

Wir waren im ersten Jahr Teilnehmende, und ein Jahr später übernahm Holger die Assistenz im Basecamp der sogenannten „Cascadia Quest“[13]. Dies ist eine Visionssuche, die von Christina Baldwin, Ann Linnea und Deborah Green-Jacobi jeweils im Mai/Juni eines Jahres durchgeführt wird. Die Teilnehmenden kamen aus den USA, Europa und Australien. Die Alterspanne lag zwischen 23 und 75 Jahren. Mit Christina und Ann kamen „The Circle Way“, das Wildniswissen, das Tagebuch-Schreiben und die Erfahrung eines langen Lebens mit an Bord. Durch Deborah kamen das „Rites of Passage“-Rahmenwerk[14] (Übergangsrituale) der School of Lost Borders[15] und die auf das Vorhaben perfekt abgestimmte Ernährung hinzu. Sie bildeten zusammen ein wunderbares, sich ergänzendes Hostingteam.

Menschen, die sich für ein Übergangsritual entscheiden, haben einen Grund, eine konkrete Frage oder sie stehen vor einer gefühlten Weggabelung. Sich dann eine Auszeit der Stille, des Fastens und der Kontemplation zu nehmen, ist seit Menschengedenken traditions- und religionsübergreifend eine gängige Praxis. Eine gut geplante, vorbereitete und begleitete Quest („Visionssuche“) kann eine Herausforderung und auch ein Segen sein für Menschen jeden Alters. Eine klare Intention, gute, umfängliche Vorbereitung auf den verschiedensten Ebenen (körperlich, handwerklich, mental), ein guter Ort und eine erfahrene Begleitung sind wesentliche Komponenten der Transformation.

Unsere Visionssuche vollzog sich in den drei Phasen nach Arnold van Gennep:

- Severance – die Trennung (von Altem und Gewohntem)
- Threshold – die Schwelle (und Prüfung)
- Incorporation – die Eingliederung (des Neuen).

Severance – die Trennung

Wer sich auf eine Visionssuche vorbereitet, wird sich zunächst von allen irdischen Gewohnheiten und Sicherheiten peu à peu verabschieden müssen. In dieser Phase durchläuft der „Quester“ (die Person, die das Ritual vollzieht) einen Zeitraum von mehreren Monaten bis zu einem Jahr, in dem er sich physisch, spirituell und mental vorbereitet.

Es geht darum, sich fit zu machen für die anstehenden Herausforderungen der Transformation. Darüber hinaus ist es hilfreich, wenn der Quester seine Intention für die Quest (das Ritual, die Fragestellung) formulieren kann. Je nach Tradition sind Praktiken der persönlichen Reinigung, des Gebets, des Fastens und des Verzichts von Genussmitteln ein weiterer Bestandteil dieser Phase. Klarwerden und Loslassen sind die Themen. Vermeintliche Sicherheit, Besitzstände und „Must haves“ werden Stück für Stück abgelegt bzw. zurückgefahren. Wir waren begünstigt durch den wohl bedachten Rahmen und die erfahrene Begleitung durch Cristina, Ann und Deb. Wir konnten uns körperlich und seelisch auf die Schwellenerfahrung in der Wildnis vorbereiten. Am Ende dieser Vorbereitung standen wir als Quester frei von Ballast und nur mit dem Notwendigsten ausgerüstet vor dem Herzstück der Quest: vor dem Natur-Solo. Das sind drei bis vier Tage und Nächte allein in der Wildnis.

Ausgestattet mit einem Tarp (einer Plane, die zwischen Bäumen gespannt wird), einem Schlafsack und dem Allernötigsten, den sogenannten „Ten Essentials“[16], ist der Quester sich selbst überlassen.

In manchen Varianten und Traditionen gibt es neben dem Verzicht auf Essen auch kein Wasser – und in den traditionellen Visionssuchen gibt es auch keine „Ten Essentials“.

Threshold – die Schwelle

Das Natur-Solo gilt als die Schwelle. In indigenen Traditionen heißt dies, man geht „auf den Berg". Tatsächlich standen wir in einem weiten Tal umringt von Bergketten und Hügeln. Am Ende des Tals war unser „heiliger Berg", der für die nächsten Tage unser Begleiter wurde. Die Zeit allein mit sich in der Natur verspricht, eine Grenzerfahrung zu werden – mitunter auch eine Prüfung oder eine Krise. Die Natur wird zum Spiegel und zur Lehrerin. Hier bekommen Träume eine Bedeutung. Auch Tagträume und das pure Alleinsein setzen innere Prozesse in Gang. Alles, was geschieht, ist heilig.

„Es ist eine andere Realität. Eine Realität der Koinzidenz, der Synchronizität, der Gleichnisse, der Zeichen und Symbole."
Steven Foster & Meredith Little[17]

Als Quester lernt man, dem Prozess zu vertrauen und sich hinzugeben. Alles, was passiert, ist das Einzige, was passieren kann. Und alles ist wichtig. Sei es die Begegnung mit einem Tier, sei es der Wind, die Sonne oder der Regen. Sei es ein Ruf aus der Ferne oder die Stille, die so lange verweilt, bis man seinen Ohren nicht mehr traut. Das Einzige, was du nachts oft hören kannst, ist dein eigener Herzschlag. Der Quester stirbt in seiner Solo-Zeit einen symbolischen Tod, um mit dem Alten abzuschließen. Zuvor vollzieht er Rituale des Dankes, des Abschieds und der Läuterung. Durch die Anwendungen dieser Rituale während der Solo-Zeit, wie z. B. die „Death Lodge"[18], wird vieles, was einen beschäftigte oder gar belastete, geradegerückt, befriedet und verabschiedet. Wenn letzte gute Worte der Versöhnung und der Wertschätzung gesprochen sind, kann der Quester gehen. Er geht (nur) symbolisch, aber zugleich sehr eindrucksvoll, denn diese Erfahrung kann dem letzten Atemzug sehr ähnlich sein. Der Verzicht auf feste Nahrung, das Alleinsein und die Reduktion auf das Wesentliche unterstützen den tiefen, persönlichen Prozess. Für manche ist es ein Spaziergang. Für andere können die drei bis vier Tage und Nächte die Hölle sein. „The word scared and the word sacred is just a little flip!"[19], sagten unsere Begleiterinnen.

Am Ende der Solo-Zeit folgt der Aufbruch in ein neues Leben. Wichtige Fragen wurden (vielleicht) beantwortet, Themen haben sich sortiert. Der Blick auf das Alte hat sich verschoben. Man schaut mit Mitgefühl, Wohlwollen und einer wohltuenden Distanz auf sich selbst und die eigene, kleine Welt.

Dieser frische Blick ist es, was den Quester häufig in die Lage versetzt, sich selbst mit all seinen Fragen, Problemen und auch Dramen vollkommen anzunehmen – mit Selbstliebe und einer Prise Humor. Vieles löst sich. Die meisten Menschen, die nach dieser Zeit zurückkommen, wissen, was zu tun ist, wem sie sich anvertrauen und mit wem und mit was sie in ihrem Leben künftig mehr Zeit verbringen wollen. Jede und jeder bringt eine ureigene Lebendigkeit, Freiheit und ein tiefes Angekommen-sein in der Welt mit zurück vom heiligen Berg.

Incorporation – die Eingliederung

Als Quester wirst du bei deiner Rückkehr empfangen von denen, die während deiner Zeit auf dem Berg das Feuer gehütet und somit den Raum gehalten haben. In Victor Turners Terminologie ist dies die Communitas. Es sind Menschen, die in der profanen, säkularen Welt als Raumhalter dienen. Mit Blick auf Facilitation sind es die Pilot- und Pioniergruppen und der „Kontext des Gelingens" (siehe Seite 147). Hier, im „Sacred Space", ist es – wie in alter Zeit – deine erweiterte Familie.

Je nach Tradition wird man im Circle empfangen. Es gibt nach einer Ruhephase etwas zu essen und dann einen ersten Rat der Geschichten („Story Council"). Du wirst als Quester eingeladen, zu berichten, wie es dir ergangen ist und was du mitbringst. Die Begleiterinnen der Quest spiegeln dir, was sie in deiner Geschichte gehört haben. Viele, scheinbar unwichtige Details gewinnen nun an Bedeutung. Hier im Kreis der anderen Quester und der Begleiterinnen tut es gut, sich selbst sprechen zu hören in einer liebevollen Gemeinschaft von Menschen, die wissen, was du durchgemacht hast.

Die Wiedereingliederung in den Alltag ist ein eigener Prozess, der behutsam angegangen werden will. Zunächst ist da die Reise nach Hause. Als Quester ist man mitunter weich (im Sinne von ungeschützt), offen und verlangsamt. Man bekommt sehr viel mehr mit, als man das von seinem (vormaligen) Alltags-Bewusstsein kennt. Zu Hause angekommen, geht es darum, erst einmal den anderen zuzuhören. Denen, die den Raum gehalten haben. Wenn sich eine gute Gelegenheit zeigt oder eine geschaffen wird, dann gibt es das zweite „Story Council" zu Hause mit denen, die dafür bestimmt sind. Vermutlich wird man weniger Inhalte und Fakten berichten. Man erzählt seine Geschichte, und es kann passieren, dass alle Emotionen wieder spürbar werden. Die Erzählung kann einer Aneinanderreihung kleiner Wunder ähneln. An dieser Stelle sind wohlwollende und einfühlsame Zuhörer ein Geschenk, denn man ist als Quester immer noch im Prozess der Verarbeitung und des Ankommens im Alltag. Die eigene Geschichte ist ein wertvolles Gut. Daher wurden wir von unseren Begleiterinnen darauf vorbereitet, diese Geschichte in voller Tiefe nicht jedem und nicht überall zu erzählen. Es gibt verschiedene Versionen.

Die Geschenke der Quest sind entweder blitzartig klar und deutlich oder sie entfalten sich über einen längeren Zeitraum. „Bemerke, wenn Hilfe kommt!"[20], gab uns Christina zum Abschluss mit auf den Weg. Sie inspirierte uns dazu, in aller Ruhe auf Antworten zu warten, auch wenn sie sich nicht direkt zeigen. So konnten wir mit Zuversicht und gut vorbereitet wieder ankommen im Alltag.

Ähnlich erleben wir diese Phänomene im Rahmen von Facilitation. Die grundlegenden Muster und Bewegungen von Übergängen, Abschiedsritualen, der Erfahrung „neuer Welten" und der Neugeburt, seien sie profan/weltlich oder sakral/religiös begleitet, sind alte Archetypen der Initiation. Sie sind noch heute in alten, erdverbundenen Kulturen und Tribes erlebbar und werden auch in der westlichen Welt durch Märchen, Mythen und Sagen überliefert. Wenn wir Individuen, Gruppen oder ganze Organisationen bzw. Organisationsbereiche durch Prozesse der Veränderung, Erneuerung und Wandlung begleiten, ist dieses Wissen bedeutsam. Die Phasen und Phänomene der Übergangsrituale liefern eine Art Wegbeschreibung („Roadmap“) für Transformations-, Entwicklungs- und Wandlungsprozesse. In der Regel bringen die Menschen, ähnlich wie bei einer Visionssuche, nach einer begleiteten Suchbewegung neue Ideen und Perspektiven zurück in die Organisation. Sie waren unterwegs in einer anderen Welt und viele sagen daher auch – je nach Intensität und Dauer – „Ich bin ein Anderer geworden!“.

Eine erfahrungsbasierte und behutsame Begleitung, von den Anfängen der Intentionsbildung („Der Ruf“) über die Vorbereitungen, den Aufbruch in das Unbekannte bis zur Rückkehr in die Organisation ist bedeutsam. Manchmal ist beispielsweise Unterstützung vonnöten, ein Individuum oder eine Gruppe wieder zurück aus dem Schmelztiegel der Transformation herauszuholen. Oft ist es die Rolle des Facilitators, den Weg für den nächsten Schritt zu weisen.

Wer Natur-Solos, -Auszeiten und ritualisierte Quests selbst erfahren hat und in das eigene Leben integriert, wird ein tieferes Verständnis für die psychologischen, emotionalen und seelischen Zustände der Menschen entwickeln, die sich in Prozessen des Übergangs befinden.

Die Schwitzhütte und der rote Weg

„Indem Rituale auf vorgefertigte Handlungsabläufe und altbekannte Symbole zurückgreifen, vermitteln sie Halt und Orientierung. Das Ritual vereinfacht die Bewältigung komplexer lebensweltlicher Situationen, indem es „durch Repetition hochaufgeladene, krisenhafte Ereignisse in routinierte Abläufe überführt.“
Wikipedia[21]

Die Kultur der Lakota gehört zu den ältesten aktiven Sozialgefügen und überlebte durch alle Dekaden der Menschheit hinweg. Mit der Hilfe und der Weisheit von großen Führern war das Volk der Lakota-Indianer in der Lage, schwierigen Zeiten und Veränderungen zu begegnen. Ihre sozialen Errungenschaften, ihr Wissen über die Natur ebenso wie uralte Rituale helfen ihnen bis heute, in die sogenannte „moderne Zeit“ zu gelangen.

Das Ritual der Schwitzhütte

Eine von sieben heiligen Zeremonien[22] ist das Inipi[23], die Schwitzhütte. Sie ist eine Art Schwitzbad und zugleich ein Gebetshaus. Schwitzhütten und Schwitzhäuser findet man auf allen Kontinenten. Die körperliche und seelische Reinigung sowie der Kontakt zu Mutter Erde macht die Schwitzhütte zu einem Ritual. Sie kann auch eine größere Zeremonie einleiten oder abschließen (z. B. den Sonnentanz oder die Visionssuche). Die Schwitzhütte ist der Vorgänger der säkularisierten Sauna und der russischen Banja. Das Inipi ist auch ein Ort für einen Rat („Council“), also für wichtige und bedeutsame Gespräche und Entscheidungen. Wer schon einmal an einem Schwitzhüttenritual teilgenommen hat, der wird dieses Erlebnis für die Zukunft in jeden Kreis und Circle mitnehmen – man erlebt und versteht das, was sich vollzieht, aus einer anderen Ebene bzw. mit einem erweiterten Verständnis.

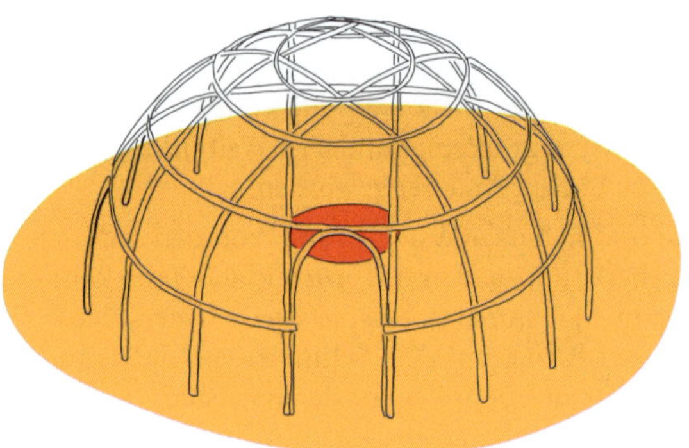

Die Inipi-Hütte hat die Form einer Kuppel. Sie wird aus 16 Stangen (Weide oder Haselnuß) gebaut und mit Decken, Segeltuch, früher auch mit Büffelleder oder -fellen, abgedeckt. Es gibt Schwitzhütten mit mehr oder weniger Stangen, und auch die Bauweise unterscheidet sich je nach Stamm oder Familie[24].

Das kürzeste Gebet der Lakota lautet „Mitakuye Oyasin“, was so viel heißt wie „Alle meine Verwandten“. Mit diesem Gebet betritt man die Hütte, die als Symbol für den Schoß von Mutter Erde steht. Man reiht sich damit ein in die Schöpfung, ist nicht mehr wert als der Adler (oder der Milan oder Bussard) am Himmel, die kleine Maus oder der Käfer am Boden. Wenn wir „Alle meine Verwandten“ sagen, dann erkennen wir alles als uns zugehörig an. Alles, was sich bewegt, ist lebendig: die Tiere, die Bäume, die Pflanzen, die Wolken am Himmel und auch die Steine, die als Großväter bezeichnet werden.

So krabbeln wir nach einiger Zeit, gereinigt und in Wasserdampf umhüllt, auf allen Vieren aus der Hütte, dem Schoß von Mutter Erde – geläutert und wie neu geboren. Wir sind einen kleinen Teil des roten Weges gegangen. Wir blicken in die Sterne oder, wenn wir früh morgens im Dunkeln in die sogenannte „Early Morning Sweatlodge“ gegangen sind, in die aufgehende Sonne. Wir sind bereit für den nächsten Zyklus.

„Als Menschen liegt unsere Größe nicht in dem, wie wir die Welt erneuern können, das ist ein Mythos des Atomzeitalters, sondern in dem, wie wir uns selbst erneuern.“
Mahatma Gandhi[25]

In einem Schwitzhüttenritual findet neben der Reinigung und Erneuerung auch Heilung und Wandlung statt. In einer Schwitzhütte kann man Entwicklung- und Transformationsarbeit erleben mit Kräften und einer Begleitung, die aus anderen Ebenen kommen. Das Ritual umfasst so viele Aspekte und weitere Bedeutungen, dass wir im Rahmen dieses Kapitels nur eine Auswahl treffen konnten. Den Weg der Schwitzhütte zu gehen, kann eine lebenslange Lernreise in unbekanntes Terrain sein. Die Lehren erschließen sich Stück für Stück. In diesem Verständnis vollziehen wir das Ritual und erfahren ein wenig vom sogenannten roten Weg („Canku Luta“ auf Lakota). Der „Rote Weg“ steht für den Lebensweg und die spirituelle Lebensweise der Lakota, die wir in der Sprache des Weißen Mannes als Sioux-Indianer bezeichnen. Der Weg ist rot, weil es auch der Weg aller Menschen ist, deren Blut rot ist, unabhängig von ihrer Hautfarbe. So betrachtet ist der rote Weg für alle Menschen. Sie sind alle unterwegs, tragen alle ihre verschiedenen Lasten und treffen alle irgendwann ihren Schöpfer. Blicken wir auf die Lehren, die wir in rund 25 Jahren auf diesem Weg für Facilitation empfangen durften.

Die Lehren der Schwitzhütte

- Es ist gut, für Ausgleich zu sorgen.
- Für andere und anderes beten, dann ist für alle gesorgt.
- Von Herzen sprechen ist eine Führungsfähigkeit.
- Achtsamkeit und Humor schließen sich nicht aus.
- Anteilnahme und Respekt zu zeigen, muss man manchmal üben.
- Ordnung zu halten und Schönheit einzuladen, hilft!
- Keine Spuren zu hinterlassen, ist ein Teil der Zeremonie.

Für Ausgleich sorgen

Wenn wir an einer Schwitzhütte teilnehmen, halten wir uns für die Vorbereitungen, die Durchführung und die Aufräumarbeiten lange Zeit in der Natur auf. Wir erleben den direkten Kontakt mit den Elementen Feuer (glühende Steine), Wasser (in Form von Wasserdampf), Luft und Erde, auf der wir sitzen und die uns angenehme Kühle spendet. Durch den Kontakt mit Mutter Erde erfahren wir Respekt vor der Natur. Wir stehen nicht über der Schöpfung. Wir sind ein Teil von ihr. Wenn wir im Rahmen der Zeremonie etwas aus der Natur nehmen, geben wir etwas zurück. Die Lehre, die sich dahinter verbirgt, ist: Wenn man etwas von sich gibt, beispielsweise ein Geschenk oder eine Art Opfer („Give away“), dann sollte man etwas wählen, was für einen selbst einen großen Wert hat, sonst ist es kein Geschenk. Wenn wir also etwas von uns geben, dann sollte es uns selbst lieb und heilig sein. Wenn wir zum Beispiel das Feuer entzünden, sind wir gewahr, dass wir Insekten und kleinen Tierchen die Heimstatt und mitunter das Leben nehmen. Wir wissen auch, dass sie sich für eine gute Sache hingeben. Dafür bedanken wir uns. Denn sie sind unsere Brüder und Schwestern.

Die Bedeutung für Facilitation

Facilitatoren halten nichts für selbstverständlich. Facilitation heißt, das Gute, was (uns) passiert, zu bemerken und dankbar zu sein. Wir sind dem Kontext und dem, was darin geschieht, gewahr, haben die Antennen offen, um dann durch eine kleine Intervention, vielleicht nur eine Geste, vielleicht auch etwas Größeres, für eine Art des Ausgleichs zu sorgen und den Dingen eine gute Richtung zu geben. So tun wir es auch in der Schwitzhüttenzeremonie. Wir nehmen etwas und wir geben etwas zurück.

Für andere und anderes beten

Während wir in der Schwitzhütte sind, hören wir zu, was der Wasseraufgießer[26] spricht und betet. Wir singen alte Lieder, die selbst auch Gebete sind. Immer wenn die Tür, der Eingang zur Schwitzhütte, offen ist – das passiert viermal –, ist Zeit für ein kurzes Gebet. Wir bitten und beten in der Schwitzhütte nicht für uns, sondern für andere und anderes. Wir bitten und beten um Gesundheit, Liebe, Stärke, Kraft für eine ganz bestimmte Person. Nicht für irgendjemanden und auch nicht für die Allgemeinheit, sondern für eine Person oder ein Wesen, das wir kennen und einen Namen hat. Wir beenden unser Gebet mit einem kurzen „Ho!“ im Sinne von „Ich habe gesprochen“. Und alle anderen bekräftigen unser Gebet ebenfalls durch ein gemeinsames „Ho!“.

Manchmal wird dazu noch ein wenig Wasser auf die Steine gegeben. Dies hilft, das Gebet aus der Hütte hinaus ins Universum zu tragen.

Wir tun dies in dem Wissen, dass es uns gut geht, wenn es anderen gut geht. Dafür steht die Redensart „What goes around comes around" (etwa: „Was ich in die Welt gebe, kommt herum und irgendwann zu mir zurück."). Es macht uns stark und reinigt uns, wenn wir eine ganze Zeit lang nicht an uns selbst denken, sondern etwas für andere tun. Wir sind mit uns und der Welt im Reinen, und wenn wir aus der Schwitzhütte treten und gute Wünsche und Gebete gesprochen haben, dann wissen wir, dass es irgendwo jemanden gibt, der auch für uns gebetet und gesprochen hat. Gute Gedanken und Wünsche für andere und anderes sind an sich schon eine sehr starke Praktik. Dies gemeinschaftlich zu tun, in diesem Raum, in dem die vier Elemente Feuer, Wasser, Luft und Erde so präsent sind, kann eine sehr bedeutsame Erfahrung sein. Die Welt erscheint danach anders, irgendwie friedlicher, versöhnlicher und weicher. Auch dies verstärkt das Gefühl, wie neugeboren zu sein.

Die Bedeutung für Facilitation

Dieser Akt der Fokussierung auf andere korrespondiert mit einer Praktik der Selbstführung[27], die wir bereits erwähnten (siehe Seite 33). Wenn es einem selbst nicht gut geht (emotional, mental, körperlich) und man als Teil eines Teams in Extremsituationen eine wichtige Rolle zu tragen hat, dann gilt: „Wechsel die Perspektive (Change Focus). Hör auf, dich selbst zu bemitleiden. Geh weg von dir und deinem eigenen Leid – ganz besonders in Momenten, in denen du nicht weiterweißt. Konzentriere dich auf den anderen und kümmere dich um ihn." Die Perspektive wechseln, sich um andere kümmern, sich zurücknehmen, sich in den Dienst eines höheren, gemeinsamen Ziels stellen und dankbar sein – dies sind facilitative Praktiken, die wir ebenso in alten Ritualen wie auch im Kreis bei den „Praktiken des Gelingens" wiederfinden. Wir tragen zum Wohlergehen der Gruppe bei. Wer einmal intensiv für andere gebetet – egal in welcher Tradition – und die Auswirkungen dieser Gebete und guten Gedanken erlebt hat, der wird seine facilitative Praxis vertiefen und weiterentwickeln.

Von Herzen sprechen

Wenn wir uns in Zeremonien, in einem „heiligen Raum" befinden, verändert sich die Art und Weise, wie wir zuhören und sprechen. Niemand würde in einer Schwitzhütte auf die Idee kommen, in der gleichen Tonlage, Lautstärke und Energie zu sprechen, wie in einem ganz normalen Meeting oder einer Kaffeepause. Menschen sprechen anders. Sie scheinen dies ohne explizite Anweisung selbst zu bemerken und sprechen mehr von Herzen. In der Schwitzhütte lernen wir, dies kurz und kräftig zu tun. Im Gebet – oder wenn wir etwas Gutes über jemanden sagen – halten wir keine langen Reden, sondern versuchen schnell und direkt von dem Ort aus zu sprechen, wo unsere Emotionen liegen.

Dieses Sprechen äußert sich in einer für andere spürbaren Offenheit. Ich versuche verbunden zu sein mit der Schöpfung, während ich spreche, und habe keine Angst davor, verletzbar zu sein.

„Es ist in meiner Verletzbarkeit,
in der ich mit anderen in Kontakt komme."
David Sibbet[28]

Die Bedeutung für Facilitation

Als Facilitator und Facilitative Leader ist es hilfreich, wenn ich in der Lage bin, diesen Ort, von dem ich spreche, bewusst zu wählen. Ich muss nicht immer so sprechen, aber ich sollte die Wahl haben. Auf diese Weise werde ich für andere spürbar, wenn es darauf ankommt. Durch Emotion entstehen Kontakt und echte Beziehung. Von Herzen sprechen, in Kontakt sein, Zugang zu den eigenen Emotionen finden und zugleich klar und prägnant sprechen – das sind wertvolle, persönliche Fähigkeiten. Es vergrößert das eigene Repertoire (im Sinne von Handlungsoptionen), wenn man unterscheiden lernt zwischen dem Alltagsbewusstsein und dem besonderen Raum eines Rituals oder einer Zeremonie. Besonders für Menschen in Beratung, Begleitung und Führung sind dies wertvolle Fähigkeiten.

Achtsamkeit und Humor

Wenn wir das Ritual vorbereiten, hat alles, was wir tun, eine Bedeutung. Überall gibt es etwas zu lernen. Wir betreten nicht einfach den Wald und holen uns, was wir brauchen. Wir tun dies alles sehr bewusst. Wir achten aufeinander und wachsen als Gruppe zusammen, weil wir gemeinsam eine besondere Erfahrung machen. Wir achten auf alles, was uns umgibt. Auf Greifvögel, die am Himmel kreisen. Auf die vier Himmelsrichtungen. Auf den Wind. Auf unsere Werkzeuge. Auf die Kinder. Wir streiten nicht am Ritualplatz. Wir schätzen den echten Kontakt untereinander, lassen das Mobiltelefon unangetastet und praktizieren keinen Small Talk, wenn das Feuer brennt. Wir sind achtsam und zugleich unverstellt. Wir können herzlich lachen, wenn jemand einen guten Witz erzählt oder etwas Lustiges sagt. Etwas von Herzen. Das ist immer gut. Achtsamkeit, Humor, über sich selbst lachen, sich nicht so wichtig nehmen – das gelingt häufig, wie von selbst – in der Tiefe eines Rituals, wenn die natürliche Lebendigkeit erwacht.

Die Bedeutung für Facilitation

Über die heilsame Wirkung von Humor und geteilter Freude wurde schon viel geforscht und publiziert. Gepaart mit Achtsamkeit sind beides wohl Kernkompetenzen für ein glückliches und gesundes Leben – und auch für Facilitation. Da wir Facilitatoren oft als „Lichtungen für …" bezeichnen, sind sie eben auch Lichtungen für das Positive, für den Humor, die Menschlichkeit und das Glück. Und das bringen Facilitatoren vor allem dann in Gruppen, Kreise und Organisationen ein, wenn sie Zeit für sich hatten, wenn sie gebetet haben und sich auf mehreren Ebenen reinigen konnten, wenn sie verbunden und im besten Sinne geerdet sind.

„Das Revolutionärste, was ein Mensch heute tun kann, ist, öffentlich glücklich zu sein."
Hunter Doherty „Patch" Adams[29]

Anteilnahme und Respekt

Wenn einzelne Gruppenmitglieder während des Rituals körperlich oder seelisch/emotional an ihre Grenzen stoßen, nehmen wir Anteil. Das heißt nicht, dass wir sofort auf diese Person losstürmen und sie beispielsweise in den Arm nehmen und trösten. Wir respektieren und achten die Souveränität eines jeden in jeder Phase. Tiefe innere Arbeit im Prozess drückt sich mitunter genauso aus. Es gibt nichts, was gemindert oder beseitigt werden müsste – nur gehalten. Diese gemeinsame Erfahrung, einander Zeuge zu sein, fördert Gemeinschaftsbildung auf ganz natürliche

Art und Weise. Mensch zu sein und zu werden, auf Mutter Erde zu vertrauen und den Kontakt zu spüren, kann dabei helfen. Anteilnahme kann hier auch bedeuten, dem anderen in aller Stille, nahezu nebenbei, einen Schluck Wasser anzubieten, ohne ein großes Ding daraus zu machen.

Die Bedeutung für Facilitation

Das Gleiche tun wir als Facilitatoren im Kreis. Wir bemuttern oder „beeltern" niemanden und zugleich nehmen wir Anteil und ehren die Situation, in dem wir respektvolle Zeugen sind für das, was sich gerade vollzieht. Im Rahmen von „The Circle Way" praktizieren wir die Etikette, Energie und Zuwendung in die Mitte zu senden. Von dort aus kann sich jede nehmen, was sie braucht. Wenn bestimmte Feinheiten der Anteilnahme und des Respekts in unserer modernen Zivilisation nicht mehr erfahrbar oder gelehrt werden, in alten Zeremonien und den sozialen Kulturtechniken alter Völker kann man sie noch lernen. Als Facilitatoren sind wir dankbar dafür. Wir erleben in der Praxis, welchen Unterschied dies machen kann.

Ordnung zu halten und Schönheit einzuladen

Rituale wie die Schwitzhütte sind Zehntausende von Jahren alt. Sie haben ihre Kraft behalten, weil sie immer auf genau die gleiche Art und Weise durchgeführt wurden und werden. Die dem Ritual innewohnende, natürliche Ordnung zu erfahren und an ihr mitzuwirken, hat eine sehr praktische Wirkung. Ordnung stabilisiert den Ablauf. Ordnung schafft Klarheit und Einfachheit. Zunächst im Tun und schließlich im Geist. Der Geist kommt zur Ruhe und schafft Raum für Erfahrungen auf anderen Ebenen.

„Mach die Dinge schön!" („Make things nice!") haben wir auf dem roten Weg gelernt. Da Einfachheit und Ordnung aus der Kraft des Rituals selbst entstehen, erleben wir, dass wir ohne viel Dazutun Zeuge natürlicher Schönheit werden. Viele dieser besonderen Erfahrungen und Momente in Zeremonien beruhen auf der Grundannahme und dem tiefen Wissen, dass wir ein Teil eines Größeren sind. Wir können nicht alles wissen. Wir können auch nicht alles kontrollieren und managen. Der Spirit, die Bedeutung, das Wunder zeigt sich, oder auch nicht. Demut angesichts des Gewahrseins des großen Geheimnisses ist sicher angebracht und gesund.

Die Bedeutung für Facilitation

Manchmal muss man einfach einen Schritt zur Seite treten und schauen. Diese Lektion ist für viele Facilitatoren und besonders für Führungskräfte eine der schwierigsten. Doch man erfährt es in der Zeremonie wie auch im Weltlichen. Und dann sieht man: Es entsteht eine Ordnung ohne Ordner. Ein Sinn ohne Sinngebung eines Einzelnen. Selbstorganisation und Emergenz nennt man das – es sind natürliche Vorgänge, die sich uns offenbaren, wenn wir offen dafür sind.

Wenn wir als Facilitatoren Räume vorbereiten, Prozesse orchestrieren und Dialoge begleiten, dann tun wir dies in der Überzeugung, dass ein bestimmtes Maß an Ordnung und Schönheit zu Erhabenheit, Ästhetik und Bedeutung führen. In jedem Prozess, beispielsweise im Rahmen einer Großgruppenveranstaltung, gibt es immer den Moment, an dem es gilt, loszulassen und darauf zu vertrauen, dass sich zeigen wird, was sich zeigen soll. Die „kleinen Momente der Wahrheit", die Situationen, in denen sich der Wandel vollzieht, haben eine ganz besondere Magie. Wir können sie nicht garantieren, nicht herbeimoderieren und auch nicht kontrollieren. Wir können sie durch Ordnung und Schönheit – in uns selbst und im Raum – wahrscheinlicher machen. Wir können in Demut verharren, dem Leben (und dem Prozess) vertrauen und Zeuge sein. Etwas wird sich ereignen – wie in einer Zeremonie.

Keine Spuren hinterlassen

Keine Spuren zu hinterlassen, heißt im Amerikanischen „Leave no trace!". Wenn das Ritual beendet ist, verlassen wir den Ort so, wie wir ihn vorgefunden haben oder noch aufgeräumter, schöner, stimmiger. Wir hinterlassen kein sichtbares Zeichen, das erkennen lässt, dass wir hier waren. Diese Praktik, die einst das Überleben vieler Tribes sicherte, weil sie von Feinden nicht aufgespürt werden konnten, wird heute zu einer umfassenden Geisteshaltung und zu einer Notwendigkeit angesichts der Auswirkungen unserer modernen Lebensweise. Das Lebendige und Natürliche in Balance halten, kann in erdverbunden Ritualen und Traditionen erfahren werden.

Die Bedeutung für Facilitation

Als Facilitatoren räumen wir gemeinsam mit der Gruppe auf. Wir betrachten dies als eine Abschluss-Zeremonie, die würdigt und ehrt, was wir gemeinsam erarbeitet haben. Und die etwas zurückgibt an den Ort, an dem wir aufgenommen und beherbergt wurden. Oft geht damit eine Beruhigung des Geistes einher. Die verschiedenen kleineren und größeren Abschiedsrituale helfen. Die Seelen mögen es, wenn sie langsam Abschied nehmen dürfen. Die körperliche Aktivität hilft, wieder in Schwung zu kommen und sich auf den Weg zu machen.

Ein abschließender Gedanke zum Schwitzhüttenritual. Die Menschen in der Schwitzhütte werden von dem Feuerhüter in jeder Runde von neuen, im Feuer erhitzten, glühenden Großvätersteinen versorgt. Die Feuerhüter sind in ihrer eigenen Zeremonie am Feuer und zugleich sind sie Achtgeber, also „Guardian". Sie haben außerhalb der Hütte das Sagen, so dass sich im Inneren der Hütte wohlbehütet die Reinigung und Wandlung vollziehen kann. Als wir „The Circle Way", die Kreisarbeit von Christina Baldwin und Ann Linnea, kennenlernten, war uns das nicht von Anfang an klar, es braucht – wie bei der Schwitzhütte – ein bisschen mehr, als sich nur in einen Kreis zu setzen. Doch mit der rituellen Erfahrung im Hintergrund und ein paar hilfreichen Ver-

einbarungen scheint ein Circle die gleichen archetypischen Muster und Kräfte zu aktivieren wie das uralte, seit Menschengedenken praktizierte Ritual einer Schwitzhütte.

„Der Kreis trägt die Energie und den Raum aus der Zeit, bevor wir die dominante Spezies waren."
Christina Baldwin[30]

Die Schwitzhütte – der Kreis
Der Wasseraufgiesser – der Gastgeber/Host
Der Feuerhüter – der Achtgeber/Guardian
Die Großvätersteine – die Mitte
„Alle meine Verwandten!" („Mitakuye Oyasin!") – „A Leader in every Chair!"

Um die Erfahrungen in der Natur und der Tiefe persönlich erlebter Zeremonien zu konzeptualisieren und für Facilitation zugänglich zu machen, blicken wir zum Abschluss auf die „Heldenreise" von Joseph Campbell.

Die Heldenreise

Die Heldenreise beschäftigt sich mit Entwicklung und Wandlung sowie mit diversen Herausforderungen auf dem Weg. Sie liefert wertvolle Hinweise für Individuen, Gruppen und Organisationen in Veränderungsprozessen, daher ist sie für Facilitatoren von Bedeutung.

Joseph Campbell war ein bekannter Mythologe und Publizist, der in alten Geschichten, Mythen und Sagen universelle Erfahrungsmuster entdeckte. Er war inspiriert durch die Arbeiten des Psychologen Carl Jung, der über Schatten, das kollektive Unbewusste, Archetypen und Synchronizität forschte. Campbell beschrieb eine Abfolge von Phasen bzw. Etappen, die der Mensch in seiner Entwicklung durchläuft und nannte sie „Heldenreise". Die Wegstrecke vollzieht sich von einer bekannten in eine unbekannte Welt und wieder zurück. Die Errungenschaften Campbells fanden ein Millionenpublikum. Einerseits inspirierte und lehrte Campbell George Lucas, den Regisseur der „Star Wars"-Saga. Darüber hinaus wurden Campbells Lehren in der erfolgreichen TV-Serie „The Hero's Journey" mit Bill Moyers abendlich zur besten Sendezeit in den 1990er-Jahren in den USA ausgestrahlt. Diese Serie wurde kurz vor Campbells Tod in George Lucas' Skywalker Ranch in Kalifornien aufgezeichnet.

Was wir im vorherigen Abschnitt als „liminales Wesen" bezeichneten (siehe Seite 429), ist in der Heldenreise „der Held", der sich auf eine Reise des Lernens, der Entwicklung und der Wandlung begibt.

Um die Heldenreise für Facilitation nutzbar zu machen, haben wir die Grundidee adaptiert. Wir stellen die einzelnen (zwölf) Etappen auf Basis von Campbells Arbeiten, ergänzt durch unsere eigenen Erfahrungen in der Facilitationpraxis dar. Um die Übertragung auf Facilitation und auf Organisationen zu erleichtern, beschreiben wir die einzelnen Etappen einmal für das Individuum (den Helden) und einmal für den organisationalen Anwendungskontext.

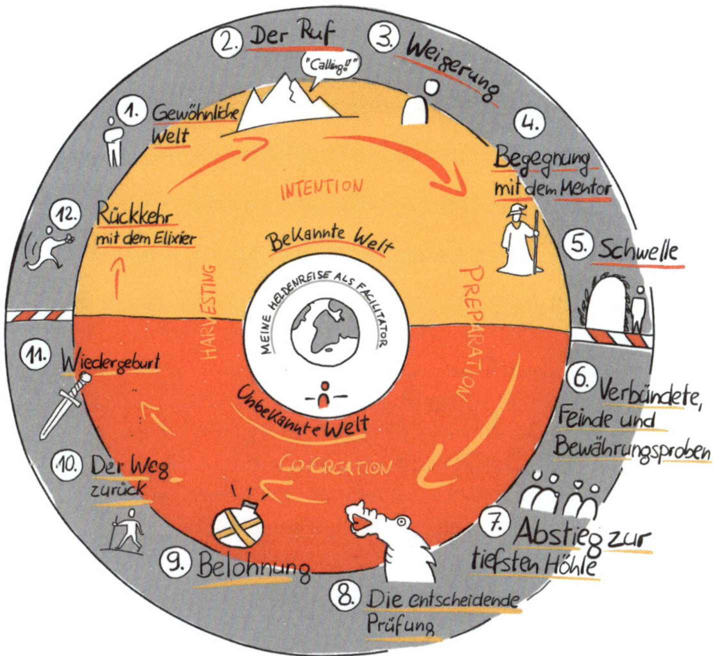

1. Die gewöhnliche Welt

Das Individuum: Das Leben ist Alltag. Der Held ist damit beschäftigt, die täglichen Abläufe und teils immer gleichen Widrigkeiten zu erfüllen. Er hinterfragt nicht den Status quo. Die Zufriedenheit entgleitet dem Helden jedoch mehr und mehr. Es scheint irgendetwas zu fehlen, doch es gibt (noch) kein Zeichen für einen Ausweg oder eine Verbesserung der Situation. Es fehlt auch der Glaube, dass man selbst irgendwas tun könnte.

Die Organisation: In Organisationen würde man diese Etappe als das alte Normal oder die Regelarbeit bezeichnen. Die Anforderungen der Organisationsumwelt sind mit großem Aufwand zu bewältigen, doch niemand stellt die aktuellen Denk- und Handlungsweisen infrage. Die Organisation ist in ihrer eigenen Logik gefangen und leidet unter Bürokratie, Routine und Standards, die zu erfüllen sind. Die Unzufriedenheit ist spürbar, doch es scheint keine Erlaubnis oder Dringlichkeit dafür zu geben, das Ganze zu überdenken.

2. Der Ruf („Das Calling“)

Das Individuum: Wie aus dem Nichts ist der Held mit einer schweren Krise konfrontiert. Sei es, dass ein Partner oder ein Familienmitglied den Tod findet oder dass die Lebensgrundlage und Existenz seines Heimatortes von einer fremden, äußeren Macht bedroht ist, sei es etwas anderes. Alternativ kann der Ruf in Form von Träumen, Visionen, einer Verheißung, die den Helden in ihren Bann schlägt, oder durch anderes in das Leben treten. Dem Helden dämmert, dass er sich so oder so den Herausforderungen stellen muss. Der Ruf und die damit verbundene Notwendigkeit zur Aktivität nagt im Inneren des Helden – es ist ein Prozess innerer Arbeit, der in Gang gesetzt wurde und der nicht mehr gestoppt werden kann.

Die Organisation: Organisationen sind mit disruptiven Entwicklungen in Markt und Gesellschaft konfrontiert. Was früher noch Bestand hatte, kann sich über Nacht ändern. Gänzlich neue oder

andere Antworten müssen her. Unternehmensbereiche können gefährdet sein oder die Daseinsberechtigung der eigenen Organisation steht auf dem Spiel. Diese Erfahrungen einer komplexen Umwelt von Organisationen sind real (siehe „VUKA" und „BANI", ab Seite 115). Der Ruf nach weitgehender Neuausrichtung verursacht Unsicherheit und Ohnmacht. Doch er kann nicht überhört werden.

3. Die Weigerung
Das Individuum: Auch wenn die Stimmen des Aufbruchs und der Selbstveränderung im Inneren noch so laut sind, wirken die Beharrungskräfte, die Leugnung und die Selbstzensur. Der Held will nicht wahrhaben, dass es tatsächlich so ernst ist und dass jetzt der Moment gekommen sein soll, die eigene Komfortzone zu verlassen. Er versucht, sich abzulenken, die Dinge kleinzureden oder verschwindet geplagt von Selbstzweifeln, so gut er kann, von der Bildfläche.

Die Organisation: Die reaktiven Muster und Vermeidungsstrategien mit Blick auf echte Veränderung und Transformation sind im organisationalen Kontext bis zur Perfektion eingeübt. Es gibt eigene Begriffe dafür, zum Beispiel das Akronym BOHICA[31]: „Bend over. Here it comes again (the Wind of Change)!". Was so viel heißt wie: „Duck dich! Da kommt er wieder (der Wind des Wandels)!". Organisationen, die die Selbstveränderung verweigern, sind eher die Regel. Erstarrung kann der Selbsterhaltung jedoch im Wege stehen, daher ist die Phase der Weigerung meist nur eine Phase, die in organisationalen Veränderungsprozessen eingeplant und berücksichtigt werden sollte.

4. Begegnung mit dem Mentor
Das Individuum: Oft erscheint in der Krise und Suchbewegung genau die richtige Person zur richtigen Zeit. Ein Mentor, ein magischer Helfer, ein Ältester oder auch eine Gestalt oder ein Wesen, dass dem Helden in der eigenen Vorstellung oder in einem Buch erscheint. Diese Etappe wird auch als übernatürliche Hilfe bezeichnet. Wer oder was auch immer hilft, diese Person oder dieses Wesen kennt sich mit der anderen, unbekannten Welt aus, weil sie den gleichen Weg bereits gegangen ist. Sie weist den Weg und konfrontiert den Helden mit seinem Ruf, seiner Verantwortung und den Konsequenzen einer möglichen Weigerung.

Die Organisation: Professionelle Helfer, wie etwa Coaches, Berater oder Facilitatoren, sind im Organisationsalltag diejenigen, die den Weg der Entwicklung und Veränderung weisen. Die Prozesskompetenz, die sie einbringen und für die sie angefragt werden, hilft, die Integrität und Zuversicht in schwierigen Phasen zu bewahren. Wie in den Mythen führt kein Weg daran vorbei, dass die Organisation bzw. die Menschen, die sich um die entsprechende Initiative versammeln, die eigene Start- und Antriebsenergie aufbringen und die Arbeit selbst verrichten. Mentoren sind Begleiter, die nur beraten, wenn es eine Frage gibt. Mentoren können in Organisationen auch interne Wissensträger und Entscheider sein, die Türen öffnen und Wege ebnen.

5. Überschreiten der Schwelle
Das Individuum: Das Überschreiten der Schwelle ist die bewusste Entscheidung des Helden, sich auf das Abenteuer mit all seinen Konsequenzen einzulassen. Der Übertritt von der bekannten in die unbekannte Welt kann ritualisiert und sichtbar für andere (Zeremonie, Initiation) oder kaum wahrnehmbar in aller Stille geschehen (nachts ungesehen das Haus, den Ort verlassen). Ob es ein goldenes Tor, ein Bachlauf oder eine Türschwelle ist, die der Held durchschreitet, es ist ein Abschied und es gibt kein zurück.

Die Organisation: Wenn das Transformationsprojekt beauftragt, der Aufbruch geplant und die notwendigen Ressourcen zugesagt sind, dann gibt es im weltlichen Organisationskontext meist ein „Kick-off-Meeting". Je nach Situation wären auch eine Vertragsunterschrift, eine Motivationsrede oder ein feierliches Essen denkbar, mit dem beispielsweise die Mühen der Vorbereitung gewürdigt und letzte Abstimmungen getroffen werden. Die Vorstellung einer – der Heldenreise ähnlichen – tiefen Transformation der Protagonisten ist im Organisationsalltag wenig vorhanden, da das Organisationale im Vordergrund steht, nicht der Mensch. Dennoch lägen in der bewussten Orchestrierung eines feierlich-zeremoniellen Schwellenrituals Chancen, die unter anderem in einer gegenseitigen Vergewisserung und der hergestellten Öffentlichkeit liegen könnten.

6. Verbündete, Feinde und Bewährungsproben

Das Individuum: Außerhalb seiner gewohnten Lebenswirklichkeit trifft der Held auf allerlei neue Erfahrungen und Herausforderungen. Das können Widrigkeiten im Zusammenhang mit dem Vorwärtskommen sein (z. B. Hindernisse) oder Feinde, die sich dem Helden in den Weg stellen. Permanentes Lernen und Anpassen, erste Rückschritte und Bewährungsproben sorgen für eine Entwicklung und eine Freisetzung von Potenzialen. Verbündete, etwa in Form von Weggefährten, helfen dabei, in der (noch) unbekannten Welt zurechtzukommen.

Die Organisation: Projekt- und Transformationsteams in Organisationen sind Verbündete, die gemeinsam Neuland betreten und die Konventionen und alten Machtverhältnisse herausfordern. Zugesagte Ressourcen und Unterstützung können plötzlich wegbrechen. Prioritäten innerhalb der Organisation verändern sich. Der Kampf um Bedeutung und Bewährung der eigenen Mission zeigt sich dort, wo man an organisationale Grenzen sowie an die Grenzen des eigenen Mutes stößt. Hier zeigt sich, wie fragil das Fundament vieler Veränderungs- und Entwicklungsinitiativen ist. Doch wer diese Dynamiken des Wandels antizipiert, ist vorbereitet („PREPARATION“, Seite 147), abgesichert („Kontext des Gelingens“, Seite 147) und unerschrocken nicht nur im Umgang mit Beharrungskräften.

7. Abstieg zur tiefsten Höhle

Das Individuum: Nachdem der Held sich bereits mehrfach bewährt und in der unbekannten Welt seine eigenen Stärken kennengelernt hat, kommt wie aus dem Nichts eine noch größere Herausforderung. Der Abstieg in die tiefste Höhle ist der Ort, wo sich der Held dem (inneren oder äußeren) Drachen stellt. Dies ist der Moment, an dem noch einmal Selbstzweifel aufkommen können und wo es um alles oder nichts geht. Es ist wie eine weitere Schwelle, und die Frage, die sich stellt, ist: „Wird der Held diese Schwelle überschreiten oder wird er angesichts der großen Gefahr zurückweichen?“. Manchmal braucht es etwas Zeit zum Nachdenken und Innehalten, um eine angemessene Entscheidung zu treffen.

Die Organisation: Im Organisationskontext ist dies der Moment, in dem sich die notwendige Entwicklung oder Transformation als viel tiefgehender und radikaler zeigt, als dies zuvor angenommen und eingeplant wurde. Ein Thema hinter dem Thema wird sichtbar, und in diesem Moment kann das gesamte Vorhaben noch einmal zur Disposition stehen. Dies wird im Projekt oft als erste ernste Krise erlebt. Aus Sicht von Facilitation ist diese Etappe der Schritt in die richtige Richtung, denn es ist Teil des Prozesses, die eigentliche Herausforderung zu erkennen und zu benennen. Dennoch ist es eine Schwelle und eine Bewährungsprobe für viele Change- und Transformationsvorhaben.

8. Die entscheidende Prüfung

Das Individuum: Es ist der entscheidende Kampf. Der Held wird alle Lektionen, die er bisher gelernt, alle Potenziale, die er entdeckt, und alle neuen Fähigkeiten, die er erworben hat, einsetzen müssen, um diese ultimative Herausforderung zu bestehen. Dabei kann es sich um den eigentlichen Feind handeln, der bisher verborgen blieb und der nun aus dem Schatten hervortritt. Es kann sich ebenso um eine Konfrontation mit den tiefsten Ängsten des Helden handeln. Der Held

wird das Schwert ziehen müssen und er weiß, dass er so oder so nicht ohne Blessuren durchkommt und dass es um Leben und Tod gehen wird. Der Ausgang ist nicht sicher.

Die Organisation: Die entscheidende Prüfung für ein Change- oder Transformationsprojekt ist die Konfrontation mit der alten Organisationslogik und der Macht-Hierarchie. Wenn nicht alles, was man bisher an neuen Kenntnissen über die Arbeit der Zukunft zusammengetragen hat, Makulatur werden soll, ist jetzt der Moment, vorbereitet mit guten Argumenten, Fakten und Verbündeten zu einer echten Richtungsentscheidung zu kommen. Hier müssen auch die zustimmen, die sich bisher wenig mit der Materie beschäftigt, die aber das Mandat erteilt haben. Zurückweichen ist keine Option, denn für diesen Augenblick hat man Monate, mitunter Jahre gearbeitet. Aus Sicht von Facilitation ist die Beteiligung des gesamten relevanten Systems von Anfang an das grundlegende, erfolgsversprechende Prinzip. Denn nur so vermeidet man Überraschungen und finale Entscheidungskämpfe – auch wenn man sie nicht gänzlich ausschließen kann.

9. Belohnung
Das Individuum: Wenn der Held seine größte Angst besiegt, den Drachen getötet hat, dann ist dies ein Triumph. Der Held hat seine größte Bewährungsprobe bestanden und wird belohnt. Er ist versöhnt mit der Vergangenheit und ein anderer geworden. Der Held hat sich gewandelt. Seine neuen Kräfte, oft auch seine mentale und psychische Stärke sind präsent. Das Alte liegt nun sehr fern zurück. Der Held wird im Moment seines großen Sieges mit einem Geschenk, einem Elixier, einer geheimen Gabe oder einem Schatz belohnt.

Die Organisation: Wenn Richtungsentscheidungen getroffen wurden und sich unumkehrbar eine neue organisationale Wirklichkeit entfaltet, ist der größte Sieg errungen, der letzte große Kampf (ggf. auch gegen sich selbst) ist geschafft. Was sich zuvor lange hinzog und für viele Beteiligte kaum vorstellbar erschien, ging plötzlich ganz schnell. Das neue Normal stellt sich ein. Und damit werden auch Geschenke sichtbar: eine Wiederbelebung/Vitalisierung der ganzen Organisation, Menschen sehen den Sinn des Ganzen und haben eine Perspektive für die Zukunft, Stolz und Zufriedenheit werden erlebbar. Neue Kompetenzen und Kapazitäten in Führung, Kommunikation und Zusammenarbeit stehen zur Verfügung.

10. Der Weg zurück
Das Individuum: Die Phase der Rückkehr ist wiederum mit einer Schwelle verbunden. Der Held tritt wieder in die ihm bekannte, vertraute Welt ein und kehrt in die Gemeinschaft zurück. Er wird aufgenommen von Familie und Freunden, er besucht alte Orte und genießt mitunter auch alte Privilegien oder Verhaltensweisen, die er für lange Zeit entbehren musste. Nicht alles passt oder fühlt sich wie zuvor noch stimmig an. Der Held ist nun Herr zweier Welten, er ist sich seiner Verantwortung bewusst und sieht die Dinge aus einer erweiterten Perspektive.

Die Organisation: Die Rückkehr kann praktisch die Rückkehr nach einer Lernreise oder auch die Dokumentation und Präsentation der abschließenden Ergebnisse bedeuten. Es ist die Zeit der gemeinsamen Ernte. Die Eingliederung des Erlernten bzw. der Ernte in die Regelarbeit ist ein eigener Prozess, der im organisationalen Anwendungskontext als Transfer bezeichnet wird. Im Transfer wirken Pilotgruppe und Facilitatoren als erfahrene Begleiter und Berater, die im neuen Normal ihr Prozess-Know-how zur Verfügung stellen.

11. Wiedergeburt
Das Individuum: Wenn der Held angekommen ist und sich in Sicherheit wähnt, kommt es zu einer letzten Konfrontation mit dem Tod selbst. Diese Bedrohung kann bedeuten, dass es nicht mehr um den Helden und seine innere und äußere Entwicklung allein geht, sondern dass sich jetzt größere Fragen stellen. Der Held muss zum letzten Mal sein Schwert ziehen und obsiegt, indem er seine

neue Stärke und seine Kräfte zu nutzen weiß. Er wird zur Leitfigur für die nächste größere Sache, die weitreichende Folgen für seine eigene Familie, die Gemeinschaft oder die ganze Welt haben wird. Er unterstützt eine Mission, die dem größeren Ganzen zugutekommt.

Die Organisation: Zurück im neuen Normal besteht die Transzendenz einer Pilotgruppe darin, dass Change-Projekte offiziell beendet werden. Die Protagonisten und „Helden des Change-Vorhabens“ werden in die alten Rollen entlassen. Facilitatoren begleiten diesen Prozess, indem sie gemeinsam mit der Pilotgruppe das Mandat an die Primärklienten zurückgeben. Zugleich bleiben die Mitglieder einer Pilotgruppe für längere Zeit in beratender Funktion tätig oder nutzen ihr erworbenes (Prozess-)Wissen zur Unterstützung, wenn der nächste Ruf („Calling“) erfolgt. Sie werden zu Mentoren für andere, die sich neue und größere Fragen stellen und mit neuen Herausforderungen konfrontiert sind.

12. Rückkehr mit dem Elixier

Das Individuum: Der Held hat seine persönliche Verwandlung abgeschlossen. Innere Konflikte und Kämpfe sind befriedet. Der Zurückkehrer ist sichtbar ein anderer geworden. Es gibt eine Feier, ein großes Fest, eine offizielle Wiederaufnahme in die Gemeinschaft und eine Anerkennung des Geleisteten. Geschichten, die später zu den Mythen werden, künden von seinen Taten. Das Elixier, das er mitbringt, wird geteilt. Dies kann sich in der Gemeinschaft durch ein neues Gefühl von Freiheit und Zuversicht ausdrücken. Oder durch besondere Fähigkeiten, Gesundheit und Wohlstand.

Die Organisation: Die Mitglieder der Pilotgruppe und beteiligte Führungskräfte haben mehr von den relevanten Organisationsumwelten gesehen. Sie kehren mit neuen Fähigkeiten, neuen Grundannahmen und einer spürbaren persönlichen Reife zurück. Das Elixier, von dem die Organisation partizipiert, kann sich in einem Gefühl von Zugehörigkeit, Antwortfähigkeit und Selbstwirksamkeit ausdrücken. Die facilitative Prozesskompetenz nährt die Zuversicht, dass auch künftige Herausforderungen dialog- und beteiligungsorientiert angegangen werden. Zugleich gibt es ein größeres Bewusstsein für die Tiefe und Radikalität echter Transformation und dafür, welche Voraussetzungen es für so eine Reise braucht – für die, die sich auf die Reise machen, für die, die benötigten Ressourcen zugänglich halten, und für die, die weiterhin in der Regelarbeit ihren Teil dazu beitragen, dass die Organisation handlungsfähig bleibt.

Ähnlich wie das Drei-Phasenmodell „Rites of Passage“ bzw. das Liminal Pathways Change Framwork™ (Trennung, Schwelle, Eingliederung) bietet die Heldenreise eine Choreografie des Wandels. Sie kann daher als Denk- und Erklärmodell für Phasen und Dynamiken der Transformation, als „Change Story“ oder als Template für die Antizipation und Vorbereitung notwendiger Übergänge und damit ggf. verbundener Rituale genutzt werden. Die Heldenreise macht deutlich, dass es beispielsweise nicht nur „den Ruf“ einer neuen Welt braucht, sondern dass man es auch mit Prozessen der Weigerung, der Ohnmacht und der berechtigten Angst zu tun hat. Diese Aspekte sind oft die blinden Flecken in Change-Vorhaben. Sie können zu Stolperfallen werden. Die Heldenreise beschreibt psychologische Zustände und Aspekte tiefer innerer Arbeit, die in linear durchgeplanten Veränderungsinitiativen gern übersehen werden. Sie liefert altes Wissen für eine neue Zeit.

Fazit

Tiefe Transformation wird möglich durch Einsicht oder Krise. Sei es im Persönlichen oder in Organisationen. Einsichten entstehen durch Inspiration und den Kontakt mit der Realität. Wir sprachen zu Beginn unseres Buchs über unausweichliche Erfahrungen („Inescapable Experiences", siehe Seite 2). Und genau diese machen einen Unterschied. Daher sind sie so wichtig für Facilitation. Krisen können genutzt und sogar initiiert werden, denn sobald man merkt, dass etwas zu Ende geht, ist der innere Prozess der Wandlung bereits in Gang. Diese Prozesse werden von Mythologen als „Heldenreise" beschrieben und von Anthropologen als Übergangsrituale („Rites of Passage") bezeichnet. Rituale und Zeremonien dienen als äußere Struktur für innere Wandlung. Dieses Wissen um die alten Abläufe, Dynamiken und Formen haben unsere Facilitation-Praxis inspiriert. Dinge, die zusammengehörten, so schien es uns, haben sich gefunden.

Mit „Beyond Facilitation" teilten wir persönliche Erfahrungen und Wege. Wir danken denen, die uns gelehrt und begleitet haben. Mögen unsere Berichte und die empfangenen „Teachings" auf guten Boden fallen und gedeihen.

Haltepunkt: Der Abschluss der gemeinsamen Reise und Zeit für einen Check-out

Mit „Beyond Facilitation" sind wir in die Welt „heiliger Ordnungen und archetypischer Wege der Transformation" eingetaucht. Wer sich für Entwicklung und Wandlung interessiert, wird sicher bereits an diesen reichhaltigen Quellen vorbeigekommen sein. Wenn nicht, dann ist dies gegebenenfalls eine Türöffnung oder eine Einladung, weiterzuforschen und eigene Erfahrungen zu machen.

Im eigenen Erleben und der persönlichen Praxis nährt und entwickelt sich, wer wir sind. So betrachtet, können alte Rituale und archaische Erlebnisse an den entlegensten Orten der Welt unsere Kapazität als Mensch und Facilitator formen. Es ist lohnenswert.

Praxistipp:

Am Ende dieses Kapitels laden wir ein, die folgende Frage zu reflektieren: „Was wurde bei mir lebendig, während der Beschäftigung mit ‚Beyond Facilitation'? Was war neu und gegebenenfalls positiv überraschend? Worüber möchte ich weiter nachdenken? Was werde ich in meine Praxis mitnehmen? Wie werde ich das umsetzen?"

Ausblick

Es ist Zeit, Lebewohl zu sagen. Zeit für einen Check-out. Wir danken bis hierher und empfehlen mit ganzem Herzen, den Check-out zu lesen. Denn viel Gutes ist im Werden !

Check-out (anstelle eines Epilogs)

Wenn wir am Ende einer guten Konversation im Kreis eine letzte Runde machen, dann nutzen wir die Gelegenheit, hinzuhören. Wie gehen die Menschen aus diesem Gespräch? Was nehmen sie mit? Dies ist auch der Moment, eine letzte tiefe Frage anzubieten: „Wenn an dem, was Facilitation bewirken kann, ein Körnchen Wahrheit wäre, was wäre damit in Gruppen, Organisationen und auch auf einer globalen Ebene, also mit Bezug zu den drängendsten Problemen unserer Zeit, möglich?" Mit dieser Frage wollen wir aus diesem Werk auschecken.

An der Schwelle der Geburt einer neuen Unternehmenslogik

Wir haben von vielen Pionieren des Feldes Facilitation und angrenzender Disziplinen gelernt[1] und stehen mit einigen von ihnen bis heute in Verbindung. Einer davon ist Dr. David Cooperrider, ein außergewöhnlicher Visionär, Vordenker und Innovator. Er ist ein angesehener Universitätsprofessor an der Case Western Reserve University und hält zwei Lehrstühle[2].

Cooperrider erhielt den Organizational Development Network Lifetime Achievement Award[3], eine Art Oscar der Organisationsentwicklung, und ist u. a. Berater für strategische Veränderungsprojekte von namhaften Auftraggebern wie Bill Clinton, dem Dalai Lama oder Jimmy Carter. In seinem jüngsten, von ihm herausgegebenen Buch finden sich viele Hinweise darauf, dass wir uns an der Schwelle der Geburt einer neuen Unternehmenslogik befinden. Er nennt es „Das Geschäft des Aufbaus einer besseren Welt"[4].

Als Facilitator erhielt David Cooperrider 2004 einen Anruf von Kofi Annan, seinerzeit Generalsekretär der Vereinten Nationen. Es ging darum, auf Basis von Appreciative Inquiry (siehe Seite 240) das größte Treffen in der Geschichte der Vereinten Nationen mit führenden Wirtschaftsvertretern zu organisieren und zu moderieren, der sogenannte „United Nations Global Compact"[5]. Damals waren etwa 1000 Unternehmen beteiligt, heute sind es über 14.500 der größten Unternehmen der Welt. Durch diese Initiative lernte er viele Organisationen und Wirtschaftsunternehmen kennen, die sich in außergewöhnlicher Art und Weise durch Innovationen in den Dienst einer größeren Sache, den Weltnutzen, stellten. Unter ihnen waren Unternehmen, die sich als Kraft für die Beseitigung extremer Armut verstanden oder für die Schaffung menschenwürdiger Arbeitsmöglichkeiten oder für den Übergang zu einem besseren, grüneren Wirtschaftssystem (z. B. im Sinne von Kreislaufwirtschaft) einsetzen. In seinem Vortrag[6] sagt er unter anderem folgendes:

> *„Es ist nicht mehr utopisch, über die einmalige Gelegenheit zu sprechen, eine völlig neue Wirtschaft nach der Verbrennung fossiler Brennstoffe zu schaffen."*
> David Cooperrider

Cooperrider erzählt unter anderem die Geschichte von Bobby Sager[7], einem erfolgreichen Geschäftsmann aus der Gegend von Boston. Sager fragte sich mit Blick auf den Völkermord an Hutus und Tutsis in Ruanda, wie wir die Kraft der Wirtschaft nutzen können, um dies zu heilen. Er griff die Ideen auf von Muhammad Yunus und der Grameen Bank[8], die Kredite für Kleinstunternehmen gibt. Und er gab den Krediten Vorrang, die von Frauen angefragt wurden und deren Mittelverwendung für partnerschaftliche Unternehmungen von Hutu und Tutsi gedacht waren. Cooperrider zitiert Sager:

„Man kann die Menschen, mit denen man jeden Tag Geschäfte macht, nicht verteufeln. Sie teilen ihre Träume für das nächste Krankenhaus, sie wollen Schulen bauen für ihre Kinder."
Bobby Sager

Das New Yorker Unternehmen „Nothing New®"[9] entwickelt Turnschuhe, in denen buchstäblich nichts Neues steckt. Sie bestehen aus Plastik und Flaschen aus dem Meer. „Nothing New" setzt auf die Idee der Kreislaufwirtschaft. Die jungen Unternehmer sagen von sich selbst: „Bis 2050 wird es mehr Plastik im Meer geben als Fische, wenn wir nichts unternehmen." Bei diesem Unternehmen schickt man seine Turnschuhe zurück, wenn man sie nicht mehr braucht, und erhält dafür 20 Dollar.

„Wir wollen einen positiven Einfluss auf unsere Gemeinschaft, unsere Branche und unseren Planeten ausüben. Indem wir zur Entwicklung erstklassiger nachhaltiger Produkte beitragen und in Programme zur Minimierung unseres ökologischen Fußabdrucks investieren, hoffen wir, die Messlatte für die Erwartungen unserer Kunden an Marken höher zu legen und zu dem Wandel beizutragen, den wir uns für die Welt wünschen."
Nothing New®

An der Weatherhead School of Management an der Case Western Reserve University werden solche Unternehmen als Vermittler des Weltnutzens systematisch aufgespürt und dokumentiert. Wir hatten bereits im Abschnitt zu „Appreciative Inquiry" im Kapitel CO-CREATION auf dieses bemerkenswerte Portal hingewiesen. Es heißt „Aim2flourish"[10] (etwa „Blühen und Gedeihen wird angestrebt"). Darin befinden sich viele weitere, konkrete Praxisbeispiele für die Macht der Wirtschaft, eine bessere Welt zu schaffen.

„Unser Schwerpunkt liegt auf organisatorischen Beispielen für 'Gutes erreichen durch Gutes tun'. Das Konzept der Positiven Institutionen verlagert den Effektivitätsdiskurs von einer engen Definition der wirtschaftlichen Leistung hin zu dem größeren Ziel des Gedeihens für Unternehmen und Gesellschaft."
David Cooperrider[11]

Wir glauben nicht, dass Facilitation die Welt retten kann, doch wir möchten dazu beitragen, dass Facilitation mehr Stimmigkeit, Lebendigkeit, Gesundheit und Kongruenz erlebbar macht – in Organisationen und wo immer Menschen miteinander Zukunft gestalten. Um in Cooperriders Worten zu sprechen: Facilitation hilft Unternehmen, von einem Effektivitätsdiskurs, der allein auf wirtschaftliche Leistung fokussiert, zu einem Effektivitätsdiskurs zu gelangen, der größere Ziele des Gedeihens von Unternehmen, Gesellschaft und der Welt umfasst. Es geht künftig darum, die Frage „Was hat die Welt davon?" bei allem unternehmerischen Handeln vorn anzustellen!

„In vielen Jahren habe ich Facilitation schätzen gelernt und nun im Training merke ich, wie sehr sich der gesamte Blickwinkel auf das (Berufs-)Leben verändert hat. Facilitation ist nicht nur eine Methode, die man erlernt, sondern eine Entwicklung der Haltung sich selbst, anderen Menschen und der Welt gegenüber. Ich habe in den vergangenen Monaten mehrmals

gehört: 'Es gibt kein Zurück mehr'. Dem kann ich nur beipflichten. Die klassische Mitarbeiterführung und vor allem die Lebenseinstellung verändern sich. Verstärkt durch Corona und die Naturkatastrophen, die bisher sehr weit weg waren und nun bei uns im Westen angekommen sind. Den Einklang mit der Natur und die Verbundenheit mit dem Leben und den Menschen herzustellen, rückt wieder in den Vordergrund. Facilitation leistet einen Beitrag für gesunde Menschen, gesunde Organisationen und für die Gesundwerdung des Planeten."

Dr. Verena Greten[12]

Wir haben mit diesem Buch die Theorien, die mentalen Modelle, die sozialen Technologien und ihre Feinheiten aus unserer eigenen Praxiserfahrung geteilt. Wir möchten dazu ermutigen, diese in der eigenen Praxis zu erüben:

- Eine gute Zuhörerin sein.
- Die eigenen Gedanken offenlegen und nicht verhaftet sein.
- Mutig sein.
- Friedlich sein.
- Dem Leben und den Menschen vertrauen.
- Auf das gesprochene Wort und die Tat achten.
- Präsent sein.
- Eigene reaktive Muster durch stetes Üben hinter sich lassen.

„Ein florierendes Unternehmen bedeutet, dass Menschen jeden Tag inspiriert werden, inspiriert sind und ihr ganzes Selbst in das Unternehmen einbringen. Es geht um Agilität und Innovation, die von überall herkommt. Und es geht darum, einen bemerkenswerten Beziehungswert mit den Stakeholdern, einschließlich der Kunden, der Gesellschaft, den Gemeinschaften und letztlich mit einer florierenden Erde zu erreichen."

David Cooperrider[13]

Jeder von uns kann einen Beitrag leisten

Wir schauen auf die guten Wirkungen von Facilitation, das Potenzial, Frieden zu stiften, kollektive Intelligenz nutzbar zu machen und das Lebendige zu ehren und zu erhalten. Facilitation bietet eine Haltung und einen Weg an, Unterschiede als kreative Ressource zu betrachten. Und Facilitation beschenkt die Welt der Organisationen und Unternehmen mit starkem Rückenwind, der dabei unterstützt, komplexe, oft fragmentierte Systeme immer wieder zusammenzubringen.

„Der Weg nach vorn besteht darin, mit unseren Unterschieden zu arbeiten und darauf zu achten, wie wir die Foren strukturieren, in denen wir uns mit diesen unlösbaren Problemen auseinandersetzen."

Sandra Janoff[14]

Kann es gelingen, diese Kompetenzen und Kapazitäten den Entscheiderinnen, den Führenden und den „Change Makern" dort zugänglich zu machen, wo sich gerade neue Wirklichkeiten kristallisieren? Wir denken ja!

Jeder von uns kann einen Beitrag zu gelingender Entwicklung und Transformation leisten, indem sie oder er beispielsweise die Prinzipien „Partizipation zum frühestmöglichen Zeitpunkt!“ und „Das gesamte relevante System in einen Raum!“ anderen zugänglich macht.

Jeder von uns kann Grundannahmen verinnerlichen und danach handeln, wie zum Beispiel „Jeder tut sein Bestes – immer!“, „Veränderung ist an erster Stelle Selbstveränderung“ und „There is a Leader in every chair!“. Oder auch: „Worauf wir unsere Aufmerksamkeit richten, wird mehr.“

Die lernende Haltung ist der erste Schritt

Facilitation, so wie wir es hier beschrieben haben, ist eine erfahrungsbasierte, praxistaugliche und zugleich empathische Theorie für Umwelten, in denen Haltlosigkeit und Ohnmacht vorhanden sind. Erfahrungsgemäß steigt der authentische Wille zur Veränderung und Neuausrichtung mit der Schwere der Krise. Haltlosigkeit und Ohnmacht fördern oft eine lernende Haltung zutage und die ist der erste Schritt zur Zukunftsfähigkeit (siehe „Der Deal“, Seite 74). Und wenn der getan ist – das erleben wir in der Praxis immer wieder –, dann wirkt Facilitation in seiner Kraft und Wirkung wie entfesselt. Wir sehen dann mehr und mehr Organisationen, Unternehmen, Gruppen und Gemeinschaften, die von etwas profitieren, was längst in der Welt ist: die Kraft kollektiver Intelligenz.

Anfänge und Abschlüsse

Da wir im Rahmen von Facilitation auf gute Anfänge und Abschlüsse achten, wollen wir uns mit einem Dank und einem Gedicht aus diesem Buch verabschieden. Wir sind dankbar für die gemeinsame Zeit. Wir haben rund 25 Jahre Praxis zwischen zwei Buchdeckel gepackt. Dank guter Umfeldbedingungen und der vielen Helferinnen und Wegbegleiter waren wir in der Lage, zwei Jahre lang die Konzentration und die Verpflichtung zur Qualität und Akribie aufrechtzuhalten (siehe „Danksagung“, Seite 480). Wir danken auch dir, liebe Leserin und lieber Leser. Du hast dir die Zeit genommen, mit uns ein Stück des Weg zu gehen und Facilitation als Handwerk, Denk- und Lebensschule sowie Kunst zu erkunden.

> *„Wir beginnen unsere gemeinsame Zeit als Fremde und enden als Freunde. Am Anfang frage ich mich, wer du sein könntest, und am Ende liebe ich dich für all deine Schönheit, deine Energie, deine Verwirrung, für die weichen und menschlichen Stellen, für die rauen und klaren Kanten, die aus deinem Herzen sprechen. Arbeit sollte nicht so sein, würde die Welt sagen, Arbeit ist eine klare, objektive Sache, keine Herzensangelegenheit. Für mich scheint das nicht so zu sein. Immer, wenn es bei der Arbeit um Handwerk, Geschicklichkeit und Kunst geht, ist mein Herz mittendrin. Wann immer Arbeit herrlich lustig oder zutiefst mühsam ist, watet mein Herz hinein und zieht mich mit sich, ohne zu fragen, wie mir das Wasser gefällt oder ob ich überhaupt schwimmen kann. Wenn es sich lohnt zu arbeiten, kann nichts von mir zurückbleiben. Und so fangen wir an, uns fremd zu sein, und ich ende damit, dich zu lieben.“*
>
> Judy Brown[15]

Nichts, was wir sagen, ist vollkommen. Kein Buch sagt alles, was gesagt werden könnte. Wir bauen Fundamente, die auf weiteren Ausbau angelegt sind.

Endnoten

Kapitel 1

1. „Transformative Leadership: A New Wave of Oneness“, https://gracefulsurrender.com/blog/transformative-leadership-a-new-wave-of-oneness
2. https://www.presencing.org/programs/marketplace/awareness-practice-in-leadership
3. Gregory Bateson und Rodney E Donaldson, Sacred Unity. Further Steps to an Ecology of Mind. Cornelia & Michael Bessie Book; 1st Edition, 1991.
4. https://www.goalcast.com/william-gibson-quotes/, abgerufen 15.6.2021.
5. Friedemann Schulz von Thun: Miteinander reden 2: Stile, Werte und Persönlichkeitsentwicklung: Differentielle Psychologie der Kommunikation“. Rowohlt 1981, Seite 127.
6. https://www.iaf-world.org/site/, abgerufen 18.6.2021.
7. So hat beispielsweise der für Organisationsdesign bekannte Autor Niels Pfläging ein Buch über „Open Space Beta“ geschrieben, in dem beschrieben wird, wie man mit Open Space eine Organisation in 90 Tagen zur agilen Beta-Organisation transformieren kann.
8. https://zeitschrift-lq.com/archiv_zlq/2019/1/lq-0119-01-05-Buurtzorg-Selbstorganisation-fuehrt-zu-Lebensqualitaet.pdf, abgerufen 20.11.2021.
9. https://nextpractice-forum.de/wertewelten/f%C3 %BChrung.html, abgerufen 13.11.2021.
10. Zu deutsch: „Dies oder etwas besseres/stimmigeres!“, siehe Seite 58
11. https://kommunikationslotsen.de/wp-content/uploads/pdf/lotsenpaper-moonshots.pdf, abgerufen 13.11.2021; (siehe auch „Check-out“, An der Schwelle der Geburt einer neuen Unternehmenslogik, Seite 449).
12. Frederic Laloux anlässlich seines Vortrags auf dem „Lernforum Großgruppenarbeit“, 2016, Oberursel.
13. VUKA = hohe Volatilität – Ungewissheit, was kommt – Komplexität globaler Prozessketten, Stakeholder, Digitalisierung und einhergehende Ambiguität (Doppeldeutigkeit).
14. http://dragondreaming.org/de/
15. Das vom Massachuesetts Institute of Technology (MIT) und dem Presencing Institute (Otto Scharmer, U-Theorie) initiierte „U.Lab: Transforming Business, Society, and Self“. Das U.Lab ist ein massiver, offener, online Kurs (MOOC – Massive Open Online Course) für Reflexion, Teamlernen, Dialog, Kreisarbeit, globaler Bewusstseinsentwicklung und lokaler Aktion. Auf globaler Ebene nahmen in den Jahren 2015-2018 über 50.000 registrierte Teilnehmer aus über 185 Ländern teil, mit 400 öffentlichen Prototypen (action learning) Initiativen, ein lebendiges Eco-system aus 560 selbst-organisierten U.Lab-Hubs, 700-1000 selbstorganisierte Coaching Circles (je 5 Personen) und vier globalen Live Sessions mit je 10.000-15.000 Teilnehmern. (Quelle: https://www.gene-muenchen.net/munich-ulab-hub-herbst-2019)
16. Rudi Wimmer, Organisation und Beratung, S. 223, Carl Auer Verlag, 2012.
17. David Bohm, „Der Dialog – Das offene Gespräch am Ende der Diskussionen“, Klett-Cotta, 2021
18. Mc Gregor und Bavelas unterrichteten am MIT, mit Richard Beckhard arbeitet Ed Schein zunächst in Bethel, dann am MIT eng zusammen; aus: Prozessberatung für die Organisation der Zukunft, Edgar H. Schein, EHP.Organisation, 2010
19. Edgar H. Schein, Prozessberatung für die Organisation der Zukunft, EHP, 2010, Seite 15.
20. Edgar H. Schein, Prozessberatung für die Organisation der Zukunft, EHP, 2010, Seite 15.
21. Organization Development Journal, Volume 22 No. 1, Spring 2004.
22. U.a. Juanita Brown/David Isaacs, Harrison Owen, David Cooperrider, Jim Rough, Christina Baldwin und Ann Linnea.
23. Z.B. die Kybernetik, die systemische und hypnosystemische Therapie, Organisationsberatung, Aufstellungsarbeit, Design Thinking, agiles Projektmanagement, Holokratie, Coaching, Moderation.
24. Z.B. Theory U.

Kapitel 2

1. https://www.fnha.ca/wellness/community-wellness/good-medicine, abgerufen 12.11.2021
2. Prof. Dr. Frithjof Bergmann auf der XING New Work Experience 2017.
3. Unter passiven Einkommen werden jegliche Angebote oder Produkte verstanden, die durch gute, zum Teil intensive Vorarbeit und Investitionen ab einem bestimmten Zeitpunkt ohne aufwendige Betreuung oder Entwicklung regelmäßig – quasi passiv – Geld abwerfen.
4. Das hat unser allererster Webmaster Kris Krois gesagt.
5. Steve Jobs in einer Rede am 12. Juni 2005 vor Absolventen der Stanford-Universität. (https://news.stanford.edu/news/2005/june15/jobs-061505.html)
6. https://de.neuland.com/literatur/
7. Selbermachen und Gemeinschaftsproduktion von Dingen, die man braucht in „Fablabs und Community Räumen". Die Rede ist auch von der Renaissance der kleinen Werkstatt in Verbindung mit Technologien, wie z. B. Fabrikatoren, Biogene Techniken, Blockchain und Künstliche Intelligenz. (https://newwork-newculture.dev/theorie/)
8. Aus: Heckhausen, J., Heckhausen, H. (Hrsg.): Motivation und Handeln. Kapitel 7: Soziale Bindung: Anschlussmotivation und Intimitätsmotivation, Berlin, Springer, 2006.
9. „The best gift you can give someone is to get yourself together." Wendy Palmer und Janet Crawford, Leadership Embodiment – How the way we sit and stand can change the way we think and speak., CreateSpace, An Amazon.com Company, 2013.
10. Vortrag von Wolf Büntig vom 12. Oktober 2017, München „Gesunde Aggression und Normale Depression".
11. Siehe hierzu der Abschnitt „Facilitative Grundnahmen" auf Seite 40.
12. Prof. Dr. Frithjof Bergmann auf der XING New Work Experience 2017.
13. Wagner, Florian, Noelting, Oliver: Rente mit 40: Finanzielle Freiheit und Glück durch Frugalismus, Econ Verlag, 2019.
14. Ausbildung in Hypnosysthemische Beratung bei Gunther Schmidt.
15. Alan Briskin, Shery Erickson, John Ott, Tom Callanan, „The Power of Collective Wisdom and the trap of collective folly.", Berret-Koehler Publishers, Inc., 2009.
16. Isaac Bashevis Singer, „Die Narren von Chelm und ihre Geschichte", Verlag Sauerländer, 1975
17. „Collective folly is a lived reality, and a Legacy of thousands of years of conflict and warfare.", Alan Briskin, Shery Erickson, John Ott, Tom Callanan, „The Power of Collective Wisdom and the trap of collective folly.", Berret-Koehler Publishers, Inc., 2009, Seite 108.
18. Mehr zur „Allparteilichkeit", siehe Seite 25, 114.
19. Jiddu Krishnamurti: Einbruch in die Freiheit, 27. Auflage, Verlag Lotos, 2004.
20. Hans Georg Häusel: Die wissenschaftliche Fundierung des Limbic®-Ansatzes, 2011, S. 9.
21. Beispielsweise Klaus Grawe: Neuropsychotherapie, 2004, oder Hans Georg Häusel: Die wissenschaftliche Fundierung des Limbic®-Ansatzes, 2011.
22. David Rock: SCARF, A brain-based model for collaborating with and influencing others, NeuroLeadershipJournal, No. 1, 2008.
23. Vera Starker, Tilmann Peschke: Hypnosystemische Perspektiven im Change Management: Veränderung steuern in einer volatilen, komplexen und widersprüchlichen Welt, SpringerGabler, 2017, ebook, Position 432 ff.
24. Gunther Schmidt: Weiterbildung – Kompetenz aktivierende hypnosystemische Konzepte für Coaching, Persönlichkeits-, Team- und Organisations-Entwicklung, https://www.meihei.de/fortbildungen/
25. David Rock and Jeffrey Schwartz: The Neuroscience of Leadership, Breakthroughs in brain research explain how to make organizational transformation succeed, 2006, Issue 43 (originally published by Booz & Company), https://www.strategy-business.com/article/06207?gko=f1af3
26. Der Film vom Clint Eastwood geht zurück auf das Sachbuch *Der Sieg des Nelson Mandela: Wie aus Feinden Freunde wurden.* Filmstart in den Vereinigten Staaten war 2009.
27. In Würde alt werden, 29. Mai 2003, Ökumenischer Kirchentag Berlin, Messehalle 17.
28. Deutsche Fassung des Vortrags „Att leva med Beuys", gehalten im Bildmuseet Umeå im Dezember 1995, veröffentlich in: Roland Spolander (Hrsg.), Joseph Beuys, DOKUMENT I, Umeå 1997, S. 9 – 29.
29. Quelle: Gunther Schmidt: Weiterbildung – Kompetenz aktivierende hypnosystemische Konzepte für Coaching, Persönlichkeits-, Team- und Organisations-Entwicklung, 2017 https://www.meihei.de/fortbildungen/
30. Wikipedia. Joy of Missing Out (dt. Freude am Verpassen, Akronym JOMO) beschreibt eine Form der Freude, die durch unterbrochene Verbindung zu digitalen Technologien, wie Computer, Smartphone,

Tablets etc., auftritt. Dieser Zugang vertritt die Gegenposition zu „FOMO“ (engl. Fear of missing out), die sich mit der Angst beschäftigt, für den Nutzer relevante Ereignisse auf jeglichen modernen Plattformen zu verpassen. JOMO kann durch den jeweiligen Kontext unterschiedlich stark hervorgerufen werden.

31. Angeles Arrien: Acht Tore zur Weisheit – Erfüllung in der zweiten Lebenshälfte, Kamphausen 2009.
32. Angeles Arrien: Acht Tore zur Weisheit, Kamphausen (2009), S. 124 f.
33. Andere Zeiten (Hrsg.): Oh! Noch mehr Geschichten für andere Zeiten, Verlag Andere Zeiten, 2010.
34. https://www.wecroak.com
35. Quelle: Gunther Schmidt: Weiterbildung – Kompetenz aktivierende hypnosystemische Konzepte für Coaching, Persönlichkeits-, Team- und Organisations-Entwicklung, 2017 https://www.meihei.de/fortbildungen/
36. Wendy Palmer hat zahlreiche Bücher geschrieben, die nützliche Übungen und Haltungen anbieten im Umgang mit sich selbst und anderen, u. a. *Leadership Embodiment: How the Way We Sit and Stand Can Change the Way We Think and Speak* (gemeinsam mit Janet Crawford), CreateSpace 2013.
37. Wir empfehlen für die eigene Psychohygiene regelmäßige Supervisionen und immer auch therapeutische Einheiten, wenn Themen im eigenen Leben auftauchen, mit denen wir schlecht umgehen können.
38. Hamachek, D. Effective teachers: What they do, how they do it, and the importance of self-knowledge, in: Lipka, R.P. und Brinthaupt, T. M. (eds). *The role of self in teacher development*, Albany, NY: State University of New York Press, 1999, S. 189-224.
39. Der Begriff stammt von dem lateinischen Wort „principium“ ab und bedeutet Anfang, Ursprung, Grundlage.
40. Das Denkmodell geht zurück auf „Die Leiter der Schlussfolgerung“ (The ladder of inference), ursprünglich entwickelt von Chris Agyris und beschrieben in: The Fifth Discipline Fieldbook von Peter M. Senge, Art Kleiner, Charlotte Roberts, Richard B. Ross und Bryan J. Smith.
41. David Bohm: Der Dialog. Das offene Gespräch am Ende der Diskussionen, Klett-Cotta, 2011, S. 174.
42. Im Original: „Control what you can. Let go what you can't.“
43. Die Autonomie des anderen. Zur Aktualität Humberto Maturanas – ein Interview mit Bernhard Pörksen. Text: Winfried Kretschmer, http://www.changex.de/Article/interview_poerksen_autonomie_des_anderen, aufgerufen am 17.06.2021.
44. Eine Bezugsquelle zu den Facilitative Thinking-Grundannahmen findest du im Anhang unter „Ressourcen“ ab Seite 477.
45. Emergenz (lateinisch *emergere* „Auftauchen“, „Herauskommen“, „Emporsteigen“) bezeichnet die Möglichkeit der Herausbildung von neuen Eigenschaften oder Strukturen eines Systems infolge des Zusammenspiels seiner Elemente. https://de.wikipedia.org/wiki/Emergenz, abgerufen am 9.11.21
46. Mechthild R. von Scheurl-Defersdorf: In der Sprache liegt die Kraft. Herder 2016.
47. Mechthild R. von Scheurl-Defersdorf: In der Sprache liegt die Kraft. Herder 2016, S. 13.
48. Die International Association of Facilitators (IAF) ist eine weltweite Gemeinschaft von Facilitatoren, die sich für hervorragende Leistungen bei der Anwendung von professioneller Gruppenprozessmoderation einsetzt, um Engagement und Wirkung zu erzielen. https://www.iaf-world.org/site/
49. Marvin R. Weisbord auf dem Lernforum *Großgruppenarbeit*, Oberursel 2011.
50. Marshall B. Rosenberg: Gewaltfreie Kommunikation: Eine Sprache des Lebens, Jungfermann, 2016.
51. Frederic Laloux: Reinventing Organizations: Ein Leitfaden zur Gestaltung sinnstiftender Formen der Zusammenarbeit, Vahlen, 2015.
52. Gemeint sind Organisationen, in denen es weitestgehend gelungen ist, die Identifikation mit dem eigenen Ego zu überwinden und stattdessen der Fülle des Lebens zu vertrauen. Ebd. S. 43 f.
53. Ebd. 54 f.
54. Dannemiller Tyson Associates: Whole Scale Change. Toolkit, Berrett-Koehler, 2000, S. 284.
55. Arun Gandhi ist Gründer und Präsident des M.K. Gandhi-Instituts für Gewaltlosigkeit.
56. https://presencing-publications.medium.com/die-dunkelste-stunde-nähert-sich-der-morgendämmerung-fbfc24e4ddc8
57. Mehr zum Thema Hören im Kapitel 3, Auftragsklärung und Initialberatung, siehe Seite 98.
58. Gunther Schmidt
59. https://www.personalwirtschaft.de/fuehrung/artikel/interview-goetz-werner-new-work-experience-2018.html, abgerufen am 08.03.2021.
60. https://premium-kollektiv.de/, abgerufen 12.11.2021.
61. Siehe „Die Top 5 für Facilitatoren und Facilitative Leader“ auf Seite 43.
62. Wir konnten Uwe Lübbermann und Bodo Janssen mehrfach auf Lernreisen erleben.
63. https://augenhoehe-film.de/, abgerufen am 8.11.2021.

64. Mehr dazu im Kapitel „Co-Creation" ab Seite 192.
65. Maja Storch/Wolfgang Tschacher: Embodied Communication – Kommunikation beginnt im Körper, nicht im Kopf, Bern 2014.
66. Maja Storch/Wolfgang Tschacher: Embodied Communication – Kommunikation beginnt im Körper, nicht im Kopf, Bern 2014, S. 8f.
67. Maja Storch/Wolfgang Tschacher: Embodied Communication – Kommunikation beginnt im Körper, nicht im Kopf, Bern 2014, S. 31.
68. Ebenda, S. 54.
69. Z. B. VUKA (siehe Seite 115) oder die drei Arten der Komplexität (siehe Seite 121).
70. Soziale, dynamische, emergente Komplexität. Nach Otto C. Scharmer, Theorie U: Von der Zukunft her führen, Carl-Auer, 2020.
71. Die sogenannte „Kanaltheorie" wird im theoretischen Diskurs der Kommunikationswissenschaften als überholt betrachtet. Mehr dazu siehe Seite 66.
72. Ein Beispiel dafür ist der Bilanzskandal um den früheren Dax-Konzern Wirecard, in den nicht nur das Unternehmen und seine korrupten Manager, sondern die Bundesanstalt für Finanzdienstleistungsaufsicht (Bafin) und der Wirecard-Prüfer EY verwickelt waren. Ein Konglomerat des Scheiterns.
73. Eine Metapher, die in dem Dokumentarfilm „What the Bleep do we know?" verwendet wird, um die dynamische Komplexität der Gegenwart zu beschreiben. https://whatthebleep.com/
74. In Bhutan gibt es zum Beispiel den Gross National Happiness-Index (Bruttonationalglück, BNG). In Dänemark wurden Verwaltung und Staat seit den 1970er-Jahren weitgehend digitalisiert. Dies ermöglicht Selbstführung und Selbstorganisation: „Auf dem digitalen Bürgeramt Borger.dk können die Dänen so gut wie alles bequem vom Sofa aus erledigen." https://www.tagesspiegel.de/wirtschaft/vorreiter-daenemark-so-lebt-es-sich-in-einem-land-das-vollstaendig-digitalisiert-ist/24406554.html, aufgerufen am 20.01.2021.
75. Es gibt Alternativen zu Pilot- oder Pioniergruppen, die wir stets in Betracht ziehen. Die Idee dahinter bleibt die gleiche: Vielfältige, erweiterte Wahrnehmungskörper finden Antworten auf die Anforderungen disruptiver, emergenter Entwicklungen in den relevanten Umwelten einer Organisation. „Pilotgruppen, Wisdom Council, Campus, Open Space Beta, Nukleus der Willigen & Co", siehe Seite 178 f.
76. Initiative Neue Qualität der Arbeit, Geschäftsstelle c/o Bundesanstalt für Arbeitsschutz und Arbeitsmedizin (Hrsg.): Führung zwischen Wunsch und Wirklichkeit. Monitor „Führungskultur im Wandel" 2014, Kulturstudie mit 400 Tiefeninterviews, Prof. Dr. Peter Kruse und Andreas Greve, nextpractice GmbH.
77. Ab wann die Zusammenarbeit offiziell beginnt, wie die Auftragsklärung und Initialberatung ablaufen und was genau zu verhandeln ist, folgt in den Hauptkapiteln INTENTION (ab Seite 91) und PREPARATION (ab Seite 145). Wie das gesamte relevante System einbezogen werden kann, wird im Kapitel CO-CREATION (ab Seite 192) beschieben. Wie die Ergebnisse aussehen und wie das Neue kultiviert werden kann, behandeln wir im Kapitel HARVESTING (ab Seite 388).
78. Nach Rücksprache mit Juanita Brown (World Café Community) ist Eric Vogt der Urheber.
79. Content = Inhalt: 1. Füllung, das Verpackte; 2. Gehalt, Kern, Substanz, Gedankengut, Essenz, Quintessenz, Sinn, Bedeutung, das Mitgeteilte/Ausgedrückte, Botschaft, Mitteilung, Gedankeninhalt, Ideengehalt, Wesen, aus: Brockhaus: Wahrig Synonymwörterbuch, 8. Aufl., 2013.
80. Gary Vaynerchuk, https://www.garyvaynerchuk.com/content-is-king-but-context-is-god/ (aufgerufen am 17.06.2021).
81. Diese Metapher verwendete der Musiktherapeut Florian Pommerien-Becht im Rahmen eines Treffens in der Akademie der potenzialorientierten Akut-Klinik sysTelios in Wald Michelbach im August 2020.
82. Prozess, lat. *processus*, für Fortgang, Fortschreiten, Verlauf, Vorwärtsgehen.
83. Diese Frage berücksichtigt das aus dem Methodenansatz Appreciative Inquiry bekannte Selbsterfüllungs-Prinzip („Enactment"-Principle). Es lehrt uns, dass wir im Ansatz unseres Tuns bereits ein Prototyp unseres Ideals sein können und müssen.
84. Du kannst die Frage nutzen, während du meditierst, läufst, denkst, mit anderen sprichst oder schreibst. Sieh, was kommt.
85. Ein Bezug zu Hippokrates: „Lass die Nahrung deine Medizin sein und Medizin deine Nahrung!" Hippokrates von Kos; aus: Gröber, Uwe: Orthomolekulare Medizin. Ein Leitfaden für Apotheker und Ärzte, Wissenschaftliche Verlagsgesellschaft, 3. Aufl., 2002.
86. Wer uns kennt, wird diese vier Wegmarken von unseren Lotsen-Karten und der Center-Decke „Basic Bundle" erinnern. Bezugshinweise dazu teilen wir im Anhang auf Seite 477.

Kapitel 3

1. Counseling (aus dem amerikanischen Englisch, im britischen Englisch: Counselling) ist die professionelle psychosoziale Beratung von Einzelnen oder Gruppen mit dem Ziel, Problemlösungs- oder Veränderungsprozesse innerhalb eines vergleichsweise kurzen Zeitraums anzustoßen und zu evaluieren. Die im Counseling verwendeten kognitiv-emotionalen Interventionsmethoden sollen die Fähigkeit zu Selbststeuerung und die Selbsthilfebereitschaft fördern. Counselors arbeiten daher mit Gesprächs- und Interventionstechniken, die nur zum Teil mit denen von Psychotherapeuten zu vergleichen sind. In der Regel ist die Interventionstiefe geringer und der Ansatz holistisch, das heißt, das gesamte soziale Umfeld der Klienten und ihre Unterstützungssysteme geraten stärker ins Blickfeld (sog. „kontextuelles Paradigma" des Counseling).
2. Priming [von to prime = instruieren, vorbereiten]: Die verbesserte Fähigkeit zur Verarbeitung, Wahrnehmung oder Identifikation eines Reizes, die darauf beruht, dass dieser oder ein ähnlicher Reiz kurz zuvor bereits präsentiert wurde. Priming erhöht die Geschwindigkeit und Effizienz, mit denen Organismen mit einer vertrauten Umwelt interagieren, indem die Informationsverarbeitung durch frühere Erfahrungen gleichsam vorbereitet wurde. (Lexikon der Neurowissenschaft, https://www.spektrum.de/lexikon/neurowissenschaft/priming/10259)
3. Bahnung: 1) Ein neurophysiologisches Phänomen, wonach die wiederholte Aktivierung ein und desselben neuronalen Musters dazu beiträgt, dass Nervenzellen und/oder -leitungen Aktionspotenziale leichter ausbilden bzw. leiten (Synapse). 2) Eine Bezeichnung dafür, dass psychophysische Funktionen (z. B. Gedächtnis- oder Wahrnehmungsleistungen) umso flüssiger vonstattengehen, je häufiger sie wiederholt werden. (Lexikon der Psychologie: https://www.spektrum.de/lexikon/psychologie/bahnung/1886)
4. Schein, Edgar H. (2003), Prozessberatung für die Organisation der Zukunft. Der Aufbau einer helfenden Beziehung. Köln (EHP).
5. Um die Quelle vollständig abzubilden, haben wir den sechsten Typus aufgenommen. Wir sind jedoch davon überzeugt, dass jede Sichtweise und jeder Beitrag gültig und wichtig sind. Somit gibt es für uns keine „Nicht-Klienten". Alle sind im Prozess. Allen unterstellen wir eine gute Absicht bzw. gute Gründe.
6. Ähnliche Fragen stellen sich auch interne Facilitatoren oder Facilitative Leader. Es hängt vom Kontext ab, wer wen bereits kennt, wie die Historie verlaufen ist, und so weiter. In beiden Fällen, intern wie extern, ist es wichtig, die Frage nach dem Ziel zu stellen und für alle weiteren Aspekte ein weitgehend gemeinsames Verständnis zu etablieren.
7. Es können je nach Situation auch ganz andere Fragen sein. Fragen, die wir beim Schreiben als sinnvoll erachteten, haben wir hier aufgeführt.
8. Treffen wir uns online, braucht es auch entsprechende Vorbereitung und Kooperationsangebote. Als Facilitator und Facilitative Leader können wir auch positiv auf und in Online-Umgebungen wirken.
9. Edgar H. Schein (2009), Helping: How to Offer, Give, and Receive Help, Berrett-Koehler Publishers, Inc. San Francisco.
10. Gunther Schmidt am 6.2.2021 im Auditorium-Netzwerk, Online-Vortrag „Hypnosystemische Therapie von Angst-, Panik- und Zwangssyndromen sowie von Depressionen".
11. Aus dem Französischen für „Beziehung, Verbindung".
12. Es handelt sich hierbei um die Facilitator-Ausbildung der Kommunikationslotsen.
13. Pacen (engl. pace: schreiten, gleichschreiten, einhergehen) „bedeutet, sich in der Körperhaltung, dem Sprachverhalten, der Gestik und/oder dem Atemrhythmus dem Gesprächspartner anzupassen. Dadurch entsteht auf einer unbewussten Ebene ein intensiver und zuverlässiger Kontakt. Dieser Kontakt ist unabhängig von inhaltlichen Übereinstimmungen und daher wichtig, um in schwierigen und kontroversen Situation eine stabile und positive Beziehung zu gewährleisten." aus: Bandler, R., Grinder, J.: Kommunikation und Veränderung, Junfermann Verlag, 1984.
14. Aus: Lotsen-Karte „Rigoroses Mitgefühl praktizieren", ab Seite 34.
15. „Best of Lösungsblockaden", Workshop im Rahmen des Kongresses „Reden reicht nicht?!" in Heidelberg im Mai 2019.
16. Gunther Schmidt, Hypnosystemische Beratung.
17. Siehe Seite 24, 97.
18. Die Kommunikationslotsen haben in Zusammenarbeit mit Frau Dr. Margareta Büning-Fesel die Umstrukturierung des aid in Bonn mit einer Pilotgruppe und dem facilitativen Beratungsansatz begleitet. Der aid wurde einige Jahre später Bundeszentrum für Ernährung im Bundesministerium für Landwirtschaft und Ernährung.
19. Siehe: Fragen-Typen der Auftragsklärung, Seite 105.
20. Mehr zu Kathie Dannemiller im Kapitel RTSC/Whole Scale Change, Historie und Absicht, ab Seite 300.

21. Siehe das Kapitel CO-CREATION, Appreciative Inquiry, ab Seite 240.
22. Scholz, Holger: „Vom Experten zu Everybody – Visualisierung als Prozess der Co-Creation", in: Themenzentrierte Interaktion, Vandenhoeck & Ruprecht GmbH & Co. KG, Göttingen, 2017.
23. Humberto Maturana, Die Organisation des Lebendigen: eine Theorie der lebendigen Organisation. 1975 In: Humberto Maturana: Erkennen: Die Organisation und Verkörperung von Wirklichkeit. Vieweg Verlag, Braunschweig, 1982.
24. Der Begriff ändert sich gern und oft in der Praxis, da bestimmte Wörter unterschiedliche Wirkung haben und ggf. bereits anderweitig belegt sind. Daher nutzen wir auch Begriffe wie z. B. Transformationsteam, Sondierungsgruppe, Co-Kreationsgruppe, Prozess-Architekten-Gruppe, Nukleusgruppe, Spurgruppe, Querschnittsgruppe, DNA-Gruppe („Trägerin der Erbinformation des relevanten Systems, Chris Schmickl) etc.
25. Wir sprechen plakativ von „Change Management", und uns ist bewusst, dass Begriffe je nach Kontext eine unterschiedliche Bedeutung haben. Gemeint ist ein in der Praxis oft anzutreffender Top-down-Ansatz mit Expertenberatung und partizipativen Anteilen, „Change-Kommunikation" und weitgehend vorgegeben Ergebnissen.
26. Ähnliche Modelle sind unter dem Begriff „Spectrum of Participation" zu finden, z. B. https://organizingengagement.org/models/spectrum-of-public-participation/, aufgerufen am 22.3.2021.
27. Georges, Karl Ernst: Ausführliches lateinisch-deutsches Handwörterbuch, Band 3 (E-L), Neusatz der 8. Auflage von 1913, Verlag Hofenberg, 2014.
28. Georges, Karl Ernst: Ausführliches lateinisch-deutsches Handwörterbuch, Band 3 (E-L), Neusatz der 8. Auflage von 1913, Verlag Hofenberg, 2014.
29. Silke Helfrich und David Bollier; „Frei, fair und lebendig – Die Macht der Commons (Sozialtheorie)"; transcript Verlag; 2., unveränderte Edition (23. September 2020).
30. Purpose-Stiftung: https://purpose-economy.org/de/, aufgerufen am 23.3.2021.
31. Cascio, Jamais: „Facing the Age of Chaos", https://medium.com/@cascio/facing-the-age-of-chaos-b00687b1f51d, aufgerufen am 18.3.2021.
32. https://www.focus.de/wissen/mensch/geschichte/neue-erkenntnisse-crew-hielt-sich-sklavisch-an-fatale-regel-darum-krachte-die-titanic-gegen-den-eisberg_id_10491307.html, aufgerufen am 30.03.2021.
33. Scharmer, C. Otto, Käufer, Katrin: Von der Zukunft her führen – Von der Egosystem- zur Ökosystem-Wirtschaft, Theorie U in der Praxis, https://www.carl-auer.de/media/carl-auer/sample/LP/978-3-89670-740-6.pdf, aufgerufen am 18.3.2021.
34. Jamais Cascio, „Facing the Age of Chaos", https://medium.com/@cascio/facing-the-age-of-chaos-b00687b1f51d, aufgerufen am 18.3.2021.
35. Otto C. Scharmer, Theorie U: Von der Zukunft her führen. Presencing als soziale Technik. Carl-Auer-Systeme 2009.
36. Weisbord, R. M., Productive Workplaces: Dignity, Meaning, and Community in the 21st Century, 3. Aufl., Jossey-Bass 2012.
37. In Anlehnung an die bereits existierenden Modelle von Abraham Maslow, Jean Gebser, Jean Piaget, Clare W. Graves, Lawrence Kohlberg, Carol Gilligan, Jane Loevinger, James Fowler, Susanne Cook-Greuter, Robert Kegan, Bill Torbert, Ken Wilber und Jenny Wade.
38. Laloux, Frederic, Reinventing Organizations: Ein Leitfaden zur Gestaltung sinnstiftender Formen der Zusammenarbeit. Verlag Franz Vahlen 2014.
39. Alle Inhalte zu Laloux's Arbeit entstammen seinem Vortrag auf dem 19. Lernforum Großgruppenarbeit in Oberursel im Januar 2016 sowie seinem gleichnamigen Buch „Reinventing Organizations". Auf dem Lernforum treffen sich seit vielen Jahren Menschen, die eine Leidenschaft dafür haben, Organisationen, die wie vitale Organismen arbeiten, entstehen zu lassen.
40. Abraham Harold Maslow in: Lexikon der Psychologie, https://www.spektrum.de/lexikon/psychologie/maslow-abraham-harold/9262, aufgerufen am 1.4.2021.
41. „Jean Gebser war ein deutsch-schweizerischer Philosoph, Schriftsteller und Übersetzer. Er gilt als einer der ersten kulturwissenschaftlich orientierten Bewusstseinsforscher, die ein Strukturmodell der Bewusstseinsgeschichte des Menschen etabliert haben.", https://www.integralesforum.org/integrale-perspektiven/2021/204-ip-01-2021-durch-die-welt-sehen-sonderausgabe-in-zusammenarbeit-mit-der-gebser-gesellschaft-bern/5340-editorial-durch-die-welt-sehen, aufgerufen am 31.3.2021.
42. Die Arbeiten von Clare W. Graves wurden durch das Buch „Spiral Dynamics" von Don Beck und Christopher C. Cowan bekannt.

43. Ken Wilber, Integrale Theorie und Praxis: Eine Einführung, https://www.integralesforum.org/medien/integrale-bibliothek/theorie-grundlagen/4823-ken-wilbers-integrale-theorie-und-praxis-eine-einfuhrung-2, aufgerufen am 31.3.2021.
44. Laloux, Frederic, Reinventing Organizations: Ein Leitfaden zur Gestaltung sinnstiftender Formen der Zusammenarbeit.Verlag Franz Vahlen, 2014, S. 13.
45. Im Kapitel PREPARATION (siehe ab Seite 145) zeigen wir, wie das Bewusstseinsstufen-Modell nach Beck/Cowan (Spiral Dynamics) in Verbindung mit dem AQAL-Modell von Ken Wilber genutzt werden kann, um Zielformulierung und Mandatierung von Pilotgruppen, Transformationsteams etc. zu präzisieren.
46. Wilber, Ken, A Theory of Everything: An Integral Vision for Business, Politics, Science and Spirituality; Shambala Publications, Boston 2000.
47. Vorherige Zeitalter ohne ein explizit erkennbares Organisationsmodell benannte er als „reaktives Paradigma" (früheste Entwicklungsstufe der Menschheit 100.000 bis 50.000 v. Chr.) und „magisches Paradigma" vor etwa 15.000 Jahren.
48. Metaphern sind nicht immer treffsicher und bedienen manchmal alte, stereotype Sichtweisen. Wölfe bzw. Wolfsrudel sind soziale, gut funktionierende, familiäre Gemeinschaften. Die von Laloux betonte Gewalttätigkeit und negative Konnotation des Wolfs ist unserer Ansicht nach einseitig. Laloux merkt an: „Der Grund, warum wir auf die Alphamännchen in Wolfsrudeln eine dominante Rolle projiziert haben, könnte sein, dass wir als Menschen lange Zeit so gelebt haben. Die Tatsache, dass Forscher erst vor Kurzem subtilere Beziehungen bei Wölfen festgestellt haben, könnte darauf hinweisen, dass wir aus einer komplexeren Weltsicht leben."
49. Dieses Zitat von Nick Petrie haben wir gefunden in: Laloux, Frederic, Reinventing Organizations: Ein Leitfaden zur Gestaltung sinnstiftender Formen der Zusammenarbeit. Verlag Franz Vahlen, München 2014, S. 37.
50. U.a. Southwest Airlines, Ben & Jerry's und The Container Store.
51. Laloux, Frederic, Reinventing Organizations: Ein Leitfaden zur Gestaltung sinnstiftender Formen der Zusammenarbeit.Verlag Franz Vahlen, München 2014, S. 32.
52. Weitere Originalautoren, wie z. B. Giga Information Group, Mark Fields, Eli Halliwell und Richard Clark, sind auf der Website „Quote Investigator" genannt: https://quoteinvestigator.com/2017/05/23/culture-eats/, aufgerufen am 1.04.2021. Kein Witz!
53. Unter diesen Organisationen befinden sich unter anderem die Kliniken Heiligenfeld, Buurtzorg, RHD, die Evangelische Schule Berlin Zentrum ESBZ, Morning Star und Patagonia.
54. Peter Wohlleben, Das geheime Leben der Bäume: Was sie fühlen, wie sie kommunizieren – die Entdeckung einer verborgenen Welt. Ludwig Verlag, München 2015.
55. Dieses Zitat haben wir gefunden in: Laloux, Frederic, Reinventing Organizations: Ein Leitfaden zur Gestaltung sinnstiftender Formen der Zusammenarbeit. Verlag Franz Vahlen, München 2014, S. 193.
56. Götz W. Werner in: Die stille Revolution. Der Kinofilm zum Kulturwandel in der Arbeitswelt. Ein Film von Kristian Gründling nach der Vision von Bodo Janssen. Verlag: mindjazz, Köln.
57. Laloux, Frederic, Reinventing Organizations: Ein Leitfaden zur Gestaltung sinnstiftender Formen der Zusammenarbeit. Verlag Franz Vahlen, München 2014, S. 326.
58. Don Edward Beck, Christopher C. Cowan, Spiral Dynamics: Leadership, Werte und Wandel – Eine Landkarte für Business und Gesellschaft im 21. Jahrhundert, Kamphausen Media GmbH 2010.
59. Slle Zitate dieses Abschnitts aus: Klaus Eidenschink, https://metatheorie-der-veraenderung.info/2020/02/21/laloux/, aufgerufen am 15.4.2021.
60. Nach Ken Wilber.
61. „The Four Rooms of Change" ist ein eingetragenes Markenzeichen und darf ohne schriftliche Genehmigung der Rechteinhaber von A&L Partners AB nicht für kommerzielle Zwecke verwendet werden. Es ist in Nordamerika, Europa, Australien, China und anderen wichtigen Teilen der Welt registriert. Wenn du mehr erfahren oder dich einer Gruppe internationaler, zertifizierter Anwender*innen anschließen möchtest, kontaktiere: info@fourrooms.com.
62. 1996 in Berlingen am Bodensee mit Dr. Matthias zur Bonsen.
63. U.a. in „Productive Workplaces", 1985.
64. Mehr zur Zukunftskonferenz siehe Seite 320.
65. Drusilla Copeland, Senior OD Consultant, lernte die „Four Rooms of Change" 1992 kennen, als sie das Buch „Productive Workplaces" von Marvin Weisbord (1987) las. Copeland war angetan von der Eleganz und Zugänglichkeit der Theorie und des Modells und seiner Fähigkeit, Gruppen aus der Sackgasse zu helfen. Copeland lernte Bengt Lindström 1998 kennen und nahm 1999 am ersten internationalen

Zertifizierungsprogramm teil. Seitdem arbeitet Copeland aktiv mit A&L Partners AB und den „Four Rooms of Change“ zusammen, um die Theorie, das Modell und die Analyseinstrumente für Einzelpersonen, Gruppen, Organisationen, Geschäftsbereiche und soziale Systeme zu verbreiten. https://fourroomsofchange.com

66. Bengt Lindström ist der Gründungspartner und CEO von A&L Partners AB und der Four Rooms of Change® Group. Lindström lernte die „Four Rooms of Change“ Mitte der 1980er-Jahre kennen. In den Jahren arbeitete er ausgiebig mit der Persönlichen Dialektik und der „Outsider Scale“ (Außenskala). 1993 traf er Claes Janssen, den Urheber, und dieses Treffen führte zu einer mehr als 30-jährigen Zusammenarbeit, die sich der Entwicklung und der Verbreitung der „Four Rooms of Change“ buchstäblich auf der ganzen Welt widmete.
67. Um herauszufinden, welcher Typ man ist (Ja- oder Nein-Antwortender), kann man psychologische Tests durchführen. Es sind Testfragen, auf die man mit „Ja“ oder „Nein“ antwortet, daher sprechen wir nicht generell von „Ja-Sagern“ und „Nein-Sagern“, sondern von Antwortenden.
68. Früher sprachen wir immer von „Leugnung“, was auch nicht falsch ist, es ist aber nicht der Begriff, den Dr. Claes Janssen ursprünglich verwendete.
69. Dieser Raum wird in der Weisbord-Version als „Renewal“ (Erneuerung) bezeichnet, doch der psychologische Zustand ist, inspiriert zu werden, also heißt der Raum nach Dr. Claes Janssen „Inspiration“.
70. Dafür gibt es z. B. ein Instrument, was Claes Janssen Organisations-Barometer nennt https://fourroomsofchange.com/analytical-instruments/the-organizational-barometer, aufgerufen am 13.4.21.
71. „The tall Building“ von Drusilla Copeland. Four Rooms of Change® Group.
72. Oft wird das erste Budget nur für die nächsten absehbaren Schritte vereinbart. Ein umfassendes Budget lässt sich einfacher kalkulieren, wenn der „Kontext des Gelingens“ feststeht und wenn es ein erstes Treffen mit einer Pionier- bzw. Pilotgruppe und auch mit dem Managementteam gegeben hat. Mehr zur zeitlichen Abfolge und zum Beratungsumfang: Kapitel „PREPARATION“, ab Seite 145.
73. Schweizerischer Schriftsteller und Verkaufstrainer (1919 – 2005).
74. Quelle: Kommunikationslotsen, inspiriert durch die hypno-systemische Beratung von Gunther Schmidt.
75. Gerald Hüther zitieren wir mit diesem Dreiklang gern und oft. Einladen, inspirieren und ermutigen sind die einzigen drei Handlungen, die wir tun können, wenn wir die Autonomie und Selbstführung der Menschen achten. Das ist eine wichtige Erkenntnis, nicht nur für Facilitatoren und Facilitative Leader, sondern für Führungskräfte auf allen Ebenen (siehe hierzu: „Jeder Mensch führt sich selbst in voller Autonomie“ ab Seite 46).
76. Du kannst die Frage nutzen, während du meditierst, läufst, denkst, mit anderen sprichst oder schreibst. Sieh, was kommt.
77. Joseph Beuys
78. Rosa Zubizarreta
79. Das ist eine wesentliche Triebfeder, warum wir dieses Buch schreiben.
80. Soweit das ganze, relevante System zu diesem Zeitpunkt schon klar ist.
81. ein inspirierender Film rund um Mitarbeiterinnenentwicklung, -beteiligung und Führungsrevolution der Hotelkette Upstalsboom mit ihrem charismatischen Inhaber Bodo Janssen.
82. O-Ton einer Mitarbeiterin.
83. Diesen flotten Spruch haben wir von einem Teilnehmer in einer unserer Fortbildungen gehört.
84. Eine erste Version dieser Liste entstand in Zusammenarbeit mit Maik Medzich, Facilitator und agiler Coach bei der Deutschen Telekom, Partner der Kommunikationslotsen.
85. Bei uns auch „Liste des Gelingens“ genannt. Siehe Seite 147.
86. „Capacity Building“ bedeutet Kapazität entwickeln oder Kompetenzaufbau – also die Entwicklung von Fähigkeiten, Fertigkeiten, Skills.
87. Wir nutzen den amerikanisch-englischen Begriff „Harvesting“ (für Ernte), weil er in vielen facilitativen Methoden genutzt wird, z. B. im World Café. (Siehe auch HARVESTING, Seite 388.)
88. Ddisruptiv bedeutet „etwas Bestehendes auflösend oder zerstörend“.
89. Ein Ansatz von Tagen und Dauer ist immer abhängig vom Kontext und vom Ziel, und auch von der Frage, wie schnell sich was ereignen soll. Wir haben auch schon Pilotgruppen begleitet, die sich stets nur ein- bis zweitägig getroffen haben – oder auch halbe Tage online.
90. Anspruchsgruppen werden auch als Interessensgruppen, „Perspektivgruppen“ oder „Stakeholder“ bezeichnet.
91. Der richtige Mix aus Menschen, die drin sind.
92. https://www.wortbedeutung.info/Mandat/, aufgerufen am 26.6.2021.

93. Humberto Maturana im Rahmen der Veranstaltung „Auer Fokus 2011“ der Carl-Auer Akademie in Berlin.
94. Kathleen Dannemiller, Whole Scale Change.
95. An dieser Stelle wurden die verschiedenen Anspruchsgruppen und die Anzahl der jeweils zu vergebenden Plätze genannt. Zum Beispiel: Mitarbeiter Standort A (4 Personen), Mitarbeiter Standort B (4 Personen), Teamleiter Standort A (2 Personen), Teamleiter Standort B (2 Personen), Betriebsrat (2 Personen), Management (2 Personen) usw.
96. Wird in manchen Organisationen als „Sponsor“ bezeichnet.
97. Der Begriff „Open Forum“ wird für ein Dialog-Setting in Kleingruppen mit den drei Fragen: Was haben wir gehört? Was sind unsere Reaktionen?, Welche Verständnisfragen habe ich? Und an wen?, verwendet. Quelle: Dannemiller & Tyson, Whole Scale Change Toolkit.
98. Siehe: Transformationskompetenz – Der facilitative Beratungsansatz, Seite 68; Der Beratungsansatz im Rahmen der Initialberatung, Seite 98; Pilotgruppen und ihre Besetzung, Seite 109; Anspruchsgruppen-Analyse nach der ARE IN-Formel, Seite 156; Mandat und unverrückbare Rahmenbedingungen („Givens“), Seite 158.
99. Im Fachjargon heißt dieser Fragen-Kanon: „Glad, Sad, Mad.“ und kommt aus dem Real Time Strategic Change/Whole Scale Change-Ansatz. Siehe Seite 300.
100. In Kombination mit diesen und ähnlichen Fragen gibt es ein Prozedere, bekannt geworden als „Das Ritual“ durch Bodo Janssen (Die stille Revolution/Der Upstalsboom Weg). Vier Personen sitzen im Kreis so nah, dass sich die Knie berühren, sprechen jeweils zu einer der Frage und geben sich danach gegenseitig wertschätzendes Feedback. https://blog.upstalsboom.de/rituale-bei-upstalsboom/, aufgerufen am 1.7.2021.
101. Im Amerikanischen heißt es dann „May I have an extra bead?“ im Sinne von „Kann ich eine zusätzliche Perle haben?“. Check-in wird in einigen Kulturen „Stringing the beads“ (Auffädeln der Perlen) genannt. Die Teilnehmerinnen fügen der gemeinsamen Kette in der ersten Runde ihre Perle hinzu und werden nach Beendigung der Runde gefragt, ob sie eine extra Perle wünschen.
102. Eine Formulierung unseres Partners Dirk Blumberg, der diese Praktik von John Croft, dem Dragon Dreaming-Pionier, gelernt hat. Croft spricht in seinen Seminaren an der Stelle von „Dealing the enemy.“
103. In Anlehnung an: Dragon Dreaming, Projektdesign, Version 2.09, deutsch, E-Book, 2013: https://dragondreaming.org/, aufgerufen am 9.7.2021.
104. Weitere Vereinbarungen für gelingende Gruppen liefert die Methode The Circle Way („Vier Vereinbarungen für einen sicheren Rahmen“, siehe Seite 233).
105. Facilitative Thinking-Grundannahmen, siehe Seite 40.
106. Alle nun aufgeführten Aspekte findest Du weiter vorne im Buch in den Kapiteln „Was ist Facilitation?“ (ab Seite 1) und „Die gute Medizin des Facilitators“ (ab Seite 17).
107. Vortrag auf dem Lernforum Großgruppenarbeit im Januar 20216, Oberursel.
108. Wie wir klüger entscheiden. Einfach – schnell – konfliktlösend, Siegfried Schrotta (Hrsg.), e-book, https://www.sk-prinzip.eu/, SK Prinzip, 2011.
109. https://www.imagineschools.org/
110. „Einige Wenige wissen was gut und richtig für alle ist.“
111. „Display“ im Sinne von „etwas zur Schau stellen“. Es sieht nur so aus, als spielten alle mit, doch die Wenigsten würden eine angeordnete Entscheidung in der Praxis umsetzen, wenn sie nicht stimmig erscheint oder gar schädlich für das Geschäft, die Mitarbeiterinnen und die Kunden wäre.
112. Siehe hierzu der Facilitation-Ansatz (Seite 68) und die ARE IN-Formel (Seite 156).
113. DF = Dynamic Facilitation
114. Es könnte natürlich auch eine tiefe Auseinandersetzung zum weiteren Prozess mit Dynamic Facilitation gemacht werden. Die Pilotgruppe arbeitet immer auf beiden Ebenen: an der Sache (Content) und am Vorgehen (Prozess).
115. Wir unterstellen diesen Menschen gute Gründe und Absichten, dennoch werden bestimmte Personen oder Gruppen so oder so ähnlich wahrgenommen.
116. Jim Roughs' Wisdom Council, http://dynamicfacilitation.com/DF/DF/DF/wisdom-council.html, aufgerufen am 7.7.2021.
117. Der Begriff Sandkasten wird in vielen Anwendungskontexten genutzt, vorzugsweise in der IT-Umgebung als „Sandbox#“. In der IT wird darunter eine sichere Testumgebung verstanden, in der Dinge ausprobiert werden können, ohne das Gesamt-System zu beeinflussen oder gar zu beschädigen.
118. OpenSpace Beta: Das Handbuch für organisationale Transformation in nur 90 Tagen, Niels Pfläging und Silke Hermann, Vahlen.

119. „Situationselastisch“ – ein wunderbares Adjektiv geprägt durch unsere assoziierte Partnerin und Kommunikationslotsin Andrea Rawanschad.
120. Mit dem Begriff „Konzept“ meinen wir an dieser Stelle kein fertiges Papier, in dem steht, wie man in Zukunft Dinge tun sollte. Konzepte können natürlich Ziele und Wege dorthin beschreiben, aber immer als Dialog-Angebot. Konzepte können auch Beteiligungs-Architekturen sein, mit denen man relevante Fragen und Herausforderungen im gesamten relevanten System erkunden möchte.
121. Diese Aufzählung erhebt nicht den Anspruch auf Vollständigkeit. Sie basiert auf eigenen Ausbildungen und auf Methodenerfahrungen, die wir in unserer Facilitation-Praxis über Dritte machen konnten.
122. https://www.presencing.org/, aufgerufen am 2.8.2021.
123. https://www.artofhosting.org/de/, aufgerufen am 2.8.2021.
124. https://www.joannamacy.net/main, aufgerufen am 2.8.2021.
125. https://thomashuebl.com/de/, aufgerufen am 2.8.2021.
126. http://www.aamindell.net/process-work, aufgerufen am 2.8.2021.
127. https://hpi.de/school-of-design-thinking/design-thinking/was-ist-design-thinking.html, aufgerufen am 4.8.2021.
128. https://genuinecontact.net/, aufgerufen am 4.8.2021.
129. https://patterns-de.sociocracy30.org/all.html, aufgerufen am 4.8.2021.
130. http://dragondreaming.org/de/, aufgerufen am 4.8.2021.
131. https://www.integralesforum.org/medien/integrale-bibliothek/theorie-grundlagen/3594-aqal, abgerufen am 10.8.2021.
132. Ein Meta-Modell dient dazu, andere Modelle und Methoden einzuordnen und ggf. gegeneinander abzugrenzen.
133. www.imu-augsburg.de/integrale-landkarte, abgerufen am 10.8.2021.
134. „Meta“ im Sinne von grundlegend oder über einzelne Methoden hinausweisend.
135. Stefan Enzler, Monika Luger (Hrsg.): Logbuch – Wandel in deiner Organisation integral gestalten, 2021.
136. Wilber, Ken: Eros, Kosmos, Logos (Frankfurt 1996), S. 161.
137. Don Edward Beck, Christopher C. Cowan: Spiral Dynamics – Leadership, Werte und Wandel. Eine Landkarte für Business und Gesellschaft im 21. Jahrhundert, 2010.
138. http://www.clarewgraves.com/index.html, abgerufen am 8.12.21.
139. Die Integrale Landkarte für Organisationsentwicklung entstand 2013 im Rahmen eines BMBF-Forschungsprojekts bei imu. Die aktuelle Version ist hier zu finden: https://i-m-u.de/integrale-landkarte/
140. Du kannst die Frage nutzen, während Du meditierst, läufst, denkst, mit anderen sprichst oder schreibst. Sieh, was kommt.
141. https://www.horx.com/48-die-welt-nach-corona/, abgerufen am 21.7.2021.
142. https://simplicable.com/new/think-global-act-local, abgerufen am 9.8.2021.
143. „We don't have to wait for some grand utopian future. The future is an infinite succession of presents, and to live now as we think human beings should live, in defiance of all that is bad around us, is itself a marvelous victory.“ Aus: Margaret J. Wheatley, Who do we choose to be?, Facing reality. Claiming leadership. Restoring sanity., Berrett-Koehler Publishers, Inc., 2017.
144. Dies sind die Lotsen-Karten, die wir zusammen mit der Center-Decke „Basic Bundle“ für die Kreisarbeit nutzen und auf Nachfrage auch unseren Klienten anbieten.
145. M. Scott Peck
146. Die Texte zu den facilitativen Praktiken entstammen den Lotsen-Karten „Basic Bundle“ der Kommunikationslotsen.
147. Paul R. Lawrence, Jay W. Lorsch: Differentiation and Integration in Complex Organizations, in: *Administrative Science Quarterly*, Vol. 12, No. 1 (June, 1967), S. 1-47; http://www.jstor.org/stable/2391211, abgerufen am 5.7.2021.
148. „The wisdom for the consultant is knowing when to „go whole“ and when to go smaller and deeper.“, aus: Whole Scale Change Toolkit, Dannemiller Tyson Associates, Berrett-Koehler Publishers, San Francisco, 2000.
149. Alle Teilprojekte leisten einen wertvollen Beitrag zum Gelingen. Nicht alle kommen ins Ziel. Diese „Verfassung“ ist in diesem Projekt nicht fertiggeworden. Vielleicht ist dies ein gutes Beispiel für eine Selbstüberforderung. Auch daran sollten Pilotgruppen und Facilitatoren denken. Was ist realistisch machbar, in welcher Zeit? (Siehe „Entropie“, Seite 211).
150. 80/20-Geschichten des Gelingens, eine interne Publikation von HRM-ORG, Deutsche Telekom AG, Bonn.
151. Auch bekannt als der „Diamant“ aufgrund der äußeren Form.

152. Der Begriff wurde erstmalig genutzt von Sam Kaner, Lenny Lind, Catherine Toldi, Sarah Fisk und Duane Berger in: The IAF Handbook of Group Facilitation – Best Practices from the leading organization in Facilitation, herausgegeben von Sandy Schumann und unterstützt von der International Association of Facilitators (1996).
153. Die Metapher der „Katze vor dem Sprung" stammt von Matthias zur Bonsen. Wir haben ihn gefragt, und dürfen ihn hier zitieren. Er selbst hat dazu noch nichts veröffentlicht.
154. Diese Führungskraft wollte nicht namentlich genannt werden.
155. Der „Business Circle" ist eine Variante von The Circle Way. Siehe Seite 236.
156. Entropie = Maß für die Informationsdichte, https://www.duden.de/rechtschreibung/Entropie, abgerufen am 2.8.2021.
157. In Anlehnung an Dr. Stephen R. Covey, The 7 habits of highly effective people. 52 cards to challenge and inspire every week of the year. FranklinCovey Co., 2019.
158. Inklusive der Hilfs-Disziplinen Visual, Neuro und Online Facilitation.
159. Sarah Lewis: Positive Psychology and Change – How Leadership, Collaboration and Appreciative Inquiry Create Transformational Results, Wiley Blackwell 2016.
160. Fritz B. Simon im Interview mit Furche.at.: „Wer fremd scheint, ist verdächtig", https://www.simon-weber.de/wp-content/uploads/2018/12/wer-fremd-geht-furche.pdf, abgerufen am 8. Februar 2021.
161. https://de.wikipedia.org/wiki/Kapital#Kapitalbegriffe_in_der_Soziologie, abgerufen am 1.1.2021.
162. Sarah Lewis: Positive Psychology and Change – How Leadership, Collaboration and Appreciative Inquiry Create Transformational Results, Wiley Blackwell 2016, Format Kindle, Position 4763.
163. Sarah Lewis: Positive Psychology and Change – How Leadership, Collaboration and Appreciative Inquiry Create Transformational Results, Wiley Blackwell 2016, Format Kindle, Position 4878. Übersetzung durch die Autoren. Timberland, Merek Corporation, Cascade, Synovus Financial Corporation, FedEx Freight, Southwest Airlines, The Green Mountain Coffee Corporation, Fairmount Minerals und die Marine Corp. sind allesamt ein Beweis dafür, dass es möglich ist, das Richtige zu tun und gut abzuschneiden.
164. David Cooperrider und Ron Fry: Global Challenges as Opportunity to Transform Business for Good, Department of Organizational Behavior, Weatherhead School of Management, Case Western Reserve University, Cleveland, 2020, Seite 12.
165. https://lexikon.stangl.eu/151/archetypen/, abgerufen am 18.1.21.
166. Es können auch andere Sitzgelegenheiten sein. Je nach Kontext kann man entsprechend kreativ werden. Natürlich hat jede Sitzgelegenheit eine eigene Wirkung.
167. David Bohm: Der Dialog. Das offene Gespräch am Ende der Diskussionen, Klett Cotta, 2011.
168. M. Scott Peck, in: Götz Brase (Hrsg.), Gemeinschaftsbildung. Der Weg zu authentischer Gemeinschaft, Verlag Blühende Landschaften, 2014.
169. Eine wirksame Zentrierungs-Praxis vermittelt Wendy Palmer, in: Palmer, Wendy/Crawford. Janet: Leadership Embodiment. How the way we sit and stand can change the way we think and speak, CreateSpace, 2013.
170. https://checkinsuccess.com/question-archive/ und https://tscheck.in/, abgerufen am 16.12.2020. Hier kann man viele inspirierende Fragen finden.
171. Christina Baldwin, Ann Linnea: The Circle Way. A Leader In Every Chair, Berrett-Koehler Publishers 2010, Seite 151.
172. Ebd., Seite 168.
173. M. Scott Peck, in: Götz Brase (Hrsg.), Gemeinschaftsbildung. Der Weg zu authentischer Gemeinschaft (Deutsch) Verlag Blühende Landschaften, 2014.
174. Archie Fire Lame Deer, Medizinmann der Lakota im Rahmen eines Teachings, Beuerhof 1996.
175. https://checkinsuccess.com/question-archive/, abgerufen am 16.12.2020. Hier kann man viele inspirierende Fragen finden.
176. Cooperrider, David: The Concentration Effect of Strengths – How the whole system Appreciative Inquiry Summit brings out the best in human enterprise, in: *Organizational Dynamics* (2012), 41, Seite 106–117.
177. UN-Generalsekretär Kofi Annan in einem Brief 2004 an David Cooperrider. https://appreciativeinquiry.champlain.edu/learn/, abgerufen am 20.1.21.
178. Quelle: http://appreciativeinquiry.net.au/introductory/what-is-appreciative-inquiry/ai-history-and-timeline/ by Jane Magruder Watkins and Bernard Mohr, from their book Appreciative Inquiry: Change at the Speed of Imagination. Es gibt viele Websites, auf denen Geschichten des Gelingens geteilt werden. Z. B. https://aipractitioner.com
179. Interview von Holger Scholz mit David Cooperrider am 28.1.2021.

180. „Toward a Methodology for Understanding and Enhancing Organizational Innovation“
181. https://appreciativeinquiry.champlain.edu/educational-material/appreciative-inquiry-toward-methodology-understanding-enhancing-organizational-innovation/, abgerufen am 20.1.21.
182. https://appreciativeinquiry.champlain.edu/educational-material/appreciative-inquiry-toward-methodology-understanding-enhancing-organizational-innovation/, abgerufen am 20.1.21.
183. Gervase Bushe, Professor für Leadership und Organisationsentwicklung an der Beedie School of Business, http://www.gervasebushe.ca/Foundations_AI.pdf, abgerufen am 20.1.21.
184. http://appreciativeinquiry.net.au/introductory/what-is-appreciative-inquiry/ai-history-and-timeline/, abgerufen am 20.1.21.
185. Vergleiche die Hinweise im Literaturverzeichnis.
186. David Cooperrider und Diana Whitney: The Appreciative Inquiry Summit: Overview and Applications. https://www.davidcooperrider.com/wp-content/uploads/2011/10/The-AI-Summit-Methodology-x.pdf, abgerufen am 21.1.2021.
187. David Cooperrider und Ron Fry in: Global Challenges as Opportunity to Transform Business for Good. Department of Organizational Behavior, Weatherhead School of Management, Case Western Reserve University, Cleveland, 2020.
188. Die Icons zu den Grundannahmen wurden inspiriert und gezeichnet nach einer Vorlage aus den bikablo®-Publikationen, www.bikablo.com.
189. Hallie Preskill: Using Appreciative Inquiry in Evaluation Practice, Claremont Graduate University, 2007, https://www.betterevaluation.org/sites/default/files/Preskill_Using%20Appreciative.pdf, abgerufen am 26.8.21.
190. Der Pygmalion-Effekt ist ein psychologisches Phänomen, bei dem eine vorweggenommene Einschätzung eines Schülers sich derart auf seine Leistungen auswirkt, dass sie sich bestätigt. Es geht auf ein Experiment von Robert Rosenthal und Lenore F. Jacobson zurück. Der Name entstammt der mythologischen Figur Pygmalion. https://de.wikipedia.org/wiki/Pygmalion-Effekt, abgerufen am 5.9.21.
191. https://de.wikipedia.org/wiki/Psychoneuroimmunologie, abgerufen am 26.8.21.
192. https://sportsandthemind.com/sport-perfomance-imagination/, abgerufen am 26.8.21.
193. https://www.carl-auer.de/magazin/systemisches-lexikon/wunderfrage, abgerufen am 17.6.21.
194. „There's nothing in the world more powerful than a good story. Nothing can stop it, no enemy can defeat it.“, Tyrion Lannister in „Game of Thrones“, Staffel 8, Episode 6, https://www.myzitate.de/geschichten/ abgerufen am 20.1.21.
195. Aus: Lernlandkarte Nr. 3 – Appreciative Inquiry, hrsg. von Holger Scholz und Roswitha Vesper, Neuland: Artikelnummer: 8086.412, www.neuland.com.
196. Die Begriffe Problemtrance und Lösungstrance haben wir in der Hypnosysthemischen Beratung bei Gunther Schmidt kennengelernt.
197. Probst, Benedikt P.: Benedikt von Nursia – Früheste Berichte. Freie Übertragung aus dem zweiten Buch der Dialoge Gregors des Großen. Mit Auszügen aus der Benediktiner-Regel, EOS Verlag, Erzabtei St. Ottilien, 1979.
198. https://www.centerforappreciativeinquiry.net/more-on-ai/principles-of-appreciative-inquiry/, abgerufen am 28.3.2021.
199. Inkrafttreten.
200. Aufmerksamkeit und Bewusstsein.
201. https://appreciativeinquiry.champlain.edu/learn/appreciative-inquiry-introduction/5-d-cycle-appreciative-inquiry/, abgerufen am 7.4.2021.
202. Sarah Lewis: Positive Psychology and Change. How Leadership, Collaboration and Appreciative Inquiry Create Transformational Results, Wiley Blackwell 2016.
203. Im Rahmen einer Führungskonferenz bauten die Teilnehmenden ihre Visionen in der Dreamphase aus Sandburgen und Sand-Objekten am Strand.
204. Andy Smith, https://www.alchemyassistant.com/topics/CQVB5FbXS3ENQhA9.html, abgerufen am 4.09.2021.
205. Persönliches Interview von Holger Scholz mit David Cooperrider am 28.1.2021.
206. https://designthinking.ideo.com/, abgerufen am 4.09.2021.
207. Ein kurzer Bericht in der örtlichen Zeitung mit einem Interview findet sich hier: https://brf.be/regional/670926/, abgerufen am 14.1.21.
208. Nathalie Miessen war die Leiterin des Fachbereichs Jugendhilfe im Ministerium der Deutschsprachigen Gemeinschaft. Heute (2021) ist sie stellvertretende Generalsekretärin im Direktionsrat des Ministeriums, zuständig für Bürgerorientierung und Dienstleistungen.

209. Das Grundlagenwerk dazu wurde verfasst von Juanita Brown und David Isaacs: The World Café – Shaping Our Futures Through Conversations That Matter, 2005. (In Deutsch: Das World Café – Kreative Zukunftsgestaltung in Organisationen und Gesellschaft, 2007)
210. „An unconference is a participant-driven meeting.", https://en.wikipedia.org/wiki/Unconference, abgerufen am 20.6.2021.
211. https://www.geschichtewiki.wien.gv.at/Kaffeehaus, abgerufen am 21.2.21.
212. John Travis: https://www.youtube.com/watch?v=tCClI6eL9tM, abgerufen am 14.2.2021.
213. Der Global 500 Award ist ein ehemaliger Umweltpreis, der 1987 vom United Nations Environment Programme (UNEP) gestiftet wurde. Er ist an Einzelpersonen oder Organisationen verliehen worden, die sich in herausragender Weise für den Schutz und die Verbesserung der Umwelt verdient gemacht haben. Seit 2005 wird statt dieses Preises der Champions of Earth Award verliehen. https://de.wikipedia.org/wiki/Global_500_Award, abgerufen am 21.2.21.
214. „Homestead" (zu deutsch: Heimatort) war der Name der Straße auf der das Haus von David Isaacs und Juantia Brown stand und das gleichzeitig der Veranstaltungsort war.
215. Juanita Brown, David Isaacs: The World Café – Shaping Our Futures Through Conversations That Matter, 2005, S. 15.
216. Siehe das Interview mit Juantia Brown: https://www.youtube.com/watch?v=tCClI6eL9tM, abgerufen am 14.2.2021.
217. http://www.theworldcafe.com, abgerufen am 7.9.2021
218. Juanita Brown, David Isaacs: The World Café. Shaping Our Futures Through Conversations That Matter, Barrett-Koehler, 2005, S. 4.
219. Eric E. Vogt, Juanita Brown und David Isaac: The Art of Powerful Questions – Catalyzing, Insight, Innovation, and Action, 2003.
220. https://www.goodreads.com/quotes/8040091-if-i-had-an-hour-to-solve-a-problem, abgerufen am 17.6.2021.
221. Interview zum World Café von Holger Scholz mit Amy Lenzo am 27.4.2021.
222. In Anlehnung an die Etikette-Formulierung der World Café Community, www.theworldcafe.com.
223. World Café-Etikette Klappkarten, siehe „Ressourcen der Kommunikationslotsen", Seite 476.
224. http://www.theworldcafe.com/wp-content/uploads/2015/07/Germancafetogo.pdf, aufgerufen am 27.8.2021.
225. Der Film zeigt auf anschauliche und tiefe Weise, worauf es bei Facilitation ankommt: https://www.moviepilot.de/movies/wie-im-himmel
226. Amy Lenzo in einer persönlichen E-Mail.
227. Das sind mit mindestens zwei Schnitten von oben eingesägte Baumstümpfe, die mit einer Anzündhilfe angezündet werden und langsam ausbrennen.
228. Weitere und vertiefende Gedanken dazu im Kapitel „Harvesting" ab Seite 388.
229. Mehr dazu in den Kapiteln „Visual Facilitation", Seite 357, und „Harvesting" Seite 388.
230. Bezugsquelle siehe Anhang „Ressourcen der Kommunikationslotsen", Seite 477.
231. Diese Konferenz richteten wir in Bad Honnef als Mitglieder der International Association of Facilitators (IAF) aus. Mary-Alice Arthur war damals MC (Master of Ceremony). Es kamen rund 170 Teilnehmende aus über 20 Nationen.
232. http://www.theworldcafe.com/wp-content/uploads/2015/07/Cafe-To-Go-Revised.pdf, abgerufen am 6.11.21.
233. Harrison Owen hat oft über Spirit geschrieben und diesem Thema auch ein ganzes Buch gewidmet. Harrison Owen: SPIRIT – Transformation and Development in Organizations, 1993.
234. Harrison Owen: Open Space and Spirit Shows Up, https://openspaceworld.org/wp2/hho/papers/spirit-shows-up/, abgerufen am 27.3.21.
235. Harrison Owen: Open Space and Spirit Shows Up, https://openspaceworld.org/wp2/hho/papers/spirit-shows-up/, abgerufen am 27.3.21.
236. Ebd., abgerufen am 27.3.21.
237. Ebd., abgerufen am 27.3.21.
238. Teilnehmende in unseren Workshops und im Curriculum sprechen auch oft vom Lotsenspirit oder Lotsengeist.
239. Aus einem Brief an Roswitha Vesper von Bruder Brendan Geary, Psychologe, Facilitator und bis 2019 Leiter der Maristen-Provinz Europa-Zentral-West.

240. Michael Pannwitz, ein Freund von Harrison Owen und ein bekannter OS-Begleiter aus Deutschland, betonte in einem Interview mit Roswitha Vesper am 17.3.21, dass es wirklich immer funktioniert, wenn man die Voraussetzungen – wie eine Art Rezept – befolgt.
241. Die Abbildungen zur Open-Space-Philosophie wurden aus den bikablo®-Publikationen abgezeichnet, www.bikablo.com
242. Sinngemäß übersetzt nach Harrison Owen.
243. https://de.wikipedia.org/wiki/Live_Free_or_Die, abgerufen am 6.11.2021.
244. https://openspaceworld.org/hhowen/AweOfSacred_HarrisonOwen.pdf, S. 18, abgerufen am 3.4.21.
245. Eine Einführung in die Methode gibt es hier: Anhang „Ressourcen", Seite 477.
246. Aus einer E-Mail von Nicole Hackenberg an Roswitha Vesper.
247. https://de.wikipedia.org/wiki/Selbstorganisation: Im politischen oder organisationstheoretischen Gebrauch bezeichnet Selbstorganisation die Gestaltung der Lebensverhältnisse nach flexiblen, selbstbestimmten Vereinbarungen und ähnelt dem Autonomiebegriff.
248. Michael Pannwitz in einem persönlichen Interview mit Roswitha Vesper am 17.3.21.
249. Michael Pannwitz in einem persönlichen Interview mit Roswitha Vesper am 17.3.21.
250. Harrison Owen: Open Space Technology – Ein Leitfaden für die Praxis, 2001, S. 119.
251. Kathleen Dannemiller und Mary Eggers: One Brain and One Heart. Unleashing the Magic in Organizations http://wholescalechange.com/files/Articles_and_Book_chapters/Article_and_book_chapters_English/One%20Brain%20and%20One%20Heart-Unleashing%20the%20Magic%20in%20Organizations.pdf, abgerufen am 18.10.21.
252. Dannemiller Tyson associates: Whole Scale Change Toolkit. Berrett Koehler, 2000, Seite IX
I didn't know who I needed – I just knew they needed to help me design something for a whole business at a time, something that would startle and delight and compel executives the way the manufacturing world of Ford had come to embrace the pursuit of quality. I needed lion tamers with a sense of humor. And heart. Nancy Lloyd Badore, Ford Motor Company 1999.
253. Robert W. Jacobs, Real Time Strategic Change: How to Involve an Entire Organization in Fast and Far-reaching Change, Berrett Koehler Publishers, San Francisco, 1994.
254. Dannemiller Tyson Associates: Whole-Scale Change: Unleashing the Magic In Organizations, 16. Aufl., 2012.
255. Matthias zur Bonsen: Real Time Strategic Change. Schneller Wandel in großen Gruppen. Klett-Cotta, 2008.
256. http://www.resonanceproject.org/profile.cfm?id=1053, abgerufen am 18.5.21, oder auch aus einem Nachruf https://www.spoke.com/people/kathleen-dannemiller-3e1429c09e597c1000c6c6f5, abgerufen am 10.6.21.
257. http://www.resonanceproject.org/profile.cfm?id=1053, abgerufen 27.4.21.
258. Matthias zur Bonsen kommt das Verdienst zu, diese Interventionen für den deutschsprachigen Raum gesammelt, dokumentiert und katalogisiert zu haben.
259. David Rock: Your Brain at Work: Strategies for Overcoming Distraction, Regaining Focus, and Working Smarter All Day Long, 2020.
260. Vgl. dazu auch die methodischen Hinweise bei Matthias zur Bonsen: Real Time Strategic Change. Schneller Wandel in großen Gruppen, 2008.
261. In einem persönlichen Interview mit Roswitha Vesper am 21.4.21.
262. Z. B. hier: https://changingminds.org/disciplines/change_management/creating_change/burning_platform.htm, abgerufen am 14.10.21.
263. https://en.wikipedia.org/wiki/Piper_Alpha, abgerufen am 11.6.21.
264. https://www.majastorch.de/wp-content/uploads/2020/04/Artikel-Saeule-2016-4_Embodiment-S6-12.pdf abgerufen am 2.9.21.
265. Valentin ist (auch) der Name eines Heiligen: Valentin von Terni, ein römischer Märtyrer. Er ist der Patron der Liebenden. Nach ihm wurde der Tag, an dem sich Liebespaare Geschenke machen, benannt. https://www.wortbedeutung.info/Valentin, abgerufen am 11.9.2021.
266. David Rock: Your Brain at Work: Strategies for Overcoming Distraction, Regaining Focus, and Working Smarter All Day Long. 2020, S. 80.
267. David Rock: Your Brain at Work: Strategies for Overcoming Distraction, Regaining Focus, and Working Smarter All Day Long. 2020, S. 33 ff.
268. Dieses Phänomen nennt man Dual-Task-Interferenz. David Rock, Seite 47.
269. https://schule-im-aufbruch.de/

270. Interview am 8.5.21 im Rahmen eines Online-Kongresses „Ab in die Zukunft- für moderne Montessori- und Freie Schulen".
271. Kathleen Dannemiller, Dannemiller Tyson Associates: Whole-Scale Change: Unleashing the Magic In Organizations, 16. Auflage, 2012.
272. David Rock: Your Brain at Work: Strategies for Overcoming Distraction, Regaining Focus, and Working Smarter All Day Long. 2020, S. 242.
273. Ebd., S. 243.
274. http://www.dannemillertyson.com/wp-content/uploads/2016/05/Ron-and-Kathies-Principles.pdf, Übersetzung und Bearbeitung durch die Autoren, abgerufen am 11.6.2021.
275. Anmerkung der Autoren.
276. Was macht froh, traurig, verrückt?
277. Weisbord, Marvin; Janoff, Sandra: Future Search. Die Zukunftskonferenz, Klett-Cotta 2008.
278. http://www.marvinweisbord.com/wp-content/uploads/2010/04/Future%20Search%20Perspectives.pdf, abgerufen am 14.6.21.
279. Interview zwischen Roswitha Vesper und Sandra Janoff am 26.5.21.
280. Mehr dazu im Abschnitt „Zwerge auf den Schultern von Riesen", siehe Seite 11.
281. http://www.marvinweisbord.com/wp-content/uploads/2010/04/Future%20Search%20Perspectives.pdf, abgerufen am 14.6.21.
282. Mehr zu den Grundprinzipien Seite 323.
283. Mehr dazu unter im Abschnitt „Ein prinzipienbasiertes Großgruppen-Design", Seite 323.
284. Marvin Weisbord: Productive Workplaces Revisited. Dignity, Meaning, and Community in the 21st Century, John Wiley & Sons, 2004.
285. Siehe „Facilitation – in der Zukunft untersuchen alle alles" auf Seite 17.
286. Mehr zu den einzelnen Personen im Abschnitt „Von den Ursprüngen bis heute", Seite 10.
287. https://futuresearch.net/fsnetwork/introducing/, abgerufen am 14.6.21.
288. Im Internet gibt es viele verschiedene Versionen dieser Geschichte, zum Beispiel hier: http://www.thur.de/philo/hegel/elefant.htm
289. Die Stakeholder-Gruppen werden auch Heimatgruppen genannt, weil in ihnen oft eine relativ einheitliche Sichtweise vorherrscht.
290. Vgl. Neuro Facilitation auf Seite 364.
291. https://www.robertfritz.com/wp/principles/tension-seeks-resolution/, abgerufen am 15.6.21.
292. http://www.nativecircle.com/wisdom.html, abgerufen am 30.6.21.
293. Jim Rough: Society's Breakthrough! Releasing Essential Wisdom and Virtue in All the People, AuthorHouse, 2002, S. 65.
294. Rosa Zubizarreta: Manual for Jim Rough's Dynamic Facilitation Method, 2006, http://co-intelligence.org/DFManual.html, abgerufen am 26.6.21.
295. http://dynamicfacilitation.com/about_us/About/history.html, abgerufen am 27.6.21.
296. Eine kurze Einführung in die Geschichte gibt es hier: https://vimeo.com/128781604, abgerufen am 27.6.21.
297. https://www.quotez.net/german/albert_einstein.htm, abgerufen am 11.10.2021.
298. https://www.buergerrat.net/at/vorarlberg/, abgerufen am 27.6.21, und https://www.newdemocracy.com.au/wp-content/uploads/2020/09/RD-Note-Austria.pdf, abgerufen am 27.6.21.
299. z. B. https://www.buergerrat.net/at/vorarlberg/ aufgerufen am 27.6.21.
300. Dynamic Facilitation: Die erfolgreiche Moderationsmethode für schwierige und verfahrene Situationen. Beltz, 2019, von Matthias zur Bonsen (Herausgeber), Rosa Zubizarreta (Autorin)
301. Michael Ende: Momo, Thienemann Verlag, Seite 14.
302. Dr. Margareta Büning-Fesel, Bundesanstalt für Landwirtschaft und Ernährung, Bundeszentrum für Ernährung, Bonn, im Interview mit Holger Scholz: https://www.youtube.com/watch?v=30os2JzFZRk, abgerufen am 30.6.21.
303. https://www.youtube.com/watch?v=ZZ5qOTXVvxA, abgerufen am 30.6.21.
304. https://dynamicfacilitation.org/wisdom-council/, abgerufen am 30.6.21.
305. https://www.buergerrat.net/methodik-des-buergerrates, abgerufen am 30.6.21.
306. https://dienachtderlebendentexte.wordpress.com/2016/10/05/die-glorreichen-sieben-1960/, abgerufen am 6.9.21.
307. Martin Haussmann ist Geschäftsführer der bikablo GmbH & Co. KG für visuelles Denken, Lernen und Zusammenarbeiten. Die Marke bikablo, die bikablo-Technik, die ersten Visualisierungstrainings und die Visuellen Wörterbücher entstanden in der Visualisierungsarbeit der Kommunikationslotsen um

2005 herum und in Kooperation mit dem Seminarausstatter Neuland. Maßgeblich mitbeteiligt waren damals Martin Haussmann und Karina Antons, die 2017 zusammen mit Holger Scholz und Roswitha Vesper die bikablo GmbH & Co. KG ausgegründet haben und seither als Geschäftsführer/in leiten. Gemeinsam führen sie auch die erfolgreiche Reihe der bikablo-Visualisierungsprodukte weiter. Mit Neuland als Vertriebspartner sind wir nach wie vor eng verbunden. Die bikablo GmbH & Co. KG mit Standort in Köln trägt heute weltweit mit rund 60 frei mitarbeitenden Trainern und Visualisiererinnen visuelles Denken, Lernen und Zusammenarbeiten in die unterschiedlichsten Organisationen von Wirtschaft, Gesellschaft und Wissenschaft. Wir bezeichnen bikablo und die Kommunikationslotsen aufgrund der gemeinsamen Historie als Schwesterfirmen.

308. Alle Bildideen dieses Kapitels entstammen unserer Lernlandkarte „Visual Facilitation & Graphic Recording“, © Haußmann/Scholz, Kommunikationslotsen 2008, www.neuland.com
309. Über Visual Facilitation und alle in der Praxis erfahrbaren Formen von Visualisierung kann man viel lesen. Wir empfehlen: Hausmann, Martin, Denken mit dem Stift, 2014.
310. Dan Roam: Auf der Serviette erklärt, 2010.
311. Alan Briskin, The Power of Collective Wisdom and the Trap of Collective Folly, 2009, S. 185.
312. Holger Scholz: Vom Experten zu Everybody – Visualisierung als Prozess der Co-Creation (Seite 6): https://kommunikationslotsen.de/wp-content/uploads/pdf/tzi-artikel-2017.pdf, abgerufen am 28.5.21.
313. Die verschiedenen Disziplinen und Anwendungsfelder der Visualisierung sind in Seminaren, durch Bücher (z. B. Martin Haussmann: UZMO – Denken mit dem Stift, 2014) und Onlinekurse für jeden erlernbar (z. B. https://bikablo.com/).
314. https://medium.com/multiple-views-visualization-research-explained/the-purpose-of-visualization-is-insight-not-pictures-an-interview-with-visualization-pioneer-ben-beb15b2d8e9b, abgerufen am 11.10.2021.
315. David Rock: Your Brain at Work: Strategies for Overcoming Distraction, Regaining Focus, and Working Smarter All Day Long. 2020.
316. Ein weiteres bekanntes Modell geht auf Klaus Grawe zurück. Er nennt vier Grundbedürfnisse, die sich mit dem SCARF-Modell weitgehend decken: Bindung, Kontrolle/Selbstbestimmung, Selbstwert, Lust/Unlustvermeidung. Klaus Grawe: Psychologische Therapie. Hogrefe, 2000.
317. Jerald Greenberg: Employee theft as a reaction to underpayment inequity: The hidden cost of pay cuts. Journal of Applied Psychology, 75(5), 561–568. https://doi.org/10.1037/0021-9010.75.5.561, aufgerufen am 8.6.21.
318. David Rock: Your Brain at Work – Strategies for Overcoming Distraction, Regaining Focus, and Working Smarter All Day Long, 2020.
319. Margaret Wheatley: „Whatever the problem, community is the answer.“, https://www.youtube.com/watch?v=fPvEKP1cUZA, abgerufen am 3.5.21.
320. „Spiegelneuronen sind ein Resonanzsystem im Gehirn, das Gefühle und Stimmungen anderer Menschen beim Empfänger zum Erklingen bringt. Das Einmalige an den Nervenzellen ist, dass sie bereits Signale aussenden, wenn jemand eine Handlung nur beobachtet. Die Nervenzellen reagieren genau so, als ob man das Gesehene selbst ausgeführt hätte. … Die Spiegelneuronen im Gehirn sind spezielle Nervenzellen, die den Menschen zum mitfühlenden Wesen machen. Wenn man beobachtet, dass sich jemand beim Gemüse schnipseln in den Finger schneidet, erlebt man selbst ein Unbehagen und kann nachempfinden, wie sich der Schmerz anfühlt. Wir werden mit dem Gefühl des anderen „angesteckt“, das heißt, unsere Spiegelneuronen reagieren nicht nur, wenn wir selbst Leid, Schmerz oder Freude erfahren, sondern diese Nervenzellen werden auch dann aktiv, wenn wir diese Empfindungen bei jemand anderem wahrnehmen.“, https://www.planet-wissen.de/natur/forschung/spiegelneuronen/index.htm, abgerufen am 10.5.2021.
321. David Rock: Your Brain at Work – Strategies for Overcoming Distraction, Regaining Focus, and Working Smarter All Day Long, 2020, S. 176.
322. Ebd., S. 175.
323. Ebd., S. 179.
324. Nach David Rock verkomplizieren neuere Forschungsergebnisse allerdings die Geschichte von Oxytocin als „Vertrauensdroge“. Es scheint eine allgemeinere Rolle bei der Verstärkung aller Arten von Annäherungsversuchen im sozialen Verhalten zu spielen, einschließlich Wut oder Eifersucht. Kurz gesagt: Während Oxytocin das Vertrauen in die eigene Gruppe erhöhen kann, kann es auch Aggression gegenüber anderen Gruppen fördern.
325. Jeder Mensch gehört ganz natürlich dazu.
326. Energy goes where attention flows.

327. David Rock: Your Brain at Work – Strategies for Overcoming Distraction, Regaining Focus, and Working Smarter All Day Long, 2020, S. 176.
328. Webinar NLI mit Bob Johansen, David Rock und Amy Edmondson: https://hub.neuroleadership.com/leading-through-crisis-ft-ifts-harvard-5-1-2020, abgerufen am 28.4.21.
329. Siehe dazu auch das SCARF-Modell. Hier geht es um Handlungsmuster, die das Belohnungssystem aktivieren (Hin zu).
330. David Rock: Your Brain at Work – Strategies for Overcoming Distraction, Regaining Focus, and Working Smarter All Day Long, 2020, S. 117 ff.
331. Matthew D. Lieberman, David Rock, Heidi Grant Halvorson, Christine Cox: Breaking Bias updated: The SEEDS Model™, Vol. 6, November 2015, https://www.scn.ucla.edu/pdf/Lieberman%282015%29Neuroleadership.pdf, abgerufen am 21.5.21.
332. David Rock: Your Brain at Work – Strategies for Overcoming Distraction, Regaining Focus, and Working Smarter All Day Long, 2020, S. 235.
333. Zurückzuführen auf Ernst von Feuchtersleben (1806-1849), der als als Mitbegründer der psychosomatischen Medizin gilt.
334. Statement eines Teilnehmers des Online-Praktikums „Online Hosting Now".
335. Das mit Amy Lenzo und Jan Buckenmayer gemeinsam initiierte und durchgeführte Online-Praktikum „Online Hosting Now" lieferte wichtige Beiträge zu unserem heutigen Verständnis und unserer Praxis des Online-Hostings. https://wedialogue.mykajabi.com/online-hosting-now, abgerufen am 20. September 2021.
336. Joseph Jaworski: Synchronicity – The inner path of Leadership, 1996.
337. Marvin R. Weisbord, Sandra Janoff: Don't Just Do Something, Stand There!: Ten Principles for Leading Meetings That Matter, 2007.
338. David Rock: 5 Ways Science Shows Us How To Work Better Virtually, https://www.forbes.com/sites/davidrock/2020/03/04/5-ways-science-shows-us-how-to-work-better-virtually/, abgerufen am 14.8.2021.
339. Online Hosting Now, https://wedialogue.mykajabi.com/online-hosting-now, abgerufen am 14.8.2021.
340. „We are in this together!"
341. Amy Lenzo, Weggefährtin und Mit-Initiatorin von „Online Hosting Now", https://www.wedialogue.com/about/about-amy/, abgerufen am 14.8.21.
342. Zur Herkunft des Redeobjekts bzw. „Talking Sticks" siehe Seite 235.
343. Im Amerikanischen heißt es kurz und knapp: „Back to Center!"
344. David Rock: 5 Ways Science Shows Us How To Work Better Virtually, https://www.forbes.com/sites/davidrock/2020/03/04/5-ways-science-shows-us-how-to-work-better-virtually/, abgerufen am 15.8.2021.
345. „Be still, be calm, be here, be now, just be.": „Sei still, sei ruhig, sei hier, sei jetzt, sei einfach."
346. In einer internationalen Online-Serie haben wir nach jedem Meeting am Ende die „Küche" eröffnet. Hier haben wir uns zwanglos und informell für eine halbe Stunde nach dem offiziellen Ende mit allen, die wollten, getroffen. Die „Küche" wurde zu einem Highlight.
347. Eine Sammlung nützlicher Artefakte für Online-Hosts gibt es zum Download auf unserer Webseite unter „Artefakte Digital" (siehe „Ressourcen" ab Seite 477).
348. Gunther Schmidt: Einführung in die hypno-systemische Beratung, 9. Aufl., 2020.
349. Gema-freie Musik, Soundtracks und Jingles sind im Internet zu finden.
350. Jan Buckenmayer, selbstständiger Facilitator, Online Hosting Now Co-Initiator und Partner der Kommunikationslotsen. https://janbuckenmayer.de
351. SAP Global Mindfulness Practice, https://blogs.sap.com/2019/12/09/search-inside-yourself/, abgerufen am 30.09.2021.
352. Chade-Meng Tan: Search Inside Yourself – Optimiere dein Leben durch Achtsamkeit, 2015.
353. Co-Initiatorin des Online-Praktikums „Online Hosting Now".
354. Du kannst die Frage nutzen, während Du meditierst, läufst, denkst, mit anderen sprichst oder schreibst. Sieh, was kommt.
355. Bei der Lufthansa konnten wir die Gruppe nicht „Pilotgruppe" nennen. Dies hätte zu Irritationen geführt.
356. Maja Storch und Frank Krause: Selbstmanagement – ressourcenorientiert: Grundlagen und Trainingsmanual für die Arbeit mit dem Zürcher Ressourcen Modell (ZRM®), 2017.
357. In Zusammenarbeit mit Toke Paludan Møller und Monica Nissen, https://www.getsoaring.com/, abgerufen 8.11.2021.
358. Bauer, Ted: The Neuroscience of Storytelling, https://neuroleadership.com/your-brain-at-work/the-neuroscience-of-storytelling/, abgerufen am 9.12.2021.

359. Die Methodenbeschreibung und die Praxistipps entstammen einem persönlichen Interview der Autoren mit Mary Alice Arthur. https://www.getsoaring.com/, abgerufen am 8.11.2021.
360. Auch Graphic Recorder, Sketchnoter, Visual Sensemaker, Visual Scribe.
361. Karina Antons ist – gemeinsam mit Martin Haussmann – Geschäftsführerin der bikablo GmbH & Co. KG für visuelles Denken, Lernen und Zusammenarbeiten.
362. Dannemiller Tyson Associates: Whole Scale Change. – Toolkit, S. 12.
363. Wer seinem Kommunikationsverständnis ein Upgrade geben möchte, dem empfehlen wir dazu das Buch „Embodied Communication: Kommunikation beginnt im Körper, nicht im Kopf" von Maja Storch und Wolfgang Tschacher.
364. https://ifvp.org/, abgerufen am 21.9.21.
365. http://2014.euviz.com/harvesting, abgerufen am 21.9.21.
366. https://twitter.com/EuViz2014, abgerufen am 19.10.2021.
367. https://issuu.com/omarpaint/docs/euviz2014, abgerufen am 19.10.2021.
368. https://www.flickr.com/photos/euviz/albums, abgerufen am 19.10.2021.
369. https://onlinemarketing.de/lexikon/definition-funnel, abgerufen am 19.10.2021.
370. https://www.infobloom.com/what-is-the-ripple-effect.htm, abgerufen am 19.10.2021.
371. Wir sprechen hier von dem Prinzip „Process over Produkt" (siehe Seite 110).
372. In vielen Klienten-Organisationen wird auch von „Druckbetankung" gesprochen.
373. Ein Barcamp ist ein selbstorganisiertes, ergebnisoffenes Konferenzformat, das Teilnehmenden ermöglicht, eigene Themen auf die Agenda zu bringen und mit Gleichgesinnten zu bearbeiten. Barcamps haben sich als Graswurzelbewegung entwickelt und haben große Ähnlichkeit mit der Open-Space-Technologie (siehe Seite 277).
374. Der Begriff stammt von Roger Schwarz und meint, dass neben der Arbeit an der Sache gleichzeitig die Prozesskompetenz entwickelt wird. Roger Schwarz: The Skilled Facilitator – A Comprehensive Resource for Consultants, Facilitaors, Managers, Trainer and Coaches, S. 51.
375. Anmerkung der Autoren.
376. Alan Briskin im Rahmen der „Leadings as Sacred Practice"-Online Session „Circle Wizard" am 7. Mai 2021; https://www.glencommunity.org/LASP-eBook-Download, abgerufen 27.10.2021.
377. Zitiert aus: Andrea Bittelmeyer: Vom Manager zum Ermöglicher, in: managerSeminare, Heft 174, September 2012, S. 70. https://www.managerseminare.de/ms_Artikel/Facilitation-Vom-Manager-zum-Ermoeglicher,222256, abgerufen am 23.8.21.
378. Gary Hamel: Moonshots for Management – What great challenges must we tackle to reinvent management and make it more relevant to a volatile world, in: Harvard Business Review, Februar 2009.
379. Zum Beispiel: Aaron Antonovsky: Salutogenese – Zur Entmystifizierung der Gesundheit, 1997.
380. https://en.wikipedia.org/wiki/Zeigarnik_effect, abgerufen am 25.8.2021.
381. Stangl, W. (2021): Stichwort „Zeigarnik-Effekt", in: Online-Lexikon für Psychologie und Pädagogik, https://lexikon.stangl.eu/5254/zeigarnik-effekt, aufgerufen am 7.9.21.
382. http://www.dragondreaminginstitute.org/documents/DDI_WorkshopHandbookV01.pdf, abgerufen am 29.9.21.
383. Du kannst die Frage bewegen, während du meditierst, läufst, denkst, mit anderen sprichst oder schreibst. Sieh, was kommt.

Kapitel 4

1. Joseph M. Marshall III: Walking with Grandfather – The wisdom of Lakota elders, Sounds True, 2005.
2. Sandra Janoff: *Thriving for Wholeness: It is Time for Social Scientists to Make a Loud Noise*, in: J.M. Bartunek (Hrsg.): Social scientists confronting global crises. Routledge, 2022; http://futuresearch.net/s-janoff-chapter-striving-for-wholeness/, abgerufen 2.11.2021.
3. Dieter Scholz, Vater von Holger Scholz.
4. https://en.wikipedia.org/wiki/Archie_Fire_Lame_Deer, abrufen 30.10.2021.
5. https://turtleislandinstitute.ca/, abgerufen 8.11.2021.
6. Robert L. Moore: The Archetype of initiation – Sacred Space, Ritual Process and personal Transformation. Lectures and Essays by Robert L. Moore, hrsg. von Max J. Havlick, Jr., 2001.
7. Victor W. Turner: *Betwixt and Between – The Liminal Period in Rites de Passage*, in: The Forest of Symbols: Aspects of Ndembu Ritual, 1967, S. 93 – 111.
8. Arnold van Gennep, A.: Übergangsriten (Les rites des passage), 2005.
9. Zu deutsch etwa „Schwellenwege", Wendling Liminal Pathways Change Framework™, https://giselawendling.com/liminal-pathways-change-framework/, abgerufen 1.12.2021.
10. https://www.change-management-coach.com/kurt_lewin.html, https://projekte-leicht-gemacht.de/blog/pm-methoden-erklaert/das-3-phasen-modell-lewin/, beide abgerufen 31.10.2021.
11. „Severance, Threshold, Incorporation"
12. David Sibbet und Gisela Wendling: Visual Consulting – Designing & Leading Change, 2018, S. 77.
13. https://peerspirit.com/nature-and-wilderness/peerspirit-wilderness-quest/, abgerufen 7.11.2021.
14. Steven Foster mit Meredith Little: The Book of the Vision Quest – Personal Transformation in the Wilderness, 1992.
15. https://schooloflostborders.org/, abgerufen 5.11.2021.
16. Die wichtigsten Ausrüstungsgegenstände, wie z. B. Karte, Kompass, Kälteschutz etc. https://www.nps.gov/articles/10essentials.htm, abgerufen 5.11.2021.
17. Steven Foster und Meredith Little: The Roaring of the Sacred River – The Wilderness Quest for Vision and Self-Healing, 1989.
18. https://schooloflostborders.org/journal_school/die-before-you-die/, abgerufen am 5.11.2021.
19. In etwa: „Das Wort ‚Angst' und das Wort ‚heilig' sind von den Buchstaben her nur ein kleiner Dreh!"
20. Christina Baldwin: Cascadia Quest, https://peerspirit.com/nature-and-wilderness/cascadia-quest-reflections/, abgerufen 5.11.2021.
21. https://de.wikipedia.org/wiki/Ritual, abgerufen 8.11.2021.
22. Inípi (Ritus der Reinigung), Haŋbléčheyapi (Rufen nach einer Vision/Visionssuche), Wiwáŋyaŋg Wačhípi (Sonnentanz), Huŋkálowaŋpi (Herstellung von Verwandten), Išnáthi Awíčhalowaŋpi (Erwachsenwerden eines Mädchens), Wanáǧi Yuhápi (Bewahrung der Seele), Tȟápa Waŋkáyeyapi (Werfen des Balls/Ballspiel); https://www.stjo.org/native-american-culture/seven-lakota-rites/, abgerufen 5.11.2021.
23. „Inipi" (Lakota) für „Wir schwitzen" oder auch „Wieder leben".
24. Wir beziehen uns hier auf die Lehren des bekannten Häuptlings und Medizinmanns Archie Fire Lame Deer (2001), den ich 1991 im Alter von 23 Jahren auf dem elterlichen Hof begegnete. Unsere Familien sind seither in Kontakt und seit Archies Tod hat sein Sohn John die Aufgaben seines Vaters übernommen. John trägt traditionsgemäß den Namen seines Großvaters ‚John' (Tahca Ushte), der ebenfalls ein bedeutender Medizinmann und Wissenshüter der Lakota war. Die Lame Deers leben in South Dakota und gehören dort zu den anerkannten, in der alten Tradition verwurzelten Familien. John ist spiritueller Leiter mehrerer Sonnentänze, u. a. des großen Sonentanzes in Crow Dogs Paradise in der Rosebud-Reservation.
25. https://www.goodreads.com/quotes/142891-as-human-beings-our-greatness-lies-not-so-much-in, abgerufen 5.11.2021.
26. Als „Wasseraufgießer" bezeichnen wir die Person, die die Schwitzhütte leitet.
27. Der Hochleistungsbergsteiger Mikael Reuterswärd hatte dies vor Jahren im Rahmen einer Führungskonferenz einer unserer Klienten geteilt. https://en.wikipedia.org/wiki/Mikael_Reutersw%C3%A4rd, abgerufen 7.11.2021.
28. Ein Kommentar unseres Kollegen David Sibbet im Rahmen des Retreats „Leading as Sacred Practice". https://davidsibbet.com/, abgerufen 5.11.2021.
29. https://www.paulkustermann.de/files/Share/Humor-Research/Patch%20Adams%20Dossier%20von%20Katharina%20Tscheu.pdf, abgerufen 5.11.2021.
30. Christina Baldwin, in: Leading as Sacred Practice, Online Series, The Circle Wizard, Glen/Kommunikationslotsen, 7. Mai 2021.
31. https://www.slanglang.net/slang/bohica/, abgerufen 9.11.2021.

Check-in

1. Jacob Needleman: American Soul – Rediscovering the wisdom of the founders, 2002.

Check-out

1. Unter anderem von Marvin R. Weisbord, Sandra Janoff, Harrison Owen, Michael Pannwitz, David Cooperrider, Diana Whitney, Juanita Brown, Amy Lenzo, David Sibbet, Alan Briskin, Gisela Wendling, Jim Rough, Rosa Zubizarreta, Frederic Laloux, Otto C. Scharmer, Humberto Maturana, Matthias Varga von Kibed, Fritz B. Simon, Gunther Schmidt und Matthias zur Bonsen.
2. Einmal den „Sharon Chuck Fowler Lehrstuhl für Wirtschaft als Mittel zum Weltnutzen" sowie den „Cobia David L. Cooperrider Lehrstuhl für Appreciative Inquiry" in Weatherhead.
3. https://www.odnetwork.org/page/LifetimeAchievement, abgerufen 11.11.2021.
4. David Cooperrider und Audrey Selian (Hrsg.): The Business of building a better World – The Leadership Revolution That Is Changing Everything, 2021.
5. https://www.unglobalcompact.org/, abgerufen 11.11.2021.
6. The Great Leadership Reset-Summit: The 5th Global Forum for Business as an Agent of World Benefit, https://thegreatleadershipreset.com/, abgerufen 11.11.2021.
7. https://en.wikipedia.org/wiki/Bobby_Sager, abgerufen 11.11.2021.
8. https://grameenbank.org/, abgerufen 11.11.2021.
9. https://nothingnew.com/, abgerufen 11.11.2021.
10. https://aim2flourish.com/, abgerufen 11.11.2021
11. Chris Laszlo, David Cooperrider und Ron Fry: *Global Challenges as Opportunity to Transform Business for Good*, in: Sustainability 2020, 12, https://www.mdpi.com/2071-1050/12/19/8053/pdf, abgerufen 28.10.2021.
12. Dr. Verena Greten ist geschäftsführende Direktorin des IAWM, des Ministeriums der Deutschsprachigen Gemeinschaft Belgiens.
13. The Great Leadership Reset-Summit: The 5th Global Forum for Business as an Agent of World Benefit, https://thegreatleadershipreset.com/, abgerufen 11.11.2021.
14. Sandra Janoff: *Striving for Wholeness: It is Time for Social Scientists to Make a Loud Noise*, in: Social scientists confronting global crises, hrsg. von J.M. Bartunek, 2022. http://futuresearch.net/s-janoff-chapter-striving-for-wholeness/, abgerufen 28.10.2021.
15. Judy Brown: The Sea Accepts All Rivers & Other Poems", 2016.

Anhang

Überblick der hilfreichen Grundannahmen und Prinzipien für Facilitator, Führungskräfte und Frohnaturen („Facilitative Thinking[1]").

1. Jeder tut sein Bestes – immer.
2. Du bist dein wichtigstes Tool.
3. Jeder Mensch führt sich selbst in voller Autonomie.
4. Veränderung ist an erster Stelle Selbstveränderung.
5. Menschen möchten etwas Sinnvolles tun.
6. Das Denken bestimmt das Handeln.
7. Das Wissen ist in der Welt.
8. Change kann man nicht bestellen, wie man eine Pizza bestellt.
9. Gras wächst nicht schneller, wenn man daran zieht.
10. There is a leader in every chair.
11. Co-Creation ersetzt Führung.
12. Nichtwissen ist meine Ressource. Fragen sind mein Potenzial.
13. Wir haben alle die gleiche Verantwortung für die Welt, in der wir leben.
14. Vielfalt ist ein Geschenk.
15. Lösungen sind praxistauglicher, wenn wir miteinander denken.
16. Wir sind verbunden. Wir sind eins.
17. Es geht nicht um mich allein.
18. Es geht um gelingende Beziehungen.
19. Menschen sind gesünder und wirksamer, wenn sie ganz sein dürfen.
20. „Wir sind gleichwürdig."[2]
21. Worauf wir unsere Aufmerksamkeit richten, wird mehr.
22. Kommunikation ist körperlich. Kommunikation ist ein Emergenzphänomen.
23. „Bedeutung liegt nicht in den Dingen wie der Keks in der Schachtel."[3]
24. Es gibt keine absolute Wahrheit.
25. Jeder Mensch hat mehrere Seiten.
26. Worte kreieren Welten.

---

[1] Bezugsquelle, siehe „Ressourcen der Kommunikationslotsen", Seite 476.
[2] Uwe Lübbermann.
[3] Bazon Brock.

Überblick der Denkmodelle

Seite 7

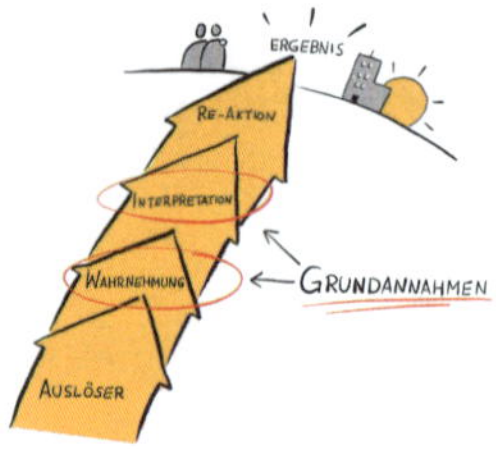

Seite 41

Seite 75

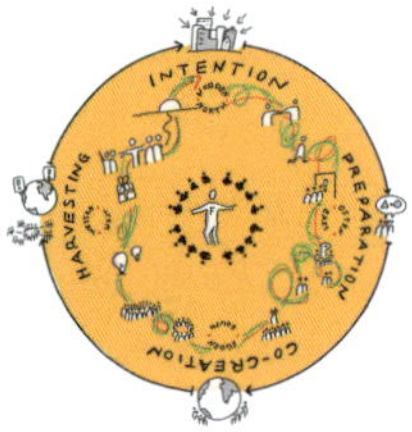

Seite 91

Seite 112

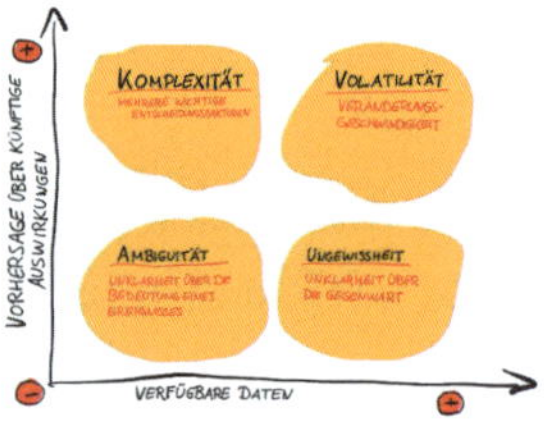

Seite 116

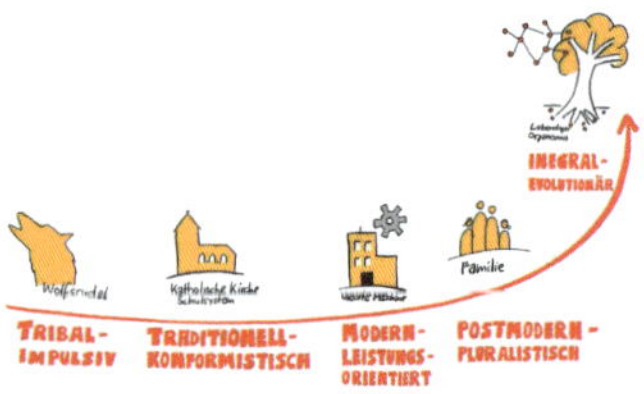

Seite 124

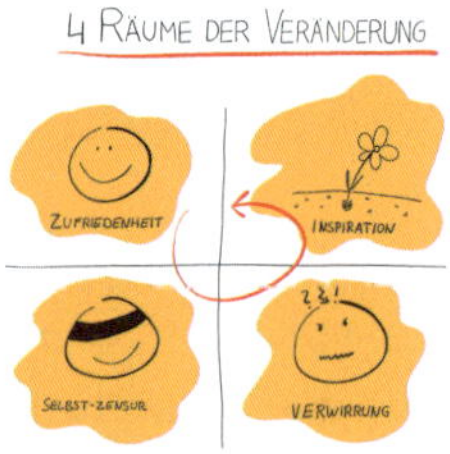

Seite 134

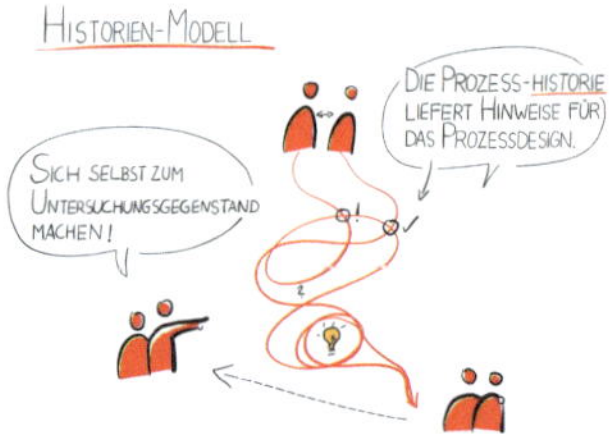

Seite 160

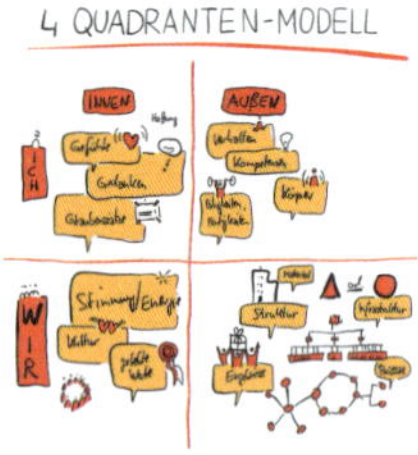

Seite 183

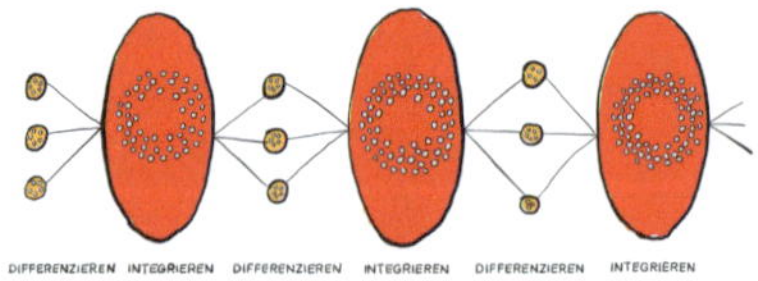

Seite 203

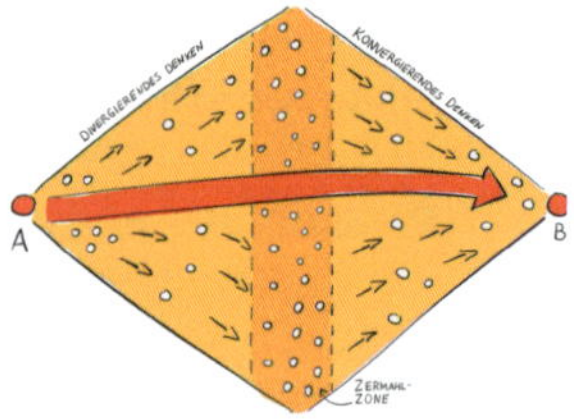

Seite 206

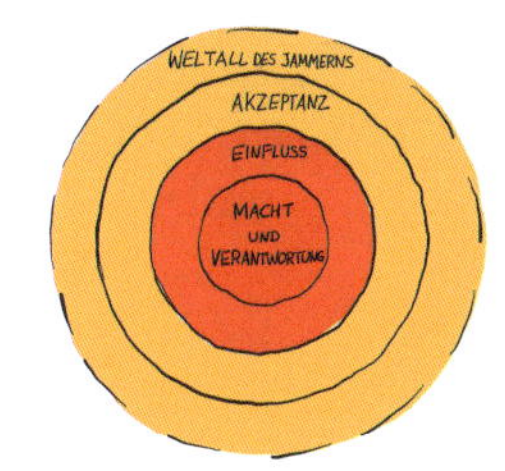

Seite 212

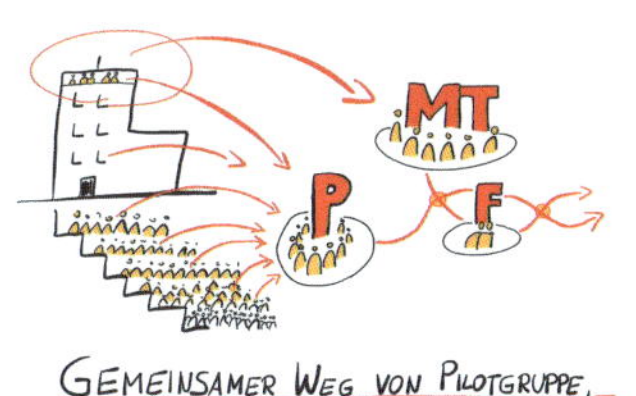

Seite 214

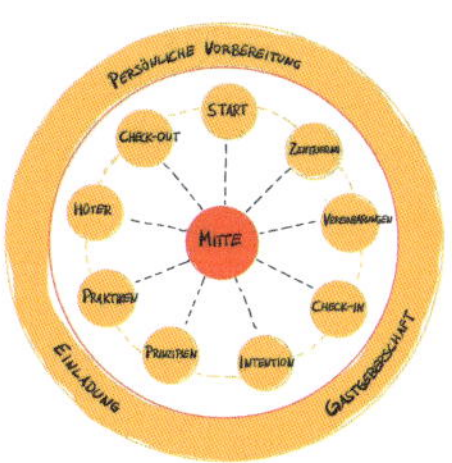

Seite 224

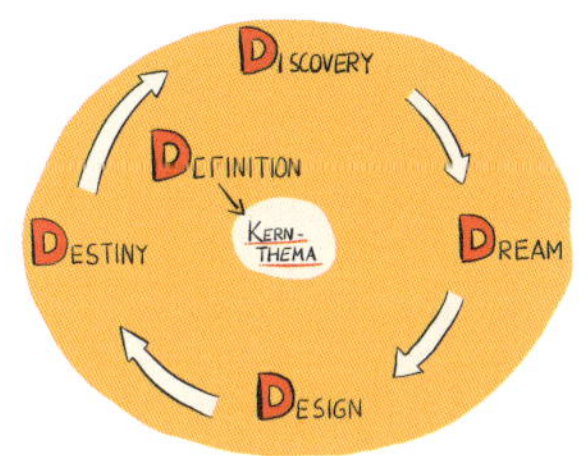

Seite 249

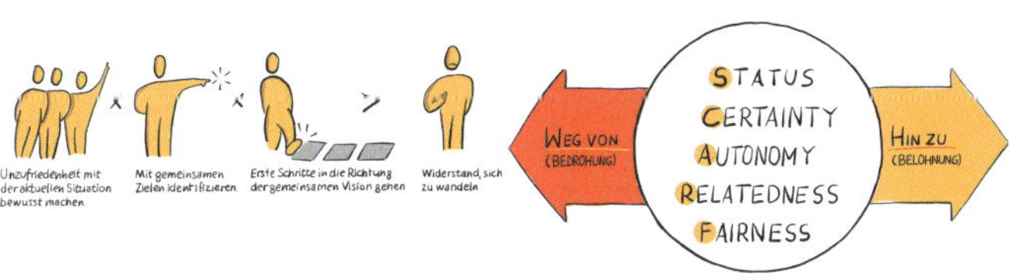

Seite 303

Seite 365

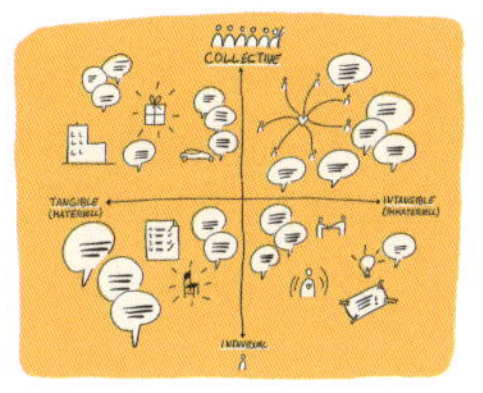

Seite 394

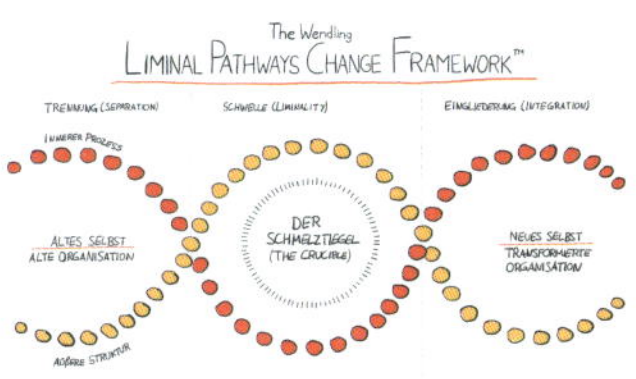

Seite 430

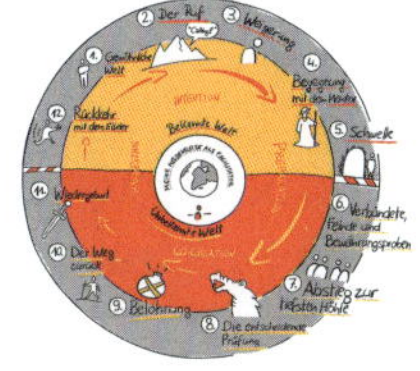

Seite 443

Ressourcen der Kommunikationslotsen

Die folgenden Ressourcen findest du auf unserer Webseite[4] unter „Ressourcen“ und dort unter „Downloads“:

- Das World Café Creation Template der Kommunikationslotsen – Deutsch
- Das World Café Creation Template der Kommunikationslotsen – Englisch
- Lotsenpaper: Einführung Open Space
- Lotsenpaper: Ermöglichendes Denken – Facilitative Thinking
- Lotsenpaper: Denk-Modelle der Kommunikationslotsen
- Leitfaden für ein wertschätzendes Interview (Appreciative Inquiry)
- u. v. m.

Diese digitalen und gedruckten Produkte findest du auf unserer Webseite unter „Shop“ und dort unter „Facilitating Tools“:

- Facilitative Thinking Karten – digital zum Download und in einer gedruckten Version (Kartonbox)
- Facilitative Thinking Karten für die Schule – digital zum Download und in einer gedruckten Version (Kartonbox)
- Lotsen Karten – digital zum Download und in einer gedruckten Version mit Decke „Basic Bundle“
- Online Facilitation: Digitale Artefakte – digital zum Download

Diese Produkte aus der Kooperation mit der Firma Neuland findest du bei Neuland[5] oder über unserer Webseite unter „Shop“ und dort unter „World Café Material“ bzw. „Lernlandkarten“:

- TemplatePad World Café
- World Café Tischdecke, rund
- World-Café-Etikette Klappkarten deutsch/englisch
- Lernlandkarte Nr. 1 – Open Space
- Lernlandkarte Nr. 2 – World Café
- Lernlandkarte Nr. 3 – Appreciative Inquiry
- Lernlandkarte Nr. 4 – Visual Facilitating & Graphic Recording
- Lernlandkarte Nr. 5 – Storytelling
- Lernlandkarte Nr. 6 – Projektmanagement
- Lernlandkarte Nr. 7 – Zukunftskonferenz
- Lernlandkarte Nr. 8 – Dynamic Facilitation
- Lernlandkarte Nr. 9 – The Circle Way
- Lernlandkarte Nr. 10 – The Scrum Flow
- Lernlandkarte Nr. 11 – Facilitation

Leseempfehlungen

Facilitation

Briskin, A.: The Power of Collective Wisdom and the Trap of Collective Folly, 2009.

Schwarz, R.: The skilled Facilitator – Practical Wisdom for developing effective groups, 1994.

Schwarz, R.: The Skilled Facilitator Fieldbook, 2005.

Priest S., Gass M., Gillis L.: The essential Elements of Facilitation, 2000.

---

[4] www.kommunikationslotsen.de

[5] www.neuland.com

Schein, E. H. und Bruckmaier, I.: Prozessberatung für die Organisation der Zukunft – Der Aufbau einer helfenden Beziehung, 2010.

Weisbord, M. R. und Janoff, S.: Don't Just Do Something, Stand There! Ten Principles for Leading Meetings That Matter, 2007.

Pannwitz, M.M. und Weisbord, M. R.: Einfach mal nichts tun! Zehn Leitsätze, mit denen jedes Treffen etwas Besonderes wird, 2011.

Weimar, Jutta: mini-handbuch Facilitation, Beltz Verlag, 2021.

Weisbord, M. R.: Productive Workplaces – Dignity, Meaning, and Community in the 21st Century, 3. Aufl., 2012.

Pogatschnigg, Ilse M.: The Art of Hosting, Vahlen, 2021.

Die Glorreichen Sieben

The Circle Way (auch Dialog)

Baldwin, C., Linnea, A.: Circle: Die Kraft des Kreises, Gespräche und Meetings inspirierend, schöpferisch und effektiv gestalten, 2014.

Zubizarreta, R., zur Bonsen, M. (Hrsg.): Dynamic Facilitation – Die erfolgreiche Moderationsmethode für schwierige und verfahrene Situationen, 2014.

Baldwin, C., Linnea, A.: The Circle Way – A Leader in Every Chair, 2012.

Hartkemeyer, M., Hartkemeyer, J.F., Dhority. L.F.: Miteinander denken – Das Geheimnis des Dialogs, 2006.

Nichol, L. (Hrsg.): David Bohm/Der Dialog – Das offene Gespräch am Ende der Diskussionen, 1998.

Willia, I.: Dialog als Kunst gemeinsam zu denken, 2002.

Appreciative Inquiry

zur Bonsen, M., Maleh, C.: Appreciative Inquiry (AI) – Der Weg zu Spitzenleistungen, 2001.

Whitney, D., Trosten-Bloom, A.: Appreciative Leadership – Focus on What Works to Drive Winning Performance and Build a Thriving Organization, 2010.

Cooperrider, D. L., Whitney, D.: Appreciative Inquiry – A Positive Revolution in Change, 2005.

Whitney, D., Trosten-Bloom, A.: The Power of Appreciative Inquiry – A Practical Guide to Positive Change, 2010.

Ludema, J. D., Mohr. B. J., Whitney, D.: The Appreciative Inquiry Summit – A Practitioner's Guide for Leading Large-Group Change, 2003.

Whitney, D., Trosten-Bloom, A., Cherney, J., Fry, R.: Appreciative Team Building – Positive Questions to bring the best of your team, 2004.

Cooperrider, D. L., Whitney, D., Stavros, J. M.: Appreciative Inquiry Handbook – The First in a Series of AI Workbooks for Leaders of Change, 2003.

World Café

Brown, J., Isaacs, D.: Das World Café – Kreative Zukunftsgestaltung in Organisationen, 2007.

Brown, J., Isaacs, D.: The World Café – Shaping Our Futures Through Conversations That Matter, 2005.

Kostenlose Materialien, wie z. B. einen Leitfaden für Gastgeber „Café to go" und Fachartikel wie „The Art of powerful questions", gibt es hier: www.theworldcafe.com

Open Space Technology
»Lernlandkarte Nr. 1 – Open Space Technology«; Holger Scholz und Roswitha Vesper, Neuland/ Kommunikationslotsen, Shop: www.neuland.eu

Harrison, O.: Open Space Technology – A User's Guide, 1997.

Harrison, O.: The Power of Spirit, 2000.

Maleh, C.: Open Space – Arbeiten mit großen Gruppen. Ein Handbuch für Anwender, Entscheider und Berater, 2000.

RTSC, Real Time Strategic Change (Whole Scale Change)
zur Bonsen, M.: Real Time Strategic Change – Schneller Wandel mit großen Gruppen, 2008.

Dannemiller Tyson Associates: Whole-Scale Change – Unleashing the magic in organizations, Berrett Koehler, 2000.

Dannemiller Tyson Associates: Whole-Scale Change – Toolkit, Berrett Koehler, 2000.

Jacobs, R. W.: Real Time Strategic Change, 1994.

Zukunftskonferenz (Future Search)
Weisbord, M. R., Janoff, S., Trunk, C.: Future Search – die Zukunftskonferenz. Wie Organisationen zu Zielsetzungen und gemeinsamem Handeln finden, 2008.

Weisbord, M. R., Janoff, S.: Future Search – An Action Guide to Finding Common Ground in Organizations & Communities, 2000, 1995.

Dynamic Facilitation
Zubizarreta, R., zur Bonsen, M. (Hrsg.): Dynamic Facilitation – Die erfolgreiche Moderationsmethode für schwierige und verfahrene Situationen, 2014.

Zubizarreta, R.: From conflict to creative collaboration – A user's guide to Dynamic Facilitation, 2014.

Großgruppen allgemein bzw. Sammelbände

Alban, B., Bunker, B. B.: Large Group Interventions – Engaging the Whole System for Rapid Change, 1996.

Holman, P., Devane, T. (Hrsg.): The Change Handbook – Group Methods for Shaping the Future, 1999.

Keil, M., Königswieser, R. (Hrsg.): Das Feuer großer Gruppen, 2000.

Visual bzw. Graphic Facilitation

Haussmann, M.: UZMO – Denken mit dem Stift. Das Praxisbuch zur bikablo® Technik, Artikel-Nr.: 8500.0417, www.neuland.com

Haussmann, M., Scholz, H.: bikablo® 1 – Das Trainerwörterbuch der Bildsprache, Artikel-Nr.: 8019.0001, www.neuland.com

Haussmann, M., Scholz H.: bikablo® 2.0 – Visuelles Wörterbuch. Neue Bilder für Meeting, Training und Learning, Artikel-Nr.: 8019.0050, www.neuland.com

Sibbet, D.: Visual Meetings – How Graphics, Sticky Notes and Idea Mapping Can Transform Group Productivity, 2010.

Sibbet, D.: Visual Teams – Graphic Tools for Commitment, Innovation, and High Performance, 2011.

Sibbet, D.: Visual Leaders – New Tools for Visioning, Management, and Organizational Change, 2013.

Agerbeck, B.: Der Wegweiser für den Graphic Facilitator, Artikel-Nr.: 8500.0413, www.neuland.com

Roam, D.: The Back of the Napkin: Solving Problems and Selling Ideas with Pictures, 2009.

Lernlandkarten der Kommunikationslotsen

Lernlandkarte Nr. 1 – Open Space, Holger Scholz und Roswitha Vesper, Hrsg. Neuland/Kommunikationslotsen, Neuland: Artikelnummer: 8086.400, Shop: www.neuland.com

Lernlandkarte Nr. 2 – World Café, Holger Scholz und Roswitha Vesper, Hrsg. Neuland/Kommunikationslotsen, Neuland: Artikelnummer: 8086.411, Shop: www.neuland.com

Lernlandkarte Nr. 3 – Appreciative Inquiry, Holger Scholz und Roswitha Vesper, Hrsg. Neuland/Kommunikationslotsen, Neuland: Artikelnummer: 8086.412, Shop: www.neuland.com

Lernlandkarte Nr. 4 – Visual Facilitating & Graphic Recording, Holger Scholz und Roswitha Vesper, Hrsg. Neuland/Kommunikationslotsen, Neuland: Artikelnummer: 8086.413, Shop: www.neuland.com

Lernlandkarte Nr. 5 – Storytelling, Mary-Alice Arthur, Hrsg. Neuland/Kommunikationslotsen, Neuland: Artikelnummer: 8086.414, Shop: www.neuland.com)

Lernlandkarte Nr. 6 – Projektmanagement, Hrsg. Neuland/Kommunikationslotsen, Neuland: Artikelnummer: 8086.415, Shop: www.neuland.com

Lernlandkarte Nr. 7 – Zukunftskonferenz, Holger Scholz und Roswitha Vesper, Hrsg. Neuland/Kommunikationslotsen, Neuland: Artikelnummer: 8086.416, Shop: www.neuland.com

Lernlandkarte Nr. 8 – Dynamic Facilitation, Holger Scholz und Roswitha Vesper, Hrsg. Neuland/Kommunikationslotsen, Neuland: Artikelnummer: 8086.417, Shop: www.neuland.com

Lernlandkarte Nr. 9 – The Circle Way, Holger Scholz und Roswitha Vesper, Hrsg. Neuland/Kommunikationslotsen, Neuland: Artikelnummer: 8086.418, Shop: www.neuland.com

Lernlandkarte Nr. 10 – The Scrum Flow, Hrsg. Neuland/Kommunikationslotsen,

Neuland Artikel-Nr.: 8086.1010, Shop: www.neuland.com

Lernlandkarte Nr. 11 – Facilitation, Holger Scholz und Roswitha Vesper, Hrsg. Neuland/Kommunikationslotsen, Neuland: Artikelnummer: 8086.1011, Shop: www.neuland.com

Alle Lernlandkarten sind bei Neuland im Online-Shop erhältlich: www.neuland.com

Management/Leadership/Kommunikation

Laloux, F.: Reinventing Organizations – Über die Entwicklung ganzheitlicher, sinnerfüllender und wachstumsorientierter Organisationen, 2015.

Scharmer, C.O.: Theorie U – Von der Zukunft her führen. Prescescing als soziale Technik, 2009.

Lewin, K.: Feldtheorie in den Sozialwissenschaften, 1993.

Senge, P. M.: Die fünfte Disziplin, 1996.

Jaworski, J.: Synchronicity – The inner path of leadership, 1996.

Storch, M.: Tschacher, W.: Embodied communication – Kommunikation beginnt im Körper, nicht im Kopf, 2014.

zur Bonsen, M.: Leading with Life – Lebendigkeit im Unternehmen freisetzen und nutzen, 2010.

Danksagung

Wir sagen von Herzen Danke unseren Partnern Helen Scholz, Stefan Vesper und unseren Familien. Danke für eure liebevolle Unterstützung, das lange Mittragen der Entbehrungen, für euer Verständnis und eure Geduld.

Wir danken unserem Lektor Dennis Brunotte. Danke für den Rückenwind, den wir jedes Mal in unseren Gesprächen spüren durften. Danke für die immerwährende Zuversicht, für dein Verstehen wollen, das Glätten und die Freiheit, mit der du uns begleitet hast.

Danke an Matthias zur Bonsen für die langjährige Freundschaft, für alle Inspirationen und für das bedeutungsvolle und vielsagende Geleitwort.

Wir danken unseren assoziierten Partnerinnen und Partnern. Unseren Kollegen und Wegbegleiterinnen, mit denen wir uns sehr verbunden fühlen und die ein ausgeprägtes Interesse an Menschen, an Gruppen und an größeren Fragen unseres Menschseins haben. Ihr seid Menschen, die Facilitation als Denk- und Lebensschule, als Handwerk und als Kunst im besten Sinne verkörpern und pflegen (in alphabetischer Reihenfolge): Dirk Blumberg, Jan Buckenmayer, Michaela Luise Fischer, Stefan Wilhelm Fischer, Alexander Fröde, Nicole Hackenberg, Carola Keitel, Michael Knauf, Maik Medzich, Larissa Nachtsheim, Andrea Rawanschad, Desirée van Dijk und Amelie Vesper.

Danke Ute Schulte und Liane Schelz für eure Verlässlichkeit und ein schier unendliches Kümmern im Office.

Danke für die gute Zusammenarbeit an Karina Antons und Martin Haussmann bei bikablo.

Und danke allen für die Unterstützung in Form von Hinweisen, persönlichen Beiträgen und Rückenwind (in alphabetischer Reihenfolge):

Sebastian Arens, Mary Alice Arthur, Christina Baldwin, Stefan Bauer, Alan Briskin, Frank Buchholz, Margareta Büning-Fesel, David Cooperrider, Drusilla Copeland, Kai Duve, Winfried Ebner, Klaus Eidenschink, Christa Engelmann, Stefan Enzler, John Fire, Susanne French, Alexander Fröde, Brendan Geary, Alexander Gerber, Felix Gnann, Verena Greten, David Holzer, Georg Holzknecht, Sandra Janoff, Dirk Kannacher, Barbara Kramer, Amy Lenzo, Bengt Lindström, Ann Linnea, Uwe Lübbermann, Stephan Massolle, Nathalie Miessen, Guido Neuland, Michael Pannwitz, Jochen Pfender, Patrizia Pipornetti, Matthias Riepe, Jim Rough, Markus Saga, Simone Schmickl, Gunther Schmidt, Georg Schmitz-Axe, Gregor Schrott, David Sibbet, Fritz B. Simon, Michael von der Lohe, Martina von Mayerhofen, Christine Wank, Gisela Wendling, Andreas Winkelmann, Rosa Zubizarreta.

Alle, die schon einmal Facilitation-Zeit mit uns verbracht haben, werden unsere Verbindung zum Seminarzentrum Grube Louise und zum Beuerhof kennen. Wir danken für diese Orte und die Verbindung mit den Menschen dort. Danke an Hans, Jenny, Ramona, Jens, David, Titus und Christo. Danke an Dieter und die guten Geister am Beuerhof.

Wir danken euch allen sehr und freuen uns nun auf das, was kommt!

Stichwortverzeichnis